Alfred Iwainsky
Wolfgang Wilhelmi

Lexikon der Computergrafik und Bildverarbeitung

Computergrafik und maschinelle Bildverarbeitung repräsentieren die generative bzw. rezeptive Seite der rechnerunterstützten Behandlung visueller Information. Sie haben große Bedeutung bei Entwurf, Konstruktion, Qualitätskontrolle, Prozeßsteuerung in der Industrie, der Visualisierung und Signalanalyse in der Medizin und der experimentellen Wissenschaft. Wachsende Bedeutung haben sie im Verkehrswesen, den Medien, für Kunst und Kultur.

Das Lexikon enthält mehr als 1000 Begriffe der Computergrafik und Bildverarbeitung. Dabei werden durch Querverweise die Zusammenhänge aufgezeigt. Aussagekräftiges Bildmaterial, ein Farbanhang, übersichtliche Tabellen und Illustrationen unterstützen die Darstellung.

Grundlegende Zusammenhänge und Methoden werden durch Formeln präzisiert. Verschiedentlich werden deutsche Begriffe definiert und auf die verwendeten Begriffe aus dem Englischen Bezug genommen.

Dieses einzigartige Nachschlagewerk ist das Ergebnis jahrelanger Forschung und sorgfältiger Detailarbeit. Es ist sowohl für Nichtfachleute wie auch für Spezialisten im Gebiet der Grafik und Bildverarbeitung eine zuverlässige und leicht verständliche Orientierungshilfe und Fundgrube. Bei aller Sachkenntnis vermittelt das Buch auch stets die Faszination, die von dem Thema ausgeht.

Alfred Iwainsky
Wolfgang Wilhelmi

LEXIKON
DER COMPUTERGRAFIK UND BILDVERARBEITUNG

Mit über 1000 Eintragungen, zahlreichen Querverweisen und Illustrationen sowie einem Bildanhang

Autoren

An diesem Werk haben zahlreiche Koautoren mitgewirkt. Autoren von Texten und Bildern sind: Norbert Eichhorn, Alfred Iwainsky, Raimund Kosciolowicz, Rainer Purfürst, Steffen Römer, Andreas Wachtel, Klaus Wilk, Gottfried Wolf, Jochen Grossehelweg, Detlev Kaiser, Margit Neubert, Ivanka Römer, Jürgen Saedler, Dieter Schroth, Wolfgang Wilhelmi, Harald Winter.

Bildautoren sind:
Erdmann Bieber, Christian Feist, Achim Hill, Frank Ksciuk, Andreas Meißner, Thomas Reiche, Dietmar Soyka, Grit Weißenburg, Lutz Zedler, Sabine Döring, Günter Heß, Jürgen Kaltwasser, Rainer Kurth, Ulrich Mende, Joachim Schulze, Gerd Stanke, Frank Winter.

Bilder auf dem Umschlag

Großes Bild oben:
Visualisierung eines (vereinfachten) 3D-Modells des Pergamon-Altars.

Mit freundlicher Genehmigung IIEF Institut für Informatik in Entwurf und Fertigung zu Berlin GmbH.

Kleine Bilder links:
Oben: Digitalisiertes Abbild der Rückseite eines Mosaik-Elementes mit Tiefeninformation in Form einer Falschfarben-Kodierung.
Unten: Digitalisiertes Photo eines Säulenkapitell-Bruchstückes mit überlagerten Kanten des entsprechenden, rechnergestützt rekonstruierten 3D-Modells.

Mit freundlicher Genehmigung Gesellschaft zur Förderung angewandter Informatik e.V. (GFaI).

Kleine Bilder in der Mitte unten:
Oberes Bild: Layoutdarstellung zur Inneneinrichtung.
Unteres Bild: Visualisierung des 3D-Modells von einem Teil des neuen Innovations- und Gründerzentrums im Technologiepark Berlin-Adlershof (Gebäude-Entwurf: Fehr + Partner Architekten).

Mit freundlicher Genehmigung IIEF Institut für Informatik in Entwurf und Fertigung zu Berlin GmbH.

Softcover reprint of the hardcover 1st edition 1994

Der Verlag Vieweg ist ein Unternehmen der Verlagsgruppe Bertelsmann International.

Gedruckt auf säurefreiem Papier

ISBN 978-3-322-90717-2 ISBN 978-3-322-90716-5 (eBook)
DOI 10.1007/978-3-322-90716-5

Inhaltsverzeichnis

Hinweise zur Nutzung des Lexikons

- Die Begriffe des Lexikons und ihre Erläuterungen sind in alphabetischer Folge geordnet. Besteht ein Begriff aus mehreren Wörtern, so werden diese in ihrer natürlichen Reihenfolge aufgeführt (z. B. *Digitale Bildverarbeitung*, *Interaktive Arbeitsweise*). Dabei und bei englischen Begriffen wird i. allg. Großschreibung angewendet. Die alphabetische Aufzählung beruht auf folgenden Regeln:

  - Umlaute gelten als einfache Laute (z. B. wird *ä* wie *a* eingeordnet).
  - *ß* wird wie *ss* eingeordnet.
  - Begriffe, die mit einer Ziffer beginnen, werden unter dem Buchstaben eingeordnet, der auf die Ziffer folgt (z. B. *3D-Computergrafik* unter *D*).
  - Leerraum, Zeichen und Ziffern ordnen sich vor Buchstaben in der Reihenfolge

    Leerraum, –, /, ', 1, 2 , $2^1/_2$, 3

    ein. So stehen z. B. *$2^1/_2$D-System* vor *3D-Arbeitsstation*, *d-Nachbarschaft* vor *Darstellungsbereich* und *Elektronische Spraydose* vor *Elektronischer Radiergummi.*

- Jeder Begriff wird zunächst kurz definiert, falls nicht lediglich auf einen anderen Begriff verwiesen wird. Es folgt dann i. allg. eine mehr oder weniger umfangreiche Erläuterung, in die auch Bilder und Tafeln einbezogen sein können. Im erläuternden Text wird der jeweilige Begriff abgekürzt. Bei Begriffen mit einer Vielzahl von Bedeutungen werden nur die für das Fachgebiet relevanten definiert und erläutert.

- Im Text vorkommende Begriffe, die an anderer Stelle im Lexikon erläutert werden, sind i. allg. bei ihrem ersten Auftauchen mit einem Verweispfeil (→) gekennzeichnet.

- Im Bildanhang befinden sich Halbton- und Farbdarstellungen. Aus Texten zu verschiedenen Begriffen wird auf Bilder dieses Anhanges verwiesen. Die Legenden zum Bildanhang verweisen ihrerseits auf Begriffe.

- Eigennamen wurden, auch in Zusammensetzungen, halbfett gedruckt.

Vorwort

Das Lexikon „Computergrafik und Bildverarbeitung“ soll sowohl Fachleuten als auch Laien als Nachschlagewerk zu zwei der faszinierendsten Teilgebiete der Informatik dienen, die miteinander in engem Zusammenhang stehen. Während das Fachgebiet Computergrafik die Ableitung grafischer Darstellungen aus rechnerinternen Modellen z. B. von Objekten oder Prozessen betrifft, geht es bei der Bildverarbeitung gewissermaßen um die gegenläufige Richtung: Bilder sind das Ausgangsmaterial, aus dem komplizierte rechnerinterne Modelle oder auch „einfache“ Aussagen etwa zum Vorhandensein eines gesuchten Objektes automatisiert gewonnen werden sollen. Die Fachgebiete Computergrafik und Bildverarbeitung besitzen eine Vielzahl von Zusammenhängen, wofür aktuelle Problemstellungen im Bereich der Multimedia-Systeme nur ein Beispiel sind. Dies ist der Grund dafür, daß wir Fachtermini beider Gebiete in einem einzigen Lexikon zusammengefaßt haben.

Seit Anfang der 50er Jahre dieses Jahrhunderts erstmalig Katodenstrahlröhren unter anderem zur Darstellung einfacher Grafiken an Computer angeschlossen wurden (z. B. an den „Whirlwind“ des MIT), hat das Fachgebiet Computergrafik sich ähnlich stürmisch entwickelt wie die Rechentechnik insgesamt. Diese Entwicklung war eine der wichtigsten Grundlagen für den immer breiteren Einsatz von Rechnern in vielfältigen Anwendungsbereichen.

Als 1958 der Begriff CAD (Computer-Aided Design) von *D. T. Ross* im Zusammenhang mit der NC-Programmierung eingeführt wurde, befand sich die Computergrafik noch in einem embryonalen Zustand, und CAD hatte wenig mit dem zu tun, was wir heute darunter verstehen. Die wenige Jahre später (1962) von *I. E. Sutherland* vorgelegte Dissertationsschrift „Sketchpad: A Man - Machine Graphical Communication“ war ein Signal für eine Entwicklungsrichtung des Fachgebiets Computergrafik, die auch CAD nachhaltig beeinflußt hat. Computergrafiksysteme, die im Rahmen dieser Entwicklung entstanden sind, ermöglichen eine interaktive Arbeitsweise. Der Nutzer solcher Systeme braucht die Erzeugung von Computergrafiken nicht mehr selbst zu programmieren, vielmehr wird er in die Lage versetzt, Grafiken z. B. mittels Lichtstift, Rollkugel oder Tablett direkt zu „zeichnen“. Diese interaktive Computergrafik war die Basis für eine erste Breitenwirksamkeit von CAD in den 70er Jahren, damals noch weitgehend auf die rechnerunterstützte Zeichnungserstellung beschränkt.

Parallel zur Herausbildung interaktiver Computergrafik fand in den 60er Jahren das Verdeckungsproblem (hidden-line- / hidden-surface-problem) starke Beachtung. Eine wahre Flut mathematischer Arbeiten zu diesem Grundproblem der 3D-Computergrafik entstand. Ein Höhepunkt der Entwicklung der 3D-Grafik war 1968 die Fertigstellung einer 3D-Arbeitsstation für die NASA, mit deren

Hilfe die Bewegung einiger weniger dreidimensionaler Objekte grafisch in Realzeit simuliert werden konnte, wobei die Bilder direkt aus der 3D-Szene berechnet wurden.

Neben der Berechnung und Ausblendung verdeckter Kanten ist die Schattierung von Körperoberflächen in Computergrafiken eine Möglichkeit, einen räumlichen Eindruck der dargestellten Objekte zu vermitteln. Im Bildanhang dieses Lexikons befindet sich eine Reihe von Beispielen dafür. Die 70er Jahre brachten gleich zwei heute noch sehr gebräuchliche Schattierungsverfahren hervor: 1971 schlug *H. Gouraud* das später nach ihm benannte Gouraud-Shading vor, 1975 publizierte *Biu Toung Phong* seine ebenfalls später nach im benannte Methode. In der zweiten Hälfte der 70er Jahre zog Computergrafik in die Prozeßsteuerung und -überwachung ein. Technologische Schemata, Trenddiagramme und andere Grafiken begannen die starren Bedien- und Anzeigeelemente in Anlagenwarten abzulösen.

Die 80er Jahre waren durch enorme Fortschritte im Bereich der 3D-Computergrafik gekennzeichnet. Schon zu Beginn des Jahrzehnts verdrängten hochauflösende Rasterdisplays mit Bildwiederholspeicher die bis dahin vor allem im Bereich des CAD üblichen Vektordisplays fast vollständig vom Markt. Einer ihrer Vorteile bestand darin, daß sie im Gegensatz zu Vektordisplays in der Lage sind, Darstellungen mit ausgefüllten Flächen, also auch schattierte Oberflächen von 3D-Modellen, zu präsentieren. Die Entwicklung der Rasterdisplay-Technik, der 3D-Modellierung (insbesondere für CAD) und der 3D-Computergrafik bedingten und stimulierten sich dementsprechend gegenseitig. 1984 wurde eine neue Methode zur realitätsnahen Visualisierung dreidimensionaler Szenen unter Berücksichtigung diffuser, flächenhafter Lichtquellen und diffuser Reflexion vorgeschlagen. Diese sogenannte Radiosity-Methode unterscheidet sich grundsätzlich von allen bis dahin entwickelten Visualisierungsverfahren. Einer der Erfinder dieser Methode brachte seine Unzufriedenheit mit der damals üblichen Qualität von 3D-Computergrafiken etwas später folgendermaßen zum Ausdruck: „Die meisten Computergrafiken sind Bilder, die keine reale Korrelation mit der wirklichen Erscheinung ... haben. Man könnte diese Bilder ‚realistic abstractions' oder ‚abstract realism' nennen" (*D. P. Greenberg*, 1987).

In den 80er Jahren kamen nun auch erstmalig 3D-Arbeitsstationen, die die Ableitung von 3D-Grafiken aus 3D-Modellen und damit auch die 3D-Modellierung unterstützen und in gewissem Sinne als späte Nachfolger der 1968 für die NASA geschaffenen 3D-Workstation angesehen werden können, in immer breiterem Maßstab zum Einsatz. Ein weiteres wichtiges Ergebnis dieses Jahrzehnts war der Abschluß der von *J. Encarnação* vorangetriebenen Entwicklung des Grafischen Kernsystems (GKS) durch Normung bzw. Standardisierung dieses Systems. Schließlich brachte die Schaffung und Anwendung von Methoden zur automatischen Erzeugung netzartiger Schemata aus nichtgrafischen Informationen die Einbeziehung einer rechnerbasierten Layoutsynthese in den Prozeß der Erzeugung entsprechender 2D-Computergrafiken mit sich.

Die Bildverarbeitung hat eine ähnlich dynamische Entwicklung hinter sich wie die Computergrafik und inzwischen ebenfalls eine große Anwendungsbreite erreicht. Im weitesten Sinne schlug ihre Geburtsstunde mit der Erfindung und dem wissenschaftlichen Gebrauch von Fernrohr und Mikroskop. Erste Beispiele bewußter Manipulation der Bildqualität im Mikroskop sowohl durch optisch analoge Verfahren als auch durch Präparierung der Objekte waren das gemeinsame Werk von Optikern und Biologen. Die Erfindung der verschiedenen Methoden der Photographie waren nicht nur durch die ständige Ausweitung des Untersuchungsbereiches sowohl bezüglich der Größe der Objekte als auch der Anwendung außerhalb der Wissenschaft gekennzeichnet, sondern bezogen nicht selten bildkünstlerisch motivierte Bildtransformationen ein. Ausgehend von Architekturaufnahmen entwickelte sich vom Ende des vorigen Jahrhunderts bis heute die Bildmeßtechnik, bei der Bilder zur hochgenauen Ortsbestimmung dienen. Hochentwickelte Technologien zur Luftbildauswertung standen bereits in den 20er Jahren zur Verfügung. Ständig verbessertes Photomaterial sowie die Erfindung und industrielle Verbreitung optischer Sensoren erlaubten auch eine präzise Ausmessung radiometrischer und kolorimetrischer Eigenschaften von Untersuchungsobjekten. Vor allem die Registrierung von Strahlungen, die mit dem menschlichen Auge nicht erkennbar sind und im Bereich des Infrarot und der Röntgenstrahlen liegen, eröffnete neue Quellen der Bildauswertung und brachte neue Anforderungen an diese mit sich.

Die Erfindung und weltweite Einführung des Fernsehens stellte schließlich die ersten Mittel zur reproduzierbaren Abtastung, Übertragung und Wiedergabe von Bildern bereit, deren sich die Computergrafik und elektronische Bildverarbeitung dann schnell bemächtigten. Der Wettlauf um die Eroberung des Kosmos stimulierte nicht nur die Computergrafik, sondern auch Projekte zur rechnerunterstützten Auswertung der von Raumsonden gesendeten Signale. Insbesondere ein um die Mitte der 60er Jahre am Jet Propulsion Laboratory in Pasadena (USA) enwickeltes Bildverarbeitungssystem darf als Prototyp der modernen digitalen Bildverarbeitung angesehen werden. Als wissenschaftlicher Pionier dieser Technologie sei hier *A. Rosenfeld* besonders hervorgehoben. Von anfangs belächelten theoretischen und praktischen Ansätzen her hat er die wichtigsten Begriffe dieser Disziplin geprägt und gemeinsam mit seinen vielen Schülern Beiträge zu nahezu allen wichtigen Methoden geleistet. Auch russische Forscher haben im Kontext der Weltraumforschung Bedeutendes geleistet. Beispielhaft seien hier die Auswertungen von Venus- und Mars-Missionen am Moskauer Akademieinstitut für Probleme der Informationsübertragung genannt.

Routinemäßige Bedeutung erlangte die digitale Bildverarbeitung mit der Nutzung von Satellitensystemen zur Fernerkundung der Erde, insbesondere zur Erforschung der Landnutzung und der Meeresoberfläche sowie zu meteorologischen Zwecken. Solche Lösungen sind heute so alltäglich wie beispielsweise Bildverarbeitungssysteme zur Schriftzeichenerkennung oder zur Eingabe von Altdokumenten in CAD-Systeme. Rechner drangen auch zunehmend in die Medizin ein. Schon in den 70er Jahren war die automatische Mikroskopbildanalyse nicht nur Forschungsgegenstand, sondern hatte bereits anerkannte Methoden hervorgebracht, die auch in anderen Anwendungsbereichen genutzt wurden. Einen weiteren, längst noch nicht abgeklungenen Impuls gab die Erfindung tomographischer Techniken, die heute zunehmend mit Verfahren der Bildverarbeitung, der rechnerinternen Modellierung und der 3D-Computergrafik verbunden werden.

Selbstverständlich ist bei Fachgebieten mit einer so dynamischen Geschichte, wie sie die Computergrafik und Bildverarbeitung aufzuweisen haben, eine gewisse Vielfalt und Unübersichtlichkeit der Begriffswelt zu verzeichnen. Ein typisches Beispiel dafür war in den Anfängen der Entwicklung des Grafischen Kernsystems (GKS) die verbreitete Entlehnung englischer Fachtermini auch im deutschen Sprachraum und der spätere Übergang zu deutschen Begriffen, die im Rahmen der Norm des DIN zum GKS festgelegt wurden (etwa der Übergang von den Begriffen POLYLINE, FILL AREA bzw. GENERALIZED DRAWING PRIMITIVE zu Linienzug, Füllgebiet bzw. Verallgemeinertes Darstellungselement). Diese innere Dynamik der Begriffswelt erschwerte die Arbeit der Autoren und Herausgeber des vorliegenden Lexikons. Andererseits soll das Werk aber gerade einen Beitrag zur ohnehin beobachtbaren Stabilisierung der Fachterminologie auf den Gebieten Computergrafik und Bildverarbeitung leisten. Es wäre realitätsfremd und vermessen zugleich, wenn dabei die Vielfalt der gebräuchlichen Termini jeweils auf einen Fachbegriff reduziert würde. Wir haben uns vielmehr bemüht, angemessen viele Synonyma und die entsprechenden Verweise in das Lexikon aufzunehmen. Dies erschien uns insbesondere deshalb wichtig, weil auch im deutschen Sprachraum die Verwendung englischsprachiger Begriffe weit verbreitet ist. Im vorliegenden Lexikon wird i. allg. von englischen Termini auf die entsprechenden deutschen lediglich verwiesen. Ausnahmen von dieser Regel wurden bei solchen Begriffen gemacht, dei denen die Eindeutschung weit vorangeschritten ist (z. B. bei Computer).

Es wäre für uns eine große Freude, wenn eine häufige Benutzung des Werkes zu vielen Hinweisen, Anregungen und Verbesserungsvorschlägen führte.

Berlin, im Oktober 1993.

Alfred Iwainsky *Wolfgang Wilhelmi*

Danksagung

Dieses Lexikon wäre nicht ohne die engagierte Arbeit der Autoren zustande gekommen. Ihnen sind wir vorrangig zu Dank verpflichtet. Unter ihnen haben sich Herr *Dr. H. Winter* und Herr *Dr. N. Eichhorn* besonders um die Aufbereitung der Abbildungen verdient gemacht. Herrn *Dr. A. Kotzauer* danken wir für viele wertvolle Hinweise. Unser Dank gilt ferner Frau *D. Gäbler*, Frau *M. Neubert*, Frau *H. Rustenbach* und Frau *K. Zedler* für die Eingabe von Texten, Frau *J. Stöhr*, Frau *Ch. Joithe* und Frau *Dan Vu Müller* für die Erstellung von Computergrafiken mittels Desktop-Publishing auf der Grundlage von Handskizzen sowie den Herren *F. K. Staats* und *T. Bürger* für ihre Hilfe bei der Erstellung des endgültigen Manuskripts. Dank gebührt auch *M. Wilhelmi* und *S. Wilhelmi*, die das verwendete LaTeX-System an unsere Erfordernisse anpaßten. Schließlich danken wir dem Verlag Vieweg für die gute Zusammenarbeit und die schnelle Herausgabe des Lexikons.

Alfred Iwainsky *Wolfgang Wilhelmi*

Danksagung

Dieses Lexikon wäre nicht ohne die engagierte Arbeit der Autoren zustande gekommen. Ihnen sind wir vorrangig zu Dank verpflichtet. Unter ihnen haben sich [illegible] besonders um die Autoren[illegible] der Abbildungen [illegible] gekümmert. Herrn [illegible] danken wir für viele wertvolle Hinweise. [illegible] Frau [illegible] [illegible] Herrn [illegible] [illegible] Schließlich [illegible] die Herausgeber [illegible]

[illegible]

Abschattung

→ *Shading.*

Abschließung

→ *mathematische Morphologie.*

Abtasttheorem

Mathematischer Satz zur Rekonstruierbarkeit eines Signals aus einer Folge von Abtastwerten.

Das A. wird häufig nach **Whittaker, Kotelnikov, Shannon** oder **Nyquist** benannt. Wenn ein Signal ein begrenztes → Spektrum hat, d. h. seine → **Fourier**transformation außerhalb eines endlichen Kreisfrequenzintervalles $(-b_u, +b_u)$ identisch verschwindet, dann kann es mit Hilfe einer geeigneten Interpolationsfunktion $h(t)$ vollständig aus der Abtastfolge rekonstruiert werden:

$$s(t) = \sum_{i=-\infty}^{\infty} s(i\Delta t)h(t - i\Delta t)$$

$$h(t) = \frac{\sin(\pi t/\Delta t)}{\pi t/\Delta t} = \mathrm{sinc}(\pi t/\Delta t)$$

Damit diese Formel zutrifft, muß $\Delta t < \pi/b_u$ erfüllt sein. Das A. kann leicht auf mehrdimensionale Signale (z. B. Bilder) erweitert werden. So darf man für im Rechteckraster $(\Delta x, \Delta y)$ abgetastete Bilder schreiben:

$$s(x,y) = \sum_{i=-\infty}^{\infty} \sum_{j=-\infty}^{\infty} s(i\Delta x, j\Delta y) h_{i,j}(x,y)$$

$$h_{ij}(x,y) = \mathrm{sinc}(\tfrac{\pi}{\Delta x}(x - i\Delta x)) \cdot \mathrm{sinc}(\tfrac{\pi}{\Delta y}(y - j\Delta y))$$

Wenn die Voraussetzungen des A. nicht erfüllt sind, wird das interpolierte Signal verzerrt (→ Aliasing). In der Praxis werden als Interpolationsfunktion Rechteck- oder Dreieckpulse verwendet (Halteglieder 0. bzw. 1. Ordnung). Man beachte, daß ein bandbegrenztes Signal notwendigerweise in einem unbeschränkten Gebiet nicht identisch verschwindet.

Abtastung

Umsetzung eines stetigen Signales in eine Folge von Abtastwerten.

Dazu wird durch ein periodisch arbeitendes Abtastglied die Signalamplitude f in den Tastzeitpunkten bzw. an den Punkten des Abtastrasters auf die nachfolgenden Verarbeitungseinheiten durchgeschaltet (Bild 1).

Die A. wird praktischerweise durch einen periodisch arbeitenden → ADU realisiert, so daß die diskrete Datenwortsequenz f^* in universellen oder speziellen Einrichtungen (→ Computer bzw. → Digitalfilter) ausgewertet werden kann.

Die resultierende Folge muß durch einen Interpolator (Halteglied) in eine kontinuierliche Funktion zurückgewandelt werden. Neben speziellen Digital-Analog-Umsetzern (DAU) wirken auch Stellglieder (z. B. Schrittmotor) oder die Trägheit des zu steuernden Objektes (z. B. nachleuchtender Bildschirm) als Interpolationsglieder.

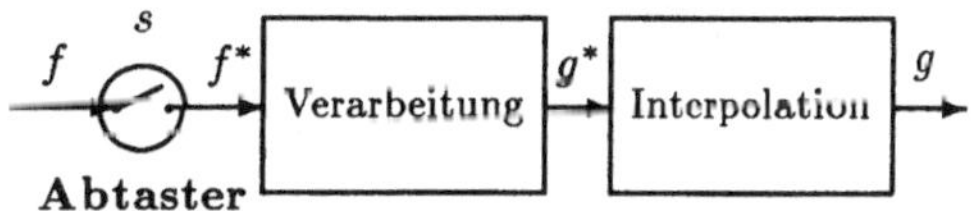

Bild 1

Das durch seine Abtastwerte repräsentierte stetige Signal g läßt sich aus der Folge der Abtastwerte g^* wiedergewinnen, wenn die Voraussetzungen des → Abtasttheorems erfüllt sind. Für die praktische Durchführung der A. müssen ein ausreichendes Integrationsintervall sowie gute Konstanz der Abtastfreqenz gefordert werden. Mathematisch wird die A. durch die Multiplikation des stetigen Signals f mit der periodischen Abtastfunktion s beschrieben.

$$d(x,y) = f^*(x,y) = f(x,y)s(x,y)$$

Das → Spektrum $D(u,v)$ eines Tastsignales ergibt sich aus der periodischen Wiederholung des Spektrums des stetigen Ursprungssignals $F(u,v)$ im Raster $\Delta u, \Delta v$ (Bild 2). Mit u, v und b_u, b_v werden die Kreisfrequenzen bzw. Grenzkreisfrequenzen bez. x, y bezeichnet.

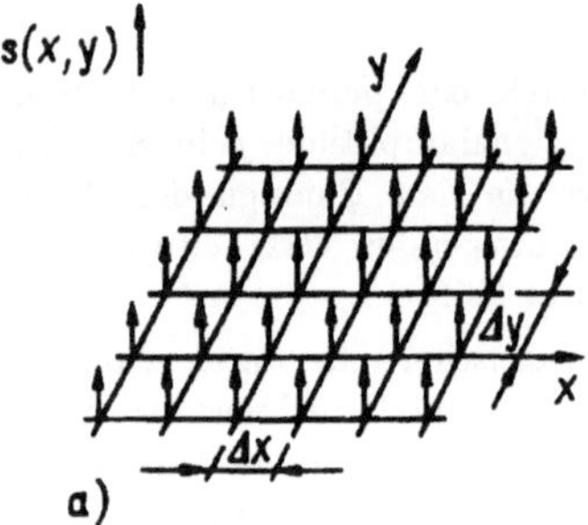

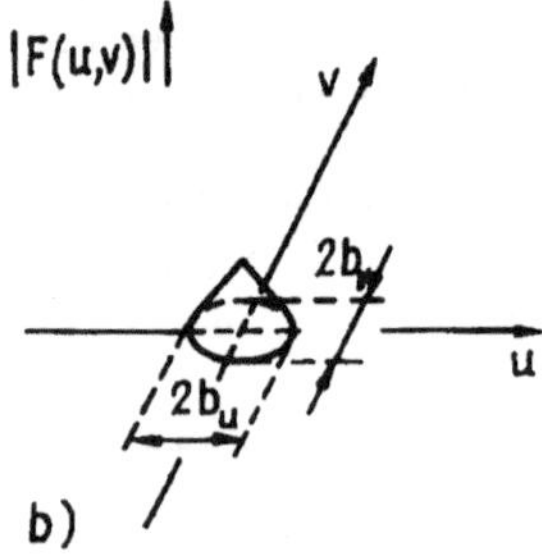

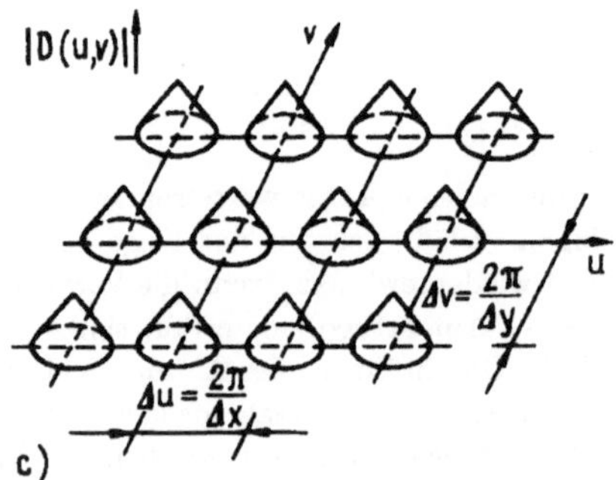

Bild 2

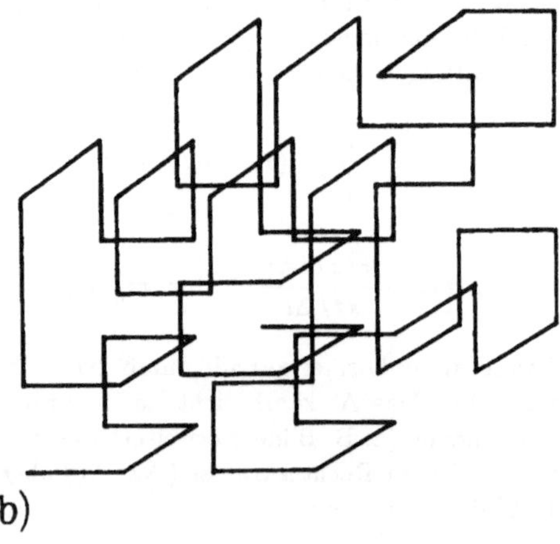

Bild 3

Bei der → digitalen Bildverarbeitung wird meist ein rechtwinkliges Abtastraster (zeilenweise von Spalte zu Spalte) angewandt (→ Raster). Auch hexagonale und zirkulare Abtastformen lassen sich häufig vorteilhaft einsetzen. Zunehmende Bedeutung erhalten Abtastformen, bei denen Flächen und Volumina auf geeigneten Kurven gleichförmig durchlaufen werden, z. B. Peano-Hilbert-Kurven (Bild 3a bzw. 3b).

Additive Farbmischung

Erzeugung von Mischfarben durch die Summierung (Überlagerung) von → Primärfarben.

Die a.F. kann durch

- sehr schnell aufeinanderfolgende Farbwechsel, die das Auge auf Grund seines begrenzten zeitlichen Auflösungsvermögens nicht einzeln wahrzunehmen vermag,

- oder sehr kleine, verschiedenfarbig leuchtende, dicht beieinander liegende Punkte erfolgen, die das Auge räumlich nicht auflösen kann,

verwirklicht werden. Für das Mischergebnis der a.F. sind die Farbwertanteile der drei Primärfarben maßgebend. Die a.F. ist eine Grundlage für alle üblichen Farbfernsehverfahren und für Farbrasterdisplays (→ Farbdisplay, → Rasterdisplay), die von → Computern gesteuert werden. Sie spielt damit bei der Erzeugung farbiger → Computergrafiken eine wesentliche Rolle. Die a.F. kommt sowohl in der Fernsehtechnik als auch bei rechnergesteuerten → Displays in der → Farbbildröhre zur Anwendung.

ADU

Abk. für Analog-Digital-Umsetzer. Elektronische Baugruppe, meist ein einzelner integrierter Schaltkreis, der eine analoge Spannung in eine digitale Darstellung wandelt.

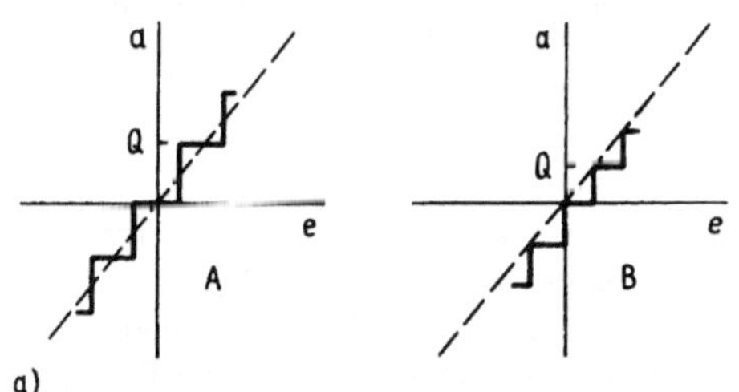

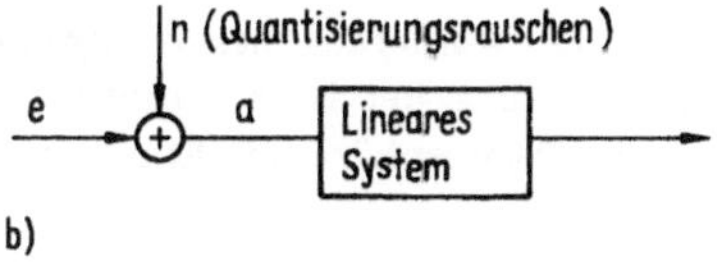

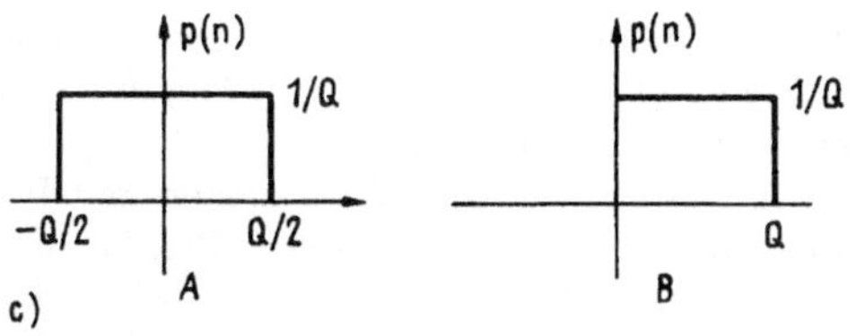

Ein ADU ist durch seine → Auflösung, d. h. die Anzahl der → Bit des ausgegebenen Datenwortes (5 ...14) sowie die zur Wandlung erforderliche Zeit (100 μs ...10 ns) charakterisiert. Bei b Bitstellen beträgt der Quantisierungsschritt des Signalbereichs S

$$Q = S2^{-b} \quad .$$

Der ADU ist das wichtigste Element der → Quantisierung von Signalen und führt eine wesentliche Nichtlinearität (Stufenkennlinie) ein, welche in guter Näherung durch eine Störung, das Quantisierungsrauschen n, modelliert wird (Bild b). Bild c) stellt die Verteilungsdichte des Quantisierungsfehlers nach den Kennlinien in Bild a) bei Rundung (A) und beim Abschneiden der niederwertigen Stellen (B) dar.

Affine Abbildung

Geometrische Abbildung, bei der sowohl die Geradlinigkeit und die Parallelität erhalten bleiben als auch das Verhältnis von beliebigen Originalstrecken auf parallelen Geraden gleich dem Verhältnis ihrer Bilder ist.

Das Teilverhältnis (Längenverhältnis) ist somit affin invariant. Figuren mit Mittelpunkt werden in Figuren mit Mittelpunkt abgebildet. Streckenlängen, Winkelgrößen, Flächeninhalte und Orientierungen können bei einer a.A. i. allg. geändert werden.

Eine ähnliche Abbildung verlangt darüberhinaus, daß senkrecht stehende Geraden wieder in senkrecht stehende Geraden überführt werden (winkeltreue Abbildung).

Bei einer kongruenten Abbildung bleiben neben den Winkeln auch die Entfernungen (Längen) bei der Abbildung erhalten (strecken- und winkeltreue Abbildung). D. h. Figuren ändern nur ihre Lage.

Die a.A. ist ein Spezialfall der projektiven Abbildung, bei der lediglich das Doppelverhältnis, d. h. der Quotient zweier Teilverhältnisse (Längenverhältnisse) invariant ist. Punkte, die auf einer Geraden liegen, sog. kollineare Punkte, gehen wieder in kollineare Punkte über. Parallele Geraden bilden sich i. allg. in nicht parallele Geraden ab.

Für eine affine Koordinatentransformation in der Ebene gilt:

$$\begin{aligned} x_2 &= a_{11}x_1 + a_{12}y_1 + c \\ y_2 &= a_{21}x_1 + a_{22}y_1 + d \end{aligned} ,$$

wobei $(x_1, y_1), (x_2, y_2)$ die Koordinaten einander entsprechender Punkte bezeichnen. Die Konstanten c, d charakterisieren die → Verschiebung (Translation).

Im Falle der zweidimensionalen Ähnlichkeitstransformation gilt:

$$\begin{aligned} a_{11} &= a_{22} = s \cos\varphi \\ -a_{12} &= a_{21} = s \sin\varphi \end{aligned},$$

wobei s den Maßstab oder die Skalierung und φ den Rotationswinkel bezeichnen. Damit ergibt sich

$$\begin{aligned} x_2 &= s \cos\varphi\, x_1 - s \sin\varphi\, y_1 + c \\ y_2 &= s \sin\varphi\, x_1 + s \cos\varphi\, y_1 + d \end{aligned}$$

oder

$$\begin{aligned} x_2 &= a x_1 - b y_1 + c \\ y_2 &= b x_1 + a y_1 + d \end{aligned}$$

mit $\sqrt{a^2 + b^2} = s$.

Eine Kongruenztransformation hat zusätzlich $s = 1$.

AI

Engl. Abk. für artificial intelligence (→ Künstliche Intelligenz).

Akzeptanz

Annahme. Bereitschaft zur routinemäßigen Nutzung eines → rechnerunterstützten Systems.

Die Entwicklung der → Computergrafik hat wesentlich zu einem hohen Grad der A. vieler rechnerunterstützten Lösungen beigetragen. Dies betrifft vorrangig die Gestaltung der → Mensch-Rechner-Schnittstelle. Moderne Systeme für den → rechnerunterstützten Entwurf, die → rechnerunterstützte Projektierung, die → rechnerunterstützte Konstruktion (→ CAD-System), die → rechnerunterstützte Dokumentation, die → rechnerunterstützte Zeichnungserstellung, die → digitale Bildverarbeitung und zunehmend auch für die → rechnerunterstützte Fertigung verfügen über eine Mensch-Rechner-Schnittstelle, die auf Computergrafik basiert, den Arbeitsgewohnheiten des kreativen Menschen weit entgegenkommt und eine effektive → interaktive Arbeitsweise ermöglicht.

Für einen bestimmten Kreis von Nutzern entwickelte rechnerunterstützte Systeme werden jedoch durchaus nicht immer von diesen Nutzern akzeptiert. Von Systemfehlern abgesehen sind die wichtigsten Gründe für eine Ablehnung des Systemeinsatzes:

- Der Umfang an bereitgestellten → Funktionen ist so beschränkt, daß ein unvertretbar hoher Aufwand an Eigenentwicklung zur Erweiterung des Systems durch den Nutzer getrieben werden muß.
- Das System ist nicht offen (→ offenes System), d. h. es kann gar nicht (oder nur mit extrem hohem Aufwand) erweitert bzw. angepaßt werden.
- Das System besitzt keine → Schnittstellen, die Standards (→ Standardisierung) oder zumindest Konventionen entsprechen oder wenigstens leicht überschaubar und damit leicht beherrschbar sind. Das System ist dann schwer oder gar nicht in solche umfassendere Lösungen integrierbar, die einen hohen Grad der → Durchgängigkeit rechnerunterstützter Arbeitsweise gewährleisten.
- Die → Mensch-Rechner-Schnittstelle wird den Anforderungen an die → Mensch-Rechner-Kommunikation nicht gerecht.

Albedo

Für die Bilderzeugung entscheidende Eigenschaft des Rückstrahlvermögens eines Körpers.

Die Energie des nach allen Richtungen diffus zurückgeworfenen Lichtes wird auf die Energie eines parallel einfallenden Strahles bezogen. So hat Kreide ein A. von fast 1,0 und Ackererde von 0,08. Bei der für die Minderung des Kontrastes bei der → Fernerkundung der Erde verantwortlichen Streuung in der Atmosphäre spricht man vom A. des Luftplanktons.

Algorithmus

Endliche geordnete Liste von Anweisungen zum Berechnen oder Entscheiden, die ein Verfahren zur Lösung einer Aufgabe beschreibt.

Ein A. besteht aus Grundoperationen und Bedingungen, die nach bestimmten Regeln miteinander verknüpft werden. Dabei wird eine Transformation von vorgegebenen Eingabedaten in gewünschte Ausgabedaten, und zwar in endlich vielen Schritten, bewerkstelligt. Ein A. heißt deterministisch, wenn die Zuordnung der Ausgabedaten zu den Eingabedaten eindeutig ist.

Er heißt stochastisch, wenn für konkrete Eingabewerte nur Wahrscheinlichkeitsaussagen über die Ausgabewerte gemacht werden können. Die Formulierung von A. ist notwendige Voraussetzung für die Aufgabenlösung mit dem → Computer. A. werden dargestellt mittels mathematischer Ausdrücke, grafischer → Schemata (Ablaufplan, Struktogramm) und vor allem als Texte in Programmiersprachen.

Ein A. ist eine maschinell realisierbare Vorschrift zur Lösung einer Aufgabe (Task). Zur Lösung einer bestimmten Aufgabe sind mehrere A. möglich. Es gibt auch sehr allgemein formulierte Aufgaben, für die nachweislich keine Algorithmen existieren (unentscheidbare Probleme). A. werden durch ihre Komplexität in Rechenzeit oder Speicherplatzbedarf für stark abstrahierte → Modelle von Rechnern bewertet. Die Komplexität entspricht Abschätzungen dieser Kennwerte in Abhängigkeit von der Problemgröße n (z. B. Anzahl der → Knoten eines → Graphen, Anzahl der Abtastwerte eines Signals), meist asymptotisch für $n \to \infty$. Die folgende Tafel gibt näherungsweise an, wie die Problemgrößen sich bei gleichem Zeitaufwand erhöhen, wenn sich die Rechnergeschwindigkeit vervielfacht.

Zeitkomplexität	Rechnerleistung	
	$\times 10$	$\times 1000$
n	$10n$	$1000n$
$n \lg n$	$10n$	$330n$
n^2	$3n$	$32n$
n^5	$1,6n$	$4n$
$1,1^n$	$n+24$	$n+72$
2^n	$n+3$	$n+10$
10^n	$n+1$	$n+3$

Man erkennt, daß A. mit exponentiell anwachsender Komplexität selbst mit leistungsfähigen Rechnern praktisch nicht behandelbar sind. In diesen Fällen sind heuristische A. erforderlich, die weniger komplex sind, wobei die Aufgabe dann nur angenähert gelöst wird. Die Bewertung und Formulierung (→ Programm) eines A. ist von dem verwendeten Rechner und der verwendeten Programmiersprache abhängig, nicht aber seine Komplexitätsklasse.

Aliasing

Signalfehler, der bei Verletzung des → Abtasttheorems entsteht.

Wenn die Bedingungen des Abtasttheorems nicht erfüllt sind, dann ist die fehlerfreie Rückgewinnung des stetigen Signals aus seinen Abtastwerten nicht mehr möglich.

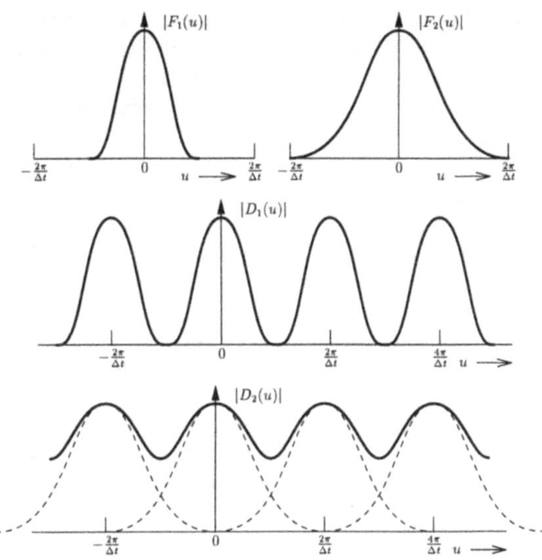

Die oberen beiden Bilder zeigen die → Spektren $F_1(u)$ und $F_2(u)$ zweier stetiger Signale s_1 bzw. s_2 mit der Kreisfrequenz $u = 2\pi f$. Das Bild in der Mitte zeigt das Spektrum $D_1(u)$ des abgetasteten schmalbandigen Signals s_1. Es entsteht durch Replikation (Vervielfachung), Verschiebung und Überlagerung des Spektrums F_1, ohne daß seine Grundform verändert wird. Die gestrichelten Kurven im unteren Bild entsprechen dem abgetasteten breitbandigen Signal. Sie überlagern sich zu dem durchgezogenen Verlauf, aus dem das ursprüngliche Spektrum nicht ohne zusätzliche Informationen rekonstruiert werden kann. Das bei Interpolation entstehende Fehlersignal wird A. genannt. Besonders stark verfälscht werden feine Linienmuster, bei denen sich das A. in Moiréeffekten und Richtungsänderungen äußert.

ALU

Abk. für → arithmetisch-logische Einheit.

Analoge Bildverarbeitung

Verarbeitung von zweidimensionalen Signalen mit

kontinuierlichen Informationsparametern und in nicht abgetasteter Form (→ Abtastung).

Bei der optischen a.B. wird der Informationsparameter durch die elektrische Feldstärke in Betrag und Phase oder die Energiedichte des elektromagnetischen Feldes in der Bildebene gegeben, wobei die zeitliche Mittelung bei der Aufzeichnung auf Registriermedien (z. B. Photoschicht) oder der Detektion durch Sensoren (Integrationszeit) eine entscheidende Rolle spielt (→ Intensität). Die Grundgleichungen der optischen a.B. werden aus den Gesetzen der geometrischen und Wellenoptik hergeleitet. Der besondere Vorteil der optischen a.B. ist die hohe Verarbeitungsgeschwindigkeit. Sie ist aber stark von der Entwicklung hochwertiger Materialien und Geräte zur Registrierung, Modulation und Erzeugung von Licht anhängig.

$h(x,y)$ sei die systemspezifische → Impulsantwort des optischen Systems. In den folgenden Formeln bedeute eine Überstreichung die zeitliche Mittelung über ein ausreichend großes Zeitintervall, zumindestens die Integrationszeit des Lichtempfängers.

- Kohärenter Fall

  Feldstärke in der Objektebene:

  $$f(x,y,t) = \rho(x,y)\exp(\jmath\omega t)$$

  Feldstärke in der Bildebene:

  $$g(x,y,t) = \sigma(x,y)\exp(\jmath\omega t)$$

  Abbildung:

  $$\sigma(x,y) = \int_{-\infty}^{\infty}\int_{-\infty}^{\infty} h(x-\xi, y-\eta)\rho(\xi,\eta)\,d\xi\,d\eta$$

  Bei der Auslegung und Berechnung von kohärent-optischen Systemen wird die Tatsache benutzt, daß die Abbildung durch eine Feldverteilung vermittelt wird, die bis auf eine Konstante der → **Fourier**transformation des Signals $\rho(x,y)$ entspricht.

- Inkohärenter Fall

  Intensität in der Objektebene:

  $$e(x,y) = \overline{f(x,y,t)^2}$$

  Intensität in der Bildebene:

  $$a(x,y) = \overline{g(x,y,t)^2}$$

  Abbildung:

  $$a(x,y) = \int_{-\infty}^{\infty}\int_{-\infty}^{\infty} |h(x-\xi, y-\eta)|^2 e(\xi,\eta)\,d\xi\,d\eta$$

Weil die resultierende Impulsantwort nie negative Werte annehmen kann, wirken nichtkohärente Systeme der a.B. als Tiefpässe (→ Tiefpaßfilter). Zwecks unbeschränkter Modellierung des Faltungsintegrals werden deshalb optische Vorlagen $h(x,y), e(x,y)$ in Form von Diapositiven (→ Masken) übereinandergelegt, wodurch die Multiplikation und durch einen flächenintegrierenden → Sensor die Integration nachgebildet werden. Diese Berechnung wird dann mit gegeneinander verschobenen Masken wiederholt. Dieses Prinzip wird auch bei Schattenwurfverfahren verwendet, bei denen der Schatten einer Maske eine andere Maske abdeckt.

Bei der elektronischen a.B. werden als Informationsparameter die elektrische Spannung und davon abgeleitete elektrische Größen verwendet. Die Voraussetzungen dafür wurden durch die Fernsehtechnik geschaffen. Die Verarbeitung in üblichen elektronischen Systemen der a.B. ist meist durch das Fehlen geeigneter → Bildspeicher eingeschränkt. Deshalb erfolgt die Verarbeitung meist nur in Zeilenrichtung. Methoden der elektronischen a.B. werden sich vor allem in der sensornahen Vorverarbeitung (→ elektronische Kamera) durchsetzen. Durch Einsatz von elektronischen Kanälen können viele Nachteile nichtkohärenter Systeme der a.B. ausgeglichen werden. Man spricht dann von hybrider a.B..

Analytic Solid Modeling

Engl., analytische → Festkörpermodellierung. Verfahren zur → Modellierung von Festkörpern.

Mittels A.S.M. werden → 3D-Modelle erzeugt, die die → Vereinigung $\cup_\nu Z^\nu(W)$ sich nicht überlappender Hyperpatches sind. Letztere entstehen durch die Abbildung

$$Z^\nu : W \to R^3, Z_\nu(x_1,x_2,x_3) = \sum_{i,j,k=0}^{3} S^\nu_{i,j,k} x_1^i x_2^j x_3^k$$

des Einheitswürfels $W(0 < x_{1,2,3} < 1)$ in den dreidimensionalen Raum (Bild). Diese Abbildung ist kubisch in jeder der drei Variablen. Sie wird durch insgesamt 64 Vektorkoeffizienten (also 192 Skalare) spezifiziert.

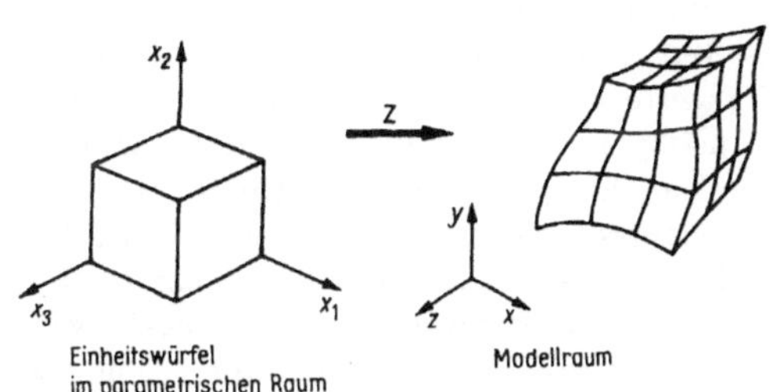

A.S.M. ist besonders geeignet, wenn Materialeigenschaften von Körpern in die Modellierung einbezogen werden sollen. Dies ist z. B. bei der Analyse der Festigkeit von Bauteilen der Fall. A.S.M. kommt dementsprechend in Zusammenhang mit der → FEM-Analyse zur Anwendung.

A.S.M. kann als Erweiterung der Zusammensetzung von Flächenstücken (→ Patch) zu komplexen Flächen verstanden werden. Daher resultiert auch der Begriff Hyperpatch.

Änderungsdetektion

→ *Bildfolgenanalyse.*

Angepaßtes Filter

Engl. matched filter. Lineares Filter (→ Bildfilterung), dessen → Impulsantwort an ein gesuchtes Bildelement von bekannter Form, Größe und Orientierung angepaßt ist.

Bei Anwendung eines a.F. auf ein Eingangsbild liefert das Ausgangsbild ein Maß für die Übereinstimmung zwischen Eingangs- und gesuchtem Signal in der aktuellen Position. Eine Signalspitze weist auf das Vorhandensein des gewünschten Elementes hin. Bekanntestes Beispiel ist die Detektion von Linien- oder Kantenelementen. (→ Linienbild, → Kantendetektion). Ein a.F. ist im Sinne der → Methode der kleinsten Quadrate mit der Korrelation verwandt (→ Bildkorrelation).

Animation

→ *Computer Animation.*

Antialiasing

Maßnahmen zur Reduktion der durch → Aliasing oder grobes → Resampling verursachten Bildsignalfehler.

A. beinhaltet damit die Beschneidung des Spektrums des abzutastenden Signals bei hohen Raumfrequenzen bzw. die verbesserte Interpolation. Die Wirkung des A. kann am besten anhand schräg verlaufender Kanten beurteilt werden. Durch A. kann eine erheblich verbesserte subjektive → Auflösung erreicht werden.

Anwenderprogramm

→ Programm, das für ein spezielles Einsatzgebiet vorgesehen ist und meist unter Mitwirkung des Anwenders erstellt wurde.

Neben den zum Betrieb eines → Computers notwendigen Systemprogrammen (→ Betriebssystem) ist für die effektive Lösung von spezifischen Aufgaben des → Nutzers weitere → Software notwendig. Meist reicht die Leistungsfähigkeit universeller Programmsysteme für konkrete Anforderungen nicht aus, so daß der Nutzer eigene Programme als Ergänzung zu vorhandenen entwickelt oder entwickeln läßt. Typische Beispiele sind Programme zur Automatisierung bestimmter Schritte im Rahmen eines → rechnerunterstützten Entwurfs, die bei einem Anwender besonders häufig vorkommen.

Durch Erweiterung z. B. von CAD-Basissystemen (→ CAD) um A., die für eine ganze Branche relevant sind, entstehen sog. Branchenlösungen.

Anwenderschicht

Komponente eines Schichtenmodells, die die anwenderspezifischen Teile enthält.

In einem Schichtenmodell werden verschiedene Bestandteile und Zusammenhänge eines EDV-Projektes in vereinfachter grafischer Form dargestellt. Die A. ist dabei meist die oberste Schicht, die die anwendungungsspezifischen Aspekte der → Rechnerunterstützung des → Nutzers enthält. Jede Schicht ist eine relativ selbständige Einheit und arbeitet häufig nur mit den beiden benachbarten Schichten direkt zusammen.

Die A. besteht aus → Anwenderprogrammen, die wiederum die Komponenten der darunter liegenden Schichten zur Erfüllung der geforderten Aufgabe in sinnvoller Weise aufrufen.

Anwendersoftware

→ Software, die vom Anwender selbst oder ei-

nem Softwareentwickler für eine spezielle Aufgabenklasse entwickelt wurde.

Die A. umfaßt neben den → Anwenderprogrammen auch die zugehörigen Dokumentationen in Form von Bedieneranleitung, Anwenderdokumentation und weiteren Systemunterlagen. Obwohl A. relativ speziellen Charakter hat, ist eine weitgehende Nachnutzung mit evtl. Anpassung bei verschiedenen Anwendern sehr häufig möglich. Dazu ist eine gute Dokumentation, Strukturierung und Kommentierung der Software nach möglichst einheitlichen Prinzipien eine unabdingbare Voraussetzung.

Zuweilen werden die Begriffe A. und → Anwenderprogramm auch synonym verwandt.

Apodisation

In der Optik gebräuchlicher Ausdruck für die Anwendung eines → Fensters auf ein → Bildsignal.

Bei der A. wird der interessierende Bereich des Bildes durch eine zu ihrem Rande hin abnehmende Transparenz (→ optische Dichte) betrachtet. Dies entspricht der Multiplikation des Bildsignals mit einer Fensterfunktion. Durch die A. werden Signalseitenbänder, d. h. unerwünschte Beugungsmuster, unterdrückt.

Approximation

Genäherte (approximierte) rechnerinterne Darstellung eines Bildes oder eines dreidimensionalen Objektes bzw. Näherungslösung eines mathematischen Problems (→ Interpolation).

A. spielen in der → Computergeometrie und der → Computergrafik vor allem im Zusammenhang mit der → Modellierung und Darstellung komplizierter dreidimensionaler Objekte eine wichtige Rolle. Häufig werden in entsprechenden → rechnerunterstützten Systemen zumindest für bestimmte Teilprozesse wie z. B. für die → Visualisierung von → 3D-Modellen → Facettenmodelle als Ausgangspunkt genutzt. Bei derartigen Modellen ist die gesamte Oberfläche des Körpers durch eine Menge planarer Oberflächenelemente (Facetten) approximiert. Diese Facettierung (auch Polyederapproximation genannt) spiegelt sich meist auch im Abbild wider, das aus dem rechnerinternen 3D-Modell abgeleitet wird. Die Facetten können z. B. dadurch erkennbar werden, daß Konturen, die eigentlich gekrümmt sein müßten, durch kurze Strecken approximiert sind. Das Bild zeigt eine Facettenapproximation eines Teils einer Zylindermantelfläche. Wird jedes Facettenabbild für sich genommen farblich gleichmäßig in Abhängigkeit von der jeweiligen Normalenrichtung der Facette gefüllt, wird die Facettenapproximation auch in schattierten Bildern (→ Schattierung) deutlich sichtbar (s. Bildanhang). Zur Vermeidung dieser Effekte wird das → **Gouraud**-Shading und vor allem das → **Phong**-Shading angewandt, wobei allerdings erneut eine A. stattfindet.

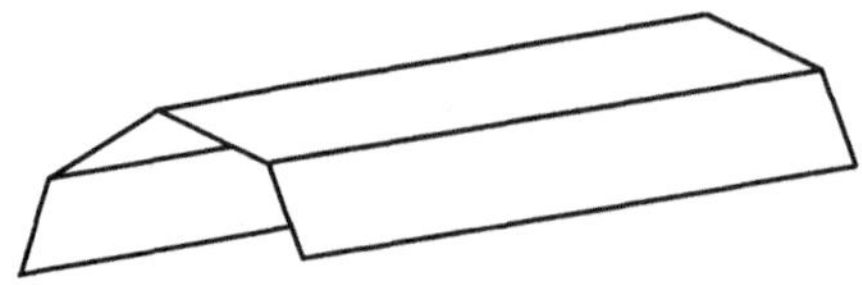

Für die Modellierung frei geformter Flächen im dreidimensionalen Raum (→ Freiformflächen-Modellierung) sind spezielle Verfahren entwickelt worden, die auch zur A. realer Körperoberflächen genutzt werden können.

In der Computergrafik und → digitalen Bildverarbeitung spielen A. aber auch in anderen Zusammenhängen eine wichtige Rolle. So kann man die Darstellung als → Rasterbild, die → Bildrestauration und → Bildrekonstruktion sowie viele → bildgebende Verfahren als Approximationsverfahren interpretieren.

Äquidensitenbild

Spezielles Verfahren der → Bildverstärkung.

Das Ä. dient der besseren visuellen Bildinterpretation. Bildinformationen, die bei einer speziellen Anwendung redundant oder sogar störend sind, sollen unterdrückt und dafür wichtige Bildinhalte deutlich hervorgehoben werden.

In einem Ä. werden Grauwerte, die im Original in ein zusammenhängendes Grauwertintervall fallen, durch einen einzigen Farb- oder Grauwert ersetzt oder auch durch synthetische Muster wiedergegeben. Es ist aber auch möglich, Grauwerte bestimmter Bildbereiche unverändert zu erhalten, während die Grauwerte anderer Bildbereiche durch einen neuen Ersatzwert dargestellt werden. Diese

Variante unterstellt, daß sich der Grauwertbereich eines abgebildeten Objektes und der Grauwertbereich des Hintergrundes nicht überlappen.

Arbeitsstation

Engl. workstation, → grafische Arbeitsstation.

Arithmetisch-Logische Einheit

Engl. arithmetical logical unit (ALU), Funktionseinheit in Prozessoren.

Die ALU verknüpft Daten entsprechend arithmetisch oder logischen Funktionen und ist damit neben Registern, dem Befehlsdekoder und dem Steuerwerk eine der zentralen Funktionseinheiten eines Rechners (→ Hardware).

Die ALU kann als Erweiterung eines binären Volladdierers verstanden werden. Die Erweiterungen sind die Übertragsverarbeitung, die Umschaltmöglichkeit zwischen arithmetischen und logischen Funktionen und die Modifikationen der Eingangsvariablen. Die logische und/oder arithmetische Verknüpfung der Daten erfolgt mit logischen Funktionen (z. B. Negation, logisches ODER, logisches UND, exklusives ODER) bzw. arithmetischen Funktionen (Addition, Subtraktion). Um größere Verarbeitungsbreiten zu erzielen, können mehrere ALUs zusammengeschaltet werden, wobei eine entsprechende Übertragsverarbeitung erfolgen muß.

Aspektanzeiger

Engl. aspect source flag. Im Rahmen des grafischen Kernsystems (→ GKS) definierte zweiwertige Größe.

Der A. gibt an, ob ein → Attribut eines → Darstellungselements individuell oder gebündelt, d. h. über eine → Bündeltabelle spezifiziert wird.

Assoziativspeicher

Speichereinheit, bei der die einzelnen Zellen nicht durch ihre Adresse, sondern an Hand des Inhalts ausgewählt, gelesen und modifiziert werden können.

Eine Erweiterung des A. mit einer oder mehreren Verarbeitungseinheiten zur komplexen Verknüpfung des Inhalts der Speicherzellen wird Assoziativprozessor genannt. Assoziativrechner enthalten A. oder Assoziativprozessoren. A. werden auch als inhaltsadressierte Speicher, im Engl. content addressable memory (CAM) bezeichnet.

Ein A. kann softwaremäßig vermittels einer konventionellen Konfiguration aus Speicher und Prozessor nachgebildet werden. Der im wesentlichen sequentiell ablaufende Suchprozeß bleibt für den → Nutzer transparent, d. h. wird von ihm nicht wahrgenommen. Das Hauptziel der assoziativen Speicherung, nämlich ein schneller paralleler Zugriff, wird so jedoch nicht erreicht. Beim vollparallelen assoziativen Zugriff wird an den zu untersuchenden Speicherblock ein Suchwort angelegt, aus dem durch ein Maskenwort die für die Nachfrage relevanten Bitpositionen extrahiert werden. Jede 1-Bit-Speicherzelle verfügt über eine Vergleichslogik, deren Ausgang in einer Sammellogik für jedes Speicherwort ausgewertet wird. Im einfachsten Fall sind das die Äquivalenz oder das logische UND.

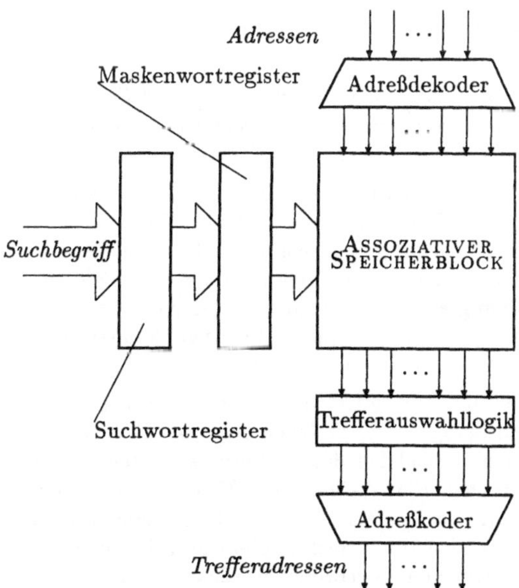

Zunehmende Bedeutung gewinnen A. außer bei Datenbanken bei Anwendungen der → Künstlichen Intelligenz. So werden in der Sprache PROLOG das Durchsuchen umfangreicher Datenbasen und die Formierung neuer Datensätze auf Grund von Regelanwendungen in impliziter Weise programmiert, so daß die erforderliche Leistung nur noch durch wortparallelen Zugriff gewährleistet wird. Auch konventionelle Programmiersprachen werden durch assoziative Konstruktionen (WHERE, IF ANY, IF ALL) erweitert. Der inhärente Parallelismus von A. empfiehlt sie auch für die digitale Signalverarbeitung und numerische Analyse, z. B. wenn festgestellt werden muß, in welche Intervalle berechnete Werte fallen.

Die schnelle Entwicklung von Parallelrechnern läßt erwarten, daß mit ihnen das assoziative Speicherkonzept effektiv emuliert werden kann. Im Sinne der → Künstlichen Intelligenz wird von einem A. mehr als nur das inhaltsbezogene Speichern und Wiederauffinden verlangt. Es wird erwartet, daß die zu speichernden Daten sich in Hierarchien verschiedener Abstraktionsstufen einordnen (Begriffsassoziation), sich automatisch als strukturierte Folgen darstellen (Selbstorganisation) und dies bei wechselnden Umgebungen und Kontexten (Adaption und Lernen).

Attribut

Bestandteilen → rechnerinterner Modelle (insbesondere rechnerintern vorliegender→ Computergrafiken) zugeordnete Charakteristik.

Typische Beispiele für die Verwendung von A. sind die Zuordnung verschiedener Materialien zu verschiedenen Teilen eines → 3D-Modells, die nichtverschwindende Volumina besitzen, die Zuordnung eines → Linientyps oder einer Farbe zu einem → Linienzug sowie die Angabe einer Höhe für Maßzahlen in einer technischen Zeichnung.

Im Rahmen der Computergrafik wird über die Zuordnung von A. zu Teilen einer Grafik deren Erscheinungsbild bei der → Ausgabe gesteuert. Im grafischen Kernsystem (→ GKS) können A. den im GKS definierten → Darstellungselementen sowie aus mehreren solchen Elementen bestehenden → Segmenten zugeordnet werden. Im ersten Fall spricht man vom Darstellungsattribut, im zweiten vom Segmentattribut. In der Tafel sind alle A. der Dartellungselemente des GKS aufgeführt. Diese Attribute können vom → Anwenderprogramm individuell spezifiziert oder auch gebündelt festgelegt werden. Die entsprechenden → Aspektanzeiger steuern die Auswahl zwischen diesen beiden Alternativen. Für die Spezifikation über ein Bündel gibt es ein A. je Darstellungselement, das einen Index in eine → Bündeltabelle darstellt.

Darstellungselement	Attribute (AA: Aspektanzeiger)
Linienzug	Linienzugindex Linientyp Linienbreitefaktor Linienzugfarbindex AA Linientyp AA Linienbreitefaktor AA Linienzugfarbindex Pickerkennzeichnung
Polymarke	Polymarkenindex Markentyp Markenvergrößerunsfaktor Polymarkenfarbindex AA Markentyp AA Markenvergrößerungsfaktor AA Polymarkenfarbindex Pickerkennzeichnung
Text	Textindex Schriftart und -qualität Zeichenbreitefaktor Zeichenabstand Textfarbindex AA Schriftart und -qualität AA Zeichenbreitefaktor AA Zeichenabstand AA Textfarbindex Zeichenhöhe Zeichenaufwärtsvektor Schreibrichtung Textausrichtung Pickerkennzeichnung
Füllgebiet	Füllgebietsindex Füllgebietsausfüllung Füllgebietsausfüllungsindex Füllgebietsfarbindex AA Füllgebietsausfüllung AA Füllgebietsausfüllungsindex AA Füllgebietsfarbindex Mustergröße Musterreferenzpunkt Pickerkennzeichnung
Zellmatrix	Pickerkennzeichnung
Verallg. Darstellungselement (VDEL)	Pickerkennzeichnung

Das in der Tafel aufgeführte verallgemeinerte Darstellungselement (VDEL) darf außerdem die Attribute anderer Darstellungselemente mitnutzen. Ist das VDEL z. B. ein Kreissegment mit Umrandung, so können zum Füllen seines Inneren die aktuellen Füllgebietsattribute und zum Umranden die aktuellen Linienzugattribute benutzt werden.

Segmentattribute sind im GKS:

- → Segmenttransformation,
- Sichtbarkeit (visibility),
- Hervorheben (highlighting),
- → Segmentpriorität,
- Ansprechbarkeit.

Aufforderung

Engl. prompt. Mitteilung, die dem → Nutzer eines → rechnerunterstützten Systems bei der → interaktiven Arbeitsweise die Verfügbarkeit eines → Eingabegerätes mitteilt und zu dessen Bedienung auffordert.

Die primitivste Form der A. ist die → Ausgabe eines kurzen → Textes (z. B. `enter value >`) auf einem → Display. Im Rahmen der → Computergrafik und → digitalen Bildverarbeitung sind solche Signalisierungen wie das Erscheinen eines → Fadenkreuzes oder eine blinkende Marke an einem → Menü → grafischer Funktionen auf einem → Bildschirm von besonderer Bedeutung.

Auflösung

Im Sinne von → Computergrafik und → digitaler Bildverarbeitung Maß für je Raum- oder Zeiteinheit unterscheidbare Intensitätsstufen bei der Bildeingabe bzw. Bildausgabe.

1. Örtliche Dichte der Meßflecke (Rastermaß) bei der → Digitalisierung oder der Bildpunkte des Wiedergabemediums (→ Display) oder die Anzahl der Intensitätswerte (auch Farbwerte), in die ein → Bildsignal bei der → Quantisierung umgesetzt wird. In der Computergrafik und Bildverarbeitung wird unter A. auch nur die Anzahl der → Bildpunkte des → Bildformats verstanden.

Um reproduzierbare und visuell befriedigende Ergebnisse zu erhalten, wird eine hohe Auflösung angestrebt. Grenzen sind durch Speicher- und Rechenaufwand, aber auch durch Rauschen und Empfindlichkeit der Aufnahme- und Wiedergabegeräte gegeben (→ Aliasing, → Abtasttheorem). So hat sich für professionelle Anwendungen im Bereich → CAD bei → Rasterdisplays eine A. von typischerweise 1280×1024 Bildpunkten durchgesetzt, da eine größere A. wesentlich höheren Aufwand sowohl bei der Fertigung entsprechender → Bildröhren als auch bei der Herstellung hochfrequenztüchtiger Halbleiterbauelemente erfordert.

Die A. des menschlichen Sehappaartes beträgt ungefähr 4000×4000 für das gesamte Gesichtsfeld.

Die A. wird gewöhnlich absolut oder in Punkten je Zentimeter, im engl. Sprachraum auch in Punkten je Zoll (Dot/Inch oder dpi) angegeben. Unerwünschte Digitalisierungseffekte können auch durch spezielle Algorithmen verringert werden (→ Dithering, → Antialiasing, → Oversampling).

2. Bewertung der in einem Photomaterial speicherbaren Information, gemessen in Linienpaaren (lp) pro mm.

Typische Werte sind für übliche Filme 100 lp/mm sowie für Holographie- und Mikrofilme 4000 lp/mm.

3. Grenze der Abbildung entsprechend den Gesetzen der geometrischen Optik, die erreicht wird, wenn die benutzte Blende klein gegenüber der Lichtwellenlänge ist.

Dann wird die Abbildung durch Beugungserscheinungen bestimmt. So ergeben zwei sehr eng beieinander liegende Sterne bei Beobachtung durch ein Fernrohr zwei wechselwirkende Ringmuster, so daß man sie unterhalb eines Winkelabstandes $\Delta\beta \approx 0,6\lambda/r$ nicht mehr voneinander trennen kann (λ – Lichtwellenlänge, r – Radius des Objektives).

Ausblenden verdeckter Kanten

Prozeß der Bestimmung → verdeckter Kanten mit einem → Algorithmus zur Lösung des → Verdeckte-Kanten-Problems und anschließender Unterdrückung der grafischen Darstellung dieser → Kanten bzw. Kantenabschnitte.

Ausgabe

Prozeß, bei dem rechnerinterne Objekte (z. B. → rechnerinterne Modelle) eines → rechnerunterstützten Systems dessen → Nutzer (z. B. auf einem → Bildschirm oder mittels → Plotter) oder einem anderen rechnerunterstützten System zur Verfügung gestellt werden.

Im Rahmen der → Computergrafik erfolgt die A. mit grafischen → Ausgabegeräten (→ grafische Geräte). So dient in einer typischen → Konfiguration eines → CAD-Systems i. allg. ein grafikfähiges → Display mit mehr oder weniger → lokaler Intelligenz der → Visualisierung von → 3D-Modellen, der Präsentation anderer Computergrafiken sowie u.U. auch der A. von Kommentaren, Fehlernachrichten und anderen alphanumerischen Daten, die aber auch über ein alphanumerisches Display ausgegeben werden können. Zur A. von Zeichnungen und anderen Grafiken zwecks Archivierung, Dokumentation und Werbung werden vorrangig Zeichenmaschinen, auch → Plotter genannt, verwendet (z. B. → Flachbettplotter, → Trommelplotter und → Tintenstrahlplotter). Daneben kommen dafür auch → Grafikdrucker zum Einsatz. Der A. von alphanumerischen Daten (wie Berechnungsergebnissen und Stücklisten) dienen → Drucker.

Eine weitere Ausgabemöglichkeit von Zeichnungen,aber auch von 3D-Modellen, besteht über standardisierte Geometrieschnittstellen wie z. B. IGES (International Graphics Exchange Spezifikation). Durch IGES wird die → rechnerinterne Darstellung (RID) z. B. von technischen Zeichnungen in eine lesbare standardisierte ASCII-Datei umgewandelt, die dann an ein anderes rechnerunterstütztes System ausgegeben werden kann, also insbesondere dem Austausch von Zeichnungen (in RID) zwischen verschiedenen CAD-Systemen dient.

Ausgabefunktion

→ Funktion zur → Ausgabe von rechnerinternen Objekten (wie von → Texten, numerischen Daten, Grafiken) an ein externes, an einen → Computer angeschlossenes, → Ausgabegerät.

In der → Computergrafik beinhaltet eine A. das Umwandeln der durch → Programme erzeugten und manipulierten, rechnerinternen grafischen Daten in sichtbare grafische Darstellungen bzw. deren Abspeicherung in Bilddateien (→ GKS-Bilddatei, → Metafile).

Mit Hilfe spezieller A. werden grafische Grundelemente (im Rahmen von → GKS → Darstellungselemente genannt) definiert und die entsprechenden Steuerbefehle an das Ausgabegerät geschickt. Typische A. für grafische Grundelemente sind (→ GKS, → GKS-3D, → PHIGS):

- Ausgabe eines → Linienzuges (polyline),
- Ausgabe einer → Polymarke (polymarker),
- Ausgabe eines → Textes.

Als grafische Ausgabegeräte (→ grafisches Gerät) können z. B. → Plotter und grafische Terminals dienen.

Ausgabegerät

Komponente eines → rechnerunterstützten Systems zur → Ausgabe von Daten in verschiedenen Darstellungsarten.

Die jeweilige Form der Datenausgabe hängt von den konkreten Eigenschaften des Gerätes und den speziellen vom → Nutzer festzulegenden Parametern ab. Man unterscheidet

- Geräte zur alphanumerischen bzw. grafischen Anzeige der Daten (→ Bildschirmgerät, → Grafikdisplay),
- Geräte zur Ausgabe auf Datenträgern in lesbarer Form (→ Drucker),
- Geräte zur Ausgabe von Zeichnungen auf verschiedenen Papierformaten (→ Flachbettplotter, → Trommelplotter),
- Geräte zur Speicherung von Daten auf maschinenlesbaren Datenträgern (Magnetband, Magnetplatte, Diskette u. a.),
- Geräte für spezielle Anwendungsgebiete (Mikrofilmspeicher, Sprachausgabe, Prozeßsteuerung).

Manche A. werden auch als → Eingabegeräte verwendet. Dies gilt für alle Speichergeräte und solche Bildschirmgeräte, die mit zusätzlichen Eingabehilfsmitteln wie → Lichtstift oder → Maus versehen sind.

Viele A. bieten umfangreiche Hilfsmittel zur genaueren Festlegung der Art der Datenausgabe (Datensatzformat, Dateistruktur, Zeichensatz, Konvertierung, → Linientypen, Textformen, Ausgabegeschwindigkeit, Fehlerbehandlung usw.).

Auswähler

Engl. choice device. Im Rahmen von → GKS Bezeichnung für ein → logisches Eingabegerät, das eine nichtnegative ganze Zahl liefert, die ihrerseits eine Auswahl aus mehreren Möglichkeiten der → Eingabe seitens des → Nutzers repräsentiert.

Bei der → interaktiven Arbeitsweise muß der Nutzer von → Computergrafiksystemen bzw. → Bildverarbeitungssystemen häufig zwischen verschiedenen diskreten Möglichkeiten der Systembedienung und damit der Eingabe von → Informationen entscheiden. Dies betrifft die Auswahl sowohl verschiedener Systemfunktionen als auch vorgefertigter Objekte wie z. B. von → Symbolen.

Zur Erleichterung dieser Entscheidungen verwendet man meist die → Menütechnik. Dabei werden auswählbare → Funktionen oder Objekte mnemotechnisch (mittels natürlichsprachlicher Begriffe oder stilisierter Grafiken (→ Ikonen)) entweder auf → Bildschirmen oder auf Auflegern aus Papier auf → Menütableaus dargestellt. Das Bild 2 unter → CAD/CAM-System zeigt einen Ausschnitt aus einem solchen Menüaufleger, der grafische Funktionen repräsentiert. Die Auswahl aus dem → Menü läßt sich durch Lokalisieren eines elektronischen Stiftes auf dem → Tablett vornehmen.

Unabhängig von der Art der Realisierung werden in der Terminologie von GKS alle logischen → Eingabegeräte, die eine Auswahl im o.g. Sinn ermöglichen, zur → Eingabeklasse A. gerechnet.

Autofokus

Engl. autofocus. Automatische Brennweiteneinstellung eines optischen Systems.

Ein A. wird durch die maschinelle Suche nach dem Extremum einer Funktion des Bildinhaltes realisiert. Gut geeignet sind das mittlere Quadrat des Bildgradienten (→ Kantendetektion) bzw. die normalisierte Standardabweichung des → Bildsignals. Andere Methoden realisieren den A. mittelbar durch Messung der Entfernung zum Objekt mittels aktiver akustischer oder optischer → Sensoren.

Autokorrelation

→ *Bildkorrelation.*

Automatische Bildanalyse

Verfahren der maschinellen Extraktion von anwendungsrelevanten Informationen aus Bildern.

Dieser Begriff vereinigt Techniken der → digitalen Bidverarbeitung, der → analogen Bildverarbeitung, des → maschinellen Sehens und der → Mustererkennung ohne Ansehen der verwendeten Gerätetechnik und unter Betrachtung der gesamten Kette von der Bildgewinnung bis zum → Bildverstehen. Eine eventuelle → interaktive Arbeitsweise beschränkt sich auf helfende Eingriffe des Benutzers.

Automatische Schriftzeichenerkennung

Spezielle und effektive Methoden für die automatische Auswertung und Kodierung schriftlich vorliegender Informationen.

Die a.S. gilt als bedeutsame Automatisierungshilfe für Zahlungsverkehr, Verwaltung, Lagerhaltung, Einkauf, Verkauf usw.. Schriftliche Informationen können ohne Aufbereitung durch den Menschen in ein datenverarbeitendes System eingegeben werden. Notwendig sind spezielle Informationswandler, sog. Zeichenleser, für in analoger Form vorliegende Schrift. Ihre Aufgabe besteht darin, die Schriftzeichen von einer Vorlage abzutasten und den Schriftzeichen ihre Bedeutung als Kodewort zuzuordnen.

Besonders dann, wenn die verwendeten Schriftzeichen speziell für eine Maschinenerkennung entworfen wurden, können Zeichenleser, verglichen mit dem menschlichen Sehsystem, beachtliche Erkennungsgeschwindigkeiten erreichen.

Drei Verfahren der a.S. werden unterschieden:

- Optische Schriftzeichenerkennung (→ OCR – optical character recognition).

  Immer häufiger angewendetes Verfahren, das auf der optischen Erkennung von Schriftzeichen beruht, wobei meist spezielle Schriftsätze mit eingeschränktem Zeichenvorrat verwendet werden. Wie beim OMR wird die Schwärzung durch lichtempfindliche Sensoren in Zusammenwirken mit geeigneten Beleuchtungseinrichtungen gemessen und durch eine Erkennungseinheit ausgewertet.

- Erkennung von optischen Markierungen (OMR – optical mark reading).

Die als Markierungen mittels Schreibwerkzeug oder Druckwerk auf einem Beleg erzeugte Schwärzung wird beim Lesen mit Fotoelementen gemessen und ausgewertet. Ähnlich der Informationsdarstellung mittels Lochkarte ergibt sich die Bedeutung der Markierung aus ihrer Position.

- Magnetische Schriftzeichenerkennung (MICR – magnetic ink character recognition).

  Speziell entwickelte Zeichensätze werden mit magnetischer Tinte auf einen Beleg gedruckt. Beim Lesen dienen die durch die Relativbewegung zwischen Lesekopf und Beleg induzierten Spannungsverläufe zur Erkennung.

Automatische Zeichnungserstellung

Automatische Ableitung von Zeichnungen aus einem nichtgrafischen → rechnerinternen Modell mit Hilfe eines → Computergrafiksystems.

Die a.Z. dient der effizienten Erstellung grafischer Dokumentationen (→ rechnerunterstützte Dokumentation) aus solchen rechnerinternen Modellen, die die entsprechende grafische Darstellung nicht explizit einschließen. Typische Beispiele sind die automatische Erzeugung

- von Logikplänen aus Programmtexten, die in speicherprogrammierbaren Steuergeräten implementiert werden,
- maßstabsgerechter technischer Zeichnungen, die Bauteile einer Bauteilfamilie beschreiben, aus parametrisierbaren → 3D-Modellen (→ parametrisches Modell) im Rahmen der Variantenkonstruktion und Variantendokumentation.

Die a.Z. erfordert spezielle, problemangepaßte Programmsysteme, deren Funktionalität (→ Funktion) sich u. a. durch die Einbeziehung eines automatischen → Layout-Entwurfs in die → generative Computergrafik auszeichnet. So müssen z. B. bei der automatischen Erzeugung netzartiger grafischer → Schemata (→ Computer-Aided Schematics) wie Blockdiagramme, Logikpläne, Stromlaufpläne die → Symbole automatisch plaziert (→ Plazierung) und die Verbindungsnetze automatisch trassiert (→ Trassierung) werden. Bei vielen maßstabsgerechten technischen Zeichnungen sind u. a. das Layout der einzelnen Ansichten sowie die Bemaßungen automatisch vorzunehmen (auch letzteres schließt die Lösung von Layout-Problemen ein).

Die meisten Prozesse der → rechnerunterstützten Zeichnungserstellung erfordern heute noch einen relativ hohen Aufwand seitens des → Nutzers im Rahmen einer → interaktiven Arbeitsweise. So werden z. B. viele netzartige Schemata durch interaktive Symbolplazierung und interaktive Trassierung von Verbindungslinien erstellt, wobei der System-Nutzer mit wenig kreativen, aber sehr aufwendigen Routinearbeiten belastet wird. Beim Übergang zu einer a.Z. können hier Produktivitätssteigerungsfaktoren in Größenordnungen erreicht werden. Neben der Produktivitätssteigerung besteht ein wichtiger Vorteil der a.Z. gegenüber der interaktiven Zeichnungserstellung darin, daß unter der Voraussetzung eines fehlerfrei arbeitenden Systems die Zeichnung wirklich exakt die jeweiligen Modellaspekte wiedergibt. Auf Grund der Automatisierung des Dokumentationsprozesses ist es unmöglich, daß der Mensch (u. U. unbewußt) Fehler im Modell in der entsprechenden Dokumentation „herauskorrigiert“.

Zuweilen wird schon dann von a.Z. gesprochen, wenn die Zeichnungserstellung lediglich in interaktiver Arbeitsweise rechnerunterstützt erfolgt. Dabei handelt es sich jedoch um eine Entwertung des Begriffes.

Axonometrie

Verfahren der → Parallelprojektion, bei dem zusätzlich zum abgebildeten Körper ein rechtwinkliges Koordinatendreibein projiziert wird.

Durch die Lage der Achsen und die ebenfalls abgebildeten Maßeinheiten auf ihnen ist eine genauere Bestimmung der Lage des Körpers zum → Koordinatensystem und der wahren Längen von achsenparallelen Strecken möglich. Für die Bewegung eines Körpers im Koordinatensystem oder die genaue Festlegung des gewünschten Betrachterstandpunktes bei der → Projektion ist die Verwendung des projizierten Koordinatendreibeins ebenfalls sehr wichtig. Insbesondere interaktive Komponenten von → Computergrafiksystemen verwenden die A. als Orientierungshilfe für den → Nutzer.

Azimutalfilter

Als Gerät oder Programm ausgeführtes zweidimen-

sionales → Filter, welches bewußt mit richtungsabhängigen Übertragungseigenschaften ausgestattet wurde.

Der Name ist vom Begriff Azimut (Horizontalwinkel) abgeleitet worden. Zielstellung von A. ist die Unterdrückung bzw. Hervorhebung von Bildstrukturen wie Linien oder Kanten, die in einer bestimmten Richtung verlaufen. Bei der Bearbeitung von → Linienbildern werden adaptive A. verwendet. Zunächst wird für alle oder ausgewählte Bildpunkte die Linienrichtung geschätzt. Dieser Wert steuert ein damit ortsabhängigen A. so, daß es in Linienrichtung als → Tiefpaß- und senkrecht dazu als → Hochpaßfilter wirkt (s. Bildanhang).

B-rep

Engl. Abk. für boundary representation, → Begrenzungsflächen-Repräsentation.

B-Spline

→ *Spline.*

Balkendiagramm

Art von → Diagramm, bei der eine funktionale Abhängigkeit durch Aneinanderreihung von Rechtecken (Balken) repräsentiert wird (Bild).

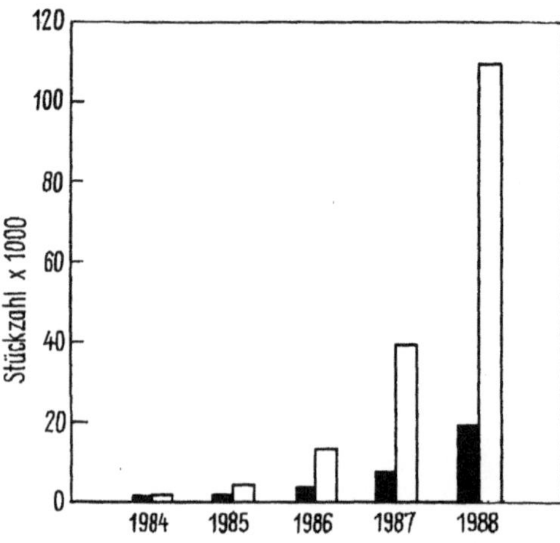

Diese Art der Darstellung ist dann besonders günstig, wenn ein kontinuierlicher Kurvenverlauf nicht sinnvoll oder nicht gegeben ist (z. B. bei einem → Histogramm). Häufig ist es nicht anschaulich und übersichtlich genug, in diesen Fällen die funktionale Abhängigkeit nur durch isolierte Punkte zu repräsentieren. So kommen z. B. in modernen Warten → Computergrafiksysteme zum Einsatz, die neben → technologischen Schemata und anderen Darstellungen auch B. erzeugen. Besonders günstig im Hinblick auf eine schnelle Informationsaufnahme durch den Menschen ist die farbliche Differenzierung von Balkenreihen mit verschiedenen Bedeutungen (z. B. Darstellung von Soll- und Istwerten einer bestimmten Prozeßgröße in einer Grafik). B. spielen wie → Kreisdiagramme auch in der → Geschäftsgrafik eine bedeutende Rolle. In diesem Bereich sind oft besonders anschauliche und einprägsame Darstellungen nötig. Hier werden deshalb häufig auch Farbdiagramme verwendet, bei denen die Rechtecke durch perspektivisch dargestellte Quader ersetzt sind.

Bandpaß

→ *Hochpaßfilter.*

Bandsperre

In der Bildverarbeitung ein Gerät oder Programm, welches Raumfrequenzen (→ Spektrum) aus einem schmalen Bereich, dem Sperrband, unterdrückt.

Mit einer B. werden vorzugsweise Zeilenstörungen und Störmodulationen des → Sensors bekämpft. Die meisten 2D-B. sind deshalb richtungsabhängig (anisotrop), d. h. → Azimutalfilter.

Bartlett-Fenster

Spezielles → Fenster in der Signalverarbeitung.

Das B. wird auch Dreiecksfenster genannt. In der 1D-Form wird es wie folgt definiert:

$$w(i) = \begin{cases} 1 - i/N & \text{für} \quad |i| \le N-1 \\ 0 & \text{sonst} \end{cases} .$$

Baud

Abk. Bd (gesprochen baut, auch bo:t oder bo:). Einheit der Übertragungsgeschwindigkeit für die Übertragung digitaler Signale.

Nach dem französischen Ingenieur **J.M.E. Baudot** (1845-1903) benannte Maßeinheit der Telegrafiergeschwindigkeit. Zunehmend wird unter 1 Bd insbesondere auf dem Gebiet der Datenübertragung die Übertragungsgeschwindigkeit von einem → Bit je Sekunde verstanden.

Baum

Engl. tree. Kreisfreier → Graph.

B. spielen in der → Computergrafik eine Doppelrolle. Einerseits sind in diesem Bereich wie auch in anderen Rechneranwendungen (z. B. der → digitalen Bildverarbeitung) Daten oft in Form von → Baumstrukturen organisiert (→ Quadtree, → Octree), andererseits sind B., insbesondere → Steiner-Bäume, Bestandteile vieler Grafiken. Dies betrifft vor allem grafische → Schemata (→ Computer-Aided Schematics), in denen einzelne Netze von Verbindungslinien zwischen → Symbolen oft B. sind.

Entscheidungsstrukturen von Klassifikatoren (→ Klassifikation) sind auch als B. organisiert.

Baumstruktur

Datenstruktur, deren Aufbau oder Abspeicherungsform durch den speziellen Graphen → Baum modelliert wird.

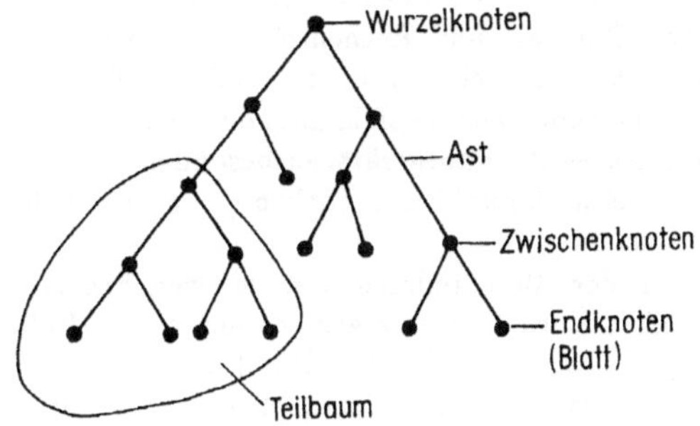

Im Unterschied zu linearen Datenstrukturen (Tabellen) ist die Anwendung von B. besonders dann von Vorteil, wenn hierarchische Beziehungen zwischen Modellbestandteilen bestehen (→ CSG-Modellierung) oder bestimmte geometrische Beziehungen zu berücksichtigen sind (z. B. → Cluster-Prioritäten bei der → Visualisierung von 3D-Szenen).

Bayesoptimaler Klassifikator

→ *Klassifikation.*

Begrenzungsflächen-Modellierung

Erzeugung eines → 3D-Modells eines dreidimensionalen Objektes, insbesondere eines festen Körpers (→ Festkörpermodellierung), in Form der → Begrenzungsflächen-Repräsentation.

Begrenzungsflächen-Repräsentation

Engl. boundary representation. Auf der Darstellung von Körperoberflächen beruhende Form der Beschreibung von → 3D-Modellen.

Bei der B. (auch B-rep genannt) wird jeder Körper durch die explizite Beschreibung seiner Begrenzungen modelliert, wobei zu sämtlichen Elementen der Körperoberfläche die Angabe der bez. des Körpers nach außen gerichteten Seite erfolgt. Ist jedes Element der Begrenzungsflächen planar, spricht man auch von → Facettenmodellen, die der approximativen Beschreibung realer Objekte mit gekrümmten Oberflächen dienen können. Begrenzungsflächen von Facettenmodellen stoßen an → Kanten zusammen. Mit Hilfe von B. ist stets eine vollständige (meist aber nur approximative), widerspruchsfreie und eindeutige rechnerinterne Körperdarstellung möglich. Diese Eigenschaft besitzen → Drahtmodelle, bei denen lediglich Körperkanten rechnerintern repräsentiert werden, nicht. Dennoch kommen diese wegen des geringen Modellierungs- und Visualisierungs-Aufwandes manchmal noch zur Anwendung.

Im Hinblick auf die → Eingabe von Körpermodellen hat die B. gegenüber der → CSG-Modellierung den Nachteil, daß durch Eingabefehler → Modelle entstehen können, die gar keinen Körper repräsentieren (z. B. durch Vergessen einer Fläche).

Beleuchtung

Bestrahlung von Objekten und Szenen zwecks besserer Erkennbarkeit.

Eine B. ist erforderlich, wenn die Eigenstrahlung der Objekte zur Bilderzeugung nicht ausreicht. Geräte zur B. sind wesentliche Komponenten von → Bildverarbeitungssystemen, insbesondere bei der visuellen Inspektion und der → Mikroskopbildanalyse. Die B. ist der jeweiligen Aufgabenstellung anzupassen, um einen guten Kontrast zwischen Objekt und Hintergrund zu erzeugen und um räumliche Strukturen und interessierende Details hervorzuheben. Hierbei sind zu beachten:

- Beleuchtungsstärke (→ Belichtung, → photometrische Größen), die von der spektralen Empfindlichkeit der Sensoren und dem Anteil der Objektbestrahlung, die auf diese einwirkt, abhängt. Bei der Bildaufnahme, z. B. mit → elektronischen Kameras, die eine hohe Beleuchtungstärke erfordern, wird die Bestrahlung durch Lichtleiterbündel auf den abzutastenden Bildausschnitt konzentriert.
- Spektrale Empfindlichkeit (→ Spektrum) der

Sensoren und der spektralen Reflexionseigenschaften der beleuchteten Objekte. Durch Auswahl geeigneter Sensoren und Anpassung der Wellenlänge der B. können interessierende Details und Strukturen hervorgehoben werden.

- Beleuchtungsrichtung wie (a) Auflicht, (b) Schräglicht, (c) Durchlicht, (d) Seitenlicht sowie Streulicht (Bild).

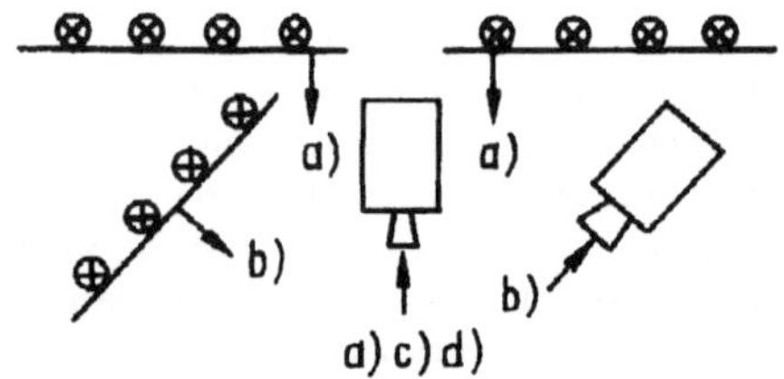

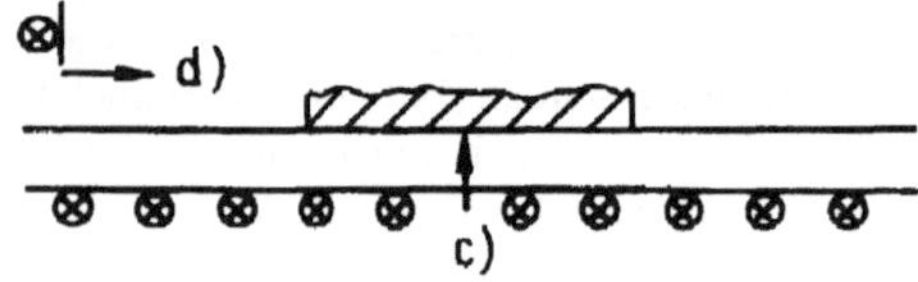

- Örtliche Verteilung (Ortsfunktion der Strahlungsdichte). Da i. allg. eine vollständig gleichförmige B. nicht verwirklicht werden kann, sind dann Helligkeitskorrekturen (→ Shadingkorrektur) bei der Verarbeitung der Bilder erforderlich.

- Zeitdauer. Neben zeitlich konstanter B. werden für hohe Momentanintensitäten und schnell bewegte Objekten auch Lichtblitze verwendet.

- Zeitliche oder örtliche Strukturierung der Bestrahlung (z. B. Streifenmuster), um die Verarbeitung dreidimensionaler → Szenen zu erleichtern.

- Polarisation. Hiermit sollen vor allem unerwünschter Reflexionen vermieden werden.

Beleuchtungssimulation

Mathematische Nachbildung der Beleuchtungsverhältnisse in einer → Szene mit dem Ziel, möglichst realitätsnahe → 3D-Computergrafiken zu erzeugen.

Bei der Wahrnehmung und Beurteilung von Objekten sowie ihrer räumlichen Anordnung (Raumtiefe, → Perspektive) durch den Menschen spielen die Oberflächeneigenschaften der Objekte, die Art, Anzahl und Position der Lichtquellen und die Position des Betrachters (→ Betrachtungsabstand) eine wesentliche Rolle. Sind diese Faktoren bekannt, läßt sich daraus die Farbe und Intensität in jedem Punkt auf einer Darstellungsfläche bestimmen. Je nach gewünschtem Realitätsgrad können diese Faktoren mehr oder weniger genau nachgebildet werden, wobei es stets ein Kompromiß zwischen Ergebnis und Rechenzeit sein wird. Zum anderen setzt dei Erzeugung realitätsnaher Bilder eine hohe Leistungsfähigkeit des → Computers und des → Ausgabegeräts, insbesondere bez. der gleichzeitig darstellbaren Farben (→ Farbtabelle), voraus.

Bei der Beschreibung der Oberflächeneigenschaften eines Objektes geht es um die → Reflexion, die Transmission (→ Durchsichtigkeit) und die Absorption. Die Lichtquellen werden durch ihre Art (punktförmig, flächenhaft, gerichtet), die Farbe und Intensität des Lichtes sowie durch ihre Anzahl und Position beschrieben.

Für die Farbgestaltung der Objektoberflächen wurde eine Reihe von Verfahren, die sog. Schattierungsverfahren wie das → **Gouraud**-Shading und das → **Phong**-Shading entwickelt. Bei deren praktischer Anwendung werden jedoch die Lichtstrahlen, die von anderen Körpern reflektiert werden, und → Schattenwurf meist nicht berücksichtigt. Diese Effekte können mit → Strahlverfolgungsalgorithmen (Ray Tracing, Ray Casting) und mit der → Radiosity-Methode modelliert werden.

Belichtung

Zeitliches Integral der → Beleuchtung oder der Vorgang der Beeinflußung eines lichtempfindlichen Objektes.

Die B. wird gegeben durch

$$B = \int_t^{t+\Delta t} E(\tau)\, d\tau$$

bzw. bei zeitlich konstantem E

$$B = E\Delta t$$

in lx·s, wobei E die Beleuchtungsstärke (→ photometrische Größen) und Δt die Zeitdauer der Beleuchtung ist. Die B., auch Exposition genannt, ist ein Vorgang, bei dem lichtempfindliches Material für eine gewisse Zeitdauer einer Lichteinwirkung ausgesetzt wird. Hauptziel der B. ist die Ausnutzung der Lichtempfindlichkeit von Materialien zur dauerhaften Abbildung von Objekten (Photographie, → Holographie).

Berührungssensitiver Bildschirm

Engl. touchscreen. → Bildschirm, der über eine spezielle, unmittelbar auf ihm angeordnete durchsichtige Sensorschicht die Möglichkeit der Informationseingabe durch Berührung mit dem Finger aufweist.

Der b.B. ist eine Möglichkeit zur Ausführung von → Eingabe und → Ausgabe, die dort Anwendung findet, wo Rechentechnik unter besonderen klimatischen Bedingungen (Hitze, Staub, Vorhandensein explosiver Gase) eingesetzt wird. Da mit dem b.B. nur eine sehr beschränkte Anzahl von „Tasten“ unterschieden werden kann, ist seine Bedeutung im industriellen Bereich mit der Erhöhung der Zuverlässigkeit von → Tastaturen durch den Einsatz kontaktloser Bauelemente (z. B. Hall-Geber) zurückgegangen. B.B. eignen sich aber gut als Ein/Ausgabegeräte, die einer breiten Öffentlichkeit zugänglich sind, z. B. an Informationsständen, auf Bahnhöfen, in Kaufhäusern.

Betrachtungsabstand

Abstand zwischen wirklichem oder gedachtem Betrachter und Darstellungs- bzw. Objektebene.

1. Abstand zwischen Betrachter und → Darstellungsfläche eines → Ausgabegerätes zur Präsentation von → Computergrafiken oder alphanumerischen → Informationen.

Der richtige B. ist für die effektive Arbeit an → Bildschirmgeräten vor allem bei Prozessen des → rechnerunterstützten Entwurfs von großer Bedeutung (→ Ergonomie).

2. Bei der → Visualisierung von rechnerinternen → 3D-Modellen vorzugebende Größe, die den Abstand zwischen → Modell und gedachtem Betrachter spezifiziert und das Abbild des Modells mitbestimmt.

Bei der Visualisierung von rechnerinternen 3D-Modellen gehört der B. neben der Betrachtungsrichtung u. a. zu den Größen, die festzulegen sind, bevor mit Hilfe eines → 3D-Systems aus dem Modell automatisch eine entsprechende Ansicht als Computergrafik erzeugt werden kann. Im Fall der → Parallelprojektion wird angenommen, daß der B. unendlich groß ist.

Betriebssystem

Engl. operating system (OS). Komplexes Programmsystem, das zum Betreiben eines → Computers und der effektiven Ausnutzung aller Ressourcen der → Hardware notwendig ist.

Für einen Rechnertyp gibt es oft mehrere verschiedene B., die sich durch Leistungsfähigkeit, Nutzerkomfort sowie internen und externen Speicherplatzbedarf unterscheiden. Die Entwicklung und Anpassung von B. erfolgt durch den Rechnerhersteller oder erfahrene Systemprogrammierer.

Zum B. im engeren Sinn gehören Routinen zur Gerätesteuerung, Dateiverwaltung, Fehlerbehandlung, Nutzerkommunikation, Multiprogrammsteuerung und Rechnerwartung. Im weiteren Sinn des Begriffes werden auch alle Dienst- bzw. Hilfsprogramme und universellen Programmpakete dazugezählt, wie → Compiler und → Interpreter für → höhere Programmiersprachen, Programmverbinder, Textverarbeitungssoftware, → Datenbanken und grafische Grundsysteme (→ Grafiksoftware).

Sowohl der → Nutzer im → Dialog mit dem Rechner als auch die → Anwenderprogramme bauen auf diesen Betriebssystemkomponenten bei der Lösung ihrer speziellen Probleme auf.

Bewegungsparallaxe

→ Bewegungssehen.

Bewegungssehen

Teilgebiet des maschinellen Sehens, das die Gesamtheit aller Verfahren zur Erkennung von bewegten Objekten und die Vorhersage ihres möglichen künftigen Ortes umfaßt.

Als wichtigste Methode gilt die → Bildfolgenanalyse. Aber auch Verfahren, die keine interne Bilddarstellung voraussetzen, werden angewendet. Grundlage für die Detektion von Objektbewegungen ist die Bewegungsparallaxe, d. h. die durch die relative Bewegung zwischen → Sensor und Objekt bedingte Verschiebung des Abbildes von Objektpunkten in der Abbildungsebene. Hierbei gilt, daß sich bei gleicher Geschwindigkeit nach Betrag und Richtung im Objektkoordinatensystem nahe Gegenstände im Bildkoordinatensystem schneller bewegen als weiter entfernte. Typische Zielstellungen des B. sind die Feststellung, ob eine Objektbewegung vorliegt, die Bestimmung der Anzahl der sich bewegenden Objekte, die Schätzung von Bewegungsbahnen (Trajektorien), die Ableitung von Tiefeninformationen aus der Bewegung. Besonders anspruchsvoll sind Fragestellungen, bei denen die Starrheitsforderung der Körper aufgegeben und Bewegungen flexibler Körper untersucht werden sollen (z. B. arbeitendes Herz in der medizinischen Bildanalyse).

Bewegungssimulation

Rechnerunterstützte Simulation der Bewegungen von → rechnerinternen Modellen bzw. Modellbestandteilen sowie grafische Darstellung dieser Bewegungen.

In vielen Entwurfsprozessen (→ rechnerunterstützter Entwurf, → rechnerunterstützte Konstruktion) spielt die Analyse von Bewegungsvorgängen eine wichtige Rolle. Die geometrische → Modellierung, die → Computergrafik bzw. insbesondere die → Computer Animation bieten leistungsfähige Hilfsmittel zur → Rechnerunterstützung entsprechender Prozesse. Besonders effektiv ist die → 3D-Modellierung der zu entwerfenden Bauteile, Baugruppen bzw. ganzer Produkte, die Simulation der Bewegung dieser Objekte im dreidimensionalen Raum und die → Visualisierung dieser Bewegung auf einem grafischen → Display.

Ein wichtiges Ziel der B. besteht darin zu untersuchen, wo unzulässige Kollisionen bzw. physikalisch unmögliche räumliche Durchdringungen fester Körper auftreten (→ Kollisionsanalyse). In der entsprechenden Folge von Computergrafiken können Kollisionen besonders augenfällig mit Hilfe der → Falschfarbendarstellung deutlich gemacht werden. Ein typisches Beispiel für die B. ist die Simulation der Bewegung der Achsen und Räder eines Automobilentwurfs zwecks Analyse eventueller Kollisionen mit dem Fahrgestell und Karosserieteilen.

Ein weiterer wichtiger Einsatzbereich der B. ist die rechnerunterstützte Erstellung synthetischer Teile von Filmen bzw. Videos. Schließlich kommt die B. bei → Videospielen zur Anwendung.

Bézier-Approximation

→ **Bézier**-*Verfahren.*

Bézier-Fläche

→ **Bézier**-*Verfahren.*

Bézier-Kurve

Interpolationskurve, deren Abschnitte **Bézier-***Polynome n-ten Grades sind, welche durch n + 1 Steuerpunkte definiert werden (→* **Bézier-***Verfahren.*

Die Gleichung eines kubischen ($n = 3$) B.-Segmentes lautet in Parameterform ($0 \leq \lambda \leq 1$):

$$x(\lambda) = (1-\lambda)^3 x_1 + 3\lambda(1-\lambda)^2 x_2 + 3\lambda^2(1-\lambda)x_3 + \lambda^3 x_4$$

$$y(\lambda) = (1-\lambda)^3 y_1 + 3\lambda(1-\lambda)^2 y_2 + 3\lambda^2(1-\lambda)y_3 + \lambda^3 y_4$$

Hierbei sind die x_i, y_i die → Koordinaten der Punkte P_i ($i = 1, 2, 3, 4$) des sog. Bézier-Polygons (→ Bézier-Verfahren, Bild 1).

Bézier-Polynom

→ **Bézier**-*Kurve.*

Bézier-Verfahren

Nach **P. Bézier** *benanntes Verfahren zur Erzeugung frei geformter Kurven bzw. Flächen, bei dem tangentiale Bedingungen mit Hilfe von Steuerpunkten (control points) vorgegeben werden.*

Die geometrischen Formen zwei- oder dreidimensionaler realer Objekte oder von Objektentwürfen sind häufig so komplex, daß sie nicht als Ganzes analytisch beschrieben werden können. Dies betrifft z. B. Automobilkarosserien, die Formen von Hochgeschwindigkeitstriebwagen und Flugzeugen oder auch die Gehäuse von Haushaltsgeräten. Für die rechnerunterstützte Beschreibung der Oberflächen solcher Objekte hat sich der Begriff → Freiformflächen-Modellierung eingebürgert. Eine häufig genutzte Form der → Approximation dreidimensionaler Objekte besteht darin, deren Oberfläche durch eine Menge zusammenhängender, jeweils planarer Flächenelemente anzunähern. Derartige → 3D-Modelle werden oft → Facettenmodelle genannt. Insbesondere bei Objekten mit frei geformten Oberflächen ist es meist effektiver, diese Flächen durch nichtplanare Oberflächenelemente zu beschreiben. Dabei ist es wichtig, daß dort, wo diese Elemente aneinanderstoßen, keine ungewollten Kanten auftreten, daß beim → rechnerunterstützten Entwurf bzw. bei der rechnerinternen Beschreibung solcher Flächen bestimmte Tangentialbedingungen leicht gesteuert und kontrolliert werden können. Dazu dient das B., bei dem Tangentialbedingungen direkt durch Steuerpunkte vorgegeben werden können.

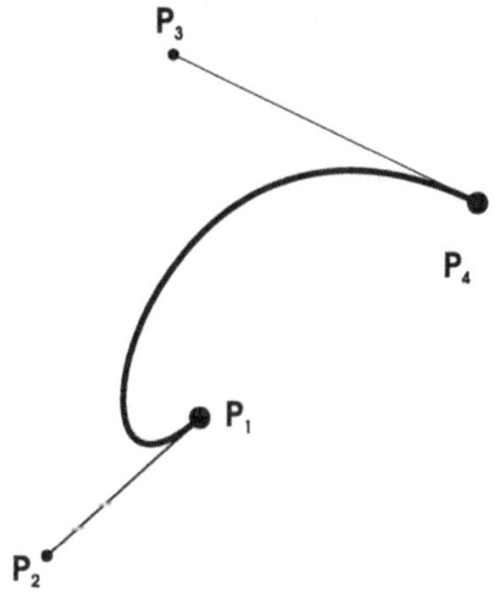

Bild 1

Bild 1 zeigt ein Beispiel für eine frei geformte Kurve auf einer Ebene, die nach dem B. erzeugt wurde. Solche → **Bézier**-Kurven sind meist Polynome dritten Grades, die exakt durch zwei vorgegebene Punkte verlaufen (Anfangs- und Endpunkt des jeweiligen Kurvenstückes, P_1 und P_4 in Bild 1) und die weiterhin durch die Tangenten in diesen Punkten bestimmt sind. Diese Tangenten werden beim B. dadurch festgelegt, daß zu P_1 und P_4 jeweils ein weiterer Steuerpunkt fixiert wird (P_1 P_2 definiert die Richtung der Tangente in P_1; P_3 P_4 diejenige in P_4, s. Bild 1).

Analog ist die Vorgehensweise beim Entwurf bzw. bei der Beschreibung frei geformter Flächen mit Hilfe des B. (Bild 2). Mit Hilfe von insgesamt 16 Steuerpunkten wird hier eine bikubische **Bézier**-Fläche (Bezier bicubic patch) definiert. Auch hier werden wieder Tangentialbedingungen für Punkte, durch die die **Bézier**-Fläche exakt hindurchgehen soll (Punkte A, B, C, D in Bild 2), durch benachbarte Steuerpunkte direkt vorgegeben.

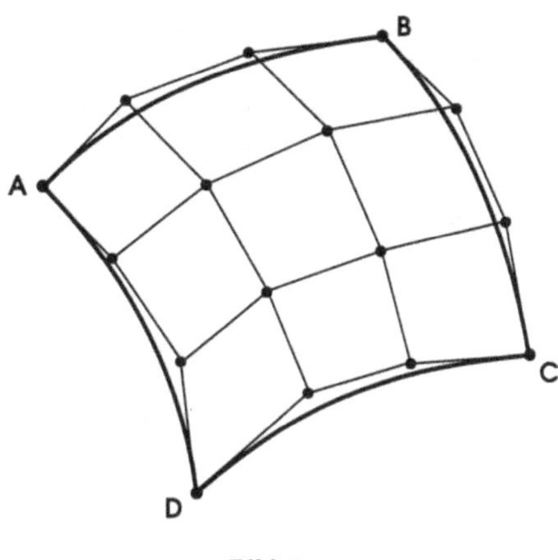

Bild 2

Gerade auf Grund dieser einfachen und anschaulichen Art der Vorgabe von Tangentialbedingungen eignet sich das B. gut für den interaktiven Entwurf (→ interaktive Arbeitsweise) frei geformter Kurven und Flächen.

Bildabtastung

→ *Abtasttheorem*, → *Abtastung*, → *Digitalisierung*.

Bildakkumulation

Bildelementweise Aufsummierung einer Bildfolge mit dem Ziel der Beseitigung zufälliger Störungen (→ Bildfolgenanalyse).

Bei der ungewichteten B. von n Bildern erhöht sich das Signal-Rausch-Verhältnis auf das $\sqrt{n}$-fache. Dieses Verfahren hat sich besonders bei regulären Objekten (Kristalle, Makromoleküle) bewährt, wobei eine sorgfältige Orientierung der Einzelbilder (→ Bildkoinzidenz) erforderlich ist.

Eine zeitlich fortlaufende Bildfolge wird vorteilhaft rekursiv akkumuliert entsprechend:

$$I := cI + (1-c)L \qquad (0 < c < 1) \quad .$$

I – gespeichertes Bild, L – neues Eingabebild.

Durch passende Wahl von c kann ein Kompromiß zwischen Rauschunterdrückung und Verwaschung bewegter Objekte eingestellt werden.

Wenn digitalisierte Bilder akkumuliert werden, ist zu beachten, daß das → Quantisierungsrauschen nicht beliebig reduziert werden kann (→ Quantisierung).

Bildbeschreibung

Darstellung des Inhaltes eines Bildes in abstrahierter Form, die einer automatischen Interpretation (→ Bildverstehen) zugänglich ist und von vornherein nichtrelevante Informationen vernachlässigt.

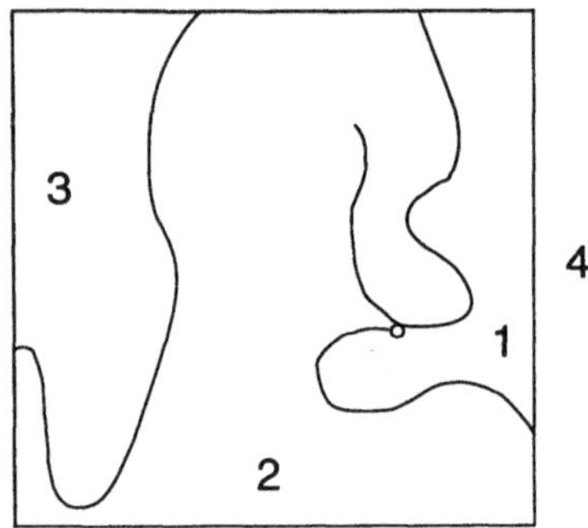

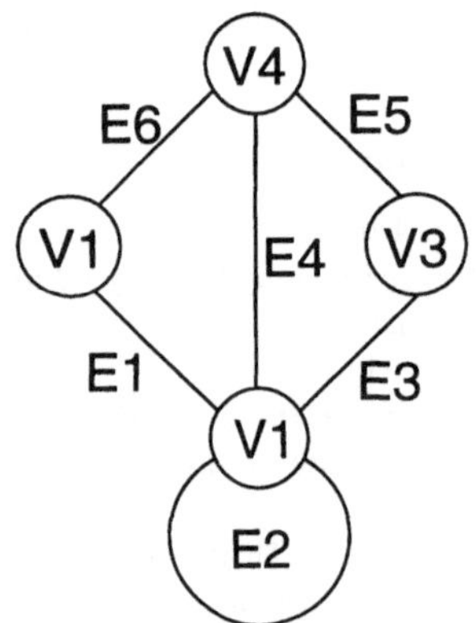

Üblicherweise wird die B. aus einem segmentierten Bild abgeleitet (→ Bildsegmentierung). Die B. enthält dann explizite Beziehungen zwischen Segmenten (z. B. → Nachbarschaft) sowie Attribute für die einzelnen Segmente (z. B. → Textur, Farbe). In einer B. sind keine Informationen über den für einen speziellen Nutzer interessanten thematischen Inhalt der abgebildeten → Szene enthalten, die nicht aus dem Bild selbst herleitbar sind. Durch Berücksichtigung des Kontextes lässt sich eine B. in eine Szenenbeschreibung transformieren (→ Szenenanalyse).

Mittel der B. sind Graphen und abstrakte Komplexe, Grammatiken (→ strukturelle B.) oder einfache Tabellen und Listen. Rechnerintern sind B. durch relativ geringen Speicherplatzbedarf im Vergleich zum → Rasterbild und durch komplizierte Verkettung der Datensätze charakterisiert. Eine verbreitete Form der B. ist der → Gebietsnachbarschaftsgraph (Bild) oder RAG (vom Engl. region adjacency graph).

Bilddarstellung

Darstellung digital gespeicherter oder berechneter Bilder mittels eines geeigneten Gerätes in einer durch den Menschen visuell auswertbaren Form (→ Visualisierung).

Bildverarbeitende (→ digitale Bildverarbeitung) und bildgebende Systeme (→ bildgebende Verfahren) verfügen zur B. i. allg. über entsprechende → Displays, wobei Methoden der → Bildverstärkung, → Pseudokolorierung und → Pseudo-3D-Darstellung zur Verbesserung der visuellen Auswertbarkeit eingesetzt werden können (s. Bildanhang). Außerdem gibt es → Hardcopy-Geräte zur Bildausgabe auf Film und Papier.

Bilddatenkompression

Verfahren zur Reduktion des enormen Datenangebotes von Bildern und Bildfolgen mittels geeigneter → Bildkodierung zwecks Erleichterung von Speicherung, Übertragung und Verarbeitung.

Die Hauptanwendungen der B. sind das Schmalbandfernsehen (z. B. Bildtelefon) und die → Faksimileübertragung von Dokumenten (→ Bildübertragung).

On-line-Verfahren der B. kodieren ein Bild bildelementweise in einem Durchlauf. Beispielsweise wird bei einem→ Binärbild im Falle eines Übergangs zwischen den beiden Niveaus nur der Abstand zum vorhergehenden Übergang erfaßt (→ Lauflängenkodierung). Auch die Verfahren der → Prädiktionskodierung können zur B. benutzt werden.

Off-line-Kompressionsverfahren können nur angewandt werden, wenn das gesamte Bild gespeichert vorliegt. Dabei haben sich hierarchische Bildrepräsentationen (→ Quadtree, Binärbaum) bewährt. Bei der Quadtreekodierung wird das Bild geviertelt; jedem Viertel wird ein mittlerer → Grauwert zugeordnet und auf dieses Viertel dieselbe Zerlegung rekursiv angewendet; falls keine weitere Differenzierung mehr erforderlich ist, wird das aktuelle Viertel nicht weiter zerlegt.

Besonders effektiv sind Bilder nach erfolgter → Bildsegmentierung zu kodieren. Dabei reicht es aus, die Kontur jedes Segments im → Polygonalkode, d. h. als Liste der Eckpunkte eines approximierenden Streckenzuges (s. Bildanhang), oder im → Kettenkode (Folge der Richtungssymbole) sowie seine Markierung (z. B. Farbe) zu erfassen.

Transformationsverfahren beruhen auf der kompletten oder blockweisen Entwicklung von → Bildsignalen in Funktionsreihen, wobei nur die relevanten Glieder mittels ihrer Koeffizienten berücksichtigt werden. Besonders häufig werden die → Kosinus-, die → **Hadamard**- und die vom Bildinhalt abhängige **Karhunen-Loeve**-Transformation angewendet, wobei die Algorithmen der → schnellen Transformationen vorteilhaft eingesetzt werden können.

Bei Filterverfahren der B. wird das Bildsignal in einer Bank von Bandpaßfiltern (→ Hochpaßfilter) zerlegt und kodiert (→ Multiresolution). Beispielsweise reicht es hier aus, die Signalenergie und die Nulldurchgänge (→ zero crossing) der Bandpaßsignale zu erfassen, um die charakteristischen Konturen zu rekonstruieren. Bei Farbbildern natürlicher Objekte wird durch Verwendung der Chrominanz- und Luminanzsignale (→ Farbsystem) anstatt der Farbsignale R,G,B die Datenrate erheblich reduziert. Bei der Übertragung bewegter Bilder wird durch Interpolation und Vorhersage (Prädiktion) von → Frames Übertragungskapazität gespart, wobei allerdings ein oder mehrere Bilder zur Rekonstruktion gespeichert werden müssen. Die erreichbaren Kompressionsfaktoren, d. h. die Verhältnisse zwischen den Umfängen der komprimierten und der nichtkomprimierten Bilddaten sind abhängig vom Inhalt der → Szene und den visuellen Gütekriterien für das rekonstruierte oder verarbeitete Bild und liegen in den Größenordnungen 1:10 bis 1:100.

Bildelement

Bestandteil von Rasterbildern, der bei der gegebenen Anwendung nicht weiter zerlegt wird.

Die bei der → Bildabtastung und → Digitalisierung bzw. als Resultat der Bildgenerierung entstehenden B. repräsentieren bei ausreichend hoher → Auflösung den Bildinhalt. Die Werte (Amplituden) der B. können in geeigneter → Kodierung gespeichert und im → Computer weiterverarbeitet werden. Zur → Bildrekonstruktion und zur → Visualisierung wird das → Bildsignal aus den B. interpoliert, wobei das → Raster als Nebenbedingung bekannt sein muß. Dann ist ein B. durch seine Amplitude und seine Anordnung im Raster beschrieben. Oft wird auch die Rasterzelle als B. bezeichnet. Man läßt zu, daß B. komplexe oder vektorielle Wertebelegungen haben. Im Engl. werden für B. die Kunstwörter pixel oder pel verwendet.

Bildfilterung

Verfahren zur Behandlung von Bildern, das vorwiegend zur → Bildrestauration und → Bildverstärkung angewandt wird (→ Bildoperation).

Dabei wird ein laufendes → Fenster, d. h. die Umgebung des aktuellen Pixels ausgewertet, z. B. durch die Bildung des arithmetischen Mittels aller Elemente des Fensters, und das Resultat dem aktuellen Fensterzentrum zugewiesen. Falls dieser neue Wert bereits im nächsten Fenster verarbeitet wird, dann spricht man von einem → rekursiven Filter. Bei der rekursiven Realisierung von Filtern werden Berechnungen gespart, dafür aber Instabilität und Akkumulation von Rundungsfehlern in Kauf genommen. Rekursive Filter werden außerdem durch die Verarbeitungsrichtung (z. B. zeilenweise von links nach rechts) bestimmt. Mathematisch wird eine Filterung durch die → Faltung eines Eingangsbildes mit der → Impulsantwort des Filters beschrieben. Gewisse → schnelle Transformationen reduzieren die Faltung auf die Multiplikation von Transformierten, wodurch Berechnungsaufwand eingespart wird.

Eine für → nichtrekursive Filter festzulegende (i. allg. nichtlineare) Verrechnungsvorschrift für Werte aus einem laufenden Fenster wird auch lokaler Operator genannt. Wirkungsvolle nichtlineare Operatoren werden in → Rangordnungsfiltern und bei der Kantendetektion (→ Bildsegmentierung) angewendet.

Bildfolgenanalyse

Oberbegriff für Verfahren zur Erfassung und Analyse statischer und kinematischer Parameter einer → Szene sowie ihrer Beziehung zu den Lichtquellen und bildgebenden Sensoren.

Wird die Zeitachse diskretisiert und zu jedem Punkt des Zeitrasters ein digitales Bild erfaßt, entsteht eine zeitliche Bildfolge. Wird hingegen die räumliche Dimension diskretisiert, entsteht eine räumliche Bildfolge (→ Tiefenerkennung). Auch multispektrale Bildfolgen - durch verschiedene Sensorcharakteristika gewonnen - (→ Multispektraltechnik) werden mit Methoden der B. analysiert. Der Begriff B. wird jedoch vorwiegend für die Analyse zeitlicher Bildfolgen verwendet.

Insbesondere Algorithmen zur Detektion und Interpretation von bewegungsbedingten Änderungen dienen einer zeitlichen B., bei der es gilt, zeitliche Veränderungen in einer aufgenommenen Szene möglichst automatisch zu erkennen und zu beschreiben.

Besonders bedeutungsvoll sind Anwendungen

- bei der → Bildkodierung von Bildfolgen zur schmalbandigen Übertragung bewegter Szenen,
- bei der Auswertung von Luft- und Satelliten-Aufnahmen, insbesondere zur Ermittlung von Wolkenverschiebungen und Windvektorabschätzung,
- in der biomedizinischen Forschung bei der Auswertung von Wachstums-, Transport- und Reaktionsphänomena (z. B. Herzdynamik, Blutzirkulation, Stoffwechsel einzelner Organe),
- bei Bewegungs- und Verhaltensstudien an Lebewesen.

Eine besonders einfache Anwendung liegt im Falle der sog. Änderungsdetektion innerhalb einer zeitlichen Bildfolge vor, die mit einer stationären Kamera aufgezeichnet wurde. Der verbreitetste Ansatz nutzt hierbei den Betrag der Grauwertdifferenzen (Differenzbild) von aufeinanderfolgenden Bildern oder eines Prototyps vom aktuellen Einzelbild. Bei Überschreiten einer geeignet gewählten Schwelle wird eine Änderung signalisiert.

Bei einem aufwendigeren Ansatz wird ein sog. Verschiebungsvektorfeld ermittelt, wobei man sich meistens auf die Erkennung einer reinen Rotation um den kinematischen Pol oder eine einfache Translation in der Bildebene beschränken kann. Zielstellung ist die Ermittlung der Verschiebungsvektoren von zeitlich aufeinanderfolgenden Bildern $g(x,y,t)$ und $g(x,y,t+1)$ in den Zeitpunkten t bzw. $t+1$.

Vorausgesetzt wird, daß sich die Helligkeit des bewegten Objektes bei der Verschiebung nicht wesentlich ändert. Wird der Verschiebungsvektor mit $(\Delta x, \Delta y)$ bezeichnet, dann gilt für die Differenzfunktion d(x,y):

$$\begin{aligned} d(x,y) &= g(x,y,t+1) - g(x,y,t) \\ &= g(x+\Delta x, y+\Delta y, t) - g(x,y,t) \\ &= \frac{\partial g(x,y,t)}{\partial x}\Delta x + \frac{\partial g(x,y,t)}{\partial y}\Delta y + R(x,y,t) \end{aligned}$$

Das Restglied R wird im folgenden vernachlässigt. Wird weiterhin angenommen, daß die Verschiebungsvektoren für einen relativ kleinen Bildausschnitt von $m \times m$ Bildpunkten näherungsweise gleich sind, dann lassen sich die Komponenten Δx und Δy für den betreffenden Bildausschnitt als Lösung des folgenden überbestimmten Gleichungsystem im Sinne der Methode der kleinsten Quadrate näherungsweise bestimmen. Es sei $m = 2k+1$.

$$\left\| \begin{matrix} \frac{\partial g(x-k,y-k,t)}{\partial x} & \frac{\partial g(x-k,y-k,t)}{\partial y} \\ \vdots & \vdots \\ \frac{\partial g(x+k,y+k,t)}{\partial x} & \frac{\partial g(x+k,y+k,t)}{\partial y} \end{matrix} \right\| \times \left| \begin{matrix} \Delta x \\ \Delta y \end{matrix} \right|$$

$$= \left| \begin{matrix} d(x-k,y-k) \\ \vdots \\ d(x+k,y+k) \end{matrix} \right|$$

Im gewählten Ansatz wird nur eine lineare Variation des Grauwertes mit den Bildpunktkoordinaten bei der Berechnung der Verschiebung berücksichtigt. Dies führt besonders dann zu Ungenauigkeiten, wenn die Übergangszone zwischen dem Objekt und dem Untergrund schmaler ist als die beobachtete Verschiebung des Objektes.

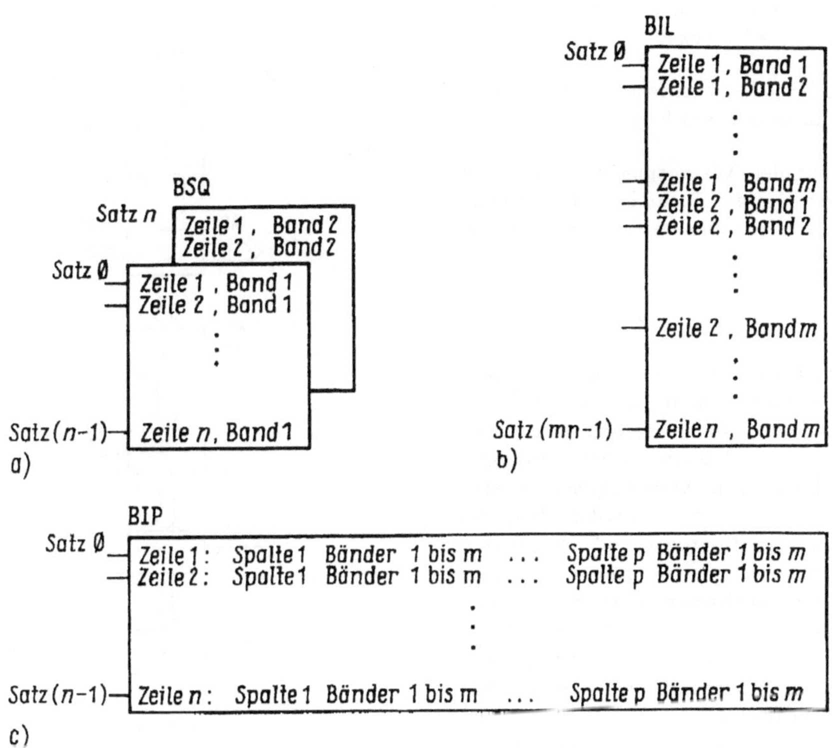

Robuste und für weitergehende Interpretationen bedeutsame Aussagen werden besser dadurch gewonnen, daß zunächst eine Beschreibung des Grauwertverlaufes innerhalb jeder der zu vergleichenden Bilder in einer hinreichend begrenzten Umgebung abgeleitet wird. Ein Vergleich dieser Beschreibungen gestattet dann festzustellen, ob sich zwischen den beiden Bildsignalen in der betrachteten Umgebung wesentliche Unterschiede ergeben haben oder nicht. Dieser auf der Auswahl und Zuordnung von Merkmalen beruhende Zugang ist auch für kompliziertere Situationen geeignet, z. B. für mehrere bewegte Objekte, bei Überdeckungen von Objekten, variablen Objektkonturen, Kamerabewegung, Beleuchtungsänderungen (→ Beleuchtung), die notwendige Herstellung der → Bildkoinzidenz zwischen den Einzelbildern.

Solange keine Angaben über die Ursachen der zwischen zwei Bildern beobachteten Veränderungen vorliegen, kann lediglich eine eventuell vorhandene Änderung festgestellt werden. Lassen sich die Änderungsursachen mathematisch modellieren, können diesbezügliche Annahmen in den Lösungsansätze der B. eingebracht werden.

Bildformat

Bezeichnung der Diskretisierung oder der Abspeicherungsform von dargestellten und aufgezeichneten Bildsignalen.

1. Geometrische und radiometrische Auflösung eines digitalen Bildsignals, angegeben in Spaltenzahl, Zeilenzahl und Zahl der Bits je Pixel (z. B. $1280 \times 1024 \times 8$).

2. Abspeicherungsform digitaler Bilder auf üblichen Datenträgern. Dabei wird auch die Multibilddarstellung berücksichtigt, indem mehrere (z. B. multispektrale) Bänder in einem Datenmassiv zusammengepackt werden.

Man unterscheidet 3 wichtige Formate (Bild oben):

a) BSQ: Bänder sequentiell angeordnet. Engl. bands sequential.

b) BIL: Bänder zeilenweise verschachtelt. Engl. bands interleaved by line.

c) BIP: Bänder bildelementweise verschachtelt. Engl. bands interleaved by pixel.

Zur Steuerung der Auswertung wird ein Kopfsatz mitgeführt, der das B. und die Kodierungsform genau beschreibt und weitere Annotationen enthält.

Bildgebende Verfahren

Verfahren zum Umwandeln von nicht in Bildform organisierten Signalen und Meßdaten in Bilder.

Dabei werden aus parallel erfaßten oder zeitlich aufeinanderfolgenden Meßreihen (meist Projektionen oder Überlagerungen) Verteilungen rekonstruiert, die als Bilder interpretiert werden. Bekannte Beispiele dafür sind Röntgen- und Magnetresonanztomographieverfahren (→ Tomographie) sowie Radar mit synthetischer Apertur (→ SAR). B.V. erfordern einen sehr hohen Rechenaufwand und sind insbesondere bei Echtzeitanwendungen nur mit spezieller → Hardware realisierbar. B.V. geben die Möglichkeit zur → Visualisierung und Durchdringung unzugänglicher bzw. undurchsichtiger Körper und Medien.

Bildglättung

Bildverarbeitungsverfahren zur Beseitigung unerwünschter Bildstörungen.

Verfahren zur räumlichen → Bildfilterung zwecks Unterdrückung von zufälligen (Rauschen, → Korn) und deterministischen (Zeilenstruktur, Moiré) Störungen. Zur B. gehört auch das Unterdrücken von Bilddetails zur Abschätzung des Untergrundes für die → Shadingkorrektur.

Bildkodierung

Engl. image coding. Digitale Kodierung eines → Bildsignals zur Übertragung, Speicherung und Bildreproduktion.

Die B. stellt in Anhängigkeit vom Anwendungsfall einen günstigen Kompromiß zwischen reproduzierbarer Bildqualität und zulässigen Übertragungsfehlern auf der einen und erforderlichem Datenvolumen und technischem Aufwand auf der anderen Seite dar.

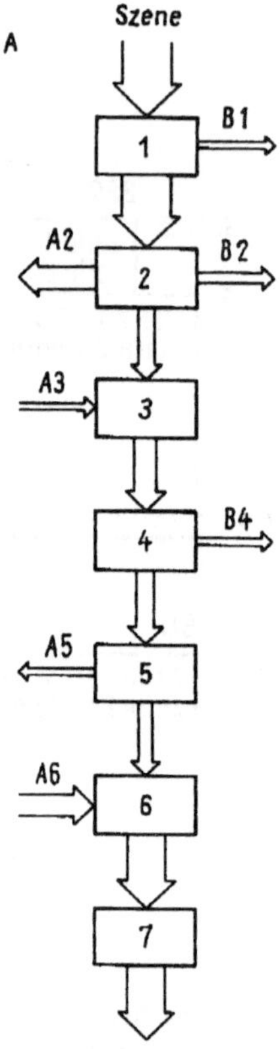

□ Verfahrensphasen

1. Bildaufnahme, Abtastung u. Quantisierung
2. Bilddatenkodierung und -kompression
3. Zusatzkodierung zur Fehlersicherung
4. Übertragung
5. Fehlerkorrektur
6. Dekodierung und Dekompression
7. Bildwiedergabe

A Redundanz

- A2 Bildredundanz
- A3 Redundanz zur Fehlersicherung
- A5 Redundanz zur Fehlersicherung
- A6 Bildredundanz

B Irreversible Informationsverluste

- B1 Aufnahme- und Abtastfehler
- B2 Bildirrelevanz
- B4 Nichtkorrigierbare Übertragungsfehler

In Erweiterung des Begriffes der → Bilddatenkompression wird oft eine Sicherung der Bilddaten gegen unbefugte Nutzung angestrebt.

Die B. erlangt eine zunehmende Bedeutung durch die verstärkte Anwendung digitaler Geräte und Netze in der Nachrichten- und Kommunikationstechnik und die Entwicklung neuer Bildkommuniktionsdienste (→ Bildübertragung). Dabei sind Methoden der datenreduzierenden B. von besonderem Interesse, da digitalisierte Bilder ein erhebliches Datenvolumen besitzen und ihre digitale Übertragung gegenüber der analogen eine höhere Bandbreite erfordert. Hinsichtlich des Anwendungsbereiches sind Fest- und Bewegtbildkodierung sowie Farbbild-, Grauwert- und Faksimilekodierung (→ Faksimile) zu unterscheiden.

Entsprechend dem Bild kann man die B. (einschließlich Übertragung und Reproduktion) in sieben Phasen einteilen. Spezifisch für die B. und in engem Zusammenhang zur Bildverarbeitung stehen die Phasen 1 (→ Abtastung, → Quantisierung) und 2 (→ Bilddatenkompression). In einfachen Fällen wie der PCM-Kodierung (→ PCM) entfällt Phase 2. Das Datenvolumen wird dann nur von der Anzahl der → Bildelemente und der Anzahl der diskreten Werte der Signalparameter bestimmt. Einsparungen sind dabei nur begrenzt möglich. Bei der Farbbildkodierung ist die Wahl der Signalparameter selbst von Bedeutung, da für diese unterschiedliche örtliche und wertmäßige Auflösungen möglich sind. Im Falle der → Prädiktionskodierung bilden Phase 1 und 2 eine Einheit. Hierbei wird nicht der Signalparameter unmittelbar quantisiert, sondern seine Differenz zu einem vorhergesagten Wert. Gegenüber einer normalen PCM-Kodierung kann eine Kompression von 2:1 bis 4:1 erreicht werden. In beiden Fällen kann die B. on-line erfolgen, d. h. bildelementweise in einem Bilddurchlauf. Technischer Aufwand und Verarbeitungszeit sind entsprechend gering.

Eine größere Datenreduktion (10:1 bis 100:1) läßt sich mit den aufwendigeren off-line Methoden der Bilddatenkompression erreichen. Dazu muß das Bild gespeichert vorliegen und es erfolgt eine komplexe Verarbeitung, die auf eine starke Redundanzreduktion zielt und einen akzeptablen Informationsverlust in Kauf nimmt. Oft schließt sich noch eine statistische Kodierung der Ergebnisse (→ Huffman-Kode) an.

Bildkoinzidenz

Engl. congruencing. Bildelementweise Übereinstimmung von zwei oder mehr Bildern einer → Szene, die zu verschiedenen Zeiten (→ Bildfolgenanalyse), d. h. multitemporal, in verschiedenen Spektralbereichen (→ Multispektraltechnik) oder von verschiedenen Standorten aus aufgenommen wurden.

Die B. wird auch durch Verzerrungen des Aufzeichnungsmaterials oder der Aufnahmeoptik gestört. Üblicherweise wird sie durch geometrische Transformation der Bildkoordinaten nach einer vorgegebenen Formel (affin, stückweise bilinear, polynomial), die die Abweichung an Referenzpunkten (→ Justiermarke, → Paßpunkt) minimiert, hergestellt. Dieser Prozeß wird auch → Bildregistration genannt. Die im Bereich der → Subpixel liegenden Verschiebungen von Rasterpunkten erfordern bei hohen Qualitätsansprüchen ein → Resampling des Grauwertes. Eine B. kann auch bez. eines idealisierten Bildes außerhalb der Bildreihe (z. B. einer gewünschten Kartenprojektion) gefordert werden (→ Bildrektifikation).

Bildkorrelation

Verfahren zur Messung der Ähnlichkeit von Bildausschnitten.

Als Ähnlichkeitsmaß wird häufig die normierte Kreuzkorrelationsfunktion benutzt, die in der Praxis wie folgt geschätzt wird.

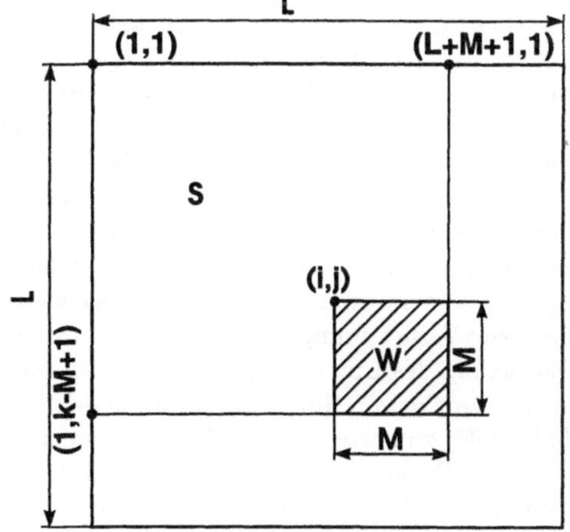

Gegeben seien die Bildausschnitte $S(i,j)$ und $W(k,l)$, wobei die k,l Indizes eines üblicherweise quadratischen $M \times M$-Testfeldes W innerhalb eines $L \times L$-Suchfeldes S bezeichnen. Die Werte der Korrelationsfunktion sind für alle $(L-M+1)^2$ möglichen Lagen von W innerhalb von S zu bestimmen.

Als Schätzgröße der normierten Kreuzkorrelationsfunktion dient dann die zweidimensionale Folge

$$R(i,j) = \frac{\sum_{k=1}^{M}\sum_{l=1}^{M} W(k,l)S(i+k-1,j+l-1)}{\sqrt{\sum_{k=1}^{M}\sum_{l=1}^{M} W(k,l)^2}\sqrt{\sum_{k=1}^{M}\sum_{l=1}^{M} S(i+k-1,j+l-1)^2}}$$

mit $1 \le k,l \le M; 1 \le i,j \le L-M+1$. Es ist $-1 \le R(i,j) \le 1$.

Die Korrelationsfunktion eines Bildausschnittes mit sich selbst wird auch als Autokorrelationsfunktion (vgl. → Zufallsfeld) bezeichnet. Die gegebene Schätzung wird also mit einem aus dem Suchfeld entnommemen Testfeld durchgeführt. Das Maximum von $R(i,j)$ (Korrelationspeak) ist ein Maß für die Ähnlichkeit der Bildausschnitte mit der Ausdehnung $M \times M$. Die Koordinatenposition (i,j), an der das Maximum angenommen wird, gibt die Verschiebung (Translation) der beiden Bildausschnitte gegeneinander an.

Die Bildkorrelation als Matching-Verfahren, d. h. als Verfahren der Objektidentifikation durch Anpassung an einen Prototyp, ist weit verbreitet. Es sei jedoch auf die ungenügende Leistungsfähigkeit der Bildkorrelation besonders für eine verdrehungs- und maßstabsinvariante Erkennung, auf die starke Rauschempfindlichkeit und die damit verbundenen wenig ausgeprägten flachen Korrelationspeaks sowie auf die Anfälligkeit gegen unterschiedliche Aufnahmebedingungen (Beleuchtungsänderungen, Stereoaufnahmen) hingewiesen.

Gewisse Verbesserungen bez. einer genaueren Lokalisierung des Korrelationspeaks können durch eine vorhergehende Hochpaßfilterung (→ Hochpaßfilter) der zu korrelierenden Bildausschnitte als auch durch Berücksichtigung statistischer Kenntnisse über die Nachbarschafts-Abhängigkeiten der Bildelemente erreicht werden.

Die Korrelationsfunktion ist nur eines von vielen möglichen Maßen für die Ähnlichkeit bzw. den Abstand (die Distanz) zwischen Bildausschnitten.

Insbesondere können Verfahren, bei denen relevante Punkte, Grauwertecken, Kantenelemente und/oder geradlinige Konturstücke wie auch komplexere Konfigurationen ausgewählt und auf Grund von Attributen und Abständen zwischen ihnen zueinander in Beziehung gesetzt werden, die genannten Schwierigkeiten der Korrelationsmethode überwinden (→ Bildfolgenanalyse).

Bildoperation

Engl. image operation. Operation, die - definiert durch einen analytischen Ausdruck oder einen → Algorithmus - ein → Rasterbild aus einer Menge von Eingangsbildern (Eingangsoperanden), ggf. auch eine Kombination mehrerer Eingangsbilder, eindeutig in ein Bild aus einer Menge von möglichen Ausgangsbildern (Ausgangsoperanden) überführt. Verallgemeinerung der Verfahren der → Bildfilterung.

Zur vollständigen Definition einer einschichtigen B. mit einem Eingangsbild (alle nachfolgenden Betrachtungen gelten entsprechend für B. mit mehreren Eingangsbildern)

$$\text{bop}: F \to G, g = \text{bop}(f); f \in F, g \in G$$

F Menge der Eingangsbilder

G Menge der Ausgangsbilder

sind im allgemeinen Fall folgende Angaben explizit oder implizit notwendig:

- eine Menge Z von Zuständen und ein Anfangszustand $z \in Z$ (entspricht den möglichen Belegungen und der Anfangsbelegung eines zur Ausführung der B. benutzten Hilfsspeichers),
- eine Elementaroperation **eop**

  $$(g(k,l), z') = \text{eop}(f, g, z, (k,l)),$$

  die den neuen Wert für das → Bildelement $g(k,l)$ und den neuen Zustand z' in Abhängigkeit vom aktuellen Zustand z, dem Eingangsbild f, den bereits berechneten Werten des Ausgangsbildes g und den Koordinaten (k,l) des zu berechnenden Bildelementes angibt,

- ein Anfangspunkt (k_A, l_A) im Ausgangsbild und eine eindeutige Abbildung **np**

$$(k', l') = \mathrm{np}(f, g, z, (k, l)),$$

wodurch die Reihenfolge der Berechnung der Werte von $g(k,l)$ durch die Elementaroperation **eop** gesteuert wird,

- eine Festlegung über die Beeendigung der Ausführung von Elementaroperationen (g ist das Ausgangsbild) durch Angabe einer Menge von Endzuständen $E \subseteq Z$ (Ende im Fall $z' \in E$) oder durch die Abbildung **np** (in bestimmten Fällen wird kein nächster Punkt erzeugt).

Für viele B. gelten jedoch spezielle und einschränkende Eigenschaften, so daß sich Vereinfachungen ergeben, die auch für einen verminderten Berechnungsaufwand und zur → Parallelverarbeitung mittels universeller oder spezialisierter Hardware nutzbar sind. So vereinfacht sich die Abbildung **np** zur bloßen Festlegung einer Reihenfolge der Punkte des Ausgangsbildes, falls sie unabhängig von f, g und z ist, d. h. die Reihenfolge nicht vom Bildinhalt gesteuert wird. Kommt hinzu, daß die B. nichtrekursiv (→ nichtrekursives Filter, → Rekursion, → rekursives Filter) ist, d. h. die Elementaroperation **eop** unabhängig von g und z ist, dann entfällt nicht nur die Verwendung der Zustandsmenge Z, sondern auch die Angabe einer Reihenfolge. Die Berechnung der $g(k,l)$ kann dann in beliebiger Reihenfolge, ggf. auch gleichzeitig, erfolgen. Die B. ist dann ihrem Wesen nach parallel. Im Fall der Rekursivität ergeben sich Vereinfachungen, wenn sich diese entweder nur auf g (Bildrekursivität) oder nur auf z (Zustandsrekursivität) bezieht.

Der Aufwand zur Realisierung einer B. mit fester oder beliebiger Reihenfolge hängt (abgesehen von der Anzahl der Punkte des Ausgangsbildes) davon ab, wieviel Werte aus f bzw. auch g in die Berechnung von $g(k,l)$ eingehen. Punktbezogene B. erfordern den Wert $f(k,l)$, lokale B. wenige Werte (z. B. $3\times3, 5\times5, \ldots$) aus der Umgebung von $f(k,l)$ bzw. $g(k,l)$, globale B. alle oder auch von (k,l) weit entfernt liegende (z. B. eine gesamte Zeile oder Spalte). Für viele lokale B. (feste oder beliebige Reihenfolge) gilt außerdem, daß sie nicht zustandsrekursiv und ortsunabhängig sind, d. h. die eingehenden Werte aus f bzw. auch g haben bezogen auf den Bezugspunkt (k,l) immer die gleiche relative Lage, werden gleichartig verarbeitet und die Koordinatenwerte k und l gehen selbst nicht in die Berechnung ein.

Die Elementaroperation **eop** hat dann folgende Form:

$$\begin{aligned} & g(k,l) \\ &= \mathrm{eop}(f(k+x_1, l+y_1), \ldots, f(k+x_n, l+y_n), \\ &\quad g(k+x_{n+1}, l+y_{n+1}), \ldots, g(k+x_m, l+y_m)) \end{aligned}$$

Eine solche B. wird als homogen und die Elementaroperation **eop** als lokaler Operator bezeichnet, wobei der nichtrekursive und der bildrekursive Fall zu unterscheiden sind.

Die Auswahl der Bildelemente aus der Umgebung des Bezugspunktes (das sog. → Fenster des Operators) wird üblicherweise als Raster grafisch dargestellt, wobei eingetragene Bezeichnungen zur Definition der Elementaroperation **eop** genutzt werden können.

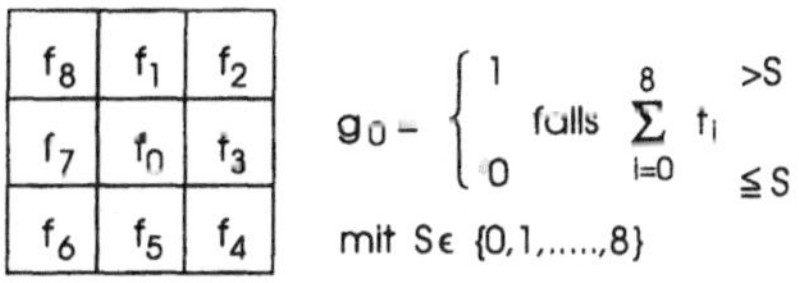

f_8	f_1	f_2
f_7	f_0	f_3
f_6	f_5	f_4

$$g_0 = \begin{cases} 1 & \text{falls } \sum_{i=0}^{8} f_i > S \\ 0 & \le S \end{cases}$$

mit $S \in \{0, 1, \ldots, 8\}$

Im Bild ist ein Beispiel für die Definition eines 3×3 Operators zur Glättung (→ Bildglättung) von → Binärbildern angegeben. Handelt es sich bei der B. um eine → Faltung, können deren Koeffizienten direkt in das Fenster eingetragen werden. Falls der Bezugspunkt nicht durch den Zentralpunkt des Fensters definiert ist, muß er besonders gekennzeichnet werden. Im rekursiven Fall muß die Bezugnahme auf f und g erkennbar sein. Für die praktische Realisierung muß außerdem festgelegt werden, wie bei Randpunkten zu verfahren ist, wenn ein Teil des Fensters sich außerhalb des Definitionsbereiches befindet (keine Berechnung, Annahme eines konstanten Wertes, wrap around, d. h. Entnahme der Bildelemente vom gegenüberliegenden Rand, usw.)

Bildplatte

Modernes Aufzeichnungs- und Wiedergabemedium für stehende und bewegte Bilder.

1. Engl. video-disc. Magnetischer oder magnetooptischer Plattenspeicher großer Kapazität zur zugriffsfreundlichen Speicherung von Video- und Tonsignalen mit mehrmaliger Schreibmöglichkeit.

2. Engl. CD-ROM (Abk. für compact disc read-only-memory), optical disc storage. Rotierender, optisch digitaler Speicher mit einmaliger Schreibmöglichkeit.

Vom Hersteller fest beschriebenes, optisch lesbares Speichermedium in der Unterhaltungselektronik, das auch in der Datenverarbeitung eingesetzt wird. Teilweise ist ein einmaliges Beschreiben durch den Anwender möglich, so daß diese Systeme auf Grund der sehr hohen Kapazität und Zuverlässigkeit zur Bildarchivierung eingesetzt werden können (WORM - Write Once Read Many).

Bildpunkt

Engl. pixel. Kleinstes Element, aus dem → Rasterbilder mosaikartig zusammengesetzt sind und das für ein → Ausgabegerät zur Erzeugung solcher Rasterbilder eine einheitliche, charakteristische Ausdehnung besitzt.

Die wichtigsten Ausgabegeräte zur Erzeugung von Rasterbildern sind → Rasterdisplays, → Grafikdrucker und → Plotter. Die Qualität der mit ihrer Hilfe darstellbaren → Computergrafiken hängt wesentlich davon ab, wie klein die einzelnen B. sind und wie viele sich auf der → Darstellungsfläche unterbringen lassen, d. h. welche → Auflösung erreicht wird.

Zur Erzeugung farbiger B. nutzt man → Farbmischungen. Bei → Lochmasken-Farbbildröhren wird z. B. ein farbiger B. aus drei kleineren, deltaförmig angeordneten Farbflecken in den drei Grundfarben Rot, Grün und Blau zusammengesetzt.

Nicht bei allen Ausgabegeräten sind sämtliche B. einzeln vom → Computer her ansteuerbar. Bei → semigrafischen Bildschirmsystemen z. B. kann vom Rechner als kleinstes → Bildelement immer nur eine ganze Matrix von B. aus einer Menge vorgegebener oder generierbarer → Symbole ausgewählt werden.

Die Begriffe Bildpunkt, Bildelement und Pixel werden nicht immer synonym verwendet. Zuweilen ist mit Pixel nicht der optisch sichtbare Bildpunkt auf einem Rasterdisplay, sondern nur ein Element des → Bildwiederholspeichers gemeint.

Bildraum-Algorithmus

→ Algorithmus zur Behandlung des → Verdeckungsproblems, der die begrenzte → Auflösung des → Ausgabegerätes (des Bildraumes) ausnutzt.

B. sind für die → Visualisierung von → 3D-Modellen ausschließlich auf gerasterten → Displayflächen (z. B. auf → Bildschirmen von → Rasterdisplays) geeignet. Sie zielen darauf ab, die begrenzte Auflösung solcher Displayflächen zur Beschleunigung der Lösung des Verdeckungsproblems auszunutzen. B. sind damit nicht in der Lage, dieses Problem unabhängig vom Ausgabegerät mit der Verarbeitungsgenauigkeit des → Computers zu behandeln, wie dies bei → Objektraum-Algorithmen der Fall ist. Typische Vertreter von B. sind → Strahlverfolgungsalgorithmen (Ray Tracing), → Tiefenpuffer-Algorithmen, Quadtree-Algorithmen (→ Quadtree) und solche Varianten von → Prioritätslistenverfahren, bei denen von einer (ausgefüllten) Fläche vorher generierte Flächen ganz oder teilweise überschrieben werden (nur auf Rasterdisplays mit hinreichend großer → Bittiefe realisierbar).

Bildreferenz

Bezugnahme innerhalb von Folgen von regelmäßig angeordneten Punkten oder zwischen ausgezeichneten Punkten in einem Bildpaar (→ Bildfolgenanalyse).

Einander entsprechende Punkte werden homolog oder korrespondierend genannt. Sie geben identische Oberflächenmerkmale (z. B. Markierungen, Ecken, Konturen) von Objekten wieder. Aufgaben zum Auffinden einer B. ergeben sich vor allem bei der Herstellung der → Bildkoinzidenz anhand von → Referenzpunkten. Die Ableitung der → Parallaxe aus Stereopaaren ist ein gutes Beispiel für die von maschinellen Mitteln bisher noch nicht zu übertreffenden Leistungen des organismischen Sehens bei der B. . Das Finden korrespondierender Punkte kann als eine Matching-Aufgabe (→ Bildkorrelation) angesehen werden.

Bildregistration

Geometrische Anpassung zweier Bilder, deren Bildausschnitte hinsichtlich ihrer Geometrie Unterschiede aufweisen, die infolge perspektivischer und projektiver Verzerrungen, Fehler der Abtastsy-

steme u. a. systematischer Einflüsse hervorgerufen werden.

Zusätzlich vorhandene radiometrische Differenzen ergeben sich durch Lichtabfall des Objektivs, der veränderlichen → Beleuchtung und weitere physikalische Effekte. Die Genauigkeit der Anpassung ist unter praktischen Bedingungen sehr stark von objektbedingten Einflüssen, z. B. bei Fernerkundungsbildern der Erdoberfläche von geologischer Struktur, Vegetation und Bebauung, abhängig.

Zur B. werden Verfahren der → Bildkorrelation und → Bildrektifikation verwendet.

Bildrekonstruktion

Bilderzeugung aus kodierten Signalen (→ Bilddatenkompression), aus Projektionen (→ Tomographie) oder Phaseninformationen (→ SAR).

Unter B. werden alle Verfahren verstanden, die über die Interpolation von Signalfolgen (→ Abtastung) hinausgehend durch vergleichsweise aufwendige Berechnungen Bilder erstellen (→ Visualisierung). Neben den eigentlichen → bildgebenden Verfahren werden zunehmend Methoden verwendet, die auf → Modellen von Körpern und → Szenen oder der Kodierung von → Kanten und → Texturen aufbauen. Für eine → interaktive Arbeitsweise besonders vorteilhaft sind Techniken der B., bei denen mit schrittweise erhöhter → Auflösung gearbeitet werden kann (z. B. → Quadtree).

Bildrektifikation

Oberbegriff für Verfahren zur geometrischen und radiometrischen Korrektur zwecks Angleichung zweier Bilder, die als Referenz- und Missionsbild bezeichnet werden.

Eine homologe B. wird beispielsweise notwendig infolge einer Veränderung der Aufnahmeorientierung, der → Beleuchtung bzw. für einen Vergleich von Bildern, die mit unterschiedlichen Sensoren (z. B. Photokamera, Scanner, Radar) gewonnen wurden. Jede → radiometrische Korrektur (meist mit Hilfe einer → Histogrammodifikation hergestellt), setzt eine → geometrische Korrektur, d. h. korrespondierende Bilder mit Paaren → homologer Punkte, voraus.

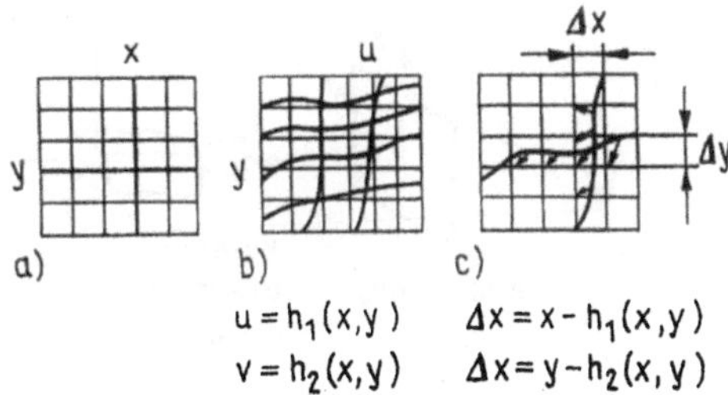

Bild a) und Bild b) stellen das unverzerrte Koordinatengitter des Referenzbildes bzw. das verzerrte Koordinatengitter des Missionsbildes dar. Die B. beinhaltet die in Bild c) angedeutete Entzerrung (→ Verzerrung, → Verwerfung).

Folgende zwei Hauptmethoden für die geometrische Korrektur, auch als → Bildregistration bzw. Herstellung der → Bildkoinzidenz bezeichnet, werden unterschieden:

- Berechnung zweidimensionaler Korrekturpolynome der Ordnung k,
- Durchführung der perspektivisch projektiven Transformation.

Die Korrekturpolynom-Methode, auch Paßpunktmethode genannt, nutzt hierbei kein Wissen bez. der Geometrie der Bildgewinnung und basiert auf der Lokalisierung korrespondierender Kontrollpunkte (→ Referenzpunkte, → Paßpunkte) im Referenzbild oder Bezugsbild und dem zu transformierenden Bild (Missionsbild).

Die Extraktion signifikanter Objektpunkte und ihrer → Koordinaten erfolgt entweder interaktiv oder automatisch durch Korrelation kleiner Flächenbereiche beider Bilder und Lokalisierung des Korrelationsmaximums (→ Bildkorrelation). Für die → Koordinatentransformation zwischen den Bildern $f(x, y)$ und $g(u, v)$ wird ein zweidimensionales Korrekturpolynom k-ter Ordnung zugrunde gelegt:

$$u = \sum_{i=0}^{k} \sum_{j=0}^{k} a_{ij} x^i y^j$$

$$v = \sum_{i=0}^{k} \sum_{j=0}^{k} b_{ij} x^i y^j$$

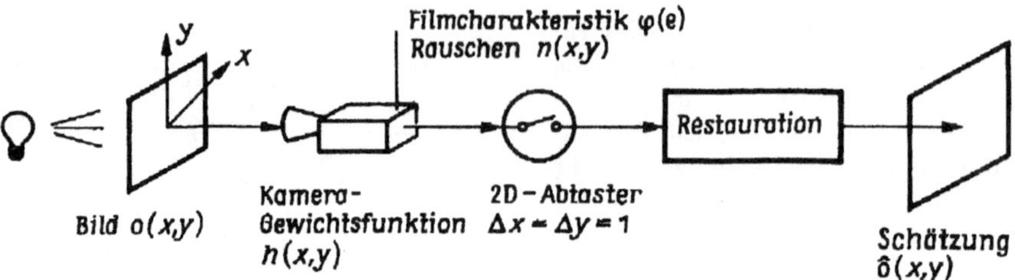

Es ergeben sich damit zwei lineare Gleichungssysteme für die $k+1$ unbekannten Koeffizienten a_{ij} bzw. bij.

Bei Vorgabe von m Kontrollpunkten, wobei $m > (k+1)$ gewählt werden sollte, gestattet eine Ausgleichsrechnung mit der Forderung, daß die Summe der Quadrate der Koordinatenabweichungen zu einem Minimum wird, die Lösung dieser beiden (i. allg. überbestimmten) linearen Gleichungssysteme und damit über die dann spezifizierten Korrekturpolynome die Koordinatentransformation des Referenzbildes.

Üblicherweise liegt die Ordnung k bei 5 oder darunter. Zum Zwecke der Verringerung des Rechenaufwandes werden für das Anpassen häufig grobmaschige Koordinatengitter gewählt und die dazwischen liegenden → Bildpunkte interpoliert. Die mittels Korrekturpolynom berechneten Positionen liegen i. allg. nicht auf Rasterposition (u, v sind also nicht ganzzahlig), was für die Bestimmung des zu verwendenden → Grauwertes eine weitere Interpolation über benachbarte → Bildelemente erfordert (→ Resampling).

Demgegenüber benutzt man bei der perspektivischen Transformationsmethode explizites Wissen über die Geometrie des Bildgewinnungsprozesses. Auf Grund der Aufzeichnungsart eines Bildes, der Aufnahmeeigenschaften von Objektiven und der Lage der Aufnahmeapparatur liegen Informationen über die geometrischen Verzerrungen und somit über die Transformationsgleichungen und deren Parameter vor. Durch einen mathematischen Ansatz können dann noch unbekannte Parameter geschätzt werden, beispielsweise wenn man unterstellt, daß das Bild durch eine projektive Abbildung entstanden ist.

Für den Fall, daß alle optischen oder sonstigen physikalischen Verzeichnungen beseitigt wurden, bzw. daß sie in erster Näherung vernachlässigt werden können, bestehen alle Verbindungen zwischen Objektpunkten, → Projektionszentrum und den zugehörigen Bildpunkten aus geraden Strahlen (Strahlenbündel).

Insbesondere können so zwei Ebenen über 4 Punkte (8 Koeffizienten in der Ebene) aufeinander bezogen werden.

Für die Zuordnung zweier Punktgruppen im Raum sind 5 Punkte (15 Koeffizienten im Raum) erforderlich. So erlaubt die Stereobildauswertung in der Photogrammetrie mit einem Stereobildpaar mit nur fünf Paßpunkten die vollständige Rekonstruktion der dreidimensionalen Verhältnisse.

Bildrestauration

Verfahren zum Verbessern oder Wiederherstellen von → Bildsignalen im Sinne der Befriedigung objektiver Gütemaße, wobei vollständige oder teilweise Kenntnis der zur Störung des Bildes führenden Einflüsse vorausgesetzt wird.

Eine B. wird erforderlich, wenn Störungen wie ungleichmäßige → Beleuchtung, Unschärfe (s. Bildanhang), Verreißen, → Shading, → Perspektive, Verwerfung, Rauschen, Impulse, Ausfall von Bildelementen und Zeilen bekämpft werden müssen.

Das Hauptverfahren der B. besteht in der Anwendung von → inversen Filtern. Hierbei werden das Übertragungsverhalten des für die Bilddegradation verantwortlichen Einflusses sowie einige Kennwerte von Nutzsignal und Rauschen als bekannt vorausgesetzt (Bild oben). Als Kriterien werden maximale Bildentropie (→ Entropie, → statistische Bildanalyse), minimale quadratische Abweichung u. a. verwendet. Der Filterentwurf beinhaltet damit einen Optimierungsprozeß, weshalb man auch von → Optimalfiltern spricht. Durch zusätzliche Nebenbedingungen (positive Signalamplituden, begrenzte Energie der Differenzen des Bildsignals) werden physikalisch sinnvolle Lösungen erzwungen. Restaurationsfilter sind → Hochpaßfilter und damit sehr empfindlich gegen Fehleinschätzungen des Störsignals und gegen Quantisierungsfehler. → Rangordnungsfilter haben sich vor allem zur Restauration von Impuls- und Zeilenstörungen bewährt. Verfahren zum Ausgleich von Verwerfungen mittels geometrischer Entzerrung (→ Bildrektifikation) oder zum punktweisen Ausgleich von Sensorkennlinien (→ radiometrische Korrektur, → Shadingkorrektur) sind ebenfalls der B. zuzurechnen.

Bildröhre

In Fernsehgeräten oder von → Computern gesteuerten Bildschirmsystemen zur Bilderzeugung verwendete Elektronenstrahlröhre, in der ein elektrisches Signal in ein optisches umgewandelt wird. Auch → Katodenstrahlröhre oder CRT (Engl. Abk. für cathode ray tube) genannt.

Bei der → Schwarz-Weiß-Bildöhre ist ein leicht nach außen gewölbter rechteckiger → Bildschirm mit einem Leuchtstoff (Phosphor) beschichtet und von einem Glaskolben umschlossen, der sich konisch verjüngt, bis er in den Kolbenhals übergeht. Im Kolbenhals sind Elektroden zur Erzeugung und Fokussierung eines Elektronenstrahls untergebracht. Den Abschluß bildet der Sockel mit den Anschlußstiften zur Aufnahme der Bildröhrenfassung. B. werden mit Schirmdiagonalen zwischen 30 cm und 94 cm hergestellt.

Beim Fernsehempfang wird der von einem → Bildsignal modulierte Elektronenstrahl von den in den Ablenkspulen erzeugten Magnetfeldern so gesteuert, daß er in einem Zyklus jeden Punkt eines gedachten → Rasters einmal erreicht. In jedem dieser Rasterpunkte wird die Intensität des Elektronenstrahls so gesteuert, daß am Bildschirm eine Helligkeit entsteht, die dem → Bildsignal entspricht. Das auf dem Bildschirm erscheinende Bild ist also mosaikartig aus → Bildpunkten zusammengesetzt. Auf ähnliche Weise lassen sich mittels → Farbbildröhren auch Farbdarstellungen erzeugen.

Die Steuerung des Elektronenstrahls in einer solchen Weise, daß ein → Rasterbild entsteht, wird auch bei der Nutzung von Bildschirmtechnik (→ Displaytechnik) für die → Mensch-Rechner-Kommunikation verwendet. Z. B. werden alphanumerische Terminals in diesem Modus gesteuert. Aber auch zur Präsentation von Grafiken sind vor allem in den vergangenen 10 Jahren zunehmend Rasterbildschirmsysteme zum Einsatz gekommen. → Vektordisplays, bei denen der Elektronenstrahl nicht zum Aufbau eines Rasterbildes dient, sondern entsprechend seiner Bewegung ausgezogene oder gestrichelte Linien zeichnet, wurden auf Grund ihrer hohen Kosten, der Schwierigkeiten bei der Erzeugung von Farbdarstellungen und weil nur → Liniengrafiken erzeugt werden können, weitgehend verdrängt.

Bildrollen

→ Scrolling, das auf die vertikale Bewegung des → Fensters beschränkt ist.

Das B. ist eine wichtige → Funktion für die rechnerunterstützte Textverarbeitung und Programmentwicklung, für die → Computergrafik und Bildverarbeitung spielt sie eine untergeordnete Rolle.

Bildschirm

Vorderfront einer → Bildröhre bzw. eines → Displays.

Der B. dient zum temporären Darstellen von → Computergrafiken, → Texten und Zeichen (→ Bildschirmgerät). Am weitesten verbreitet ist der B. der Bildröhre, die wesentlicher Bestandteil von → Vektordisplays und → Rasterdisplays ist. Die Innenseite dieses B. ist mit speziellen Phosphorarten beschichtet. Durch einen Elektronenstrahl wird dem Phosphor Aktivierungsenergie zugeführt, die ihn zum Leuchten anregt. Je nach Phosphorart werden Lichtstrahlen mit unterschiedlicher Wellenlänge ausgesendet. Dadurch sind farbige Darstellungen auf B. möglich. Grün ist bei monochromen B. sehr weit verbreitet. Aus der Korngröße der kristallinen Leuchtstoffe, der Größe des Leuchtpunktes (z. B. 0.3 mm), des ihn umgebenden Lichthofs und aus dem Format des B. selbst ergibt sich die Anzahl der erkennbaren → Bildpunkte.

Neuere Wirkprinzipien und Effekte werden in → Plasmadisplays, → Flüssigkristalldisplays und Laserdisplays eingesetzt.

Bildschirmgerät

Auch → Display oder Sichtgerät genannt. → Ausgabegerät mit einem → Bildschirm zum temporären Darstellen z. B. von → Computergrafiken, → Texten und Zeichen.

B. sind wichtige Geräte für den → Nutzer von → Computergrafik- oder → Bildverarbeitungssystemen, über die er in einer → interaktiven Arbeitsweise einen → Dialog mit diesen Systemen führt. B. werden daher oft „Fenster zum Computer" genannt.

B. arbeiten auf der Basis folgender physikalischer Effekte:

- des gesteuerten Elektronenstrahls (→ Katodenstrahlröhre),
- der Gasentladung (→ Plasmadisplay),
- der gesteuerten Orientierung von Flüssigkristallen (→ Flüssigkristalldisplay),
- der Lichtpolarisierung (Laserdisplay).

Es werden sowohl monochromatische als auch farbtüchtige B. (→ Farbdisplay) eingesetzt. B., mit deren Hilfe sich Grafiken darstellen lassen, werden häufig → Grafikdisplays genannt.

B. arbeiten nach einem von zwei grundsätzlich verschiedenen Verfahren:

- Vektorverfahren (→ Vektordisplay): Zwei → Bildpunkte werden direkt durch eine Linie miteinander verbunden. Flächen können nur schraffiert werden.
- Rasterverfahren (→ Rasterdisplay): Sämtliche Darstellungen werden ausschließlich aus Bildpunkten zusammengesetzt. Flächen können farblich ausgefüllt werden.

Bildsegmentierung

Engl. image segmentation. Eine der wichtigsten Teilaufgaben der Bildverarbeitung, welche die Zerlegung der Bildfläche in verschiedene in sich zusammenhängende Segmente (Regionen, Gebiete) mit unterschiedlichen Eigenschaften zum Ziel hat.

Die Segmente repräsentieren z. B. bestimmte Objekte oder Objektteile, innerhalb derer gewisse Merkmale (→ Grauwerte, Farben, Grauwertschwankungen, → Textur) sich wenig ändern (Uniformitätskriterium) und an deren Grenzen starke Änderungen dieser Merkmale auftreten (Kantenkriterium). Die Grundaufgabe der B. lautet damit: Gegeben ist eine Definition der „Uniformität" oder „Homogenität" und gesucht wird eine Aufteilung des Bildes in sich nicht überschneidende Teilgebiete, wobei jedes in dem Sinne uniform ist, daß keine Vereinigung benachbarter Teilgebiete uniform ist.

Es gibt keinen Standardzugang zur Bildsegmentierung, jedoch liegt den meisten Segmentierungsverfahren eine Uniformitätsannahme zugrunde.

Zwei wesentliche Verfahrensklassen können unterschieden werden:

- Verfahren zur → Kantendetektion; die Segmentgrenzen entsprechen Diskontinuitäten eines Uniformitätskriteriums, d. h. die Bildsegmente sind durch Bildelemente voneinander getrennt, in deren lokalen Umgebungen starke Intensitätsänderungen (Diskontinuitäten) auftreten.
- Verfahren zur → Gebietszerlegung; ein Segment entspricht eimem Gebiet, in dem ein Uniformitätskriterium erfüllt wird.

Typische, häufig genutzte Uniformitätskriterien sind:

- die Grauwerte liegen innerhalb fester Schranken (häufig bei Schwarz-Weißbildern angewandt),
- geringer Betrag des Grauwertgradienten (Gebietsgrenzen: Stellen mit extremen Gradientenbetrag),
- uniforme statistische Eigenschaften (gleiche Textur, gleiche lokale Grauwertverteilung),
- Glattheit in 3D-Koordinaten (Gebietsgrenzen: Diskontinuitäten der Bildtiefe),
- Bewegungsuniformität (gleichartig bewegte Gebiete gehören zu einem Objekt).

Grauwertdiskontinuitäten (Diskontinuitäten in der Grauwertverteilung), auch als Grauwertkanten oder Kantenelemente bezeichnet, sind die wesentlichsten Motive der B..

Entstehungsursachen für Grauwertkanten sind:

- Änderung der physikalischen Oberflächeneigenschaften (Farbe, Material, Glattheit),

- Änderung der Oberflächenorientierung zum Betrachter (starke Krümmung, Verdeckung, Glanzlichter),
- Änderung der Beleuchtung (Schatten, reflektierende Objektoberflächen bewirken eine sog. Sekundärbeleuchtung),
- Technische Effekte (Rauschen, Quantisierung), die meist zu fehlerhaften Segmentierungsresultaten führen.

Mit beträchtlicher Sicherheit befinden sich an Objektgrenzen sowohl Material- und Orientierungsdiskontinuitäten als auch Beleuchtungsdiskontinuitäten. Es gilt der Grundsatz, daß sich Objektgrenzen als Kanten abbilden. Der Umkehrschluß ist dagegen fragwürdig, da jede der genannten Entstehungsursachen auch innerhalb eines Objektes zu Grauwertkanten führen kann.

Bildsignal

Engl. image signal. Zweidimensionales Signal oder zeitabhängiges Signal am Ausgang eines Bildabtasters bzw. an der Steuerelektrode einer → Bildröhre.

1. Zweidimensionales → Signal mit den Ortskoordinaten als Träger.

Es wird durch eine ortsabhängige Funktion modelliert, die sich durch die Aufnahme einer dreidimensionalen → Szene auf Basis der physikalischen Prozesse der Strahlenreflexion, -absorption oder -emission mit Hilfe eines Abbildungssystems ergibt.

2. Meist zeitabhängiges Signal, das durch Zerlegung und → Abtastung des Bildfeldes entsteht.

Ein derartiges B. wird z. B. in Zeilen oder Spalten aus einem B. im Sinne von 1. unter Hinzufügung von Synchronisationsinformationen abgeleitet, so daß eine angenäherte Bildrekonstruktion gewährleistet ist. Der Informationsparameter ist meist die Amplitude des Signalträgers (Basisbandmodulation). Zwecks → Bilddatenkompression werden aber auch andere Modulationen angewendet.

Bildspeicher

Engl. image memory. Komponente eines → Bildverarbeitungssystems oder → Computergrafiksystems für die Speicherung von Rasterbildern.

Die → Bildelemente (Pixel) der → Rasterbilder werden entsprechend ihren Grau- bzw. Farbwerten (→ Grauwert) in den Zellen des B. gespeichert. Die errforderliche Gesamtkapazität des B. wird durch die Zahl der Bilder, der Pixel je Bild und die Zahl der Grau- bzw. Farbwerte je Pixel festgelegt (→ Bildformat). Die hierarchische Stufung von B. in Teile mit zunehmender Kapazität und abnehmender Zugriffszeit ist für viele Aufgaben vorteilhaft. Die Probleme der Bildverarbeitung sind erst mit Speicherkapazitäten von 10^8 Bit und Zykluszeiten von weniger als 10 ns für die Operativspeicher in Bildverarbeitungssystemen sowie durch Großraumspeicher für die Aufgaben der Archivierung mit Kapazitäten von 10^{12} Bit bei Zugriffszeiten im Sekundenbereich befriedigend und umfassend zu lösen. Spezialisierte B. dienen der schnellen Erfassung eines Fernsehbildes und werden mit dem engl. Begriff frame grabber bezeichnet.

Bildtopologie

Engl. digital image topology. Im Rahmen der → digitalen Bildverarbeitung entstandene, pragmatisch orientierte diskrete → Topologie für zwei- oder höherdimensionale → Raster.

Gegenstand der B. sind die topologischen Eigenschaften und Relationen einzelner Bildteile sowie von Zerlegungen eines Bildes in einzelne, sich nicht überlappende Teile, wie sie sich durch → Bildsegmentierung ergeben. Sie kann damit ein Hilfsmittel der Segmentierung selbst sein (schrittweise Segmentierung) und hat große Bedeutung für die nachfolgende Bildanalyse und das → Bildverstehen. Da topologische Merkmale nur die geometrische Figur der Bildteile, d. h. ihre gegenseitigen Beziehungen und ihre Zerlegung betreffen, kann sich die B. auf die Betrachtung von Rastern und Rasterpunktmengen oder die Nachbarschaftsbeziehungen geometrischer Elemente (Punkte, Strecken, Flächen) beschränken.

Grundlage der B. sind die Definition der → Nachbarschaft zwischen den → Bildelementen bzw. Punkten eines Rasters oder Zellen der Zerlegung und die des sich daraus ergebenden → Zusammenhangs.

Für jede Zerlegung eines Rasters in n $(n \geq 2)$ elementefremde Teilmengen $P_1, P_2, \ldots, P_n$ ist eine Menge aus $m = m_1 + m_2 + \ldots\ldots + m_n$ zusammenhängenden Komponenten (Gebieten) $\{K_{ij} | i =$

$1, \ldots, n; j = 1, \ldots, m\}$ und für diese ein → Gebietsnachbarschaftsgraph gegeben. Daraus lassen sich ausgehend von den Randkomponenten (Komponenten, welche Punkte enthalten, die zum Rand des Rasters gehören) die Gebietshierarchie und der Umgibtgraph ableiten, aus denen wichtige topologische Eigenschaften der Raster- bzw. Bildzerlegung direkt entnommen werden können.

Im Falle eines rechteckigen Rasters läßt sich im Rahmen dieses Modells der B. Widerspruchsfreiheit nur gewährleisten, wenn man entweder von der willkürlich festgelegten 6-Nachbarschaft ausgeht oder n auf den Wert 2 begrenzt und in einer der Mengen die 4- und in der anderen die 8-Nachbarschaft verwendet(→ Digitalgeometrie).

Bildtransformation

Engl. image transformation. Spezielle Bildoperation.

1. → Lineare Transformation für → Bildsignale.
2. Im allgemeineren Sinn auch eine beliebige → Bildoperation, die ein gegebenes Bild in ein Ergebnisbild überführt.

Bildübertragung

Engl. image transmission. Übertragung feststehender oder bewegter Bilder mit Mitteln der leitungsgebundenen oder drahtlosen Nachrichtentechnik.

Voraussetzung für eine B. ist die Aufnahme eines Bildes bzw. einer Bildfolge mittels eines → Sensors. Bildsensoren (→ Scanner, → elektronische Kamera) überführen ortsabhängige bzw. orts- und zeitabhängige → Signale in elektrische Signale, die ausgehend von einer Bildfeldzerlegung nur noch zeitabhängig sind, jedoch Synchronisationsinformationen enthalten, so daß die → Bildrekonstruktion gewährleistet ist.

Die größte praktische Bedeutung hat B. bisher in Form des Fernsehrundfunks (Television) erlangt, wobei bewegte Bilder sowie Ton als kontinuierlich-analoges Signal im UKW-, VHF- oder UHF-Bereich von einem Sender ausgestrahlt und so an die Empfänger verteilt werden.

Die B. hält in Form von Fernkopieren (Festbildübertragung über Fernsprech-, Fernschreib- oder Datennetze, d. h. → Faksimile), Bildfernsprechen (dialogorientierte Bewegtbild- und Tonübertragung über spezielle Schmal- oder Breitbandnetze), Videobilder (feststehende Bilder, die im Fernsehsignal kodiert sind) und Fernsprecheinzelbilder (über Fernsprechnetz abrufbare Bilder, die mit dem Fernsehempfänger dargestellt werden) zunehmend Einzug in die Telekommunikationsdienste. Diese Formen spielen aber gegenüber Fernsprechen und Fernschreiben noch eine untergeordnete Rolle, was vor allem mit dem wesentlich höheren Bandbreitenbedarf bei der B. zusammenhängt. So erfordert die analoge Bewegtbildübertragung entsprechend der Fernsehnorm etwa die 1500-fache Bandbreite verglichen mit dem Fernsprechen. Im Fall der unkomprimierten digitalen Übertragung ist der Bedarf noch höher.

Diese Situation wird sich in absehbarer Zukunft zugunsten der B. ändern. Zum einen entsteht mit wachsender Komplexität gesellschaftlicher und wirtschaftlicher Zusammenhänge ein zunehmender Bedarf an einer schnellen und hochqualitativen Fest- sowie einer dialogorientierten Bewegtbildübertragung, zum anderen werden mit der weiteren Entwicklung in der Nachrichtentechnik die technischen und ökonomischen Möglichkeiten dafür geschaffen.

Diese Tendenzen sind gekennzeichnet durch den Übergang von der Analog- zur Digitaltechnik (bessere Anwendbarkeit der VLSI-Technologie, d. h. Preisreduktion bei Erhöhung von Zuverlässigkeit durch geringere Störempfindlichkeit, die Anwendung fehlerkorrigierender Kodierungen und die Möglichkeiten der digitalen Signalverarbeitung), den Übergang vom Kupferkabel zum Lichtwellenleiter (drastische Erhöhung der Kanalkapazität bei Senkung der Kosten) und von dienstspezifischen zu dienstintegrierenden digitalen Kommunikationsnetzen (ISDN – integrated services digital network für Sprache, Text, Daten, Ton und Bild).

Im Rahmen dieser Entwicklungen entstehen enge Beziehungen zwischen B. und → Bildkodierung, → Bilddatenkompression, → Bildfilterung und → digitaler Bildverarbeitung.

Bildverarbeitung

Engl. image processing, picture processing. Oberbegriff für → analoge Bildverarbeitung, → automatische Bildanalyse, → digitale Bildverarbeitung, → interaktive Bildverarbeitung, → wissensgestützte Bildverarbeitung.

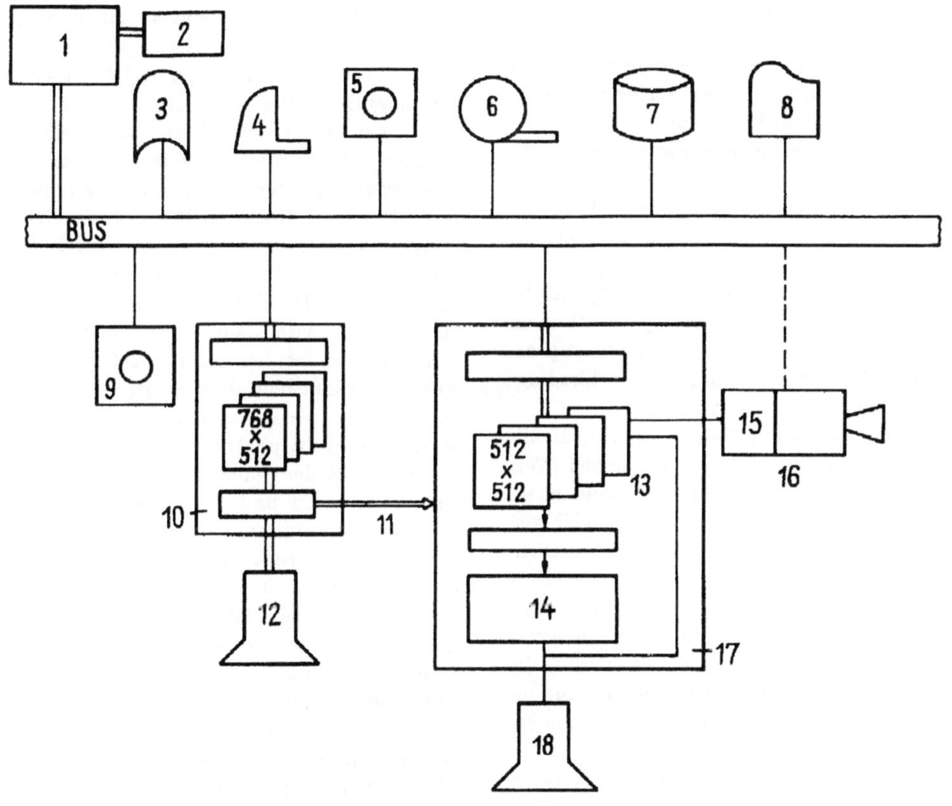

Digitales Bildverarbeitungssystem

- Standardperipherie
  1 Prozessor
  2 Koprozessor für numerische Berechnungen
  3 Hauptspeicher
  4 Bedieneinheit (Systemkonsole)
  5 Folienspeicher (Floppy Disk)
  6 Magnetbandspeicher
  7 Magnetplattenspeicher
  8 Drucker

- Bildverarbeitungsgeräte
  9 Rollkugeleinheit (Trackball)
  10 Grafikeinheit
  11 Graphiküberlagerung
  12 Graphikmonitor
  15 ADU
  16 Elektronische Kamera
  17 Bildverarbeitungseinheit aus
    13 Bildwiederholspeicher
    14 Videoprozessor
  18 Bildverarbeitungsmonitor

Bildverarbeitungssystem

Engl. image processing system. System zur Erfassung, Aufbereitung und Auswertung von vorwiegend zweidimensionalen → Bildsignalen. Abk. BVS.

Systeme zur → digitalen Bildverarbeitung (Bild auf der vorhergehenden Seite) verfügen i. allg. neben dem → Hostrechner mit Standardperipherie zumindest über eine Einheit zur → Digitalisierung (→ Abtastung und → Quantisierung) zweidimensionaler Bildsignale. Eingabegeräte können z. B. TV-Kameras, CCD-Zeilen- oder CCD-Matrixkameras (→ elektronische Kameras) oder Laserscanner sein. Häufig ist die Eingabeeinheit mit teilweise analog arbeitenden Hardwarekomponenten zur → Bilddatenkompression und zur Korrektur der Signale (→ Shadingkorrektur, → Entzerrung) versehen.

Bedingt durch die gegenüber Systemen für allgemeine Anwendungen geforderten hohen Verarbeitungsgeschwindigkeiten und Datenmengen, sind BVS häufig zusätzlich mit leistungsfähigen → Bildspeichern und → Prozessorarrays versehen. Die Matrixform der Bilddaten erlaubt eine effektive Parallelisierung zumindest bei der Vorverarbeitung. Weiterhin gehört zur digitalen Bildverarbeitung eine spezielle Software, die es erlaubt, die Bilddaten zu abstrahieren oder in eine für eine Interpretation geeignete Form zu transformieren sowie die Spezialgeräte anzusteuern.

Für den Datenaustausch und eine nutzergerechte Auswertung sind weiterhin herstellerunabhängige Standards zur Bildspeicherung erforderlich.

Systeme der → analogen Bildverarbeitung auf optischer Grundlage nutzen Linsen- und Filtertechniken. Sie zeichnen sich durch eine hohe Verarbeitungsgeschwindigkeit aus. Der Aufwand für eine Anpassung an veränderte Bedingungen begrenzt gegenwärtig ihren Einsatz.

→ Hybride B. kombinieren elektronische und optische, digitale und analoge Verfahren.

Bildverstärkung

Bildverbesserung mit dem Ziele einer optimalen Nutzung der Bildinformation durch den menschlichen Betrachter, wobei das ursprüngliche → Bildsignal beträchtlich verzerrt werden darf.

Im Grenzfall der B. wird das Bild in eine → Linien- oder Flächengrafik umgeformt. Man spricht dann von Bildpräparation. Das Unvermögen des menschlichen Auges, feine Grauwertstufungen (→ Grauwert) zu erfassen, hat zu vielen Verfahren der → Kontrastanhebung geführt. Dabei werden über i. allg. nichtlineare Kennlinien Grauwerte bildelementweise transformiert. Bei adaptiven Verfahren ist die Kennlinie von den Eigenschaften des Bildes abhängig. Z. B. wird angestrebt, daß alle Grauwerte mit gleicher Häufigkeit vertreten sind (→ Histogrammodifikation) Durch → Hochpaßfilter können Gebiete intensiver Variation der Grauwerte (z. B. → Kanten, Linien, → Texturen) verstärkt hervorgehoben werden. Da das Auge Farben gut differenzieren kann, wird häufig eine → Pseudokolorierung angewendet, bei der unterschiedlichen Grauwerten verschiedene Farben zugeordnet werden. Ein beliebtes Verfahren der visuellen Darstellung in der → Multispektraltechnik ist die → Farbsynthese, bei der jedem Spektralband eine Farbe zugeordnet wird und durch → additive Farbmischung ein i. allg. vom natürlichen Bild sehr verschiedener Eindruck erzeugt wird. Durch Abbildung der Intensität auf die z-Koordinate entsteht oft ein besser auswertbares Bild. Derartige Grafiken bestehen aus einer axonometrischen Repräsentation des Grauwertgebirges oder einiger Grauwertprofile. Häufig wird durch passende Filterverfahren ein Schattenwurfeffekt erreicht. Derartige Verfahren werden unter dem Begriff Pseudo-3D-Darstellung zusammengefaßt (s. Bildanhang). Charakteristisch für Bildverstärkungsverfahren ist das Vorherrschen der → interaktiven Arbeitsweise, indem die verschiedenen Verstärkungsverfahren und ihre Steuerparameter im Sinne der optimalen Auswertbarkeit erprobt und modifiziert werden.

Bildverstehen

Engl. image understanding. Zusammenfassende Bezeichnung für die höheren Formen der Umsetzung von Bildinformationen in → Modelle und Steueraktionen (→ Robotersehen, → maschinelles Sehen).

Bildwiederholspeicher

Engl. refresh memory. Spezieller Typ eines → Bildspeichers, der → Displays mit Daten versorgt.

B. geben entsprechend den Zeitbedingungen der Bildschirmdarstellung synchron zum Überstreichen der Bildschirmebene durch den Elektronenstrahl die → Information aus. Dieses Auslesen muß sehr schnell erfolgen, um eine flimmerfreie Darstellung des Bildes mit großer Zeilenzahl zu erreichen. Neben der eigentlichen → Visualisierung ist die Ausführung von Bildmanipulationen (z. B. Vergrößern eines Ausschnittes, Farbumsetzung) und die Überlagerung von grafischen und alphanumerischen Informationen möglich.

Binärbild

→ Bildsignal, dessen Amplitude nur zwei Werte annimmt.

Ein B. wird durch Verwendung von Medien mit zwei unterschiedlichen Dichten oder Farben (z. B. Schriftvorlagen) oder durch → Binarisierung eines Grauwertbildes (→ Grauwert) erzeugt. Dabei wird einem → Bildpunkt Schwarz oder Weiss zugeordnet, wenn seine Amplitude unter bzw. nicht unter einem konstanten oder ortsabhängigen → Schwellwert liegt. Ausgehend von den Verhältnissen bei der Durchlichtmikroskopie wird üblicherweise Schwarz als Objekt und Weiss als Hintergrund bezeichnet. Da das → Spektrum von B. nicht bandbegrenzt ist, ergeben sich Probleme bei der Rekonstruktion nach der → Abtastung. Die Bereitstellung eines B. ist Voraussetzung für die Anwendung der Methoden der → Digitalgeometrie und → Binärverarbeitung.

Binarisierung

Engl. binarization. → Bildoperation, die ein Grauwertbild (→ Grauwert) durch Unterscheidung von interessierenden Objekten und Hintergrund in ein → Binärbild überführt und damit die Voraussetzung für eine → Binärverarbeitung herstellt.

Die B. kann im einfachsten Fall bei ausreichendem Kontrast zwischen Objekten und Hintergrund mittels Anwendung eines → Schwellwertes S erfolgen:

$$g(x,y) = \begin{cases} 1 \text{ für } f(x,y) \geq S \\ 0 \text{ für } f(x,y) < S \end{cases}$$

Falls der Wert von S für alle Bilder gleich ist, kann die B. durch entsprechende → Quantisierung bereits im → Sensor erfolgen. Oft wird S jedoch bildabhängig aus dem → Histogramm des Bildes abgeleitet. Aufgrund von Inhomogenitäten in der → Beleuchtung, der Reflexionseigenschaften von Objekten und Hintergrund sowie des Rauschens des Sensors ist diese einfache, ortsunabhängige B. nur selten anwendbar. I. allg. muß entweder ein ortsveränderliches Schwellwertbild $S(x,y)$ berechnet und die B. ortsabhängig ausgeführt werden oder der B. eine → Shadingkorrektur vorausgehen. Falls nur linienhafte Objekte oder nur die → Konturen von Objekten gesucht werden, erfolgt die B. erst nach Anwendung einer Liniendetektion (→ Linienbild) bzw. → Kantendetektion.

Binärverarbeitung

Engl. binary image processing. Verarbeitung von → Binärbildern.

Bei Bildern von bestimmten Objekten wie z. B. Schriftzeichen, → Sinnbildern, Zellen und Werkstücken ist die interessierende → Information allein aus Größe, Form und Lage der Objekte abzuleiten, so daß die Analyse der → Grauwerte innerhalb der Objekte nicht erforderlich ist. Da B. schneller und einfacher als → Grauwertverarbeitung zu realisieren ist und Binärbilder sich besser komprimieren lassen (→ Bilddatenkompression), versucht man in solchen Fällen im Verarbeitungsprozeß möglichst schnell mittels → Binarisierung zur B. überzugehen. Im einfachsten Fall kann die Binarisierung bereits im → Sensor erfolgen. Oft erfordert eine zufriedenstellende Binarisierung eine kompliziertere Vorverarbeitung auf Basis eines vorhandenen Grauwertbildes. Unter Umständen wird auch noch eine weitere Grauwertvorverarbeitung vorgeschaltet, um Störungen zu unterdrücken und die Bildqualität zu verbessern.

Bit

Engl. Abk. für binary digit, Binärziffer.

1. Maßeinheit der Informationstheorie. Einem Bit entspricht die Auswahl bzw. das Eintreten eines von zwei gleichwahrscheinlichen Ereignissen.

2. Kleinste Einheit in der digitalen Informationsverarbeitung. Sie betrifft die Unterscheidung zweier möglicher Zustände wie „Aussage ist wahr" bzw. „Aussage ist falsch" oder „eingeschaltet" bzw. „ausgeschaltet". Durch eine Folge von n Bit können also 2^n Zustände unterschieden werden. Im Dualsystem werden Zahlen als Folge von Bit repräsentiert.

Bit-Map

Engl., Speicherungsform eines Bildes, bei dem jedem → Bildelement ein → Bit zugeordnet ist.

Bild 1 veranschaulicht die Speicherung eines → Binärbildes in Form einer B..

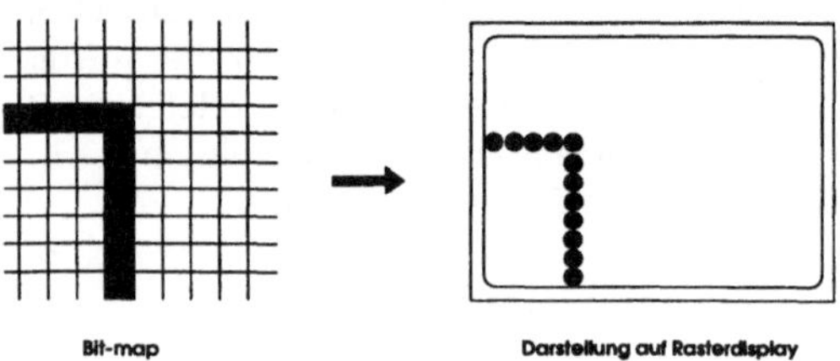

Bild 1

Oft wird von einer B. auch dann gesprochen, wenn je Bildelement (Pixel) mehr als ein Bit belegt werden darf. Man kann sich die Speicherung von Bildern dann so vorstellen, daß mehrere (n) Bitebenen zur Verfügung stehen, wobei die → Bittiefe gleich n ist (Bild 2). Für $n > 2$ ist auch der engl. Begriff Pixmap (von pixel map) üblich. Die Erzeugung einer B. wird → Bit-mapping genannt.

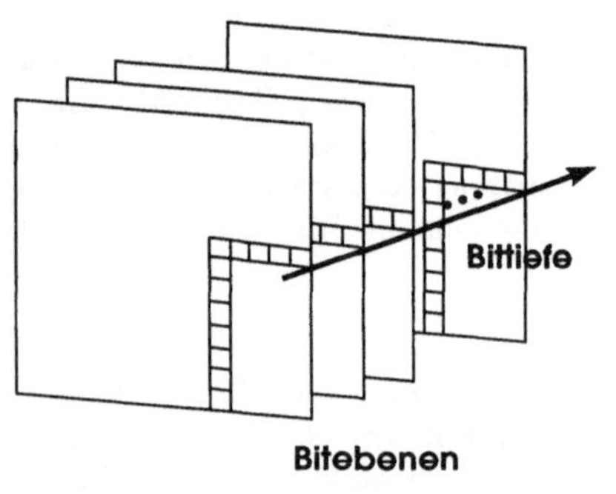

Bild 2

Bit-Mapping

Vorgang der Erzeugung einer → Bit-map.

Beim B. wird die Beschreibung eines Bildes in Form eines Bitmusters, einer Bit-map, generiert (→ Bit). Diese Bit-map entspricht einem Muster von → Bildpunkten. Die Farbinformation wird mittels mehrerer Bits je Bildpunkt kodiert.

Bitebenenkodierung

Verfahrensweise zur → Bilddatenkompression und -speicherung, bei der die einzelnen Bitebenen (→ Bit-map) eines Grauwert- bzw. Farbbildes getrennt behandelt werden.

Auf diese Weise können Algorithmen zur Kodierung von → Binärbildern (→ Kettenkode der Konturen, → Lauflängenkodierung, → Quadtree) angewendet werden. Die Anwendung der B. kann insbesondere für Bilder mit wenigen Bitebenen (geringer als die Wortlänge des Rechners) effektiv sein. In diesem Falle gehören alle Bit eines Rechnerwortes zu einer Bitebene.

Bittiefe

Anzahl von → Bit, die im → Bildwiederholspeicher eines Rasterbildschirmsystems (→ Rasterdisplay) je → Bildpunkt zur Speicherung lokaler Information (z. B. zur Farbe in den einzelnen Bildpunkten) zur Verfügung stehen.

Die B. (→ Bit-Map, Bild 2) entscheidet wesentlich über die Qualität der generierbaren → Computergrafiken: Durch jedes einzelne Bit können zwei verschiedene Farben bzw. Intensitätswerte (oder genauer zwei verschiedene Kombinationen von Rot-, Grün- und Blauanteilen) bei Nutzung von → Farbbildröhren bzw. zwei verschiedene Grautöne bei Verwendung von → Schwarz-Weiß-Bildöhren ausgewählt werden.

Häufig werden nicht alle verfügbaren Bit je Bildpunkt zur → Kodierung der Farbtöne bzw. Graustufen des aktuell angezeigten Bildes genutzt. Man kann z. B. einen Teil der B. zum Aufbau von Hintergrundbildern nutzen, die sich nach Abschluß des Aufbaus praktisch verzögerungsfrei darstellen lassen. Eine weitere Möglichkeit besteht in der Verwendung von Bitebenen als → Tiefenpuffer im Rahmen der Lösung des → Verdeckungsproblems (→ Tiefenpuffer-Algorithmus).

Blättern

Verschieben eines → Fensters, z. B. über ein rechnerintern vorliegendes Bild, um diskrete Werte in horizontaler bzw. vertikaler Richtung, die den Abmessungen des Fensters in diesen beiden Richtungen entsprechen.

Das B. dient dem Betrachten von Ausschnitten großer Bilder auf → Bildschirmen, deren Fläche für die Darstellung des gesamten Bildes i. allg. zu klein ist (→ Bildrollen, → Pan und → Scrolling).

Block

1. Physische Einheit der Datenspeicherung auf einem peripheren Gerät.

Ein Block ist eine zusammenhängende Folge von → Bytes, die durch Blocklücken von anderen Blöcken getrennt ist und zusätzlich Informationen zum Finden, zur Datenprüfung und Fehlerkorrektur sowie zur Identifikation besitzt, die für den Benutzer meist nicht sichtbar (transparent) sind. Bei Direktzugriffsgeräten wie z. B. einer Magnetplatte kann ein Block direkt adressiert werden (Spur, Oberfläche, Sektor). Ein Datenpuffer muß mindestens die Länge eines Blockes haben. Lange Blöcke belasten den Hauptspeicher, verbessern jedoch auf Grund des Entfallens von Blocklücken die Auslastung des Speichermediums. Typische Blocklängen sind 512 Byte bei Magnetplatten und 8 kByte bei Magnetbändern.

2. Meist quadratische Anordnung von → Bildelementen (z. B. 16 x 16)

Ein derartiger B. wird für die → Bilddatenkompression als Dateneinheit verwendet. Bei Transformationsmethoden werden für jeden B. gesondert die Transformationskoeffizienten berechnet. Bei PCM-Verfahren (→ PCM) und der Vektorquantisierung (→ Vector Quantization) wird der gesamte Block wie ein sehr langes Datenwort behandelt.

Blooming

Engl., typischer Abbildungsfehler von CCD-Sensoren (→ CCD).

Mit B. wird die kreisscheibenförmige Ausstrahlung einer Punktbelichtung hoher → Intensität bezeichnet, bei der die betroffenen Gebiete des Bildsensors in die Sättigung geraten und kein nutzbares → Bildsignal erzeugen.

Bodenauflösung

Größe des Integrationsfelds der Abtastung von → MSS, bezogen auf die Erdoberfläche, angegeben z. B. als 80 m × 80 m.

Jeder im Scanner gewonnene Abtastwert ist die numerische Verschlüsselung der Bodenbedeckung und ihrer → Beleuchtung gemittelt über das Integrationsfeld. I. allg. ist das Abtastraster nicht mit der Bodenauflösung identisch. Üblicherweise überlappen die Integrationsfelder. Die B. ist von der Höhe des → Sensors über dem Boden abhängig. Deshalb wird auch der höhenunabhängige Raumwinkel des optischen Systems des Scanners als Parameter verwendet. Beide Angaben werden auch unter dem Begriff des momentanen Gesichtsfeldes oder IFOV (instantaneous field of view) zusammengefaßt.

Boolesches Modell

Nach **G. Boole** *benannter → zufälliger Prozeß, bei dem jedem Punkt eines gegebenen* **Poisson**-*Punktfeldes eine zufällige Menge zugeordnet wird.*

Dies ist z. B. eine zufällige Kreisfläche, deren Mittelpunkt der jeweils betrachtete Punkt ist (d. h. der Radius ist hierbei eine Zufallsgröße). Die Vereinigung aller dieser Mengen bildet eine zufällige Menge und wird B.M. genannt. Die Punkte werden „Keime“ und die Teilmengen „Primärkörner“ genannt. Bilden die Keime keinen → **Poisson**-Prozeß und sind die Körner nicht stochastisch unabhängig, dann wird der zufällige Prozeß „Keim-Korn-Modell“ genannt.

Das Bild zeigt einen Ausschnitt aus einer Realisierung eines B.M. (weißes Gebiet). Die Primärkörner sind Kreise mit zufälligem Radius.

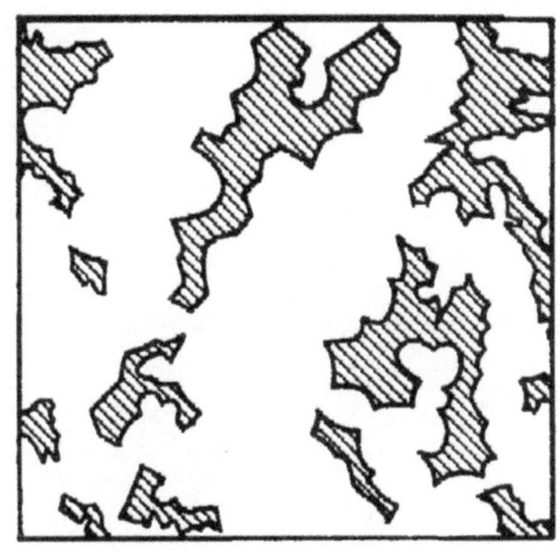

Boundary Representation

Engl., → Begrenzungsflächen-Repräsentation.

Brechung

Änderung der Fortpflanzungsrichtung von Wellen, wenn diese von einem Medium 1 in ein Medium 2 übertreten und die Ausbreitungsgeschwindigkeit in beiden Medien unterschiedlich ist.

Bei Lichtwellen in durchsichtigen (transparenten) Medien gilt das nach dem Niederländer **Snellius van Roijen** benannte **Snellius**sche Brechungsgesetz (Bild):

$$n = \frac{\sin\alpha}{\sin\beta} = \frac{c_1}{c_2}$$

mit

n Brechungsverhältnis oder Brechzahl,

α Einfallswinkel,

β Brechungswinkel oder Ausfallwinkel,

$c_{1,2}$ Ausbreitungsgeschwindigkeiten in den Medien.

Für den Übergang von Licht aus Vakuum oder Luft in ein dichteres Medium wird n als Brechungskoeffizient oder Brechungsindex bezeichnet. Beim Übergang in das optisch dichtere Medium wird das Licht zur → Normalen der Grenzfläche hin gebrochen. Einfallender Strahl, Normale der Grenzfläche und gebrochener Strahl liegen stets in einer Ebene, der Einfallsebene.

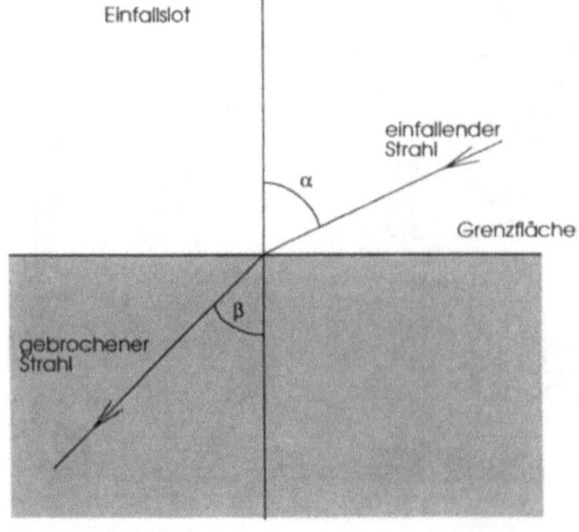

Bump Mapping

Engl., Verfahren zur Erzeugung realitätsnaher Abbilder (→ Computergrafiken) von komplizierten dreidimensionalen Gebilden wie Meereswellen, bei dem die Geometrie des jeweiligen Gebildes weitgehend vereinfacht wird.

Die → 3D-Modellierung kompliziert geformter Flächen wie die Meeresoberfläche mit Wellen ist einerseits extrem aufwendig und andererseits unnötig, wenn es nur um die Erzeugung realitätsnaher Abbilder von hinreichend weit entfernten Gebilden dieser Art geht. Eine Möglichkeit zur Vermeidung des großen Aufwandes bei gleichzeitiger Erzielung eines realitätsnahen visuellen Eindruckes besteht darin, die Form des Gebildes stark zu vereinfachen (bis hin zu einer planaren Oberfläche) und auf der vereinfachten Oberfläche eine dem zu erzeugenden → Image angemessene Störung der Flächennormalen vorzunehmen. Handelt es sich z. B. um eine planare Fläche, so haben die Normalen in jedem Punkt dieser Fläche natürlich die gleiche Richtung. Beim B.M. werden diese Richtungen nun so verändert, daß durch die → Visualisierung des gesamten Gebildes unter Auswertung der Normalenrichtungen bei der → Beleuchtungssimulation ein realitätsnahes Abbild entsteht, ohne daß die Fläche selbst den Normalenrichtungen entsprechend geändert worden wäre. Insofern sind beim B.M. → Modell und Abbild nicht vollständig konsistent. B.M. stellt dennoch einen guten Kompromiß zwischen Aufwand und Nutzen dar. Im Bildanhang ist ein Beispiel für B.M. gezeigt.

Bündelindex

Engl. bundle index. Im Rahmen von → GKS definierter Index in einer arbeitsplatzbezogenen → Bündeltabelle, über den das Erscheinungsbild von → Darstellungselementen gleichzeitig bez. mehrerer → Attribute spezifiziert wird.

Das Erscheinungsbild von Darstellungselementen wird i. allg. durch eine ganze Reihe von Eigenschaften geprägt. Diese werden im Rahmen von GKS Darstellungsattribute genannt. Das Aussehen des Darstellungselementes → Linienzug z. B. bestimmen u. a. die Attribute → Linientyp (linetype), Linienbreitenfaktor (linewidth scale factor) und Linienzugfarbindex (polyline colour index). Solche Attribute können bei GKS sowohl einzeln (individuell) als auch gebündelt mit Hilfe des B. und der Bündeltabelle festgelegt werden. Die Bündeltabelle gibt an, welche Kombinationen von Attribut-Festlegungen für die verschiedenen Werte des B. bez. des jeweiligen → grafischen Arbeitsplatzes gelten. Natürlich ist es sinnvoll, die Bündeltabellen so einzurichten, daß unterschiedliche B. zu unterscheidbaren Erscheinungsbildern führen. Geht es nur um diese Unterscheidbarkeit, braucht der Anwender von GKS in seinen → Anwenderprogrammen Darstellungselementen, die bei der → Ausgabe unterschiedlich aussehen sollen, nur verschiedene B. zuzuordnen. Um die genaue Festlegung der einzelnen Attribute in Abhängigkeit von den Möglichkeiten der verschiedenen Arbeitsplätze zur grafischen Ausgabe muß er sich dann nicht kümmern.

Wenn Darstellungselemente bez. gewisser Attribute auf allen → Ausgabegeräten ein gleiches, ganz bestimmtes Aussehen haben sollen (wie z. B. eine Symmetrielinie in einer Werkstattzeichnung bez. des Attributes Linientyp), so kann dieses Attribut unabhängig von B. und Bündeltabelle, also individuell, gesetzt werden. Die Spezifikation, ob ein Attribut individuell oder gebündelt (mit Hilfe des B.) festgelegt werden soll, geschieht mittels eines zweiwertigen programmtechnischen „Schalters", mittels des sog. → Aspektanzeigers.

Bündeltabelle

Engl. bundle table. Tabelle, die im Rahmen von → GKS für ein bestimmtes → Darstellungselement und einen bestimmten → grafischen Arbeitsplatz in Abhängigkeit vom Wert eines → Bündelindex mehrere → Attribute spezifiziert.

In GKS existieren B. für die Darstellungselemente → Linienzug, → Polymarke, → Text und → Füllgebiet. Für jedes dieser Darstellungselemente und jeden Arbeitsplatz zur → Ausgabe (→ Ausgabegerät) spezifiziert jeweils eine B. eine Menge von Kombinationen aller arbeitsplatzabhängigen Attribute. Dies erfolgt, indem zu mehreren Werten des Bündelindex jeweils die Kodewörter aller zugehöriger Attribut-Festlegungen gespeichert werden. Bei gebündelter Setzung von Attributen eines Darstellungselementes wird letzterem einer dieser Werte zugeordnet, der über die B. das Erscheinungsbild in mehreren Aspekten steuert. Ob ein Attribut gebündelt oder individuell spezifiziert werden soll, steuert der → Aspektanzeiger.

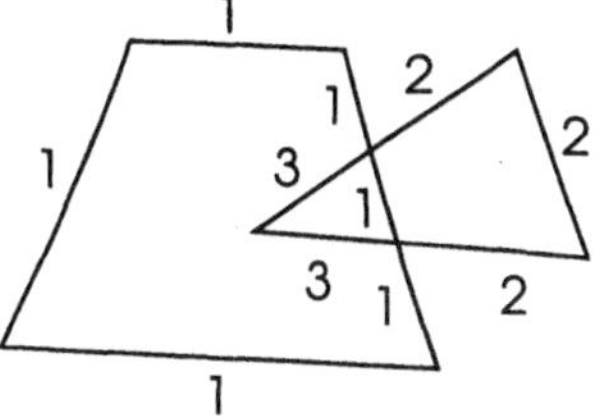

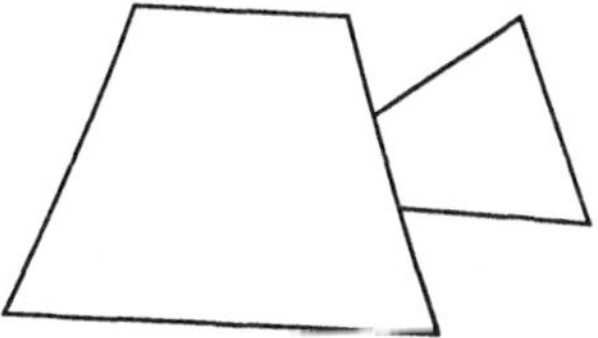

Darstellung auf Arbeitsplatz 1

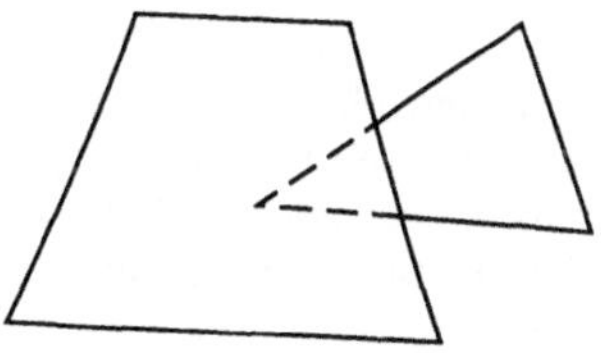

Darstellung auf Arbeitsplatz 2

Das Bild zeigt oben einen geschlossenen Linienzug, dem der Bündelindex 1 zugeordnet ist, sowie zwei offene Linienzüge mit den Bündelindizes 2 und 3, die zusammen ein Dreieck bilden. Die folgenden beiden Tafeln illustrieren die B. für zwei Arbeitsplätze. Der mittlere und untere Teil des Bildes zeigt die Darstellung der drei Linienzüge auf diesen Arbeitsplätzen entsprechend der Festlegung der Attribute über die B..

Bündelindex (hier Linienzugindex)	Linientyp	Linienbreitefaktor	Linienzugfarbindex
1	1 (durchgezogen)	1	1 (sichtbar)
2	1	1	1
3	1	1	0 (Hintergrund; unsichtb.)

Bündeltabelle von Arbeitsplatz 1

1	1 (durchgezogen)	1	1 (sichtbar)
2	1	1	1
3	2 (gestrichelt)	1	1

Bündeltabelle von Arbeitsplatz 2

Bus

System von multiplex genutzten Leitungspfaden in einem → Computer.

Die verschiedenen Komponenten eines Computersystems (→ Hardware) werden durch ein Netzwerk von Leitungspfaden verbunden, durch die → Informationen zwischen verschiedenen Quellen und Zielen übertragen werden können. Es kann sowohl jeweils einen separaten Daten-, Adress- und Steuerbus geben (Bild) als auch ein multiplexes Bussystem mit zeitlich nacheinanderfolgender Übertragung verschiedener Datenkomponenten auf denselben Leitungspfaden gebildet werden.

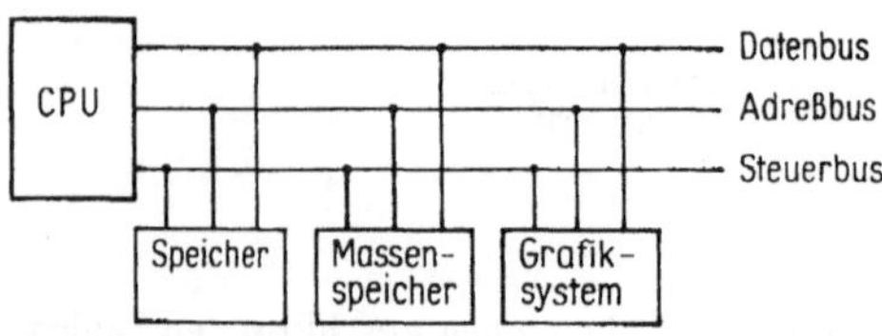

Von der Struktur, der Datenbreite und der Übertragungsrate eines B. hängt in entscheidendem Maße die Leistungsfähigkeit eines Computersystems ab. Ein B. enthält eine von → CPU und Speicher abgesetzte zentralisierte oder verteilte eigene Steuerung.

Byte

Einheit der Informationsverarbeitung und der digitalen Speichertechnik.

Ein B. entspricht einem Rechnerwort aus 8 → Bit, welches $2^8 = 256$ verschiedene Zustände kodieren kann. Die Kapazität von Speichern wird i. allg. als Vielfaches von B. angegeben. Gebräuchliche Einheiten zur Angabe von Speicherkapazität bzw. Datenumfang sind auch KByte (1 KByte = 2^{10} Byte = 1024 Byte) und MByte (1 MByte = 2^{10} Byte $\approx 10^3$ KByte). 65536 Byte sind 64 KByte und nicht etwa 65 KByte.

CAD

Engl. Abk. für Computer-Aided Design. Im deutschen Sprachgebrauch sind dafür auch die Termini → rechnerunterstützter Entwurf bzw. → rechnerunterstützte Konstruktion üblich.

CAD-System

→ Rechnerunterstütztes System für die Durchführung von Prozessen der Produktionsvorbereitung (→ CAD).

Einsatzgebiete von C. sind:

- der → rechnerunterstützte Entwurf,
- die → rechnerunterstützte Konstruktion,
- die → rechnerunterstützte Projektierung,
- die → rechnerunterstützte Dokumentation und
- die → rechnerunterstützte Zeichnungserstellung.

Zwar ist rechnerunterstützter Entwurf (CAD) schon in der Anfangsphase der Entwicklung elektronischer → Computer durchgeführt worden, Breitenwirksamkeit erzielte CAD jedoch erst mit der Entwicklung der Mikroelektronik, insbesondere von Mikrorechnern. Erst diese ermöglichte die Verfügbarkeit von Rechentechnik in Arbeitsplatznähe sowie den Übergang zur → interaktiven Arbeitsweise auf der Basis einer grafisch orientierten → Mensch-Rechner-Kommunikation. Heute sind in die meisten C. Hilfsmittel der → Computergrafik integriert (→ Computergrafiksystem). Dem entspricht auch der gerätetechnische Aufbau von C. Neben Rechnern kommen u. a. vielfältige → grafische Geräte zur → Eingabe und → Ausgabe zum Einsatz (vgl. auch rechnerunterstützte Zeichnungserstellung, Bild 1).

CAD/CAM

Engl. Abk. für Computer-Aided Design (→ CAD) und Computer-Aided Manufacturing (→ CAM).

Mit dieser Kombination soll die Verflechtung der → Rechnerunterstützung von produktionsvorgelagerten Prozessen mit der eigentlichen Produktherstellung ausgedrückt werden. Mit Hilfe von → CAD/CAM-Systemen wird diese Integration vorgenommen.

Wie beim → rechnerunterstützten Entwurf, bei der → rechnerunterstützten Konstruktion und bei der → rechnerunterstützten Fertigung spielt auch in CAD/CAM-Prozessen die → Computergrafik eine herausragende Rolle. Typische Beispiele sind die grafisch orientierte Ableitung von → NC-Steuerungen aus → 3D-Modellen und die → Visualisierung des rechnerunterstützten Bearbeitungsvorgangs in der Phase der Vorbereitung der Fertigung und bei der Überwachung der Fertigung selbst.

CAD/CAM-System

→ Rechnerunterstütztes System, das die → Durchgängigkeit der → Rechnerunterstützung von Prozessen der Produktionsvorbereitung bis hin zu Prozessen der eigentlichen Produktion sichert (→ CAD/CAM).

Ein C. verfügt über Komponenten zum → rechnerunterstützten Entwurf bzw. zur → rechnerunterstützten Konstruktion (CAD). Die → Modelle von Produkten, die mit diesen CAD-Komponenten des Gesamtsystems erstellt werden, dienen der ebenfalls rechnerunterstützten Vorbereitung des eigentlichen Produktionsprozesses. Im Ergebnis der gesamten Produktionsvorbereitung entstehen in C. → rechnerinterne Modelle, Daten und Programme, die unmittelbar für die rechnerunterstützte Produktion (insbesondere die → rechnerunterstützte Fertigung (CAM) mit Hilfe von numerisch gesteuerten Werkzeugmaschinen) genutzt werden können.

Entscheidend für die Effektivität eines C. ist der Grad der Integration der einzelnen Systemkomponenten und damit die Durchgängigkeit der Rechnerunterstützung betrieblicher Prozesse. Die physische Kopplung aller Komponenten (etwa über lokale Rechnernetze) ist nicht Voraussetzung dafür, von einem C. sprechen zu können. Besonders hohe Rationalisierungseffekte lassen sich z. B. dann erreichen, wenn dem → Nutzer eines C. bereits im Konstruktionsprozeß seitens des Systems wesentliche Unterstützungen im Hinblick auf die Fertigung geboten werden.

Bild 1 auf der folgenden Seite zeigt als Beispiel ein Blechteil, in das funktional-technologische Elemente durch Auswahl aus einem → Menü solcher Elemente (Bild 2 ist ein Ausschnitt aus einem entsprechenden Menüaufleger) und Positionierung im zu detaillierenden Objekt integriert wurden. Die Menge der verfügbaren Elemente einschließlich der dem Konstrukteur mitgeteilten Vorzugsreihen von Parametern korrespondieren dabei mit den Möglichkeiten einer rationellen Fertigung, im Fall des Beispiels mit den Stanzwerkzeugen, die an den NC-Maschinen vorhanden sind.

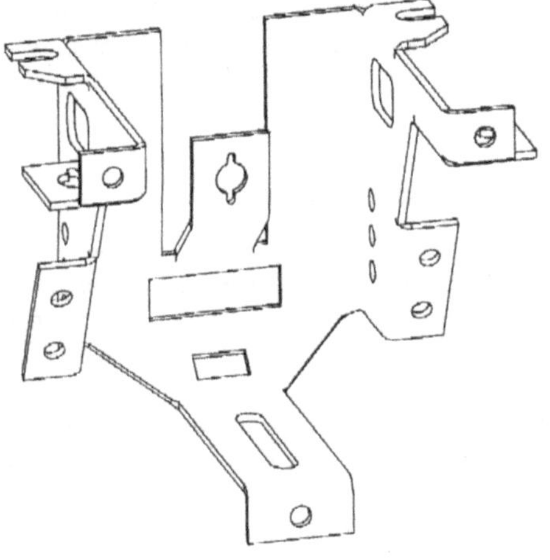

Bild 1

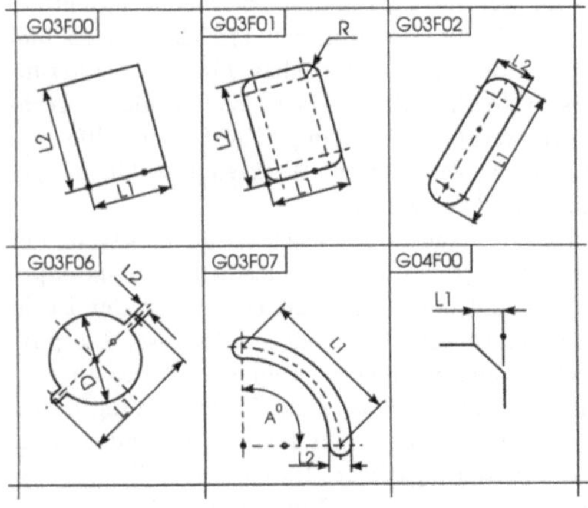

Bild 2

Für das Zusammenwirken der einzelnen Komponenten eines C. ist die exakte Festlegung und Einhaltung von → Schnittstellen erforderlich.

Wie auch im Falle von → CAD-Systemen wird die → Mensch-Rechner-Kommunikation bei C. von Mitteln der → Computergrafik geprägt. Dies betrifft insbesondere die interaktive → Modellierung (→ interaktive Arbeitsweise) und die grafische Kontrolle von NC-Programmen (→ NC-Programmierung).

Eine wesentliche Voraussetzung für eine effektive CAD/CAM-Integration ist die zumindest geometrisch vollständige Modellierung der herzustellenden Objekte. In vielen volkswirtschaftlichen Bereichen ist dementsprechend eine → 3D-Modellierung notwendig. Zur Erzielung hoher Rationalisierungseffekte werden meist jedoch auch Aspekte in die Modellierung einbezogen, die über die Geometrie hinausgehen (→ Produktmodell).

Die Einbeziehung weiterer betrieblicher Prozesse zusätzlich zu CAD- und CAM-Prozessen in durchgängig rechnerunterstützten Lösungen bezeichnet man oft als → CIM.

CAE

Engl. Abk. für Computer-Aided Engineering, rechnerunterstützte Ingenieurarbeit.

C. bezeichnet vorrangig die rechnerunterstützte Ingenieurarbeit in produktionsvorgelagerten Prozessen, d. h. in Forschung, Entwicklung, Entwurf, Konstruktion und Projektierung sowie bei der Analyse (insbesondere auf der Basis von Berechnungen und Simulationen) und Dokumentation von Ergebnissen dieser Prozesse. Außerdem werden zuweilen die rechnerunterstützte Fertigungsorganisation (CAP) und Qualitätssicherung (CAQ) eingeschlossen. C. ist damit ein umfangreicher Teil von → CIM.

Das Ziel des C. besteht in der Erhöhung der Qualität von Produkten sowie der Produktionsvorbereitung insbesondere mit Hilfe einer soliden mathematischen Durchdringung der unterstützten Prozesse. In diesem Zusammenhang wird mit C. häufig die Finite-Elemente-Methode (→ FEM-Analyse) in Verbindung gebracht.

Wesentliche Bedingung für die Effizienz von C. ist die → Durchgängigkeit der → Rechnerunterstützung der einzelnen Prozesse.

CAM

Engl. Abk. für Computer-Aided Manufacturing. Im deutschen Sprachgebrauch sind dafür auch die Termini → rechnerunterstützte Fertigung bzw. rechnerunterstützte Produktion üblich.

Canny-Operator

Operator zur → Kantendetektion auf der Grundlage der → Bildfilterung mit einer **Gauß***schen → Impulsantwort.*

Die Impulsantwort eines **Gauß**schen Glättungsfilters lautet

$$h(x,y,\sigma) = \exp(-\frac{x^2+y^2}{2\sigma^2}),$$

wobei σ seine Weite und damit den Grad der Glättung bestimmt.

Die Schritte der Kantendetektion nach **Canny** lassen sich wie folgt zusammenfassen:

1. Glättung des Bildes $g(i,j)$ (→ Bildglättung) durch zweidimensionale diskrete → Faltung mit $h_\sigma(i,j) = h(i\Delta, j\Delta, \sigma)$

$$f(i,j) = h_\sigma(i,j) * g(i,j)$$

2. Berechnung der Differenz-Approximation für die partiellen Ableitungen:

$$\hat{f}_x(i,j) =$$
$$\frac{1}{2}\Big(f(i{+}1,j) - f(i,j) + f(i{+}1,j{+}1) - f(i,j{+}1)\Big)$$
$$\hat{f}_y(i,j) =$$
$$\frac{1}{2}\Big(f(i,j) - f(i,j{-}1) + f(i{+}1,j) - f(i{+}1,j{-}1)\Big)$$

3. Berechnung des Betrages des Gradienten:

$$\rho(i,j) = \hat{f}_x^{\,2}(i,j) + \hat{f}_y^{\,2}(i,j)$$

4. Berechnung der Gradientenrichtung:

$$\Theta(i,j) = \arctan\Big(\frac{\hat{f}_y(i,j)}{\hat{f}_x(i,j)}\Big)$$

5. Reduzierung der Gradientenrichtung auf einen der vier Sektoren 0...3 nach dem Bild.

6. Unterdrückung von Nicht-Maxima. Dazu werden diejenigen → Bildelemente des Gradientenbetragsbildes $\rho(i,j)$, die im 3×3-Fenster (→ Fenster) um den betrachteten Zentralpunkt (i,j) senkrecht zur reduzierten Gradientenrichtung kein lokales Maximum aufweisen, auf Null gesetzt und damit als Kandidaten für ein Kantenelement gestrichen.

7. Vergleich des Resultats des vorhergehenden Schrittes mit einem → Schwellwert, um durch Rauschen verursachte „falsche“ Kantenelemente zu eliminieren.

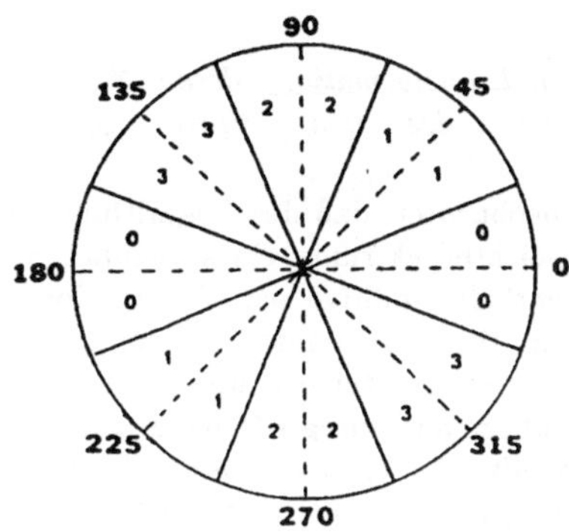

CAT

1. Engl. Abk., ursprünglich Cross-Axial Tomography, jetzt Computer Aided Tomography (→ Tomographie).
2. Engl. Abk., Computer Aided Testing, d. h. rechnerunterstützte Prüfung.

CCD

Engl. Abk. für charged coupled device (ladungsgekoppeltes Gerät).

Eine monolithische Siliziumschaltung, bei der diskrete Ladungspakete von Zelle zu Zelle transportiert werden, veranlaßt durch eine Taktfolge an Steuerelektroden.

CCT

Engl. Abk..

1. Computer Compatible Tape (rechnerkompatibles Magnetband). Die Signale der Systeme und Sensoren der → Fernerkundung werden auf hochdichten und schnellen Speichermedien, meist HDDT (high density digital tapes – hochdichte digitale Magnetbänder) aufgezeichnet. Zur Bildauswertung auf allgemein verfügbaren Rechnern werden sie auf CCT, d. h. übliche 1/2-Zoll Magnetbänder mit geringer Aufzeichnungsdichte umgespeichert und neuformatiert (→ Bildformat).

2. Continuous Cosine Transform, kontinuierliche → Kosinustransformation.

Cell Array

Engl., → Zellmatrix

Cepstrum

Spezielle Signaltransformation, deren Name aus der Umstellung des engl. Wortes Spectrum (→ Spektrum) entstand.

Man hat beobachtet, daß der Logarithmus des → Leistungsdichtespektrums eines Signals, welches Echos enthält, additive periodische Komponenten enthält. Die → **Fourier**transformation dieses logarithmischen Leistungsdichtespektrum, das C., hat demzufolge ausgeprägte Spitzen, aus denen auf die Echolaufzeit geschlossen werden kann. Das C. dient deswegen zur Ermittlung von Laufzeiten, der Erkennung und Unterdrückung von Echos und Geisterbildern.

CGI

Engl. Abk. für Computer Graphics Interface, Computergrafik-Schnittstelle. Standard (→ Standardisierung) für die Spezifizierung der → Schnittstelle zwischen grafischen Basissystemen wie → GKS, → GKS-3D sowie → PHIGS und → grafischen Geräten.

CGM

Engl. Abk. für Computer Graphics Metafile. Standard (→ Standardisierung) zur Beschreibung von Bildern zwecks Langzeitspeicherung in einer Bilddatei und Austausch zwischen grafischen Systemen.

Das CGM wurde 1987 von der ISO standardisiert (CGM, Basic Standard ISO 8632). Es steht in engem Zusammenhang mit grafischen Basissystemen (insbesondere mit → GKS) und dem Computer Graphics Interface (→ CGI).

Chain Code

Engl., → Kettenkode.

Change Detection

Engl., Änderungserkennung bzw. Änderungsdetektion (→ Bildfolgenanalyse).

Chrominanz

Zusammenfassung von zwei → Primärfarben des → Farbsystems des Farbfernsehens, dort auch als Farbart oder Chroma bezeichnet.

Die C. ist die Zusammenfassung zweier Koordinaten aus der Farbart-Tafel (→ Farbmetrik, → Normfarbwerttafel). Sie definiert zusammen mit der → Luminanz die Valenzen der → Primärfarben. Diese Darstellung erlaubt es, den → Grauwert als → Luminanz und den → Farbton (zwei Buntsignale) getrennt zu übertragen. C. wird auch als Oberbegriff für → Farbton und → Farbsättigung verwendet. Die Umrechnung von C. und Luminanz in andere → Farbsysteme ist durch eine lineare Transformation möglich.

CID

Engl. Abk. für charge injection device (Gerät mit Ladungszuführung).

Spezielle Variante eines CCD-Bildsensors (→ CCD), bei dem → Bildpunkte durch elektronische Adressierung ihrer → Koordinaten angesprochen und ausgelesen werden können (Bild auf der nächsten Seite).

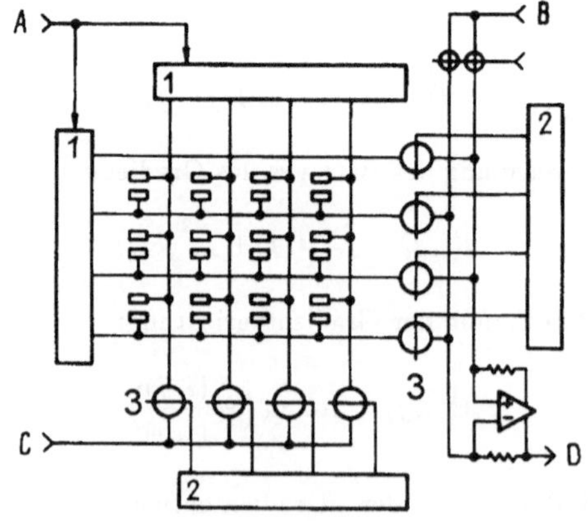

A Zeilenzugriff
B Injektionssteuerung
C Spaltenbezugspotential
D Signal

1. Treiberstufen
2. Auswahllogik
3. Multiplexer

CIE-Farbsystem

Franz., Abk. für Commission International

l'Eclairage. Farbmeßsystem von 1931 (→ Farbmetrik).

CIM

Engl. Abk. für Computer Integrated Manufacturing, rechnerintegrierte Fertigung.

Dieser Begriff betont noch stärker als der Terminus → CAD/CAM die → Durchgängigkeit der → Rechnerunterstützung des gesamten industriellen Reproduktionsprozesses. Neben → CAD, → CAE und → CAM schließt er auch die rechnerunterstützte Informationsversorgung der Betriebsleitung, die Rechnerunterstützung der langfristigen Planung, der Qualitätskontrolle, des Versandes, der Bestellung und der Abrechnung ein.

Methoden und Geräte der→ Computergrafik spielen an fast allen → Schnittstellen zwischen dem Menschen und dem gesamten technischen System eine fundamentale Rolle. Ohne die Nutzung von → Computergrafiksystemen sind CIM-Prozesse nicht beherrschbar.

Clipping

Engl., von to clip, beschneiden, Eindeutschung: Klippen. Prozeß des „Abschneidens" der rechnerinternen Repräsentation einer Grafik entlang einer vorgegebenen Begrenzung, jenseits derer die Grafik nicht visuell dargestellt wird.

Da einerseits die → Displayfläche jedes Gerätes zur → Ausgabe von → Computergrafiken fest begrenzt ist, anderseits → Computergrafiksysteme i. allg. auch solche rechnerinternen grafischen Strukturen speichern und verarbeiten müssen, die unabhängig von der Displayfläche definiert sind, müssen bei der Generierung einer Computergrafik zunächst diejenigen Teile der gesamten Grafik bestimmt werden, die innerhalb der Displayfläche dargestellt werden sollen.

Bei diesem Vorgang handelt sich i. allg. um das C. an der Begrenzung eines Rechteckes (Bild a). Dieser wichtige Spezialfall des C. tritt dann auf, wenn ein Ausschnitt einer größeren Grafik auf der (rechteckigen) Displayfläche eines → Ausgabegerätes oder auf einem rechteckigen Teil dieser Fläche (→ Window, → Viewport) generiert werden soll. Im Rahmen von → GKS spielt dementsprechend das C. bei der Durchführung der → Koordinatentransformationen, d. h. beim Übergang von → Weltkoordinaten zunächst zu → normierten Koordinaten und schließlich zu den eigentlichen → Gerätekoordinaten, eine große Rolle.

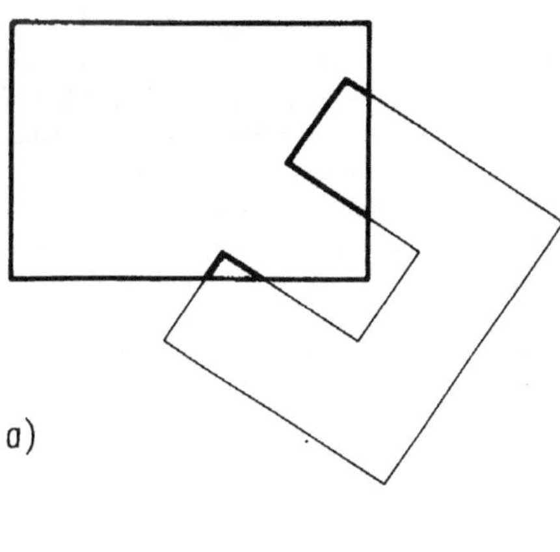

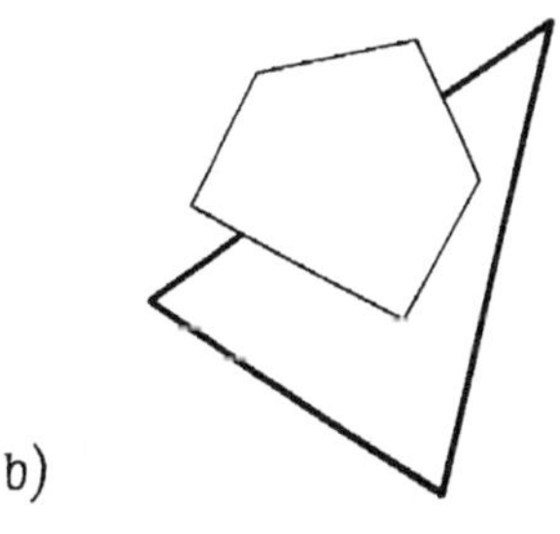

Viele → Algorithmen zur Lösung des → Verdeckungsproblems, insbesondere → Objektraum-Algorithmen, erfordern das C. an allgemeineren Begrenzungen. Das Beispiel in Bild b) zeigt das C. eines → Polygons an einem anderen Polygon (von außen), wobei beide Polygone kein Rechteck formen. Ein solches C. muß z. B. dann ausgeführt werden, wenn ein Oberflächenelement eines Körpers, dessen → Projektion auf die Darstellungsebene ein Polygon ist, ein anderes derartiges Element bei gegebener Blickrichtung teilweise verdeckt.

Cluster-Priorität

Priorität einer Gruppe (Cluster) von Objekten in einer dreidimensionalen → Szene im Zusammenhang mit der Lösung des → Verdeckungsproblems.

Schon in den 60er Jahren erkannten der Amerikaner **R.A. Schuhmacker** und seine Mitarbeiter, daß es möglich ist, wesentliche Sichtbarkeitsverhältnisse in einer Szene bereits vor Festlegung einer bestimmten Betrachterposition und Blickrichtung rechnerunterstützt auszuwerten. Ihre Untersuchungen und Entwicklungen waren vor allem auf die Nutzung der → Computergrafik für Zwecke der visuellen Simulation von Bewegungsvorgängen (Flugsimulation) gerichtet und kulminierten in der Bereitstellung eines speziellen → Computergrafiksystems für das Manned Spacecraft Center der NASA im Jahre 1968. Dabei handelte es sich um das erste System, das in der Lage war, das → Verdeckte-Flächen-Problem in Realzeit zu lösen.

Eine der Grundideen der erwähnten Arbeitsgruppe bestand darin, einzelne Objektgruppen (Cluster) einer Szene durch Separationsebenen voneinander zu trennen, wobei diese Ebenen möglichst keine Cluster schneiden sollten. Bild 1 zeigt für ein einfaches Beispiel die Draufsicht auf eine solche Szene. Offensichtlich ist es möglich, die Cluster 1 und 2 einerseits und das Cluster 3 andererseits durch eine Separationsebene k so zu trennen, daß keines der Cluster von dieser Ebene geschnitten wird. Um die Cluster 1 und 2 voneinander zu trennen, kann eine zweite Separationsebene (m) festgelegt werden, wobei aber ein Schneiden des Clusters 3 unvermeidlich ist. Die Separationsebenen zerlegen die Grundfläche der Szene in vier Bereiche (A,B,C,D).

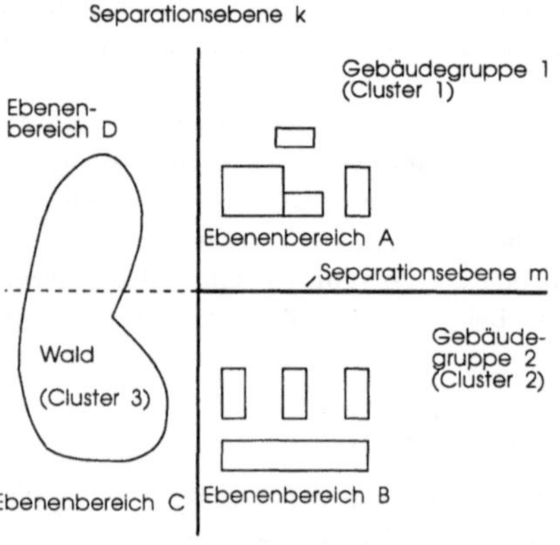

Bild 1

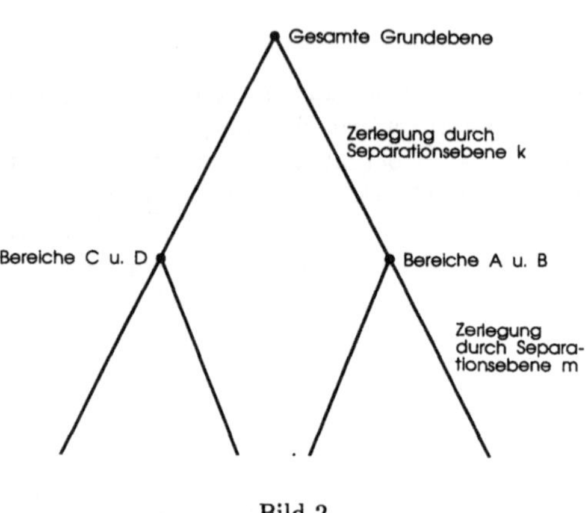

Bild 2

Das Entscheidende besteht nun darin, daß sich für einen Betrachter, der sich auf der Grundfläche bewegt, die prinzipiellen Möglichkeiten der gegenseitigen Verdeckung der Cluster nur beim Übergang von einem Ebenenbereich in einen anderen ändern. Man kann also für jeden Ebenenbereich vor der eigentlichen visuellen Simulation (und damit ohne harte Rechenzeitforderungen) C. bestimmen, die diese Verdeckungsverhältnisse kompakt zum Ausdruck bringen. Dies wird im Bild 2 für das im Bild 1 dargestellte Beispiel illustiert. Solange sich der Betrachter z. B. im Ebenenbereich B bewegt, kann Cluster 3 bei keinem Standort und keiner Blickrichtung Cluster 1 oder Cluster 2 verdecken (auch nicht teilweise). Außerdem existiert im Bereich B keine Betrachtungsmöglichkeit, bei der Cluster 1 Cluster 2 ganz oder teilweise verdeckt. Mit der Konvention, daß in einer Prioritätsliste diejenigen Cluster weiter hinten einzuordnen sind, die weiter vorn stehende prinzipiell nicht verdecken können, ergibt sich also für den Bereich B die Reihenfolge Cluster 2, Cluster 1, Cluster 3 (in Bild 2 kurz mit 2,1,3 bezeichnet). Analoge Überlegungen lassen sich auch auf die anderen Bereiche anwenden.

Der Vorteil dieser Vorgehensweise besteht darin, daß das Verdeckungsproblem bei festgelegter Betrachtungsposition und -richtung nicht für die gesamte Szene, sondern nur hinsichtlich der einzelnen Cluster (und damit für Objekte viel geringerer Komplexität) zu lösen ist. Die als flächenfüllend vorausgesetzten Bilder der einzelnen

Cluster können dann anschließend in einer zeitlichen Reihenfolge generiert werden, die dem Auslesen der Prioritätsliste von hinten nach vorn entspricht. Wenn der Betrachter sich z. B. im Bereich B (Bild 1) befindet, würde also zunächst das Bild von Cluster 3, dann das von Cluster 1 und schließlich das von Cluster 2 erzeugt, wobei später generierte Bilder früher erzeugte ganz oder nur teilweise überschreiben können.

Da es bei der visuellen Simulation (etwa bei Flugsimulation) i. allg. nicht darauf ankommt, eine vorgegebene Szene exakt maßstabsgetreu zu modellieren, läßt sich die oben beschriebene Separierbarkeit im Modell meist erreichen.

Clusteranalyse

Engl. cluster analysis. Oberbegriff für alle Verfahren, die eine gegebene Menge von Objekten, die durch Merkmalsvektoren (→ Merkmal) beschrieben werden, in eine feststehende oder sich durch das Verfahren ergebende Anzahl von Klassen einordnen (→ Klassifikation).

Dies wird dadurch ermöglicht, daß die Verteilung der Merkmalsvektoren im Merkmalsraum auf der Basis eines Abstands- oder Ähnlichkeitsmaßes auf die Existenz von Häufungsgebieten (Ballungsgebiete, Cluster) untersucht wird.

Die Verfahren der C. gehören zu den multivarianten statistischen Methoden, deren Ziel es ist, eine aus m n-dimensionalen Merkmalsvektoren $\mathbf{x_i} = (x_{i1}, \ldots, x_{in})$ bestehende Datenmatrix

$$D = \|\mathbf{x_i}\| = \|x_{ij}\|; \; (i = 1, \ldots, m; \, j = 1, \ldots, n)$$

auf Zusammenhänge zu untersuchen.

Während die Regressionsanalyse (→ statistische Bildanalyse) und die Faktorenanalyse Abhängigkeiten zwischen den Merkmalen (Variablen) untersuchen und zur Reduzieren der Datenmatrix D bez. der Dimension n genutzt werden können (was oft vor einer C. zweckmäßig ist), wird durch die C. versucht, aus der Datenmatrix D eine „sinnvolle" Klassifizierung der Vektoren $\mathbf{x}$ abzuleiten. Gesucht wird eine Zerlegung $Z(I) = (I_1, \ldots, I_c)$ der Indexmenge $I = \{1, \ldots, m\}$ mit

$$I_1 \cup I_2 \cup \cdots \cup I_c = I \quad (\text{ggf. auch} \subseteq I,$$

falls ein Verfahren nicht immer alle Vektoren klassifiziert)

$$I_1 \cap I_j = \emptyset \quad \text{für } i \neq j$$

und

$$I_i \neq \emptyset \quad \text{für alle } i,$$

so daß in einer Klasse I_k jeweils „ähnliche" Vektoren $\mathbf{x_i}$ $(i \in I_k)$ zusammengefaßt sind (Bild a). Die Anzahl c der Klassen kann dabei vorgegeben sein oder sich in Abhängigkeit von D aus dem Verfahren ergeben.

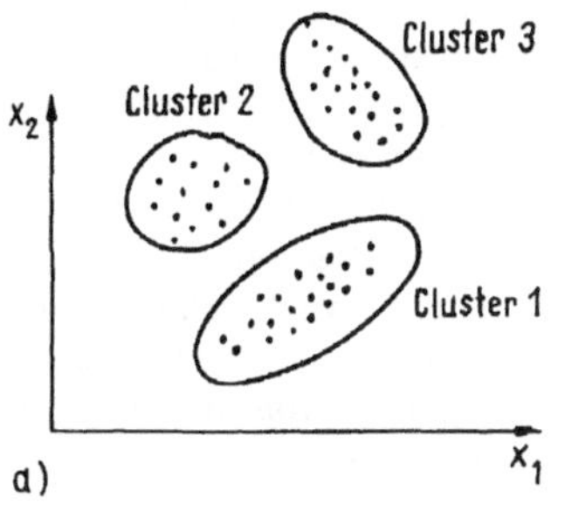

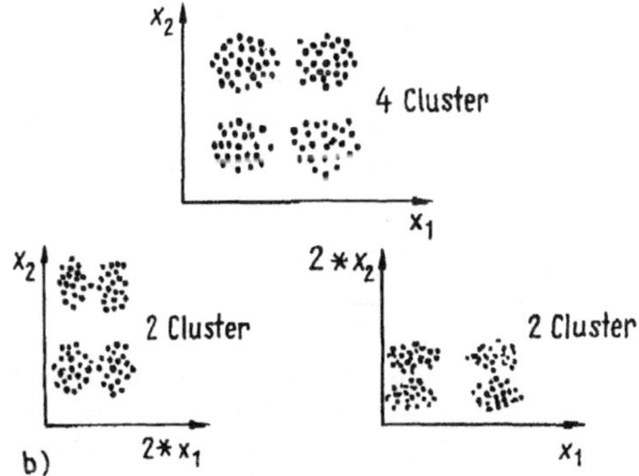

Grundlage aller Verfahren der C. ist die Definition eines Abstands- oder Ähnlichkeitsmaßes im Merkmalsraum oder innerhalb der Menge der gegebenen Merkmalsvektoren, so daß für alle Paare von Vektoren $(\mathbf{x_1}, \mathbf{x_2})$ ein reeller Wert $d(\mathbf{x_1}, \mathbf{x_2})$ als Maß für ihre Unterscheidbarkeit oder Ähnlichkeit definiert ist. Häufig wird der **Euklid**ische Abstand benutzt:

$$d(\mathbf{x_1}, \mathbf{x_2}) = \sqrt{(x_{11} - x_{21})^2 + \cdots + (x_{1n} - x_{2n})^2}$$

Fragen einer sinnvollen Skalierung und Normierung der Merkmale haben bei der C. eine große

Bedeutung (Bild b). Eventuell müssen verschiedene Möglichkeiten ausprobiert werden. Ein Ausweg ist die Ableitung einer maßstabsunabhängigen (skaleninvarianten) → Metrik aus der Datenmatrix D (bekannt ist die **Mahalanobis**-Metrik), die dann aber i. allg. nur für die gegebene Matrix gilt. Ein weiterer Nachteil ist der große Berechnungsaufwand. Für Vektoren, die nichtmetrische Merkmale enthalten, ist die Anwendung der **Euklid**ischen Metrik selten sinnvoll. Dann müssen neue Abstandsmaße eingeführt werden.

Zur C. existiert eine große Zahl heuristischer Verfahren, die sich an einer visuell anschaulichen Clusterbildung von in der Ebene verstreuten Punkten orientieren. Andere Verfahren versuchen eine Zerlegung zu finden, die hinsichtlich einer vorgegebenen Zielfunktion optimal ist. Die Anzahl T_{mc} der möglichen Zerlegungen von m Merkmalsvektoren in c Klassen wird durch

$$T_{mc} = \frac{1}{c!}\sum_{i=1}^{c}(-1)^{c-i}\binom{c}{i}i^m$$

und speziell $T_{m2} = 2^{m-1} - 1$ gegeben und ist meist sehr groß. Noch größer ist die Anzahl der Möglichkeiten, wenn c nicht vorgegeben ist. Sie wird durch die **Bell**sche Zahl T_m gegeben.

$$T_m = \sum_{c=1}^{m} T_{mc} = \frac{1}{e}\sum_{k=0}^{\infty}\frac{k^m}{k!}\ ;\ e = 2,7182\ldots$$

Damit ist ein sicheres Auffinden des absoluten Optimums durch vollständiges Durchmustern aller Zerlegungen praktisch unmöglich. Durch schrittweise Optimierung können jedoch lokale Optima gefunden werden, wobei durch hierarchische Vorgehensweise - es werden immer nur feinere bzw. gröbere Zerlegungen einer Anfangszerlegung betrachtet - die Rechenzeit auf Kosten der Güte des Ergebnisses reduziert werden kann.

Letztendlich ist das Ergebnis einer C. nur dann als erfolgreich zu bewerten, wenn eine sinnvolle Interpretation ihrer Ergebnisse möglich ist. Im Rahmen der → automatischen Bildanalyse findet die C. vor allem als Hilfsmittel zum Entwurf von Klassifikatoren und innerhalb von selbstlernenden Klassifikatoren Anwendung (s. Bildanhang).

Clusterprozeß

→ Punktprozeß, bei dem die Punkte klumpen- oder clusterförmig auftreten.

Ein C. modelliert Punktmuster, bei denen gewisse Ballungseffekte auftreten. Wird jedem Punkt eines → **Poisson**-Prozesses (Elementarpunkt) eine Menge von neuen Punkten (Tochterpunkten) zugeordnet, so bildet die → Vereinigung aller Tochterpunkte ein Cluster-Punktmuster. Standorte wilder einjähriger Samenpflanzen, die zufällig um die Orte der vorjährigen Pflanzen verstreut sind, sind ein anschauliches Beispiel für einen C. . Im Bild ist ein Ausschnitt aus der Realisierung eines C. dargestelllt.

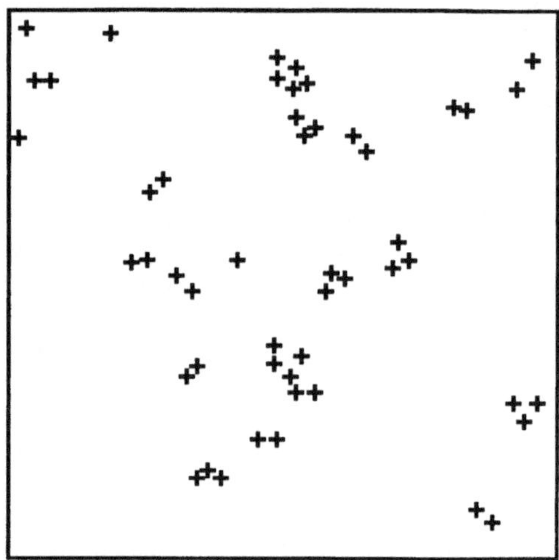

Colour-Index

Engl., → Farbindex.

Companding Quantization

Engl., → PCM.

Compiler

Engl., Übersetzer. Programmsystem, das aus einem Quelltext, der in einer → höheren Programmiersprache geschrieben ist, ein → Programm in einer Maschinen- oder maschinennahen Sprache (Objekt) erzeugt.

Der Vorteil der Anwendung höherer Programmiersprachen (z. B. FORTRAN, Pascal, C) besteht u. a. in der Rechnerunabhängigkeit der Quelltexte.

Die Übersetzung (Compilation) umfaßt i. allg. die folgenden vier Schritte:

1. Lexikalische Analyse,
2. Syntaktische Analyse,
3. Semantische Analyse und
4. Kodeerzeugung.

Ein Objektmodul ist noch keine vom Rechner abarbeitbare Einheit. Dazu muß sich an das Compilieren noch das Linken (Verbinden) zu einem verarbeitbaren Lademodul anschließen. Im Unterschied zum → Interpreter findet beim C. der Übersetzungsvorgang einmalig und komplett bis herab zur Interpretationsebene des Maschinenbefehls statt.

Computer

Engl., Rechner, Rechensystem (→ CPU), Rechenanlage.

Ein Rechensystem ist eine komplexe Funktionseinheit zur Verarbeitung und Speicherung von Daten, d. h. Gebilden aus Zeichen, die auf Grund bekannter oder unterstellter Vereinbarungen Informationen darstellen. Die Verarbeitung beinhaltet die Durchführung mathematischer, umformender, übertragender und speichernder Operationen. Eine Rechenanlage ist die Gesamtheit der Baueinheiten (→ Hardware), aus denen ein Rechensystem aufgebaut ist. Grundbegriffe für C. sind in DIN 44300 definiert.

Computer Animation

Engl., rechnerunterstützte Generierung einer Sequenz von Bildern, von denen jedes folgende eine leichte Veränderung des vorhergehenden ist, insbesondere zur bildlichen Präsentation von Bewegungsvorgängen und zur Erzeugung von Bild-Metamorphosen.

Wichtigste Anwendungsgebiete der C.A. sind:

- Wissenschaft und Technik: C.A. kommt zur bildlichen Darstellung komplexer dynamischer Vorgänge in Forschung, Entwicklung und bei der Ausbildung für den Umgang mit komplizierten technischen Systemen (z. B. in Fahr- und Flugsimulatoren) zum Einsatz.
- Filmindustrie: Unterstützung bei der Herstellung ganzer Zeichentrickfilme (Comics) oder spezieller Trickszenen in Filmen anderer Genres (z. B. Science Fiction); auch Produktion ganzer Spielfilme auf der Basis einer rechnerinternen → 3D-Modellierung.
- Fernsehen: Auch hier spielt C.A. bei der Herstellung von Trickfilmen oder einzelner Trickszenen eine bedeutende Rolle. Ein erheblicher Anteil solcher Trickszenen dient der Werbung. Ebenfalls zum größten Teil für diesen Zweck werden Bewegungen, Zusammensetzungen, Metamorphosen von → Logos eingesetzt. Eine weitere Anwendung besteht in der Erzeugung von Titel-Spots.

Hinter dem Begriff C.A. verbirgt sich ein breites Spektrum des Grades der → Rechnerunterstützung. Es reicht von der Erzeugung einer Folge von Bildern, die zwischen zwei vorgegebenen Referenzbildern interpoliert sind, im Rahmen der Produktion von Zeichentrickfilmen bis hin zur rechnerinternen → Modellierung ganzer dreidimensionaler Szenen einschließlich ihrer Veränderungen (z. B. durch Bewegungen von Teilen der Szene oder des Betrachters, durch Metamorphosen, zeitabhängige Lichteinflüsse), auf deren Basis die → Visualisierung solcher zeitabhängiger Modelle erfolgt.

Für C.A. sind sowohl die → Computergrafik als auch die → digitale Bildverarbeitung relevant. So können z. B. bei der rechnerunterstützten Generierung von zwischen Referenzbildern interpolierten Grafiken die Referenzbilder entweder ebenfalls rechnerunterstützt mittels eines grafischen → Editors, d. h. unter Nutzung eines → Computergrafiksystems, erstellt oder ausgehend von einer manuell geschaffenen Vorlage mit Hilfe eines → Bildverarbeitungssystems in den → Computer gebracht werden.

Bei vielen Anwendungen der C.A. müssen die einzelnen Bilder einer Folge nicht in Realzeit aus dem entsprechenden rechnerinternen → Modell erzeugt werden. Für die Generierung extrem komplexer, hochgradig realistisch aussehender Computergrafiken, wie sie z. B. in der Filmindustrie verwandt werden, sind so lange Rechenzeiten erforderlich, daß der Eindruck einer schnellen und kontinuierlichen Bildänderung nur durch schnell hintereinander folgende Präsentation vorab aus dem rechnerinternen Modell erstellter und dann gespeicherter Bilder vermittelt werden kann.

Die höchsten Ansprüche an die C.A. werden bei solchen Anwendungen gestellt, bei denen einerseits realistisch aussehende Computergrafiken erforderlich sind und andererseits die zu präsentierende Bildfolge erst in der Phase der Bilderzeugung selbst festgelegt wird. Dies ist z. B. bei der visuellen Simulation von Bewegungsvorgängen mittels Fahr- und Flugtrainern der Fall. Aufgrund der Fülle der vom → Nutzer solcher rechnerunterstützten Simulationssysteme steuerbaren Bewegungsvorgänge ist es i. allg. nicht möglich, die entsprechenden Bildfolgen vorab zu erzeugen, zu speichern und dann nur anzuwählen. Vielmehr ist eine Erzeugung der Computergrafiken aus rechnerinternen Modellen in Realzeit erforderlich. Die Visualisierung muß also so schnell erfolgen, daß im Hinblick auf die Geschwindigkeit der darzustellenden Bewegungsvorgänge in der realen Welt keine Zeitverzögerungen merkbar werden. Zur Erreichung dieses Ziels werden Kompromisse bez. der Qualität der Darstellungen eingegangen, den Anforderungen entsprechende, schnelle → Algorithmen eingesetzt (→ Bildraum-Algorithmus), die zudem weitgehend durch → Spezial-Hardware gestützt sind, und Einschränkungen bei der Freizügigkeit der Szenen-Modellierung vorgenommen. Letzteres betrifft z. B. die Gestaltung von 3D-Szenen in einer solchen Weise, daß ihre Objekte in Cluster zusammengefaßt werden können, denen sich leicht → Cluster-Prioritäten zuordnen lassen.

Der Begriff C.A. wird also sehr vielfältig verwandt. Um Mißverständnissen vorzubeugen, spricht man z. B. von Realzeit-Animation, wenn die Erzeugung der Bilder aus rechnerinternen Modellen in Realzeit erfolgt.

Computer Art

Engl., → Computerkunst.

Computer-Aided Design

Engl., → rechnerunterstützter Entwurf, → rechnerunterstützte Konstruktiom, Abk. CAD.

Computer-Aided Manufacturing

Engl., → rechnerunterstützte Fertigung, Abk. CAM.

Computer-Aided Schematics

Engl., Erzeugung, Verwaltung und Verarbeitung von grafischen → Schemata mit Hilfe von → Computern.

Neben maßstabsgerechten technischen Zeichnungen spielen in weiten volkswirtschaftlichen Bereichen grafische Schemata eine herausragende Rolle. In vielen Dokumentationen kommen sie massenweise vor, z. B. können zu einem einzigen Automatisierungsprojekt mehrere tausend Zeichnungsblätter mit grafischen Schemata gehören. Die daraus resultierenden Anforderungen an die Rationalisierung der Erzeugung solcher Schemata haben zu einer frühzeitigen → Rechnerunterstützung dieses Prozesses geführt (→ rechnerunterstützte Dokumentation), zumal die Erstellung grafischer Schemata in → interaktiver Arbeitsweise mit relativ einfachen → Computergrafiksystemen möglich ist. Da Schemata abstrakte Modelle komplexer Prozesse, Projekte bzw. Produkte, also keine maßstabgerechten Abbilder dreidimensionaler Objekte sind, reichen zu ihrer Erzeugung → 2D-Systeme aus. Aus dem gleichen Grund sind auch die Anforderungen an die Farbtüchtigkeit zum Einsatz kommender Computergrafiksysteme bzw. → CAD-Systeme relativ gering. Einige wenige, gut unterscheidbare Farben sind stets ausreichend, häufig genügen Schwarz-Weiß-Darstellungen. Da Schemata - abgesehen von → Diagrammen - keine maßstabsgerechten Grafiken sind, ergeben sich auch vergleichsweise geringe Anforderungen an deren Präzision, so daß Rastertechnologie (→ Rastergrafik) meist problemlos eingesetzt werden kann (z. B. → Grafikdrucker statt → Zeichenstiftplotter).

Diese relativ bescheidenen Anforderungen haben dazu geführt, daß viele spezialisierte Systeme für die Erzeugung, Verwaltung und Verarbeitung jeweils bestimmter Arten von Schemata entwickelt worden sind. Ein wichtiges Beispiel ist der Bereich der sog. → Geschäftsgrafik. Entsprechende Computergrafiksysteme sind in der Lage, effektiv vielfältige Formen von Diagrammen zu erzeugen. Andere Spezialisierungen bestehen darin, daß anwendungsspezifische Bibliotheken vom Systementwickler generierter → Symbole dem → Nutzer derartiger Systeme zur Verfügung gestellt werden und daß sich ebenfalls anwendungsspezifische Auswertungen der Schemata anschließen. Dadurch läßt sich → Durchgängigkeit zwischen Prozessen des

→ rechnerunterstützten Entwurfs und nachgelagerten Bereichen erzielen.

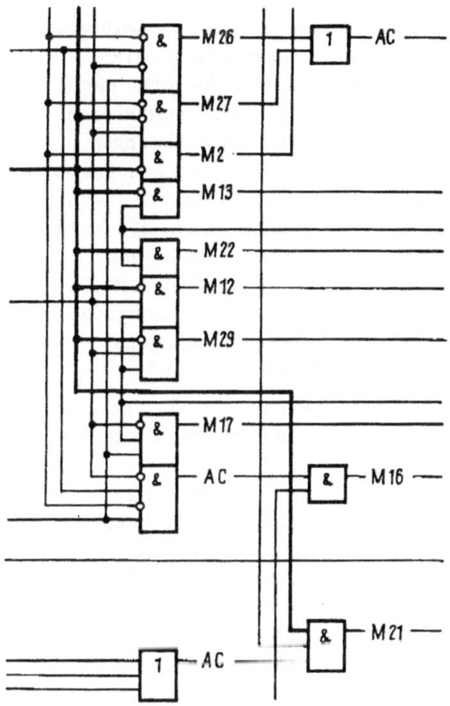

Der Aufwand für die interaktive Erzeugung sehr vieler Schemata mit Hilfe gewöhnlicher → Editoren für zweidimensionale Grafiken ist einerseits äußerst groß und andererseits häufig unnötig. Dies liegt daran, daß bei der Nutzung der üblichen Standardfunktionen von 2D-Systemen in interaktiver Arbeit durch den Systemnutzer sehr viele Details zu spezifizieren sind, die keinen wesentlichen Beitrag zur Aussage eines Schemas liefern. Ein typisches Beispiel ist die Führung einer Verbindungslinie zwischen vorgegebenen Anschlußpunkten zweier Symbole in einem netzartigen Schema (Bild).

Aus diesem Grund besteht eine Herausforderung an C. darin, durch Entwicklung leistungsfähigerer Systeme einen höheren Automatisierungsgrad bei der Erzeugung von Schemata bis hin zu einer → automatischen Zeichnungserstellung aus nichtgrafischen Informationsquellen heraus zu erreichen. Nur wenige Systeme bieten bisher die entsprechend komplexen → Funktionen für die Automatisierung u. a. folgender Prozesse der Schemata-Generierung:

- Ableitung der Verbindungsstruktur eines Schemas aus nichtgrafischen Quellen (z. B. der Listen zu verbindender Anschlußstellen von Symbolen eines Logikplans aus dem entsprechenden Text einer Fachsprache zur Beschreibung digitaler Steuerungen),
- → Plazierung von Symbolen bzw. ganzer Symbolkomplexe,
- Erzeugung von Verbindungslinien zwischen gegebenen Anschlußpunkten von Symbolen nach bestimmten Kriterien (automatische → Trassierung, s. Bild).

C. erfordert damit eine enge Verbindung zwischen → generativer Computergrafik und Problemen des automatisierten → Layout-Entwurfs von Grafiken. Dabei spielen auch Optimierungsaufgaben eine wichtige Rolle. Dies betrifft z. B. das → Problem des optimalen Weges und das → **Steiner**-Baum-Problem .

Computergeometrie

Fachgebiet, das die → Modellierung und Verarbeitung geometrischer Eigenschaften von Objekten mit Hilfe der Rechentechnik betrifft.

Die C. ist eine wesentliche Grundlage sowohl der → Computergrafik als auch der → digitalen Bildverarbeitung. Sie geht über rein grafische Aspekte hinaus. Dies betrifft z. B. die Berechnung sog. integraler Eigenschaften geometrischer Objekte (Längen, Flächeninhalte, Volumina, Hauptträgheitsachsen, Trägheitsmomente). Solche Berechnungen sind für viele Konstruktions- und Entwurfsaufgaben wichtig. Dementsprechend bieten viele → CAD-Systeme entsprechende → Funktionen.

Bei komplizierten Körpern mit frei geformten Oberflächen (→ Freiformflächen-Modellierung) wird die Berechnung integraler Eigenschaften häufig auf der Basis von → Approximationen durchgeführt. Die am häufigsten benutzte Art der Approximation beliebiger Körper besteht darin, diese durch Körper anzunähern, deren Oberfläche ausschließlich aus ebenen Flächenelementen zusammengesetzt ist (→ Facettenmodell). Für den → Nutzer von Systemfunktionen zur Berechnung integraler Eigenschaften ist es wichtig, daß ihm die Approximation selbst, aber vor allem auch die Auswirkungen auf das Ergebnis deutlich gemacht werden. Zu einem durch Approximation bestimmten Ergebnis sollte deshalb stets auch dessen Genauigkeit angegeben werden (Ermittlung und Anzeige von Fehlergrenzen). Viele kommerziell angebotene CAD-Systeme erfüllen diese Forderung nicht.

Computergrafik

1. Mit Hilfe von → Computern und → grafischen Geräten erzeugtes Bild.
2. Fachgebiet, das sich mit der Erzeugung, Beschreibung und Manipulation von Bildern mittels Rechner und grafischer Geräte beschäftigt. Die angewendeten Methoden und Hilfsmittel werden häufig ebenfalls unter dem Begriff C. zusammengefaßt.

Im Unterschied zur Bildverarbeitung (→ digitale Bildverarbeitung), bei der aus Bildern von natürlichen Objekten → rechnerinterne Modelle abgeleitet werden, geht es bei der C. um die Generierung von Bildern entweder unmittelbar durch den Menschen in → interaktiver Arbeitsweise oder aus rechnerinternen Modellen. Um dies zu betonen, wird manchmal auch der Begriff → generative Computergrafik verwendet. Weitere Synonyma sind → grafische Datenverarbeitung und → Computergrafik.

Für die Anwendung der C. benötigt man mindestens

- ein Hilfsmittel zur → Eingabe von → Informationen (Befehle, → grafische Primitive, komplette → Modelle oder Teile davon) in ein → Computergrafiksystem,
- ein System zur Verwaltung und Verarbeitung dieser Informationen und
- ein Gerät zur → Ausgabe von Bildern.

Typische Eingabe-Hilfsmittel sind: → Tastaturen, → Digitalisierer, → Menütableaus, → Bildschirmgeräte mit auf dem Schirm dargestellten → Menüs sowie für die Positionierung und Identifikation von grafischen Objekten die → Maus, die → Rollkugel, der → Steuerknüppel und der → Lichtstift jeweils in Verbindung mit einem → Bildschirm.

Zur Ausgabe von Grafiken dienen vorrangig → Plotter, → Grafikdrucker, und → Bildschirmgeräte.

Zur → Informationsverarbeitung wird meist ein vom → Nutzer frei programmierbarer → Computer verwendet, der auch für über die C. hinausgehende Zwecke eingesetzt werden kann. Immer häufiger kommt zusätzlich leistungsfähige Rechentechnik zur effektiven Ausführung spezieller grafischer Funktionen zum Einsatz (→ Spezial-Hardware, → lokale Intelligenz). Bei kommerziell angebotenen Computergrafiksystemen ist diese Rechentechnik häufig konstruktiv mit Ein- bzw. Ausgabetechnik zu einer gerätetechnischen Einheit zusammengefaßt (Beispiele: Display mit → lokaler Intelligenz, → 3D-Arbeitsstation).

Mit der zunehmenden → Rechnerunterstützung vielfältiger gesellschaftlicher Prozesse (→ digitale Bildverarbeitung, → rechnerunterstützte Konstruktion, → rechnerunterstützter Entwurf (CAD), → rechnerunterstützte Fertigung (CAM), → rechnerunterstützte Projektierung, → rechnerunterstützte Zeichnungserstellung, rechnerunterstützte → Tomographie) gewinnt die C. als entscheidendes Mittel zur Gestaltung einer effektiven → Mensch-Rechner-Schnittstelle wachsende Bedeutung. Das Bild auf der folgenden Seite vermittelt einen Eindruck von der Vielfalt der Einsatzmöglichkeiten der C. allein im industriellen Bereich.

Computergrafiksystem

System zur → Eingabe, Manipulation, Speicherung und → Ausgabe von → Computergrafiken.

Ein unmittelbar funktionsfähiges C. besteht aus → Software und Hardwarekomponenten. Die gerätetechnische Basis von C. sind → Computer und → Peripherie, insbesondere → grafische Geräte zur Eingabe (→ Eingabegeräte wie → Tastaturen, → Tabletts, → Scanner, → Rollkugeln) und zur Ausgabe (→ Ausgabegeräte wie → Grafikdisplays, → Grafikdrucker, → Plotter, photographische Kamerasysteme). Häufig werden jedoch auch schon aus solchen Geräten bestehende reine Hardwaresysteme bzw. andererseits reine Programmsysteme jeweils für sich als C. bezeichnet.

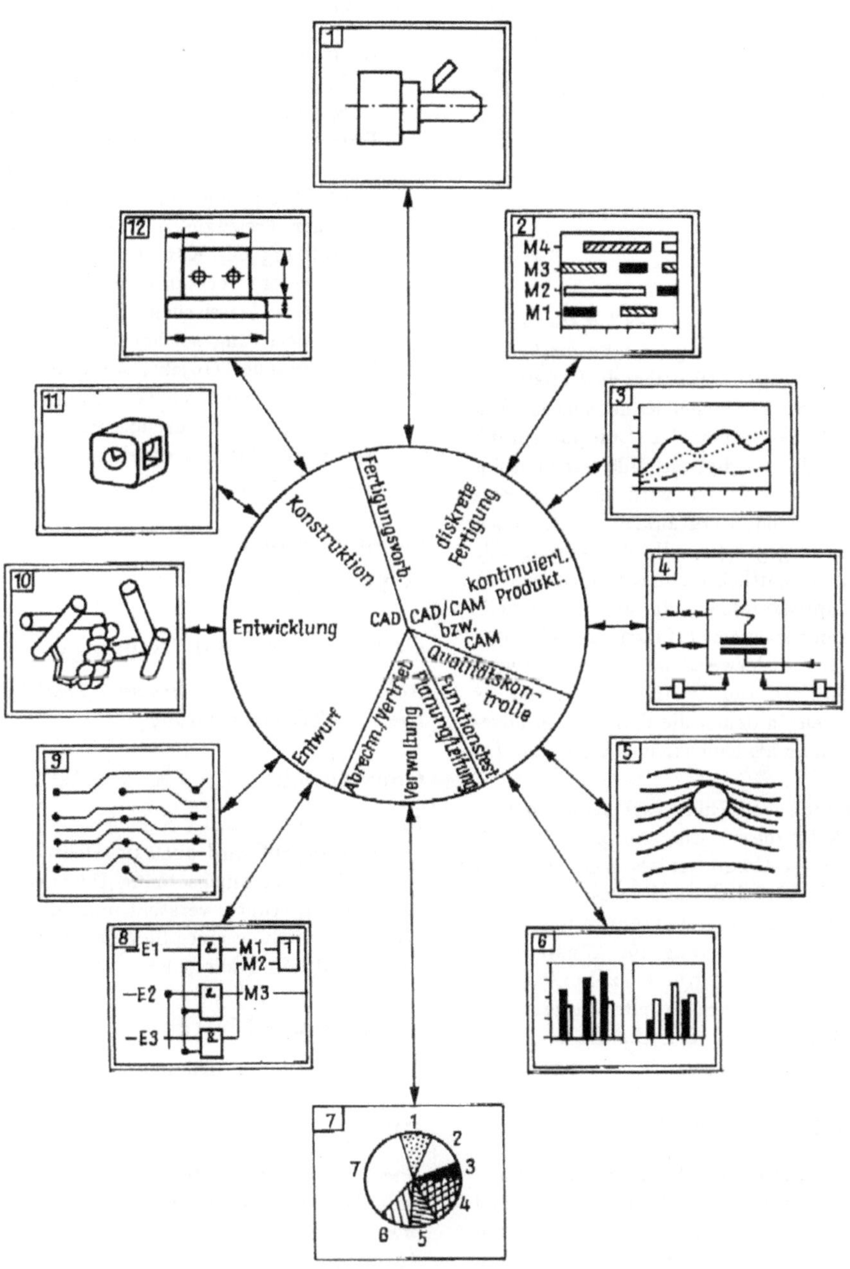

Bild zu Computergrafik

C. spielen in vielen → rechnerunterstützten Systemen z. B. zum → rechnerunterstützten Entwurf die Rolle von wichtigen Subsystemen. Sie prägen die → Mensch-Rechner-Schnittstelle derartiger komplexer Lösungen. C. mit besonders breiten Einsatzgebieten sind einerseits grafische Basissysteme wie → GKS-Implementationen (→ GKS) und andererseits Systeme zur → rechnerunterstützten Zeichnungserstellung.

Computerkunst

Engl. computer art. Ergebnis eines künstlerischen Prozesses, in den die Nutzung von Rechentechnik eingeschlossen ist, bzw. entsprechende Kunstform.

Die Schaffung von bildlichen Kunstwerken kann sowohl durch die → generative Computergrafik als auch durch die → digitale Bildverarbeitung unterstützt werden. Z. Zt. wird mit der Einstufung von → Computergrafiken als C. noch sehr großzügig umgegangen. Häufig werden alle nicht zum wissenschaftlich-technischen Bereich zu zählenden Computergrafiken, die gewisse ästhetische Mindestanforderungen erfüllen, der C. zugerechnet. Bezeichnenderweise ist dies in Kreisen von Wissenschaftlern und Technikern üblicher als in Künstlerkreisen, in denen die C. noch um allgemeine Anerkennung als Kunstrichtung zu kämpfen hat.

Die Verwendung von Bildverarbeitungsmethoden betrifft häufig die → Eingabe eines Objekt-Abbildes in den → Computer als Ausgangsbasis für anschließende künstlerische Prozesse. Mit der absehbaren fortschreitenden Nutzung von Computergrafik und Bildverarbeitung für künstlerische Zwecke werden an den Begriff C. zukünftig vermutlich höhere Ansprüche gestellt werden. Die spezifischen Möglichkeiten der C., die technisch gesehen grundsätzlich in der Kombination von Verarbeitungs-, Speicher- und Präsentationskapazität bestehen, gestatten vor allem zweierlei:

- Im Gegensatz etwa zur Malerei ist der Künstler nicht gezwungen, ein bestimmtes Abbild eines Objektes oder einer → Szene unmittelbar zu gestalten. Er kann vielmehr ein umfassendes → rechnerinternes Modell entwerfen und sich ein Abbild oder eine ganze Serie von Abbildern vollautomatisch generieren lassen. Ein Beispiel dafür ist die rechnerinterne → Modellierung dreidimensionaler Szenen und deren → Visualisierung unter Verwendung von → 3D-Systemen.
- Im Rahmen der C. können Bildfolgen hergestellt werden, die die schrittweise Veränderung von Bildern beinhalten und damit die Darstellung von Bewegungen und Metamorphosen ermöglichen (→ Computer Animation). Dies gelingt mit einem Grad an gestalterischer Freizügigkeit und technischer Unterstützung des Künstlers, der bisher durch keine andere Technik erreicht wurde. Im Gegensatz zur klassischen Filmherstellung ist für die Generierung solcher Bildfolgen kein reales materielles Objekt, sondern lediglich ein rechnerinternes Modell erforderlich. Die Filmindustrie, das Fernsehen und die Werbung nutzen die hiermit gegebenen Möglichkeiten bereits in vielfältiger Weise aus.

Computerspiel

→ *Videospiel.*

Constructive Solid Geometry

Abk. CSG. Engl., konstruktive Festkörpergeometrie. → CSG-Modellierung.

Convolution

Engl., → Faltung von 2 Signalen.

Dieser Begriff wird auch im Deutschen, vor allem in der Zusammensetzung Deconvolution, angewendet. Hierunter versteht man die zur Faltung inverse Ermittlung eines Signals, wenn das Resultat der Faltung bekannt ist.

Cooccurence Matrix

Engl., Paarhäufigkeitsmatrix (→ Histogramm).

CPU

Engl. Abk. für central processing unit (zentrale Verarbeitungseinheit). Funktionseinheit eines → Computers zur zentralen Steuerung von Abläufen und Verarbeitung von Daten.

Die CPU bildet den Kern eines Rechnersystems und koordiniert die Zusammenarbeit aller Bestandteile bei der Verarbeitung und beim Datentransport. Hier erfolgt die Programmabarbeitung und die Übergabe von Aufgaben an andere

Teile wie das Eingabe-Ausgabesystem zum Austausch von Daten mit der → Peripherie.

Die CPU wird begrifflich in Befehls- und Datenprozessor geteilt, die jedoch gewisse Baugruppen, z. B. eine → ALU zur Adressberechnung bzw. Datenverknüpfung, gemeinsam nutzen können. Der Haupt- oder Arbeitsspeicher enthält die Programmbefehle und Daten, die im direkten Zugriff zur internen Verarbeitung oder für Eingabe-/Ausgabeoperationen bereitgestellt werden. Er gehört nicht zur CPU, während man Speicherregister und schnelle Pufferspeicher (Cache) für Befehle und Daten dazu rechnen sollte. Die CPU entscheidet zusammen mit der Bandbreite des Speicherkanals (z. B. → Bus) über die Rechnerleistung, welche in Millionen Operationen oder Befehle (Instruktionen) je Sekunde (MOPS bzw. MIPS) angegeben wird. Sie wird mit Benchmark genannten Programmen gemessen, die einen für bestimmte Anwendungen repräsentativen Befehlsmix enthalten. In den gemessenen Resultaten spiegelt sich auch die Qualität des verwendeten → Compilers wider. Der Durchsatz des Rechners wird zusätzlich durch das → Betriebssystem und seine Steuerungsabläufe in Abhängigkeit von den verfügbaren Ressourcen an Speicher und peripheren Geräten beeinflußt.

CSG-Modell

→ Rechnerinterne Darstellung eines Körpers auf der Basis der → CSG-Modellierung.

CSG-Modellierung

CSG engl. Abk. für Constructive Solid Geometry, konstruktive Festkörpergeometrie. Bei der C. werden Körper durch → mengentheoretische Operationen aus → Modellen einfacher Elementarkörper aufgebaut.

Als Elementarkörper dienen Quader, Kugel, Zylinder, Kegel, Pyramide, Torus. Durch Festlegen von Parametern können die charakteristischen Größen wie Durchmesser und Höhe eines Zylinders den jeweiligen Bedürfnissen angepaßt werden.

Das Bild zeigt ein Beispiel für eine C.. Drei unterschiedlich parametrisierte und positionierte Quader werden zunächst vereinigt.

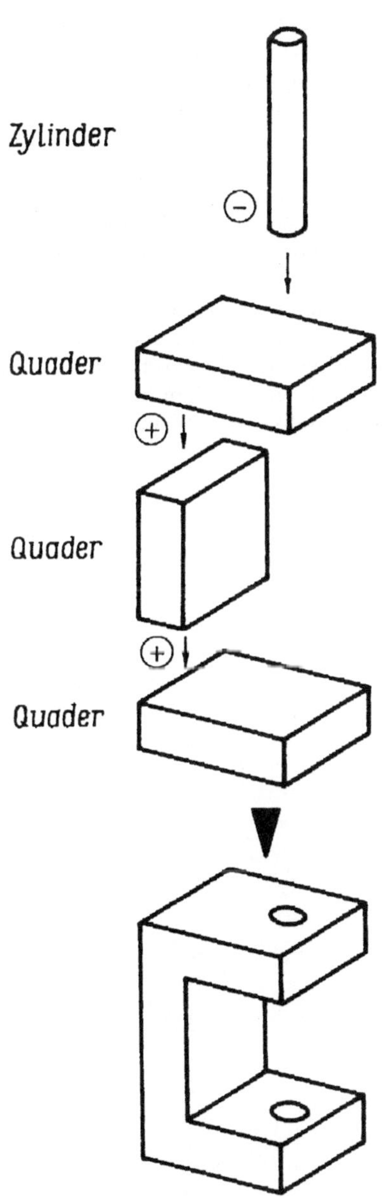

Von dem entstehenden Körper wird ein Zylinder „substrahiert“, so daß als Ergebnis das unten im Bild gezeigte Einzelteil entsteht.

Cursor

Gebräuchlicher engl. Begriff für Schreibmarke, gelegentlich im Deutschen auch Kursor geschrieben.

Mit einem C. wird in einer textlichen oder grafischen Darstellung auf einem → Display eine Stelle visuell markiert und identifiziert, d. h. ihre Koordinaten ermittelt. Üblicherweise beziehen sich alle folgenden Aktionen des → Nutzers (z. B. Einfügen von Text oder Ziehen einer Geraden) auf diese Position als Start. Der C. wird durch die → Tastatur oder die → Maus automatisch beim Suchen bewegt.

Der C. ist ein Werkzeug der → interaktiven Arbeitsweise des Nutzers. Auch im nichtinteraktiven Betrieb wird eine aktuelle Position als C. bezeichnet. Die Einrichtung zur Koordinatenerfassung bei einem → Digitalisierer wird ebenfalls als C. bezeichnet.

2D-Computergrafik

Teilgebiet der → Computergrafik, das sich mit der Beschreibung, Manipulation und grafischen Darstellung zweidimensionaler Objekte (z-Koordinate identisch Null) in der x-y-Ebene befaßt.

Die grafische Darstellung dreidimensionaler Objekte auf der Basis von 2D-C., also mit Hilfe von → 2D-Systemen, ist zwar möglich, aber i. allg. nicht angemessen, da die 2D-C. keine → Koordinatentransformation im dreidimensionalen Raum und keine → Projektion von Objekten dieses Raumes auf eine Ebene einschließt. Daher können mit 2D-Systemen nur Abbilder von Objekten für sich, d. h. ohne Bezug zum Objekt selbst, manipuliert werden. Dagegen kann mittels → 3D-Modellierung und → 3D-Computergrafik eine automatische Ableitung von Abbildern geometrisch vollständiger Modelle erreicht werden. Die 2D-C. ist jedoch in solchen Anwendungsbereichen das adäquate Mittel, in denen es um die Darstellung von Objekten geht, die im wesentlichen zweidimensional sind, oder in denen komplexere Systeme, Projekte oder Prozesse auf einem hohen Abstraktionsniveau z. B. in Form von → Schemata repräsentiert werden sollen (→ Computer-Aided Schematics).

Zuweilen wird auch eine Computergrafik, die mit einem 2D-System erzeugt wurde, unabhängig vom Inhalt der Darstellung als 2D-C. bezeichnet.

2D-Grafik

→ 2D-Computergrafik.

2D-System

→ Rechnerunterstütztes System zur → Modellierung zweidimensionaler Objekte (z. B. zur → rechnerunterstützten Zeichnungserstellung) sowie zur Verarbeitung der entsprechenden → Modelle.

In der Entwicklung der → rechnerunterstützten Konstruktion bzw. des → rechnerunterstützten Entwurfs (→ CAD) haben zunächst 2D-S. breite Wirksamkeit erlangt. Sie dienten und dienen vorrangig der rechnerunterstützten Zeichnungserstellung. Zwar kann auch eine (zweidimensionale) Zeichnung dreidimensionale Objekte vollständig beschreiben, doch ist die rechnerinterne Repräsentation einer Zeichnung zur Weiterverarbeitung im Rahmen rechnerunterstützter Systeme (z. B. für die Berechnung der Masse eines Werkstücks, für Festigkeitsanalysen oder für die Fertigungsvorbereitung) i. allg. wenig geeignet. Die Forderungen nach immer umfangreicherer Funktionalität rechnerunterstützter Systeme, insbesondere nach Integration der rechnerunterstützten Konstruktion und der → rechnerunterstützten Fertigung, also nach der Realisierung von → CAD/CAM-Systemen, und andere Faktoren haben zur Entwicklung von → 3D-Systemen geführt. → $2^1/_2$D-Systeme nehmen eine Zwischenposition ein. Bei ihnen beschränkt sich die Modellierung auf ganz bestimmte Klassen von → 3D-Modellen, nämlich auf einfache Sweep-Modelle (→ Sweeping).

$2^1/_2$D-System

→ Rechnerunterstütztes System zur → Modellierung solcher Klassen von dreidimensionalen Objekten, für die eine zweidimensionale Beschreibung mit einigen wenigen ergänzenden Angaben ausreichend ist, sowie zur Verarbeitung solcher → Modelle.

Rotationssymmetrische Objekte lassen sich sehr einfach durch einen → Schnitt mit einer Ebene durch die Rotationsachse beschreiben. Der (ebene) Schnitt mit der in ihm liegenden Rotationsachse ist zwar ein rein zweidimensionales Objekt, läßt sich aber mit einer Zusatzangabe, die es als Modell eines rotationssymmetrischen Körpers ausweist, als → 3D-Modell interpretieren. Eine andere Klasse von Objekten kann man durch eine ebene Grundfläche und die Zusatzangabe „Höhe“ beschreiben (z. B. Profile). Die hier angesprochenen speziellen Modellierungsverfahren werden häufig auch → Sweep-Operation und die entstehenden Modelle Sweep-Modelle genannt. Mit $2^1/_2$D-S. lassen sich die heute im Rahmen echter → 3D-Systeme üblichen Möglichkeiten zur Modellierung allgemeiner dreidimensionaler Objekte bei weitem nicht erreichen. Dementsprechend besitzen $2^1/_2$D-S. nur eingeschränkte praktische Bedeutung. Häufig handelt es sich bei $2^1/_2$D-S. um bescheidene Erweiterungen von Systemen, die ursprünglich als reine → 2D-Systeme ausgelegt waren (z. B. zur → rechnerunterstützten Zeichnungserstellung).

3D-Arbeitsstation

→ Grafische Arbeitsstation, deren Funktionalität auf die Verarbeitung, insbesondere → Visualisierung, von → 3D-Modellen spezialisiert ist.

Ausgehend von einem 3D-Modell, das in einer ganz bestimmten Weise beschrieben sein muß (üblicherweise als → Begrenzungsflächen-Repräsentation), führen typische 3D-A. bei der Visualisierung von 3D-Modellen vor allem folgende Prozesse durch:

- → Projektionen,
- Lösung des → Verdeckungsproblems (meist auf der Basis des → Tiefenpuffer-Algorithmus),
- → Schattierung von Flächen auf der Grundlage einer
- → Beleuchtungssimulation.

Darüber hinaus gibt es 3D-A., die aus dem vorgegebenen Modell autonom zwei Bilder generieren, von denen das eine für das linke und das andere für das rechte Auge des Betrachters bestimmt ist. Durch verschiedene weitere Maßnahmen kann dem → Nutzer so ein → Stereobild angeboten werden.

Die technische Basis von 3D-A. sind einerseits → lokale Intelligenz (Mikroprozessoren, insbesondere 32-Bit-Mikroprozessoren, → Grafikprozessoren, → Spezial-Hardware z. B. zur Lösung des Verdeckungsproblems mit Hilfe eines → Tiefenpuffers, Hauptspeicher bis weit über 100 MByte) und andererseits → Rasterdisplays, insbesondere → hochauflösende Displays zur Darstellung der generierten Bilder.

3D-A. können z. B. der Entlastung von → Hostrechnern oder anderen rechentechnischen Systemen von Prozessen der → Ausgabe und → Eingabe, insbesondere von dem aufwendigen Ausgabeprozeß der Visualisierung von 3D-Modellen, dienen. Der Zeitbedarf für diese Visualisierung ist von mehreren Faktoren abhängig. Einflußgrößen sind u. a.:

- die Leistungsfähigkeit der 3D-A., insbesondere der Grad der Stützung von 3D-spezifischen → Funktionen durch Spezial-Hardware,
- die Komplexität des zu visualisierenden → Modells,
- die Art der zu generierenden Darstellung (z. B. → Glaskörperdarstellung oder → Liniengrafik mit ausgeblendeten → verdeckten Kanten oder Darstellung mit → schattierten Oberflächen),
- die → Auflösung des Rasterdisplays,
- die Größe und Komplexität des zu generierenden Bildes.

Dementsprechend reicht der Zeitbedarf von praktisch nicht merkbaren Zeitspannen bis in den Minutenbereich. Im Falle praktisch nicht merkbarer Generierzeiten lassen sich Bewegungen im dreidimensionalen Raum (z. B. die Bewegung eines Roboters) in Realzeit grafisch simulieren, ohne vor der Präsentation des Bewegungsablaufes eine ganze Bildsequenz generieren zu müssen und diese dann schnell hintereinander anzuzeigen (→ Computer Animation).

3D-Computergrafik

1. Mit einem → 3D-System durch → Visualisierung von → 3D-Modellen erzeugte → Computergrafik.

2. Teil des Fachgebietes Computergrafik, der die grafische Darstellung bzw. interaktive, grafisch unterstützte Erzeugung und Manipulation von 3D-Modellen betrifft.

3. Sammelbegriff für Hilfsmittel zur Ableitung von Computergrafiken aus 3D-Modellen sowie zur interaktiven, grafisch unterstützten Erzeugung und Manipulation solcher Modelle.

Die 3D-C. steht in enger Beziehung zur → 3D-Modellierung (vgl. auch → Computergeometrie). Das Primäre ist das 3D-Modell, die grafische Darstellung wird lediglich automatisch daraus abgeleitet. Ein einmal erzeugtes 3D-Modell kann dementsprechend aufwandsarm unter verschiedenen Bedingungen, insbesondere bei verschiedenen Blickrichtungen, grafisch dargestellt werden. Während die 3D-C. bzw. 3D-Systeme also auf vollständigen (dreidimensionalen) geometrischen Modellen basieren, arbeiten → 2D-Systeme nur mit grafischen Abbildern (→ 2D-Computergrafik).

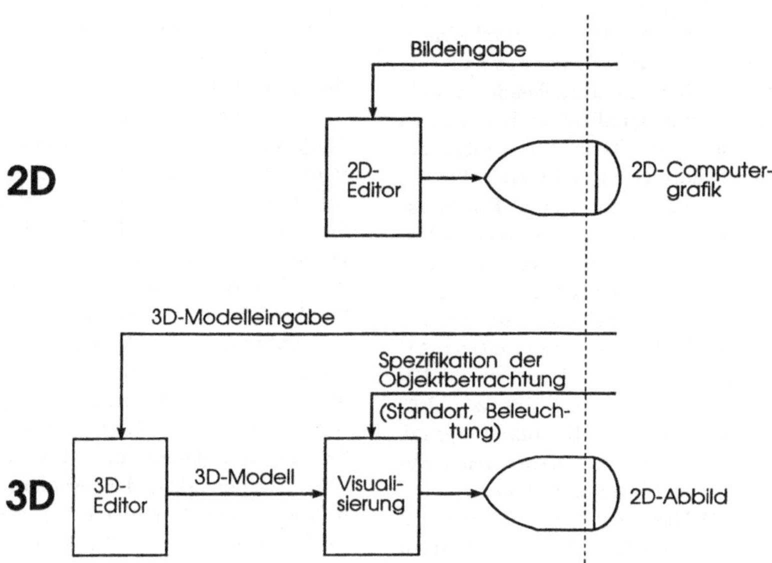

Dieser gravierende Unterschied wird durch das Bild verdeutlicht. Die entsprechenden Bilder im Bildanhang sind 3D-C., die im Anschluß an eine interaktive 3D-Modellierung (→ interaktive Arbeitsweise) vollautomatisch aus den erzeugten Modellen abgeleitet wurden.

3D-Grafik

→ *3D-Computergrafik.*

3D-Modell

Rechnerinterne Darstellung eines dreidimensionalem Objektes, die die Geometrie dieses Objektes vollständig und widerspruchsfrei beschreibt und für → Computer gut interpretierbar und weiterverarbeitbar ist.

Natürlich sind auch vollständige und widerspruchsfreie Ansichten und → Schnitte dreidimensionaler Objekte, also z. B. viele technische Zeichnungen, → Modelle solcher Objekte. Jedoch haben intensive Bemühungen um die Schaffung von Systemen zur automatischen Interpretation solcher 2D-Darstellungen als dreidimensionale Objekte (→ 3D-Rekonstruktion) bisher nicht zu problemlos routinemäßig einsetzbaren Lösungen geführt. Vollständige und widerspruchsfreie Mengen rechnerinterner 2D-Darstellungen dreidimensionaler Objekte werden deshalb nicht als 3D-M. bezeichnet. Vielmehr sind 3D-M. nach heutigem Sprachgebrauch solche → rechnerinternen Modelle, bei denen Punkte, Kurven, Flächen und Volumina direkt im dreidimensionalen Raum beschrieben werden.

Sowohl unterschiedliche Bedürfnisse von → Nutzern → rechnerunterstützter Systeme zur → 3D-Modellierung als auch verscheidenartige Anforderungen an die Weiterverarbeitung von 3D-M. haben zu einer großen Vielfalt von Methoden der 3D-Modellierung und entsprechender Klassen von 3D-M. geführt (→ Drahtmodell, → Sweep-Operation, → CSG-Modellierung, → Begrenzungsflächen-Repräsentation, → Freiformflächen-Modellierung, → Facettenmodell, Modelle auf der Basis von → Voxeln und → Octrees).

3D-Modellierung

Prozeß der Beschreibung, Erzeugung und Modifikation von → 3D-Modellen.

→ CAD wurde erstmals mit der → rechnerunterstützten Zeichnungserstellung (Computer Aided Drafting) breitenwirksam. Die Effekte der Produktivitätsteigerung blieben dabei aber sehr begrenzt. Eine Erhöhung der → Durchgängigkeit verschiedener betrieblicher Prozesse und über reine Zeichnungserstellung hinausgehende Produktivitätssteigerungen und Qualitätsverbesserungen lassen sich nur auf der Basis einer möglichst vollständigen Modellierung von Objekten, Projekten bzw. Prozessen erreichen, deren Ergebnisse durch den → Computer einfach weiterverarbeitet werden können. In vielen praktischen Anwendungen erfordert dies den Übergang von einer zeichnungsorientierten Arbeitsweise zur 3D-M.. Letztere wird meist in → intereraktiver Arbeitsweise durchgeführt. Dazu kommen → 3D-Systeme (→ CAD-System) zum Einsatz. Für die interaktive Arbeit ist → 3D-Computergrafik von grundlegender Bedeutung. Entsprechende Systemkomponenten ermöglichen die schnelle → Visualisierung von 3D-Modellen sowie die automatische Ableitung von Ansichten und → Schnitten im Rahmen der rechnerunterstützten Zeichnungserstellung.

3D-Rekonstruktion

1. Verfahren zur rechnerinternen Modellierung und → Visualisierung von Volumenobjekten ungleichförmiger Dichteverteilung aus einer Folge von Schnitten oder Projektionen.

Besonders bedeutsam sind diese Verfahren in der Medizin bei der Interpretation der mittels → Tomographie gewonnenen Bilder. Hauptprobleme der 3D-R. sind die glatte Verbindung angrenzender Schnitte und eine schnelle und deutliche Visualisierung. Zu Verfahren der 3D-R. im weiteren Sinne gehören auch die Ermittlung von Molekülstrukturen aus elektronenmikroskopischen Aufnahmen oder Beugungsbildern sowie die Herstellung von Bildern hoher Tiefenschärfe durch Kombination mehrerer unterschiedlich fokussierter Aufnahmen eines Objektes (Mikroskopie).

2. Prozeß der rechnerunterstützten Erzeugung eines → 3D-Modells aus zweidimensionalen rechnerinternen Darstellungen (Ansichten, → Schnitten) eines dreidimensionalen Objektes.

3. Verfahren der → Photogrammetrie.

4. Verfahren zur Auswertung von Meßwerten des → range sensing.

3D-System

→ Rechnerunterstütztes System zur → Modellierung dreidimensionaler Objekte in Form rechnerinterner → 3D-Modelle sowie zur Verarbeitung dieser Modelle.

Zwar kann auch eine (zweidimensionale) Zeichnung dreidimensionale Objekte vollständig beschreiben, doch ist die rechnerinterne Repräsentation einer Zeichnung zur Weiterverarbeitung des entsprechenden Modells im Rahmen rechnerunterstützter Systeme i. allg. wenig geeignet. Die Entwicklung der → rechnerunterstützten Konstruktion sowie des → rechnerunterstützten Entwurfs (→ CAD) über die → rechnerunterstützte Zeichnungserstellung hinaus, die Verflechtung von CAD mit der → rechnerunterstützten Fertigung (→ CAD/CAM, → CAD/CAM-System) und andere Vorstöße in Richtung erhöhter → Durchgängigkeit der rechnerunterstützten Arbeitsweise sind deshalb eng mit dem Übergang von → 2D-Systemen zu 3D-S. verbunden. In 3D-S. werden Objekte nicht durch Abbilder (Ansichten), also durch zweidimensionale Modelle, beschrieben, sondern explizit dreidimensional repräsentiert. Ein typisches Beispiel ist die → CSG-Modellierung, bei der komplexere Körper durch → mengentheoretische Operationen (**Boole**sche Verknüpfungen) aus einfacheren Körpern aufgebaut werden (→ Festkörpermodellierung).

Während bei 2D-Systemen das → rechnerinterne Modell von dreidimensionalen Objekten die rechnerinterne Repräsentation der → 2D-Computergrafik selbst ist, unterscheiden sich bei 3D-S. Modell und Abbild wesentlich. Den Prozeß der automatischen Ableitung einer beliebigen Ansicht eines 3D-Modells bezeichnet man als → Visualisierung. Das Spektrum der Leistungsfähigkeit der Visualisierung von 3D-Modellen (→ 3D-Computergrafik) reicht von der Erzeugung einfacher → Liniengrafiken über die Darstellung von Körpern mit → schattierter Oberfläche (Einbeziehung von → Beleuchtungssimulation) bis hin zur Generierung farbiger, flächengefüllter → Stereobilder. Im Bildanhang sind Beispiele von Visualisierungen rechnerinterner 3D-Modelle enthalten.

Manche Objekte (z. B. rotationssymmetrische Werkstücke und Profile) lassen sich gut durch zweidimensionale Grafiken (→ Schnitte) und wenige ergänzende Angaben beschreiben (→ Sweep-Operation). Systeme für Modelle dieser Art werden häufig → $2^1/_2$D-Systeme genannt.

d-Nachbarschaft

Abk. für direkte → Nachbarschaft.

Darstellungsbereich

Engl. display space. Teil des → Gerätebereiches eines → Ausgabegerätes, der der → Darstellungsfläche des Gerätes entspricht.

Es handelt sich dabei also um diejenige Menge adressierbarer (vom → Computer aus ansprechbarer) Punkte eines → grafischen Gerätes, die auf der Darstellungsfläche unmittelbar angezeigt werden können. Im Fall der Rastertechnologie (→ Rastergrafik) kann dies z. B. derjenige Teil des → Bildwiederholspeichers eines → Rasterdisplays sein, in dem zu jedem seiner Elemente aktuell ein → Bildpunkt auf dem → Bildschirm gehört (→ Bit-mapping).

Im Rahmen von → GKS ist der D. außerdem der Arbeitsbereich von → Eingabegeräten, z. B. von → Digitalisierern.

Darstellungselement

Engl. output primitive. Im Rahmen von → GKS definierte → Funktion zur → Ausgabe von grafischen Elementarobjekten, die sich nicht aus anderen GKS-Funktionen zusammensetzen läßt, bzw. bestimmte Elementarobjekte selbst.

Da ein grafisches Kernsystem (GKS) universell anwendbar sein soll, darf keine potentielle Anwendung besonders bevorzugt werden. Aus diesem Grund enthält GKS als Funktionen zur Ausgabe (und zur → Eingabe) solche, die während der Entwicklung des GKS-Standards (1975-1985) als für alle Anwendungen gleichermaßen erforderliche Grundbausteine angesehen wurden. So gibt es z. B. zur Erzeugung von Grafiken, die ausschließlich aus Geraden bestehen, nur die Funktion → Linienzug, aber keine komplexeren Funktionen zur Generierung ganzer Koordinatenkreuze, anwendungsspezifischer → Symbole oder der Grundbestandteile verschiedener → Diagramme.

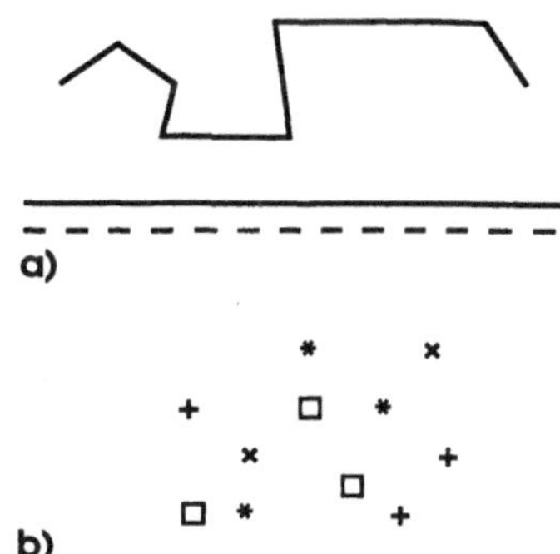

a)

b)

Dies ist ein Text

DAS IST EIN ANDERER TEXT

Das ist noch ein Text

c)

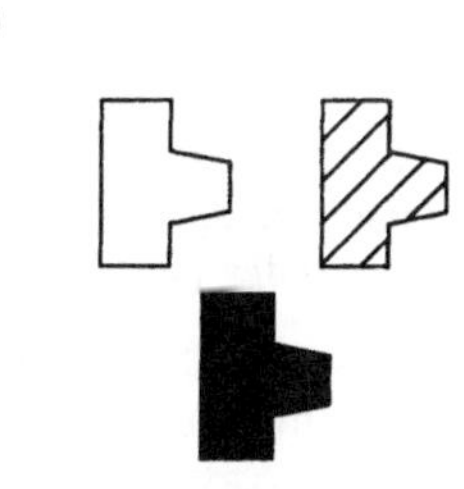

d)

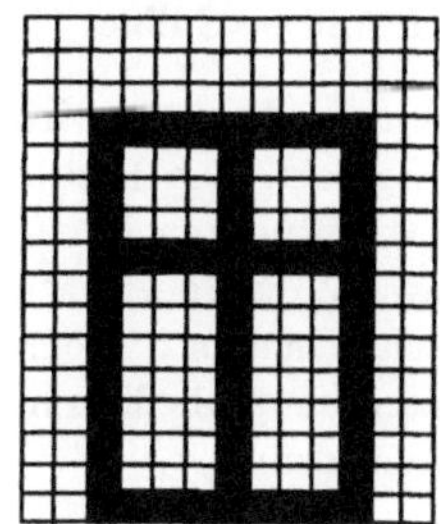

e)

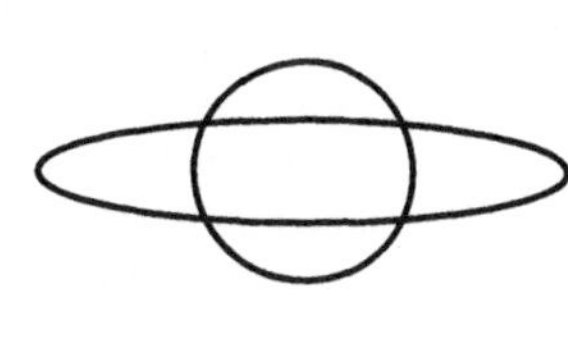

f)

In GKS sind sechs D. definiert:

1. Linienzug (polyline): Durch eine Folge gegebener Punkte wird vom GKS ein Linienzug so gelegt, daß je zwei aufeinanderfolgende Punkte durch eine Gerade miteinander verbunden sind (Bild a).

2. → Polymarke (polymarker): GKS erzeugt an vorgegebenen Positionen zentrierte Marken, d. h. kleine Symbole (Bild b).

3. → Text: GKS generiert von einer vorgegebenen Position an eine Zeichenkette in eine vorgebbare Richtung (Bild c).

4. → Füllgebiet (fill area): Das Innere eines → Polygons, das durch eine Punktfolge festgelegt ist, wird vom GKS mit einer einheitlichen Farbe (bzw. einem → Grauwert), einem Muster oder einer → Schraffur ausgefüllt oder völlig leer gelassen (Bild d).

5. → Zellmatrix (cell array): Dieses Darstellungselement dient der Ausgabe bereits gerastert vorliegender Bilder (Bild e).

6. → verallgemeinertes Darstellungselement, VDEL (generalized drawing primitive, GDP): GKS-Funktion zum Ansprechen spezifischer Fähigkeiten von → grafischen Arbeitsplätzen etwa zur Erzeugung von Kreisbögen, elliptischen Bögen und → Splines (Bild f).

Das Erscheinungsbild von D. wird in GKS durch → Attribute festgelegt. Die Position von D. wird durch Vorgabe von Punkten in einem → Weltkoordinatensystem und die Spezifikation ihrer Transformation zunächst in das System → normierter Koordinaten und dann schließlich in ein → Gerätekoordinatensystem definiert.

Darstellungsfeld

Engl. viewport. Im Rahmen von → GKS derjenige Teilbereich des Systems der → normierten Koordinaten (NDC), in den mittels der → Normierungstransformation das → Fenster abgebildet wird.

Das Fenster bzw. das D. sind in GKS rechteckige Bereiche im → Weltkoordinatensystem bzw. NDC-System. Die Ränder dieser Rechtecke liegen parallel zu den Koordinatenachsen des jeweiligen → Koordinatensystems.

Darstellungsfläche

Engl. display surface. Teil eines grafischen → Ausgabegerätes, auf dem eine → Ausgabe (z. B. einer → Computergrafik) erfolgen kann.

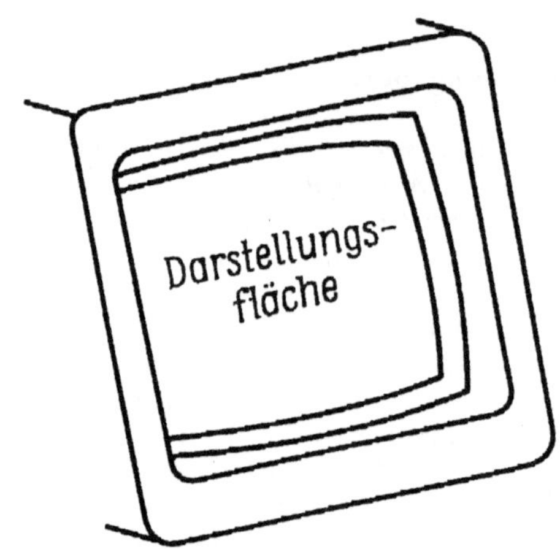

Die D. von → Bildschirmgeräten (→ Rasterdisplay, → Vektordisplay, → semigrafisches Bildschirmsystem) ist ein Teil der Fläche des → Bildschirmes selbst. Bei → Flachbettplottern ist die D. ein Teil des Flachbettes mit dem darauf liegenden Papier. Bei → Trommelplottern und → Grafikdruckern wird nur eine Seite der rechteckigen D. durch konstruktive Randbedingungen, nämlich durch die Breite der Trommel bzw. Walze, begrenzt.

Die D. von Ausgabegeräten wird aber nicht nur von mechanisch-geometrischen Charakteristika beeinflußt. Durch die elektronische Steuerung von Ausgabegeräten ist die D. innerhalb des konstruktiv möglichen Bereiches festgelegt bzw. einstellbar. Das Bild zeigt einen Bildschirm mit entsprechender D. (→ Darstellungsbereich).

Häufig sind D. gerastert. Dies ist dann der Fall, wenn das entsprechende → Ausgabegerät lediglich diskrete Punkte setzen kann. Vertreter von Geräten mit solchen D. sind → Rasterdisplays und → Matrixdrucker. Ein → Zeichenstiftplotter ist dagegen in der Lage, durchgezogene Linien zu generieren. In diesem Fall ist die D. unstrukturiert.

Datei

Engl. file. Geordnete Datenmenge, die aus logisch zusammengehörenden Datensätzen besteht und auf einem Datenträger abgelegt ist.

Eine D. wird nach den Prinzipien des jeweiligen → Betriebssystems, dem vom Anwender vorgebbaren Verwendungszweck und dem konkreten Datenträger physisch und logisch strukturiert. Eine D. ist über den Dateinamen ansprechbar. Die einzelnen Datensätze können verschiedene Satzfomate haben (feste oder variable Länge, Blockung). D. können auf unterschiedliche Art strukturiert werden (sequentiell, indexsequentiell, gestreut). Der Zugriff zu den Datensätzen erfolgt entsprechend den konkreten Möglichkeiten des Datenträgers und des Ein/Ausgabegerätes sequentiell oder im Direktzugriff. Beim Direktzugriff muß eine Adresse oder ein Schlüssel angegeben werden. Der Zugriff wird gesteuert durch eine meist vor dem Programmierer verborgene Dateibeschreibung.

Wichtige Kriterien für einen effektiven Dateiaufbau sind:

- Eine D. soll Daten enthalten, die gemeinsam für möglichst viele Probleme anwendbar sind.
- Eine umfangreiche Datenredundanz ist weitgehend zu vermeiden, um Speicherplatz zu sparen.
- Die Datensätze sollen möglichst identischen Aufbau haben, um einen schnellen und sicheren Zugriff zu gewährleisten (üblich sind gleiche Satzlänge und sequentielle Dateistruktur).
- Dateistruktur und Zugriffsart müssen besonders bei großen Datenmengen unter dem Gesichtspunkt eines effektiven Zugriffs entsprechend der zu lösenden Aufgabe ausgewählt werden.
- Für einen rationellen Datenaustausch ist der Dateiaufbau so zu wählen, daß die beteiligten → Programme bzw. → Computer ohne aufwendige Dateitransformation die Datensätze ansprechen können.

Die Abspeicherung von → Texten erfolgt meist in sequentiellen Dateien mit variabler Satzlänge. Die Bestände einer → Datenbank werden in der Regel mit fester Satzlänge in Direktzugriffsdateien gespeichert.

Die Wartung von D. umfaßt das Aktualisieren und das Verhindern von Datenverlusten durch Sicherungskopien in mehreren Generationen. Der Schutz vor unberechtigtem Zugriff (Datenschutz) wird vorgenommen durch Komponenten des Betriebssystems (Passwort, Kennsätze, Zugriffsrechte) und durch sicheres Aufbewahren der Datenträger.

Für die Speicherung und Verwaltung von → Computergrafiken und → Rasterbildern werden spezielle Organisations- und Kodierungsverfahren angewendet (→ Bilddatenkompression, → GKS-Bilddatei, → Bildformat, → IPI).

Datenbank

Gesamtheit der Daten eines Problemkreises, die nach einem vorgegebenen Organisationsprinzip einschließlich entsprechender Verweisinformationen auf externen Speichergeräten eines → Computers abgelegt sind.

Eine D. ermöglicht bei weitgehend redundanzarmer Abspeicherung eine multivalente Nutzung für verschiedene Aufgabengebiete, wobei häufig ein gleichzeitiger Zugriff mehrerer → Nutzer zu den gespeicherten Daten erlaubt ist. Die D. kann nach unterschiedlichen Prinzipien (relationales Modell, hierarchisches Modell, Netzmodell) organisiert werden.

An die D. werden sich teilweise widersprechende Forderungen gestellt:

- möglichst effiziente Abbildung vorhandener Strukturen in der D.,
- schneller Zugriff zu den einzelnen Datensätzen für alle wichtigen Verarbeitungsaufgaben und bei der Dialogrecherche,
- einfache Aktualisierung und Wartung des Datenbestandes.

Die Mehrzahl der D. sind als relationale D. organisiert, bei der die Datenbestände in Tabellen (sequetiellen → Dateien) gespeichert sind und die Wechselbeziehungen untereinander durch Verweise über Merkmalsnamen und -werte realisiert werden.

Datenbankbetriebssystem

Ergänzung zu einem vorhandenen → Betriebssystem eines → Computers, die alle wichtigen Operationen mit der → Datenbank effektiv unterstützt.

Realisierungen von Datenbanken mit Hilfe eines D. sichern eine optimale Anpassung und Umsetzung typischer Datenbankoperationen wie Definieren, Speichern und Wiederauffinden mit den Mitteln der vorhandenen → Hardware und des Betriebssystems. Die Unterstützung häufig auftretender gleichartiger Suchprozesse wird über Adreßketten und direkte Verweise verbessert. Für die physische Abspeicherung wird auf feste Satzstrukturen mit einfachem Aufbau (→ Block) orientiert, während die logische Satzstruktur problemnah gewählt werden kann.

Datenbasis

Gesamtheit der Daten eines zu bearbeitenden Problems.

Eine D. umfaßt oft viele Dateien mit unterschiedlichen Datenstrukturen. Sie kann über verschiedene Datenträger und → Computer verteilt sein. Eine → Datenbank ist in diesem Sinne eine D. mit stark vereinheitlichter Speicherungs- und Zugriffsorganisation. Zu einer D. können neben den Daten auch spezielle → Anwenderprogramme (Methoden) zur Bearbeitung dieser Daten gehören.

Datenkompression

→ *Bilddatenkompression.*

Daumenrad

→ *Rändelrad.*

Dekorrelation

Sammelbegriff für Verfahren zum Ableiten statistisch unabhängiger Daten.

Im Rahmen der Bildkodierung spielt die Datenreduktion eine entscheidende Rolle (→ Bilddatenkompression). Erforderlich ist hierbei die Darstellung durch dekorrelierte Daten, d. h. durch Daten, die im Idealfall statistisch unabhängig sind, bzw. deren innere statistischen Bindungen möglichst weitgehend reduziert worden sind.

Außer durch prädiktive Verfahren (→ Prädiktionskodierung) lassen sich dekorrelierte Daten durch eine reversible → lineare Transformation herstellen.

Delaunay-Graph

Nach dem französischen Mathematiker **C.E. Delaunay** *(1814-1872) benannter Nachbarschaftsgraph (→ Voronoi-Diagramm).*

Deltamodulation

→ *Prädiktionskodierung.*

Desktop-Engineering

→ *Desktop-Publishing.*

Desktop-Publishing

Engl., Erstellung von sofort verwendbarem Präsentationsmaterial, Publikationen und Dokumentationen, direkt am Arbeitsplatz, d. h. auf dem Schreibtisch (desktop), Abk. DTP.

Leistungsfähige Personalcomputer und Arbeitstationen mit entsprechender → Peripherie und geeigneter → Software ermöglichen es, Unterlagen mit → Texten und Grafiken in → interaktiver Arbeitsweise und mit relativ geringem technischen Aufwand in hoher Qualität direkt am Arbeitsplatz zu erzeugen. Derartige → rechnerunterstützte Systeme gehen in ihrem Funktionsumfang und damit in ihren Anwendungsmöglichkeiten weit über konventionelle Textverarbeitungssysteme hinaus. Sie erlauben neben dem Schreiben und Korrigieren von Texten die Einbeziehung von Grafiken (→ Computergrafik) und mathematischen Formeln, die freizügige Gestaltung der Schrift (bez. Größe und Schriftart) und den gesamten → Layout-Entwurf, d. h. den Umbruch sowie das Setzen von Umrandungen oder Spaltenlinien und anderer Mittel zur Hervorhebung oder Trennung. Für eine effektive Nutzung von D. ist die → Durchgängigkeit des Publishing-Prozesses und damit die Verbindung zu → CAD bzw. zu den Ergebnissen von CAD-Prozessen wichtig. So sollte natürlich eine technische Zeichnung, die z. B. durch → Visualisierung eines entworfenen → 3D-Modells und anschließende interaktive Komplettierung der Grafik im CAD-Prozeß (→ rechnerunterstützte Zeichnungserstellung) entstanden ist, direkt in das D. übernommen und im DTP-System auch noch interaktiv modifiziert werden können. Bei der Integration von D. und CAD spricht man auch von Desktop-Engineering (DTE).

Neben der System-Funktionalität ist für die Qualität der erstellten Publikationen bzw. Dokumentationen auch die Leistungsfähigkeit der verwendeten → Ausgabegeräte entscheidend. Zur → Ausgabe werden meist → Laserdrucker eingesetzt.

Destriping

Engl., Streifenbeseitigung. Spezielles Verfahren der → radiometrischen Korrektur.

Bei Multispektralscannern (→ MSS) müssen zur Gewährleistung einer hohen Datenrate und ausreichender Integrationszeit in jedem Spektralbereich mehrere → Sensoren verwendet werden (6 bei → Landsat). Die unterschiedlichen Kennlinien erzeugen eine regelmäßige Streifung, die von vielen Auswertemethoden nicht toleriert wird. D. bedeutet Korrektur der Kennlinien der Einzelsensoren, meist durch → Histogrammodifikation. Angestrebt wird dabei, daß die Histogramme, die den einzelnen Detektoren zugeordnet sind, sich möglichst wenig voneinander unterscheiden. Manchmal wird D. durch → Azimutalfilter realisiert.

Detaillierung

Spezifikation eines Grobmodells (insbesondere zur Integration von Details) in Konstruktions- und Entwurfsprozessen.

Bei der → Rechnerunterstützung der Konstruktion (→ rechnerunterstützte Konstruktion, → CAD) lassen sich für den Prozeß der D. besonders leicht Rationalisierungseffekte erzielen. Während bei der manuellen Arbeitsweise jede technische Zeichnung auch dann vollständig gezeichnet werden muß, wenn sie teilweise mit anderen, bereits vorhandenen übereinstimmt, erlaubt die → rechnerunterstützte Zeichnungserstellung eine automatische Übernahme von Teilen einer Zeichnung in eine andere. Zeichnungen ganzer Reihen von Werkstücken, die sich nur in Details unterscheiden, können also dadurch erzeugt werden, daß eine nur einmal generierte und dann in einer → Datei abgespeicherte Grobdarstellung mehrmals durch unterschiedliche D. ergänzt wird (Bild).

Eine analoge Rolle wie bei der reinen Zeichnungserstellung spielt die D. auch im Rahmen der → 3D-Modellierung mit Hilfe von → CAD-Systemen.

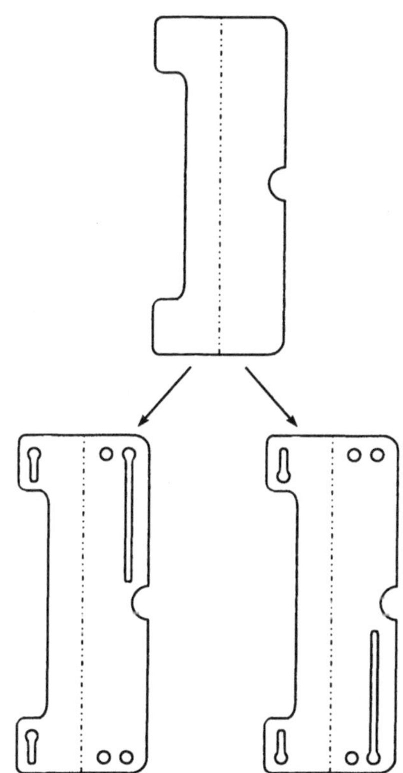

Dewarping

Engl. für Entzerrung. Funktioneller Ansatz für die geometrische Anpassung zweier Bilder (→ Bildrektifikation).

Es wird eine polynomiale Abbildung n-ten Grades der Koordinaten x, y bzw. u, v der beiden Bilder $f(x,y)$ und $g(u,v)$ angenommen. Zur Bestimmung der $2(n+1)^2$ unbekannten Polynomkoeffizienten sind mindestens $(n+1)^2$ korrespondierende Kontrollpunkte (→ Referenzpunkte) erforderlich.

DFT

Engl. Abk. für discrete **Fourier** *transform, diskrete →* **Fourier***transformation.*

Diagramm

Zeichnerische Darstellung eines funktionalen Zusammenhangs in einem zwei- oder dreidimensionalen → Koordinatensystem.

In allen Entwurfs-, Konstruktions-, Steuerungs-, Überwachungs-, Produktions- bzw. Fertigungsprozessen (→ CAD, → CAM, → CAD/CAM, → CIM), im Planungs- und Rechnungswesen sowie in Handel und Versorgung spielen D. und damit entsprechende → Computergrafiksysteme eine bedeutende Rolle.

Besonders anschauliche und einprägsame Arten von D. sind → Balkendiagramme und → Kreisdiagramme, insbesondere dann, wenn mehrfarbige Darstellungen zur Anwendung kommen, die z. B. mit farbtüchtigen → Rasterdisplays oder → Tintenstrahldruckern erzeugt werden können.

Dialog

Form der → Mensch-Rechner-Kommunikation, die vorrangig durch miteinander im Zusammenhang stehende → Interaktionen gekennzeichnet ist (→ interaktive Arbeitsweise).

Differenzbild

→ *Bildfolgenanalyse.*

Differenzkodierung

→ *Prädiktionskodierung.*

Differenzpulskodemodulation

→ *Prädiktionskodierung.*

Digital Image Processing

→ *Digitale Bildverarbeitung.*

Digitale Anzeige

Engl. digital display. Ziffernanzeige (ggf. auch Buchstaben und Sonderzeichen) von Meßwerten, Signalen, Zustandsinformationen.

Die Werte analoger physikalischer Größen werden bei d.A. in diskreten Schritten dargestellt. Zur d.A. zählen beispielsweise die Zifferndarstellung von Uhrzeit, Datum, Empfangsfrequenz, Ausgangspegel, gewähltem Kanal, Ausschriften wie `ANLAGE IN BETRIEB` usw.. Moderne Anzeigetechniken arbeiten mit → Flüssigkristalldisplays (LCD), Gasentladungen oder mit Leuchtdioden (LED). In der Produktion sind oft Meßwarten mit Computerarbeitsplätzen (→ grafische Arbeitsstation) eingerichtet, wo grafische Darstellungen der ablaufenden Prozesse mit eingeblendeten digitalen Werten zwecks Überwachung und Steuerung benutzt werden.

Digitale Bildverarbeitung

Verfahren des Auswertens von → Bildsignalen unter Ausnutzung der Genauigkeit und Flexibilität digitaler programmierbarer Systeme (→ Computer).

Wesentlich für jede Bildverarbeitung ist die halb- oder vollautomatische Ableitung einer für die weitere Verwendung geeigneten Abstraktion der abgebildeten → Szene oder des interessierenden Objektes. Beispiele für derartige Abstraktionen sind:

- Vorhandensein eines gesuchten Objektes,
- Liste von Koordinaten und anderen geometrischen Merkmalen eines Objektes,
- transformiertes oder schematisiertes Bild, welches einfacher als sein Ursprung zu interpretieren ist.

Damit unterscheidet sich die d.B. grundsätzlich von der → Computergrafik, die aus abstrakten Modellen Bilder vorgegebener Qualität für verschiedene Anwendungszwecke erzeugen muß.

Nach der → Digitalisierung des Bildsignals (Bild 1 auf der folgenden Seite) entsteht die Datenstruktur des → Rasterbildes.

Die durch Digitalisierung entstandenen Rasterbilder werden im → Computer gespeichert und verarbeitet (Bild 2 auf der folgenden Seite). Das verarbeitete Bild wird häufig in eine analoge Darstellung zurückgewandelt und auf einem → Display dargestellt (→ Visualisierung).

Für eine → automatische Bildanalyse (image analysis, image pattern recognition) genügt es, eine vereinfachte Beschreibung des Bildinhaltes, eine Klassenzuweisung der Objekte oder eine Steueraktion weiterzugeben. Bei der interaktiven d.B. greift der → Nutzer steuernd in den Verarbeitungsprozess ein (→ interaktive Arbeitsweise).

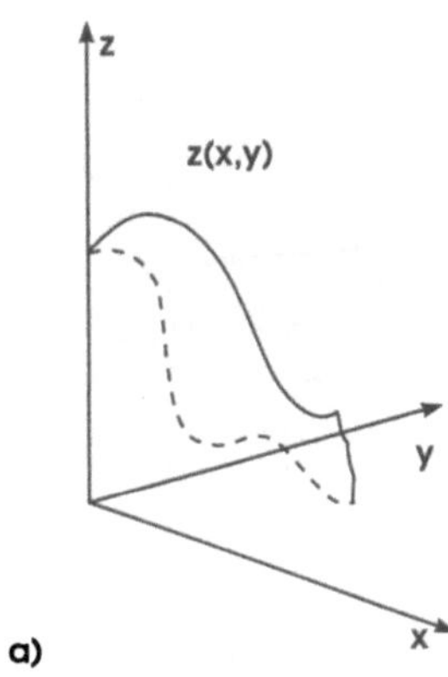

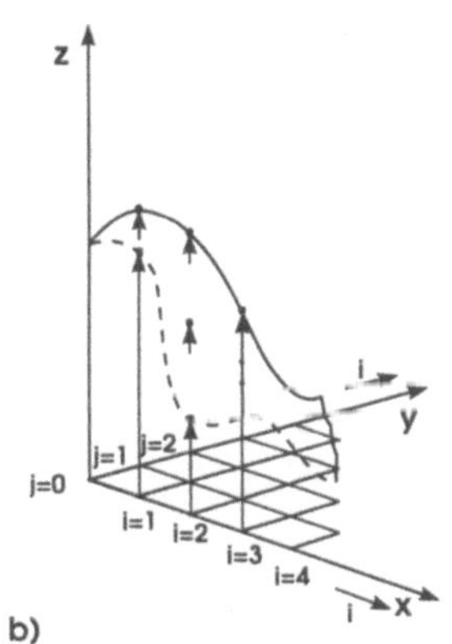

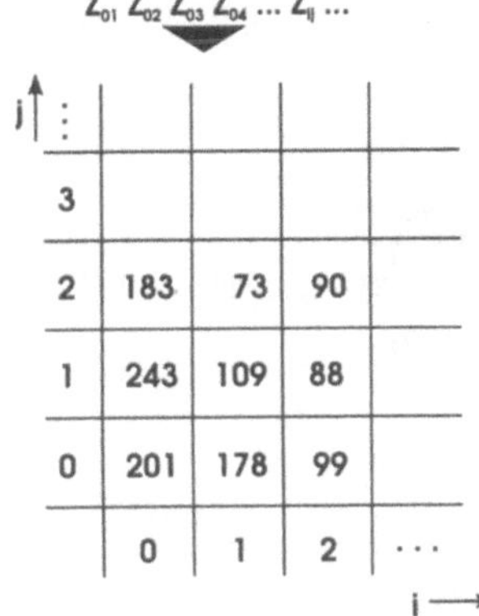

Bild 1

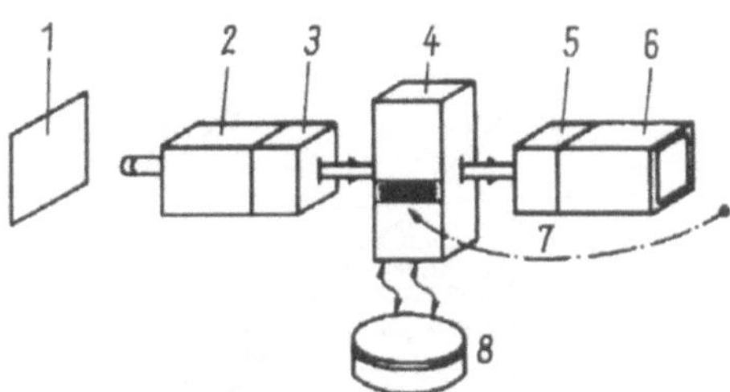

1. Objekt, Objektebene
2. Kamera, Sensor
3. Abtaster, ADU
4. Rechner, Bildverarbeitungssoftware
5. Digital-Analog-Umsetzer, Interpolator
6. Monitor, Display
7. Interaktion durch den Bediener
8. Bildspeicher, Bildarchiv

Bild 2

Die besonderen Probleme der d.B. ergeben sich aus dem enormen Informationsgehalt und Datenangebot von Rasterbildern (Bild 3 auf der folgenden Seite).

Digitale Krümmung

Auf seine Länge bezogene Richtungsänderung eines kleinen Segmentes einer → digitalen Kurve.

Die für stetige Kurven üblichen Definitionen sind für die d.K. nicht direkt anwendbar. Die d.K. in einem Punkt C eines Segmentes einer digitalen Kurve (Bild) kann angenähert werden durch:

$$\kappa(C) = \frac{1}{\rho(C)} \approx \frac{\alpha}{N \cdot \Delta}$$

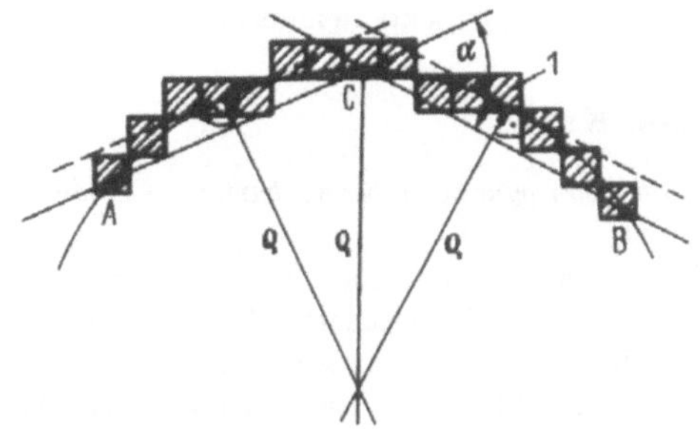

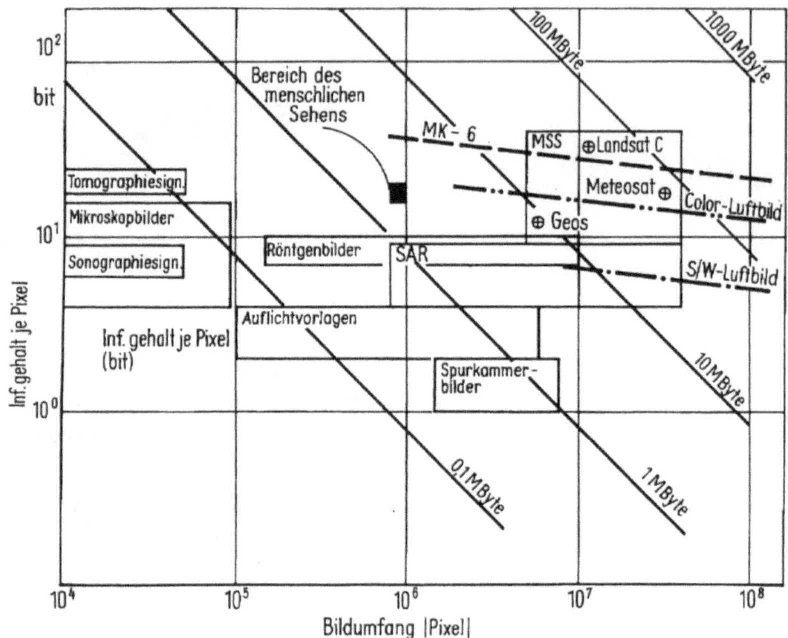

MSS	Multispektralscanner
Geos	Geostationärer meteorologischer Satellit
Meteosat	Geostationärer meteorologischer Satellit
MK-6	6-kanalige Multispektralkamera

Bild 3 (zu Digitale Bildverarbeitung)

Die im Bild auf der vorhergehenden Seite dargestellten Sehnen $A\,C$ und $C\,B$ aus jeweils N Bildelementen 1 schließen den Winkel α ein. Dabei ist Δ das Rastermaß. Wenn N ausreichend klein gewählt wurde, kann man die digitale Kurve in C durch ein Kreissegment vom Radius $\rho(C)$ annähern. Die d.K. ist für die Formanalyse (→ Gestaltmerkmale, → Objekterkennung) wesentlich.

Digitale Kurve

Eine Folge von paarweise benachbarten → Bildelementen.

D.K. haben viele bei kontinuierlichen Kurven nicht beobachtbare Eigenschaften (Bild). Eine beliebige d.K. endlicher Länge kann aus endlich vielen → digitalen Strecken zusammengsetzt werden (Bild a). Die Eigenschaft einer geschlossenen ebenen Kurve, die Ebene in zwei nichtverbundene Gebiete zu zerlegen, gilt bei d.K. nur dann, wenn eine geeignete Festlegung der → Nachbarschaft verwendet wird (Bild b und c).

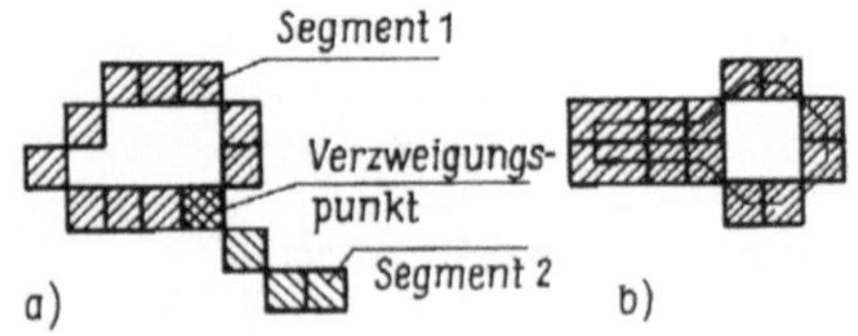

Digitale Strecke

Wichtiger Spezialfall einer → digitalen Kurve, Segment einer digitalen Geraden.

Auf eine d.S. ist die aus der **Euklid**ischen Geometrie abgeleitete Eigenschaft der Strecke als einzige Kurve kürzester Länge zwischen zwei Punkten nicht direkt übertragbar. Es kann zwischen zwei Punkten mehrere digitale Kurven mit kürzester Verbindung geben, wenn z. B. als Entfernungsmaß die Anzahl der zwischen den Endpunkten liegenden → Bildelemente (Pixel) verwendet wird.

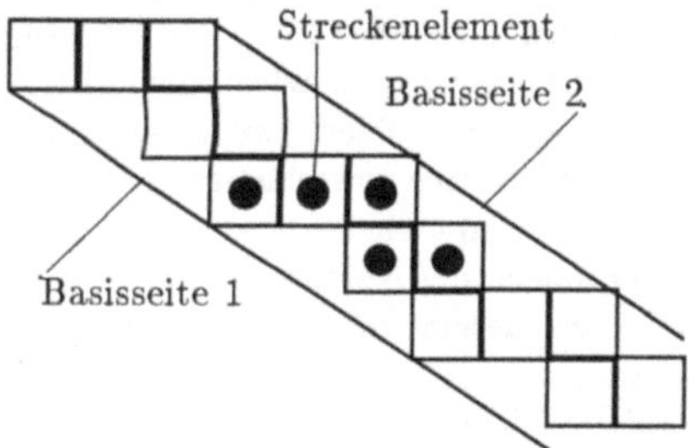

Aufgabenabhängig sind mehrere Definitionen üblich:

1. Eine d.S. ist eine Folge sich periodisch wiederholender Anordnungen benachbarter Pixel (→ Nachbarschaft), welche als Streckenelemente bezeichnet wird. Sie müssen zusätzliche Anforderungen erfüllen, wie Verwendung einer kleinstmöglichen Anzahl von Pixeln und abwechselnde Abknickrichtungen. Die **Euklid**ischen Verbindungsgeraden der entferntesten Knickpunkte der Strukturen (Basisseiten) laufen parallel zur d.S. (Bild).

2. Eine d.S. ist eine Pixelfolge, die bei der → Digitalisierung und bei der → Verdünnung von Strecken in → Linienbildern entsteht.

3. Eine d.S. wird durch zwei Pixel (Endpunkte) beschrieben, die aus einer digitalen Kurve (→ Kontur) derart abgeleitet werden, daß ein vorgegebener Abstand zwischen einer **Euklid**ischen Strecke zwischen den beiden Pixel und der Kontur nicht überschritten wird (→ Approximation mittels → Polygonzug).

Digitalfilter

Einrichtung zur Signalverarbeitung, bei der das Signal abgetastet und quantisiert (→ Abtastung) sowie mit digitalen Einrichtungen bis hin zu einem frei programmierbaren Prozessor (→ Computer) verarbeitet wird.

D. haben eine sehr hohe Reproduzierbarkeit und viele Entwurfsfreiheitsgrade. Grenzen von D. werden durch die mögliche Verarbeitungsgeschwindigkeit bestimmt. Bei zu geringer Wortlänge (→ Zahlendarstellung) können Abweichungen vom Entwurfsziel und nichtlineare Effekte (Totzone, Eigenschwingungen) auftreten.

Digitalgeometrie

Eine der wichtigsten mathematischen Grundlagen der → Computergrafik und der → digitalen Bildverarbeitung.

Die D. befaßt sich mit Objekten, die durch diskrete Punktmengen, meist in der Ebene, definiert sind. Dabei stellt die Definition der → Nachbarschaft den Schlüssel für weitere begriffliche Festlegungen wie Pfade, Bögen und Kurven (→ digitale Kurve) dar. Durch Zählung von Objektpunkten kann man Flächen, Umfänge und Abstände definieren und daraus ausgezeichnete Objekte wie geodätische Linie, digitale Gerade (→ digitale Strecke) und Eigenschaften wie z. B. Konvexität definieren. Gegenstand der D. ist weiterhin die Ableitung von günstigen Algorithmen zur Erkennung bestimmter Objekte und zur Konstruktion von anderen Objekten (z. B. minimaler spannender Baum, → **Voronoi**-Diagramm). Die Verallgemeinerung von Aussagen, die für den 2D-Fall gelten, auf höhere Dimensionen ist meist mit großen Schwierigkeiten verbunden.

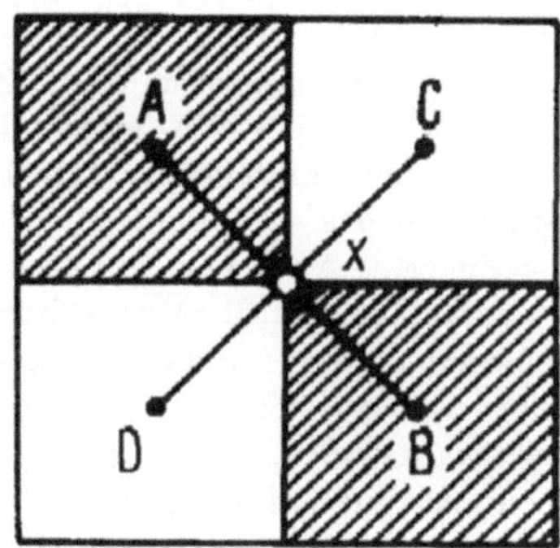

Eine Besonderheit der D. ist die Notwendigkeit, für Objekt und Hintergrund miteinander verträgliche, i. allg. verschiedene Definitionen der → Nachbarschaft zu verwenden, um eine Analogie zur üblichen Geometrie zu sichern. Das Bild illustriert eine oft verwendete Konvention: Während die beiden Elemente A und B der → digitalen Kurve als verbunden angesehen werden, gilt dies nicht für die beiden Elemente C und D des Hintergrundes.

Digitalgrafik

→ *Computergrafik.*

Digitalisierer

Auch Digitalisiergerät genannte Einrichtung zur manuellen, halbautomatischen oder vollautomatischen → Eingabe von → Koordinaten aus grafischen Vorlagen oder von dreidimensionalen Objekten.

Dabei werden Flächen in den Formaten A3 bis A0 mit Genauigkeiten von 1 bis 0,01 mm erfaßt. Der Bediener führt eine häufig mit Lupe ausgerüstete Zeigeeinrichtung (→ Cursor) auf den zu erfassenden Punkt oder entlang einer Linie, wobei er zusätzlich alphanumerische → Information eingeben kann. Der Cursor kann auch durch Steuerelemente wie → Steuerknüppel, → Rollkugel, → Maus positioniert werden. Besonders ergonomisch (→ Ergonomie) ist die Verwendung eines schreibstiftähnlichen Stylus. Intelligente D. beinhalten außer den Funktionen der Sammlung der Daten auch Möglichkeiten zur Berechnung von Längen, Flächen u. a. geometrischer Merkmale sowie zur Koordinatenumrechnung. Für spezielle Anwendungen, wie Auswertung von Blasenkammeraufnahmen, → Diagrammen und Landkarten, werden D. mit automatischer → Konturverfolgung eingesetzt. Eine für die → interaktive Arbeitsweise beliebte Variante ist das → Tablett, ein kleinformatiger D. geringer → Auflösung, mit dem durch Antasten Steueraktionen (z. B. Auswahl von Objekten oder Menupunkten) veranlaßt werden.

Gelegentlich werden → Scanner für grafische Vorlagen auch als Rasterdigitalisierer bezeichnet.

D. kommen auch zur Erfassung der Geometrie dreidimensionaler Objekte zum Einsatz. Es wird dann häufig von 3D-Meßmaschinen oder Meßrobotern gesprochen. Berührungslose Koordinatenerfassung wird durch → Photogrammetrie und → Range Sensing ermöglicht.

Digitalisierung

Vorgang des Umsetzens von analogen → Signalen und/oder → Koordinaten in diskrete und für → Computer verständliche Daten.

Bei der → Abtastung von Bildern (Rasterbilderzeugung) wird folgendermaßen verfahren. Ein Bild ist zunächst ein zweidimensionales Signal, mathematisch dargestellt durch eine Funktion zweier Ortsveränderlicher x und y. Informationsparameter z ist in den meisten Fällen die → Intensität oder Helligkeit. Gemessen wird eine mittlere Intensität über einen Meßfleck, auch → Leuchtfleck genannt. Periodisches Verschieben des Meßflecks über das Bild ergibt ein Gitter - das → Raster. Das Rastermaß ist der Abstand der Meßflecke voneinander. In diesem vorgegebenen Raster wird die Funktion $z(x,y)$ punktweise abgetastet und - indem jedem Gitterpunkt des Rasters ein Intensitätswert zugeordnet ist - in eine zweidimensionale Zahlenfolge umgesetzt (→ digitale Bildverarbeitung, Bild 1). Ihre Elemente heißen → Bildelemente oder → Pixel. In den meisten Fällen wendet man ein quadratisches Raster an. Selbstverständlich werden die Eigenschaften des ursprünglichen stetigen Signals von der Folge nur dann hinreichend gut repräsentiert, wenn das Abtastraster dicht genug ist und hinreichend genau reproduziert werden kann (→ Abtasttheorem).

Die Anzahl der Bildelemente je Bild hängt vom konkreten Anwendungsgebiet ab. Während z. B. ein Satellitenbild typischerweise ein Format von 4000×4000 Bildelementen hat, genügen für ein Bild in der Nuklearmedizin 64×64 Pixel (→ digitale Bildverarbeitung, Bild 3). Die Auflösung des menschlichen Auges entspricht einem aus $600 \times 600 \ldots 1000 \times 1000$ Bildelementen bestehenden Blickfeld.

Falls ein Rasterbild gegeben ist, aber ein anderes Rastermaß erforderlich ist, muß eine geeignete Interpolation der neuen Bildelemente vorgenommen werden. Dieser Vorgang wird → Resampling genannt.

Die meisten technischen Lösungen der Bildabtastung sehen ein zeilenweises Abtasten vor. Die folgenden Bilder skizzieren die Prinziplösungen für Durchlichttrommelscanner (a) (→ Scanner), → elektronische Kameras (b) und Multispektralscanner (c) (→ MSS).

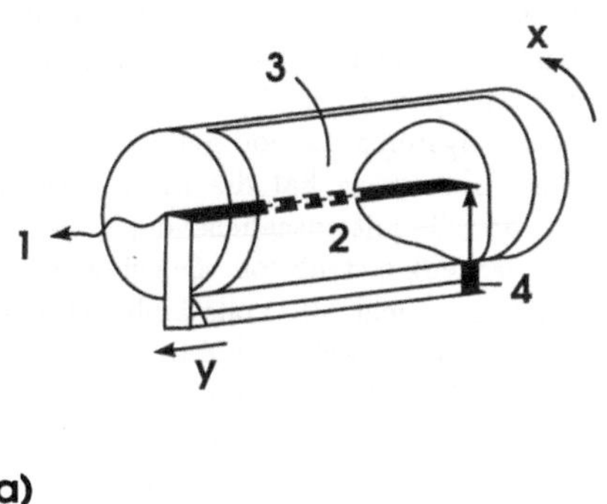

Der auf einer rotierenden Trommel über einem Fensterausschnitt (3) aufgespannte Film wird durch einen von einer Laseroptik oder Laserdiode ausgehenden Strahl (4) durchleuchtet. Ein an einem in die Trommel hineinragenden Arm (2) befindlicher Sensor nimmt die entsprechend der optischen Dichte des Films geschwächte Strahlung auf und wandelt sie in ein elektrisches Signal (1). Die Gabel mit Sender und Sensor werden zur D. in y-Richtung verschoben.

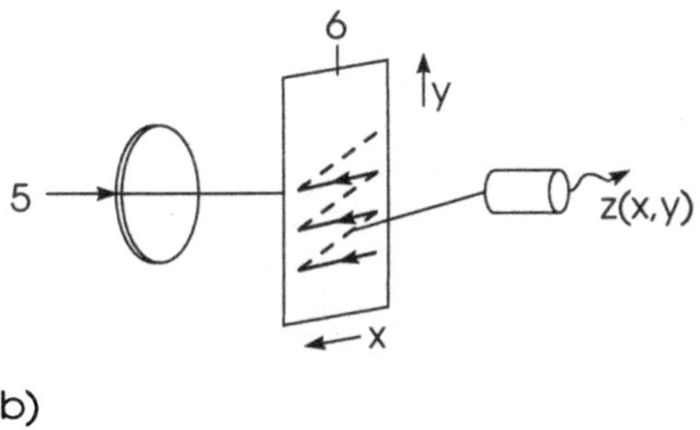

Bei Fernsehsystemen wird die vom Objekt (5) kommende Strahlung durch eine Optik auf die Speicherplatte (6) abgebildet und in eine Ladungsverteilung gewandelt, die dann in einem regelmäßigen Abtastmuster mit einem Elektronenstrahl ausgelesen und in Stromschwankungen umgesetzt wird. Manchmal ist auch eine wahlfreie Steuerung des Elektronenstrahls vorgesehen (image dissector).

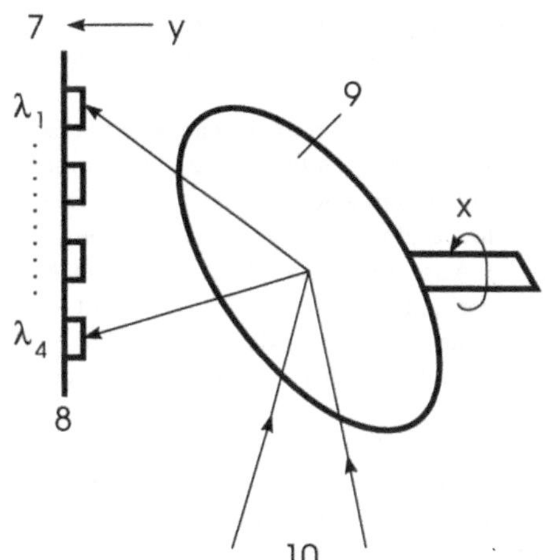

In Flugrichtung eines Flugzeuges oder Satelliten ist ein rotierender Schrägspiegel (9) angebracht. Vom Erdboden eintreffende Strahlung (10) wird auf eine Zeile (7) von Sensoren (8) umgelenkt. Diese optischen Empfänger sind für unterschiedliche Wellenbereiche ausgelegt. Damit wird mit einer Abtastung eine sog. multispektrale Bildfolge gewonnen.

Die durch Abtastung gewonnene Meßwertfolge wird durch einen Analog-Digital-Umsetzer (→ ADU) in ein für den Rechner verständliches, digital kodiertes Signal umgewandelt (→ Quantisierung). Meistens wird dafür ein → Byte im dualen Positionssystem verwendet (→ Dualsystem, → Zahlendarstellung). Beispielsweise ist die Dualzahl 00000000 (0) die Kodierung für „völlig dunkel" und 11111111 (255) für „ganz hell"; die dazwischen liegenden Intensitäten wären mit den Dualzahlen von 00000001 (1) bis 11111110 (254) zu kodieren.

Im Gegensatz zur beschriebenen Rasterdigitalisierung steht die Erfassung von geometrischen Daten mittels Aufnahme ausgezeichneter Koordinaten. Da die Lokalisierung von Koordinaten eine erhebliche Erkennungsleistung beinhaltet, werden derartige technische Lösungen (→ Digitalisierer) durch einen Bediener geführt. Es ist zu erwarten, daß sie durch Rasterdigitalisierer mit nachfolgender → digitalen Bildverarbeitung abgelöst werden.

Digitaltechnik

Alle Vorrichtungen und Verfahren, die dem Verarbeiten und Speichern von digitalen → Signalen dienen.

Grundlage der D. sind solche elektronischen Schaltungen, die nur endlich viele diskrete Schaltzustände annehmen können. Es ist dann möglich, diesen Schaltzuständen Werte zuzuordnen. Die praktische Anwendung beschränkt sich fast ausnahmslos auf „binäre" Variablen, d. h. auf solche, bei denen nur zwei Zustände möglich sind. Diese beiden Zustände werden i. allg. mit „0" und „1" bezeichnet.

Ein digitales Schaltelement erfüllt i. allg. zwei Funktionen: logische Verknüpfung der Eingangssignale und Verstärkung bzw. Regeneration des Verknüpfungsergebnisses. In manchen Fällen sind beide Funktionen nicht voneinander zu trennen. Zur D. gehören heute integrierte Schaltkreise (→ VLSI), Speicherbausteine, Mikroprozessoren, ganze → Computer sowie komplexe Systeme wie → Computergrafik- und → Bildverarbeitungssysteme.

Digitizer

Engl., → Digitalisierer.

Dilatation

→ mathematische Morphologie.

Dimensionierung

Prozeß der Festlegung bestimmter Parameter, z. B. geometrischer Abmessungen, eines → Modells.

In Konstruktions- bzw. Entwurfsprozessen ist es häufig sinnvoll, zunächst ein Modell zu erarbeiten, das geometrisch nicht oder nur teilweise spezifiziert ist. Bei der Nutzung entsprechender → rechnerunterstützter Systeme entstehen so → parametrische Modelle (parametrische Methode), in denen alle oder einige geometrische Größen lediglich durch einen Parameter benannt und damit identifizierbar und spezifizierbar sind. Bei der D. werden diese Parameter mit konkreten Werten belegt. Damit entsteht ein goemetrisch vollständig spezifiziertes → rechnerinternes Modell, das maßstabsgerecht darstellbar ist. Zwischen den verschiedenen Parametern eines Modells bestehen meist mehr oder weniger komplizierte Zusammenhänge, insbesondere in Form von Restriktionen. Die Leistungsfähigkeit entsprechender Entwurfssysteme zeigt sich insbesondere daran, wieweit derartige Abhängigkeiten bzw. Restriktionen berücksichtigt werden können und damit der → Nutzer des Systems sinnvoll geführt wird.

Besondere Bedeutung hat die Erstellung parametrischer Modelle mit anschließender D. im Rahmen der Variantenkonstruktion. Die einzelnen Varianten brauchen nicht alle vollständig entworfen zu werden, vielmehr werden sie durch D. aus dem parametrischen Modell abgeleitet. Ein Problem ist die Erzeugung der technischen Zeichnungen für die einzelnen Varianten. Änderungen geometrischer Modellparameter können gravierende Auswirkungen auf die Gestaltung der zugehörigen Zeichnungen haben. Dies kann sich z. B. in grundsätzlichen Änderungen der notwendigen Bemaßungen zeigen. Falls nicht ausreichende Mittel der → automatischen Zeichnungserstellung, insbesondere zum automatischen → Layout-Entwurf von Bemaßungen zur Verfügung stehen, läßt sich der Aufwand für die interaktive Erzeugung der Zeichnungen für die einzelnen Varianten nicht vermeiden.

Dirichletbereich

Nach dem deutschen Mathematiker **P.G.L. Dirichlet** *(1805-1859) benannte Raumzelle, die durch eine Punktmenge definiert wird.*

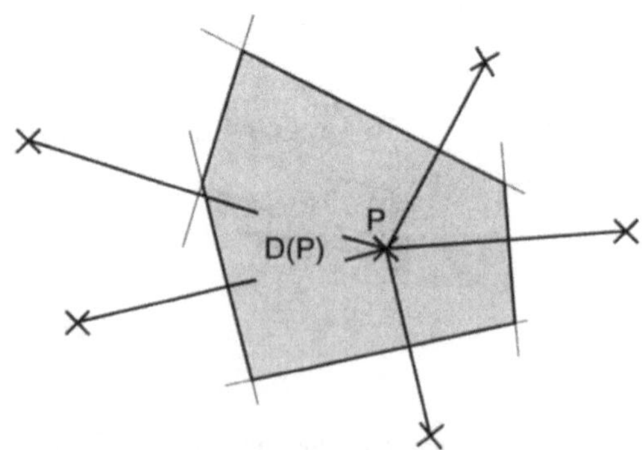

Gegeben sei eine Menge M von diskreten Punkten in der Ebene oder im Raum. Die Menge $D(P)$ der Punkte, die dichter am Punkte P aus M als zu allen anderen Punkten aus M liegen, heißt D. von P (Bild). Die Grenzen der D. bilden das

→ **Voronoi**-Diagramm von M. Ebene D. eines regelmäßigen Punktmusters haben 3, 4 oder 6 Kanten. D. im Raum sind Volumina.

Diskriminanzanalyse

Statistisches Analyseverfahren zum Bewerten von → Merkmalen hinsichtlich ihrer Eignung zur → Klassifikation der durch sie beschriebenen Objekte.

Ausgangspunkt der D. ist eine Menge von berechneten bzw. gemessenen Merkmalsvektoren, für die die Klassenzugehörigkeit der beschriebenen Objekte bekannt ist. Für diese Menge kann mittels D. festgestellt werden, wieviel die einzelnen Merkmale zur Trennung (Diskriminierung) der Klassen im Merkmalsraum beitragen. Dieser Beitrag ist umso höher, je größer das Verhältnis der → Varianz zwischen verschiedenen Klassen zu der Varianz innerhalb der Klassen ist. Umgekehrt kann so auch eine gewählte Klasseneinteilung von gegebenen Merkmalsvektoren bewertet werden.

Voraussetzung für die Anwendung der klassischen D. ist, daß es sich um metrische Merkmale handelt (→ Metrik), deren Werte innerhalb der Klassen als normalverteilt angenommen werden.

Disparität

Engl. disparity, → Tiefenerkennung.

Display

Schnelles → Ausgabegerät zur flüchtigen visuellen Informationsdarbietung in alphanumerischer, Linien- oder Grauwert- und Farbdarstellung.

Alphanumerische D. auf Flüssigkristall- oder Luminiszenzdiodenbasis stellen die oft preiswerteste und gut miniaturisierbare Lösung dar. Anspruchsvollere Systeme benutzen Schwarz-Weiß- oder Farbkatodenstrahlröhren, Speicherröhren oder Plasmabildschirme. D. sind in Terminals und Arbeitsplätze integriert und mit Zusatzeinrichtungen (→ Steuerknüppel, → Rollkugel, → Maus, → Lichtgriffel) zum interaktiven Positionieren des → Cursors ausgerüstet.

Bei einem → Vektordisplay werden durch eine Koordinatenliste gegebene Punkte durch elektronisch generierte Linien verbunden. Nach dem Fernsehprinzip arbeitende → Rasterdisplays, bei denen das in einem digitalen → Bildwiederholspeicher abgelegte Bild zur Modulation des Katodenstrahls verwendet wird, ermöglichen eine flächige Darstellung. Leistungsfähige D.-systeme gestatten die → Visualisierung farbiger, bewegter Bilder hoher → Auflösung (bis ca. 1000 × 1000) mittels spezieller D.-prozessoen (→ Animation). Moderne D.-systeme stellen Zustände und Nutzerinformationen für mehrere parallel ablaufende Prozesse (Tasks) simultan dar (→ Multi-Windowing). Der auf dem D. darzustellende Bildinhalt wird in einer komprimierten, leicht durch die Verarbeitungseinheit des D. auswertbaren Form (z. B. Liste der Eckpunkte, Kode von Füllmustern) als → Displayliste erzeugt und gespeichert.

Displayfläche

Bildschirm- oder allgemeine → Darstellungsfläche.

Im engeren Sinne jede Fläche eines → Bildschirmes, auf der sich insbesondere → Computergrafiken darstellen lassen, im weiteren Sinn jede Fläche, auf der z. B. Computergrafiken generiert werden können, also z. B. auch die Fläche, auf der ein → Plotter „zeichnet“ (Darstellungsfläche).

Displayliste

Engl. display file. Befehlsliste für den → Displayprozessor zur Darstellung von Bildern auf einem → Display.

Aufbau und Inhalt der D. hängen stark von der Displayart ab (→ Vektordisplay oder → Rasterdisplay).

Beim Vektordisplay wird die D. aus der → Displayliste abgeleitet. Sie enthält Befehlslisten zur Darstellung von → grafischen Primitiven, Zeichen oder → Symbolen, die so verknüpft werden, daß durch periodisches Wiederholen dieser Listen das Bild auf dem Bildschirm entsteht.

Beim Rasterdisplay liegt das Bild als → Bit-map im → Bildwiederholspeicher vor. Der Displayprozessor stellt diese Information entsprechend der D. auf dem Bildschirm dar. Die Befehle für diese D. liefert die übergeordnete → CPU oder der → Grafikprozessor, wobei z. B. die Daten zum Einrichten von → Fenstern bzw. → Darstellungsfeldern berücksichtigt werden.

Displayprozessor

Verarbeitungseinheit zur Erzeugung von Bildern

auf → Displays.

Der D. zeichnet entsprechend einer Beschreibungsliste (→ Displayliste) grafische und alphanumerische Darstellungen auf den Bildschirm, d. h., er liefert Steuersignale für die Ansteuerelektronik des Bildschirms. Um ein stehendes Bild zu erhalten, wiederholt er hinreichend oft die aktuelle Beschreibungsliste. Die Arbeitsweisen der D. werden entsprechend den Wirkungsweisen des → Vektordisplays und → Rasterdisplays unterschieden.

Bei den Rasterdisplays greift der D. auf den → Bildwiederholspeicher zu und stellt die dort abgelegte → Bit-map auf dem Bildschirm dar. Der übergeordnete Prozessor (→ CPU oder → Grafikprozessor) liefert ihm die Displayliste, in der auch Daten z. B. zur Anwendung der Fenstertechnik (→ Multi-Windowing), zum → Zoom, zur Cursordarstellung (→ Cursor) u. a. enthalten sind. Bei den leistungsfähigen Grafikprozessoren ist der D. ein integrierter Bestandteil.

Displaytechnik

Sammelbegriff für alle Arten von → Displays.

Die D. ist eine wesentliche Grundlage für die → Computergrafik und → digitalen Bildverarbeitung. Ohne sie wäre kein interaktives Erzeugen, Manipulieren und temporäres Ausgeben von Computergrafiken möglich (→ interaktive Arbeitsweise).

Dithering

Engl., Methode zur Erzeugung von Schwarz/Weiß- und Farbhalbtönen bei der → Ausgabe eines → Rasterbildes.

Dithering-Techniken werden angewendet, wenn das auszugebende Bild einen größeren Wertebereich besitzt als das Ausgabegerät, z. B. ein → Rasterdisplay oder ein → Matrixdrucker. Ohne Anwendung von D. ergäbe sich dann eine Darstellung wie im oberen Bildteil. Der Grau- oder Farbwert eines Bildelementes wird bei D. in eine räumliche Verteilung von kleineren Elementen, die sog. Dither-Matrix umgerechnet, welche auf dem Ausgabegerät abgebildet wird. Struktur und Belegung dieser Matrix werden mit stochastischen (mittlerer Bildteil) oder deterministischen (unterer Bildteil) Methoden berechnet. Als einfachstes Verfahren hat sich die Überlagerung des Bildsignals mit Rauschen (zufälligen Störungen) und anschließende → Binarisierung erwiesen. Die Anwendung dieser Technik führt zu einer Verteilung und Durchmischung der Bildelemente und damit zur Glättung von → Konturen und Übergängen.

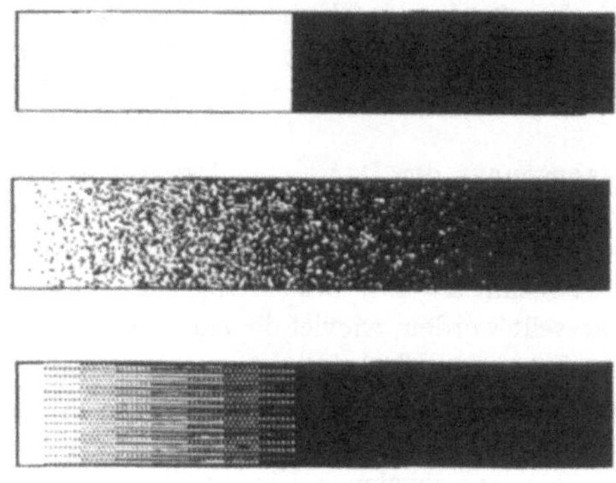

Domain Colouring

Engl., → Gebietsmarkierung.

DPCM

Engl. Abk. für differential pulse code modulation, Differenzpulskodemodulation. → Prädiktionskodierung.

Drahtmodell

Engl. wire frame model. Einfachste Art von → 3D-Modellen, bei der nur die → Kanten von Körpern im → Computer repräsentiert werden.

Im Rechner liegt also ein → Modell eines dreidimensionalen Objektes vor, das aus einem Körper entsteht, wenn entlang seiner Kanten sozusagen feine Drähte (wire) gespannt werden. Dem entspricht auch die bei der → Visualisierung erzeugte grafische Darstellung des Körpers: Man sieht sämtliche Kanten als Linien, unabhängig davon, ob diese Kanten beim realen Körper verdeckt wären oder nicht (→ Glaskörperdarstellung). Damit ist der Hauptmangel von Drahtmodellen angesprochen. Obwohl sie eigentlich zur → Modellierung von Körpern gedacht sind, enthalten sie nur Informationen über Strecken (oder bestenfalls

Kurvenstücke), nicht aber über Flächen bzw. Volumina. Die Folge davon ist, daß solche einfachen Berechnungen für Körper wie Bestimmung der Oberfläche, des Volumens bzw. der Masse sowie von Trägheitsmomenten nicht unmittelbar möglich sind. Weiterhin ist eine eindeutige und anschauliche grafische Darstellung nicht möglich, da - wie bereits erwähnt - das → Verdeckungsproblem nicht behandelt werden kann und keine → Konturen sichtbar werden, wenn sie nicht zufällig mit einer echten Körperkante übereinstimmen.

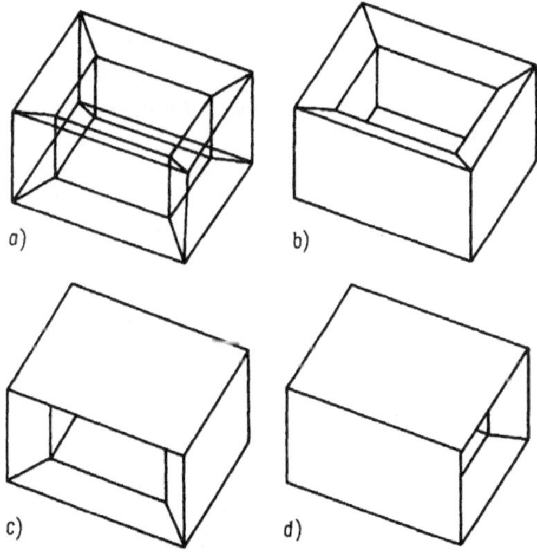

Bild a) zeigt ein D., das trotz seiner Einfachheit und selbst bei der impliziten Annahme, daß an jeder Kante zwei planare Begrenzungsflächen eines endlichen Körpers zusammenstoßen, mehrdeutig ist. Die Bilder b), c) und d) zeigen drei verschiedene Interpretationen von Bild a) unter der Annahme eines undurchsichtigen Körpers.

Diesen Mängeln, die die Verwendung von D. als einzige Form der → 3D-Modellierung in durchgängigen CAD/CAM-Lösungen ausschließen, steht der Vorteil der Einfachheit gegenüber. Dieser Vorteil bezieht sich auch auf die Visualisierung, da die aufwendige Lösung des Verdeckungsproblems entfällt. Der Prozeß der Modellvisualisierung (einschließlich der Modelltransformation) läßt sich beim D. schneller durchführen als bei allen anderen 3D-Modellen. Auf der Basis von → Spezial-Hardware sind relativ aufwandsarm → Computergrafiksysteme realisiert worden, bei denen D. in Realzeit manipuliert und auf → Bildschirmen grafisch dargestellt werden können.

Vollkommenere, aber auch aufwendigere Arten der 3D-Modellierung sind die → Begrenzungsflächen-Modellierung und die → CSG-Modellierung (→ Festkörpermodellierung).

Drucker

Gerät zur → Ausgabe alphanumerischer und grafischer → Informationen auf Papier oder Folie.

Entsprechend der Arbeitsweise unterscheidet man mechanische und nichtmechanische D. (Engl. impact bzw. nonimpact). Bei den mechanischen D. wird das Druckbild durch Anschlag von Typen oder Nadeln (Typenraddrucker, → Nadeldrucker) erzeugt. Sie sind kaum bzw. nur bedingt grafikfähig. Haupteinsatzgebiet ist die Textverarbeitung. Die Ausgabe erfolgt ausschließlich auf Normalpapier. Aufgrund der mechanischen Arbeitsweise sind sie verhältnismäßig laut und langsam.

Nichtmechanische D. sind in erster Linie die → Thermo-, → Tintenstrahl- und → Laserdrucker, wobei sich die ersten beiden Arten für Farbdruck und letztere für Schwarz-Weiß-Druck durchgesetzt haben. Das Prinzip der Erzeugung des Druckbildes ist dabei gleich: es werden einzelne Farbpunkte gleicher Größe auf das Ausgabemedium gebracht. Die Qualität des Druckbildes wird durch das Auflösungsvermögen (→ Auflösung) bestimmt. In der Regel sind Spezial- oder Qualitätspapiere notwendig. Bei den Farbdrucken erfolgt die Farbmischung nach dem subtraktiven Prinzip (→ subtraktive Farbmischung). Von den drei → Primärfarben werden jeweils zwei bzw. drei auf einen Punkt gedruckt und dadurch gemischt. Mit den nichtmechanischen Verfahren wird eine hohe Druckqualität und -geschwindigkeit erreicht. Sie sind deshalb besonders für die Ausgabe von → Computergrafiken geeignet.

Dualsystem

Positionales Zahlensystem mit der Basis 2, das nur die beiden Ziffern 0 und 1 umfaßt (→ Zahlendarstellung).

Durch die Anwendung in der Rechentechnik hat das Dualsystem große praktische Bedeutung, da die Realisierung von nur 2 unterschiedlichen Zuständen (0, 1 bzw. O, L) schaltungstechnisch einfach ist. Entsprechende Prinzipien der Schaltalgebra für die Verknüpfung von Elementen sind gültig. Die Darstellung von → Dualzahlen erfolgt durch Angabe der Koeffizienten der entsprechenden Zweierpotenzen, z. B.

$$9 = (1 \times 2^3 + 0 \times 2^2 + 0 \times 2^1 + 1 \times 2^0) = 1001.$$

Rationale Zahlen lassen sich entsprechend als eine Summe von positiven und negativen Exponenten der Zweierpotenzen darstellen, z. B.

$$3,375 = (1 \times 2^1 + 1 \times 2^0 + 0 \times 2^{-1} + 1 \times 2^{-2} + 1 \times 2^{-3} = 11,011.$$

Für das Rechnen mit Dualzahlen gelten die üblichen Regeln von Positionssystemen analog dem Dezimalsystem unter Berücksichtigung der geringeren Ziffernanzahl. In Rechenanlagen werden neben dem D. vorrangig das Oktalsystem (Basis 8) und Hexadezimalsystem (Basis 16) verwendet. Bei Ein- und Ausgaben erfolgt meist eine Umwandlung Dualzahl ⇔ Dezimalzahl ⇔ Zeichenkette.

Dualzahl

Zahl im → Dualsystem, bestehend aus den beiden Ziffern 0 und 1 (oft auch O und L).

Die Reihenfolge der einzelnen Ziffern einer D. entspricht den absteigenden Potenzen der Basis 2 wie in anderen Positionssystemen.

Dünner Schnitt

Wichtiges Modell für die Anwendung stereologischer Verfahren (→ Stereologie).

Ausgangspunkt ist die Vorstellung, daß ein dreidimensionales Gebilde von zwei parallelen Ebenen geschnitten wird, die den Abstand t (Schnittdicke) voneinander haben. Beobachtungsgegenstand ist die zu den Schnittebenen senkrechte Projektion des zwischen den beiden Ebenen liegenden Teils der Struktur. D.S. finden vor allem bei der Durchlichtmikroskopie biologischer Präparate Anwendung.

Durchgängigkeit

Möglichkeit des Übergangs von einem rechnerunterstützten Prozeß zu einem anderen, ohne die rechnerunterstützte Arbeitsweise verlassen, d. h. ohne aufwendige manuelle und geistige Tätigkeiten durchführen zu müssen.

Der Grad der D. ist ein wesentliches Kriterium zur Bewertung der Effektivität der → Rechnerunterstützung von Prozessen der → Informationsverarbeitung. Eines der wichtigsten Beispiele für das weltweite Ringen um D. ist die Entwicklung von → CAD/CAM. Bei dieser Entwicklung geht es um die Integration von Lösungen für die → rechnerunterstützte Konstruktion bzw. den → rechnerunterstützten Entwurf (→ CAD) und von Hilfsmitteln der → rechnerunterstützten Fertigung (→ CAM). D. einer rechnerunterstützten Lösung heißt in diesem Zusammenhang, daß man rechnerunterstützt entworfene → Modelle von Erzeugnissen automatisch oder in → interaktiver Arbeitsweise in rechnerinterne Beschreibungen derjenigen Prozesse überführen kann, die zur Produktion dieser Erzeugnisse erforderlich sind.

Auch im Rahmen der → Computergrafik und → digitalen Bildverarbeitung ist D. von großer Bedeutung. So besteht z. B. die Forderung, an den Prozeß der → 3D-Modellierung (etwa der rechnerunterstützten → Modellierung von Werkstücken) die → rechnerunterstützte Zeichnungserstellung (die Erzeugung entsprechender Werkstattzeichnungen) lückenlos anschließen zu können. Ein anderes typisches Beispiel ist der Wunsch, die in großen Stückzahlen vorhandenen Werkstattzeichnungen zur Erzeugung entsprechender rechnerinterner → 3D-Modelle (→ rechnerinternes Modell) ausnutzen zu können. Hier ist D. hinsichtlich verschiedener Prozesse der Bildverarbeitung, der rechnerinternen Modellierung und der → generativen Computergrafik gefordert.

Durchschnitt

→ Mengentheoretische Operation, deren Ergebnis die größte in den Ausgangsmengen A und B enthaltene gemeinsame Teilmenge ist (Bild).

Zwei Objektmengen sind durchschnittsfremd, wenn das Ergebnis der Durchschnittsoperation die leere Menge ist. Falls die Menge B vollständig in der Menge A enthalten ist, so stimmt der Durchschnitt mit der Menge B überein (untererer BildteiL). In der → Computergrafik werden Durchschnitte von 2D- oder → 3D-Modellen z. B. im Zusammenhang mit Problemen des → Clipping, der Fenstertechnik (→ Fenster) und bei der Lösung der

→ Verdeckungsprobleme für → Kanten, Flächen und Körper gebildet.

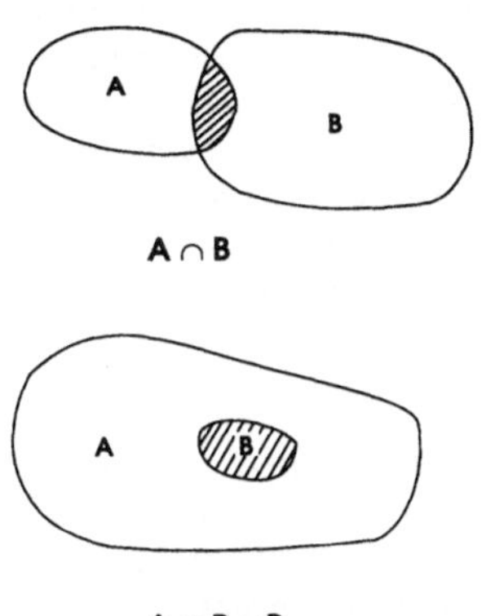

Durchsichtigkeit

Nachbildung der Lichtdurchlässigkeit (Transparenz) verschiedener Materialien bei der → Visualisierung von → 3D-Modellen.

Bei der Lösung des → Verdeckungsproblems wird in der Regel eine vollständige Undurchsichtigkeit der dreidimensionalen Objekte angenommen. Wirklichkeitsgetreue Darstellungen von Gegenständen aus teilweise transparentem Material erfordern jedoch eine Berücksichtigung der D. (einschließlich der → Brechung), → Reflexion und → Beleuchtung.

Auf → Rasterdisplays läßt sich durch spezielle → Visibilitätsverfahren eine realistische Darstellung erreichen. Moderne → grafische Arbeitsstationen (→ 3D-Arbeitsstationen) verfügen bereits über Hardwarekomponeneten zur Berücksichtigung der D. z. B. unter Verwendung geeigneter → Farbtabellen.

Sehr gute Darstellungen erhält man mit Hilfe von → Strahlverfolgungsalgorithmen, bei dem der Bildaufbau aber sehr aufwendig ist.

Dynamikbereich

Verhältnis des maximalen Betrages der Signalamplitude zum kleinstmöglichen unterscheidbaren Betrag.

Der D. wird im logarithmischen Dämpfungsmaß (dB) gemessen und nach oben durch Sättigung und Anschlag und nach unten durch Rauschen und Ansprechempfindlichkeit begrenzt.

Ebenengleichung

Gleichung, welche von den → Koordinaten aller derjenigen Punkte eines Raumes erfüllt wird, die in einer Ebene liegen.

Jede Ebene im dreidimensionalen Raum wird durch den Ausdruck

$$Ax + By + Cz + D = 0 \text{ mit } A^2 + B^2 + C^2 > 0$$

beschrieben, d. h. ein Punkt mit den Koordinaten x, y, z liegt in dieser Ebene. Die Parametergleichung einer Ebene hat die Form

$$\mathbf{p} = \mathbf{p}_0 + \lambda \mathbf{u} + \mu \mathbf{v} \text{ mit } \mathbf{p} = (x, y, z),$$

worin $\mathbf{p}_0$ der Vektor eines festen Punktes der Ebene sowie $\mathbf{u}$ und $\mathbf{v}$ feste linear unabhängige Vektoren sind. Eine weitere Möglichkeit der Darstellung einer Ebene ist die Achsenabschnittsgleichung

$$\frac{x}{a} + \frac{y}{b} + \frac{z}{c} = 1 \text{ mit } a, b, c \neq 0,$$

d. h. die Ebene schneidet die Koordinatenachsen in den Punkten $x = a, y = b, z = c$. Die normierte Form oder **Hesse**sche Normalform der Ebenengleichung erhält man mit

$$r = \sqrt{A^2 + B^2 + C^2}$$

und

$$\cos\alpha = n_1 = A/r, \cos\beta = n_2 = B/r,$$

$$\cos\gamma = n_3 = C/r, p = D/r$$

zu

$$n_1 x + n_2 y + n_3 z = -p.$$

Besondere Bedeutung hat der aus den Koeffizenten (Richtungskosinus) in dieser Gleichung gebildete Normalenvektor $\mathbf{n} = (n_1, n_2, n_3)$ (→ Normale), der senkrecht auf der Ebene steht und den Betrag 1 hat. Der Abstand der Ebene vom Koordinatenursprung entgegen der Normalenrichtung ist p.

Das Reflexionsverhalten von Körperoberflächen hängt neben anderen Faktoren wesentlich von dem Winkel zwischen dem Normalenvektor der Tangentialfläche und dem einfallenden Licht ab. Dies wird bei der → Visualisierung von → 3D-Modellen unter Einbeziehung von → Lichteinflüssen berücksichtigt (→ Schattierung).

Ebener Schnitt

Wichtige Schnittmethode für die Anwendung stereologischer Verfahren (→ Stereologie).

Ausgangspunkt ist die Vorstellung, daß ein dreidimensionales Gebilde von einer idealen Ebene geschnitten wird und dessen Struktur genau in dieser Ebene beobachtbar ist. Diese Annahme ist speziell bei der Betrachtung von Schliffen z. B. an Metallen oder Gesteinen gerechtfertigt.

Echo

Sofortige Reaktion eines → rechnerunterstützten Systems auf eine → Eingabe durch den → Nutzer zu dessen unmittelbarer Information über die Ausführung der → Eingabe.

Für den Nutzer von → Computergrafiksystemen und → Bildverarbeitungssystemen ist bei → interaktiver Arbeitsweise die ständige Kontrolle des interaktiven Prozesses von großer Bedeutung. Die Effektivität dieses Prozesses hängt wesentlich davon ab, in welchem Maß die → Mensch-Rechner-Schnittstelle an die Fähigkeiten des Menschen angepaßt ist. Das E. dient vor allem der Kontrolle von Eingabeprozessen. Beispiele für E., die sich an den Fähigkeiten des Menschen orientieren, sind:

- Darstellung einer eingegebenen Position etwa mittels eines → Fadenkreuzes oder eines → Cursors auf dem → Bildschirm,
- Mitlaufen des Fadenkreuzes bei der Bewegung einer → Maus oder der Bedienung einer → Rollkugel bzw. eines → Steuerknüppels (Joystick),
- Blinken des ausgewählten Elementes eines → Menüs,
- sofortiges Erscheinen einer Zeichenkette auf dem Bildschirm nach ihrer Eingabe über → Tastatur,
- → Hervorheben eines mit Hilfe der Pick-Funktion (→ Picker) angewählten Objektes, z. B. eines → Darstellungselementes.

In der Terminologie von → GKS ist das E. als sofortige Anzeige des aktuellen Wertes eines (logischen) → Eingabegerätes für den Bediener eines Bildschirmarbeitsplatzes definiert (→ grafischer Arbeitsplatz, → Eingabeklasse).

Editor

→ *Programm zur interaktiven → Eingabe von Programmen und Daten in einen → Computer bzw. in ein → rechnerunterstütztes System und zu deren interaktiver Veränderung.*

Das Angebot von E. reicht von einfachen Zeileneditoren über leistungsfähigere Zeicheneditoren mit Bildschirmanzeige bis hin zu komfortablen Dialogeditoren mit → Multi-Windowing. Im Rahmen der → Computergrafik sind grafische E. zum Erstellen und Verändern von Bildern und → Modellen im → Dialog zwischen → Nutzer und Rechner von großer Bedeutung, da die → interaktive Arbeitsweise mit schnellem grafischen → Echo deutliche Vorteile gegenüber einer alphanumerischen → Bildbeschreibung hat. Moderne E. bieten einen umfangreichen Komfort auf der Basis von Cursor- bzw. Funktionstasten, leistungsfähiger Kommandosprachen, verständlicher Dialogführung, Wiederanlauf bei Systemzusammenbrüchen und Fehlern sowie Möglichkeiten zur Funktionsanpassung an Nutzerwünsche. Dazu gehören bei der Textverarbeitung Möglichkeiten zur Seitenstrukturierung und Formatierung einschließlich Silbentrennung, bei der Programmentwicklung erste Syntax- und Semantikkontrollen sowie bei Grafikeditoren Hilfsmittel zur Parametrisierung, → Plazierung und Gültigkeitskontrolle der entstehenden grafischen Objekte.

In einem → Betriebssystem sind meist mehrere E. für verschiedene Anwendergruppen vorhanden.

Eingabe

Prozess, bei dem rechnerinterne Objekte (z. B. → rechnerinterne Modelle) in einem → rechnerunterstützten System seitens des → Nutzers erzeugt oder von anderen rechnerunterstützten Systemen bereitgestellt werden.

Im Rahmen der → Computergrafik und von → CAD erfolgt die E. vorrangig mit grafischen → Eingabegeräten (→ grafische Geräte) in → interaktiver Arbeitsweise. Bei der → digitalen Bildverarbeitung herrscht die automatische E. vor.

Die Übertragung rechnerinterner Objekte von einem System zu einem anderen beinhaltet bei dem ersten eine → Ausgabe und bei dem zweiten eine E.. Sie beruht auf Beschreibungen, die von beiden Systemen verstanden werden können und meist in → Dateien enthalten sind. Zur Sicherung eines reibungslosen Datenaustausches wurden und werden → Schnittstellen (Austauschformate) entwickelt und genormt (z. B. → GKS-Bilddatei, → IGES, STEP, → IPI).

Mit der weiter zunehmenden Verbreitung von → 3D-Systemen (→ 3D-Modellierung, → 3D-Computergrafik) gewinnt die E. der Geometrie existierender dreidimensionaler Objekte an Bedeutung. Dazu werden 3D-Meßmaschinen, Meßroboter, Mittel der → Photogrammetrie und Entfernungssensoren (→ Range Sensing) verwendet.

Eingabefunktion

→ *Funktion zur → Eingabe z. B. von Befehlen, → Texten, numerischen Daten und/oder Grafiken in einen → Computer.*

Computer und komplexe → rechnerunterstützte Systeme werden erst dann sinnvoll einsetzbar, wenn in ihnen Texte, numerische Daten, Farbbilder und/oder → Modelle von Prozessen, Produkten, Projekten, Gebäuden oder anderer Objekte rechnerintern repräsentiert sind. Zum Erreichen dieses Zustandes ist eine Eingabe der entsprechenden Objekte notwendig. Da in vielen Anwendungen der Rechentechnik vor einem Nutzen hoher Eingabeaufwand steht, die Eingabe also eine gewisse Hürde bei solchen Anwendungen in der Praxis darstellt, ist im Rahmen der Entwicklung dieser Technik viel Wert auf die Verbesserung der Eingabemöglichkeiten gelegt worden. Den vielfältigen praktischen Bedürfnissen (z. B. in den Bereichen → CAD, → CAD/CAM, → Computergrafik) entsprechend und an die Fähigkeiten des Menschen angepaßt steht heute eine breite Palette von E. zur Verfügung, die mit Hilfe solcher → Eingabegeräte wie Tastatur, → Maus oder → Tablett realisiert werden. Ein Teil der Eingabegeräte (wie die gerade genannten) und mit ihnen verwirklichte E. dienen der → interaktiven Arbeitsweise, ein anderer Teil dient der Eingabe von Texten, Zeichnungen oder Bildern von Papiervorlagen oder der Eingabe dreidimensionaler Koordinaten, die von einem realen Objekt unter Nutzung verschiedener Meßprinzipien gewonnen werden, und damit der Erzeugung rechnerinterner → 3D-Modelle (→ Scanner, → Digitalisierer).

Im Rahmen von → GKS werden Mengen von Eingabegeräten, die bez. ihrer E. gleichwertig sind, als → Eingabeklassen bezeichnet.

Kennwerte elektronischer Kameras				
Kameratyp	Empfindlichkeit J/m^2	Spektralbereich μm	Auflösung Lin/mm	Dynamikbereich
Übliches Vidikon	3×10^{-5}	0,4...0,9	40	50:1
RBV	3×10^{-4}	0,4...0,9	60	80:1
ID	2×10^{-3}	0,25...1,1	60	100:1
CCD	1×10^{-6}	0,4...1,0	30	300:1
Sil. Target Vidicon	2×10^{-7}	0,1...0,9	30	100:1

Eingabegerät

Gerät zur → Eingabe von binären, alphanumerischen oder grafischen Daten in einen → Computer.

Mit der Entwicklung der Rechentechnik hat sich auch die Anzahl verschiedener Arten von E. erhöht. Während am Anfang dieser Entwicklung Schalter und Tastenfelder dominierten, werden heute vornehmlich → Tastaturen, → Steuerknüppel, → Rollkugel, → Maus oder → Tablett für Eingaben im Rahmen der → interaktiven Arbeitsweise verwendet. Zur Eingabe bereits vorhandener Grafiken bzw. Bilder nutzt man → Digitalisierer sowie → elektronische Kameras und → Scanner. Im → GKS werden sechs Klassen → logischer E. unterschieden (→ Lokalisierer, → Wertgeber, → Textgeber, → Picker, → Liniengeber, → Auswähler), deren → Funktionen in der konkreten Anwendung durch physikalische E. erfüllt werden.

Eingabeklasse

Engl. input class. Im Rahmen von → GKS definierte Klasse von → Eingabegeräten, die bez. ihrer → Funktion gleichwertig sind.

Im GKS sind folgende E. vereinbart: → Lokalisierer, → Wertgeber, → Textgeber, → Picker, → Liniengeber und → Auswähler.

Elektronenstrahlröhre

→ Katodenstrahlröhre.

Elektronische Kamera

Kamera, mit der der photographische Prozeß umgangen und die direkte → Eingabe von Bildern in elektronische → Bildverarbeitungssysteme realisiert wird.

Beim Vidikon wird das Bild in eine Ladungsverteilung auf einer Speicherplatte gewandelt, welche durch einen vom Kamera-Ablenksystem gesteuerten Elektronenstrahl ausgelesen und in Stromschwankungen an der Speicherplatte oder in Intensitätsschwankungen des reflektierten Elektronenstrahls (RBV - return beam vidicon) umgewandelt wird. Hierbei wird zeilenweise entsprechend den gängigen Fernsehnormen abgetastet. Beim Image Dissector (ID) wird die der Belichtung entsprechende Emission von Elektronen aus der Photokatode zur Signalerzeugung genutzt, wobei ein wahlfreies Auslesen möglich ist.

Zunehmende Bedeutung erhalten e.K. auf der Basis von zeilen- oder matrixförmig angeordneten ladungsgekoppelten Halbleiterelementen (CCD - charge coupled devices). Auslesen und teilweises Vorverarbeiten der Bildinformation erfolgen in Art von Schieberegistern. CCD-Sensoren haben neben geringem Rauschen und hohem Dynamikbereich typische Ungleichförmigkeiten der Sensorelemente, die allerdings korrigiert werden können. Ihre Funktion wird durch das → Blooming beeinträchtigt. Deswegen werden auch Kombinationen mit Diodenarrays als lichtempfindlichen Elementen und reinem Ladungstransport durch CCD verwendet (Charge Coupled Photodiode Array - CCPD). CCPD haben sehr gute spektrale Kennlinien.

Die Tafel gibt eine Übersicht von Kennwerten von e.K..

Zum Auswerten spektraler Charakteristika (Farben) verwendet man mehrere Sensoren unterschiedlicher spektraler Empfindlichkeit, Strahlteiler mit Farbfilter (Dreiröhrenkamera) oder umschaltbare Farbfilter. E.K. sind oberhalb 1,2 μm Lichtwellenlänge ungeeignet.

Während bei der Kopplung von Sensorzeilen an digitale Verarbeitungseinheiten eine große Variabilität der Eingabe gegeben ist und deshalb eine gute Abstimmung der Kette → Sensor, → ADU, → Computer in Abhängigkeit vom meist bewegten Betrachtungsgegenstand erreicht werden kann, zwingt die hohe Datenrate von Flächenkameras zu besonderen Maßnahmen. Entweder erfolgt die Analog-Digital-Umsetzung spaltenweise, womit die Wandlungszeit durch die Zeilenfrequenz festgelegt wird, oder ein Vollbild wird durch schnelle ADU komplett umgesetzt und in einem entsprechend ausgelegten → Bildspeicher (frame grabber) aufgefangen. Insbesondere bei Flächenkameras ist die zeitliche Filterung des analogen → Signals eine empfehlenswerte Vorverarbeitungsmethode.

Elektronische Spraydose

Engl. electronic airbrush. Anschauliche Bezeichnung für eine → Funktion des Färbens von Bereichen der → Displayfläche von → Bildschirmgeräten und damit auch der entsprechenden Teile einer rechnerintern repräsentierten → Computergrafik, die das Farbsprühen nachbildet.

Für den Entwurf von farbigen Computergrafiken in → interaktiver Arbeitsweise bieten manche → Computergrafiksysteme eine Funktion an, mit deren Hilfe beliebige flächenhafte Bereiche des → Bildschirms eingefärbt werden können, indem die Wirkung einer Spraydose simuliert wird. Der → Nutzer solcher Systeme kann dabei die Farbe wählen und die Position der Düse der Spraydose bez. der Koordinatenachsen der Displayfläche unter Verwendung eines der üblichen Positionierhilfsmittel wie → Maus, → Steuerknüppel oder → Rollkugel steuern (→ Locator-Funktion). I. allg. ist außerdem der Abstand der Düse von der Displayfläche und die Divergenz des Farbstrahls vom Nutzer steuerbar. Die e.S. wird vor allem bei solchen interaktiven Entwurfsprozessen verwendet, bei denen individuelle gestalterische bzw. künstlerische Aspekte eine entscheidende Rolle spielen. Die Funktion der e.S. orientiert sich an klassischer manueller Tätigkeit: Der Mensch steuert den Vorgang des Einfärbens von Hand und sieht dessen Ergebnis ohne nennenswerte Zeitverzögerung (im Fall der e.S. auf dem Bildschirm). Der große Vorteil gegenüber der klassischen Arbeitsweise besteht darin, daß eine rechnerinterne Repräsentation der grafischen Darstellung aufgebaut wird, die zur weiteren Verarbeitung durch den → Computer (z. B. zur aufwandsarmen Ausführung von Änderungen) verwendet werden kann.

Bei der farblichen Gestaltung mehr technisch orientierter Computergrafiken werden grundsätzlich andere Hilfsmittel als die e.S. genutzt (→ Attribut, → Farbindex, → Visualisierung, → Schattierung).

Elektronischer Radiergummi

Engl. electronic eraser. Anschauliche Bezeichnung für die Funktion des selektiven Löschens in Darstellungen auf der → Displayfläche von → Bildschirmgeräten.

Der e.R. ist eine der wichtigsten Funktionen für die Nutzung von → Computergrafiksystemen in → interaktiver Arbeitsweise. Er ist unabdingbar für die effektive Ausführung von Korrekturen bei Irrtümern im Entwurfsprozeß bzw. von Veränderungen zur Erzeugung mehrerer Entwurfsvarianten. Die Auswahl des zu löschenden Teiles erfolgt u. a. durch Benennung dieses Teiles, durch Festlegung eines Bereiches der Displayfläche, dessen Inhalt eliminiert werden soll, oder durch Anwahl eines bestimmten Objektes direkt auf der Displayfläche mit Hilfe der Pick-Funktion (→ Picker). Im ersten Fall müssen vorher für die anzusprechenden Objekte dem → Nutzer bekannte Namen vergeben worden sein. Typische Beispiele für den zweiten bzw. dritten Fall sind das Löschen des Inhaltes eines Rechtecks bzw. das Löschen einer Strecke etwa durch Anwahl mit der → Maus. Mit dem Löschen auf der Displayfläche läßt sich auch eine Elimination des entsprechenden Objektes aus der rechnerinternen Repräsentation der Gesamtdarstellung verbinden.

Entflechtung

Zum Erreichen eines guten → Layout-Entwurfs netzartiger schematischer Grafiken (→ Schema) notwendiger Prozeß, der automatisch oder in → interaktiver Arbeitsweise vollzogen werden kann.

Die E. erfolgt durch eine solche → Plazierung von → Symbolen, bei der die Verbindungslinien zwischen den Symbolen möglichst übersichtlich, d. h. u. a. mit möglichst wenig Kreuzungen untereinander verlaufen können (→ Trassierung, → Computer-Aided Schematics).

Entropie

Engl. entropy. Maß der statistischen Informationstheorie für den mittleren Informationsgehalt einer Informationsquelle.

Sendet eine Informationsquelle n Zeichen bzw. Werte $w_1, \ldots w_n$ aus und treten diese mit den Wahrscheinlichkeiten $p(w_1), \ldots, p(w_n)$ $(0 < p(w_i) < 1)$ auf, so ist die E. H definiert durch:

$$H = -\sum_{i=1}^{n} p(w_i) \log_2 p(w_i).$$

Die E. entspricht der minimalen Anzahl binärer Entscheidungen, die zur Identifizierung der gesendeten Zeichen erforderlich sind. H erreicht den maximalen Wert, wenn alle n Zeichen bzw. Werte mit gleicher Wahrscheinlichkeit auftreten. Je mehr sich die Einzelwahrscheinlichkeiten $p(w_i)$ unterscheiden, umso kleiner wird H.

Die E. spielt einerseits eine Rolle in der → Bildkodierung und → Bilddatenkompression (→ Huffman-Kode), andererseits ist sie ein wichtiges → Merkmal zur Analyse von → Texturen (→ statistische Bildanalyse). Dabei wird die E. für Bildausschnitte berechnet. Die Schätzungen für $p(w_i)$ ergeben sich dann aus

$$\hat{p}(w_i) = \frac{ANZ(w_i)}{M \times N}$$

mit $ANZ(w_i)$ als Häufigkeit der → Grauwerte w_i im Bildausschnitt bzw. $M \times N$ als Anzahl der → Bildelemente im Bildausschnitt. Diese Schätzungen können dem → Histogramm der Grauwerte entnommen werden.

Entscheidungsbaum

Engl. decision tree. Hierarchische, oft grafisch dargestellte, Struktur, durch die eine komplexe Entscheidung auf eine Folge voneinander abhängiger Einzelentscheidungen zurückgeführt wird.

Durch einen E. wird für jedes mögliche Ergebnis jeder Einzelentscheidung festgelegt, welche Einzelentscheidung als nächste zu treffen ist oder, falls es sich um die letzte Entscheidung einer Folge handelt, wie das Schlußergebnis lautet. Im Rahmen der → digitalen Bildverarbeitung und → Mustererkennung treten E. vor allem im Zusammenhang mit hierarchischen Klassifikatoren (→ Klassifikation) auf.

Entzerrung

Verfahren zum Ableiten der Grundrißdarstellung einer Karte aus einem geneigten Meßbild (→ Photogrammetrie, → Bildrektifikation).

Dazu ist das Bild unter direkter oder indirekter Bestimmumg der projektiven Beziehungen zwischen Bild und Karte so zu transformieren, daß es einem Senkrechtbild entspricht. Eine Karte stellt in begrenzten Ausschnitten eine verkleinerte Orthogonalprojektion dar, während ein Bild durch eine Zentralprojektion entsteht, so daß in Abhängigkeit von Bildneigung und Höhenunterschieden im Gelände projektive und perspektivische → Verzerrungen im Bild auftreten. Karte und Luftbild gleichen Maßstabs stimmen nur bei Senkrechtaufnahmen ebenen, horizontalen Geländes überein.

Erfragefunktion

Engl. inquiry function. → GKS-Funktion, die in Abhängigkeit vom aktuellen Zustand einer → GKS-Implementation Werte an das aufrufende → Anwenderprogramm zurückliefert.

Die E. hat keine Wirkung auf den Zustand einer Implementation des Grafischen Kernsystems (→ GKS) bzw. auf grafische Darstellungen. Die E. ist für die Umsetzung der Grundidee einer weitgehenden Entkopplung der Anwenderprogramme von den Spezifika → grafischer Geräte durch GKS von großer Bedeutung.

Vom Anwenderprogramm soll z. B. automatisch festgelegt werden, auf welchem → grafischen Arbeitsplatz einer vorgegebenen GKS-Installation eine grafische → Ausgabe zur Erzeugung von Dokumentationen mit bestimmten geforderten Qualitätsmerkmalen (bestimmte Farben, bestimmte Linienbreiten) vorzunehmen ist. Dazu können mit Hilfe der E. die verfügbaren Arbeitsstationen auf ihre Fähigkeiten und auf bestimmte Zustände bzw. Einstellungen (etwa Belegung von → Farbtabellen) abgefragt werden. Die automatische Auswahl des Arbeitsplatzes hat den Vorteil, daß bei der Übertragung eines Anwenderprogramms in eine neue grafische Umgebung mit anderen Geräten vom System selbst sofort wieder das für die Ausgabe geeignete Gerät ausgewählt wird (sofern überhaupt eines vorhanden ist) und sich entsprechende Programmänderungen erübrigen.

Ergonomie

Interdisziplinäres Gebiet zur wissenschaftlichen Bestimmung und Durchsetzung für den Menschen günstiger Arbeitsbedingungen.

Die E. umfaßt vor allem Antropometrie, die Arbeitsphysiologie, die Arbeitshygiene sowie die Arbeits- und Ingenieurpsychologie. Sie ermittelt einerseits die Leistungsmöglichkeiten des Menschen und sucht andererseits nach Lösungen für die Gestaltung solcher Beziehungen zwischen Mensch, Arbeitsgegenstand, -mittel und -umgebung, die die Gesundheit des Menschen erhalten, seine Leistungsfähigkeit steigern und damit eine hohe Effektivität der Arbeit sichern.

Für die → Computergrafik und → digitalen Bildverarbeitung spielt die E. eine herausragende Rolle bei der Gestaltung der → Schnittstelle zwischen Mensch und → Computergrafiksystem bzw. → Bildverarbeitungssystem (→ Mensch-Rechner-Schnittstelle). Dabei geht es u. a. um die Sicherung einer gesunden Sitzhaltung, um Probleme der guten Erreichbarkeit aller Bedienelemente, um die leichte Erkennbarkeit aller auf → Bildschirmen dargestellten → Informationen (→ Displaytechnik), die übersichtliche, leicht erfaßbare Darbietung der Systemfunktionalität sowie die Gewährleistung einer geringen Strahlungsbelastung und Geräuschbelästigung. Für die Gestaltung entsprechender Arbeitsplätze gelten eine Reihe von Normen und Standards.

Erosion

→ *mathematische Morphologie.*

ERS-1

Engl. Abk. von European Remote Sensing Satellite. Erster europäischer Fernerkundungssatellit mit Mikrowellensensor (→ Fernerkundung).

Das 1991 gestartete Gerätesystem umkreist die Erde in 785 km Höhe. Es gewinnt Bilder der Erdoberfläche in erster Linie mit einem Synthetic Aperture Radar (→ SAR), der im Zentimeterwellenbereich arbeitet. Dabei wird die Erdoberfläche in ca. 100 km breiten Schwaden oder in kleineren Gebieten der Abmessung 5 km × 5 km (Mini-SAR) abgetastet. Ein zusätzlicher Radarhöhenmesser kann die Höhe der Meeresoberfläche in Zentimetergenauigkeit ermitteln. Unterstützt wird diese Messung durch eine präzise Bahnvermessung mit Laserstrahlen. Ein sog. Scatterometer dient der Ermittlung der Streuung von Mikrowellen an der Meeresoberfläche. Zusammen mit dem Höhenmesser können damit Windstärke, Windrichtung und Meereströmungen abgeschätzt werden. Ein passiver Infrarot-Sensor gewinnt Temperaturbilder der Erdoberfläche mit einer Bodenauflösung von 1 km × 1 km und einer Amplitudenauflösung von ca. 0,5 °C.

Die Verwendung von Sensoren im Mikrowellen- und Infrarot-Bereich macht den ERS-1 anders als → Landsat unabhängig vom Wetter (Wolkenbedeckung). Obwohl auch für die Überwachung der Landflächen geeignet, hat er besondere Bedeutung für Ozeanographie und Klimatologie.

Erwartungswert

Wichtiger Parameter zur Charakterisierung der Verteilung einer → Zufallsgröße.

Der E., auch Mittelwert genannt, bezeichnet das Zentrum der Verteilung. Bei einer vektoriellen Zufallsgröße spricht man dementsprechend von einem Erwartungswertvektor. Eine anschauliche Deutung betrachtet den E. als Schwerpunkt einer der Wahrscheinlichkeitsverteilung entsprechenden Massenbelegung des betrachteten Raumes (Bild).

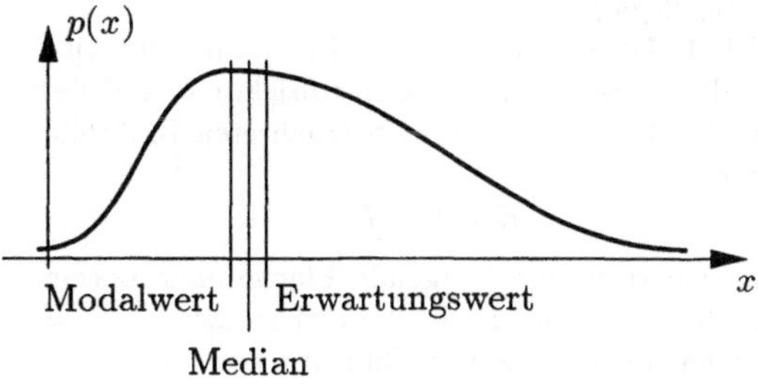

Der E. wird auch als Moment erster Ordnung der Verteilung bezeichnet (→ statistische Bildanalyse). Bei unsymmetrischen Verteilungen ist er vom → Median und i. allg. vom Modalwert (relatives Maximum) der Verteilung verschieden.

Euklidische Metrik

→ *Metrik.*

Euler-Gleichung

Nach dem schweiz. Mathematiker **L. Euler** *(1707-1783) benannter Satz über die Anzahl der Ecken, → Kanten und Flächen eines → Polyeders ohne Löcher (***Euler***scher Polyedersatz).*

Die E. besagt, daß

$$V - K + F = 2$$

mit

V Anzahl der Ecken,

K Anzahl der Kanten,

F Anzahl der Flächen

gilt. Diese Relation ist invariant gegen beliebige umkehrbare Transformationen sowie beliebige Zerlegungen der betrachteten Oberfläche. Die E. ist ein Sonderfall des allgemeineren **Euler-Poincaré**-Satzes.

Eulerscher Polyedersatz

→ **Euler**-*Gleichung.*

Eulerzahl

Globale topologische Eigenschaft zur Charakterisierung binärer Objekte (→ Binärverarbeitung, → Topologie).

Die E. ist eine topologische Invariante und wird aus der Gesamtzahl der Binärobjekte B und der Anzahl aller Löcher L im betrachteten Binärbild berechnet

$$E = B - L \quad .$$

Für eine zusammenhängende Fläche ohne Löcher mit $B = 1$ und $L = 0$ beträgt die E. $E = 1$. Sind im betrachteten Bild nur einfach zusammenhängende Flächen, d. h. solche ohne Löcher vorhanden, dann gibt die E. die Anzahl der Binärobjekte an. Die E. läßt sich durch Auswertung von über das gesamte Bild geschobenen 2×2-Bit-Feldern, sog. Quads, ermitteln. In Abhängigkeit davon, welche Quad-Konfiguration sich gerade unter dem aktuellen → Fenster befindet, erfolgt eine Erhöhung des entsprechenden Ergebniszählers. Es werden hierfür folgende Häufigkeiten ermittelt:

$$n(Q_1) : \text{Anzahl der Quads } \begin{matrix}0\,0\\0\,1\end{matrix}, \begin{matrix}0\,0\\1\,0\end{matrix}, \begin{matrix}1\,0\\0\,0\end{matrix} \text{ oder } \begin{matrix}0\,1\\0\,0\end{matrix}$$

$$n(Q_3) : \text{Anzahl der Quads } \begin{matrix}0\,1\\1\,1\end{matrix}, \begin{matrix}1\,0\\1\,1\end{matrix}, \begin{matrix}1\,1\\1\,0\end{matrix} \text{ oder } \begin{matrix}1\,1\\0\,1\end{matrix}$$

$$n(Q_D) : \text{Anzahl der Quads } \begin{matrix}0\,1\\1\,0\end{matrix} \text{ oder } \begin{matrix}1\,0\\0\,1\end{matrix}$$

Dann ergeben sich die E. für die → i-Nachbarschaft

$$E_8 = \frac{n(Q_1) - n(Q_3) - 2n(Q_D)}{4}$$

und für die → d-Nachbarschaft

$$E_4 = \frac{n(Q_1) - n(Q_3) + 2n(Q_D)}{4} \, .$$

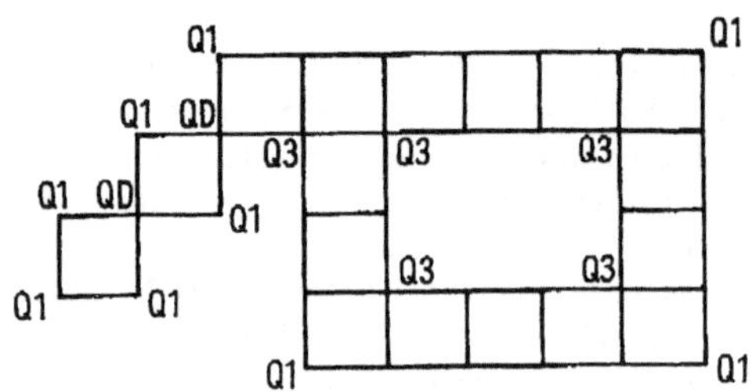

n (Q1) = 9
n (Q3) = 5
n (QD) = 2

Die → Binarisierung von Grauwertbildern im Falle eines unbekannten → Schwellwertes kann durch die Auswertung der E. objektiviert werden. Wenn man weiß, daß ein größeres zusammenhängendes Objekt im Bild vorhanden sein muß, dann gibt ein relatives Minimum der E. bei Anwendung verschiedener Binarisierungsschwellen ein sicheres Indiz für einen optimalen Schwellwert.

Expertensystem

Rechnerbasiertes System, in dem anwendungsspezifisches Sach- und Erfahrungswissen gespeichert und Mechanismen zu seiner logischen Verknüpfung implementiert sind.

Ein E. benutzt neben strengen Methoden auch vages Wissen. Es kann an entscheidenden Stellen der Problemlösung Auskunft geben, welche Hypothesen seinen Entscheidungen zugrundeliegen und welche Schlußfolgerungen es bereits gezogen hat. E. haben sehr allgemeine Komponenten gemeinsam (Rahmensystem oder Shell). Der Prozeß zum Aufbau der Wissensbasis wird als Wissenserwerb (knowledge engineering) bezeichnet. Quelle für den Wissenserwerb sind menschliche Experten, Fachbücher, Datenbanken und technische Dokumentationen. Angestrebt, aber nicht immer erreicht, wird ein automatischer Aufbau der Wissensbasis durch maschinelles Lernen.

In der → digitalen Bildverarbeitung werden E. in zweierlei Hinsicht genutzt:

- zur → Objekterkennung und → Klassifikation anhand von gering formalisiertem Wissen,
- zur Auswahl und Verkettung (Konfigurierung) von → Algorithmen und → Programmen zur → automatischen Bildanalyse.

E. werden zunehmend auch für → CAD/CAM und → CIM eingesetzt und greifen auf Techniken der → Computergrafik zurück.

Exposition

→ *Belichtung.*

Extinktion

Logarithmisches Maß der Schwächung einer Strahlung beim Durchgang durch ein Medium (→ Lambertsche Gesetze).

Dieser Begriff wird z. B. für das Licht der Sonne und der reflektierten Strahlung beim Durchgang durch die Atmosphäre in der → Fernerkundung und für die Lichtdurchlässigkeit von Präparaten in der Mikroskopie angewendet. Die Extinktion der Erdatmosphäre beträgt ca. 0,7, d. h. sie läßt nur etwa 20 % der Strahlung durch.

Facettenmodell

→ 3D-Modell, dessen Oberfläche ausschließlich aus planaren Elementen (Facetten) zusammengesetzt ist.

Im Rahmen der → 3D-Modellierung ist die rechnerinterne Repräsentation von festen Körpern (→ Festkörpermodellierung, 95→ Begrenzungsflächen-Repräsentation) in Form von F. auf Grund ihrer Universalität weit verbreitet. Auch reine Flächen im dreidimensionalen Raum lassen sich durch F. repräsentieren. F. stellen jedoch im allgemeinen Fall lediglich eine approximative Beschreibung realer Objekte dar. Daraus ergeben sich vielfältige Probleme bei der Weiterverarbeitung von F..

So führen diese Approximationen z. B. zu Abweichungen der berechneten Körpervolumina und Oberflächen von denen des realen Objekts. Die Größen dieser Abweichungen sind i. allg. schwer abschätzbar. Dadurch ergeben sich Unsicherheiten der Anwender bei der Nutzung entsprechender → Funktionen von → 3D-Systemen. Eine andere negative Folge der Approximation besteht darin, daß diese u. U. auch in grafischen Darstellungen sichtbar sind, die aus dem F. abgeleitet werden. Dies stört besonders in Werkstattzeichnungen (→ rechnerunterstützte Zeichnungserstellung). Auch die Ableitung von NC-Programmen aus F. stößt auf Probleme.

In der → digitalen Bildverarbeitung wird ein F. manchmal zur Beschreibung des 2D-Signals durch Approximation des Grauwertgebirges mittels ebener Dreiecke verwendet.

Fadenkreuz

Engl. crosshair. Zur Orientierung dienendes Kreuz aus zwei senkrecht aufeinander stehenden dünnen Linien, die sich meist horizontal bzw. vertikal über den ganzen → Bildschirm einer → grafischen Arbeitsstation erstrecken und deren Kreuzungspunkt eine aktuelle Position angibt.

Das F. ist neben dem → Cursor ein Mittel zur Positionsanzeige bei der Nutzung von → Computergrafiksystemen bzw. → Bildverarbeitungssystemen in → interaktiver Arbeitsweise. Es hat gegenüber dem Cursor den Vorteil, daß neben der aktuellen Position selbst auch deren relative Lage zu anderen auf dem Bildschirm dargestellten Objekten schnell visuell erfaßbar ist. Das F. ist eine typische Form des → Echos auf die → Eingabe oder das Anwählen von Positionen (→ Locator-Funktion) durch den → Nutzer. Damit es als solches empfunden wird, muß es schnell erzeugt bzw. verschoben werden können. Technische Hilfsmittel zur Steuerung des F. sind u. a. die → Rollkugel, der → Steuerknüppel, die → Daumenräder, die → Maus und spezielle Funktionstasten von → Tastaturen (Funktionstastatur).

Faksimile

Möglichst vorlagengetreue Wiedergabe von Urschriften, Zeichnungen und anderen Dokumenten

Mit einfachen technischen Mitteln werden vor allem zweifarbige bzw. zweiwertige Bilder (→ Binärbild), die sowohl Text als auch Zeichnungen und Fotografien enthalten, wiedergegeben. Die analoge und digitale Übertragung, Speicherung und teilweise auch Verarbeitung von F. (technische Konstruktionsunterlagen und Dokumentationen, Wetterkarten, Zeitungsseiten, Schriftstücke mit graphischen Bestandteilen usw.) hat inzwischen große wirtschaftliche Bedeutung erlangt. Bei der Abtastung derartiger Vorlagen sind sehr hohe → Auflösungen erforderlich. Die sich ergebenden großen Datenmengen und die Eigenarten dieser Bildklasse haben dazu geführt, daß die Faksimilekodierung heute einen speziellen Problemkreis im Rahmen der → Bildkodierung bzw. → Bilddatenkompression darstellt. Die Einbeziehung von Grauwertbildern (→ Grauwert) in F. ist mittels → Pseudo-Grauton-Kodierung möglich.

Die große Bedeutung von F. im öffentlichen Bereich (Postdienst) hat einen hohen internationalen Standardisierungsgrad erzwungen. Das CCITT (Comité Consultatif International Télégraphique et Téléphonique) unterscheidet die in der Tafel auf der folgenden Seite dargestellten Systemvarianten.

Falschfarbendarstellung

→ Visualisieung in Farben, die nicht dem natürlichen Eindruck des dargestellten Objektes entsprechen.

Parameter	Dokumentfaksimile-Systeme nach CCITT Gruppe 1	2	3	4
Netz	PTN	PTN	PTN	PDN,ISDN
Zeit für 1 A4-Blatt	6 min	3 min	≈ 1 min	—
Bildelemente/Zeile	analog	analog	1728	1728, 2074, 2592 oder 3456
Auflösung	3,85 dpmm	3,85 dpmm	3,85 (7,7) dpmm	200, 240, 300 oder 400 dpi
Modulation	FM (1700±400Hz)	AM-PM-VSB (2100 Hz)	PM(V.27) AM-PM(V.29)	-
Datenrate in Baud	-	-	2400, 4800, 7200 oder 9600	2400, 4800, 9600 oder 48000
Kodierung	-	-	MH, MR	Modif. MR

PTN (public telephone network): Öffentliches Fernsprechnetz
PDN (public data network): Öffentliches Datennetz
ISDN (integrated services digital networks): Integrierte digitale Netzdienste
FM: Frequenzmodulation
AM-PM-VSB: Amplituden-Pulsmodulation mit Einseitenbandübertragung
MH:Eindimensionaler Huffman-Kode
MR: Zweidimensionaler READ-Kode (Relative Element Address Designate)
dpmm: Bildelemente je mm, dpi: Bildelemente je Zoll

Die F. ist eine spezielle Möglichkeit der → Bildverstärkung. Sie ist unumgänglich, wenn Strahlung in nicht sichtbaren Wellenbereichen (→ Spektrum) dargestellt werden soll. F. werden mittels → Farbsynthese und → Pseudokolorierung hergestellt (s. Bildanhang).

Faltung

Engl. convolution. Mathematische Operation zur Verknüpfung von zwei Funktionen oder zwei Folgen.

Die F. ist das grundlegende mathematische Modell der linearen Signalverarbeitung.

Sie ist wie folgt definiert:

$$g(x) = f(x) * h(x) = \int_{-\infty}^{+\infty} f(t)h(x-t)\,dt$$

bzw. bei einer Folge

$$g(j) = f(j) * h(j) = \sum_{i=-\infty}^{+\infty} f(i)h(j-i)$$

Die Funktion bzw. Folge $h(\cdot)$ wird Faltungskern genannt. Die Rollen von $f(\cdot)$ und $h(\cdot)$ in den Faltungsformeln können offensichtlich vertauscht werden.

Spezielle Formen der Faltung entstehen, wenn eine der Funktionen oder Folgen für negative Argumente bzw. Indizes verschwindet (kausale Systeme). Wenn die → Signale periodisch sind, dann treten Integrale mit endlichen Grenzen bzw. endliche Summen auf (zyklische Faltung).

Viele Funktionaltransformationen (z. B. → **Fourier**transformation, → $\mathcal{Z}$-Transformation) haben die sog. Faltungseigenschaft, d. h. die Faltung korrespondiert zur Multiplikation der Transformierten. Die anschauliche Deutung der Faltung besteht in der Überlagerung der Wirkungen $h(\cdot)$ von

Elementarimpulsen verschiedener Amplitude, aus denen man sich des Signal zusammengesetzt denkt. Die Faltung läßt sich auch für n-dimensionale Signale erklären.

Farbbildröhre

→ *Katodenstrahlröhre zur Erzeugung farbiger Darstellungen.*

Die F. basiert auf dem gleichen Prinzip wie die → Schwarz-Weiß-Bildöhre (→ Katodenstrahlröhre). Der → Bildschirm ist aber nicht mit einer homogenen Leuchtstoffschicht versehen, sondern trägt drei verschiedene Leuchtstoffe, die in Form eines punkt- oder streifenförmigen → Rasters aufgebracht sind. Jeweils drei Punkte oder Streifen liegen eng beieinander und bestehen aus den Leuchtstoffen, die bei Anregung durch den Elektronenstrahl die drei → Primärfarben erzeugen (Bild 1).

Die Erregung der Primärfarben erfolgt durch getrennte Strahlsysteme, die von den Farbwertsignalen gesteuert werden, oder durch ein Strahlsystem, das zeitlich aufeinanderfolgend von den Farbwertsignalen gesteuert wird. Die dicht nebeneinander liegenden Farbpunkte oder Farbstreifen mischen sich additiv (→ additive Farbmischung, → Farbtripel). F. mit Dreistrahlsystem (Bild 2 auf der folgenden Seite) sind z. B. die → Lochmasken-Farbbildröhre (Deltaröhre oder Trinitron) mit Anordnung der Strahlsysteme und Farbpunkte im Dreieck (Delta) und die → Schlitzmaskenröhre (Inline-Farbbildröhre). Mit Einstrahlsystem arbeitet z. B. die Index-Farbbildröhre.

Die auf der F. beruhenden farbtüchtigen Rasterbildschirmsysteme (→ Rasterdisplay) sind eine wesentliche Grundlage der → Computergrafik und der → digitalen Bildverarbeitung. Die meisten → CAD-Systeme bzw. → CAD/CAM-Systeme sowie → rechnerunterstützte Systeme für die Prozeßsteuerung und -überwachung beinhalten heute solche Farbrasterdisplays.

Viele Computergrafiken des Bildanhanges sind Beispiele für Darstellungen, die mit Hilfe solcher Geräte erzeugt wurden.

Neben Farbrasterdisplays gibt es zur temporären Darstellung farbiger Grafiken auf Bildschirmen auch spezielle farbtüchtige → Vektordisplays.

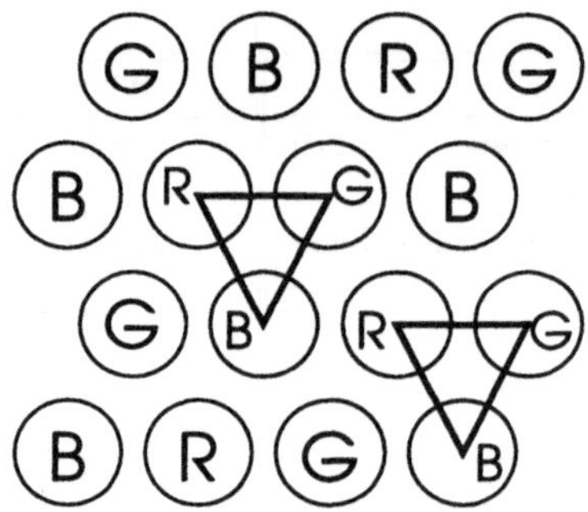

Raster von Farbtripeln (deltaförmige Anordnung)

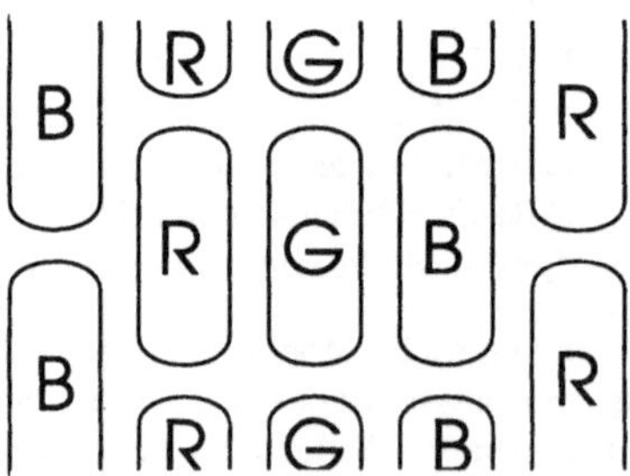

Streifenförmige Farbtripel

R - rot; G - grün; B - blau

Bild 1

Farbdisplay

→ *Display, welches zu einer mehrfarbigen Darstellung in der Lage ist.*

F. sind vor allem auf der Basis von → Farbbildröhren arbeitende → Rasterdisplays sowie farbtüchtige → Flüssigkristalldisplays.

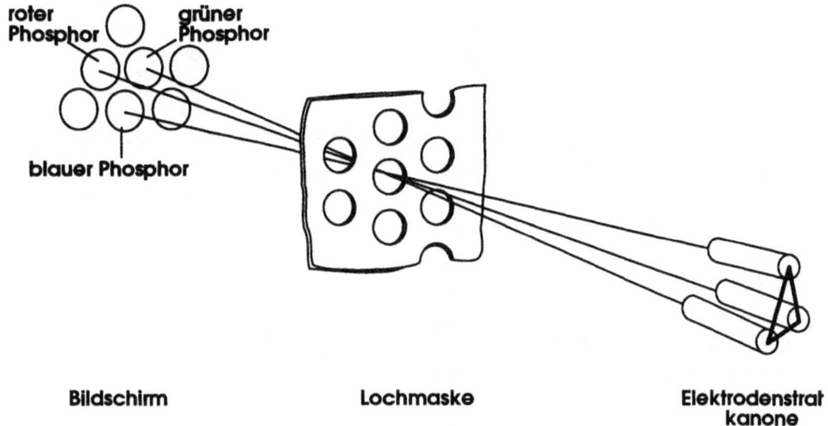

Bild 2 (zu Farbbildröhre)

Farbdreick

Gebiet in einer Farbart-Tafel, welches für ein gewisses Farbdarstellungsverfahren charakteristisch ist.

Die Eckpunkte des F. werden durch die Farborte der Grundfarben in der Farbart-Tafel (→ Farbmetrik, → Normfarbwerttafel) dargestellt. Das Innere des F. repräsentiert die darstellbaren Farben und umfaßt üblicherweise den Unbuntpunkt. Seine Ausdehnung kennzeichnet die erreichbare → Farbsättigung. Beim Farbfernsehen wird das F. durch die Farben der Leuchtstoffpunkte bestimmt (→ Farbbildröhre).

Farbindex

Nummer eines Elementes einer → Farbtabelle, im Rahmen von → GKS → Attribut von → Darstellungselementen, das über eine Farbtabelle deren Farbe steuert.

Für die effektive → Ausgabe farbiger → Computergrafiken auf → grafischen Arbeitsstationen ist es sinnvoll, alle zu einem Zeitpunkt gleichzeitig darstellbaren Farben in einer Farbtabelle zu spezifizieren und die Ausgabe der gewünschten Farbe eines Objekts über die Nummer in der Farbtabelle, also den F., zu organisieren. Dadurch läßt sich z. B. die von einem → Hostrechner zu einer grafischen Arbeitsstation zu übertragende Datenmenge pro Bild i. allg. gegenüber einer vollständigen Spezifikation in einem → Farbsystems (z. B. Angabe der RGB-Werte) verringern. Außerdem ergeben sich Möglichkeiten der schnellen Veränderung der Farbe in einem Bild bei gleichbleibender Geometrie des Bildes durch Umladen der Farbtabelle. Auf diese Weise läßt sich z. B. die Bewegung einer Lichtquelle aufwandsarm im Bild simulieren (→ Beleuchtungssimulation, → Farbtabellen-Animation). Der Bildanhang enthält dafür ein Beispiel.

Der Wertebereich des F. überdeckt in der Regel Dualzahlbereiche vorgegebener Stellenzahl, z. B. 0,...,255 oder 0,...,1023. Der Begriff F. wird auch im Zusammenhang mit verschiedenen Farbsystemen (→ Farbmetrik) verwendet. Dabei handelt es sich um ein Wertetripel, deren Komponenten den einzelnen Parametern des jeweiligen Farbsystems in Form natürlicher oder reeller Zahlen entsprechen (z. B. Farbanteilen im → RGB-Signal).

Farbmetrik

Lehre von den Maßbeziehungen der Farben.

Die Farbe ist eine durch das Auge vermittelte Empfindung, die durch einen Lichtreiz ausgelöst wird, wobei verschiedene Strahlungsverteilungen ein und dieselbe Farbempfindung auslösen können. Im engeren Sinne ist die Farbe eine Strahlung in einem engen Spektralbereich (→ Spektrum), im

Grenzfall monochromatisches Licht. Ein Farbreiz $\Phi(\lambda) = S(\lambda)\,\beta(\lambda)$ ist durch das Produkt aus spektraler Energieverteilung $S(\lambda)$, die auf einen Körper auftrifft und der spektralen Remission oder Transmission $\beta(\lambda)$ des bestrahlten Körpers gegeben. Hierbei ist λ die Lichtwellenlänge. Die F. definiert Größen zur quantitativen Bestimmung der Farbwiedergabe bei Farbphotographie, Mehrfarbendruck und Fernsehtechnik, → Computergrafik und → interaktiver Bildverarbeitung.

Die „niedere" Farbmetrik baut auf den 1853 von **H. Graßmann** entdeckten Gesetzen der → additiven Farbmischung auf, die besagen, daß jede Farbe (Farbvalenz) durch die additive Mischung von 3 Grundfarben (Primärvalenzen) erzeugt werden kann. Man sagt auch, daß das Farbensehen trichromatisch ist.

Seien die Primärvalenzen der monochromatischen Strahlungen Rot – (**R**), Grün – (**G**) und Blau – (**B**), so ergibt sich eine beliebige Farbvalenz durch Überlagerung

$$F(\mathbf{F}) = R(\mathbf{R}) + G(\mathbf{G}) + B(\mathbf{B}) \quad ,$$

wobei die Buchstaben vor den Primärvalenzen ihre sog. Farbwerte darstellen. Beispielsweise bedeutet

$$230(\mathbf{W}) = 62(\mathbf{R}) + 162(\mathbf{G}) + 6(\mathbf{B}) \quad ,$$

daß sich 62 Lichtstromeinheiten (Helligkeitsmaß) Rot, 162 Grün und 6 Blau zu einem Weißeindruck mit 230 Lichtstromeinheiten überlagern. Bei Primärvalenzen ist nur ein einziger der 3 Farbwerte von 0 verschieden. Den 3 Farbwerten können Koordinaten so zugeordnet werden, daß sich ein Würfel mit der Kantenlänge 1 ergibt (Bild 1 oben). Für Schwarz gilt $R = G = B = 0$, für Weiß $R = G = B = 1$. Die Grauwerte liegen auf der Strecke von Schwarz nach Weiß und werden in der F. als Unbunt bezeichnet. Eine Farbvalenz kann auch durch einen Farbort in der Ebene (Farbart-Tafel, Farbdreieck) dargestellt werden (Bild 3). Hierzu wird die Farbart als relativer Anteil des entsprechenden Farbwertes wie folgt berechnet:

$$x = \frac{R}{R+G+B}; \quad y = \frac{G}{R+G+B};$$

$$z = \frac{B}{R+G+B}; \quad x + y + z = 1$$

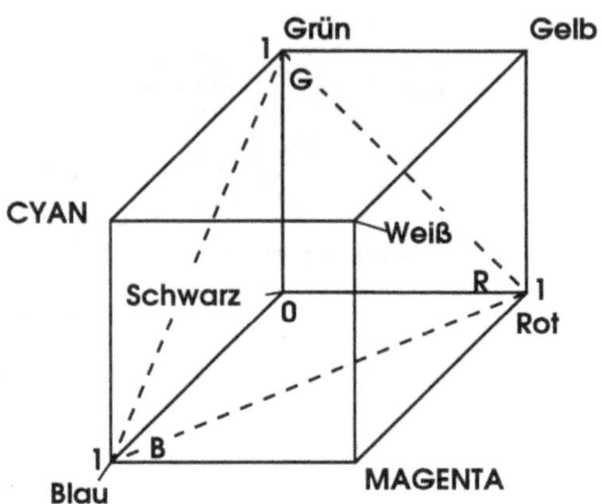

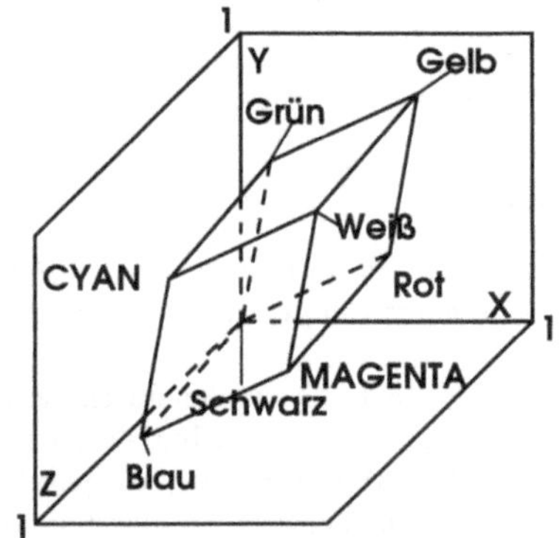

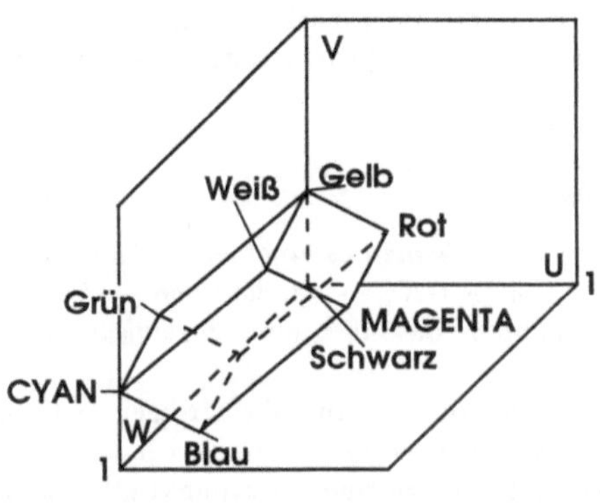

Bild 1

So sind nur 2 bezogene Farbwerte (z. B. x, y) zur Kennzeichnung der Farbe erforderlich, wobei von der Helligkeit abgesehen wird. Bei ausschließlicher

Helligkeitsänderung bleibt nämlich das Verhältnis $R : G : B$ unverändert.

Da der Farbraum mit den Primärvalenzen (**R**), (**G**), (**B**) unter der Voraussetzung positiver Farbwerte nicht alle mischbaren Farben, insbesondere gesättigte Farben (→ Spektralfarben) darstellen kann, wurden Farbsysteme mit virtuellen Primärvalenzen entwickelt.

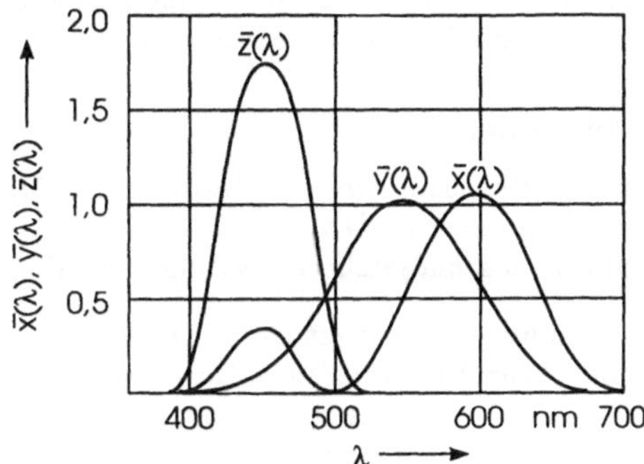

Bild 2

Das im Jahre 1931 festgelegte CIE-Farbmeßsystem (→ CIE-Farbystem) benutzt die virtuellen Primärvalenzen (**X**), (**Y**), (**Z**). Hierfür wird von 3 Normspektralwertkurven (Bild 2) ausgegangen, die durch Mittelungen von genormten Beobachtungen (CIE-Normalbeobachter) bestimmt wurden und die jeder Spektralfarbe ein Zahlentripel der Farbwerte $\bar{x}(\lambda), \bar{y}(\lambda), \bar{z}(\lambda)$ der Primärvalenzen (**X**), (**Y**), (**Z**) zuordnet. Dabei wurden die Einheiten von (**X**), (**Y**), (**Z**) so gewählt, daß $\bar{y}(\lambda)$ proportional zur Helligkeitsempfindlichkeitskurve des menschlichen Auges verläuft. Ein Farbreiz der relativen Energieverteilung $\Phi(\lambda)$ liefert dann folgende Farbwerte:

$$X = k \int_{380}^{780} \Phi(\lambda)\bar{x}(\lambda)\, d\lambda$$

$$Y = k \int_{380}^{780} \Phi(\lambda)\bar{y}(\lambda)\, d\lambda$$

$$Z = k \int_{380}^{780} \Phi(\lambda)\bar{z}(\lambda)\, d\lambda$$

Die Integralgrenzen beziehen sich auf die Lichtwellenlänge in nm. Die Darstellung in der sog. Normfarbwerttafel erfolgt mit den Normfarbwertanteilen $x = X/(X+Y+Z), y = Y/(X+Y+Z)$ als Koordinaten, die den Farbort kennzeichnen (Bild 3).

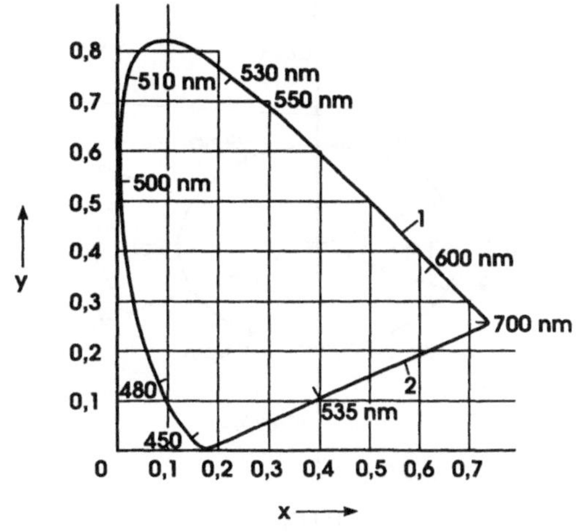

Bild 3

Die in der Normfarbwerttafel eingezeichnete geschlossene Kurve bezeichnet die gesättigten Farben. Sie besteht aus dem Spektralfarbenzug (1) mit der dominierenden (farbtongleichen) Wellenlänge als Parameter sowie der Purpurgeraden (2). Aus den Normfarbwertanteilen kann eine Kennzeichnung des Farbtons durch den Schnittpunkt der Geraden vom Unbuntpunkt (energiegleiches Spektrum) durch den Farbort mit dem Spektralfarbenzug ermittelt werden. Außerdem kann die Sättigung durch den spektralen Farbanteil

$$p_f = \frac{x_f - x_u}{x_s - x_u} \quad \text{oder} \quad p_f = \frac{y_f - y_u}{y_s - y_u}$$

ermittelt werden, wobei die Indizes u und s Unbunt bzw. den Schnitt mit dem Spektralfarbenzug sowie f die Farbvalenz bezeichnen. Umrechnungen der Farbwerte der R-G-B- und X-Y-Z-Metrik sind durch lineare → Koordinatentransformationen möglich, wie dies durch Bild 1 Mitte angedeutet wird.

In der → Computergrafik hat sich das HLS-System (Bild 4) wegen seiner Übersichtlichkeit durchgesetzt. Hierbei stehen H für Farbton (hue), L für Helligkeit (lightness) und S für Sättigung (saturation). Der Spektralfarbenzug bei mittlerer Helligkeit (50 %) wird auf einen Kreisbogen (3) abgebildet, wobei meist folgende Zuordnung gewählt wird.

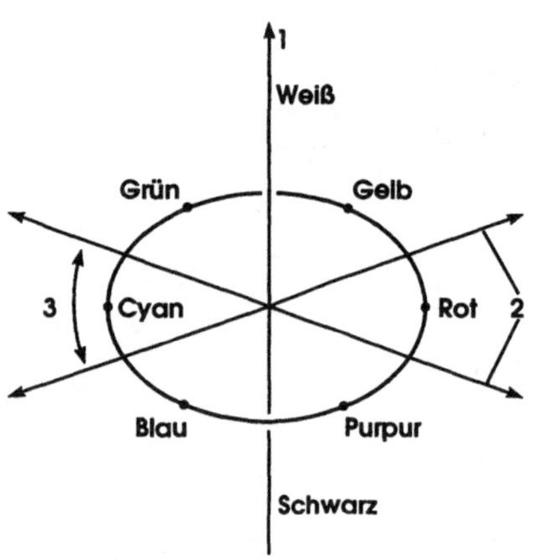

Bild 4

Farbe	Blau	Magenta (Purpur)	Rot
Winkel	0°	60°	120°
Farbe	Gelb	Grün	Cyan
Winkel	180°	240°	300°

Der so festgelegte Farbkreis bildet die Grundfläche von 2 Kegeln, die sich nach unten bis zur völligen Dunkelheit (0 % – Schwarz) und nach oben (1) bis zur vollen Helligkeit (100 % – Weiß) erstrecken. Die Achse des Doppelkegels repräsentiert Unbunt. Der Abstand von ihr stellt die Farbsättigung dar.

Die „höhere" Farbmetrik definiert gegenüber der bisher beschriebenen Metrik zusätzlich ein empfindungsgemäßes Farbabstandsmaß. Dies ist bei der technischen Reproduktion wichtig, um Unterschiede zwischen Original und Wiedergabe minimieren zu können. Durch → **MacAdam**-Ellipsen wurden Orte gleicher Farbempfindlichkeit in Normfarbwerttafeln definiert, aus denen empfindungsgemäße gleichabständige Farbart-Tafeln (CIE-UCS-Farbtafeln 1960) durch projektive Transformation abgeleitet wurden. UCS ist die engl. Abk. von uniform chromaticy scale diagram. Das Koordinatensystem wird durch U, V, W gegeben (Bild 1 unten). Die Farbarten bzw. Koordinaten der Farborte werden mit u, v bezeichnet. Da ein einziges Abstandsmaß für Farbarten für die Beurteilung von Farbunterschieden nicht ausreichend ist, wurde die Metrik im Jahre 1964 durch Definitionen empfindungsgemäßer Helligkeitsunterschiede zum CIE-$U^*V^*W^*$-System erweitert. Der Farbabstand, dargestellt durch den geometrischen Abstand zwischen 2 Punkten der Farbtafel, wird in diesem Koordinatensystem in der sog. CIE-Einheit (just noticable difference) angegeben.

Neben den beschriebenen Farbsystemen bestehen weitere (→ Chrominanz), von denen besonders das Munsellsche Farbsystem Bedeutung hat. Eine Umrechnung zur CIE-Metrik ist möglich.

Farbmischung

Technische Erzeugung eines Farbreizes durch Mischen verschiedener Farben.

Es gibt zwei grundsätzliche Methoden der F.:

- → Additive F. vermittels Einwirkung von mindestens 2 verschiedenen Farbvalenzen auf eine Fläche, auf örtlich sehr eng benachbarte Flächen oder durch periodischen schnellen Farbwechsel, so daß die einwirkenden Farben durch das Auge des Betrachters nicht mehr aufgelöst werden können. Additive F. erfolgt bei der → Farbbildröhre, bei der Projektion mehrerer farbiger Lichtstrahlen auf eine Fläche (z. B. Multispektralprojektor) sowie durch rotierende, mit verschiedenfarbigen Segmenten versehene Flächen (Farbkreisel). Der additiven F. liegen von **H. Graßmann** 1853 gefundene Gesetze zugrunde, die u. a. besagen, daß jede Farbvalenz mit 3 anderen in eindeutige lineare Beziehungen gebracht werden kann, so daß für das Verhalten bei additiver F. nur die Farbvalenz, nicht jedoch die spektrale Beschaffenheit maßgebend ist und daß alle Farbmischungsreihen stetig sind (→ Farbmetrik).
- → Subtraktive F. als Produkt der spektralen Transmissionsgrade von durchstrahlten Farbschichten, richtiger als multiplikative F. bezeichnet. Sie findet beim Mischen von Farbstoffen, Übereinanderdrucken von Farben, beim Farbfilm und bei Farbfiltern statt. Subtraktive F. ist stets mit Helligkeitsreduzierungen verbunden.

Farbreinheit

In Grenzen einstellbares Gütemaß von → Farb-

bildröhren.

Das bei Farbbildröhren angewandte Prinzip, jeden gewünschten Farbeindruck durch → additive Farbmischung der drei → Primärfarben zu erzeugen, erfordert, daß die drei Elektronenstrahlsysteme nur Leuchtpunkte der dazugehörigen Farben treffen dürfen. Diese F. ist dann gewährleistet, wenn jeder der drei Strahlen in jedem Ablenkzustand im richtigen Winkel durch ein Loch einer → Lochmasken-Farbbildröhre oder einen Schlitz einer → Schlitzmaskenröhre läuft. Eine Farbreinheitseinstellung erfolgt durch axiales Verschieben des Ablenksystems auf dem Bildröhrenhals (→ Bildröhre) und durch Drehung von ringförmigen Farbreinheitsmagneten.

Farbreinheitseinstellung

→ *Farbreinheit.*

Farbsättigung

Engl. saturation. Wertkomponente der Farbart, die deren Mangel an Weißanteil kennzeichnet.

Neben → Farbton und → Helligkeit gehört die F. zu den drei Merkmalen bunter Farben (→ Farbmetrik, → Normfarbwerttafel). Eine Erhöhung der F. bedeutet, daß bei unveränderten Werten von Farbton und Helligkeit eine kräftigere Buntfärbung eintritt. Die F. wird in Prozent angegeben und kann alle Werte von 0 % (unbunt, d. h. je nach Helligkeit schwarz, grau, weiß) bis 100 % (entsprechende reine Spektralfarbe) annehmen.

Bei Farbbildröhren kann ein Farbsättigungsgrad von 100 % nicht erreicht werden. Man spricht in diesem Falle von voll gesättigten Farben, wenn nur einer oder zwei der drei Farbstoffe zum Leuchten angeregt werden. Wie beim Farbfernsehen läßt sich der farbliche Eindruck von farbigen → Computergrafiken auf → Farbdisplays durch eine → Farbsättigungseinstellung beeinflussen.

Farbsättigungseinstellung

Einstellung der → Farbsättigung an einem Farbfernsehgerät bzw. an einem → Farbdisplay.

Zur Erzeugung realitätsnaher Bilder (insbesondere realistischer → Computergrafiken) wird die F. so vorgenommen, daß eine naturgetreue Farbdarstellung erfolgt. Dagegen ist es bei der Generierung von Computergrafiken mit hohem Abstraktionsgrad (z. B. → Diagramme, → Schema), in denen Farben symbolischen Charakter haben und gut unterscheidbar sein müssen, i. allg. günstiger, eine hohe Farbsättigung einzustellen.

Farbsynthese

Begriff für → Farbmischung in der Photographie und ihrer Anwendung.

Die F. wird vor allem in Form der → additiven Farbmischung in der → Multispektraltechnik verwendet (s. Bildanhang). Dabei wird ein Satz von multispektralen Auszügen der gleichen → Szene mit optischen Geräten (z. B. Multispektralprojektor) oder mit Verfahren der → digitalen Bildverarbeitung gemischt. Ein Auszug stellt die Abbildung der ortsabhängigen Remission (→ Reflexion) der Objektoberfläche in schmalen spektralen Bändern (auch außerhalb des Bereiches des sichtbaren Lichtes) auf → Grauwerte dar. Der Farbwert einer Primärvalenz (→ Farbmetrik) oder einer Purpurfarbe wird durch den Grauwert eines multispektralen Auszuges gesteuert. Die Zuordnung der Farben und ihre Grundintensität werden so gewählt, daß interessierende Erscheinungen hervorgehoben werden und eine standardisierte Interpretation möglich ist. Derartige Verfahren werden zusammen mit der → Pseudokolorierung als Falschfarbendarstellung bezeichnet.

Farbsystem

Systematische Anordnung von Farben aus der Menge der unterscheidbaren Farben unter Zugrundelegung der Gesetzmäßigkeiten der → Farbmetrik.

Es gibt mehrere Arten von F.:

- Auf der Grundlage von Farbkarten, d. h. in bestimmter Technik durch → Farbmischung hergestellter Farbmuster.
- Auf der Grundlage gleichabständiger Farbvalenzen mit den Parametern → Farbton, → Farbsättigung und → Helligkeit, wie der Farbtonkreis (Ostwald-System), das Munsell-System, das HLS-System oder die DIN-Farbenkarten.
- F. der „niederen“ → Farbmetrik mit den reellen Primärvalenzen (**R**), (**G**), (**B**) oder den virtuellen Primärvalenzen (**X**),(**Y**),(**Z**).

- F. der „höheren“ → Farbmetrik mit Abstandsmaßen wie das CIE-USC-System oder das CIE-U*V*W*-System, welche empfindungsgemäß gleichabständige Farbvalenzen nutzen.

Die meisten Farbsysteme können ineinander umgerechnet werden.

Farbtabelle

Engl. colour table. Tabelle, die einer Anzahl von → Farbindizes konkrete Farben zuordnet.

Die F. ist Bestandteil vieler farbtüchtiger → grafischer Arbeitsplätze, insbesondere solcher mit → Rasterdisplays. Sie wird häufig auch im deutschsprachigen Raum Colour Table oder → Lookup-Tabelle genannt. Die F. erlaubt, einerseits eine farbliche Unterscheidung bestimmter grafischer → Darstellungselemente auf verschiedenen konkreten → Ausgabegeräten zu sichern und andererseits Darstellungselemente in ganz bestimmten gewünschten Farben erscheinen zu lassen. Dies erfolgt dadurch, daß den Darstellungselemente nicht Farben selbst, sondern lediglich Farbindizes zugeordnet werden. Jedem Farbindex entspricht in der F. ein wählbarer Farbton, also z. B. wählbare Anteile der → Primärfarben Rot, Grün und Blau (→ RGB-Signal).

Mit Hilfe dieser Technik können z. B. auf einem Rasterdisplay, in dessen → Bildwiederholspeicher für jeden → Bildpunkt drei → Bit zur Verfügung stehen, acht Farben aus einer mehr oder weniger umfangreichen, wählbaren Palette gleichzeitig dargestellt werden (und nicht nur acht fest vorgegebene Farben). Durch automatisches Ändern des Inhalts der F. läßt sich das Erscheinungsbild einer Grafik sehr schnell modifizieren. Darauf beruht die → Farbtabellen-Animation.

Die Technik der F. hat mit dazu beigetragen, Programmsysteme zur Erzeugung von → Computergrafiken von den vielfältigen und differierenden Möglichkeiten verschiedener grafischer Arbeitsstationen weitgehend unabhängig zu machen. Dementsprechend spielt die F. im Zusammenhang mit der Ausarbeitung grafischer Standards (→ Standardisierung), insbesondere mit der Entwicklung des grafischen Kernsystems (→ GKS) eine wichtige Rolle. Bei GKS beginnt die F. immer mit dem Farbindex 0, der stets die Hintergrundfarbe des entsprechenden → grafischen Arbeitsplatzes repräsentiert. Negative Farbindizes sind im Rahmen von GKS nicht erlaubt.

Farbtabellen-Animation

Technik zur schnellen Veränderung von Darstellungen auf → Rasterdisplays durch Änderung der Farbe in den einzelnen → Bildpunkten mittels → Farbtabelle.

Bei dieser speziellen Technik der → Computer Animation werden für die einzelnen Bildpunkte nicht die Farbwerte selbst, sondern lediglich auf eine Farbtabelle verweisende Größen (→ Farbindex) in den → Bildwiederholspeicher von Rasterdisplays eingetragen. Die Veränderung des Bildes erfolgt durch Änderung des Inhaltes dieser Farbtabelle. Der Inhalt des Bildwiederholspeichers bleibt also erhalten, er wird nur in verschiedener Weise durch die unterschiedlichen Inhalte der Farbtabelle interpretiert. Für eine Reihe wichtiger Animationseffekte ist die Änderung der Farbtabelle ausreichend und wesentlich schneller durchführbar, als die entsprechende Änderung des Bildwiederholspeicher-Inhaltes. So können z. B. bestimmte Einflüsse einer Lichtquelle auf einen Körper oder einer dreidimensionalen → Szene näherungsweise folgendermaßen in → Computergrafiken integriert werden: Für jeden Bildpunkt wird in die entsprechende Zelle des Bildwiederholspeichers die Richtung der → Normalen des in diesem Bildpunkt sichtbaren Oberflächenelementes und Kennwerte für dessen Farbe und Reflexionsvermögen eingetragen. Die Farbtabelle vermittelt die Umrechnung dieser von Lichtquellen unabhängigen Objekt- bzw. Szenen-Charakteristika in die Farben bzw. Helligkeiten, die sich auf Grund vorgegebener Positionen und Farben der Lichtquellen in den einzelnen Bildpunkten ergeben. Bei einer Änderung der → Beleuchtung wird lediglich die Farbtabelle neu geladen. Auf diese Weise läßt sich z. B. die Bewegung einer Lichtquelle in Realzeit simulieren (Computer Animation). Die Computergrafiken im Bildanhang sind mit dieser Methode erzeugt worden.

Farbton

Engl. hue. Wichtigstes Charakteristikum bunter Farben.

Neben → Helligkeit und → Farbsättigung gehört der F. zu den drei Merkmalen bunter Farben. Er wird in der → Farbmetrik durch Angabe einer Wellenlänge, der sog. farbtongleichen oder dominierenden Wellenlänge, spezifiziert (→ Farbsystem, → Normfarbwerttafel). In der Farbart-Tafel wird der F. durch eine Strecke vom Unbuntpunkt zum Spektralfarbenzug dargestellt, die diesen an der dominierenden Wellenlänge schneidet. Da Purpurfarben keine dominierende Wellenlänge haben, wird die Strecke durch den Unbuntpunkt bis zum Spektralfarbenzug verlängert und zur Kennzeichnung des F. die dort abgelesenen Wellenlänge mit negativem Vorzeichen versehen.

Farbtripel

Dreiergruppe von Leuchtstoffpunkten oder Leuchtstoffstreifen des → Bildschirms einer → Farbbildröhre.

Jedes F. setzt sich aus einem roten, grünen und blauen Leuchtstoffelement zusammen. Diese Elemente sind z. B. bei → Lochmasken-Farbbildröhren punktförmig und bei → Schlitzmaskenröhren streifenförmig ausgeführt und in regelmäßiger Struktur auf der Innenseite des Bildschirms so dicht angeordnet, daß das Auge sie bei normaler Betrachtung nicht auflösen kann und eine → additive Farbmischung der drei → Primärfarben erfolgt.

Farbwert

Anteil einer → Primärfarbe an einer durch → additive Farbmischung darzustellenden oder nachzubildenden Farbe.

Um eine Farbe (Farbvalenz) zu beschreiben, sind drei Primärvalenzen mit den entsprechenden F. erforderlich (→ Farbmetrik).

FEM-Analyse

Rechnerunterstützte Analyse von Objekten und Prozessen mit Hilfe der Methode der finiten Elemente (Engl. finite element method, FEM).

Die F. ist ein sehr anpassungsfähiges Verfahren zur näherungsweisen Lösung vielfältiger technischer Aufgaben mit Hilfe von → Computern. Dies betrifft z. B. die Analyse der Belastbarkeit mechanischer Bauteile, die Berechnung von Temperaturverteilungen auf Leiterplatten sowie die Untersuchung von Strömungen viskoser Fluide. Die F. ist dadurch charakterisiert, daß die zu untersuchenden Objekte in angemessener Weise in bestimmte Elemente zergliedert werden , dann das Verhalten dieser Elemente untersucht und schließlich aus dieser Untersuchung auf das Verhalten des gesamten Objektes geschlossen wird. Die F. erfordert neben der Beherrschung der entsprechenden rechnerunterstützten Systeme (→ CAD-System) auch viele Kenntnisse und Erfahrungen zu physikalischen Gesetzmäßigkeiten. Die rechnerunterstützte F. ist deshalb zumindest heute noch durch einen hohen Grad der → Interaktion zwischen Mensch und → rechnerunterstütztem System geprägt (→ interaktive Arbeitsweise). Dies beginnt bereits bei der Zergliederung des Gesamtobjektes in bestimmte Elemente, d. h. bei der Erzeugung eines adäquaten → FEM-Netzes (→ FEM-Netz-Generierung). Die → Computergrafik ist hierbei ein wichtiges Hilfsmittel für die interaktive Arbeit. Mit Hilfe von Techniken der → 3D-Computergrafik können → 3D-Modelle anschaulich visualisiert und entsprechende FEM-Netze in das Innere z. B. eines Festkörpermodells (→ Festkörpermodellierung) eingebettet werden. Auch bei der Interpretation der Ergebnisse von F. ist die Computergrafik hilfreich. Mittels → Falschfarbendarstellung können z. B. mechanische Spannungen und Temperaturverteilungen direkt den zugehörigen Objektbereichen zugeordnet werden. Dies ermöglicht ein schnelles Erfassen der Situation seitens des Ingenieurs, ein Nachschlagen in langen und unübersichtlichen Tabellen entfällt.

FEM-Netz

Resultat einer Zellenzerlegung für die Analyse mit der Finite-Elemente-Methode (FEM).

Die → FEM-Analyse erfordert die Zerlegung des zu untersuchenden Objektes in viele kleine zusammenhängende Elemente mit geeigneter Form. Bei diesem Prozeß (→ FEM-Netz-Generierung) entsteht eine Netzstruktur. Zu den Elementen werden Knotenpunkte festgelegt, an denen die Beanspruchungen (z. B. Kräfte, Verschiebungen) einwirken und an die Nachbarelemente weitergegeben werden. Es werden folgende Elementtypen unterschieden:

- eindimensionale Elemente (z. B. Stäbe, Balken),
- zweidimensionale Elemente (z. B. Schalen,

Scheiben),

- dreidimensionale Elemente (z. B. Tetraeder, Quader),
- Sonderelemente (z. B. für Untersuchung der Rißausbreitung).

Der Bildanhang enthält eine → Computergrafik mit einem F., das in ein entsprechendes → 3D-Modell eingebettet ist.

FEM-Netz-Generierung

Prozeß der Erzeugung eines → FEM-Netzes für → FEM-Analyse.

Die F. gehört zu den vorbereitenden Arbeiten (Preprocessing) für die FEM-Analyse (Finite-Elemente-Methode). Sie dient der Zerlegung des zu untersuchenden Objektes in adäquate kleine Elemente. Um bei der nachfolgenden FEM-Berechnung den Aufwand nicht zu groß werden zu lassen, ist die Anzahl der Elemente möglichst gering zu halten. An kritischen Stellen, in deren Umgebung die zu berechnende Größe offensichtlich besonderen Schwankungen unterliegt, muß das Netz besonders feinmaschig gestaltet werden. Die zeitaufwendige F. wird mit Berechnungshilfsprogrammen beschleunigt (Netzgeneratoren oder auch sog. Preprozessoren). Bei der rechnerunterstützten Netzgenerierung werden folgende Arbeitsweisen unterschieden:

1. Digitalisieren eines manuell skizzierten FEM-Netzes (→ Digitalisierer),
2. Interaktive grafische Beschreibung des Netzes am → Display eines → CAD-Systems,
3. Automatische F. mit Hilfe von → Algorithmen für Körpergruppen.

Das dazugehörige Bild im Bildanhang zeigt ein Bauteil mit einem eingeblendeten FEM-Netz und die Repräsentation von Analyse-Ergebnissen in → Falschfarbendarstellung.

Fenster

1. In der → Computergrafik ein rechteckiger Ausschnitt aus dem logischen Adreßraum für → Ausgabegeräte (terminal space), in dem Rasterbilder unabhängig von den Auflösungsmöglichkeiten der Ausgabegeräte gespeichert sind.

F. erlauben ein einfaches Manipulieren mit Bildausschnitten (z. B. Vergrößern, Verschieben, Überlagern, Modifizieren). Ein rechteckiger Ausschnitt auf dem Bildschirm, der für die Ausgabe eines F. vorgesehen ist, heißt viewport.

2. Spezielle Erweiterung grafisch orientierter → Betriebssysteme durch eine Bedienerführung.

Diese Erweiterung erlaubt, mehrere Prozesse und Ausgabekanäle simultan zu steuern und auf einem einzigen → Bildschirm darzustellen, wobei jedem Prozeß für seine → Ausgabe ein festgelegter rechteckiger Ausschnitt zur Verfügung steht (meist mit dem engl. Wort window bezeichnet).

3. Grundlage eines Verfahrens der Signalverarbeitung, bei dem das als unendlich ausgedehnt vorausgesetzte → Signal mit einer Fensterfunktion (kurz F. genannt) multipliziert wird.

Dieses F. verschwindet identisch außerhalb eines bestimmten Intervalls, welches meistens den beobachtbaren Ausschnitt des Signals charakterisiert. Von besonderer Bedeutung sind das → Rechteck-F., das → **Bartlett**-F., das → Hanning-F., das → **Kaiser**-F. und das → **Tschebyscheff**-F. Bei der Anwendung von F. muß beachtet werden, daß die Multiplikation von Signalen einer → Faltung von → Spektren entspricht. Dadurch werden Spektrallinien verschmiert. Gut gewählte F. stellen einen Kompromiß zwischen Verschmierung des Spektrums und dem Auftreten parasitärer Seitenbänder dar. In der Optik entspricht der Fensterung die → Apodisation. Die für 1D-Signale definierten F. w_1 werden durch isotrope oder separable Ansätze auf höhere Dimensionen (w_2) erweitert.

$$w_2(i,j) = w_1(\sqrt{i^2+j^2})$$

bzw.

$$w_2(i,j) = w_1(i) \cdot w_1(j).$$

4. Menge benachbarter → Bildelemente (Pixel), die für die Berechnung eines neuen Outputs oder einer Zwischengröße benötigt werden.

Die dabei zu verwendenden Koeffizienten werden durch eine → Maske festgelegt. Bei der → Bildfilterung wird das F. in vorgeschriebener Folge über das Bild geschoben.

5. Bereich von Wellenlängen des elektromagnetischen Spektrums, der von der Erdatmosphäre praktisch ungeschwächt durchgelassen wird.

Man spricht dann auch vom Atmosphärenfenster (→ Multispektraltechnik).

Fernerkundung

Engl. remote sensing. Methoden zur Gewinnung von → Informationen über Objekte anhand von berührungslosen Messungen aus relativ großer Entfernung.

Die F. wird vor allem zur Erkundung der Erdoberfläche aus der Luft und dem Weltraum angewandt. Bei modernen Systemen der F. wird üblicherweise die elektromagnetische Strahlung verwendet, obwohl auch akustische Schwingungen und Stärke des Schwere- oder Magnetfeldes zugrunde liegen können. Die ersten Anwendungen hatten militärische Motive (Luftaufklärung aus Ballons, Drachen und Flugzeugen). In den 30er Jahren dieses Jahrhunderts entwickelte sich die Luftbildphotographie als wichtiges Hilfsmittel der Kartographie (Aerophotogrammetrie). Der in den 60er Jahren erreichte Stand der Sensortechnik (→ Sensor) vor allem für den IR-Bereich und der → Mustererkennung erlaubten einen quantitativen und formalisierbaren Zugang zu den Aufgaben der Fernerkundung (→ Multispektraltechnik).

Das Bild stellt das Verarbeitungschema der Erdfernerkundung aus unbemannten Raumfahrzeugen dar. Sowohl die qualitativen als auch die quantitativen Aspekte der gewonnenen Daten werden am besten in Bildern repräsentiert.

Bei zivilen Systemen haben sich vier grundsätzliche Typen herausgebildet:

- Meteorologische Satelliten in geostationären Positionen oder tieffliegende Satelliten gleicher Zweckbestimmung mit relativ geringer Bodenauflösung (ca. 1 km × 1 km).
- Satelliten zum Erkunden der Landnutzung (z. B. → Landsat) mit einer Bodenauflösung von 80 m × 80 m bis 30 m × 30 m. Wichtigste Sensoren sind Multispektralscanner (→ MSS).
- Bemannte Luft- und Raumfahrzeuge mit photographischen Mitteln (Bodenauflösung bis zu 1 m × 1 m). Wichtigste Geräte sind → Multispektralkameras.
- Satelliten zur Aufklärung maritimer Gebiete mit sehr speziellen → Sensoren (Radar, Distanz, Temperatur).

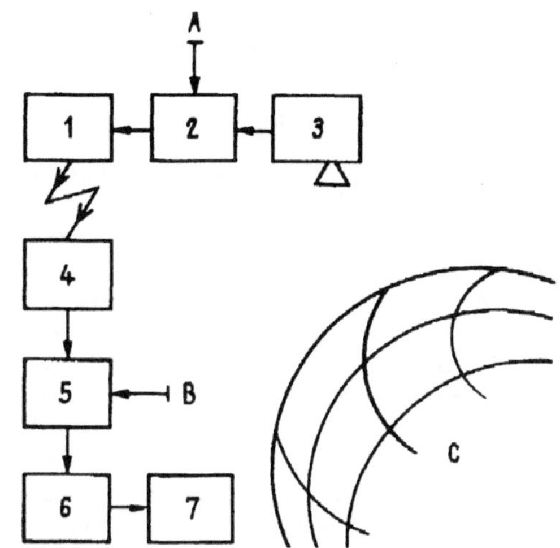

1 Bordtelemetrie
2 Bordverarbeitung
3 Sensor
4 Bodentelemetrie
5 Vorverarbeitung
6 Datenreduktion
7 Verbraucher
A Eichdaten
B Bezugsdaten
C Erdoberfläche

Die Verwendung von Sensoren im Mikrowellenbereich wird vor allem die Probleme der Behinderung der Bildaufnahme durch Wolkenbedeckung lösen (→ SAR).

Fernsehkamera

Gerät zur Aufnahme optischer Bilder und deren Umwandlung in elektrische → Signale.

Das optische Bild wird durch ein Objektiv (meistens veränderlicher Brennweite) in einer Fernsehbildaufnahmeröhre und einer anschließenden Elektronik in ein elektrisches → Bildsignal umgewandelt, welches dann zur Weiterleitung oder Aufzeichnung zur Verfügung steht (→ elektronische Kamera). In Farbfernsehkameras wird das optische Bild mit einem Farbteiler in die drei → Primärfarben Rot, Grün und Blau zerlegt und drei Fernsehbildaufnahmeröhren zugeführt. Zur Kontrolle der beobachteten → Szene werden optische bzw. elektronische Sucher eingesetzt.

Festkörpermodellierung

Form der → 3D-Modellierung zur rechnerinternen Beschreibung fester Körper.

Eine typische F. ist die → konstruktive Festkörpergeometrie (→ CSG-Modellierung), bei der → Modelle komplexerer Körper durch verallgemeinerte → mengentheoretische Operationen aus Modellen einfacherer fester Körper (Quader, Kugel, Zylinder, Torus, Kegel, Pyramide) aufgebaut werden. Ein Bild im Bildanhang zeigt die direkte → Visualisierung eines so erzeugten → CSG-Modells ohne vorherige Umwandlung in eine → Begrenzungsflächen-Repräsentation. Bei dieser Art der 3D-Modellierung ist abgesichert, daß prinzipiell nur Modelle fester Körper entstehen können. Eine andere Möglichkeit der F. besteht in der Spezifikation aller Teile der Oberfläche eines Körpers und in der Festlegung, welche Seite der einzelnen Oberflächenteile jeweils außen liegt (→ Begrenzungsflächen-Modellierung). Bei dieser Form der F. können durch Modellierungsfehler leicht Objekte entstehen, die keinen realen Körper repräsentieren (z. B. Mengen von Flächen, die kein nichtverschwindendes Volumen einschließen). Da bei der F., sofern richtig ausgeführt, volumenbehaftete geometrische Modelle erzeugt werden, spricht man häufig auch von → Volumenmodellierung. Sowohl mit diesem Begriff als auch mit der Bezeichnung F. soll eine Abgrenzung von solchen Formen der 3D-Modellierung vorgenommen werden, die lediglich mit Punkten, Kurven und Flächen im dreidimensionalen Raum arbeiten (→ Drahtmodell, analytische Fläche, → Freiformflächen-Modellierung).

Zur Beschreibung realer fester Körper gehört neben der Spezifikation seiner Geometrie auch die Festlegung des Materials. Bei der heute vorherrschenden F. wird jedem einzelnen Volumen, das auf eine der oben beschriebenen Arten modelliert wurde, ein einheitlicher Stoff und damit eine homogene Dichte zugeordnet. Die im derzeit üblichen Sprachgebrauch als F. bezeichnete 3D-Modellierung beschränkt sich also auf Körper einer bestimmten Klasse. In ihrem Inneren stark inhomogen strukturierte Objekte können mit dieser Methode nur approximativ bzw. mit hohem Aufwand beschrieben werden. Dennoch ist die F. für viele Anwendungen von → CAD eine angemessene Modellierungsmethode (z. B. im Rahmen der → rechnerunterstützten Konstruktion in weiten Bereichen des Fahrzeug-, Anlagen- und Maschinenbaus sowie des Bauwesens).

FFT

Engl. Abk. für fast **Fourier** *transform, → schnelle* **Fourier***transformation.*

File

Engl., → Datei.

Fill Area

Engl., → Füllgebiet

Filleting

Engl., Verrunden von → Kanten und Ecken mit Hilfe von Übergangselementen (Fillets) im Rahmen von → CAD.

In → 2D-Systemen umfaßt das F. das Festlegen eines Filletradius (bzw. einer Filletfase). Nachdem vom → Nutzer Radius und zu verrundende Ecke eines 2D-Objektes angegeben wurde, paßt das System automatisch einen entsprechenden Kreisbogen ein (Bild 1). Bei der Fasenbildung wird statt Filletradius, Fasenbreite und -winkel angegeben.

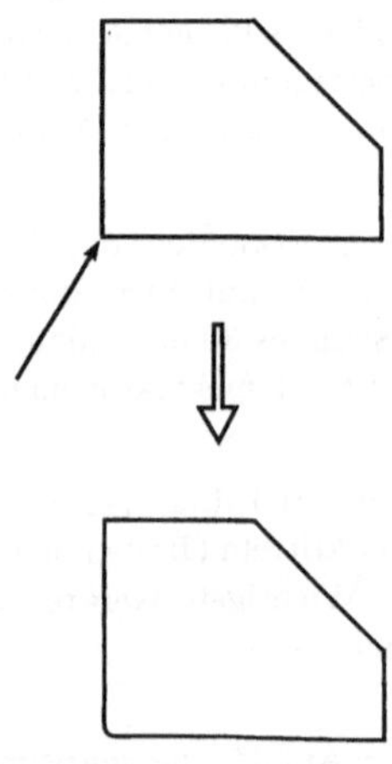

Bild 1

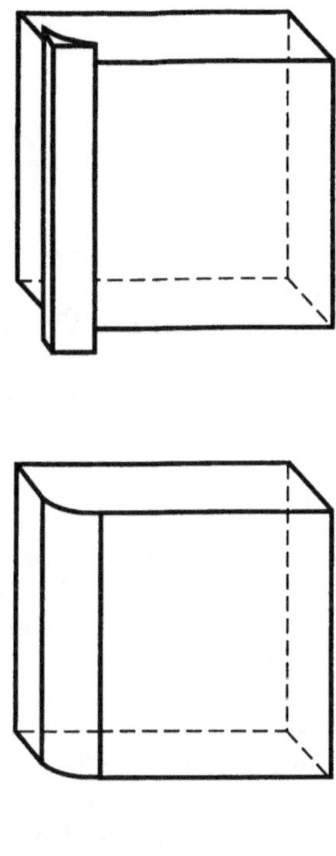

Bild 2

In → 3D-Systemen wird i. allg. eine Vielzahl von → Funktionen zum Erzeugen von Übergangselementen angeboten. Eine Möglichkeit stellt die Bildung von Ausrundungsflächen (fillet surfaces) dar. Diese Ausrundungsflächen verbinden zwei sich schneidende Flächen bzw. Körper, wobei die Übergänge tangential verlaufen. Der Krümmungsradius wird durch den Anwender definiert. Dieses F. hat z. B. für den Formenbau große Bedeutung. Außerdem können Übergangselemente als parametrisierbare 3D-Elemente zur Verfügung stehen. Diese müssen nach Festlegung der Parameter mit den zu verrundenden Objekten mittels → mengentheoretischer Operationen verknüpft werden (Bild 2).

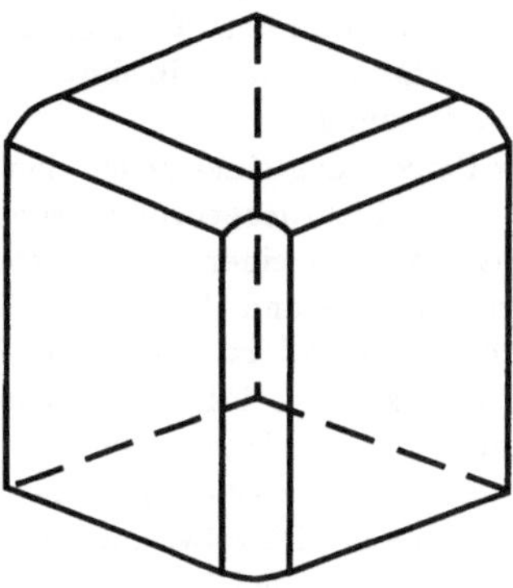

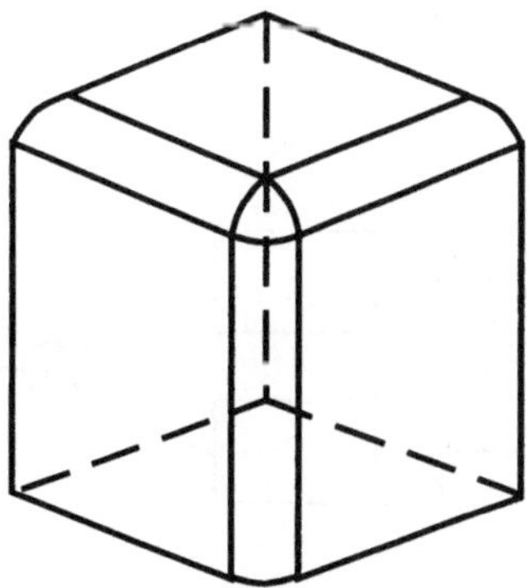

Bild 3

Eine besondere Form des 3D-Filletings ist das Verrunden von Körperecken. Voraussetzung für diese Operation sind bereits ausgeführte Verrundungen der Kanten des 3D-Objektes (Bild 3).

Filter

1. Gerät oder Programm zur Signalverarbeitung.

Ein F. ist dadurch gekennzeichnet, daß ein neuer Signalwert aus einer endlichen ein- oder mehrdimensionalen Folge von Eingangswerten und einem inneren Zustand bestimmt wird. Gleichzeitig wird der Zustand fortgeschrieben. In diesem Sinne ist ein Filter ein Automat.

Wenn zur Berechnung eines neuen Signals nicht auf einen Zustand zurückgegriffen werden muß, dann spricht man von einem → nichtrekursiven Filter. Wenn der Zustand durch den alten Output des Filters repräsentiert wird, dann handelt es sich um ein → rekursives Filter. Ein lineares Filter ist dadurch gekennzeichnet, daß das Anwortsignal a auf die Summe zweier Eingangssignale e_1 und e_2 der Summe der Einzelwirkungen a_1 und a_2 entspricht (Bild). In diesem Fall ist das Filter eindeutig durch seine → Impulsantwort bestimmt.

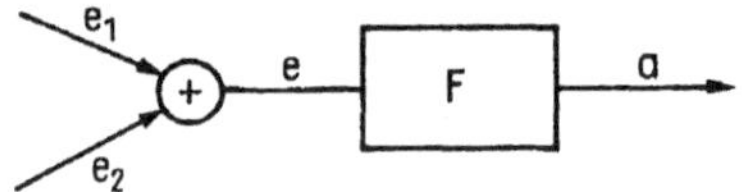

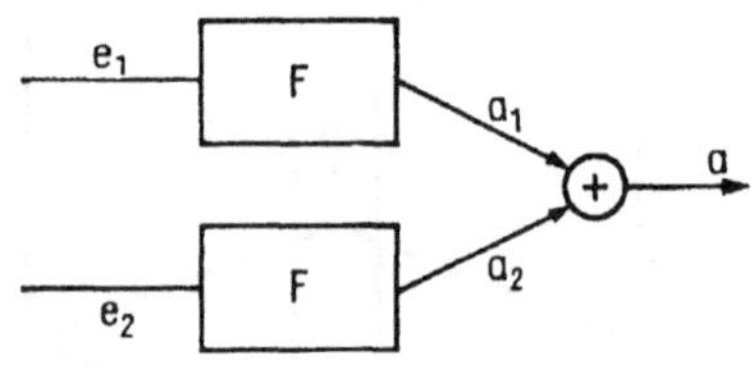

Filter dienen der Separation von Nutz- und Störsignalen, der Detektion ausgezeichneter Signale, der Zerlegung von Signalen in Grundkomponenten und der Regeneration von Signalen (→ inverses Filter). Eine Transformation der Eingangs- und Ausgangssignale kann die Filterung erleichtern und ihre Resultate verbessern (→ **Fourier**filter, → homomorphes Filter).

2. Spezieller Programmtyp in gewissen Betriebssystemen.

Ein F. ist ein Programm, welches von einem Standardeingabekanal Daten in einem für das Gesamtsoftwaresystem verständlichen Format übernimmt, verarbeitet und auf einem Standardausgabekanal ausgibt. Einzelne Filter können hintereinander geschaltet werden und bilden eine sog. Pipeline.

Filterung

→ *Bildfilterung,* → *Filter.*

FIR

Engl. Abk. für finite impulse response, beschränkte → *Impulsantwort.*

FIR bezeichnet die wichtigste Übertragungseigenschaft von → nichtrekursiven Filtern, nämlich daß die Impulsantwort eine endliche Ausdehnung hat.

Flachbettplotter

→ *Plotter, bei dem das Papier oder die Folie auf einer horizontalen ebenen Fläche (Flachbett) liegt.*

Beim F. wird eine beliebige Bewegung des Zeichenstiftes bzw. des Zeichenkopfes dadurch erzeugt, daß eine Brücke über das Flachbett entlang der einen Achse der → Darstellungsfläche hin- und herfahren kann, während sich der Zeichenstift bzw. -kopf mittels eines seperaten Antriebes senkrecht zu dieser Richtung auf der Brücke bewegt (Bild).

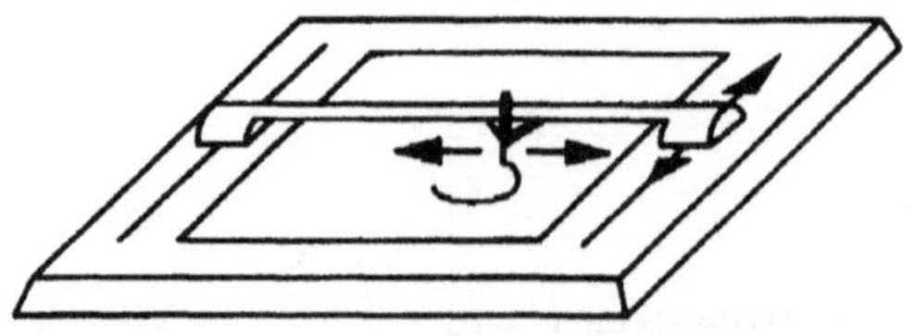

Einen grundsätzlich anderen Aufbau haben → Trommelplotter. Die meisten F. und Trommelplotter sind als → Zeichenstiftplotter ausgeführt. F. gibt es für alle üblichen Papierformate und darüber hinaus zur Erstellung besonders großer Zeichnungen, wie sie vor allem beim Schaltkreis-Entwurf benötigt werden.

Flächenpriorität

Einer Fläche zugeordnetes quantitatives Merkmal, das im Zusammenhang mit den F. anderer Flächen festlegt, welche von jeweils zwei sich auf der → Darstellungsfläche überlappenden Flächen die andere teilweise verdecken soll.

Die Zuordnung von F. zu allen Elementen einer gegebenen Menge von Flächen ist praktisch die Festlegung einer Reihenfolge. Entsprechend dieser Reihenfolge können die Flächen in einer Prioritätsliste geordnet werden. Bei der → Ausgabe der Flächen als unterschiedlich farblich ausgefüllte Objekte z. B. mittels eines farbtüchtigen → Rasterdisplays brauchen die Flächen nur in dieser Reihenfolge, beginnend mit der Fläche niedrigster Priorität, generiert zu werden (Bild 1).

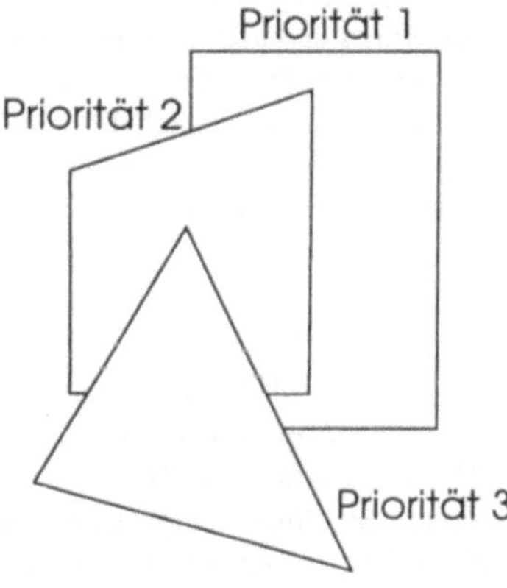

Bild 1

Dann überschreibt jede Fläche in dem Bereich, den sie einnimmt, alle schon vorher erzeugten Flächen niederer F. Werden die Flächen dagegen nur durch ihre Begrenzungslinien repräsentiert, ist ein Klippen (→ Clipping) jeder Fläche an den Flächen höherer F. durchzuführen. Die Prioritätsliste wird also in diesem Fall in umgekehrter Reihenfolge (entsprechend fallender F.) abgearbeitet (Bild 2).

Die F. spielt bei der Lösung des → Verdeckungsproblems im Rahmen der → Visualisierung von → 3D-Modellen (→ Prioritätslistenverfahren) eine wichtige Rolle. Es gibt Fälle, in denen zwei Flächen A und B im dreidimensionalen Raum so angeordnet sind, daß bez. des Betrachters dieser Flächen in einem bestimmten Bereich A vor B und in einem anderen Bereich B vor A liegt (→ zyklische Überlappung). Dann muß vor der Festlegung von F. zunächst eine Zerlegung von A und B in kleinere Flächen so vorgenommen werden, daß eine eindeutige Reihenfolge der neuen Flächen bez. der Blickrichtung des Betrachters gewährleistet ist.

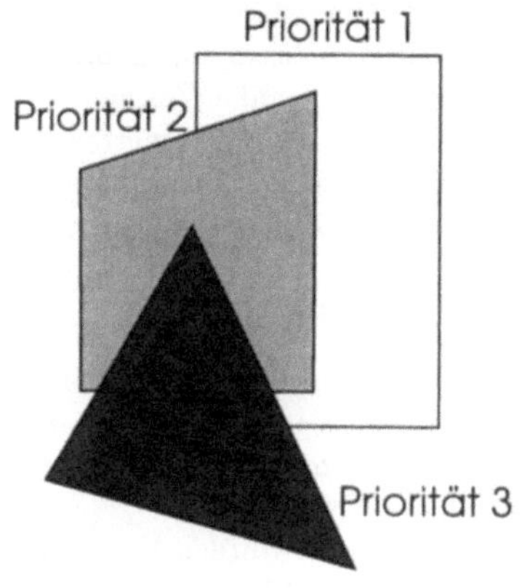

Bild 2

Flächenträgheitsmoment

→ *Gestaltmerkmale.*

Flimmern

Engl. flicker. Periodisches Variieren der → Helligkeit am → Bildschirm, das vom menschlichen Auge wahrgenommen wird.

Im Zusammenhang mit der Darstellung von → Informationen auf technischen Geräten spielen sowohl die Sehbedingungen (Beleuchtungstechnik) als auch Eigenschaften des Auges (Sehleistung) eine bedeutende Rolle. Die Trägheit des Auges setzt seinem zeitlichen Auflösungsvermögen (z. B. seiner Fähigkeit, periodische Lichtreize zu empfinden) eine Grenze. Diese Flimmergrenze (critical flicker fusion frequency) hängt stark von der Helligkeit der Lichtreize ab. Während bei geringen Leuchtdichten von 0,003 cd/m^2 (→ photometrische Größen) die Flimmergrenze bei 6 Hz liegt, erreicht sie bei 3 cd/m^2 etwa 45 Hz und steigt bei noch höheren Leuchtdichten bis auf 60 bis 80 Hz an. Dabei ist die Flimmerempfindlichkeit am Rande der Netzhaut des Auges höher als in ihrer Mitte. Ein Bildschirm, der im Zentrum des Gesichtfeldes aufgestellt, nicht flimmert, kann also in den Randzonen des Gesichtsfeldes einer anderen Person flimmern und dadurch störend wirken.

Das F. ist damit von der Wiederholfrequenz der Bildausgabe abhängig. Da unter normalen Arbeitsbedingungen maximale Bildschirmhelligkeiten von etwa 300 cd/m^2 erforderlich sind, entsteht erst ab einer Bildwechselfrequenz von 80 bis 100 Hz (Bildwiederholungen pro Sekunde) bei Positivdarstellung (dunkle Zeichen auf hellem Grund) der Eindruck eines flimmerfreien Bildes. Mit dem → Zeilensprungverfahren kann die Wirkung des F. abgeschwächt werden.

Flüssigkristalldisplay

Engl. liquid cristal display, Abk. LCD. Auf der Beeinflußbarkeit langgestreckter, stäbchenförmiger Moleküle (Flüssigkristalle) durch das elektrische Feld beruhender → Bildschirm.

Die flüssigen Kristalle wurden bereits Ende des vorigen Jahrhunderts entdeckt, aber bis zu ihrem Einsatz für Anzeigezwecke als eine Kuriosität betrachtet.

F. sind passive Bildanzeigen, da sie das jeweils gegebene Umgebungslicht oder eine gezielte Beleuchtung nutzen und zur Kontrastbildung modulieren. Sie sind also immer auf Fremdbeleuchtung angewiesen. Die aktiven Bildanzeigen (→ Bildröhre, → Plasmadisplay usw.) erzeugen selbst Licht, und der erzielbare Kontrast nimmt daher im Unterschied zu den F. mit zunehmender Beleuchtungsstärke ab.

Flüssigkristallmoleküle haben entweder ein stark permanentes elektrisches Dipolmoment oder eine hohe Polarisierbarkeit, die beim Anlegen eines elektrischen Feldes zu einem starken Dipolmoment führt. Mit Hilfe des angelegten elektrischen Feldes kann die Orientierung der Flüssigkristallmoleküle über die Wechselwirkung mit den Dipolen beeinflußt und damit zwischen definierten Orientierungen umgeschaltet werden. Wegen der Brechungsindex-Anisotropie führt das zu verschiedenen optischen Zuständen, die zur Darstellung von → Informationen ausgenutzt werden können.

Eine Flüssigkristallzelle für Anzeigezwecke ist folgendermaßen aufgebaut:

Der Flüssigkristall befindet sich als dünne Schicht zwischen zwei parallelen Glasplatten, die auf ihren Innenseiten mit transparenten Elektrodenschichten, versehen sind. In die Elektrodenschichten sind die geometrischen Strukturen, die man für die Anzeige braucht, eingeätzt. Eine elektrische Spannung zum Umschalten des Flüssigkristalls wird zwischen Vorder- und Rückelektrode angelegt. Man steuert F. grundsätzlich mit Wechselspannung an, da bei Gleichspannungsbetrieb irreversible elektrochemische Vorgänge einsetzen können. Von Nachteil ist die relativ hohe Schaltträgheit der Flüssigkristalle, was ihre Verwendung für Bildanzeigen mit großem Informationsgehalt erschwert.

Einfache F. mit wenigen Anzeigestellen werden heute in Millionenstückzahlen hergestellt und eingesetzt. Sie haben sich bei Armbanduhren, Meßinstrumenten und Taschenrechnern durchgesetzt.

Bei den Anzeigen mit wenigen Anzeigestellen (7- oder auch 16-Segment-Anzeigen) wird jedes Anzeigesegment gegenüber einer gemeinsamen Gegenelektrode mit einem eigenen Treiber getrennt angesteuert. Bei größerer Stellenzahl ist der Zeitmultiplexbetrieb der Segmente innerhalb einer Matrix günstiger, da die Anzeige dann weniger externe Anschlüsse sowie weniger Treiber benötigt.

Flying Spot

Engl., eng begrenzte Abbildung eines bewegten Licht (Laser)- oder Elektronenstrahls (→ Leuchtfleck) zur Abtastung eines Objektes.

Das von einem Strahlungsempfänger aufgenommene Signal wird vom Reflexions- oder Transmissionsgrad des Objektes moduliert. Besonders vorteilhaft ist, daß die Bestrahlungsenergie nur für den aktuellen Leuchtfleck erforderlich ist. Derartige Verfahren heißen Objektabtastung (→ Abtastung, → Scanner). Die Bewegung des Strahls erfolgt z. B. durch elektromagnetische oder motorische Ablenkeinrichtungen oder Winkeländerung eines Spiegels. Sie verläuft meist zeilenweise, kann aber auch programmgesteuert sein, z. B. zum Abtasten durch Verfolgen von → Konturen. Ein Zeilenvorschub kann durch Translation des Scanners relativ zum Objekt erfolgen (z. B. Flugzeug oder Satellit in der Fernerkundung).

Werden zur Abtastung ausschließlich manuell bewegte Licht- oder Laserstrahlen verwendet oder bewegt sich ausschließlich das Objekt (Densitometer bzw. Trommelscanner), dann spricht man nicht von F.S.-Abtastern.

Formfaktor

→ *Gestaltmerkmale.*

Fourier-Merkmal

Engl. **Fourier** *descriptor. Lageunabhängige Beschreibung einer → Kontur.*

Es sei der Rand eines Binärobjektes (→ Binärbild) oder allgemein eine → digitale Kurve als Liste von N Konturpunkten gegeben. Dann werden die Koordinatenwerte $x(n), y(n)$ der Konturpunkte als komplexe Zahlen $x(n)+\jmath y(n)$ aufgefaßt ($\jmath = \sqrt{-1}$).

Die von einem beliebigen Anfangspunkt ausgehende Verfolgung einer geschlossenen Konturlinie (→ Konturverfolgung), liefert eine Folge R(n)von komplexen Zahlen

$$R(n) = x(n) + \jmath y(n)$$

mit

$$0 \leq n \leq N-1 \text{ sowie } R(n) = R(0) \quad .$$

Die Anwendung der diskreten → **Fourier**transformation auf diese Sequenz liefert eine eindeutige Abbildung der Kontur in den **Fourier**raum $F(k) = \mathcal{F}_D[R(n)]$ $(0 \leq k, n \leq N-1)$. Die N **Fourier**merkmale $F(k)$ ergeben sich durch die Beziehung:

$$\mathbf{F} = \frac{1}{N}\mathbf{W}\mathbf{R}$$

Dabei ist $\mathbf{F}$ der Vektor der **Fourier**koeffizienten $F(k)$ und $\mathbf{R}$ der aus den komplexen Konturkoordinaten $R(k)$ bestehende Vektor. Die Matrix $\mathbf{W}$ ist die Transfomationsmatrix der diskreten **Fourier**transformation.

$$\mathbf{W} = \|W(i,j)\| = W^{ij} \quad \text{mit} \quad W = \exp(-\jmath\frac{2\pi}{N})$$

Die Kontur läßt sich aus den F(k) eindeutig rekonstruieren:

$$R(n) = \sum_{k=0}^{N-1} F(k)W^{-kn} \quad (n = 0, \ldots, N-1)$$

Die **Fourier**koeffizienten $F(k)$ lassen indirekt auf die Objektform schließen, z. B. zeigen große Beträge bei hohen k gezackte Konturverläufe an. Der Beträge der $F(k)$ sind von der Wahl des Startpunktes unabhängig, während die Argumente auf die Verdrehung des Objektes hinweisen. Auch lassen sich durch Normierung der **Fourier**koeffizienten Lage, Größe und Orientierung auf einfache Weise normieren. Somit ist ein invarianter Vergleich mit **Fourier**konturlinienrepräsentationen von anderen Objekten möglich.

Man sollte jedoch beachten, daß die beschriebenen Zusammenhänge exakt nur für äquidistante Abtastung der Kurve gilt. Im allgemeinen sind Konturen jedoch auf einem diskreten quadratischen Abtastraster gegeben und die Abtastintervalle schwanken im Bereich $1\Delta x \cdots \sqrt{2}\Delta x$. Das Verfahren trägt somit approximativen Charakter, was besonders die Auswerbarkeit der Phase (Argument von $F(k)$) beeinträchtigt. Deshalb beschränkt man sich auch meist bei der Objektidentifikation durch eine **Fourier**konturliniendarstellung auf den Betrag (Amplitude von $F(k)$).

Fourierfilter

Verfahren der Signalverarbeitung, das anstelle des Originalsignals dessen **Fourier***transformierte verwendet (→* **Fourier***transformation).*

Ausgehend von der Tatsache, daß eine → Faltung zweier Signale (Eingangssignal und → Impulsantwort) einer Multiplikation der entsprechenden **Fourier**transformierten entspricht, kann man einen Filter sehr effektiv im **Fourier**bereich realisieren. Anstelle der Multiplikation mit einer vorgegebenen Funktion kann man auch andere Modifikationen der **Fourier**transformierten des Eingangssignals vornehmen. Beim α-Filter nach **Andrews** wird beispielsweise die **Fourier**transformierte $G(u,v)$ des Outputs aus der des Inputs $F(u,v)$ wie folgt berechnet:

$$G(u,v) = F(u,v)|F(u,v)|^{\alpha-1} \quad ,$$

d. h. der Betrag der **Fourier**transformierten wird mit α potenziert, während die Phase unverändert bleibt. Eine allzu freizügige Manipulation ist jedoch nicht möglich, weil es eine Beziehung zwischen Real- und Imaginärteil jeder **Fourier**transformierten gibt (→ Hilberttransformation). Ein weiteres nichtlineares F. beruht auf der Berechnung des → Cepstrums, was der Anwendung des komplexen Logarithmus entspricht

$$G(u,v) = \ln(F(u,v)).$$

F. werden sehr effektiv mittels optisch-kohärenter Methoden implementiert (→ analoge Bildverarbeitung).

Fourierkonturlinienrepräsentation

→ **Fourier**-*Merkmal.*

Fouriertransformation

Nach dem französischen Mathematiker **J.B.J. Fourier** *benannte → Integraltransformation.*

Die kontinuierliche F. (CFT) ist eine Funktionaltransformation, die ein Signal aus dem sog. Originalbereich in den Bild- oder Spektralbereich transformiert. Die Bildfunktion wird auch die **Fourier**transformierte genannt. Die F. ist wie folgt definiert:

1D-Fall:

$$F(u) = \mathcal{F}[f(t)] = \frac{1}{\sqrt{2\pi}} \int_{-\infty}^{+\infty} f(t)\, \exp(-\jmath ut)\, dt$$

2D-Fall:

$$F(u,v) = \mathcal{F}[f(x,y)]$$

$$= \frac{1}{2\pi} \int_{-\infty}^{+\infty}\int_{-\infty}^{+\infty} f(x,y) \exp(-\jmath(ux+vy))\, dx\, dy$$

mit $\jmath = \sqrt{-1}$.

Die F. kann als Zerlegung des Signals in sinusförmige (harmonische) Komponenten gedeutet werden. Die physikalische Interpretation der F. wird dadurch erleichtert, daß ein harmonisches Signal auf einen komplexen Impuls abgebildet wird. Dabei entspricht sein Betrag der Schwingungsamplitude und sein Argument der Phasenverschiebung des Signals. Im Falle eines periodischen Signals entsteht durch die F. eine Folge äquidistanter Impulse oder Spektrallinien (s. Bildanhang). Andererseits entsteht durch die F. einer Impulsfolge oder durch → Abtastung eines stetigen Signals eine periodische Funktion. In diesem Fall wird sowohl das Signal als auch die **Fourier**transformierte durch Folgen aus endlich vielen Werten beschrieben. Die Abbildung dieser Folgen aufeinander heißt diskrete F. (DFT) und wird wie folgt definiert:

1D-Fall:

$$F(k) = \mathcal{F}_D[f(n)] = \frac{1}{N} \sum_{n=0}^{N-1} f(n) W_N^{nk}$$

2D-Fall:

$$F(k,l) = \mathcal{F}_D[f(m,n)]$$

$$= \frac{1}{MN} \sum_{m=0}^{M-1}\sum_{n=0}^{N-1} f(m,n) W_M^{mk} W_N^{nl}$$

mit $W_K = \exp(-\jmath\frac{2\pi}{K})$.

Sowohl CFT als DFT werden von verschiedenen Autoren mit unterschiedlichen Vorfaktoren und Variablen definiert.

Die F. ist sowohl als CFT wie als DFT linear, d. h. bei konstanten a, b gilt:

$$\mathcal{F}[a \cdot f(\cdot) + b \cdot g(\cdot)] = a \cdot \mathcal{F}[f(\cdot)] + b \cdot \mathcal{F}[g(\cdot)]$$

Die → Faltung zweier Funktionen bzw. Folgen entspricht der Multiplikation der beiden Transformierten.

$$\mathcal{F}[f(\cdot) * g(\cdot)] = \mathcal{F}[f(\cdot)] \cdot \mathcal{F}[g(\cdot)]$$

Die Verschiebung des Ursprungs von Funktionen bzw. Folgen entspricht der Multiplikationen der F. mit einem Faktor vom Betrag 1:

$$\mathcal{F}[f(t-\Delta t)] = \exp(-\jmath\Delta tu) \cdot \mathcal{F}[f(t)]$$

bzw.

$$\mathcal{F}[f(x-\Delta x, y-\Delta y)]$$

$$= \exp(-\jmath(\Delta xu + \Delta yv)) \cdot \mathcal{F}[f(x,y)]$$

Bild 1 illustriert die Umsetzung eines abgetasteten harmonischen Bildsignales in die zweidimensionale F.. In Bild 1 a bedeuten die dunklen und hellen Streifen „Wellenkämme" bzw. „Wellentäler" des Signals, welches hier in einem Koordinatensystem aufgetragen ist, das in Fernsehabtastrichtung oder als Matrix orientiert angenommen wird. Es wird außer durch die Amplitude durch den Winkel φ und die Wellenlänge λ beschrieben. Die diskrete F. (Bild 1 b) verschwindet überall außer an den zwei Stellen (k_λ, l_λ) und $(M-k_\lambda, N-l_\lambda)$, wo sie konjugiert komplexe Werte annimmt. Dabei sind

$$k_\lambda = \frac{M}{\lambda}\cos\varphi; \quad l_\lambda = \frac{N}{\lambda}\sin\varphi \quad .$$

Man kann diese Werte als „Spektrallinien" interpretieren. Eine Verschiebung des Bildsignales hat nur Einfluß auf das Argument (Phase) von $F(k,l), F(M-k, N-l)$, nicht jedoch auf den Betrag.

Die Rücktransformation vom Spektral- in den Originalbereich ist wieder eine F., wie die Tafel auf der folgenden Seite zeigt. Dabei sind konstante Faktoren sowie die Vorzeichenumkehr von Variablen bzw. Indizes anzuwenden.

	CFT	DFT
1D-Fall	$f(t) = \mathcal{F}[F(-u)]$	$f(n) = N\mathcal{F}_D[F(N-k)]$
2D-Fall	$f(x,y) = \mathcal{F}[F(-u,-v)]$	$f(x,y) = MN\mathcal{F}_D[F(M-k, N-l)]$

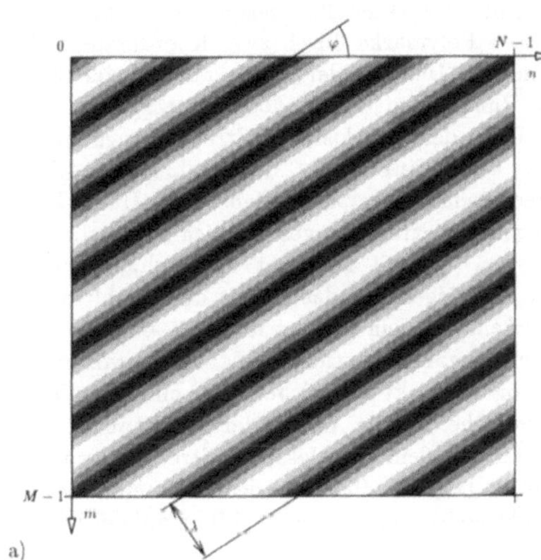
a)

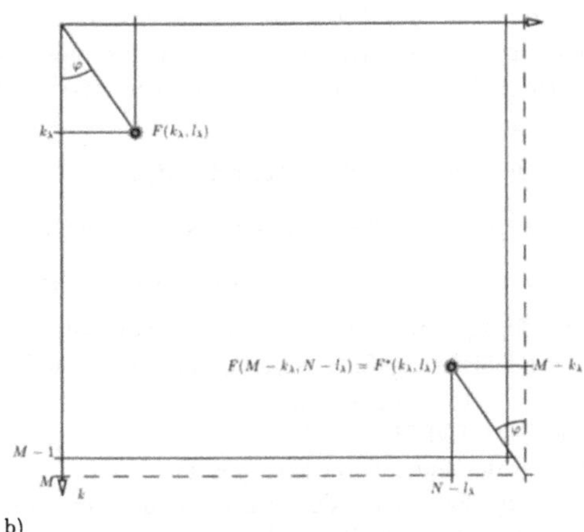
b)

Bild 1

Bestrahlt man, wie in Bild 2 dargestellt, eine transparente Vorlage (z. B. ein Diapositiv) $f(x,y)$, welches in einem Brennpunkt einer Sammellinse L steht, mit einer ebenen Welle (1), dann entsteht in der anderen Brennebene eine Feldverteilung $g(x,y)$, die bis auf einen konstanten Faktor die F. von $f(x,y)$ ist.

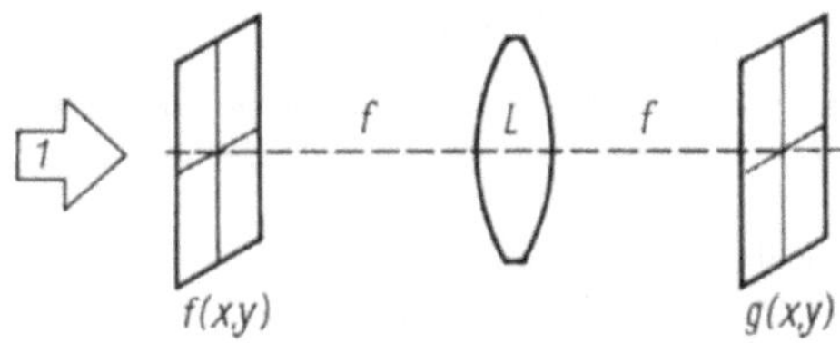

Bild 2

Fraktal

Engl. fractal. Geometrisches Gebilde (Punktmenge), dessen → **Hausdorff-Besicovitch**-*Dimension größer als die topologische Dimension und im allgemeinen nicht ganzzahlig ist.*

Beispiele für F. sind Küstenlinien, die Gestalt von Mineralien, Bäumen, Blättern, aber auch physikalische Phänomene wie der Magnetismus, die Turbulenz und die Brownsche Molekularbewegung. So hat die 1-D Bahnkurve einer Brownschen Molekularbewegung in der Ebene die **Hausdorff-Besicovitch**-Dimension 2. Die Eigenschaft der Selbstähnlichkeit, d. h. der Identität von vergrößerten Ausschnitten des Objekts mit diesem selbst, definiert ebenfalls F.. F. lassen sich rechentechnisch durch → Iteration erzeugen; dabei entstehen Punktmengen, die reich an Details, aber durch nur wenige Parameter bestimmt sind. F. sind deshalb gut für die Erzeugung und Erkennung von → Texturen, die → Bilddatenkompression und die → Computergrafik einsetzbar.

Frame

Engl., Gerüst oder Rahmen mit verschiedenen Interpretationen.

1. Einzelnes Vollbild innerhalb einer Bildfolge, insbesondere innerhalb eines Videosignalstroms (→ Bilddatenkompression).

2. Spezielle Repräsentationsform und die ihr zugrundeliegende Datenstruktur zur Abspeicherung von Wissen in der → Künstlichen Intelligenz.

Freeman-Kode

→ Kettenkode.

Freiformfläche

→ Freiformflächen-Modellierung.

Freiformflächen-Modellierung

Erzeugung → rechnerinterner Modelle komplizierter (frei geformter) Flächen im dreidimensionalen Raum.

In vielen Anwendungsbereichen von → CAD und → CAD/CAM reicht eine → 3D-Modellierung auf der Basis einfacher Körper wie z. B. Quader, Zylinder, Kugel, Kegel nicht aus (→ CSG-Modellierung). Dies betrifft u. a. die → Modellierung von Karosserieteilen für Automobile, Flugzeuge und Raumfahrzeuge sowie die Modellierung von Schiffsrümpfen, Turbinenschaufeln und vieler Gehäuseteile. Zur Modellierung der entsprechenden flächenhaften Gebilde (wie Karosserieteile) bzw. kompliziert geformter Körperoberflächen, d. h. zur F., wurde ein breites Spektrum mathematischer Verfahren (→ Computergeometrie) entwickelt. Beispiele dafür sind das → **Bézier**-Verfahren zur F., die Modellierung mit Hilfe von Coons' Patches und die Verwendung von NURBS (non-uniform rational B-Splines; → Spline).

Die → 3D-Computergrafik (→ Computergrafik) bietet Möglichkeiten der anschaulichen Darstellung von Freiformflächen (→ Visualisierung von → 3D-Modellen). Werden zur Darstellung nur Punkte und Linien genutzt (→ Liniengrafik), so ist unbedingt ein Netz in die Freiformfläche einzubetten, um eine Vorstellung von Lage und Form der dreidimensionalen Fläche vermitteln zu können. Bei einer → Schattierung der Flächen ist zur Erzeugung einer anschaulichen Darstellung eine → Beleuchtungssimulation notwendig (→ Gouraud-Shading, → Phong-Shading, → Strahlverfolgungsalgorithmus).

Füllgebiet

Engl. fill area. Das im Rahmen von → GKS definierte → Darstellungselement F. ist ein ebener Bereich, der von einem gedachten geschlossenen Streckenzug begrenzt wird, dessen Inneres entweder vollständig leer bleibt oder mit einer einheitlichen Farbe oder einem Muster (insbesondere einer → Schraffur) ausgefüllt wird.

Der geschlossene Streckenzug wird ähnlich wie im Falle der Darstellungselemente → Linienzug und → Polymarke durch zwei Koordinatenfelder definiert. Diese Felder repräsentieren eine Folge von Punkten im → Weltkoordinatensystem. Für die Form des geschlossenen Streckenzuges gibt es keine Einschränkungen. Die Anzahl der einzelnen Strecken darf prinzipiell beliebig sein, Überschneidungen des Streckenzuges mit sich selbst sind zugelassen. Damit ist nicht mehr ohne weiteres klar, was eigentlich das Innere des geschlossenen Streckenzuges sein soll. Im Rahmen von GKS wird folgendermaßen entschieden: Man ziehe von einem beliebigen Punkt der Zeichenfläche einen Strahl ins Unendliche. Ist die Anzahl der Schnittpunkte des Strahls mit dem geschlossenen Streckenzug ungerade, so liegt der Punkt in dessen Inneren. Ist sie gerade, so liegt er außerhalb (Bild a auf der folgenden Seite).

Die Darstellung des Inneren des geschlossenen Streckenzuges (der durch die o. g. Koordinatenfelder definiert ist) wird durch → Attribute gesteuert. Dem F. sind drei nichtgeometrische Attribute zugeordnet:

- Füllgebietsausfüllung (interior style),
- Füllgebietsausfüllungsindex (style index),
- Füllgebietsfarbindex (fill area colour index).

Die Füllgebietsausfüllung entscheidet, wie das F. grundsätzlich gefüllt werden soll. Sie kann folgende „Werte" annehmen:

LEER (HOLLOW): Das Innere des gegebenen geschlossenen Streckenzuges bleibt leer. Nur in diesem Fall wird der umrandende Streckenzug selbst dargestellt, und zwar in der Farbe, die der aktuell zu benutzende Füllgebietsfarbindex (→ Farbindex) angibt.

VOLL (SOLID): Das Innere wird homogen mit einer Farbe gefüllt, die der aktuell zu benutzende Füllgebietsfarbindex angibt.

MUSTER (PATTERN): Das Innere wird unter Verwendung des aktuell ausgewählten Füllgebietsausfüllungsindex (s.u.) mit einem Muster ausgefüllt.

SCHRAFFUR (HATCH): Das Innere wird unter Verwendung des aktuell zu benutzenden Füllgebietsausfüllungsindex und des Füllgebietsfarbindex in einer bestimmten Art schraffiert. Im Gegensatz zu MUSTER kann der → Nutzer nur zwischen verschiedenen Schraffuren auswählen, aber keine selbst direkt definieren.

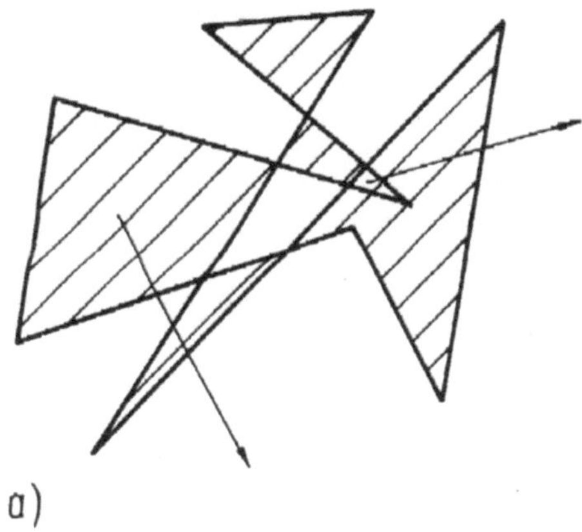

a)

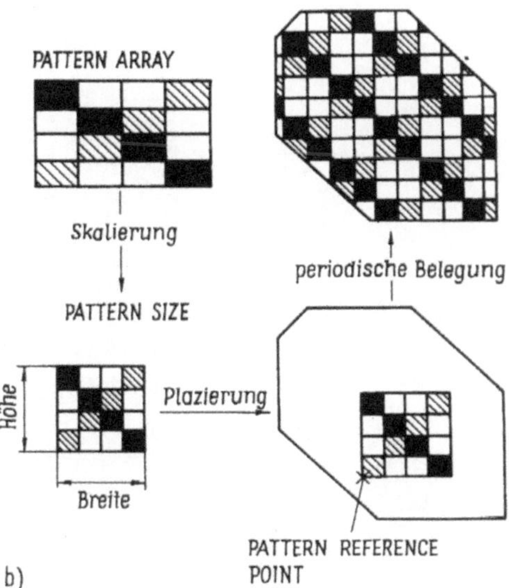

b)

Das zweite nichtgeometrische Attribut (Füllgebietsausfüllungsindex) bezieht sich entweder auf die Mustertabelle (wenn die Füllgebietsausfüllung MUSTER ist) oder die Schraffurliste (wenn die Füllgebietsausfüllung SCHRAFFUR ist). Über das Attribut Füllgebietsausfüllungsindex erfolgt die Auswahl der konkreten Art der Strukturierung des F. Bei der Füllgebietsausfüllung LEER und VOLL wird der Füllgebietsausfüllungsindex ignoriert.

Ein Muster wird durch ein zweidimensionales Feld von Farbindizes (pattern array) definiert, die Zeiger in die → Farbtabelle sind. Ab → GKS-Leistungsstufe 1a kann solch ein Feld vom Nutzer selbst spezifiziert werden. Über die Festlegung der Mustergröße (pattern size) und des geometrischen Attributs Musterreferenzpunkt (pattern reference point) wird das Feld skaliert bzw. plaziert. Es erfolgt dann eine periodische Wiederholung des Musters in x- und y-Richtung, wobei nur die innerhalb des F. liegenden Teile des Musters und seiner periodischen Fortsetzung dargestellt werden (Bild b).

Das dritte nichtgeometrische Attribut (Füllgebietsfarbindex) ist ein Zeiger in eine Farbtabelle, mit dessen Hilfe die einheitliche Farbe für das Innere eines F. (bei Füllgebietsausfüllung VOLL und SCHRAFFUR) bzw. für den das F. umrandenden Streckenzug (bei Füllgebietsausfüllung LEER) spezifiziert wird.

Das Erscheinungsbild von F. läßt sich auch über → Bündeltabellen steuern. Über die aktuell vorgesehene Verwendung von Attributen (individuell oder gebündelt) geben der → Aspektanzeiger (AA) Füllgebietsausfüllung, der AA Füllgebietsausfüllungsindex und der AA Füllgebietsfarbindex Auskunft.

Neben der → Zellmatrix ist das F. eines der Darstellungselemente, das im Rahmen von GKS der stürmischen Entwicklung der → Rastergrafik Rechnung trägt und zur → Ausgabe von flächenhaften Darstellungen geeignet ist.

Funktion

1. In der Mathematik eine eindeutige Abbildung der Elemente des Definitionsbereiches der F. auf die Elemente ihres Wertebereiches.

Die F. ist eine Menge geordneter Paare (x, y), wobei die Urbildmenge aller x den Definitionsbereich und die Bildmenge aller möglichen y den Wertebereich bildet. F. werden beschrieben durch analytische Ausdrücke, Wertetabellen oder grafische Darstellungen.

2. In der Programmierung ein Unterprogramm in

einer → höheren Programmiersprache, das neben der Parameterrückgabe einen Ergebniswert über den Funktionsnamen liefert.

F. können im Unterschied zu Prozeduren auch in Ausdrücken wie Variable verwendet werden. Man unterscheidet zwischen sprachspezifisch vorgegebenen Standardfunktionen (z. B. SIN(x)) und vom → Nutzer selbst definierten F.. Funktionale Programmiersprachen entfalten ihre Wirkung lediglich über zurückgegebene Funktionswerte; Funktionen sind in ihnen frei von Nebenwirkungen und sichern dadurch geringe Fehleranfälligkeit und hohe Nebenläufigkeit.

3. Synonym für eine von einem technischen System zu lösende Aufgabe.

Es werden die wichtigsten Eigenschaften, die Einordung in den Gesamtzusammenhang sowie die prinzipielle Arbeitsweise eines technischen Objektes unter dem Begriff F. zusammengefaßt. Dabei wird vom Aufbau des Systems (Struktur) weitgehend abstrahiert. Aufgrund ihrer Komplexität und Flexibilität können → rechnerunterstützte Systeme eine Vielzahl von F. ausführen. Ein Teil dieser F. wird dem Nutzer des Systems direkt an der → Mensch-Rechner-Schnittstelle angeboten (z. B. mittels der → Menütechnik).

Funktionsmenü

→ Menü.

Funktionstablett

→ Tablett.

Auftrag	Einzel-aktivitäten	Reihenfolge-restriktionen	Arbeitszeit in Einr. 1 /h/	Arbeitszeit in Einr. 2 /h/
A1	A1.1	A1.1→(A1.2/A1.3)	2,0	0,5
	A1.2		—	1,5
	A1.3		2,0	1,0
A2	A2.1	A2.1→A2.2→(A2.3/A2.4)	—	1,0
	A2.2		1,0	2,0
	A2.3		1,0	1,0
	A2.4		2,0	2,5
A3	A3.1	A3.1→A3.2	2,0	3,0
	A3.2		1,0	1,0
A4	A4.1	keine	—	1,0
	A4.2		2,0	—

Gamma

Kennwert von → elektronischen Kameras und → Katodenstrahlröhren.

Videokameras und Katodenstrahlröhren (CRT) haben eine nichtlineare Kennlinie der Lichtintensität I in Abhängigkeit vom elektrischen Signal U.

$$I = c\,U^{\gamma} + I_0$$

mit

c Verstärkung,

I_0 Schwarzpegel bei CRT oder Schwellwert bei Kameras,

γ Gamma.

γ liegt im Bereich 1...3. Vidikons haben ein G. von ca. 1,7, während es bei den üblichen CRT im Bereich 2,5...3 liegt. Orthikons zeichnen sich durch gute Linearität ($\gamma \approx 1$) aus. Zur Korrektur der unterschiedlichen G. von Kamera und Display wird eine elektrische Kennlinienkorrektur (Gammakorrektur) durchgeführt. Manchmal wird bei Kameras der Wert $1/\gamma$ als G. bezeichnet.

Gammakennlinie

→ Gamma, → optische Dichte.

Gantt-Diagramm

Nach dem amerikanischen Betriebswirtschaftler H.L. Gantt benanntes → Diagramm zur grafischen Darstellung der Zuordnung von Aktivitäten zu Maschinen, Geräten, Prozessoren, Arbeitskräften u. a. innerhalb einer Zeitspanne.

Das Bild zeigt ein Beispiel eines G., das die Ausführung von vier Aufträgen mit Hilfe von zwei Einrichtungen illustriert. Die Tafel gibt an, aus wieviel Einzelaktivitäten diese Aufträge jeweils bestehen, in welcher Reihenfolge und in welchen Einrichtungen die Einzelaktivitäten abgewickelt werden können und wieviel Zeit für diese Abwicklung in den beiden Einrichtungen benötigt wird (ein Strich gibt an, daß sich die entsprechende Einzelaktivität auf der Einrichtung nicht abarbeiten läßt). Übergangsszeiten wurden hier vernachlässigt.

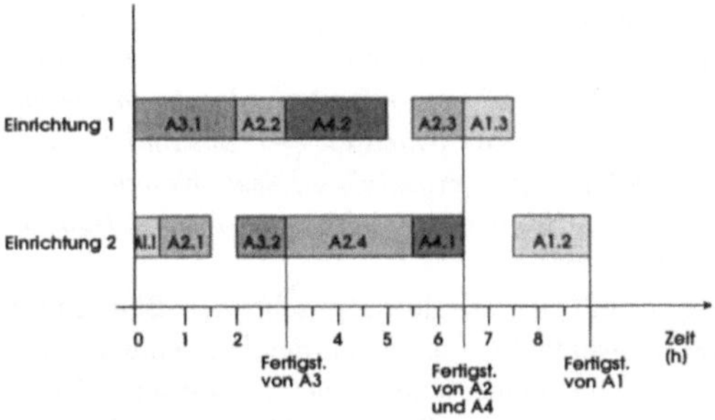

Die Tafel stellt also Bedingungen dar, sagt aber noch nichts über die zeitliche Zuordnung von Aktivitäten zu den Einrichtungen aus. Diese Aussagen sind im G. enthalten; die waagerechten Balken mit ihren unterschiedlichen Flächenfüllungen

(z. B. → Schraffuren), die jeweils einen Auftrag symbolisieren, geben an, in welchen Zeitintervallen und in welchen Einrichtungen jede Aktivität abgewickelt wird. Mittels → Computergrafik erzeugte G. zur grafischen Veranschaulichung von simulierten oder aktuellen Maschinenbelegungen sind ein wesentlicher Teil der grafisch orientierten → Mensch-Rechner-Schnittstelle von Systemen für die → rechnerunterstützte Fertigung. Die Darstellungen werden vorrangig auf farbtüchtigen → Rasterdisplays (→ Farbdisplay) erzeugt. Eine Kombination von Farben und → Symbolen kann der auffälligen Kennzeichnung verschiedener Aufträge dienen. Bilder im Bildanhang zeigen Beispiele für G.. Eine dieser Computergrafiken wurde auf einem → semigrafischen Bildschirmsystem generiert.

GByte

(giga) $2^{30} = 1\ 073\ 741\ 824 \approx 10^9$ → *Byte.*

GDP

Engl. Abk. für Generalized Drawing Primitive, → verallgemeinertes Darstellungselement.

Gebietshierarchie

→ *Gebietsnachbarschaftsgraph.*

Gebietsmarkierung

Engl. domain labeling, connected component labeling. → Bildoperation, die ausgehend von der Definition einer → Nachbarschaft für eine in Form eines → Binärbildes gegebene Teilmenge der Punkte eines → Rasters bzw. → Rasterbildes deren zusammenhängende Komponenten (→ Zusammenhang, → Bildtopologie) ermittelt. Diese Komponenten werden als Segmente weiterverwendet (→ Bildsegmentierung)

In einem sich aus der G. ergebenden Bild tragen die Bildelemente einer zusammenhängenden Komponente die gleiche und solche verschiedener Komponenten unterschiedliche Markierungen. Das Bild zeigt ein Beispiel für die G. entsprechend der 4- sowie der 8-Nachbarschaft (Bild b bzw. c), wobei die zu markierende Punktmenge durch die schwarzen → Bildelemente des Binärbildes (Bild a) gegeben ist. I. allg. liefern Verfahren der G. außerdem ein → Histogramm des Ergebnisbildes (Anzahl der Punkte jeder Komponente als Schätzung der Fläche) und Informationen zur Lokalisierung der Komponenten (umschreibendes Rechteck, Koordinaten eines ausgewählten Konturpunktes).

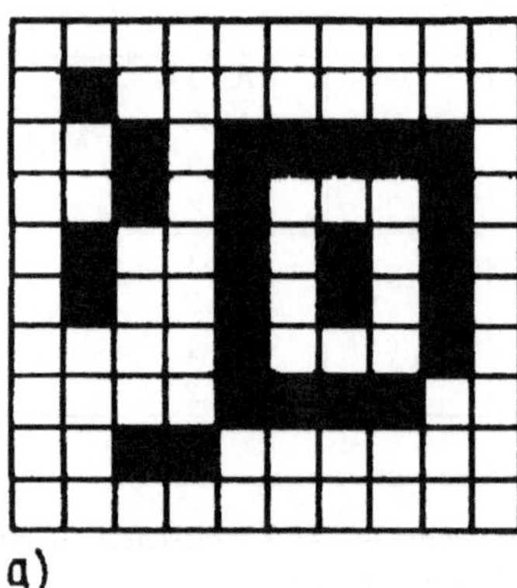

a)

	1								
		2		3	3	3	3	3	
		2		3				3	
	4			3		5		3	
	4			3		5		3	
				3				3	
				3	3	3	3		
		6	6						

b)

	1								
		1		2	2	2	2	2	
		1		2				2	
	1			2		3		2	
	1			2		3		2	
				2				2	
				2	2	2	2		
		2	2						

c)

Ein verbreitetes Verfahren zur G. ist das → Zeilenkoinzidenzverfahren. Es gehört zu den Verfahren, die während des sequentiellen Bilddurchlaufs alle Komponenten gleichzeitig verarbeiten. Andere Verfahren verarbeiten, indem sie stets innerhalb einer Komponente bleiben, diese nacheinander (→ Konturverfolgung).

Auf Universalrechnern erfordert die G. oft einen sehr hohen Zeitaufwand. Zum Beschleunigen sind entweder spezielle Hardwarelösungen für bestimmte Teilschritte oder Rechner zur → Parallelverarbeitung notwendig.

Gebietsnachbarschaftsgraph

Engl., region adjacency graph. Darstellung der Nachbarschaftsbeziehungen (→ Nachbarschaft) zwischen zusammenhängenden Gebieten (→ Zusammenhang) in einem → Rasterbild als → Graph.

Die Erstellung und Analyse eines G. hat große Bedeutung in der → automatischen Bildanalyse. Ausgangspunkt ist eine vollständige Zerlegung der Menge aller Punkte eines Rasterbildes in $n \geq 2$ elementefremde Teilmengen $P_1, P_2, \ldots, P_n$, wie sie sich durch → Bildsegmentierung ergibt. Diese Zerlegung ist als Rasterbild mit den Werten $1, 2, \ldots, n$ darstellbar (Bild a). Entsprechend einer für das verwendetete Raster definierten Nachbarschaft besteht jede Punktmenge P_i aus m_i Komponenten (zusammenhängenden Gebieten), die mit den Verfahren der → Gebietsmarkierung bestimmt werden können. Das gesamte Bild setzt sich damit aus $m = m_1 + m_2 + \cdots + m_n$ Komponenten K_{ij} $(i = 1, \ldots, n;\ j = 1, \ldots, m)$ zusammen (Bild b).

Zwei Komponenten A und B sind zueinander benachbart, falls es einen Punkt in A und einen Punkt in B gibt, die zueinander benachbart sind. Die Darstellung aller Nachbarschaftsbeziehungen in der Menge aller Komponenten ergibt den G., dessen Kanten auf Grund der Symmetrieeigenschaft der Nachbarschaftsbeziehung ungerichtet sind (Bild c).

Aus dem G. kann ausgehend von den Randkomponenten (Komponenten, welche Punkte enthalten, die zum Rand des Rasters gehören) die Gebietshierarchie abgeleitet werden (Bild d). Eine von einer Komponente A nach einer Komponente B gerichtete Kante bedeutet, daß A und B benachbart sind und gleichzeitig A die Komponente B umgibt. Durch Einfügen aller transitiver Überbrückungen in die Gebietshierarchie erhält man den Umgibtgraphen (Bild e).

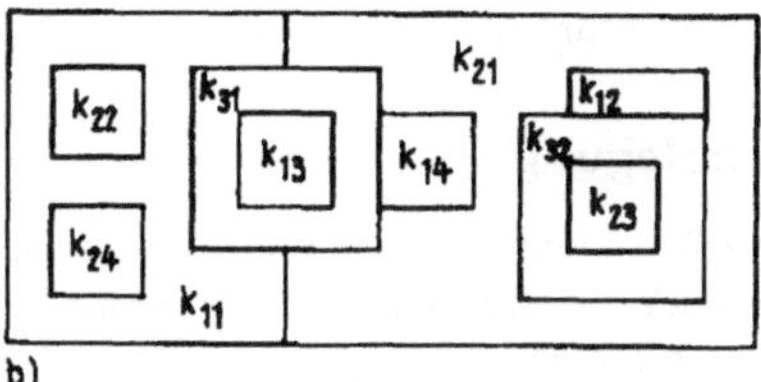

a)

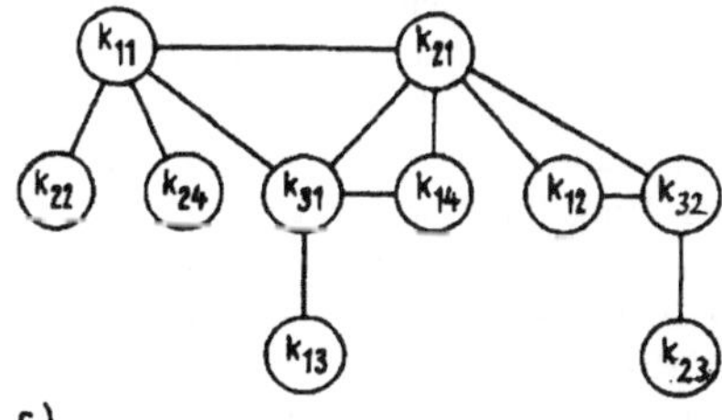

b)

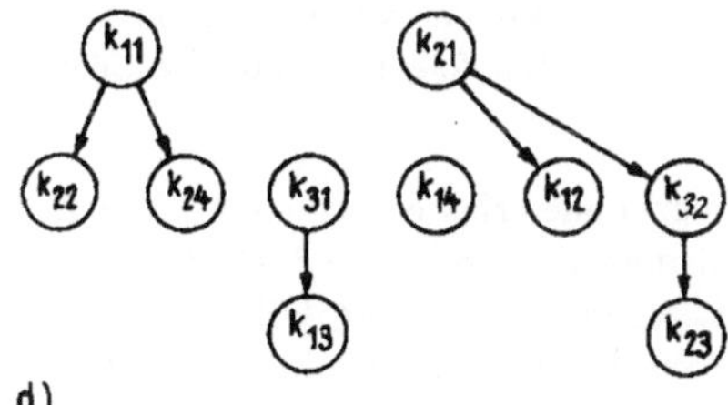

c)

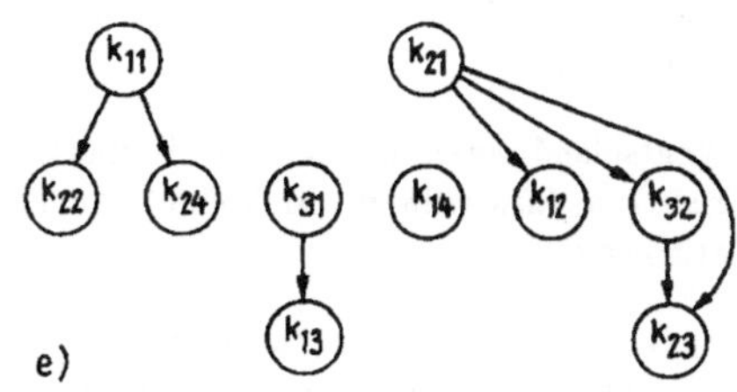

d)

e)

Bei Verwendung der 4- bzw. 8-Nachbarschaft in rechteckig gerasterten Bildern können sich dabei Paradoxien ergeben (→ Digitalgeometrie). Widerspruchsfreiheit kann in diesem Fall nur sichergestellt werden, wenn n auf den Wert 2 beschränkt und in den Mengen P_1 und P_2 die jeweils komplementäre Nachbarschaftsdefinition bei der Komponentenbildung betrachtet wird. Für die Gebietsnachbarschaft ist dann die 4-Nachbarschaft zu verwenden.

Der Begriff des G. ist nicht auf die Digitalgeometrie beschränkt; auch eine kontinuierliche → Gebietszerlegung führt auf einen G..

Gebietszerlegung

Verfahrensklasse zur → Bildsegmentierung, die Kantenverläufe (→ Kantendetektion) nicht unmittelbar ableitet, sondern darauf abzielt, Gebiete (Regionen) abzugrenzen.

Diese Gebiete werden natürlich auch durch Kanten abgegrenzt, jedoch werden diese Grenzen i. allg. unter Berücksichtigung sämtlicher Grauwerte innerhalb eines Gebietes und nicht nur der in der Umgebung seiner Grenzen bestimmt. Hauptvertreter der G. sind die Histogrammzerlegung (→ Histogramm) und das Split-and-merge-Verfahren (Teilen und Verbinden).

Die Histogrammzerlegung entspricht im wesentlichen einer Ballungsanalyse auf Grund von pixelbezogenen Merkmalen wie etwa Helligkeit oder Farbe. Dabei treten folgende typische Schwierigkeiten auf:

- Histogramme erfassen keine örtlichen Zusammenhänge, diese sollten jedoch eine Zerlegung beeinflussen. Bei einer höherdimensionalen Analyse lassen sich Ortskoordinaten als Pixelmerkmal berücksichtigen.
- Histogrammzerlegungen sind oft mehrdeutig und unscharf.
- Fehlentscheidungen können im Verlaufe der rekursiven Anwendung auf Teilgebiete kaum korrigiert werden.

Das Split-and-Merge Verfahren kombiniert eine Zerlegungsphase mit einer Verschmelzungsphase und kann dadurch frühe Fehlentscheidungen korrigieren. Zwei auch für andere Verfahren nützliche Datenstrukturen spielen eine zentrale Rolle. Dies sind der sog. quartäre Bildbaum oder → Quadtree, mit dem ein Bild als Hierarchie von Quadranten repräsentiert wird, bzw. der sog. → Gebietsnachbarschaftsgraph, welcher den direkten Zugriff auf alle mit einem Gebiet benachbarte Gebiete erlaubt.

Der Split-and-Merge Algorithmus läuft für einen Quadtree vereinfacht wie folgt ab:

1. Beginne mit einer beliebigen Anfangszerlegung in Quadranten einer Quadtree-Ebene!
2. Verschmelze rekursiv Vierergruppen von Quadranten in ihrem Ursprungsknoten (Vater), falls sie gemeinsam das Uniformitätskriterium erfüllen!
3. Teile rekursiv jeden Quadranten in seine 4 Unterquadranten (Söhne), falls er das Uniformitätskriterium verletzt!
4. Verschmelze rekursiv alle benachbarten Gebiete, die gemeinsam das Uniformitätskriterium erfüllen! Damit werden ungerechtfertigte Teilungen mit Hilfe des Gebiets-Nachbarschaftsgraphen beseitigt.
5. Verbessere das Ergebnis durch Beseitigung von Gebieten, die unterhalb einer Größenschranke liegen!

Generalized Drawing Primitive

Engl. Abk. GDP, → verallgemeinertes Darstellungselement.

Generative Computergrafik

Weitgehend synonym zu → Computergrafik in der Bedeutung als Fachgebiet bzw. Methodologie verwendeter Begriff.

Dieser Begriff bezieht sich ausdrücklich auf die Erzeugung von Grafiken aus → rechnerinternen Modellen oder ihre interaktive Generierung unmittelbar durch den Menschen und schließt damit → digitale Bildverarbeitung und → automatische Bildanalyse explizit aus.

Genlock

Einrichtung zum Mischen von Videosignalen.

G. werden als Erweiterungen von → Rasterdisplays für die Präsentationsgrafik und → Computer Animation verwendet. Das Videosignal aus dem

→ Videoprozessor wird im G. mit einem anderen aus Fernsehkamera oder -recorder überlagert. Das resultierende Signal wird auf dem → Monitor sichtbar gemacht oder wieder mit einem Videorecorder aufgezeichnet.

Geometriefehler

Abweichung von der geometrisch korrekten Wiedergabe eines Bildes auf dem → Bildschirm einer → Katodenstrahlröhre.

G. werden durch Toleranzen in den Ablenkschaltungen von Katodenstrahlröhren hervorgerufen. Die Größe des G. ist die Abweichung eines beliebigen Bildpunktes von seiner Sollage. Sie wird in Prozent der Bildhöhe und Bildbreite angegeben. Ihre Messung kann z. B. durch einen Vergleich eines auf dem Bildschirm dargestellten Gitters mit einer Folie erfolgen, auf der die zulässigen Bereiche von Gitterkreuzungen als Toleranzbereiche markiert sind.

Geometrische Korrektur

Verarbeitungsschritt zur Gewährleistung der Dekkungsgleichheit von Bildern (→ Bildkoinzidenz) oder spezieller Darstellungseffekte für → Visualisierung und → Computer Animation.

Dabei sind die Ortskoordinaten des Bildes in das Koordinatensystem eines Zielbildes zu transformieren, welches in bezug auf eine Anwendung einen Standard festlegt (→ Bildrektifikation). Die g.K. innerhalb von zwei oder mehr Bildern wird auch als geometrische Bildanpassung bezeichnet.

Geradengleichung

Gleichung, die von den → Koordinaten aller Punkte des n-dimensionalen Raumes erfüllt werden, die auf einer Geraden liegen.

Jede Gerade in einer Ebene wird durch die Gleichung

$$Ax + By + C = 0 \quad \text{mit} \quad A^2 + B^2 > 0$$

beschrieben.

Im n-dimensionalen Raum $\mathbf{R}^n$ sind zur vollständigen Beschreibung einer Geraden $n-1$ linear unabhängige Gleichungen in den Ortskoordinaten erforderlich.

Unter Verwendung von Punkten bzw. Vektoren $\mathbf{p}$ des $\mathbf{R}^n$ gibt es dafür verschiedene Darstellungsformen:

- Parametergleichung

$$\mathbf{p} = \mathbf{p_0} + \lambda \mathbf{u},$$

wobei $\mathbf{p_0}$ ein fester Punkt auf der Geraden und $\mathbf{u}$ der Richtungsvektor entlang der Geraden ist (Bild 1).

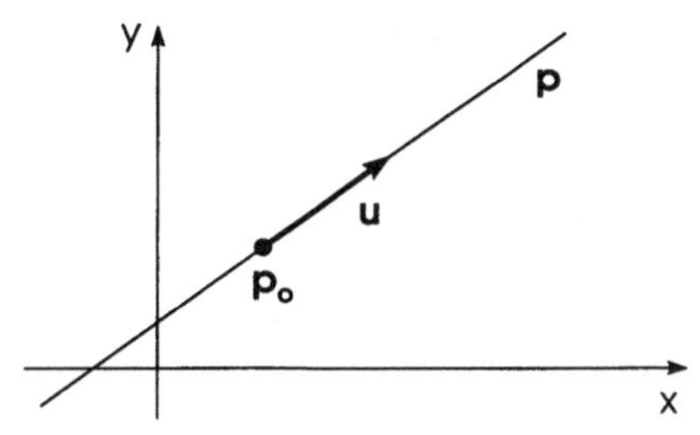

Bild 1

- Zweipunktegleichung

$$\mathbf{p} = \mathbf{p_0} + \lambda(\mathbf{p_1} - \mathbf{p_0}),$$

wobei $\mathbf{p_0}$ und $\mathbf{p_1}$ zwei vorgegebene Punkte der Geraden sind (Bild 2).

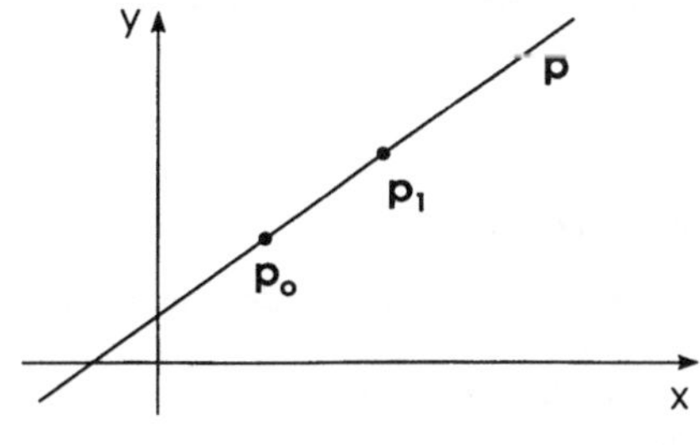

Bild 2

In der normalisierten Darstellungsform der Geraden haben die Richtungsvektoren $\mathbf{u}$ bzw. $(\mathbf{p_1} - \mathbf{p_0})$ den Betrag 1. Außerdem stehen $\mathbf{p_0}$ und $\mathbf{u}$ senkrecht aufeinander ($\mathbf{p_0} \cdot \mathbf{u}^\top = 0$). Für den ebenen Fall ergibt dies die Darstellung

$$x \cdot \cos\varphi + y \cdot \sin\varphi = R \quad .$$

Der Winkel φ bezeichnet die Richtung der Senkrechten auf die Gerade (Normale), die Konstante R den Abstand der Geraden vom Koordinatenursprung in Normalenrichtung.

Eine Gerade kann auch als eindimensionale Ebene betrachtet werden (→ Ebenengleichung).

Geradenprozeß

Zufällige diskrete Menge von Geraden in der Ebene oder im Raum (→ zufälliger Prozeß).

Der G. eignet sich als stochastisches Modell von Teilchenbahnspuren, Straßennetzen, Systemen von geologischen und mineralischen Bruchstörungslinien, der Struktur von Faserstoffen und ähnlicher Gebilde. Im Bild ist ein Ausschnitt aus der Realisierung eines Geradenprozesses dargestellt.

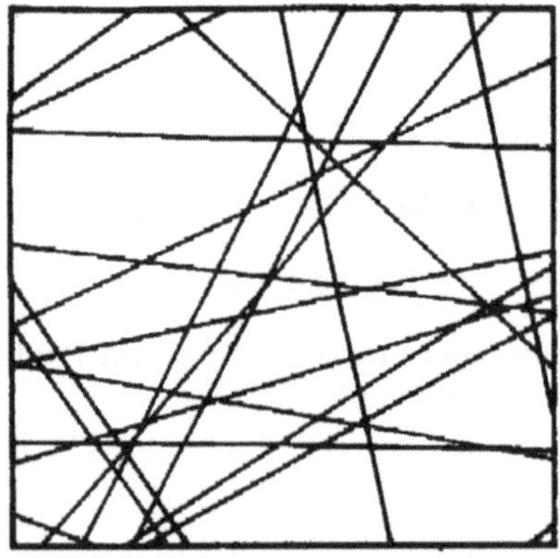

Gerätebereich

Engl. device space. Bereich, der durch die Menge der adressierbaren (vom → Computer ansprechbaren) Punkte eines → grafischen Gerätes zur → Eingabe bzw. → Ausgabe definiert ist.

Bei vielen → grafischen Arbeitsplätzen ist der G. umfassender als der → Darstellungsbereich, also als der Bereich, dessen Inhalt am Arbeitsplatz wirklich visuell dargestellt werden kann. Dies ermöglicht, ein bereits rechnerintern generiertes (großes) Bild am Arbeitsplatz zu speichern und schnell ausschnittsweise anzuzeigen. Eine flexible Wahl des Ausschnitts erlaubt das Panning (→ Pan). Andere, eingeschränkte Möglichkeiten bieten das → Blättern und das → Bildrollen.

Gerätedarstellungsfeld

Engl. workstation viewport. Teil des → Darstellungsbereiches eines → Ausgabegerätes, der für die aktuelle grafische → Ausgabe ausgewählt wird.

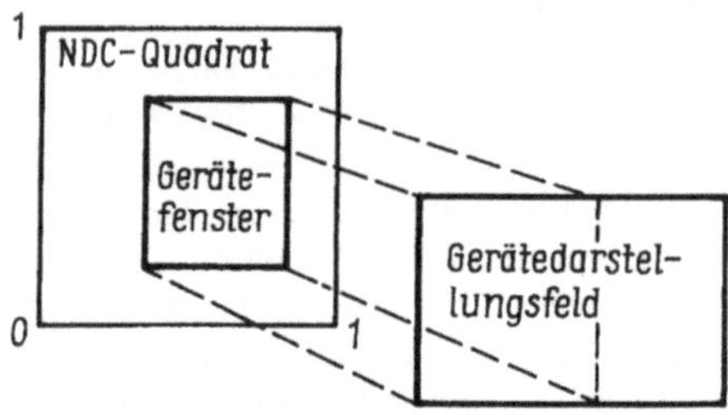

Beim grafischen Kernsystems (→ GKS) finden bei der Ausgabe einer rechnerintern im → Weltkoordinatensystem dargestellten Grafik auf einem physischen Ausgabegerät zwei → Koordinatentransformationen statt. Zunächst wird die → Normierungstransformation durchgeführt. Daran schließt sich die → Gerätetransformation an. Diese bildet den Rand und den Inhalt eines rechteckigen Bereiches im System der → normierten Koordinaten, → Gerätefenster genannt, unverzerrt und möglichst flächenfüllend auf den Rand und das Innere eines rechteckigen Bereiches des → Gerätekoordinatensystems des für die Ausgabe bestimmten → grafischen Arbeitsplatzes ab. Der zuletzt genannte Bereich heißt G. (Bild). Da die Gerätetransformation keine Verzerrung vornimmt, kann es vorkommen, daß das G. teilweise leer bleibt.

Das Gerätefenster und das G. können vom GKS-Nutzer (→ Nutzer) innerhalb der normierten bzw. der Gerätekoordinaten spezifiziert werden, wobei aber die Ränder der beiden Rechtecke parallel zu den entsprechenden Achsen der beiden → Koordinatensysteme liegen.

Gerätefenster

Engl. workstation window. Ein rechteckiger Bereich im System der → normierten Koordinaten, der durch die → Gerätetransformation verzerrungsfrei und möglichst flächenfüllend in das → Gerätedarstellungsfeld eines → grafischen Ar-

beitsplatzes zur grafischen → Ausgabe abgebildet wird.

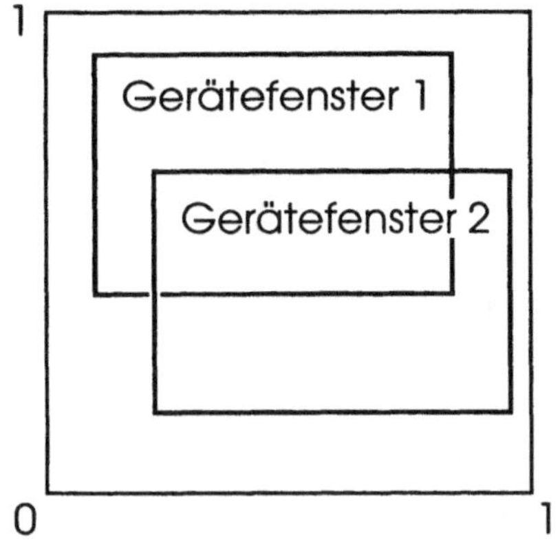

Im grafischen Kernsystem (→ GKS) finden bei der Ausgabe einer rechnerintern im → Weltkoordinatensystem repräsentierten Grafik auf einem physischen → Ausgabegerät zwei → Koordinatentransformationen statt. Zunächst wird die → Normierungstransformation durchgeführt. Es folgt die Gerätetransformation. Dabei wird der Rand und der Inhalt eines rechteckigen Bereiches im System der normierten Koordinaten (NDC-Raum), der G. heißt, unverzerrt und möglichst flächenfüllend auf den Rand und das Innere eines rechteckigen Bereiches im → Gerätekoordinatensystem abgebildet, der Gerätedarstellungsfeld genannt wird. Der Inhalt dieses Bereiches ergibt sich durch → Clipping des gesamten, im NDC-Raum repräsentierten Bildes am G.. Das G. und das Gerätedarstellungsfeld können vom GKS-Nutzer (→ Nutzer) innerhalb der Bereiche der normierten bzw. der Gerätekoordinaten spezifiziert werden, wobei aber die Ränder der beiden Rechtecke parallel zu den entsprechenden Achsen der beiden → Koordinatensysteme liegen. Das Bild zeigt das System der normierten Koordinaten mit zwei G. für zwei verschiedene Ausgabegeräte.

Gerätekoordinaten

Engl. device coordinates. → Koordinaten in einem → Gerätekoordinatensystem.

Gerätekoordinatensystem

Einem → grafischen Gerät zugeordnetes → Koordinatensystem.

Beim grafischen Kernsystems (→ GKS) wird mit drei Arten von Koordinatensystemen gearbeitet, mit anwendungsspezifischen → Weltkoordinatensystemen, dem abstrakten System → normierter Koordinaten und den gerätespezifischen G.. Übergänge zwischen den verschiedenen Koordinatensytemen werden durch die → Normierungstransformation und die → Gerätetransformation vermittelt.

Gerätetransformation

Engl. workstation transformation. Im Rahmen von → GKS → Koordinatentransformation, die sowohl das Innere als auch den Rand eines rechteckigen Bereiches im System der → normierten Koordinaten, das sog. → Gerätefenster, unverzerrt und möglichst groß auf das Innere und den Rand eines rechteckigen Bereiches im System der → Gerätekoordinaten, auf das → Gerätedarstellungsfeld, abbildet.

Bei der → Ausgabe werden im Rahmen von GKS zwei Koordinatentransformationen hintereinander ausgeführt. Die G. folgt auf die → Normierungstransformation. Während bei letzterer eine ungleichförmige → Skalierung und damit eine Verzerrung möglich ist, wird bei der G. immer eine verzerrungsfreie Skalierung des auszugebenden Inhalts eines Gerätefensters vorgenommen. Sind die Seitenverhältnisse dieses Gerätefensters und des Gerätedarstellungsfeldes (auf das abgebildet wird) unterschiedlich, so kann auf Grund der Verzerrungsfreiheit nicht die gesamte Fläche des Gerätedarstellungsfeldes ausgenutzt werden. Ein Teil dieses Feldes bleibt dann leer (Bild). Zur Ausführung der G. sind das Gerätefenster und das Gerätedarstellungsfeld vorzugeben. Dies erfolgt für beide Rechtecke jeweils durch Angabe des linken unteren und des rechten oberen Eckpunktes.

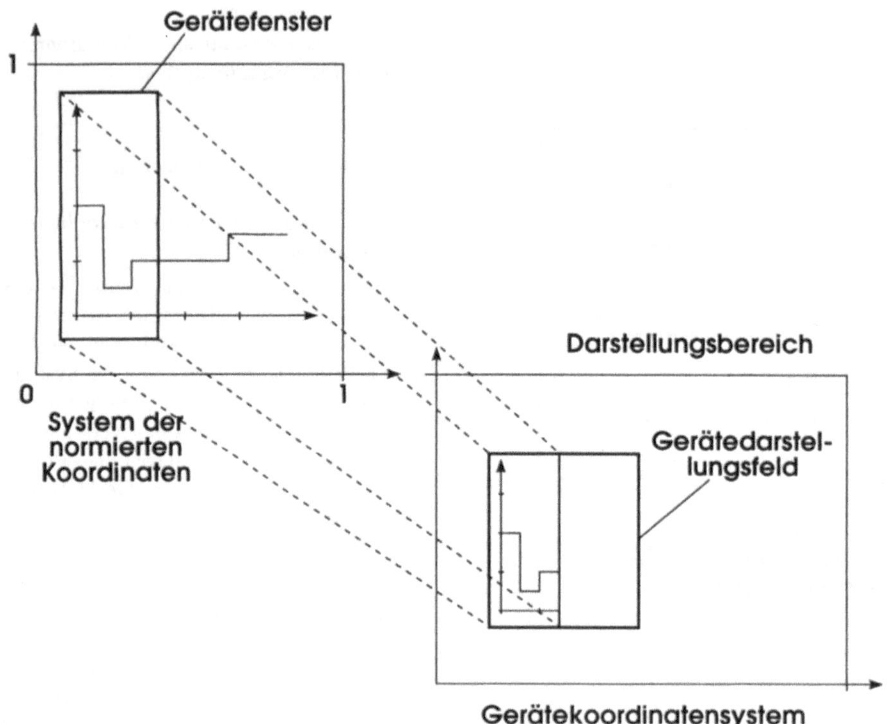

Natürlich muß das so spezifizierte Gerätefenster vollständig innerhalb des Bereiches der normierten Koordinaten und das vorgegebene Gerätedarstellungsfeld vollständig innerhalb des Darstellungsbereiches liegen.

Gerätetreiber

→ *Treiberprogramm.*

Geschäftsgrafik

Rechnerunterstützt erzeugte Grafik, die der Veranschaulichung funktionaler Zusammenhänge in der Wirtschaftsleitung, Betriebsführung und in anderen geschäftlichen Bereichen dient.

Mittels G. können komplizierte funktionale Zusammenhänge schnell, übersichtlich, anschaulich und - wenn angestrebt - mit einem gewissen Werbeeffekt durch verschiedene Arten von → Diagrammen dargestellt werden (Bilder).

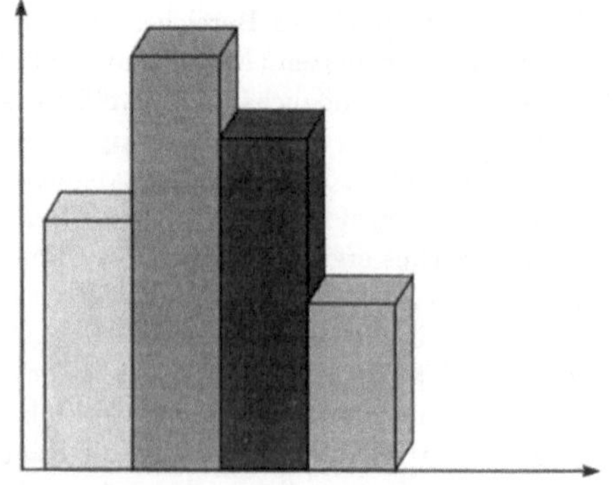

Säulendiagramm

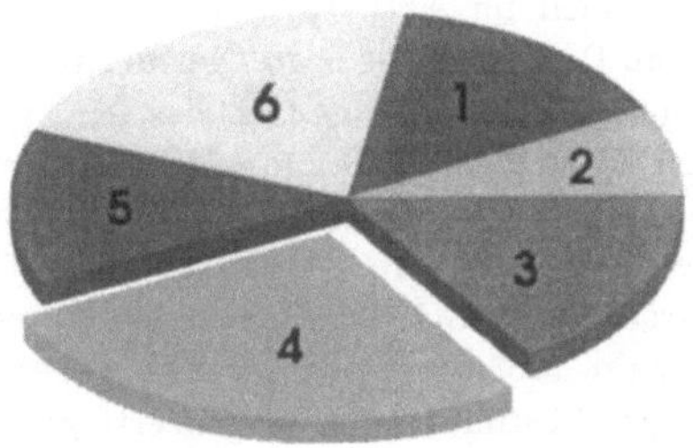

Tortendiagramm

Für die Erzeugung von G. sind spezielle → Computergrafiksysteme entwickelt worden, die sich vor allem durch hochwertige Möglichkeiten der Hardcopy-Ausgabe (→ Hardcopy, → Hardcopy-Gerät, → Ausgabe) auszeichnen. Dies betrifft insbesondere die Erstellung von farbigen Folien und Dias mit Hilfe von Kamerasystemen (→ Hardcopy).

Gestaltmerkmal

G., auch morphometrische Merkmale genannt, charakterisieren die Gestalt von Objekten, insbesondere von binären und von Konturbildkomponenten (→ Gebietsmarkierung).

G. betreffen eine zusammenhängende Bildkomponente, deren Umriß (→ Kontur) als bekannt vorausgesetzt wird. In der Theorie der menschlichen visuellen Wahrnehmung und des maschinellen Sehens spielt der Begriff der Gestalt eines Objektes eine zentrale Rolle. Die Gestalt eines Objektes hat stets Invarianzeigenschaften. Die Gestalt ist z. B. invariant gegenüber Translation oder Rotation des Objektes oder auch invariant gegenüber Maßstabsänderungen. Besonders im Rahmen der technischen Erkennung zweidimensionaler Objekte wird die Gestalt als eine geometrische Konfiguration innerhalb eines Bildes definiert. G. sind in der Regel aus der visuellen Anschauung heraus definiert und dienen der Identifikation von Objekten bzw. ihrer Unterscheidung; sie genügen zumeist den erwähnten Invarianzeigenschaften.

Die gebräuchlichsten Merkmale für die Objektcharakterisierung sind:

- FL: Inhalt der von der Kontur umschriebenen Fläche (Objektfläche), auch als Moment 0-ter Ordnung bezeichnet.

$$FL = \sum_{i,j} b_{ij} \text{ mit } b_{ij} = \begin{cases} 0 & \text{für Untergrund} \\ 1 & \text{für Objekt} \end{cases}$$

- KL: Konturlänge (Objektumfang), meist abgeschätzt durch die Länge der die Konturelemente verbindenden **Freeman**-Kette (→ Kettenkode).

$$KL = PG + \sqrt{2} \cdot PS$$

PG und PS bezeichnen die Anzahl der achsenparallelen bzw. geneigten **Freeman**-Richtungen entlang der Objektkontur.

- Koordinaten des achsenparallelen umschreibenden Rechtecks $(XMIN, YMIN)$ bzw. $(XMAX, YMAX)$.

- Formfaktor $FOFA$ als Quotient aus dem Quadrat von Umfang und der Fläche der von der Kontur dargestellten Figur.

$$FOFA = \frac{KL^2}{FL}$$

- Momente 1-ter Ordnung.

$$MX = \sum_{i,j} i \cdot b_{ij} \quad MY = \sum_{i,j} j \cdot b_{ij}$$

- Momente 2-ter Ordnung.

$$MXX = \sum_{i,j} i^2 \cdot b_{ij} \quad MYY = \sum_{i,j} j^2 \cdot b_{ij}$$

$$MXY = \sum_{i,j} ij \cdot b_{ij}$$

- Schwerpunktkoordinaten.

$$SX = MX/FL, SY = MY/FL$$

- Zentrierte Trägheitsmomente.

$$TXX = MXX - SX^2 \cdot FL$$

$$TYY = MYY - SY^2 \cdot FL$$

$$TXY = MXY - SX \cdot SY \cdot FL$$

- Hauptträgheitsmomente.

$$TTT = A + B \quad TSS = A - B$$

mit

$$TTT > TSS,$$

$$A = \frac{(TXX + TYY)}{2},$$

$$B = \sqrt{\frac{(TXX - TYY)^2}{4} + TXY^2}.$$

GKS

Engl. Abk. für Graphical Kernel System (Grafisches Kernsystem). Standardisiertes System geräte- und anwendungsneutraler grafischer Basisfunktionen für das rechnerunterstützte Erzeugen und Verarbeiten von → 2D-Computergrafiken und standardisierte → Schnittstelle zwischen → Anwenderprogrammen und einer → GKS-Implementation.

Mit der stürmischen Entwicklung der → Computergrafik war und ist die Entwicklung einer wachsenden Vielfalt → grafischer Geräte verbunden. In dieser Vielfalt kommen nicht nur kommerzielle Aspekte seitens der Geräte-Anbieter zum Ausdruck. Auch aus der Sicht der → Nutzer ist ein breites Spektrum verschiedener Arten und Varianten grafischer Geräte notwendig. Diese Situation birgt die Gefahr in sich, daß jeder Entwickler von Programmsystemen für das Bearbeiten anwendungsspezifischer Aufgaben (→ Anwenderprogramm, → Anwenderschicht) geräteabhängige Aspekte in seine → Anwendersoftware integriert. Damit würde eine Fülle von → Software entstehen, die bei einer Änderung der gerätetechnischen Umgebung, in der sie eingesetzt werden soll, jeweils mit mehr oder weniger Aufwand modifiziert werden muß. Aber auch die erstmalige Entwicklung der → Anwendersoftware würde i. allg. erhöhten Aufwand verursachen, wenn dabei gerätespezifische Randbedingungen zu berücksichtigen wären.

Um die Entwicklung von Anwendersoftware weitgehend von Aspekten der Gerätetechnik zu entkoppeln und damit die Software selbst hochgradig portabel nicht nur bez. des → Computers, sondern auch bez. der grafischen Geräte (→ Peripherie) gestalten zu können, wurde 1975 beim Deutschen Institut für Normung (DIN) damit begonnen, den Funktionsumfang (→ Funktion) eines breit nutzbaren grafischen Kernsystems sowie dessen Schnittstelle zur Anwenderschicht hin zu konzipieren und zu normen (Bild 1). Den Auftrag zur Normung erhielt im April 1975 zunächst der Unterausschuß DIN-NI/UA-5.9 des Normenausschusses Informationsverarbeitung (NI) des DIN, später wurde der Prozeß der → Standardisierung vor allem von der internationalen Standardisierungsorganisation ISO mit ihrer Arbeitsgruppe „Computer Graphics“ (ISO TC97/SC5/WG2) getragen. Im Jahr 1985 wurde das in mühevollen und langwierigen Abstimmungen spezifizierte grafische Kernsystem, das GKS, internationaler Standard (ISO 7942).

Die Forderung nach universeller Verwendbarkeit des GKS zog nach sich, daß nur solche Funktionen spezifiziert wurden, die nicht anwendungsspezifisch sind. Da zu Beginn der Standardisierungsbemühungen die → 3D-Computergrafik in der Praxis noch eine untergeordnete Rolle spielte, entschloß man sich bei GKS zu einer Beschränkung auf 2D-Computergrafik. Eine weitere grundlegende Einschränkung besteht darin, daß die innere Struktur eines gesamten Bildes auf der Basis nur zweier Hierarchieebenen beschrieben werden kann. Dabei handelt es sich einerseits um die Ebene der → Darstellungselemente und andererseits um die Ebene der aus Darstellungselementen zusammengesetzten → Segmente.

Bild 2 zeigt GKS bez. dieser beiden grundsätzlichen Einschränkungen im Vergleich mit anderen Entwicklungen grafischer Standards (→ PHIGS).

Das GKS kennt folgende Darstellungselemente:

- → Linienzug (polyline),
- → Polymarke (polymarker),
- → Text (text),
- → Füllgebiet (fill area),
- → Zellmatrix (cell array),
- → verallgemeinertes Darstellungselement, VDEL (generalized drawing primitive, GDP).

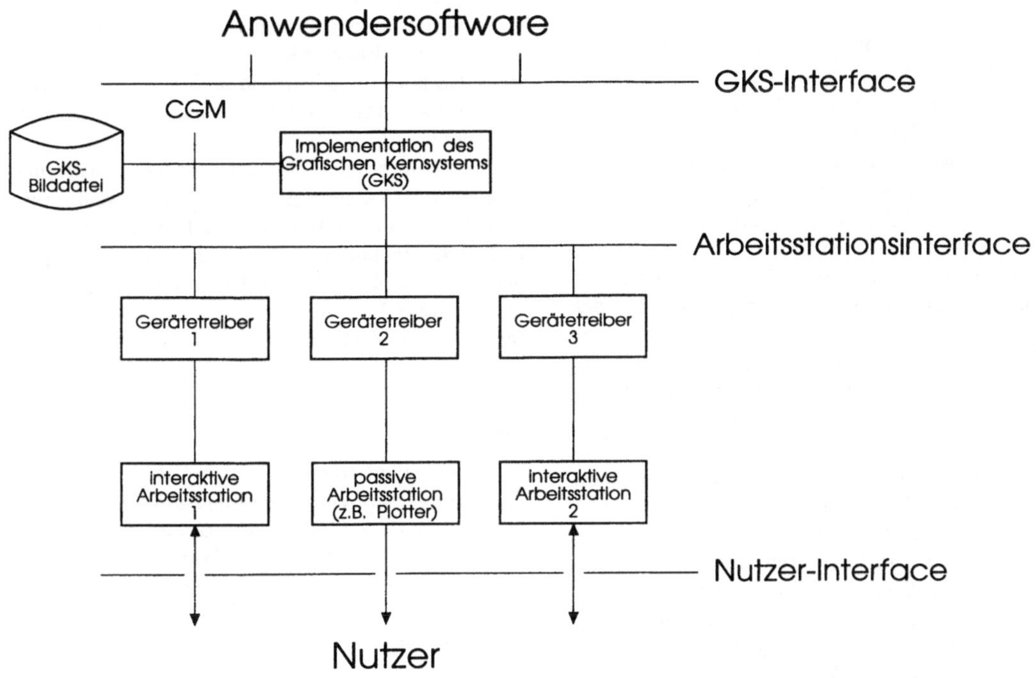

Bild 1

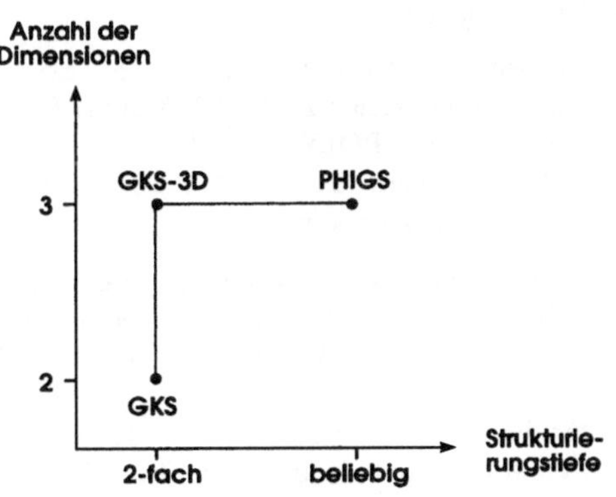

Bild 2

Diese Darstellungselemente sind geräteneutral definiert. Zum Beispiel wird ein Linienzug (Menge zusammenhängender Strecken) lediglich durch die Punkte spezifiziert, durch die er verlaufen soll (Bild 3).

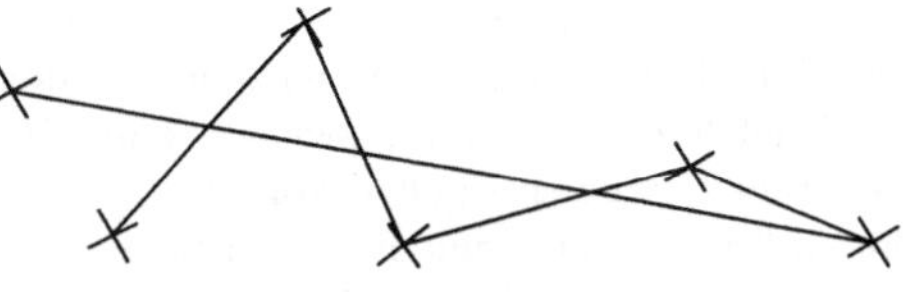

Bild 3

Diese Spezifikation erfolgt also völlig unabhängig davon, ob der Linienzug mittels eines → Vektordisplays, also durch kontinuierliches Zeichnen mit einem Katodenstrahl (→ Katodenstrahlröhre) erzeugt oder mit Hilfe eines → Rasterdisplays aus einzelnen Punkten zusammengesetzt werden soll.

Die Verwendung der Darstellungselemente sei an einem Beispiel erläutert. Ist aus einem Anwenderprogramm heraus ein Linienzug zu generieren, so muß zunächst festgelegt werden, durch welche Punkte er verlaufen soll. Dazu werden im Aufruf der entsprechenden → GKS-Funktion zum Erzeugen von Linienzügen z. B. aus FORTRAN-Programmen

```
CALL GPL (N,X,Y)
```

die Anzahl N der Punkte sowie die Felder X bzw. Y ihrer x- bzw. y-Koordinaten (→ Koordinaten) in einem durch den Anwender frei wählbaren rechtwinkligen kartesischen Koordinatensystem, dem sog. → Weltkoordinatensystem, spezifiziert. Um zu steuern, wo der Linienzug auf der → Darstellungsfläche des jeweiligen → Ausgabegeräts erscheint, sind zwei → Koordinatentransformationen zu spezifizieren. Mit der ersten, der → Normierungstransformation, wird zunächst der Linienzug auf eine abstrakte, geräteneutrale Zeichenfläche, nämlich in das System der → normierten Koordinaten, abgebildet. Daran schließt sich die → Gerätetransformation an, die den Linienzug schließlich in das jeweilige Koordinatensystem des realen Gerätes transformiert (→ Gerätekoordinatensystem). Das Aussehen des Linienzugs wie auch aller anderen Darstellungselemente wird durch die Zuordnung von → Attributen zu Darstellungselementen oder Segmenten spezifiziert. Für Linienzüge sind u. a. die Attribute → Linientyp, Linienbreitefaktor und Lienienzugfarbindex (→ Farbindex, → Farbtabelle) festgelegt. In GKS gehört zu jedem Darstellungselement (sowie zu einem Segment) jeweils eine fest vorgegebene Menge von Attributen. Jedes Attribut kann individuell oder mit anderen gebündelt spezifiziert und behandelt werden. Durch Festlegen eines einzelnen Index, des → Bündelindex, wird im zweiten Fall über eine → Bündeltabelle eine ganze Kombination von Attributen Darstellungselementen oder Segmenten zugeordnet. Ob ein Attribut individuell oder über die Bündeltabelle gesetzt wird, legt der → Aspektanzeiger fest.

Neben der zweifachen Koordinatentransformation und den Mechanismen zur Spezifikation von Attributen spielt im Rahmen von GKS das Konzept des → grafischen Arbeitsplatzes eine wichtige Rolle. Ein grafischer Arbeitsplatz ist im Sinne von GKS die Abstraktion eines Gerätes oder Mediums, auf das grafische → Ausgabe oder von dem aus grafische → Eingabe möglich ist. Darunter fallen u. a. die abstrakten Beschreibungen so unterschiedlicher realer grafischer Geräte wie grafischer → Displays, → Plotter, → Tabletts, aber auch der geräteneutralen → GKS-Bilddatei. Für die Nutzung von grafischen Geräten von Anwenderprogrammen aus müssen häufig Informationen über verfügbare grafische Arbeitsstationen (die z. B. in Arbeitsplatz-Beschreibungstabellen enthalten sind) in das Anwenderprogramm gebracht werden. Dazu dienen die sog. → Erfragefunktionen (inquiry functions). Bei GKS können gleichzeitig mehrere grafische Arbeitsplätze eröffnet sein (→ Multiple Workstation Concept).

Um entsprechend den verschiedenen Anforderungen von Nutzern grafische Kernsysteme verschiedener Mächtigkeit in standardisierter Form realisieren zu können, wurden in GKS insgesamt neun verschiedene → GKS-Leistungsstufen definiert. Dabei handelt es sich um neun legale Untermengen (einschließlich der Gesamtmenge) des Standards.

GKS-3D

Engl. Abk. für Graphical Kernel System for Three Dimensions, grafisches Kernsystem für drei Dimensionen. Standard auf dem Gebiet der → Computergrafik, der eine → Schnittstelle zwischen → Anwenderprogramm und grafischem System zur Erzeugung von → 3D-Computergrafiken unabhängig von einer bestimmten Anwendung definiert.

G., 1988 von der ISO als Standard IS 8805 (EN 28805) herausgegeben, ist zu → GKS aufwärtskompatibel (→ Standardisierung). Das Grundkonzept von GKS wurde in G. beibehalten. Die wesentlichen neuen Funktionen sind:

- Zu jedem 2D-Darstellungselement existiert ein 3D-Äquivalent, z. B. POLYLINE (→ Linienzug) und POLYLINE_3. Das → Darstellungselement FILL_AREA_SET_3 wurde zusätzlich aufgenommen.
- Transformationen erfolgen im dreidimensionalen Raum. Anstelle der rechteckigen → Fenster und → Darstellungsfelder bei GKS treten bei G. Quader. Neu sind Funktionen für die → Visualisierung von → 3D-Modellen (Viewoperationen), in die z. B. Betrachterstandpunkt, Projektionsart (→ Projektion) u. a. eingehen.
- Bei der → Eingabe werden Raumpunkte erfaßt (LOCATOR_3, STROKE_3).
- Wahlfrei bestehen Möglichkeiten zum → Ausblenden verdeckter Kanten und → verdeckter Flächen (hidden line/hidden surface removal-HLHSR).

GKS-Bilddatei

Bilddatei des → GKS, Abk. GKSB. Engl. GKS metafile (Abk. GKSM), häufig auch kurz Metafile genannt. Sequentielle → Datei zur Langzeitspeicherung und Übertragung von → Computergrafiken, die vom grafischen Kernsystem geschrieben oder gelesen und interpretiert werden kann.

Die G. dient somit einerseits der Langzeitspeicherung von Grafiken und andererseits dem Transfer grafischer Informationen zwischen verschiedenen → Computergrafiksystemen oder von einer GKS-Anwendung zu anderen. Der Aufbau von G. entspricht den durch GKS festgelegten Beschreibungsformen von Grafiken, so daß G. im Rahmen von GKS problemlos wieder verwendet werden können. Ein → Linienzug oder ein → Füllgebiet z. B. sind also als solche in der G. erkennbar und nicht etwa in einzelne → Bildpunkte oder gerätespezifische Steuerbefehle aufgelöst wie dies bei der → Ausgabe auf einem konkreten Gerät der Fall wäre.

G. werden z. B. angewendet,

- wenn aufwendige → Anwenderprogramme, die keine → interaktive Arbeitsweise erfordern, im Stapelbetrieb ablaufen und „fertige" Grafiken erzeugen sollen,
- bzw. wenn diese Grafiken später interaktiv zu ergänzen sind,
- um rechnerunterstützt erzeugte Grafiken von einem System an ein anderes übergeben zu können,
- um interaktiv erzeugte Grafiken auf beliebigen → Plottern ausgeben zu können,
- um den Prozeß interaktiver Grafik-Erzeugungen nachvollziehen zu können (G. als Protokolldatei).

Im Rahmen des Arbeitsplatzkonzeptes von GKS gibt es zwei Kategorien → grafischer Arbeitsplätze, die der Ausgabe bzw. → Eingabe von G. dienen. Dabei handelt es sich um die Kategorien BA (G.-Ausgabe) und BE (G.-Eingabe). Zum Erzeugen von G. ist ein G.-Ausgabe-Arbeitsplatz (Metafile Output Workstation) zu eröffnen und zu aktivieren. Ein solcher Arbeitsplatz hat konzeptionell alle Fähigkeiten, die ein denkbarer GKS-Arbeitsplatz zur grafischen Ausgabe aufweisen könnte. Beim Erzeugen einer G. ist also noch alles realisierbar, was im Rahmen von GKS zulässig ist. Erst bei der Ausgabe auf einem konkreten (ein reales Gerät einschließenden) Arbeitsplatz stellt sich heraus, wie weit dieser für das Generieren der grafischen Darstellung in der gewünschten Form geeignet ist.

Die wohl wichtigste und häufigste Anwendung von G. besteht darin, daß der → Nutzer eines Computergrafiksystems in interaktiver Arbeitsweise am → Bildschirm eine Grafik entwickelt und diese nach Fertigstellung auf einem Plotter ausgeben möchte. Der günstigste, allerdings nur bei Implementationen auf den → GKS-Leistungsstufen 2a, 2b und 2c mögliche Weg besteht in folgendem: Während des interaktiven Erzeugens der Grafik wird kein G.-Arbeitsplatz (Metafile Workstation) eröffnet. Dies erfolgt vielmehr erst nach endgültiger Fertigstellung der Grafik, die dann in ihrem aktuellen Zustand in den G.-Ausgabe-Arbeitsplatz kopiert wird. Mit Hilfe eines grafischen Arbeitsplatzes der Kategorie G.-Eingabe (Metafile Input Workstation) kann die → Information der G. ins grafische Kernsystem bzw. Anwenderprogramm geholt, dort verarbeitet und auf einem Plotter ausgegeben werden.

Für die Schnittstelle zwischen dem grafischen Kernsystem und der G. existiert eine Empfehlung im GKS-Standard (→ Standardisierung).

GKS-Funktion

→ Funktion des Grafischen Kernsystems (→ GKS).

Die Menge der G. kann in folgende Teilmengen gegliedert werden:

- Steuerungsfunktionen (z. B. zum Öffnen und Schließen von GKS selbst bzw. von → grafischen Arbeitsplätzen),
- → Ausgabefunktionen,
- → Eingabefunktionen
- Transformationsfunktionen (→ Normierungstransformation, → Gerätetransformation),
- Segmentfunktionen (→ Segment),
- Bilddateifunktionen (→ GKS-Bilddatei),
- → Erfragefunktionen,

Ausgabe-leistungs-stufe	Eingabeleistungsstufe		
	a	b	c
0	Keine Eingabe, einfache Steuerungsfunktionen, nur vordefinierte Bündel, mehrere Normierungstransformationen möglich,aber nur eine braucht setzbar zu sein, alle Darstellungselemente, Bilddatei wahlweise.	Anforderungseingabe, Setzen der Modi und Initialisierung der logischen Eingabegeräte, kein PICKER und keine Eingabepriorität des Darstellungfeldes.	Abfrage- und Ereigniseingabe, kein PICKER.
1	Vollständige Ausgabefähigkeiten, vollständiges Bündelkonzept, mehrere Arbeitsplätze, einfache Segmentierung (alles außer dem arbeitsplatz-unabhängigen Segmentspeicher), Bilddatei gefordert.	Anforderungseingabe, Setzen der Modi und Initialisieren des PICKER.	Abfrage- und Ereigniseingabe für PICKER.
2	Arbeitsplatzunabhängiger Segmentspeicher.		

Tafel 1

- Funktionen zur Behandlung von → Attributen,
- Hilfsfunktionen,
- Funktionen zur Fehlerbehandlung.

GKS-Implementation

Konkrete Realisierung des grafischen Kernsystems (→ GKS) auf einem bzw. mehreren → Computern.

Die Normierung bzw. → Standardisierung grafischer Basissoftware führte zur Festlegung einerseits der → Funktionen, die eine dem Standard gerecht werdende Basissoftware zu erfüllen hat, und andererseits der → Schnittstelle zwischen dieser Basissoftware und der sie nutzenden anwendungsspezifischen Programmsysteme (→ Anwenderschicht, → Anwenderprogramm). Dieses standardisierte System grafischer Grundfunktionen wird als grafisches Kernsystem (GKS) bezeichnet. Die rechentechnische Realisierung eines solchen Systems unter konkreten Einsatzbedingungen nennt man G.. G. können sich erheblich voneinander unterscheiden.

Zunächst läßt der GKS-Standard wohl definierte Untermengen der Gesamtmenge der festgelegten Funktionen des grafischen Kernsystems zu. Dadurch sind insgesamt neun erlaubte → GKS-Leistungsstufen definiert. Demzufolge gehört zu jeder G. die Angabe, welcher GKS-Leistungsstufe sie entspricht. Ein weiteres Unterscheidungsmerkmal von G. ergibt sich durch Unterschiede in Anzahl, Art und Typ der eingebundenen → grafischen Geräte (→ Gerätetreiber). Außerdem können sich G. hinsichtlich der realisierten Software-Technologie, insbesondere der verwendeten Programmiersprache, unterscheiden. Zur Überprüfung (Zertifizierung) von G. bez. des Standards sind spezielle Programmsysteme (Test- bzw. Validierungssoftware) entwickelt worden.

GKS-Leistungsstufe

Engl. GKS-Level. Kombination aus einer Ziffer und einem Buchstaben im Bereich von 0 bis 2 bzw. a bis c zur Kurzcharakterisierung der

Leistungsfähigkeit von → GKS-Implementationen, die einen im Sinne des GKS-Standards (→ Standardisierung) zulässigen, aber gegenüber dem vollen → GKS z. T. eingeschränkten Funktionsumfang (→ Funktion) aufweisen.

Eine so umfangreiche Funktionalität, wie sie das GKS bietet, kann leicht dazu führen, daß manche → Nutzer große Teile des Funktionsangebotes für ihre speziellen Anwendungen als unnötigen Ballast empfinden. Damit nicht jeder Entwickler unkontrolliert seinen eigenen GKS-Dialekt schaffen kann, indem er nicht benötigte Funktionen wegläßt, wurden im Rahmen der GKS-Standardisierung insgesamt 9 legale Untermengen der Gesamtmenge aller → GKS-Funktionen (einschließlich der Gesamtmenge selbst) festgelegt. Diese bilden die G., die man sich nicht als eindimensionale Folge, sondern als 3 × 3-Matrix vorzustellen hat. Daher lassen sich die G. auch in einem zweidimensionalen → Koordinatensystem repräsentieren. Auf der Ausgabe-Achse sind drei Leistungsstufen der → Ausgabe (mit 0, 1, 2 bezeichnet) und auf der Eingabe-Achse drei Leistungsstufen der → Eingabe (a, b, c) markiert. Unter „Ausgabe" sind alle nicht zur Eingabe gehörigen Funktionen zusammengefaßt, also auch solche, die nicht unmittelbar der Ausgabe dienen.

Die aufwärtskompatiblen Ausgabe-Leistungsstufen lassen sich grob folgendermaßen charakterisieren:

- Output Level 0: Minimale Funktionalität der Ausgabe (insbesondere keine → Segmente).
- Output Level 1: Volle Ausgabe-Funktionalität, aber nur einfache Segmentierung.
- Output Level 2: Volle Ausgabe-Funktionalität und arbeitsplatzunabhängiger → Segmentspeicher.

Die Eingabe hat folgende aufwärtskompatible Leistungsstufen:

- Input Level a: Keine Eingabe (sinnvoll, wenn → Computergrafiken vom → Anwenderprogramm erzeugt werden und in → interaktiver Arbeitsweise nicht geändert zu werden brauchen).
- Input Level b: Anforderungseingabe (Betriebsart, bei der das Programm auf die Eingabe seitens des Nutzers wartet).
- Input Level c: Eingabe-Funktionalität entsprechend vollem Umfang von GKS.

Tafel 1 (auf vorhergehender Seite) nach DIN 66252, Teil 1, Grafisches Kernsystem (GKS), April 1986, charakterisiert die 9 G. etwas genauer. Bei der Interpretation der Tafel ist zu beachten, daß jedes Feld nur die Funktionen enthält, die zu denen der vorhergehenden Felder in der gleichen Reihe und Spalte hinzukommen. Tafel 2 (gleiche Quelle) auf der folgenden Seite gibt detailliert den minimalen Funktionsumfang an, der für jede G. obligatorisch ist.

GKS-Schnittstelle

Anwenderschnittstelle zur Nutzung eines grafischen Basissystems auf der Grundlage des GKS-Standards (→ GKS, → GKS-Implementation, → Standardisierung).

Die G. umfaßt → Funktionen zur Erzeugung und Manipulation grafischer Darstellungen. Das sind:

- Steuerfunktionen, z. B. OPEN GKS, CLOSE GKS, CLEAR WORKSTATION
- → Ausgabefunktionen, z. B. POLYLINE, FILL AREA
- Transformationsfunktionen, z. B. SET WINDOW, SET VIEWPORT
- Funktionen zur Manipulation von → Segmenten, z. B. CREATE SEGMENT, DELETE SEGMENT
- → Eingabefunktion, z. B. GET LOCATOR, GET VALUATOR
- Funktionen zum Setzen von → Attributen, z. B. SET LINETYPE, SET TEXT COLOUR INDEX
- Organisations-, Hilfs- und Abfragefunktionen, z. B. WRITE ITEM TO GKS, INQUIRE CLIPPING, ERROR HANDLING

Fähigkeiten	Leistungstufe								
	0a	0b	0c	1a	1b	1c	2a	2b	2c
Vordergrundfarben (Intensität)	1	1	1	1	1	1	1	1	1
→ Linientypen	4	4	4	4	4	4	4	4	4
Linienbreiten	1	1	1	1	1	1	1	1	1
Vordefinierte Linienzugbündel	5	5	5	5	5	5	5	5	5
Setzbare Linienzugbündel	–	–	–	20	20	20	20	20	20
Markentypen	5	5	5	5	5	5	5	5	5
Markengrößen	1	1	1	1	1	1	1	1	1
Vordefinierte Polymarkenbündel	5	5	5	5	5	5	5	5	5
Setzbare Polymarkenbündel	–	–	–	20	20	20	20	20	20
Zeichenhöhen[1]	1	1	1	1	1	1	1	1	1
Zeichenbreitefaktoren[1]	1	1	1	1	1	1	1	1	1
Schriftarten mit Qualität LESBAR	1	1	1	1	1	1	1	1	1
Schriftarten mit Qualität ZEICHEN	1	1	1	1	1	1	1	1	1
Schriftarten mit Qualität STRICH	0	0	0	2	2	2	2	2	2
Vordefinierte Textbündel	2	2	2	6	6	6	6	6	6
Setzbare Textbündel	–	–	–	20	20	20	20	20	20
Vordefinierte Muster[2]	1	1	1	1	1	1	1	1	1
Setzbare Muster[2,5]	–	–	–	10	10	10	10	10	10
→ Schraffuren[3]	3	3	3	3	3	3	3	3	3
Vordefinierte Füllgebietsbündel	5	5	5	5	5	5	5	5	5
Setzbare Füllgebietsbündel	–	–	–	10	10	10	10	10	10
Setzbare → Normierungstransformationen	1	1	1	10	10	10	10	10	10
→ Segmentprioritäten[4]	–	–	–	2	2	2	2	2	2
→ Eingabeklassen	–	5	5	–	6	6	–	6	6
Aufforderungs- und Echoarten je Gerät	–	1	1	–	1	1	–	1	1
Länge der Eingabewarteschlange[5]	–	–	20	–	–	20	–	–	20
Puffergröße für TEXTGEBER (Zeichen)	–	72	72	–	72	72	–	72	72
Puffergröße für LINIENGEBER (Punkte)	–	64	64	–	64	64	–	64	64
Arbeitsplätze der Kategorien AUSGABE, AUSEIN	1	1	1	1	1	1	1	1	1
Arbeitsplätze der Kategorien EINGABE, AUSEIN	–	1	1	–	1	1	–	1	1
Arbeitsplatzunabhängiger Segmentspeicher	–	–	–	–	–	–	1	1	1
Arbeitsplätze der Kategorie BA	0	0	0	1	1	1	1	1	1
Arbeitsplätze der Kategorie BE	0	0	0	1	1	1	1	1	1

0 bedeutet: Ausdrücklich definiert und für diese Leistungsstufe nicht gefordert.
– bedeutet: Für diese Leistungsstufe nicht definiert.
Anmerkungen:
[1]) Nur relevant für → Text in den Schriftqualitäten ZEICHEN und LESBAR.
[2]) Nur relevant für Arbeitsplätze, die Ausfüllung Muster unterstützen.
[3]) Nur relevant für Arbeitsplätze, die Ausfüllung Schraffur unterstützen.
[4]) Nur relevant für Arbeitsplätze, die Segmentprioritäten unterstützen.
[5]) Da die verfügbaren Betriebsmittel begrenzt sind und die Einträge variable Längen haben, kann es möglich sein, daß für eine bestimmte Anwendung die minimalen Werte nicht erreicht werden können.

Tafel 2 (zu GKS-Leistungsstufe)

Glaskörperdarstellung

Grafische Darstellung eines Körpers (→ 3D-Modell), bei der einfach sämtliche → Kanten des Körpers auf die → Darstellungsfläche projiziert werden.

Bei der G. handelt es sich um eine → Liniengrafik, bei der sämtliche Kanten eines Körpers durch Linien repräsentiert werden, und zwar unabhängig davon, ob diese Kanten ganz oder teilweise durch den Körper selbst oder durch andere Objekte verdeckt werden (Bilder).

In der → Computergrafik erscheint der Körper also so, als wäre er durchsichtig (aus Glas) und als würden nur seine Kanten sichtbar sein (etwa weil entlang dieser Kanten feine Drähte verlaufen). Man spricht daher häufig auch von → Drahtmodellen bzw. → Drahtmodellen, wobei dies nur dann gerechtfertigt ist, wenn im Modell ausschließlich Punkte und Linien und keine Flächen und Volumina vereinbart sind. Leistungsfähige → 3D-Systeme nutzen G. nur zur schnellen, aufwandsarmen → Visualisierung von 3D-Modellen, wobei das → Verdeckungsproblem nicht gelöst zu werden braucht, arbeiten intern aber mit einer → Festkörpermodellierung. Da die G. reale Körper i. allg. nur unanschaulich und mehrdeutig repräsentiert, kann diese Art der Visualisierung nur sehr begrenzt verwendet werden, z. B. in bestimmten Zwischenschritten der Erzeugung eines 3D-Modells in → interaktiver Arbeitsweise.

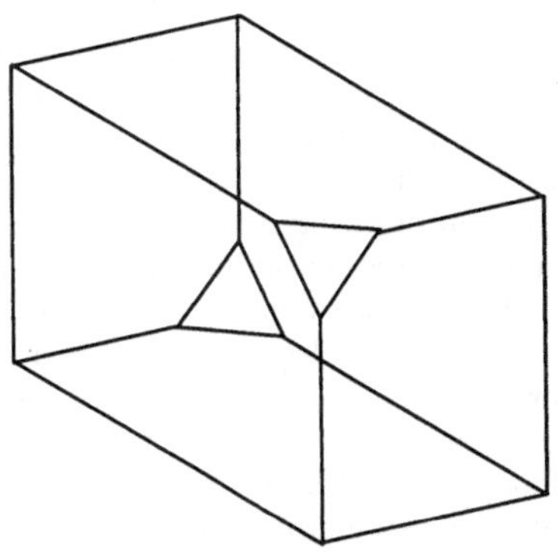

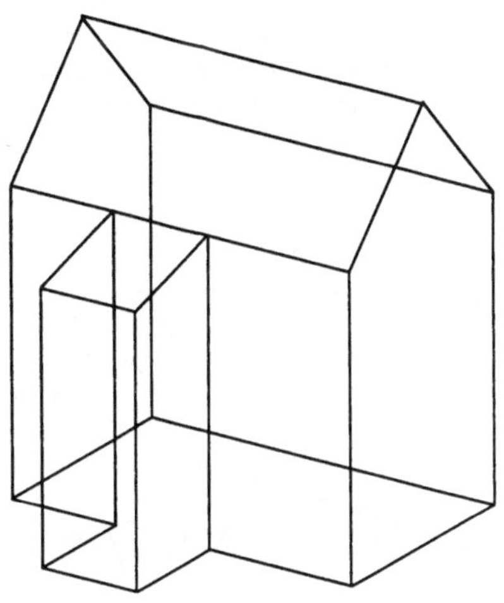

Golay-Operator

Binäroperator in einem hexagonalen → Raster.

Jeder Rasterpunkt in einem Hexagonalgitter wird von 6 Nachbarpunkten umgeben. Deren $2^6 = 64$ möglichen Belegungen mit 0 und 1 sind auf 14 Grundmuster zurückzuführen, aus denen sie durch Rotation um den Zentralpunkt hervorgehen. Durch geeignete Zuordnung von Ausgangswerten 0 oder 1 zu den Grundmustern kann man beliebige isotrope binäre Filterfunktionen verwirklichen, von denen offensichtlich nicht mehr als 2^{14} existieren. Der G. wird durch einfache → Lookup-Tabellen realisiert.

Gouraud-Shading

Nach **H. Gouraud** *benanntes Verfahren zur → Schattierung von Flächen (insbesondere Körperoberflächen) im dreidimensionalen Raum, bei dem eine → Interpolation von → Farbwerten bzw. → Grauwerten vorgenommen wird.*

Häufig werden dreidimensionale Objekte bei der → 3D-Modellierung durch → Facettenmodelle angenähert. Bei einer gleichmäßigen Ausfüllung jedes einzelnen planaren Oberflächenelementes eines solchen Näherungsmodells mit Farbe oder einem Grauton in Abhängigkeit von der Ausrichtung des jeweiligen Flächenelementes zu einer angenommenen Lichtquelle (oder auch mehreren) werden die einzelnen Facetten deutlich sichtbar. Wenn das darzustellende Objekt eigentlich gekrümmte Oberflächen hat, ist dies unerwünscht.

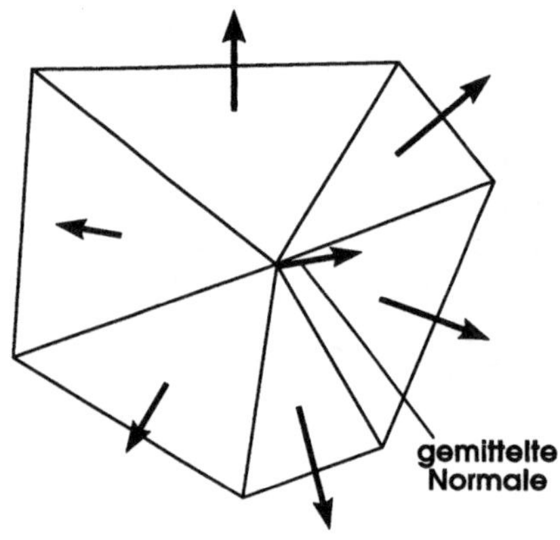

Bild 1

Es sind deshalb Schattierungsverfahren entwickelt worden, die der Verbesserung des mittels → 3D-Computergrafik erzielten optischen Eindrucks von Facettenmodellen dienen. Dazu gehört neben dem → Phong-Shading das 1971 vorgeschlagene G.-S.. Der Grundansatz dieses Schattierungsverfahrens besteht darin, ausgehend von der geometrischen → Approximation einer gekrümmten Körperoberfläche durch planare Flächenelemente eine Interpolation in Farbe bzw. Grauton der darzustellenden Fläche vorzunehmen und damit die abrupten Farb- bzw. Grautonübergänge beim Zusammentreffen planarer Flächenelemente zu vermeiden.

Beim G.-S. werden zunächst für alle Eckpunkte des Facettenmodells, also eines Polyeders, linear gemittelte → Normalen bestimmt, wobei in die Mittelung die Normalen aller angrenzenden Facetten eingehen (Bild 1).

Auf der Basis eines geeigneten Beleuchtungsmodells (→ Beleuchtungssimulation) werden nun aus diesen gemittelten Normalen Farb- bzw. Grauwerte in den Eckpunkten der → Projektionen der einzelnen Facetten auf die Darstellungsebene berechnet (I_1, I_2, I_3 in Bild 2).

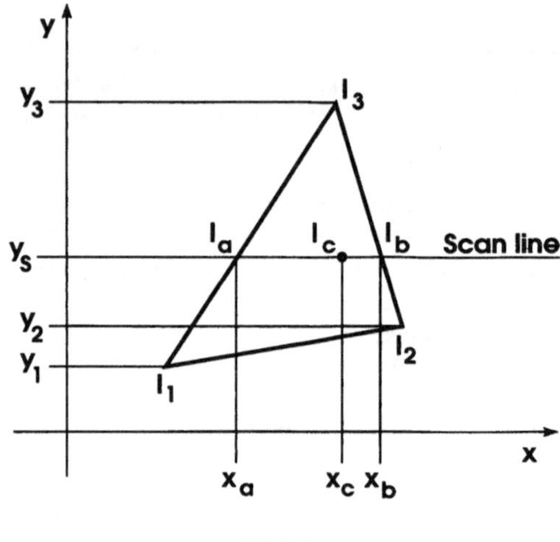

Bild 2

Es folgt eine lineare Interpolation entlang zweier Kanten jeder Facette

$$I_a = I_3 - (I_3 - I_1)\frac{y_3 - y_S}{y_3 - y_1}$$

$$I_b = I_3 - (I_3 - I_2)\frac{y_3 - y_S}{y_3 - y_2}$$

und anschließend eine lineare Interpolation auf der gerade bearbeiteten Rasterzeile (scan line)

$$I_c = I_b - (I_b - I_a)\frac{x_b - x_c}{x_b - x_a} \quad .$$

Das G.-S. ist aufwandsarm realisierbar, beansprucht relativ wenig Rechenzeit und ist heute praktisch auf jeder → 3D-Arbeitsstation verfügbar.

Ganz abgesehen davon, daß eine Facettierung von Körperoberflächen entlang bestimmter Körperkonturen bei jeder interpolierenden Schattierungsmethode sichtbar bleibt vermeidet das G.-S. im Erscheinungsbild gekrümmter Flächen nicht stets voll befriedigend das Hervortreten unerwünschter Diskontinuitäten. Die Rate der Änderung von Farbtönen ist nämlich beim G.-S. nicht gleichförmig. Dies wird vom menschlichen Sehsinn gut wahrgenommen. Der Betrachter hat den Eindruck, als wären Oberflächengebiete mit von der Umgebung stark abweichender Helligkeit vorhanden. Auf einer Zylindermantelfläche z. B. ergeben sich dadurch scheinbare Streifen, die parallel zur

Zylinderachse verlaufen und Machsche Bänder genannt werden. Zur Vermeidung dieser Erscheinung wurde von **B.T. Phong** ein leistungsfähigeres Schattierungsverfahren vorgeschlagen (→ Phong-Shading).

Gradation

→ *optische Dichte.*

Gradient

→ *Kantendetektion.*

Gradienten-Filter

→ *Kantendetektion.*

Grafikdisplay

→ *Display, das zur Darstellung von Bildern bzw. Grafiken geeignet ist.*

Zu den G. zählen grafische → Rasterdisplays, → semigrafische Bildschirmsysteme, → Vektordisplays, Speicherröhrendisplays (→ Speicherröhre), → Plasmadisplays und grafische → Flüssigkristalldisplays.

Grafikdrucker

→ *Drucker, der in der Lage ist, neben Zeichenketten auch grafische Darstellungen auf Papier zu übertragen.*

Die → Ausgabe mittels G. erfolgt entweder durch zeichenweise Ausgabe von frei programmierbaren Zeichen (Buchstaben, Sonderzeichen, grafische Zeichen) oder durch zeilenweise Ausgabe der → Bildpunkte eines → Rasterbildes. Entsprechend dem Arbeitssprinzip des G., z. B. als → Nadeldrucker, → Tintenstrahldrucker oder → Laserdrucker sind unterschiedliche Geschwindigkeiten und Bildgenauigkeiten (→ Auflösung) erreichbar. Während bei einfachen Nadeldruckern nur zwei Helligkeitsstufen mit deutlich erkennbarer Rasterstruktur des Bildes möglich sind, können mit → Tintenstrahldruckern bzw. Tintenstrahlplottern auch mehrfarbige Bilder insbesondere mit gleichmäßig gefärbten Flächen erzeugt werden. Mit leistungsfähigen Laserdruckern ist eine druckreife Qualität erreichbar. Die Ansteuerung von G. erfordert meist spezielle → Software, die eine Kopie einer Bildschirmausgabe umsetzt oder aus der alphanumerischen Datenbeschreibung ein virtuelles Rasterbild aufbaut und zeilenweise zum G. überträgt.

Grafikprozessor

Mikroprozessor zur Ausführung von Operationen der → Computergrafik.

An den Bildaufbau werden in der Computergrafik hohe Geschwindigkeitsanforderungen gestellt. Da z. B. das Zeichnen von → grafischen Primitiven (→ Darstellungselement) und das Windowing (→ Fenster) rechenzeitintensiv sind, werden diese Operationen oft durch einen nur für diese Aufgaben vorgesehenen Mikroprozessor ausgeführt. Als G. kann dafür ein Universalprozessor oder ein spezieller Prozessor, der eine Kombination zwischen der Leistungsfähigkeit eines Universalprozessors und spezieller, für die Computergrafik notwendiger, → Hardware auf einem Chip darstellt, verwendet werden. G. können selbständig → Funktionen wie Ziehen von Linien (→ Linienzug), Füllen von Polygonen (→ Füllgebiet), Windowing, Pixeltransport und → Clipping ausführen und stellen die Signale zur Ansteuerung eines → Grafikdisplays bereit.

Grafiksoftware

→ *Software, die der → Eingabe, Generierung, Manipulation und/oder → Ausgabe von grafischen Darstellungen dient.*

Das Spektrum der G. reicht von Programmen zur Ansteuerung → grafischer Geräte, wie → Tablett oder → Plotter (→ Treiberprogramm) über grafische Basissoftware, z. B. → GKS-Implementationen, Programmpakete zum Erzeugen und Anzeigen von Bildern für ausgewählte Aufgabengebiete (z. B. → Geschäftsgrafik) bis hin zu leistungsfähigen interaktiven Programmsystemen für vielfältige Einsatzbereiche (z. B. grafische Komponenten von → CAD-Systemen für die → rechnerunterstützte Konstruktion und Systeme zur → rechnerunterstützten Zeichnungserstellung). Wichtige Anforderungen an G. sind eine hohe Geschwindigkeit bei dem Ansteuern der Geräte zur Eingabe oder Ausgabe von Bildern, eine möglichst einfache Bedienbarkeit durch den → Nutzer sowie eine weitgehende Anpaßbarkeit an unterschiedliche Typen von grafischen Geräten, die für die jeweilige Aufgabe einsetzbar sind. Am

Beispiel des grafischen Kernsystems (→ GKS) ist erkennbar, daß diese Forderungen sich teilweise widersprechen und nur als Kompromiß umsetzbar sind. Der durch GKS-Implementationen erreichte hohe Grad an Portabilität von → Anwenderprogrammen führt i. allg. zu Geschwindigkeitseinbußen beim Ansprechen grafischer Geräte.

Grafische Arbeitsstation

Engl. graphical workstation. Gerät oder Gerätegruppe mit Fähigkeiten zur → Eingabe, → Ausgabe oder Ein- und Ausgabe von → Computergrafiken.

Meist wird mit dem Begriff g.A. die Vorstellung von Arbeitsplätzen für Menschen innerhalb → rechnerunterstützter Systeme mit grafisch orientierter → Mensch-Rechner-Schnittstelle verbunden. Beispiele hierfür sind grafische Terminals, entsprechende Arbeitsplätze mit ausgeprägter → lokaler Intelligenz, insbesondere → 3D-Arbeitsstationen, sowie Personalcomputer mit → Tastatur, → Bildschirm und evtl. weiteren angeschlossenen → grafischen Geräten.

Beim grafischen Kernsystems (→ GKS) spielt der Begriff des → grafischen Arbeitsplatzes (workstation) eine große Rolle. Im Unterschied zum allgemeinen Sprachgebrauch fallen bei GKS unter diesen Begriff auch „Arbeitsplätze" der Kategorie:

- arbeitsplatzunabhängiger → Segmentspeicher (AUSS),
- GKS-Bilddateiausgabe,
- GKS-Bilddateieingabe,

die lediglich der Speicherung von Grafiken dienen (→ GKS-Bilddatei).

Grafische Datenverarbeitung

Fachgebiet, das die → generative Computergrafik, die → digitale Bildverarbeitung und → automatische Bildanalyse einschließt.

Dieser Begriff wird oft auch als Synonym zum Begriff → Computergrafik in dessen Bedeutung als Fachgebiet bzw. Methodologie verwendet.

Grafische Funktion

→ Funktion eines → rechnerunterstützten Systems, die der → Eingabe bzw. → Ausgabe (→ Eingabefunktion, → Ausgabefunktion) grafischer Darstellungen dient.

G.F. sind sehr vielfältig und können sich insbesondere hinsichtlich ihrer Komplexität stark unterscheiden. Für → 3D-Systeme ist z. B. die → Visualisierung von → 3D-Modellen, d. h. die Ausgabe der grafischen Darstellung eines → rechnerinternen Modells im dreidimensionalen Raum, eine wichtige Ausgabefunktion hoher Komplexität. Sie schließt → Koordinatentransformationen, → Projektionen, die Lösung des → Verdeckungsproblems, die → Schattierung von Körperflächen und u. U. weitere Funktionen ein. Eine wesentlich einfachere g.F. ist dagegen z. B. die Ausgabe einer Strecke. Die Vielfalt der Ausführungen resultiert auch aus der Vielfalt der nutzbaren → grafischen Geräte. So unterscheidet sich die Ausführung der Funktion „Ausgabe einer Strecke" und auch das Ergebnis auf einem → Vektordisplay wesentlich von der auf einem → Rasterdisplay.

Um anwendungsspezifische Software (→ Anwenderschicht, → Anwenderprogramm), in die g.F. eingebunden werden sollen, von derartigen gerätetechnischen Problemen zu entkoppeln, wurde grafische Basissoftware genormt bzw. standardisiert (→ Standardisierung). Als Ergebnis entstand z. B. das grafische Kernsystem (→ GKS) mit einem genau definierten Umfang g.F. und einer festgelegten → Schnittstelle zur Anwenderschicht. Damit wird z. B. die Erzeugung einer Strecke bzw. einer Folge aneinandergereihter Strecken von einem Anwenderprogramm aus durch Aufruf der → GKS-Funktion zur Generierung des → Darstellungselementes → Linienzug vorgenommen, wobei dieser Aufruf völlig unabhängig vom verwendeten Ausgabegerät ist.

Grafischer Arbeitsplatz

Engl. workstation. Im Rahmen von → GKS und → PHIGS definierte Abstraktion eines Gerätes bzw. Speichers, auf das eine grafische → Ausgabe und/oder von dem aus eine grafische → Eingabe möglich ist.

Der g.A. als logische Beschreibung von Fähigkeiten eines Gerätes oder Mediums zur Ein- bzw. Ausgabe ist eines der Grundkonzepte von GKS. Dieser Begriff betrifft also so unterschiedliche Geräte wie z. B. → Rasterdisplays, → Vektordisplays, → Plotter, → Grafikdrucker, → Tabletts und → Digitalisierer sowie als Medium geräteneutrale → GKS-Bilddateien. GKS unterscheidet folgende Kategorien von g.A.:

- AUSGABE (OUTPUT): Der g.A. ist nur zur grafischen Ausgabe befähigt.
- EINGABE (INPUT): Der g.A. leistet nur grafische Eingabe.
- AUSEIN (OUTIN): Der g.A. ist zur grafischen Ausgabe und Eingabe befähigt.
- AUSS (WISS): Arbeitsplatzunabhängiger → Segmentspeicher (workstation independent segment storage).
- BA (MO): GKS-Bilddateiausgabe (metafile output workstation).
- BE (MI): GKS-Bilddateieingabe (metafile input workstation).

Ein g.A. als Abstraktion eines grafischen Ein/Ausgabegerätes im Sinne von GKS umfaßt folgende Bestandteile:

- Eine Arbeitsplatz-Beschreibungstabelle (workstation description table), die alle Größen beinhaltet, die die Hardwareeigenschaften des jeweiligen Gerätes repräsentieren. Vom → Anwenderprogramm ist der Inhalt dieser Tabelle über GKS abfragbar (→ Erfragefunktion), aber natürlich nicht änderbar.
- Eine Liste (Arbeitsplatzzustandsliste), die den momentanen Zustand des g.A. widerspiegelt (z. B. Angabe, welche → Segmente aktuell an dem g.A. gespeichert sind) .
- Die eigentliche Realisierung des g.A., dessen grafische Intelligenz sich auf verschiedene gerätetechnische Komponenten verteilen kann, z. B. auf Software im → Hostrechner, lokale Software im intelligenten peripheren grafischen Gerät (→ Peripherie) sowie auf hardwaremäßig realisierte Gerätefunktionen (→ Spezial-Hardware). Die beiden genannten Softwarekomponenten werden häufig auch als Gerätetreiber (→ Treiberprogramm) bezeichnet.

Die → Schnittstelle zwischen GKS und g.A. wird durch das → CGI geprägt (→ Standardisierung).

Ab der → GKS-Leistungsstufe 1a ist es möglich, im GKS mehrere g.A. parallel bedienen zu lassen (→ Multiple Workstation Concept). Dies gestattet, z. B. an einer grafischen Arbeitsstation mit → Display und Tablett in → interaktiver Arbeitsweise eine Grafik zu erzeugen und diese parallel mit Hilfe eines Plotters ausgeben oder die grafischen Daten auf eine GKS-Bilddatei übertragen zu lassen.

Im Rahmen des GKS-Arbeitsplatzkonzeptes ist weiterhin der Begriff → Gerätetransformation wichtig.

Grafisches Gerät

Gerät, das zur → Eingabe von Grafiken in → Computer und/oder zur → Ausgabe rechnerinterner grafischer Darstellungen dient.

Im Rahmen der → Computergrafik und der → digitalen Bildverarbeitung ist die Verwendung g.G. unabdingbar. Sie sind Bestandteil von → Computergrafiksystemen und → Bildverarbeitungssystemen. Häufig gehören g.G. zur → Peripherie universell eingesetzter Rechner. Man unterscheidet grafische → Eingabegeräte, → Ausgabegeräte und solche g.G., die sowohl der Eingabe als auch der Ausgabe von Grafiken dienen können. Zu grafischen Ausgabegeräten gehören → Plotter, → Grafikdrucker, grafische → Displays ohne Eingabemöglichkeiten und Kamerasysteme zur Aufzeichnung. Die Ausgabe kann entweder flüchtig sein (z. B. auf → Grafikdisplay) oder in dauerhafter Form als → Hardcopy (im allgemeinen Sinn) erfolgen. Eingabegeräte sind u. a. Digitalisiergeräte (→ Digitalisierer), → Tabletts, die → Maus, die → Rollkugel, der → Joystick, → Scanner und → elektronische Kameras. Manche Grafikdisplays können sowohl zur Aus- als auch zur Eingabe genutzt werden. Die grafische Eingabe erfolgt dann z. B. mit dem → Lichtstift. Mehrere g.G. können ein Eingabe/Ausgabesystem bilden (z. B. Tablett und Grafikdisplay, das auf alle Eingabe-Operationen mit einem entsprechenden → Echo reagiert). G.G. verfügen zunehmend über eigene, d. h. → lokale Intelligenz.

Grafisches Kernsystem

Abk. → GKS.

Grafisches Primitiv

Elementarer Bestandteil einer → Computergrafik,

der vom jeweiligen → Computergrafiksystem nur als Ganzes erzeugt und manipuliert werden kann.

Im Rahmen von → GKS ist die Menge der g.P. genau definiert. Man spricht dort von → Darstellungselementen (Output Primitives). De facto liegt jedoch bei den verschiedenen Computergrafiksystemen und insbesondere bei Anwendungen der Computergrafik im Bereich → CAD bez. g.P. trotz der Bemühungen um → Standardisierung keine Einheitlichkeit vor.

Granulometrieverteilung

Charakterisierung komplizierter zufälliger abgeschlossener Mengen (→ ZAM), bei denen es schwierig oder unmöglich ist, einzelne Partikel zu identifizieren.

Wichtige Spezialfälle sind sphärische und lineare G., wobei als „strukturierende Elemente" die Einheitskugel bzw. der Einheitskreis oder ein Segment der Länge Eins mit vorgegebener Richtung dienen.

Graph

Abstraktes mathematisches Gebilde, das aus einer Menge von → Knoten und einer Menge von → Kanten besteht, die ihrerseits stets genau zwei bestimmte Knoten miteinander verbinden.

G. lassen sich leicht dadurch grafisch veranschaulichen, daß man die Knoten z. B. als kleine Kreise und die Kanten jeweils als zwei Knoten verbindende Linien darstellt.

Das Bild zeigt drei Beispiele für G. In der → Computergrafik und der → digitalen Bildverarbeitung spielen G. eine Doppelrolle. Einerseits sind sie selbst Objekte, die bei der Erzeugung von Computergrafiken oder als Ergebnis von Bildverarbeitungsprozessen entstehen. Als Beispiele seien die Generierung eines Liniennetzes (z. B. eines → **Steiner**-Baumes), das bestimmte Anschlußstellen von → Symbolen bzw. → Sinnbildern in grafischen Schemata (→ Schema) verbindet, bzw. der → Gebietsnachbarschaftsgraph genannt. Andererseits sind G. ein abstraktes Beschreibungsmittel z. B. für Strukturen der rechnerinternen Repräsentation von → Modellen, die in Prozessen der Computergrafik und Bildverarbeitung behandelt werden.

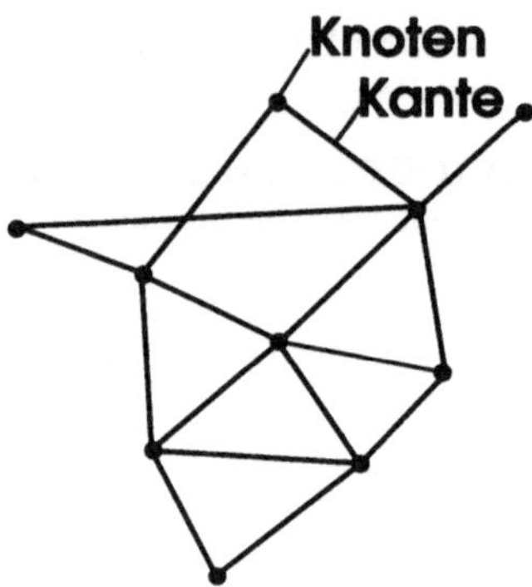

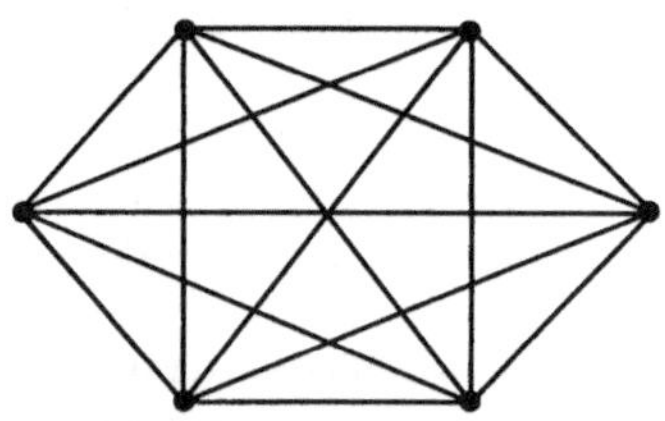

vollständiger Graph

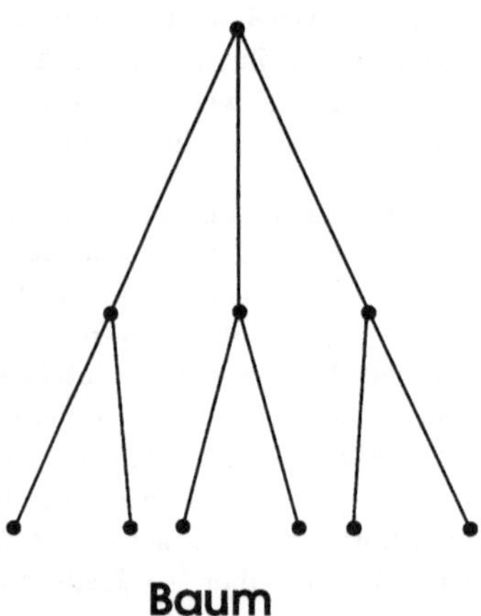

Baum

Sind den Kanten eines G. Richtungen zugeordnet, dann spricht man von gerichteten G. oder Digraphen.

Graphical Kernel System

Engl., Grafisches Kernsystem, Abk. → GKS.

Grauwert

Engl. gray level. Bezeichnung für den Signalparameter eines einkanaligen oder monochromatischen → Bildsignals.

der G. repräsentiert eine bestimmte → Helligkeit oder → Intensität und nimmt im Gegensatz zu einem → Binärbild mehr als zwei Werte an. Bei der digitalen → Bildkodierung sind 256 Werte oder weniger üblich. Ein derartiges Bildsignal wird entsprechend als Grauwertbild bezeichnet.

Grauwertbild

→ Grauwert.

Grauwertverarbeitung

Verarbeitung von Grauwertbildern (→ Grauwert) im Gegensatz zur → Binärverarbeitung und zur Verarbeitung von mehrkanaligen Bildsignalen (z. B. in der → Multispektraltechnik).

Ground Control Point

Engl., spezieller → Referenzpunkt bei der → geometrischen Korrektur von Bildern in der → Fernerkundung. Abk. GCP.

Zum Zweck des Berichtigens der Abbildungsfehler und der exakten Zuordnung zu geographischen Koordinaten wird auf eine ausreichende Anzahl (10 – 60) möglichst gleichförmig angeordneter Referenzpunkte mit bekannten Koordinaten Bezug genommen. Sie werden entweder von vorhandenen abgegrenzten Objekten (Straßenkreuzung, Flußbiegung, Gebäude) oder durch speziell aufgestellte Landmarken (Kreuze, Tripelspiegel) festgelegt.

Hadamardtransformation

→ *Walshtransformation.*

Handskizzeneingabe

→ *Skizzeneingabe.*

Hanning-Fenster

Spezielles → Fenster in der Signalverarbeitung, dessen Bezeichnung aus den Namen der Erfinder **Hann** *und* **Hamming** *kombiniert wurde.*

Das H. wird in der 1D-Form wie folgt definiert:

$$w(i) = \begin{cases} \alpha + (1-\alpha)\cos(\frac{i}{2N}\pi) & \text{für } |i| \leq N-1 \\ 0 & \text{sonst} \end{cases}$$

Von **Hann** wurde $\alpha = 0,5$, von **Hamming** $\alpha = 0,54$ empfohlen, wodurch der Name erklärt werden kann.

Hard-Core-Punktprozeß

Engl. hard core point process. → Punktprozeß, bei dem die Punktabstände gewisse Minimalwerte nicht unterschreiten.

H. modellieren die Positionen der Zentren einander nicht durchdringender Kreise oder Kugeln mit einheitlichem Durchmesser, z. B. die Mittelpunkte von Bällen, die „zufällig" in einen Behälter geschüttet wurden. Im Bild ist ein Ausschnitt aus der Realisierung eines H. dargestellt.

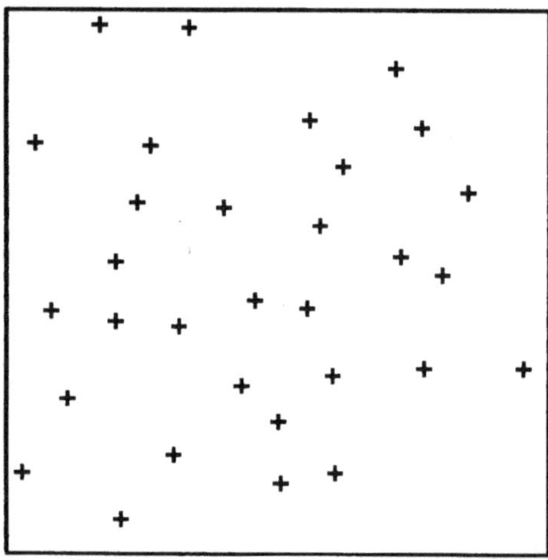

Hardcopy

Engl., Ausdruck oder photographische Kopie einer flüchtigen Darstellung auf einem → Display.

Als H. wird im erweiterten Sinne jede rechnerunterstützt erstellte, nicht verschlüsselte textliche, grafische oder bildliche Darstellung auf einem nichtflüchtigen Medium verstanden. H. werden für die Dokumentation und als Testhilfen benötigt. Während ursprünglich nur direkt an das → Bildschirmgerät angeschlossene → Drucker oder Kameras als H.-Geräte bezeichnet wurden, bezeichnet man so heute alle Einrichtungen, die on-line eine visuell lesbare, nichtflüchtige Text- und Bildausgabe bewerkstelligen. Von der Informationsdarbietung einer H. erwartet man ein weitgehend getreues Abbild der Darstellung auf dem Display nebst geeigneter Annotation (z. B. Datum, Zeit und Datei).

Verwendet werden grafikfähige Matrixdrucker mit oder ohne Farbe, Multiformatkameras, CRT- und Laserbelichter. Sie werden unter dem Begriff → Hardcopy-Geräte zusammengefaßt und sind wichtige Bestandteile von Systemen der → Computergrafik und → digitalen Bildverarbeitung. Durch Variation der Dichte der Nadelabdrücke oder Tintenstrahlspuren wird der Eindruck von Halbtönen erzeugt (Shade print, → Dithering, → Pseudo-Grauton-Kodierung).

Zeilendrucker können zur Anfertigung von H. verwendet werden, indem ausgewählte alphanumerische Zeichen so übereinandergedruckt werden, daß verschiedene Schwärzungen erzeugt werden (Overprint). Man kann so bei 6maligem Überdruck ca. 40 Grautöne erreichen.

Hardcopy-Gerät

Im Rahmen der → Computergrafik und → digitalen Bildverarbeitung zur Erzeugung von → Hardcopies genutztes peripheres Gerät.

Im weiteren Sinn gehören zur Gruppe der H. → Plotter, → Grafikdrucker und photographische Kamerasysteme. Im engeren Sinn werden nur Geräte zur Herstellung von Hardcopies von Bildschirm-Darstellungen dazugerechnet. Typische Vertreter dieser Geräteklasse sind photographische Kamerasysteme. Zur Erzeugung von Hardcopies von Grafiken auf monochromatischen

→ Rasterdisplays können jedoch auch Grafikdrucker verwendet werden.

Hardware

Engl., materielle Komponente eines Rechneranwendungssystems. Neben der zentralen Verarbeitungseinheit (ZVE, → CPU) versteht man darunter auch periphere Einrichtungen.

Typische Hardwarekomponenten sind Rechen- und Steuerwerk, Register, Speicher, Puffer, Kanal, Bus bzw. Tastatur, Anzeige, Druckwerk, Speicherlaufwerk. Für die → Computergrafik und die → digitale Bildverarbeitung sind spezialisierte → Bildspeicher, → Videoprozessoren, → Prozessorarrays zur Parallelverarbeitung sowie → Eingabegeräte wie → Digitalisierer und → Ausgabegeräte wie → hochauflösende Displays oder → Hardcopy-Geräte typisch. Für H. wird im Deutschen auch der Begriff Gerätetechnik verwendet.

Hart-Kern-Modell

→ *Hard-Core-Punktprozeß*

Hatch

Engl., → Schraffur.

Hausdorff-Besicovitch-Dimension

Maß zur Charakterisierung der Rauhigkeit von geometrischen Objekten. Sie wird auch als fraktale oder fraktionäre Dimension bezeichnet.

Es werde als Beispiel ein geometrisches Objekt (Punktmenge) M in der Ebene betrachtet. In einem Gedankenexperiment soll es durch eine Schar von i. allg. unterschiedlich großen Quadraten, deren Seitenlänge a_i kleiner als A ist, vollständig überdeckt werden. Jedem der Quadrate i ist der Funktionswert $(a_i)^k$ zugeordnet. Es interessiert jetzt der kleinstmögliche Wert für die Summe dieser Beiträge über alle Quadrate

$$\mu^k(M) = \sum_i (a_i)^k$$

unter Berüksichtigung eines vorgegeben A, wobei diese optimale Überdeckung im einzelnen nicht bekannt zu sein braucht. Wenn nun A immer kleiner gewählt wird, dann stellt man fest, daß nur für ein ganz bestimmtes $k = D$ das **Hausdorff-Maß** $\mu^k(M)$ weder auf Null schrumpft noch über alle Schranken wächst. Wenn M eine glatte Kurve oder glatte Fläche ist, erhält man die H. $D = 1$ bzw. $D = 2$, was der üblichen topologischen Dimension des Objektes entspricht. Es gibt allerdings auch geometrische Gebilde, die nicht ganzzahlige D haben (→ Fraktal).

Die praktische Bedeutung der H. soll anhand der Auswertung einer Kurve erläutert werden. Es wird die Kurvenlänge L mit Sehnen konstanter Länge λ abgeschätzt. Zur → Approximation der Kurve benötige man n derartiger Sehnen. Im für ein gewisses geometrisches Objekt typischen Bereich von λ wird man folgenden Zusammenhang finden.

$$L = n\lambda \approx B\lambda^{1-D}$$

Durch Auftragung auf doppeltlogarithmischem Papier sind B und und die H. D leicht abzuschätzen. Die H. kann auch aus dem → Leistungsdichtespektrum eines Signals geschätzt werden.

Während eine glatte Fläche $D = 2$ hat, ergeben sich für andere Flächen folgende typische Werte:

- Hügellandschaft $D \approx 2,1$
- Altes Gebirge $D \approx 2,3$
- Junges Gebirge $D \approx 2,5$
- Stalagmitenfeld $D \approx 2,8$

Helligkeit

Engl. lightness, brightness. Leuchtdichte (→ Luminanz).

Meist wird unter H. nicht der Momentanwert des Luminanzsignals, sondern dessen Mittelwert über ein vorgegebenes Flächenstück oder ein festes Zeitintervall verstanden.

Hervorheben

Engl. highlighting. Wichtiges Hilfsmittel zur Unterstützung des → Nutzers eines → Computergrafiksystems oder eines → Bildverarbeitungssystems bei dessen interaktiver Arbeit am → Bildschirm (→ interaktive Arbeitsweise), insbesondere bei der Auswahl bzw. Bewertung bestimmter Teile einer grafischen Darstellung.

Teile einer auf dem Bildschirm präsentierten Grafik können dadurch hervorgehoben werden,daß sie

- in einer für den Menschen auffälligen Frequenz abwechselnd erscheinen und verschwinden (Blinken),
- in einer von den Farben der anderen Bildteile gut unterscheidbaren Farbe dargestellt werden oder
- durch eine Kombination von Blinken und Farbgebung auffallen.

Zwei typische Beispiele für die Rolle des H. bei der interaktiven Arbeit sind:

- Der Systemnutzer will mit Hilfe eines → Pickers eine bestimmte grafische Struktur (z. B. ein → Sinnbild innerhalb eines → Schemas) auswählen, um sie im Bild zu verschieben. Er bringt dazu mit Hilfe eines → Lokalisierers z. B. ein → Fadenkreuz oder einen → Cursor in unmittelbare Nähe einer der Linien, die zum Sinnbild gehören, und bestätigt die angewählte Position. Das System reagiert (→ Echo) mit dem H. des gesamten Sinnbildes.
- Bei der → Kollisionsanalyse werden diejenigen Teile einer → 3D-Computergrafik hervorgehoben, die solche kollidierenden bzw. durchdringenden Bestandteile eines → 3D-Modells repräsentieren, bei denen Kollisionen bzw. Durchdringungen aus funktionalen Gründen nicht zulässig sind (z. B. zwischen Achse und Rädern einerseits und weiteren Teilen eines Fahrzeuges andererseits).

Im Rahmen von → GKS ist das H. eines der → Attribute, die einem → Segment zugeordnet werden können. Wenn ein Segment als „hervorgehoben" und „sichtbar" gekennzeichnet ist, werden die → Darstellungselemente, die es enthält, in implementierungsabhängiger Weise hervorgehoben.

Hidden Line

Engl., → *verdeckte Kante*

Hidden Surface

Engl., → *verdeckte Fläche.*

Hidden-Line-Algorithmus

Engl., → *Algorithmus zur Lösung des* → *Verdeckte-Kanten-Problems.*

Hidden-Line-Problem

Engl., → *Verdeckte-Kanten-Problem.*

Hidden-Surface-Algorithmus

Engl., → *Algorithmus zur Lösung des* → *Verdeckte-Flächen-Problems.*

Hidden-Surface-Problem

Engl., → *Verdeckte-Flächen-Problem.*

Hierarchischer Klassifikator

→ *Klassifikator*

Hilberttransformation

Nach dem deutschen Mathematiker **D. Hilbert** *benannte Integraltransformation, welche die Verbindung zwischen Real- und Imaginärteil einer komplexen analytischen Funktion herstellt.*

Zwischen dem Realteil $f(x)$ und dem Imaginärteil $g(x)$ einer komplexen Funktion einer komplexen Veränderlichen, die in gewissen Gebieten analytisch ist (das gilt u. a. für das Resultat einer → **Fourier**transformation), besteht ein Paar von Integralbeziehungen.

$$g(x) = \frac{1}{\pi} \int_{-\infty}^{+\infty} \frac{f(t)}{t-x} dt + C$$

$$f(x) = -\frac{1}{\pi} \int_{-\infty}^{+\infty} \frac{g(t)}{t-x} dt + C$$

Der das Integral enthaltene Term heißt die H. von $f(t)$ bzw. $g(t)$.

$$g(x) = \mathcal{H}[f(x)] + C; \quad f(x) = -\mathcal{H}[g(x)] + C$$

Die H. eines Signals f(t) wird formal durch eine nichtkausale → Übertragungsfunktion $S(u) = -\jmath \operatorname{sgn}(u)$ beschrieben.

Sie kann näherungsweise mit elektrischen und fast ideal mit optischen Methoden realisiert werden. Durch die H. kann der Speicher- und Übertragungsaufwand von Signalen halbiert werden (z. B. bei der Einseitenbandmodulation).

Hintergrund

→ *Zusammenhang.*

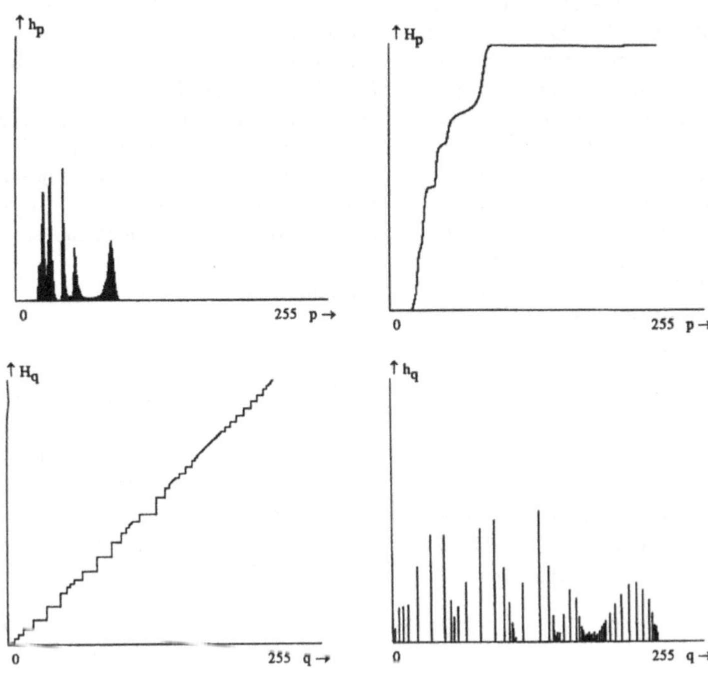

Bild 1

Histogramm

Engl. histogram. Darstellung der Häufigkeit des Auftretens von Klassen der → Grauwerte innerhalb eines Bildes (1D-Histogramm) oder der Häufigkeit von Grauwertpaaren in einem einzigen Bild oder zwei verschiedenen Bildern (2D-Histogramm).

Das H. ist die grundlegende Datenstruktur der → statistischen Bildanalyse. Es enthält in komprimierter Form wichtige Merkmale des zu analysierenden Bildes, welches als Stichprobe betrachtet wird.

Der als 1D-H. bezeichnete Datensatz stellt die Verteilung der Grauwerte eines Bildes, meist bezogen auf die Gesamtzahl der betrachteten Bildpunkte (relative Häufigkeit), dar.

Bei Daten mit diskretem Wertebereich wird die Klasseneinteilung oft mit dem Quantisierungsschema identifiziert. Für den Fall von in 8 → Bit kodierten Grauwerten liegen maximal 256 mögliche Grauwertklassen vor. Bei einer Bildgröße von $M \times N$ sind die relativen Häufigkeiten aus der Anzahl $ANZ(p)$ (absolute Häufigkeit) des Grauwertes p, genauer der Grauwertklasse, wie folgt zu berechnen:

$$h_p = \frac{ANZ(p)}{M\,N} \quad .$$

Die Auftragung der Häufigkeiten als → Balkendiagramm (Bild 1, links oben) ergibt das eigentliche H., welches manchmal auch Staffelbild genannt wird. Eng verwandt mit ihm ist die monoton ansteigende Treppenkurve der Summenhäufigkeiten (Bild 1 , rechts oben)

$$H_p = \sum_{0}^{p} h_p \quad .$$

Die relativen Häufigkeiten und die daraus bestimmbare Summenhäufigkeitsverteilung werden oft zur rein bildpunktbezogenen Bildverbesserung genutzt, indem z. B. durch eine Linearisierung der Summenhäufigkeitsverteilung eine Anpassung des Intensitäts-Dynamikbereiches des Bildes an den Darstellungsbereich des Bildausgabegerätes und an den menschlichen Sehapparat erreicht wird (→ Histogrammmodifikation). Die Linearisierung bewirkt dabei, daß die transformierten Grauwerte im gesamten Grauwertbereich mit annähernd gleicher Häufigkeit auftreten, d. h. Grauwerte, die im Originalbild geringe Häufigkeit aufweisen werden zusammengefaßt und Grauwerte mit großer Häufigkeit stärker gespreizt (Bilder 1 unten).

Es sei darauf hingewiesen, daß aus dem H. eines Bildes nicht mehr auf die örtliche Anordnung der Grauwerte in der Bildmatrix geschlossen werden kann. Ein Bild mit zwei deutlich abgegrenzten hellen und dunklen Bildbereichen kann dasselbe bimodale H. (H. mit zwei lokalen Maxima) besitzen wie ein Bild, in dem die entsprechenden Grauwerte zufällig verteilt sind.

Im Unterschied zum 1D-H. werden im 2D-H. Beziehungen der Grauwerte zwischen zwei Bildern ermittelt (Bild 2). Allgemeiner werden mit einem N-dimensionalen H. Beziehungen zwischen Multibildern (→ Multispektraltechnik) beschrieben.

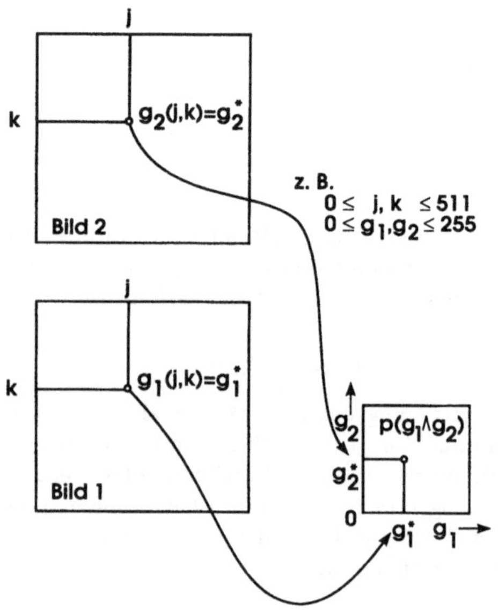

Bild 2

Eine spezielle Anwendung des 2D-H. besteht in der Analyse der Nachbarschaftsbeziehungen von Grauwerten innerhalb eines einzigen Bildes. Als Schätzung der Paarverteilungsfunktion werden ebenfalls bedingte Häufigkeiten 2. Ordnung ermittelt und in Form der Paarhäufigkeitsmatrix oder Cooccurence-Matrix dargestellt.

Zwischen den für die Paarhäufigkeit auszuwertenden Punkten wird eine örtliche Relation, beispielsweise eine Verschiebung um den Vektor $\mathbf{v} = (\Delta i, \Delta j)^T$, vorgegeben. Es wird dann ausgezählt, wie oft zwei derartig zueinander liegende Punktpaare genau die Grauwert g_1 und g_2 annehmen. Um den Beschreibungsaufwand in Grenzen zu halten, muß man die Anzahl der Verschiebungen klein und die Klassenbreite möglichst groß halten.

Histogrammodifikation

Engl. histogram modification. Verfahren zur Transformation der → Grauwerte eines → Bildsignals zur gezielten Veränderung seines → Histogrammes.

Mit einer H. werden Bilder normiert und für weitere Verarbeitungsschritte, insbesondere für die Erkennung von → Texturen, die Montage von Photomosaiken und die → Bildsegmentierung, vorbereitet. Die H. ist auch als Methode zur → Bildverstärkung anwendbar.

Es seien im folgenden mit $T(\cdot)$ die anzuwendende Kennlinie, mit $H(\cdot)$ die Summenhäufigkeit und mit $h(p)$ das → Histogramm des Bildes bezeichnet.

$$H(z) = \int_0^z h(p)\,dp$$

Die Funktion $g(q)$ möge das Histogramm des durch die Grauwerttransformation $q = T(p)$ modifizierten Bildes darstellen. Es werden je nach angestrebter Histogrammform drei Verfahren angewendet:

- Histogrammausgleich, Histogrammegalisierung (Engl. histogram flattening, histogram equalization).

$$g(z) = \frac{1}{z_{max}} = \text{const.} \quad \text{mit} \quad T(z) = z_{max} H(z)$$

Die beiden unteren Diagramme von Bild 1 zu → Histogramm stellen das Resultat der Histogrammegalisierung für das darüber dargestellte Histogramm dar. Man erkennt, daß bei diskreten Grauwerten keine ideale Gleichverteilung erreicht werden kann. Die Histogrammegalisierung wirkt sich ungünstig bei Bildern mit überwiegendem Hinter- oder Vordergrund aus (z. B. Texte und Zeichnungen). Da üblicherweise nur diskrete Graustufen möglich sind, können stellenweise Kontraste verschwinden oder Pseudokonturen erzeugt werden.

- Histogrammhyperbolisierung (Engl. histogram hyperbolization).

$$g(z) = \frac{z^{-2/3}}{3z_{max}^{1/3}} \quad \text{mit} \quad T(z) = z_{max}\left(H(z)\right)^3$$

  Diese Transformation ist besonders gut an das menschliche Sehen angepaßt. In ähnlicher Weise werden auch andere gewünschte H. durch Veränderung des Exponenten abgeleitet.

- Histogrammverschärfung (Engl. histogram sharpening).

  Durch Vergleich jedes → Bildelementes mit seiner Umgebung (→ Fenster) wird geprüft, ob es als „Ausreißer" zu betrachten oder mit der Umgebung „verträglich" ist. Im ersten Falle wird es nicht in die Histogrammberechnung einbezogen, wodurch das Histogramm zusätzliche und stärkere Spitzen erhält. Im anderen Falle wird es zur Berechnung des Histogramms benutzt. Die Einsattelungen des Histogramms entsprechen dann meistens den Übergängen zwischen den Bildsegmenten.

Die oben unter der Voraussetzung stetiger Verteilungen und Kennlinien gegebenen Formeln müssen für den praktisch bedeutungsvollen Fall diskreter Grauwerte angenähert werden. Auch die Anwendung von → Filtern modifiziert das Histogramm des Bildes. Durch Anwendung linearer Filter nähert sich das Histogramm immer mehr einer Normalverteilung an (→ statistische Bildanalyse).

Histogrammzerlegung

→ *Gebietszerlegung.*

Hochauflösendes Display

Engl. high resolution display. → Rasterdisplay mit einem geringen Abstand der → Bildpunkte und einer hohen Anzahl von Bildpunkten auf dem → Bildschirm.

Der Begriff h.D. ist nicht scharf definiert (→ Auflösung). Beim heutigen Stand der Technik wird dann von einem h.D. gesprochen, wenn bei einer Bildschirmgröße um 20 Zoll (ca. 50 cm) wenigstens entlang einer Achse der → Darstellungsfläche mindestens 1000 → Bildpunkte vorhanden sind.

Typische, von einer ganzen Reihe kommerziell vertriebener Systeme erreichte → Bildformate sind: $2048 \times 2048, 1280 \times 1024, 1024 \times 1024, 1024 \times 780$. Die erste Zahl gibt jeweils die Anzahl der Bildpunkte je Zeile, die zweite die Anzahl je Spalte an.

Bei kleineren Bildschirmdiagonalen (z. B. bei 14 Zoll) spricht man manchmal auch dann von h.D., wenn die Pixelanzahl entlang einer Achse der Darstellungsfläche unter 1000 liegt (z. B. bei 800).

Bei h.D. entsteht stets ein Bild, dessen Rasterung wenig stört (→ Rastergrafik). Farbtüchtige h.D. sind deshalb eine entscheidende Komponente solcher → Computergrafiksysteme bzw. → Bildverarbeitungssysteme, die einerseits in → interaktiver Arbeitsweise genutzt werden sollen und andererseits über → Liniengrafiken hinausgehende Bilder in hoher Qualität darstellen müssen (für reine Liniengrafiken könnten auch → Vektordisplays verwendet werden).

Im Falle von Schwarz-Weiß Geräten wird die geometrische Auflösung lediglich von der elektronischen Speicherung der Bildinformation (→ Bildwiederholspeicher) und der Ansteuerung des Katodenstrahls bestimmt (→ Katodenstrahlröhre). Bei → Farbdisplays hingegen entscheidet die → Bildröhre selbst mit über die → Auflösung, da die Lochmaske (→ Lochmasken-Farbbildröhre) bzw. Schlitzmaske (→ Schlitzmaskenröhre) mit ihren → Farbtripeln zur Erzeugung jeweils eines farbigen Bildpunktes entsprechend feine Loch- bzw. Schlitzstrukturen aufweisen muß. Für ausreichende Farbauflösung sollten mindestens 7 Bit je Primärfarbe (→ Farbsystem) gewandelt werden. Im Gegensatz zum Halbbildverfahren der Fernsehtechnik (→ Zeilensprungverfahren) sollte mindestens 60 mal je Sekunde ein Vollbild geschrieben werden (→ Flimmern).

Technische Voraussetzungen von h.D. sind hochwertige Bildröhren, (→ Lochmaskenröhren für Farbdarstellung), schnelle → Bildwiederholspeicher, → Lookup-Tabellen und Digital-Analog-Wandler.

Hochpaßfilter

In der → digitalen Bildverarbeitung ein Gerät oder

Programm, welches Komponenten niedriger Raumfrequenz (→ Spektrum), d. h. langsam veränderliche Signalanteile, unterdrückt und Komponenten hoher Raumfrequenz, d. h. schnell wechselnde Signalanteile wie Kanten (→ Bildsegmentierung) und → Texturen, durchläßt und verstärkt.

Zwecks Unterdrückung des Rauschens werden durch Kombination mit → Tiefpaßfiltern sehr hohe Raumfrequenzen beschnitten. Derartige Anordnungen werden Bandpaßfilter (Bild a) genannt, insbesondere dann, wenn der Bereich zwischen oberer und unterer Grenzfrequenz (Paßband) vergleichsweise schmal ist ($f_o/f_u < 2$).

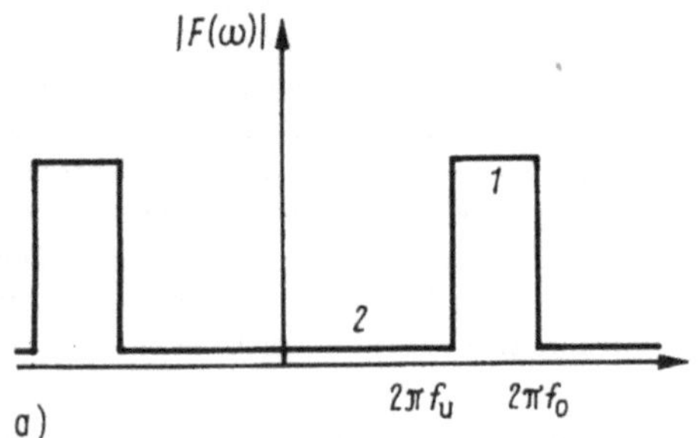

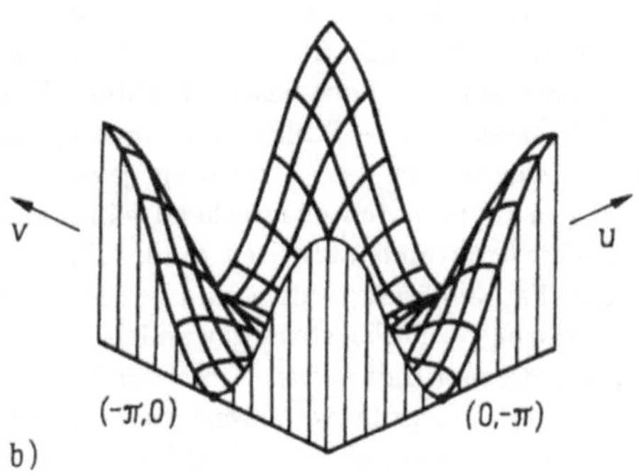

In Bild a) bedeuten 1 das Paßband und 2 das Sperrband. Die → Übertragungsfunktion eines 2D-H. hat den im Bild b) für den → **Laplace**-Operator dargestellten typischen Verlauf. Die → Impulsantwort eines H. besitzt notwendigerweise Nulldurchgänge; deswegen können H. von einem System, dessen Informationsparameter stets positiv ist (z. B. die → Intensität) nicht verwirklicht werden.

Im Bildanhang sind Beispiele zur Wirkung von Hoch- und Bandpaßfiltern auf Bildsignale enthalten.

Höhere Programmiersprache

Programmiersprache, deren Syntax und Semantik weitgehend unabhängig vom jeweiligen → Computer ist.

Für jeden Rechner gibt es eine Maschinensprache mit komplizierten, für den Programmierer wenig einsichtigen und maschinenspezifischen Befehlen und Notationsformen. Die Assemblersprache ermöglicht eine mnemotechnisch bessere Notation der Maschinenbefehle mit größerem Freiheitsgrad bei der Namenswahl und Adressierung. Im Unterschied dazu sind die h.P. oder problemorientierten Programmiersprachen wie FORTRAN, PASCAL, C oder Ada nicht auf einen speziellen Rechner ausgerichtet, sondern für viele Aufgabengebiete wie z. B. die → Computergrafik und die → digitale Bildverarbeitung einsetzbar. Sie enthalten problemnahe Ausdrucksmittel für Variable, Konstanten, Vektoren, Matrizen, Strukturen, Zyklen oder Unterprogramme. Ein Programm in einer h.P. wird als Zeichenfolge in den Rechner eingegeben (meist mit Hilfe von → Editoren). Dieses Quellprogramm wird durch einen → Compiler für diese Programmiersprache in die Maschinensprache übersetzt, so daß es nach weiteren Vorbereitungsschritten abgearbeitet werden kann.

Im Gegensatz zu Maschinensprachen besitzen h.P. für den → Nutzer von Computern u. a. folgende Vorteile:

- Die Programmierarbeit wird mehr durch das Problem als die zugrundeliegende Maschine bestimmt.
- Die entstehenden Programme können übersichtlich und verständlich gestaltet werden.
- Problemlösungen können mit geringem Aufwand von einem Rechnermodell auf ein anderes übertragen werden (Portabilität).

Holographie

Optische Methode zum Speichern und Darstellen von Objektabbildern, die durch ihr elektromagnetisches Wellenfeld beschrieben werden.

Gelegentlich werden auch mechanische Wellenfelder als Träger der Information betrachtet, so daß man dann von akustischer H. spricht.

Die H. ist ein zweistufiger Prozeß. Das Wellenfeld interferiert in der 1. Stufe mit einem Referenzstrahl, der parallel oder geneigt zur Betrachtungsrichtung verläuft. Das entstehende Intensitätsmuster wird auf einem lichtempfindlichen Medium als Hologramm registriert. In der 2. Stufe kann durch Bestrahlung des Hologramms das ursprüngliche Wellenfeld und damit ein naturgetreues Abbild des Objektes rekonstruiert werden. Auf einem Träger können mehrere Hologramme bei unterschiedlichen Wellenlängen und Neigungen des Referenzstrahls gespeichert sein. Synthetische Hologramme werden durch Digitalrechner erzeugt und geben die Möglichkeit zur Vermittlung von echten dreidimensionalen Eindrücken. Die Kapazität und die Störfestigkeit von Hologrammen hängen vom Kohärenzgrad des verwendeten Lichtes ab, weshalb die H. eine Hauptanwendung der Lasertechnik ist.

Besonders übersichtlich sind die Verhältnisse beim Fraunhoferhologramm, welches im folgenden beschrieben wird (Bild a). Dabei bezeichnet (L) die Sammellinse mit der Brennweite f.

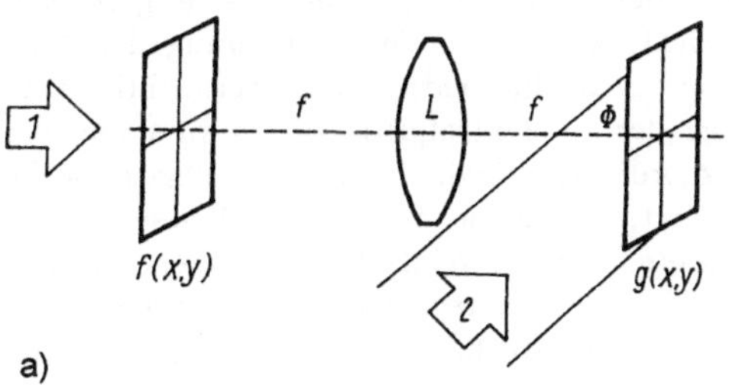

a)

Beim Durchleuchten eines Diapositivs $f(x,y)$ mit einer ebenen Lichtwelle (1) der Kreisfrequenz ω wird in der Ebene des Hologramms die elektrische Feldstärke $e(x,y,t) = E(x,y)\exp(\jmath\omega t)$ erzeugt, wobei $E(x,y) = |E(x,y)| \cdot \exp(\jmath \arg E(x,y))$ ist. $E(x,y)$ ist bis auf eine Konstante A die → **Fourier**transformation des Objektes $f(x,y)$.

$$E(x,y) = A\mathcal{F}[f(x,y)]$$

Das Hologramm (H) wird durch Überlagerung des Wellenfeldes mit einem unter dem Winkel Φ einfallenden Bezugsstrahl (2) gleicher Frequenz und konstanter Leistung R erzeugt. Auf Grund der Registrierung des mittleren Quadrates auf der lichtempfindlichen Hologrammplatte (→ Belichtung) und unter der Annahme eines ausreichend großen R ergibt sich näherungsweise als Ausdruck für die Schwärzung:

$$\begin{aligned} g(x,y) &= \overline{(E+R)^*(E+R)} \\ &\approx |R|^2 + |R||E|\exp(\jmath(\omega\Phi y + \arg E)) \\ &\quad + |R||E|\exp(-\jmath(\omega\Phi y + \arg E)) \\ &= |R|^2 + 2|R||E(x,y)|\cos(\omega\Phi y + \arg E(x,y)) \end{aligned}$$

Das durch die vorhergehende Gleichung beschriebene Schwärzungsmuster auf dem Hologramm (H) ist im wesentlichen ein durch $E(x,y)$ moduliertes kosinusiodales optisches Gitter.

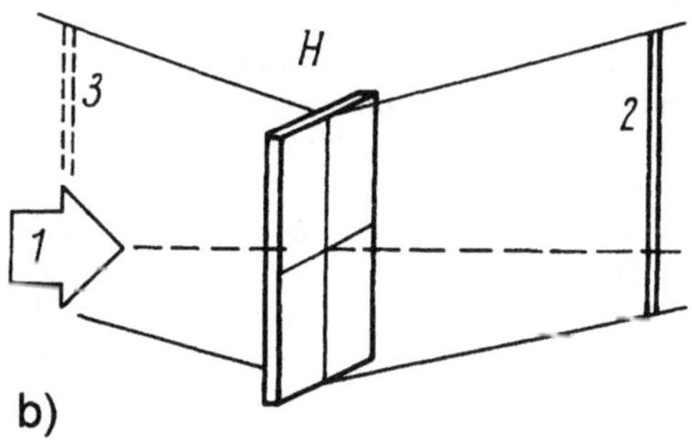

b)

Das Hologramm werde nunmehr mit einem ebenen Wellenfeld (1) der Kreisfrequenz κ bestrahlt (Bild b). Dabei entstehen drei Beugungsmuster entsprechend den 3 Gliedern obiger Formel. Das erste Glied ($|R|^2$) entspricht einer einfachen Fortleitung des Rekonstruktionsstrahls. Die beiden anderen Glieder erzeugen zwei symmetrisch zum Hologramm und im Winkel Φ außerhalb der Strahlrichtung liegende Bilder des in der 1. Stufe aufgenommenen Objektes. Das reelle Bild (2) ist Zentrum des rekonstruierten Wellenfeldes, während das virtuelle Bild (3) meist als unerwünschtes Nebenprodukt betrachtet wird. Dabei wird eine Vergrößerung im Maßstab ω/κ beobachtet.

Andere holographische Systeme benötigen keine Linsen, sind nicht auf kohärentes Licht angewiesen oder haben keinen direkten Referenzstrahl.

Holographisches Filter

Optisches System zur Bilderkennung (→ ana-

loge Bildverarbeitung), welches mit holographischen Methoden (→ Holographie) realisiert wird.

H.F. beruhen darauf, daß in einem Hologramm Betrag und Phase eines gewünschten Übertragungsverhaltens verschlüsselt werden können (→ Übertragungsfunktion). Sie werden vorwiegend für die Detektion bestimmter Signale in verrauschter Umgebung (→ angepaßtes Filter) verwendet und sind Bestandteil von Zeichenerkennungssysteme (→ OCR).

Homogene Bildoperation

→ *Bildoperation.*

Homogene Koordinaten

→ *Koordinaten in einem → Koordinatensystem, das speziell dafür geschaffen wurde, → Koordinatentransformationen einheitlich auf Matrizenmultiplikationen zurückführen zu können.*

Die → Verschiebung eines Punktes (x_1, y_1, z_1) in einem dreidimensionalen Koordinatensystem um den Vektor (x_T, y_T, z_T) ergibt einen neuen Punkt (x_2, y_2, z_2), dessen natürliche Koordinaten sich durch folgende Vektoraddition ausdrücken lassen:

$$\begin{vmatrix} x_2 \\ y_2 \\ z_2 \end{vmatrix} = \begin{vmatrix} x_1 \\ y_1 \\ z_1 \end{vmatrix} + \begin{vmatrix} x_T \\ y_T \\ z_T \end{vmatrix}$$

Indem man von (x, y, z) zu den zugehörigen h.K.

$$(X, Y, Z, w) = (xw, yw, zw, w)$$

mit beliebiger Hilfskoordinate $w \neq 0$ übergeht, kann man die Verschiebung auch als Matrizenmultiplikation schreiben:

$$\begin{vmatrix} X_2 \\ Y_2 \\ Z_2 \\ w_2 \end{vmatrix} = \begin{Vmatrix} 1 & 0 & 0 & X_T \\ 0 & 1 & 0 & Y_T \\ 0 & 0 & 1 & Z_T \\ 0 & 0 & 0 & 1 \end{Vmatrix} \cdot \begin{vmatrix} X_1 \\ Y_1 \\ Z_1 \\ w_1 \end{vmatrix}$$

Auch andere Transformationen sowie → Projektionen lassen sich mittels der h.K. auf die Multiplikation eines Vektors mit einer geeigneten Matrix zurückführen.

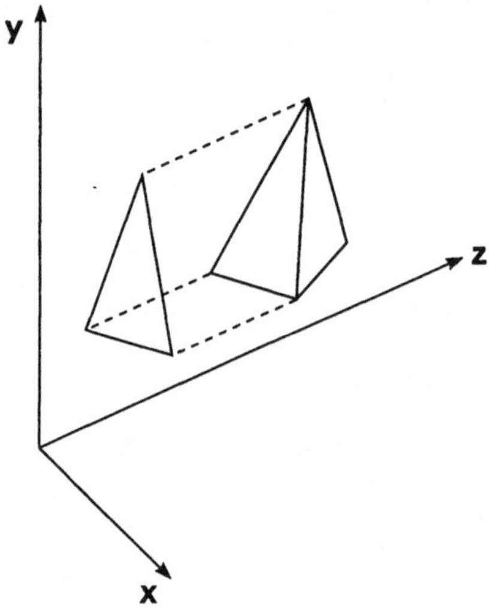

Die Tafel auf der folgenden Seite gibt eine Übersicht, wobei sich die Orientierung der Achsen aus dem Bild entnehmen läßt. Mit Ausnahme der → Zentralprojektion wird dabei die Hilfskoordinate (Engl. dummy coordinate) nicht verändert, so daß sie dann gleich 1 gesetzt werden kann. Das vereinfacht den Übergang von den h.K. zu den entsprechenden natürlichen Koordinaten. Die Rückführung verschiedener Transformationen auf eine einzige Standardoperation ist von Vorteil, wenn die Transformationen durch → Spezial-Hardware gestützt werden sollen. Man braucht dann eine Einrichtung zur Ausführung nur einer einzigen Art von Matrizenoperationen. H.K. können daher im Rahmen solcher Komponenten von → Computergrafiksystemen sinnvoll verwendet werden, die auf der Basis von Spezial-Hardware eine schnelle Ausführung verschiedener Transformationen und Projektionen realisieren sollen. Dies ist z. B. bei entsprechenden Komponenten von → 3D-Arbeitsstationen zur Transformation von → Drahtmodellen bzw. zur → Visualisierung von → 3D-Modellen als → Glaskörperdarstellungen der Fall.

Transformations- bzw. Projektionsart	Bestimmung des transformierten bzw. projizierten Punktes (x_2, y_2, z_2) von (x_1, y_1, z_1) in gewöhnlichen Koordinaten	Bestimmung des transformierten bzw. projizierten Punktes (X_2, Y_2, Z_2, w_2) von (X_1, Y_1, Z_1, w_1) in homogenen Koordinaten
Skalierung mit den Skalierungsfaktoren S_x, S_y, S_z bez. der x-,y-,z-Achsen.	$\begin{vmatrix} x_2 \\ y_2 \\ z_2 \end{vmatrix} = \begin{Vmatrix} S_x & 0 & 0 \\ 0 & S_y & 0 \\ 0 & 0 & S_z \end{Vmatrix} \cdot \begin{vmatrix} x_1 \\ y_1 \\ z_1 \end{vmatrix}$	$\begin{vmatrix} X_2 \\ Y_2 \\ Z_2 \\ w_2 \end{vmatrix} = \begin{Vmatrix} S_x & 0 & 0 & 0 \\ 0 & S_y & 0 & 0 \\ 0 & 0 & S_z & 0 \\ 0 & 0 & 0 & 1 \end{Vmatrix} \cdot \begin{vmatrix} X_1 \\ Y_1 \\ Z_1 \\ w_1 \end{vmatrix}$
Verschiebung um den Vektor (x_T, y_T, z_T).	$\begin{vmatrix} x_2 \\ y_2 \\ z_2 \end{vmatrix} = \begin{vmatrix} x_1 \\ y_1 \\ z_1 \end{vmatrix} + \begin{vmatrix} x_T \\ y_T \\ z_T \end{vmatrix}$	$\begin{vmatrix} X_2 \\ Y_2 \\ Z_2 \\ 1 \end{vmatrix} = \begin{Vmatrix} 1 & 0 & 0 & X_T \\ 0 & 1 & 0 & Y_T \\ 0 & 0 & 1 & Z_T \\ 0 & 0 & 0 & 1 \end{Vmatrix} \cdot \begin{vmatrix} X_1 \\ Y_1 \\ Z_1 \\ 1 \end{vmatrix}$
Rotation um den Winkel Θ um die x-Achse[1].	$\begin{vmatrix} x_2 \\ y_2 \\ z_2 \end{vmatrix} = \begin{Vmatrix} 1 & 0 & 0 \\ 0 & \cos\Theta & -\sin\Theta \\ 0 & \sin\Theta & \cos\Theta \end{Vmatrix} \cdot \begin{vmatrix} x_1 \\ y_1 \\ z_1 \end{vmatrix}$	$\begin{vmatrix} X_2 \\ Y_2 \\ Z_2 \\ w_2 \end{vmatrix} = \begin{Vmatrix} 1 & 0 & 0 & 0 \\ 0 & \cos\Theta & -\sin\Theta & 0 \\ 0 & \sin\Theta & \cos\Theta & 0 \\ 0 & 0 & 0 & 1 \end{Vmatrix} \cdot \begin{vmatrix} X_1 \\ Y_1 \\ Z_1 \\ w_1 \end{vmatrix}$
Rotation um den Winkel Ψ um die y-Achse[1].	$\begin{vmatrix} x_2 \\ y_2 \\ z_2 \end{vmatrix} = \begin{Vmatrix} \cos\Psi & 0 & \sin\Psi \\ 0 & 1 & 0 \\ -\sin\Psi & 0 & \cos\Psi \end{Vmatrix} \cdot \begin{vmatrix} x_1 \\ y_1 \\ z_1 \end{vmatrix}$	$\begin{vmatrix} X_2 \\ Y_2 \\ Z_2 \\ w_2 \end{vmatrix} = \begin{Vmatrix} \cos\Psi & 0 & \sin\Psi & 0 \\ 0 & 1 & 0 & 0 \\ -\sin\Psi & 0 & \cos\Psi & 0 \\ 0 & 0 & 0 & 1 \end{Vmatrix} \cdot \begin{vmatrix} X_1 \\ Y_1 \\ Z_1 \\ w_1 \end{vmatrix}$
Rotation um den Winkel Φ um die z-Achse[1].	$\begin{vmatrix} x_2 \\ y_2 \\ z_2 \end{vmatrix} = \begin{Vmatrix} \cos\Phi & -\sin\Phi & 0 \\ \sin\Phi & \cos\Phi & 0 \\ 0 & 0 & 1 \end{Vmatrix} \cdot \begin{vmatrix} x_1 \\ y_1 \\ z_1 \end{vmatrix}$	$\begin{vmatrix} X_2 \\ Y_2 \\ Z_2 \\ w_2 \end{vmatrix} = \begin{Vmatrix} \cos\Phi & -\sin\Phi & 0 & 0 \\ \sin\Phi & \cos\Phi & 0 & 0 \\ 0 & 0 & 1 & 0 \\ 0 & 0 & 0 & 1 \end{Vmatrix} \cdot \begin{vmatrix} X_1 \\ Y_1 \\ Z_1 \\ w_1 \end{vmatrix}$
Parallelprojektion auf die $x-y$-Ebene; Projektionsstrahlen: Parallel zum Strahl durch $(0,0,0)$ und (x_s, y_s, z_s).	$\begin{vmatrix} x_2 \\ y_2 \\ z_2 \end{vmatrix} = \begin{Vmatrix} 1 & 0 & -x_s/z_s \\ 0 & 1 & -y_s/z_s \\ 0 & 0 & 0 \end{Vmatrix} \cdot \begin{vmatrix} x_1 \\ y_1 \\ z_1 \end{vmatrix}$	$\begin{vmatrix} X_2 \\ Y_2 \\ Z_2 \\ w_2 \end{vmatrix} = \begin{Vmatrix} 1 & 0 & -x_s/z_s & 0 \\ 0 & 1 & -y_s/z_s & 0 \\ 0 & 0 & 0 & 0 \\ 0 & 0 & 0 & 1 \end{Vmatrix} \cdot \begin{vmatrix} X_1 \\ Y_1 \\ Z_1 \\ w_1 \end{vmatrix}$
Zentralprojektion auf die $x-y$-Ebene; Projektionszentrum: (x_z, y_z, z_z).	$x_2 = (z_z x_1 - x_z z_1)/(z_z - z_1)$ $y_2 = (z_z y_1 - y_z z_1)/(z_z - z_1)$ $z_2 = 0$	$\begin{vmatrix} X_2 \\ Y_2 \\ Z_2 \\ w_2 \end{vmatrix} = \begin{Vmatrix} -z_z & 0 & x_z & 0 \\ 0 & -z_z & y_z & 0 \\ 0 & 0 & 0 & 0 \\ 0 & 0 & 1 & -z_z \end{Vmatrix} \cdot \begin{vmatrix} X_1 \\ Y_1 \\ Z_1 \\ w_1 \end{vmatrix}$

[1]) Ein positiver Winkel entspricht einer Rotation entgegen dem Uhrzeigersinn bei Blick in Richtung der jeweiligen Achse des Koordinatensystems.

Homologe Punkte

Koordinaten von Bildelementen in mehreren Bildern, von denen angenommen wird, daß sie dasselbe Element des beobachteten Objektes abbilden.

H.P. dienen der Interpretation und Ausmessung von Bildern, die meist von unterschiedlichen Standorten, aber auch zu verschiedenen Zeiten und mit verschiedenen Sensoren aufgenommen wurden (→ Tiefenerkennung,→ Bildkoinzidenz). H.P. werden auch als korrespondierende oder einander entsprechende Punkte bezeichnet.

Homomorphes Filter

Spezielle Technik der Signalverarbeitung, die ein lineares Filter durch i. allg. nichtlineare Vor- und Nachverarbeitung ergänzt.

Die für lineare Systeme entscheidende Eigenschaft der Superponierbarkeit (→ Filter) wird üblicherweise durch die einfache Addition vermittelt. Man kann jedoch eine Verallgemeinerung erreichen, indem die Addition durch eine andere Operation $\oplus$ ersetzt wird. Unter gewissen Bedingungen gibt es eine Signaltransformation $T(\cdot)$, so daß mit der üblichen Addition gilt

$$T(f1 \oplus f2) = T(f1) + T(f2).$$

Damit kann man das Signalverarbeitungsproblem linearisieren, d. h. ein lineares Filter auf die transformierten Signale anwenden. Es ist allerdings zu beachten, daß durch die Transformation auch Optimierungskriterien beeinflußt werden, so daß Optimierungen für das durch die Transformation entstandene lineare System nichtoptimale Lösungen für das Gesamtsystem ergeben.

Bei einem h.F. wird die Transformation $T(\cdot)$ auf das Eingangssignal angewendet, das Ausgangssignal wird mit der inversen Transformation $T(\cdot)^{-1}$ behandelt. Ein besonders einfacher Fall ist gegeben, wenn $\oplus$ der üblichen Multiplikation entspricht, z. B. bei multiplikativ eingehendem Rauschen. Dann ist $T(\cdot)$ durch den Logarithmus und $T(\cdot)^{-1}$ durch den Exponenten gegeben.

Hostrechner

Engl. host computer, host. Zentraler → Computer z. B. eines → CAD/CAM-Systems, der über Schnittstellen von → grafischen Arbeitsstationen Datenverarbeitungs- und Speicherungsfunktionen übernimmt, während die eigentliche Grafikarbeit vielfach in der Arbeitsstation abläuft.

Der H. fungiert in grafischen Systemen als übergeordnete Einheit gegenüber den Arbeitsstationen und übernimmt außer Steuerungsaufgaben auch die Bearbeitung spezieller und aufwendiger Aufgaben. Er wird im Deutschen auch Wirtsrechner genannt. Ursprünglich verstand man unter einem H. einen Rechner, auf dem mittels geeigneter Cross-Software Programme für andere Rechner, auch mit unterschiedlichen Prozessoren, entwickelt wurden. Zu den Charakteristika von H. gehören heute

- 32-Bit-Prozessor,
- Operationsspeicher von 8 bis 64 MBytes,
- Direktzugriffsspeicherkapazität von 50 MBytes bis 5 GBytes,
- Spezialprozessoren, z. B. für die Gleitkommaarithmetik und Vektoroperationen,
- Netzfähigkeit.

Als → Betriebssystem wird heute meist ein herstellerunabhängiges Produkt gewählt. Als sehr wichtig wird ein aufgabenspezifischer Zugriff auf die Ressourcen eines Großrechners gewertet. Die Entwicklung der Arbeitsteilung zwischen H. und Arbeitsstationen ist keinesfalls abgeschlossen. Die künftige Entwicklung führt einerseits zu einer Erhöhung der Intelligenz des Bildschirmsystems bzw. zu einer Verlagerung der Intelligenz von dem H. in die Arbeitsstation. Andererseits geht der Trend zur Spezialisierung des H. als Dienstleistungsinstanz (server) für Aufgaben der Kommunikation (net server), der Dateiverwaltung (file server) und der numerischen Anwendungen (numeric server) bis hin zu seiner vollständigen Ablösung durch Verteilung der Aufgaben auf ein Netz verteilter Arbeitsplätze.

Hough-Transformation

Methode zum Auffinden und Identifizieren von elementaren Linienobjekten (z. B. Strecken, Kreisbögen).

Die H. bildet dabei Punkte eines Merkmalsraumes in einen Parameterraum ab, dessen Dimension der Anzahl der Parameter entspricht, die zur Charakterisierung der gesuchten geometrischen Struktur erforderlich sind.

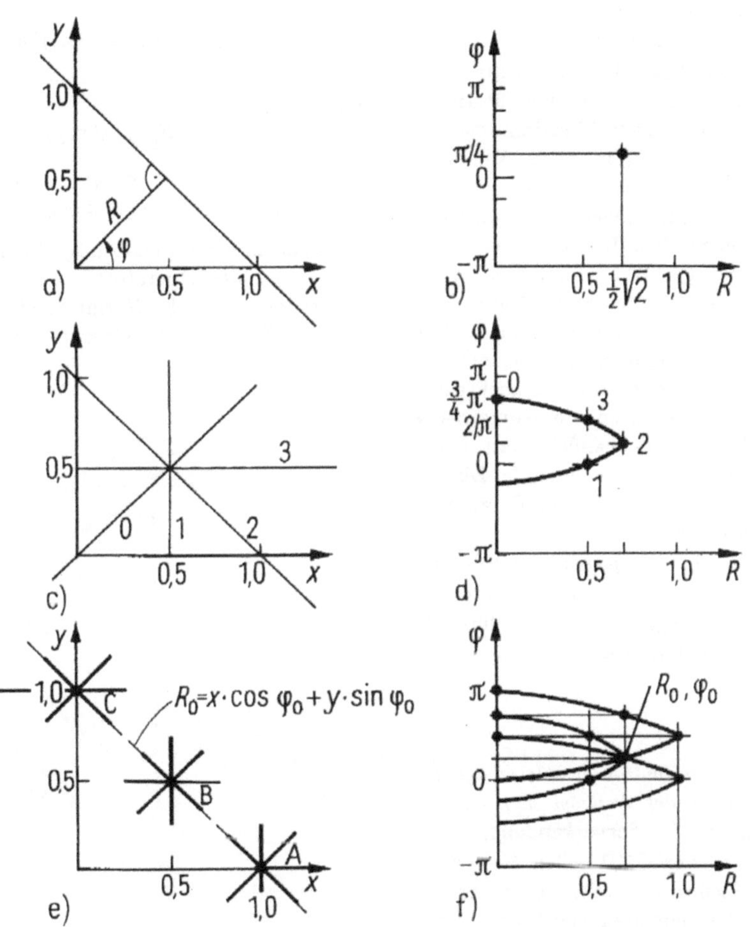

Die H. ergibt sich durch eine Invertierung der parametrischen Charakterisierung der gesuchten Kurve, indem ihre Parameter als Funktion der Werte der Merkmalspunkte angesehen werden. Unter idealen Bedingungen (Rauschfreiheit) werden alle Punkte derselben Kurve in einen Punkt des Parameterraumes abgebildet. Es seien z. B. x, y die Koordinaten einer im Merkmalsraum in **Hesse**scher Normalform gegebenen Geraden

$$x \cdot \cos\varphi + y \cdot \sin\varphi = R \quad .$$

R ist hierbei Abstand der Geraden vom Nullpunkt und φ der zugehörige Normalenwinkel zur x-Achse (Bild a). Allen Punkten einer Geraden in der x, y-Ebene entspricht ein Punkt in der R, φ-Ebene (Bild b). Ein einziger Punkt der x, y-Ebene kann nun zu unendlich vielen Geraden gehören, von denen 4 in Bild c dargestellt sind. Damit bildet sich der betreffende Punkt auf eine Kurve in der R, φ-Ebene ab (Bild d). Im Falle kollinearer Punkte (Bild e) schneiden sich alle entsprechenden Kurven in einem Punkt (R_0, φ_0) (Bild f). Bei realem Bildmaterial wird man anstelle eines Schnittpunktes eine Häufung von Punkten in der Umgebung des anzunehmenden Schnittpunktes beobachten. Der „Schnittpunkt" der aus verschiedenen

Objektpunkten folgenden Kurvenschar wird praktisch nach der Diskretisierung des Parameterraumes zwischen geeigneten minimalen und maximalen Werten der Parameter ermittelt.

Man stelle sich die R, φ-Ebene als Matrix von Akkumulatorzellen vor, die jeweils einem bestimmten Winkelbereich und einem bestimmten Radiusbereich entsprechen. Für jeden Bildpunkt P_i eines Kantenbildes (→ Kantendetektion) mit dem Binärmarkierung „Kantenelement" wird nun die korrespondierende R, φ-Kurve G_i ermittelt und der Inhalt derjenigen Akkumulatorzelle um 1 erhöht, der von G_i geschnitten wird. Dieses Verfahren ergibt letzlich ein → Histogramm. Lokale Maxima und Zusammenballungen (cluster) der Akkumulatoreninhalte weisen auf Geradenstücke in der Bildebene hin. Auch andere geometrische Gebilde (Kreise) können so behandelt werden, wobei man eine zu weitgehende Erhöhung der Dimension sowie zu feine Quantisierung des Parameterraumes vermeiden sollte.

Die H. ist unempfindlich gegen zufällige und systematische Störungen, insbesondere Unterbrechungen von Kurvensegmenten, was für das Aufspüren von Verdeckungen hilfreich ist.

HRV

Engl. Abk. für high resolution visible image instrument. Bildsensor des französischen SPOT-Fernerkundungssystems (→ Fernerkundung).

Das HRV besteht aus CCD-Zeilen (→ CCD) mit jeweils 6000 Elementen, welche quer zur Bewegungsrichtung des Satelliten (pushroom scanner) ausgerichtet sind. Ein vom Boden steuerbarer schwenkbarer Spiegel erlaubt die Abtastung querab liegender Streifen in einem 950 km breiten Bereich. Im panchromatischen Bereich beträgt die → Bodenauflösung 10 m × 10 m, im multispektralen Bereich 20 m × 20 m (→ Multispektraltechnik). Die Daten werden mittels Differenzpulskodemodulation (→ Bildkodierung) zum Boden übertragen.

Hueckel-Operator

Leistungsfähiger Operator zur → Kantendetektion.

Der H. hat sich besonders bei starkem Rauschen und stark texturierten Bildern bewährt. Er beruht auf der Anpassung einer idealen Stufenkante $S(x, y)$ an das Bild $g(x, y)$ im Sinne einer minimalen quadratischen Abweichung.

$$\int_A \int (g(x,y) - S_{R,\varphi,b,h}(x,y))^2 \, dx \, dy = \min_{R,\varphi,b,h}$$

mit

$$S_{R,\varphi,b,h}(x,y) = \begin{cases} b & \text{für } x \cdot \cos\varphi + y \cdot \sin\varphi \leq R \\ b+h & \text{für } x \cdot \cos\varphi + y \cdot \sin\varphi > R \end{cases} .$$

A ist eine kreisscheibenförmige Testfläche, das sog. → Fenster des Operators. R, φ bezeichnen die Polarkoordinaten des Normalenpunktes der Kante bez. des Zentrums des Operatorfensters (Bild).

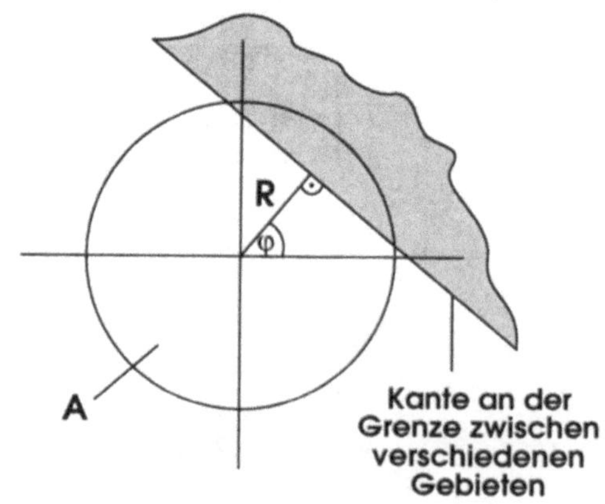

Zum Anpassen werden die Grauwerte innerhalb der kreisscheibenförmigen Testfläche in eine zweidimensionale **Fourier**reihe in den Polarkoordinaten (→ **Fourier**transformation) entwickelt. Eine Tiefpaßcharakteristik (→ Tiefpaßfilter) der Anpassung wird durch Fortlassen höherer **Fourier**koeffizienten erreicht. Die Summe der quadratischen Differenz zwischen den Koeffizienten dient schließlich als Minimierungskriterium. Der numerische Aufwand bei der Realisierung des H. ist sehr hoch, da das Optimierungsproblem für viele Operatorfensterpositionen zu lösen ist.

Huffman-Kode

Statistisch begründete Kodierung mit Kodeworten unterschiedlicher Länge.

Diese Methode hat das Ziel, das Datenvolumen gegenüber einer Kodierung mit konstanter Wortlänge zu reduzieren. Der H. kann im Rahmen der → digitalen Bildverarbeitung oft als letzte Kodierform in Prozessen der → Bildkodierung und → Bilddatenkompression eingesetzt werden, wenn für das Auftreten der zu kodierenden Werte $w_1, \ldots, w_n$ eine zeitlich relativ beständige Wahrscheinlichkeitsverteilung $p_1, \ldots, p_n$ $(0 < p_i < 1)$ mit sehr unterschiedlichen Werten angenommen werden kann. Gegenüber einer Kodierung der n Werte durch binäre Kodeworte der konstanten Länge $M = \lceil \log_2 n \rceil$ kann das Datenvolumen reduziert werden, indem häufig auftretenden Werten kürzere und selten auftretenden Werten längere Kodeworte zugeordnet werden. Dabei müssen die verwendeten Kodeworte eindeutig dekodierbar sein, d. h. eine beliebige Folge von Binärsymbolen darf nur in einer einzigen Weise in Binärworte variabler Länge zerlegbar sein bzw. die Kodeworte müssen durch ein spezielles Signal voneinander getrennt sein.

Haben die verwendeten Kodeworte die Längen $l_1, \ldots, l_n$, so ergibt sich die mittlere Wortlänge zu

$$L = \sum_{i=1}^{n} l_i p_i \quad ,$$

deren kleinstmöglicher Wert durch die → Entropie gegeben ist. Der H. gewährleistet bei Einhaltung der vorausgesetzten Wahrscheinlichkeitsverteilung eine minimale mittlere Wortlänge und gehört damit zu den optimalen oder kompakten Kodes. Wird dagegen die vorausgesetzte Verteilung verletzt, tritt eine geringere oder auch gar keine Datenreduzierung ein. Im Extremfall kann sich sogar $L > M$ ergeben. Beim Anwenden des H. ist wie bei allen Kodes mit unterschiedlicher Wortlänge die Gefahr der Fehlerfortpflanzung bei Übertragungsfehlern besonders groß. Aus diesem Grund wird der H. in reiner Form praktisch nicht angewendet.

Hybrides Bildverarbeitungssystem

→ *Bildverarbeitungssystem, das entweder optische und elektronische Mittel, oder analoge und digitale Verfahren verwendet, um die Vorteile dieser verschiedenen Techniken zu verbinden.*

i-Nachbarschaft

Abk. für indirekte → Nachbarschaft.

IBK-Farbsystem

Deutsche Bezeichnung des → CIE-Farbsystems nach der Abkürzung von Internationale Beleuchtungskommission (Engl. International Commission on Illumination - ICI).

ID

Engl. Abk. für
1. Image Dissector (→ elektronische Kamera),
2. Identificator (Identifikator oder Schlüssel).

IGES

Engl., Abk. für Initial Graphics Exchange Specification, Standard zur systemneutralen Speicherung und zum Austausch von CAD-Daten (Produktdatenaustausch).

I. wurde 1980 als erster Standard für den Datenaustausch zwischen unterschiedlichen → CAD-Systemen vom NBS (National Bureau of Standards) veröffentlicht und 1981 vom ANSI (American National Standard Institute) als Version 1.0, Teil des ANSI-Standards Y14.26M, übernommen.

I. gestattet die Übertragung von 2D- und 3D-Kanten- sowie von 2D- und 3D-Flächenmodellen, → Volumenmodellen, technischen Zeichnungen, Finite-Elemente-Modellen (→ FEM-Analyse) und symbolischen Darstellungen. Die Erweiterbarkeit von I. um neue Elemente, d. h. die Anpassung an die Entwicklung der CAD-Systeme, ist Bestandteil des I.-Konzeptes.

Eine I.-Datei (→ Datei) ist sequentiell organisiert und hat ein einfaches physisches Format mit einer Satzlänge von 80 Zeichen (entspricht einer Lochkarte und damit dem Stand der Rechentechnik in den 70er Jahren). Logisch besteht eine I.-Datei aus fünf fest vorgegebene Sektionen:

1. Start Section: Informationen und Mitteilungen für das empfangende System.
2. Global Section: Angaben zur Systemvoreinstellung.
3. Directory Entry Section: Datensätze für die spezifizierten Elemente (je Element 2 Sätze).
4. Parameter Section: → Attribute zu den vorher spezifizierten Elementen.
5. Terminate Section: Dateiende-Markierung und Prüfangaben.

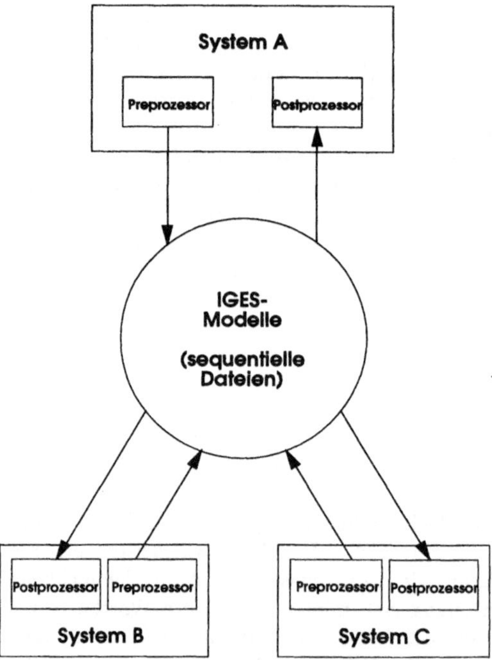

Bei der Definition der Elementetypen orientierte man sich an den in CAD-Systemen üblichen. Es gibt drei Elementeklassen:

1. Geometrieelemente (geometry entities): z. B. Punkt, Linie, Kreisbogen, Spline-Kurven (→ Spline), Ebene, Regelfläche.
2. Symbolische Elemente (annotation entities): z. B. Bemaßung, → Texte, → Schraffur, Mittellinie.
3. Strukturelemente (structure entities): z. B. Zeichnung, Linientypdefinition, Schriftart, Transformationsmatrix.

Darüber hinaus können vom I.-Anwender auch eigene Elemente definiert werden (user defined entities). Die z. Zt. aktuelle Version 5.0 verfügt über etwa 40 geometrische und 35 nichtgeometrische Elemente. I. gewährt dem Implementierer vielfältige Freiheiten, so daß nur eine unbefriedigende Austauschfähigkeit der Modelle besteht. Daher wurde vom Verband der deutschen Automobilindustrie eine Einschränkung der I.-Spezifikation auf ein VDA-IGES Subset VDAIS vorgenommen.

Um vollständige → Modelle (d. h. neben den geometrischen auch technologische und organisatorische Informationen) übertragen zu können, wird im I.-Komitee an der Schnittstelle PDES und international am Standard STEP gearbeitet.

IIR

Engl. Abk. für infinite impulse response, unbeschränkte → Impulsantwort.

IIR bezeichnet die wichtigste Übertragungseigenschaft von rekursiven → Filtern.

Ikone

Engl. icon. Aus dem Griech., stilisierte grafische Darstellung, die an der → Mensch-Rechner-Schnittstelle eines → rechnerunterstützten Systems die Ausführung einer → Funktion bzw. insbesondere die Auswahl eines Objektes symbolisiert.

Aus mnemotechnischen Gründen eignen sich I. zur Präsentation eines Angebotes von Funktionen bzw. Objekten im Rahmen der → interaktiven Arbeitsweise oft besser als alphanumerische Kürzel. Dementsprechend spielen sie bei der Gestaltung der Mensch-Maschine-Schnittstelle rechnerunterstützter Systeme, insbesondere in der Menütechnik, eine große Rolle. Viele rechnergesstützte Systeme bieten ihrem → Nutzer Möglichkeiten der Bedienung durch → Menüs an, die zum großen Teil I. enthalten. Das Bild zeigt als Beispiel einen Ausschnitt aus einem Aufleger aus Papier für ein → Menütableau.

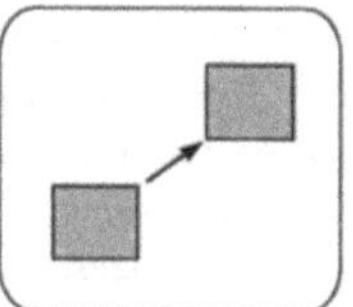

Verschiebung

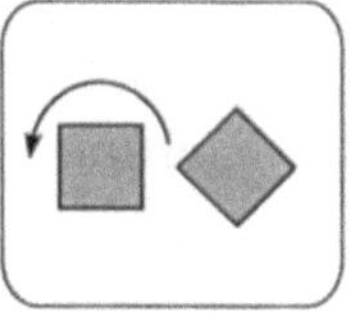

Rotation

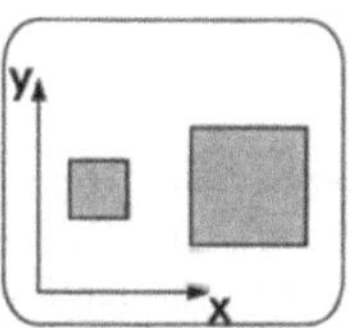

Skalierung (gleichmäßig in x- und y-Richtung)

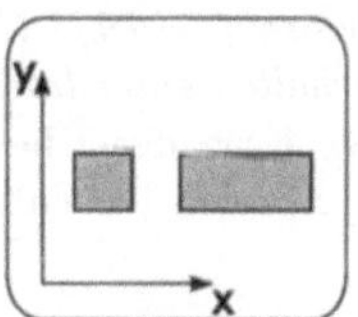

Skalierung ausschließlich in x-Richtung

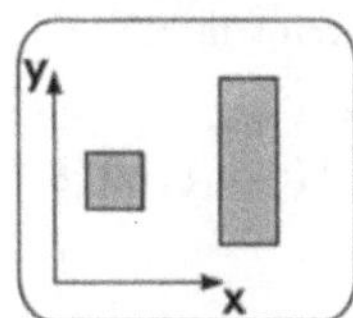

Skalierung ausschließlich in y-Richtung

Image

Engl., Bild, Erscheinungsform, Abbild. In der → Computergrafik und → digitalen Bildverarbeitung verwendeter Begriff im Sinn sowohl von (realitätsnahen) Abbildern → rechnerinterner Modelle als auch von Bildern realer Objekte als Ausgangsmaterial für Verarbeitungsprozesse mit Hilfe von Rechentechnik.

Image Enhancement

Engl. für → Bildverstärkung.

Image Pattern Recognition

Engl., Bildmustererkennung. → Mustererkennung.

Image Restoration

Engl. für → Bildrestauration.

Imaging

Engl. für → bildgebende Verfahren.

Gelegentlich in erweiterter Bedeutung für alle Methoden der bildlichen Darstellung verwendet (→ Visualisierung).

Impulsantwort

Engl. impulse response (→ IR). Kennzeichnung des Übertragungsverhalten eines linearen Systems.

Die I. $h(\cdot)$ ist der Kern der Übertragungsgleichung eines linearen Systems (→ Faltung). Im 1D-Fall lautet sie

$$a(t) = \int_{-\infty}^{+\infty} h(t,\tau)e(\tau)\,d\tau \quad .$$

Für den 2D-Fall schreibt man

$$a(x,y) = \int_{-\infty}^{+\infty}\int_{-\infty}^{+\infty} h(x,y,\xi,\eta)e(\xi,\eta)\,d\xi\,d\eta \quad .$$

In vielen Fällen verschwindet die Impulsantwort für negative t bzw. in Quadranten oder Halbebenen mit negativen x und/oder y. Man spricht dann von kausalen I. und kausalen Systemen, weil dadurch ausgedrückt wird, daß eine Wirkung nicht vor Eintreten ihrer Ursache beobachtet werden kann. Wenn die Impulsantwort nicht von der Zeit oder dem Ort abhängig ist, sondern von den Differenzen der Argumente, d. h. $h(t,\tau) = h(t-\tau)$ bzw. $h(x,y,\xi,\eta) = h(x-\xi, y-\eta)$ gilt, dann handelt es sich um ein verschiebungsinvariantes System (→ Verschiebungsinvarianz).

Der Name I. rührt daher, daß durch einen Impuls mit Einheitsenergie und sehr geringer Pulsausdehnung bei t_0 oder x_0, y_0 der Systemausgang durch $h(t,t_0)$ bzw. $h(x,y,x_0,y_0)$ gegeben wird. In der Bildverarbeitung wird für die I. deshalb auch der Name → Punktverwaschungsfunktion (Engl. point spread function - PSF) verwendet. In der Bildverarbeitung werden die Impulsantworten weiter klassifiziert in

- $x-y$-separabel:
$$h(x,y,\xi,\eta) = h_1(x,\xi)\cdot h_2(y,\eta)$$
- $r-\varphi$-separabel:
$$h(x,y,\xi,\eta) = h_1(r,\rho)\cdot h_2(\varphi,\phi)$$
mit
$$x = r\cos\varphi; \quad y = r\sin\varphi$$
$$\xi = \rho\cos\phi; \quad \eta = \rho\sin\phi$$
- isotrop:
$$h(x,y,\xi,\eta) = h_1(r,\rho)$$

Bei einem diskreten System (→ Abtastung) ist die Impulsantwort natürlich eine Folge von Werten.

Indexverfahren

Klasse kantenorientierter → Algorithmen zur Lösung des → Verdeckte-Kanten-Problems für → Polyeder.

Der Index, auch quantitative Unsichtbarkeit (quantitative invisibility) genannt, eines Punktes im Raum wird im Zusammenhang mit I. als die Anzahl der ihn bei einer gegebenen Betrachtungsrichtung verdeckenden Frontflächen definiert. Frontflächen sind Flächen mit einer (aus dem Körper herausweisenden) → Normalen mit einer zum Betrachter gerichteten Komponente. Bei Rückflächen dagegen weist die Normale vom Betrachter weg. Man bestimmt den Index für einen beliebigen Eckpunkt eines Polyeders und berechnet seine Änderung beim Durchlaufen aller → Kanten des Körpers.

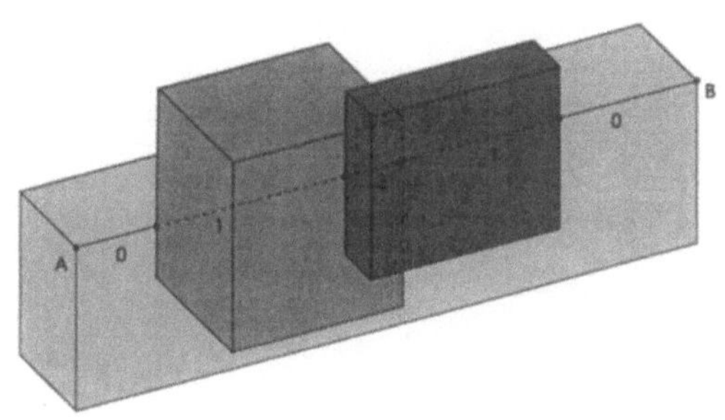

Eine Änderung findet dort statt, wo von der → Projektion der jeweils betrachteten Körperkante auf die Darstellungsebene (A-B im Bild) eine Projektion einer solchen Körperkante geschnitten wird, an der sowohl eine Front- als auch eine Rückfläche zusammenstoßen. Deshalb wird für I. im Engl. auch der Begriff edge-intersection algorithm verwendet.

Die Klasse der I. wurde von **A. Appel, R. Galimberti, P.P. Loutrel, U. Montagnari** u. a. entwickelt. I. sind → Objektraum-Algorithmen und eigenen sich damit gut für die Erzeugung von hochgenauen Darstellungen mittels → Plotter.

Information

Sachlicher Inhalt einer Nachricht, Aussage oder Mitteilung.

Die I. dient der Beschreibung von Sachverhalten aus der Realität. Sie abstrahiert von der konkreten stofflichen bzw. energetischen Form des Informationsaustausches. Daten sind eine Teilmenge der I., die durch Abbildung auf eine Werteskala in einer speziellen Form erfaßt, aufgezeichnet oder gespeichert werden und für eine technische Bearbeitung zur Verfügung stehen. Der Austausch von I. zwischen zwei Informationssystemen (z. B. Mensch und technischem System) erfolgt mit Hilfe von → Signalen über einen gemeinsamen → Zeichenvorrat und ein gemeinsames Medium (z. B. Morsealphabet, natürliche Sprache). In diesem Sinne ist die I. von der Erwartungshaltung des Empfängers und der Wahrscheinlichkeit des Auftretens von Symbolen abhängig (→ Entropie).

Speziell bei technischen Systemen ist der Informationsaustausch mit einer → Kodierung beim Sender und einer Dekodierung beim Empfänger entsprechend den technischen Parametern des Übertragungsmediums (Kabel, Funk) verbunden. Beim → Dialog des Menschen mit einem technischen System sind besonders der syntaktische und der semantische Aspekt des Begriffs I. zu beachten. Der Mensch legt besonderen Wert auf die Semantik (Inhalt) der ausgetauschten I., da sie für ihn das Wesentliche sind. Technische Systeme, wie → Computer mit ihren → Programmen, verlangen zuerst eine syntaktische Richtigkeit (Einhaltung der Grammatik), weil bei ihnen eine Erkennung der Semantik auch bei fehlerhafter Syntax heute kaum realisiert ist. Die → Informationsverarbeitung im Rechner erfolgt trotz verschiedener syntaktischer Darstellungsformen mit einer vorgegebenen Zuordnung der Semantik der I..

Informationsverarbeitung

Prozeß des Erfassens, Speicherns, Auswertens und Übertragens von → Informationen in biologischen und technischen Systemen.

Das Ziel der I. ist die Berücksichtigung verschiedenster Einflußgrößen bei der Lösung anstehender Probleme nach einer effektiven oder optimalen Strategie. In technischen Systemen wird in Abhängigkeit von der Darstellungsform der Information zwischen analoger und digitaler I. unterschieden. Die Datenverarbeitung ist ein Teilgebiet der I., die die Gesamtheit aller organisatorischen, programm- und gerätetechnischen Komponenten zur → Eingabe, Übertragung, Speicherung, Verarbeitung und → Ausgabe von Informationen mit Hilfe von → Computern umfaßt. Die → Mensch-Rechner-Kommunikation erfolgt dabei mittels numerischer, alphanumerischer oder grafischer Informationen.

Inline-Farbbildröhre

→ Farbbildröhre mit drei nebeneinander angeordneten Katoden.

Im Gegensatz zur → Lochmasken-Farbbildröhre liegen die drei Elektronenstrahlsysteme der I. nebeneinander in einer Reihe (in line). Entsprechend befinden sich auf dem → Bildschirm Folgen durchgehender vertikaler Streifen des Rot, Grün und Blau emittierenden Leuchtstoffes.

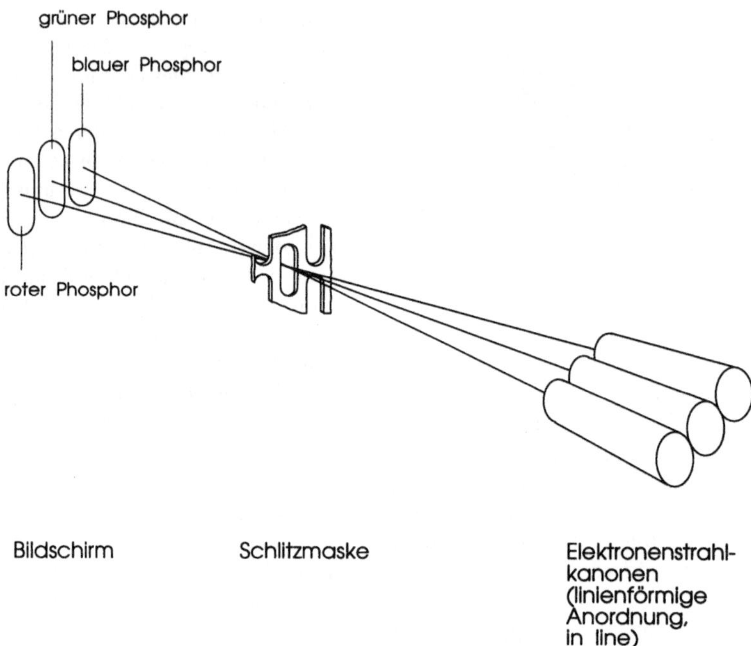

Um zu erreichen, daß die Farbstreifen nur von den entsprechenden Elektronenstrahlen angeregt werden, befindet sich, wie im Bild dargestellt, vor dem Bildschirm eine Schlitzmaske (→ Schlitzmaskenröhre). Durch diesen Aufbau ergeben sich günstigere Konvergenzeigenschaften als bei der Lochmasken-Farbbildröhre mit deltaförmiger Anordnung der drei Strahlsysteme. Mit hoher Fertigungsgenauigkeit hergestellte I. werden als Präzisions-Inline-Bildröhren bezeichnet. Aufwendige Einstellarbeiten beim Gerätehersteller entfallen damit. Da senkrechte und waagerechte Linien unterschiedliche Linienbreiten haben können, sind I. für Anwendungen in der → Computergrafik ungeeignet.

Input

Engl., → *Eingabe.*

Integralgeometrie

→ *Stereologie.*

Integraltransformation

Transformation, die vermittels eines Transformationskerns $k(x, y)$ durch ein bestimmtes Integral definiert wird.

Mathematisch wird eine I. wie folgt dargestellt:

$$F(y) = \int_{x_0}^{x_1} k(x, y) f(x)\, dx$$

Eine I. ist damit eine Funktionaltransformation, d. h. eine Funktion $f(x)$ aus einem Funktionsraum wird in eine Funktion $F(y)$ aus einem i. allg. anderen Funktionsraum transformiert. Ein Beispiel von besonderer Bedeutung ist die → **Fourier**transformation. In der → digitalen Bildverarbeitung treten I. vor allem in diskreter und mehrdimensionaler Form auf (→ lineare Transformation).

Intensität

Zeitliches Mittel der Energiedichte einer elektromagnetischen Strahlung.

Die I. ist dem mittleren Quadrat der elektrischen oder magnetischen Feldstärke proportional und wird für Definition und Messung → radiometrischer Größen wie Strahlstärke (der von einer Strahlungsquelle in einen Raumwinkel abgegebene Strahlungsfluß) und Bestrahlungsstärke (der auf ein Flächenelement auftreffende Strahlungsfluß), aber auch für die äquivalenten → photometrischen Größen wie Lichtstärke und Beleuchtungsstärke verwendet. Die I. ist im Gegensatz zu Betrag und Phase der elektrischen oder magnetischen Feldstärke des Lichtes unmittelbar meßbar (→ Belichtung).

Interaktion

Zielgerichtete Wechselwirkung zwischen Mensch und → Computer bzw. → rechnerunterstütztem System (→ Mensch-Rechner-Kommunikation), die aus Aktion und Reaktion besteht.

Die Entwicklung der Rechentechnik und ihrer vielfältigen Anwendungen ist wesentlich durch die Verbesserung der Interaktionsmöglichkeiten insbesondere bez. ihrer ergonomischen Gestaltung (→ Ergonomie) geprägt. In vielen Anwendungsbereichen ist heute eine → interaktive Arbeitsweise, d. h. die Lösung von Problemen im → Dialog zwischen rechnerunterstütztem System und dessen → Nutzer typisch (interaktive → Software).

Interaktive Arbeitsweise

Form der Nutzung → rechnerunterstützter Systeme, bei der Mensch und System im → Dialog gemeinsam eine Aufgabe bearbeiten.

In vielen Anwendungsbereichen der Rechentechnik ist die i.A. heute vorherrschend. Dies betrifft z. B. weite Bereiche des → CAD, einschließlich der → rechnerunterstützten Zeichnungserstellung, der → Computergrafik (→ interaktive Grafik) und der → interaktiven Bildverarbeitung. Bei der i.A. werden die besonderen Fähigkeiten sowohl des Menschen als auch des Systems in effizienter Weise zur Behandlung komplexer Aufgaben genutzt (→ Ergonomie). Voraussetzung für die i.A. sind u. a. Fähigkeiten des Betriebssytems zur Verarbeitung von Unterbrechungen des Programmablaufes (d. h. zur Interrupt-Verarbeitung), hinreichend schnelle Rechner sowie leistungsfähige Hard- und Softwarekomponenten für die Steuerung und Durchführung einzelner → Interaktionen bzw. des gesamten Dialogs. Für die i.A. wichtige periphere Geräte (→ Peripherie) sind z. B. die → Maus, die → Rollkugel, der → Steuerknüppel, das → Tablett und vor allem → Displays mit ihren Möglichkeiten der schnellen Darstellung von Reaktionen des Systems auf Aktionen des Menschen (→ Echo). In krassem Gegensatz zur i.A. steht der früher verbreitete Closed-Shop-Betrieb, bei dem Rechenzentren von Kunden Aufträge entgegenehmen und abarbeiten, ohne den Kunden eine direkte Kommunikation mit der Rechentechnik zu ermöglichen. Auch in diesem Rahmen lassen sich Computergrafiken erzeugen, es handelt sich aber um rein passive grafische Datenverarbeitung, d. h. lediglich um die Generierung und → Ausgabe von Grafiken nach einem bestehenden Programm. Bei der interaktiven Grafik ist dagegen eine ständige Beeinflussung grafischer Entwürfe durch den Menschen möglich. Sie entspricht damit der kreativen Arbeitsweise des Menschen mit ihren Elementen von Versuch und Irrtum (Trial and Error) sowie Kontrolle und Korrektur.

Interaktive Bildverarbeitung

Arbeitsweise in der → digitalen Bildverarbeitung, bei der die Verarbeitung der Bilder nicht vollständig automatisch erfolgt, sondern ein Bediener in einem Mensch-Maschine-Dialog unterstützend und steuernd eingreift (→ interaktive Arbeitsweise).

I.B. ist in vielen Anwendungsfällen, die nicht zeitkritisch sind, sinnvoll und wird verbreitet eingesetzt. Die Motivation kann einerseits darauf beruhen, daß zwar große Mengen von Bildmaterial gleichartig verarbeitet werden sollen, es jedoch wegen der Vielfalt möglicher Störungen im Bild oder sonstiger Sonderfälle praktisch kaum möglich ist, für alle auftretenden Fälle eine algorithmische (→ Algorithmus) Lösung zu gewährleisten. Es kann dann effektiver sein, dem Menschen die Kontrolle bestimmter Ergebnisse zu überlassen und ihm Eingriffsmöglichkeiten zu deren Verbesserung oder Rückweisung zu bieten. Andererseits treten in vielen Anwendungsbereichen stark wechselnde Anforderungen bez. der zu verarbeitenden Bilder oder auch der zu erzielenden Ergebnisse auf, so daß bei der Entwicklung entsprechender Systemlösungen von vornherein auf i.B. orientiert werden muß. Auch in der Verfahrensentwicklung selbst, die oft mit umfangreichen Experimenten verbunden ist, spielt i.B. in diesem Sinne eine große Rolle.

I.B. stellt an die → Hardware und → Software eines → Bildverarbeitungssystems besondere Anforderungen. Es muß die Möglichkeit einer flexiblen Darstellung bildhafter Ergebnisse (→ Bilddarstellung) mit Wahl der Darstellungsart, der Vergrößerung und des Bildausschnittes gegeben sein, um die Ergebnisse und die Wirksamkeit angewendeter → Bildoperationen beurteilen zu können. Zur Steuerung des Verarbeitungsprozesses durch den Bediener muß ein Menüsystems oder eine Kommandosprache bereitgestellt werden. Sollen bildhafte Verarbeitungsergebnisse modifiziert oder nachgebessert werden, dann sind außer der Tastatur i. allg. weitere Eingabegeräte wie → Tablett, → Maus oder → Rollkugel erforderlich.

Interaktive Grafik

Richtung des Fachgebiets → Computergrafik, die sich mit Gesichtspunkten der → interaktiven Arbeitsweise befaßt, bzw. → Computergrafiksystem, das in interaktiver Arbeitsweise genutzt werden kann.

Interaktives Entwurfssystem

→ CAD-System, mit dessen Hilfe vom → Nutzer Entwurfsprozesse in → interaktiver Arbeitsweise durchgeführt werden können.

Der Vorteil von i.E. besteht darin, daß der Nutzer die Ergebnisse seiner Aktionen unmittelbar am Grafikbildschirm beurteilen kann und z. B. nicht auf die Plotterausgabe im Stapelbetrieb warten muß (→ Interaktion, → interaktive Grafik).

Interface

Engl., Schnittstelle. Funktioneller, logischer, elektrischer oder mechanischer Standard zur Kopplung von Funktionseinheiten.

Ein I. ist die vereinbarte Beschreibung einer Systemschnittstelle. Im weiteren Sinne bezeichnet ein I. Schaltungen und Geräte, um solchen Vereinbarungen entsprechende Kopplungen zu ermöglichen. Auch in der Entwicklung von Software spricht man von I., wenn Datenstrukturen und Zugriffsverfahren verbindlich festgelegt werden. Mensch-Maschine-I. sind verbindliche Festlegungen für → interaktive Arbeitsweisen, die der nutzergerechten Arbeitsplatzgestaltung dienen.

Interframe-Kodierung

Engl. interframe coding. Oberbegriff für alle Verfahren der → Bildkodierung, welche die Abhängigkeiten gleichliegender Abtastwerte in aufeinanderfolgenden Bildern einer Bildfolge zur Redundanz- bzw. Irrelevanzreduktion ausnutzen.

Interlace

Engl., verweben, verflechten, verschlingen, → Zeilensprungverfahren.

Interpolation

Bestimmung einer → Funktion derart, daß sie mit einer gegebene anderen Funktion an endlich vielen fest vorgegebenen Stützstellen möglichst gut übereinstimmt.

Interpolationsverfahren im eigentlichen Sinne gehen davon aus, daß die → Interpolationsfunktion $g(x)$ für $y = f(x)$ an den Stützstellen $x_0, \ldots, x_n$ genau die Stützwerte $f(x_i)$ annehmen soll.

Die einfachsten zur Verfügung stehenden Funktionen sind Polynome $P_n(x)$ n-ten Grades. Besonders hinsichtlich des Rechenaufwandes günstige Ansätze sind das Interpolationspolynom von **Lagrange** bzw. das Interpolationsverfahren von **Newton**.

Das Interpolationspolynom von **Lagrange** lautet

$$g(x) = \sum_{i=0}^{n} L_i(x) f(x_i)$$

mit

$$L_i(x) = \frac{(x - x_0)\cdots(x - x_{i-1})(x - x_{i+1})\cdots(x - x_n)}{(x_i - x_0)\cdots(x_i - x_{i-1})(x_i - x_{i+1})\cdots(x_i - x_n)}.$$

Diese als mit den Stützwerten gewichtete Superposition von geeigneten Funktionen deutbare Form ist auch für andere Funktionsklassen angebracht, z. B. bei der Rekonstruktion nach dem → Abtasttheorem.

Das Interpolationspolynom nach **Newton** lautet

$$g(x) = c_0 + c_1(x - x_0)\cdots + \cdots + c_n(x - x_0)\cdots(x - x_{n-1}).$$

Die Koeffizienten c_i ergeben sich aus dem leicht

auflösbaren Gleichungssystem:

$$\begin{aligned} y_0 &= c_0 \\ y_1 &= c_0 + c_1(x_1 - x_0) \\ \vdots & \quad \vdots \\ y_n &= c_0 + c_1(x_n - x_0) \\ &\quad + c_2(x_n - x_0)(x_n - x_1) + \cdots \\ &\quad \cdots + c_n(x_n - x_0)\cdots(x_n - x_{n-1}) \end{aligned}$$

Beim **Newton**-Verfahren kann eine neue Stützstelle durch Hinzufügen eines zusätzlichen Gliedes mit geringem Aufwand berücksichtigt werden.

Wird die interpolierende Funktion nicht unter den Polynomen, sondern unter den Spline-Funktionen gesucht, spricht man von einer Spline-Approximation, die das Ausstraken mit biegsamen Linealen nachbildet (→ Spline). Eine Spline-Kurve vom Gerade p ist stückweise aus Polynomen so zusammengesetzt, daß die Ableitungen $(p-1)$. Ordnung stetig verlaufen. Praktisch bedeutungsvoll sind kubische Splines ($p = 3$) und die stückweise lineare Interpolation ($p = 1$). Die Spline-Interpolation hat den Vorteil, daß unkontrollierbare Oszillationen zwischen den Stützstellen vermieden werden.

Der einfachste Interpolationsansatz besteht darin, den Funktionswert $y = f(x)$ für einen beliebigen Wert x abzuschätzen, der zwischen zwei benachbarten Stützwerten $x_0 < x < x_1$ liegt. Die Interpolationsfunktion wird meist als linear angenommen, d. h die Interpolationskurve ist eine Gerade (lineare Interpolation).

$$y = y_0 + \frac{y_1 - y_0}{x_1 - x_0}(x - x_0)$$

Bei einer Funktion $z = f(x, y)$ von zwei Ortsvariablen, z. B. dem → Grauwert eines Bildes als Funktion der diskreten Koordinaten x, y, hat sich als einfachster Ansatz eine bilineare I. bewährt (Bild). Mit den Koordinaten $x_0 < x < x_1$; $y_0 < y < y_1$ erhält man mit

$$0 < \xi = \frac{x - x_0}{x_1 - x_0} < 1$$

$$0 < \eta = \frac{y - y_0}{y_1 - y_0} < 1$$

als bilineare I. für $f(x, y)$

$$\begin{aligned} g(x,y) &= (1-\xi)(1-\eta)f(x_0, y_0) \\ &+ (1-\xi)\eta f(x_0, y_1) + \xi(1-\eta)f(x_1, y_0) \\ &+ \xi\eta f(x_1, y_1) \quad . \end{aligned}$$

Man beachte, daß die durch vorstehende Gleichung beschriebene Fläche i. allg. keine Ebene (→ Ebenengleichung) ist.

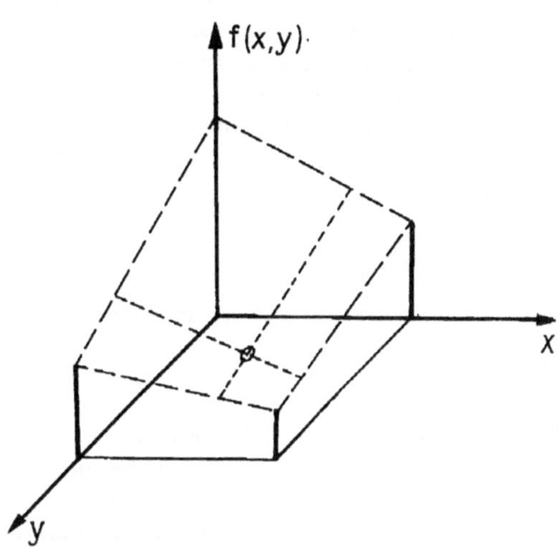

Interpolationsverfahren im weiteren Sinne begnügen sich damit, daß die Interpolationsfunktion an den Stützstellen nur angenähert wird (Approximation). Ein gängiges Verfahren, solche Näherungsfunktionen zu bestimmen, ist die → Methode der kleinsten Quadrate. Dieses auch als Ausgleichsrechnung bekannte Vorgehen findet speziell dann Anwendung, wenn im Ansatz für die Näherungsfunktionen weniger Parameter auftreten, als Stützwerte zur Verfügung stehen.

Während die I. von Kurven durch Funktionen vorgebener Klassen eindeutig möglich ist, muß man bei Gebilden höherer Dimension (Flächen usw.) geignete Zusatzbedingungen zur Herstellung eindeutiger Lösungen aufstellen.

Interpolationsfunktion

Ergebnisfunktion einer → Interpolation.

Die Berechnung der I. (→ Funktion) erfolgt mit Hilfe verschiedener Interpolationsverfahren ausgehend von vorgegebenen Funktionswerten an den Stützstellen. Die Verwendung von Polynomen zur Interpolation ist die häufigste Form, führt aber relativ häufig zu starken Schwankungen der → Interpolationskurve.

Interpolationskodierung

Verfahren der → Bildkodierung, deren Grundprinzip darin besteht, nur einen Teil der normalerweise erforderlichen Abtastwerte eines Bildes oder einer Bildfolge zu speichern bzw. zu übertragen.

Die fehlenden Abtastwerte werden bei der Dekodierung durch → Interpolation (→ Resampling) ermittelt, was i. allg. eine entsprechende Vorfilterung des Bildsignals zur Begrenzung der Bandbreite voraussetzt.

Interpolationskurve

Grafisches Bild einer → Interpolationsfunktion.

Interpreter

Engl., Direktübersetzer. → Programm, das ein in einer → höheren Programmiersprache formuliertes anderes Programm schritthaltend verarbeitet.

Sobald der I. erkennt, daß ein Programmelement (z. B. Wertzuweisung, Iterationsschleife) ausgeführt werden kann, wird es tatsächlich zur Ausführung angewiesen. Im Gegensatz zum → Compiler liegt die Interpretationsebene also nicht bei den Maschinenbefehlen, sondern bei den Programmanweisungen. I. lassen keine Vorwärtsreferenzen zu und bieten keine Möglichkeiten zur Optimierung; weiterhin ist der Übersetzungsaufwand bei jeder Anwendung neu zu treiben. Für die interpretierende Abarbeitung geeignete Sprachen (z. B. BASIC, FORTH) lassen deshalb auch die Anwendung von → Compilern zu. Die Kommandoprozessoren (Engl. shell) moderner → Betriebsysteme können auch als I. betrachtet werden.

Intraframe-Kodierung

Engl. intraframe coding. Oberbegriff für alle Verfahren der → Bildkodierung, die im Gegensatz zur → Interframe-Kodierung jedes Bild einzeln behandeln und nicht die in einer Bildfolge enthaltene Redundanz ausnutzen.

Inverses Filter

Methode der Signalrestauration (→ Bildrestauration, → Bildfilterung), bei der das Übertragungsverhalten des verzerrenden Systems bekannt ist.

Das Grundmodell der inversen Filterung ist durch die Reihenschaltung des verzerrenden Systems mit einem Korrekturglied, dem i.F., gegeben, wobei die Restauration durch zusätzliche Störsignale beeinträchtigt werden kann (Bild).

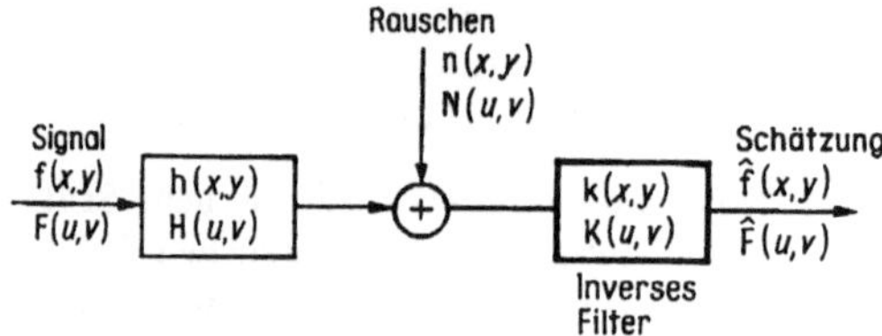

Hauptaufgabe ist die Berechnung eines geeigneten Übertragungsverhaltens des i.F., d. h. der → Impulsantwort $k(x,y)$ bzw. der → Übertragungsfunktion $K(u,v)$. Ein naheliegender, aber naiver Ansatz ist die Invertierung der → Übertragungsfunktion, wofür im Bildanhang ein Beispiel gegeben ist.

$$K(u,v) = \frac{1}{H(u,v)}$$

Diese Lösung ist jedoch bei Rauschen und bei Vorhandensein von Nullstellen von $H(u,v)$ nicht anwendbar. Aus diesem Grunde wendet man meist folgende grundlegende Formel an, die für $C(u,v) \longrightarrow 0$ in die Idealform $1/H(u,v)$ übergeht:

$$K(u,v) =$$

$$\frac{1}{H(u,v)} \cdot \frac{H^*(u,v)H(u,v)}{H^*(u,v)H(u,v) + C^*(u,v)C(u,v)}$$

Hierbei stellt $H^*(u,v)$ den konjugiert komplexen Wert von $H(u,v)$ dar.

Die Funktion $C(u,v)$ wird aus Nebenbedingungen, z. B. Beschränkung der Rauschenergie im geschätzten Signal (constraint inverse) oder zwecks Erreichung eines optimalen Kompromisses zwischen Signal- und Rauschenergie (→ **Wiener**filter), ermittelt. Eine kleine Konstante $C(u,v) = \epsilon$ ist eine gute Näherung. Im allgemeinen diskreten Fall leistet auch die → Pseudoinverse gute Dienste. Bei nichtquadratischen Kriterien (z. B. einer Schätzung mit maximaler → Entropie) kann man keine geschlossene Formel angeben, sondern muß iterativ arbeiten (→ Iteration).

Inzidenz

Engl. incidence. Elementare topologische Beziehung zwischen geometrischen Objekten (→ Bildtopologie).

Wenn zwei geometrische Gebilde unterschiedlicher Dimension, z. B. eine Kurve und ein Flächenstück, gemeinsame Punkte haben, dann sind sie inzident. Jedes geometrische Objekt ist mit sich selbst inzident.

IPI

Engl. Abk. für Image Processing and Interchange Format (Bildverarbeitungs- und Bildaustauschformat). Normentwurf der ISO für Bildmodelle, Bildverarbeitungsalgorithmen und Bilddatenaustausch.

Diese Norm soll den geräte- und herstellerunabhängigen Austausch von Anwendungen und Daten der → digitalen Bildverarbeitung ermöglichen. Dabei werden folgende Bereiche behandelt:

- CAI (common architecture for imaging): Definitionen und Datenkonzepte der Bildverarbeitung,
- PIKS (programmers imaging kernel system): Kernsystem der Bildverarbeitung mit standardisierter → Schnittstelle zu → Anwenderprogrammen.
- IIF (imaging interchange facility): Standard für den universellen Bilddatenaustausch.

IR

Engl. Abk. für impulse response (→ Impulsantwort).

Isometrie

Spezielle Form der senkrechten → Parallelprojektion, bei der die Verkürzungsverhältnisse im Bild auf allen 3 Achsen des → Koordinatensystems gleich groß sind.

Isoplanasie

Aus der Optik stammende Bezeichnung der Systemeigenschaft → Verschiebungsinvarianz.

I. ist meist nur in der Nähe der optischen Achse eines Instruments vorhanden.

Iteration

Automatisierbares Lösungsverfahren (→ Algorithmus) mit Wiederholung, gekennzeichnet durch Anwendung einer Funktion auf ein Argument, welches mit der gleichen Funktion berechnet wurde.

Typisch für eine I. ist der Übergang von einer Näherung x_i zu einer nächsten Näherung $x_{i+1} = f(x_i)$. Begonnen wird die I. mit einem geeignet ausgewählten Startwert x_0. Es wird solange berechnet, bis ein vorgegebenes Abbruchkriterium erstmalig erfüllt wurde. Verfahren mit I. werden vor allem zum numerischen Lösen von Gleichungen und Extremwertaufgaben eingesetzt.

Joystick

Engl., → Steuerknüppel.

Justiermarke

Markierung, die insbesondere photographischen Abbildungen in der Bildebene überlagert wird.

J. dienen der Bewertung und Korrektur von geometrischen Abbildungsfehlern der Kamera, der Überlagerung multispektraler und multitemporaler Bilder sowie der Zuordnung zwischen Objekt- und Bildkoordinaten (→ Bildkoinzidenz, → Bildreferenz). Sie werden insbesondere in der → Photogrammetrie verwendet, oft kombiniert mit → Referenzpunkten, die am Boden (→ ground control point) oder am Objekt angebracht werden und deren Koordinaten bekannt sind. Bei der Herstellung von Schaltkreisen und Druckvorlagen werden J. aufgebracht, um die → Masken bzw. Farbauszüge gegeneinander ausrichten zu können. In verschiedenen Sprachen wird ein Gitter von J. mit dem aus dem Franz. stammenden Begriff reseau (Netz) bezeichnet.

Kaiser-Fenster

Spezielles → Fenster in der Signalverarbeitung.

Das K. wird im 1D-Fall definiert durch:

$$w(i) = \begin{cases} \frac{I_0\left(\alpha\sqrt{1-i/N}\right)}{I_0(\alpha)} & \text{für} \quad |i| \leq N-1 \\ 0 & \text{sonst} \end{cases}$$

Hierbei ist $I_0(\cdot)$ die modifizierte Besselfunktion erster Gattung 0. Ordnung. Mit dem Parameter α kann man bestimmte Eigenschaften des gefensterten Signals anhand experimentell ermittelter Tabellenwerte einstellen.

Kante

1. K. sind gemeinsam mit → Knoten die Elemente eines → Graphen.

2. Unstetigkeiten der Flächennormalen.

K. im Sinne von Körperkanten sind diejenigen Kurven bzw. Kurvenabschnitte im dreidimensionalen Raum, an denen zwei verschiedene Elemente der Oberfläche eines Körpers so zusammenstoßen, daß die → Normalen der beiden Flächenlemente in Punkten mit beliebig kleinem Abstand von diesen Kurven bzw. Kurvenabschnitten unterschiedliche Richtungen besitzen. → 3D-Modelle, bei denen rechnerintern nur Körperkanten beschrieben sind, werden als → Drahtmodelle bezeichnet.

3. Diskontinuität im Bildsignal, die auf Segmentgrenzen hinweist (→ Kantendetektion).

Kantendetektion

Engl. edge detection. Verfahrensklasse zur → Bildsegmentierung auf der Basis lokaler → Bildoperationen.

Hauptinhalt der K. ist die Erkennung von Stellen starker Veränderung des → Grauwerts.

Verfahren der K. stützen sich vorrangig auf

- die erste Ableitung (Bilddifferenzierung mittels Operatoren 1. Ordnung), d. h. die Suche nach Stellen mit maximalen Gradientenbeträgen oder
- die zweite Ableitung (Bilddifferenzierung mittels Operatoren 2. Ordnung), d. h. die Suche nach Nulldurchgängen (→ Zero Crossing) der Bildfunktion.

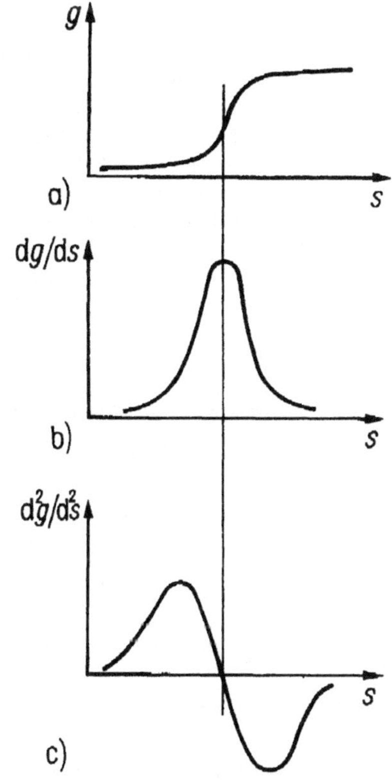

Bild 1

Bild 1 veranschaulicht diese Kriterien für die K. im stetigen Fall.

Die dafür notwendige lineare Verarbeitung entspricht einer → Faltung der Bildfunktion mit einer geeignet gewählten → Impulsantwort.

g_0	g_1	g_2
g_7	○	g_3
g_6	g_5	g_4

Bild 2

Ausgehend von dem in Bild 2 dargestellten 3×3-Fenster sind in folgender Tafel die gebräuchlichsten nichtlinearen Operatoren (→ Bildoperation) für die Abschätzung der Kantenintensität dargestellt (s. Bildanhang). Die Filterausgabe f wird meist mit einem geeigneten Schwellwert binarisiert. Eine zusätzliche, jedoch selten verwendete Information ist in der Kantenrichtung enthalten; mit ihrer Hilfe können Kandidaten für Kantenelemente ausgeschlossen werden, wenn sie die Kontinuität der Konturrichtung verletzen. Zwecks → Verdünnung des Streifens möglicher Kantenelemente kann auch die Forderung erhoben werden, daß ein Kantenelement lokales Maximum des Gradientenbetrages sein soll. Diese Vorgehensweise wird zusammen mit einer vorgeschalteteten → Bildglättung beim → Canny-Operator verwendet.

Name	Operator
Gradient	$f^2 = (g_1 - g_5)^2 + (g_3 - g_7)^2$
Roberts	$f^2 = \frac{(g_0-g_4)^2+(g_2-g_6)^2}{2}$
Prewitt	$f^2 = (g_0 + g_1 + g_2 - g_4 - g_5 - g_6)^2$ $+(g_0 + g_7 + g_6 - g_2 - g_3 - g_4)^2$
Sobel	$f^2 = (g_0 + 2g_1 + g_2 - g_4 - 2g_5 - g_6)^2$ $+(g_0 + 2g_7 + g_6 - g_2 - 2g_3 - g_4)^2$
Kirsch[1]	$f = \max_i \lvert 5 \cdot S_i - 3 \cdot T_i \rvert$ $S_i = g_i + g_{i+1} + g_{i+2}$ $T_i = g_{i+3} + g_{i+4} + g_{i+5} + g_{i+6} + g_{i+7}$

[1]) Die Addition der Indizes versteht sich modulo 8, d. h. es werden nur die Reste $0, \ldots, 7$ nach Division mit Vielfachen von 8 berücksichtigt (→ Modulararithmetik).

Anstelle der sogenannten quadratischen Norm $\sqrt{|X_1|^2 + |X_2|^2}$ des Gradientenvektors kann man in den Ausdrücken der obigen Tafel auch $\max(|X_1|, |X_2|)$ oder $|X_1| + |X_2|$ als Kantenintensität ansetzen.

Zur K. eignen sich auch → angepaßte Filter, wie beispielsweise der → **Hueckel**-Operator. Der → **Laplace**-Operator kann als Beispiel für eine K. durch Nulldurchgang der 2. Ableitung angesehen werden.

Eine andere Verfahrensklasse zum Kantenfinden basiert nicht unmittelbar auf Grauwertdiskontinuitäten, sondern auf einem statistischen Modell der Bildfunktion in der Umgebung einer Kante. Eine Entscheidung über eine Kante zwischen zwei Gebieten wird dabei als Hypothesentest formuliert. Unter der Annahme, daß die Grauwerte beidseitig der Kante mit unterschiedlichem (aber unbekanntem) → Erwartungswert und unbekannter → Varianz normalverteilt sind, wird hier für das Vorhandensein einer Kante entschieden, wenn ein bestimmtes Risiko der Fehlentscheidung unterschritten wird (→ Maximum-Likelihood-Klassifikator, → Klassifikation).

Kartesische Koordinaten

→ *Koordinaten in einem kartesischen → Koordinatensystem, benannt nach dem französischen Mathematiker* **R. Descartes**.

Kartesisches Koordinatensytem

→ *Koordinatensystem.*

Katodenstrahlröhre

Engl. cathode ray tube. Vakuumröhre, bei der ein elektronisch gesteuerter Elektronenstrahl auf einem Schirm einen beweglichen Leuchtfleck veränderlicher Intensität erzeugt (Elektronenstrahlröhre).

Die K. hat sich aus der nach ihrem Erfinder benannten **Braun**schen Röhre zunächst zum Oszilloskop für schnelle elektrische Vorgänge, später zum → Bildschirm in der Fernsehtechnik entwickelt. Sie ist das heute dominierende technische Prinzip von → Displays.

In einem Strahlerzeugungssystem werden Elektronen aus einer beheizten Katode emittiert. Die Bündelung (Fokussierung) des Elektronenstrahls mit noch relativ großem Querschnitt wird durch elektrostatische oder elektromagnetische Fokussiersysteme bewerkstelligt. Der Strahl passiert dann das elektrostatische oder elektromagnetische Ablenksystem, welches aus zwei um 90° versetzten Elektroden- bzw. Spulenpaaren besteht. Der innere Bildschirmbelag dient als Anode. Der dort auftreffende Elektronenstrahl regt diesen eng begrenzt zum Leuchten an, wobei die Helligkeit mit der Dichte des Elektronenstroms ansteigt. Dieser wird von der → Videoendstufe über den sog. **Wehnelt**zylinder gesteuert.

Bei Fernsehröhren dominiert die elektromagnetische Ablenkung, während Oszilloskope mit elektrostatischer Ablenkung arbeiten.

Kavalierperspektive

Spezielle Form der → Parallelprojektion, bei der durch geeignete Schrägung der Bildebene zu den Projektionsstrahlen anschauliche Bilder entstehen und reale Längen auf den Koordinatenachsen direkt aus dem Bild abgelesen werden können.

Bei der K. eines kartesischen → Koordinatensystems mit x-, y- und z-Achse stehen die Bildachsen y' und z' im rechten Winkel aufeinander. Die x'-Achse bildet mit der y'- und z'-Achse einen Winkel von 135°. Daraus ergeben sich folgende Verzerrungsverhältnisse

$$\frac{y'}{y} = \frac{z'}{z} = 1 \quad \text{und} \quad \frac{x'}{x} = \frac{1}{2},$$

die einfache Rückschlüsse auf die wahren Größen ermöglichen. Das bild zeigt einen Quader in K..

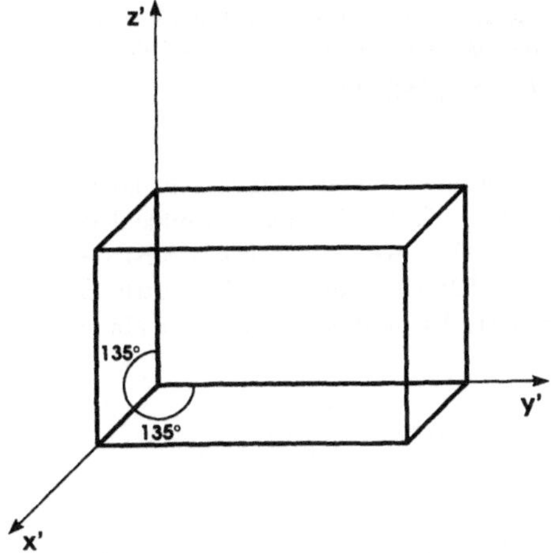

KByte

(kilo) 1024 → Byte.

Kettenkode

Engl. chain code. Speicherplatzsparender fehlerfreier Kode für zusammenhängende Punktfolgen (→ Zusammenhang).

Anstelle der Koordinaten aller Punkte einer → digitalen Kurve werden die Koordinaten des Anfangspunktes und danach nur die auf den nächsten Punkt verweisenden Richtungen gespeichert. Für 8-zusammenhängende Punktfolgen (→ Nachbarschaft) ist zum Verschlüsseln der Richtungen der **Freeman**-Kode mit 3 → Bit je Richtung verbreitet (Bild).

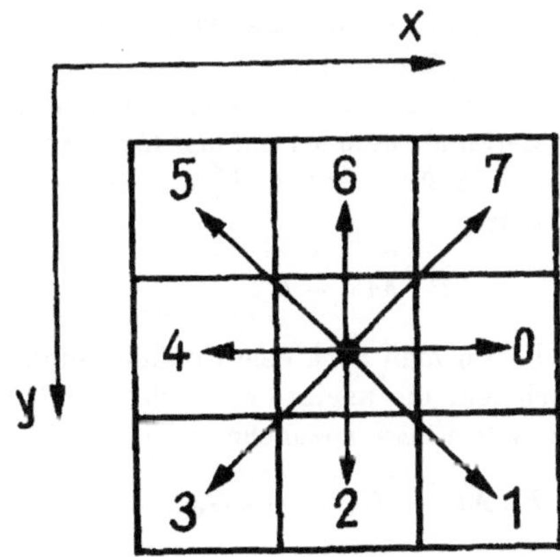

Die Bedeutung des K. liegt nicht allein in der Datenkompression. Oft dient er auch als Grundlage für eine effektive Berechnung von → Gestaltmerkmalen von Punktfolgen, insbesondere im Anschluß an eine → Konturverfolgung.

KI

Abk. für → Künstliche Intelligenz.

Klassifikation

Engl. classification. Wesentlicher Teilschritt der → Mustererkennung allgemein und der → automatischen Bildanalyse im besonderen.

Durch K. wird ein Muster bzw. ein daraus isolierter Bestandteil direkt oder anhand seiner numerischen oder symbolischen Beschreibung einer

Klasse aus einer begrenzten Anzahl von Klassen zugeordnet und damit identifiziert.

Eine direkte K. anhand der Abtastwerte von Signalen ist nur in wenigen, sehr einfachen Fällen möglich. Im Normalfall muß erst eine wesentliche Datenreduktion stattfinden, die die für die K. wesentlichen → Merkmale in numerischer oder symbolischer Form bereitstellt. Entsprechend der Art der Merkmale werden zwei grundlegende Methoden der K. unterschieden, die numerische und die strukturelle oder syntaktische K..

Die Verfahren der numerischen K. gehen von Merkmalsvektoren $\mathbf{x} = (x_1, \ldots, x_n)^\mathsf{T}$, d. h. geordneten Listen numerischer Merkmalswerte der konstanten Länge n, aus, die den sog. Merkmalsraum $\mathcal{M} = \{\mathbf{x}\}$ bilden. Das Problem der numerischen K. besteht nun darin, eine eindeutige Abbildung P aus dem Merkmalsraum $\mathcal{M}$ auf den Interpretationsraum $\mathcal{K} = \{1, 2, \ldots, m\} = \{k\}$ der einzelnen Klassen zu finden:

$$P : \mathcal{M} \longrightarrow \mathcal{K}$$

Manchmal kann man auch eine Konfidenzfunktion F annehmen, die angibt, mit welchem Gewicht G_k die k-te Klasse anzunehmen ist:

$$F : \mathcal{M} \longrightarrow G_1 \times \cdots \times G_m$$

Grundsätzlich gilt natürlich, daß die Merkmale so gewählt sein müssen, daß die einzelnen Klassen im Merkmalsraum mit vernünftigem Aufwand trennbare Unterräume bilden. Bild a) verdeutlicht das Problem an dem einfachen Fall von $n = m = 2$. Es sind drei verschiedene Stichproben, d. h. Mengen von Merkmalsvektoren mit bekannter Klassenzugehörigkeit, dargestellt. Im ersten Fall belegen die zwei Klassen zwei leicht linear trennbare Unterräume. Im zweiten Fall sind die Unterräume nur durch kompliziertere Funktionen trennbar. Außerdem muß offensichtlich eine gewisse Fehlerrate in Kauf genommen werden. Für eine fehlerfreie K. sind dann mehr oder andere Merkmale erforderlich. Manchmal helfen auch geeignete nichtlineare Merkmalstransformationen weiter. Im dritten Fall sind die gewählten Merkmale für die Klassenunterscheidung ungeeignet.

Verfahren, die die Abbildung P bzw. F realisieren, werden als Klassifikatoren bezeichnet. Viele numerische Klassifikatoren besitzen die in Bild b) dargestellte Grundstruktur, d. h. es werden m Unterscheidungsfunktionen $d_i(\mathbf{x})$ $(i = 1, \ldots, m)$ eingeführt, die die Entscheidung über die Klassenzugehörigkeit auf das geometrische Problem der Gebietszuordnung zurückführen. Dieser Klassifikatortyp wird auch als Trennflächenklassifikator bezeichnet, da der Merkmalsraum explizit oder implizit durch m Trennflächen in sich nicht überschneidende Unterräume zerlegt wird, denen jeweils eine bestimmte Klassenzugehörigkeit entspricht.

Statistische Methoden zur Konstruktion eines solchen Klassifikators beruhen auf Verfahren der → Diskriminanzanalyse und Entscheidungstheorie. Sie gehen davon aus, daß sich m klassenbedingte Verteilungsdichten bzw. diskrete Wahrscheinlichkeitsverteilungen und die Wahrscheinlichkeit der Klassen angeben lassen. Folgende Größen sind dabei von Interesse:

- $p(\mathbf{x}|k)$ bedingte Wahrscheinlichkeit, daß ein zur Klasse k gehörendes Muster den Merkmalsvektor $\mathbf{x}$ liefert,
- p_k Wahrscheinlichkeit des Auftretens der Klasse k,
- c_{kl} Kosten oder Bestrafung für den Fall, daß ein Muster der Klasse k fälschlicherweise der Klasse l zugeordnet wird.

Im Rahmen dieser Annahmen können bezogen auf ein Gütekriterium optimale Klassifikatoren angegeben werden. Verbreitet ist der **Bayes**-optimale-Klassifikator, der die mittleren Kosten minimiert. Er besitzt die Unterscheidungsfunktionen

$$d_k(\mathbf{x}) = \sum_{l=1}^{m} c_{kl}\, p_k\, p(\mathbf{x}|k) \quad .$$

Problematisch ist fast immer die Angabe der Funktionen $p(\mathbf{x}|k)$. Kann angenommen werden, daß sie theoretischen Standardverteilungen entsprechen, können deren Parameter aus einer ausreichend großen Stichprobe geschätzt werden (parametrische Verfahren). Multidimensionale Normalverteilungen führen dann auf Trennflächen zweiter Ordnung (meist Ellipsoide).

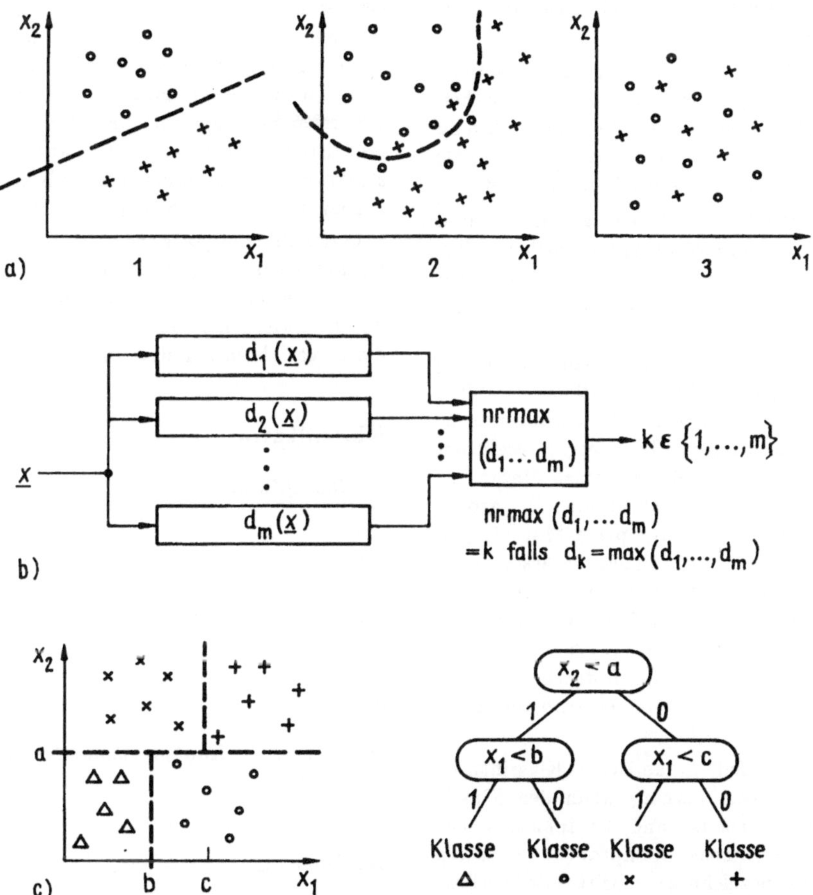

Anderenfalls müssen diese Funktionen aus der Stichprobe (z. B. mittels → Histogramm) abgeleitet und tabellarisch dargestellt oder interpoliert werden (nichtparametrische Verfahren), was jedoch oft nur mit erträglichem Aufwand möglich ist, wenn die Merkmale als voneinander statistisch unabhängig betrachtet werden können, so daß gilt:

$$p(\mathbf{x}|k) = p(x_1|k) \cdot p(x_2|k) \cdots p(x_n|k)$$

Ohne statistische Begründung zur Entwicklung der Unterscheidungsfunktionen kommen die verteilungsfreien Verfahren aus. Sie gehen davon aus, die Parameter einer Familie von Trennflächenfunktionen (insbesondere lineare und stückweise lineare) so an eine gegebene Stichprobe anzupassen, daß die Klassifikation der Stichprobe möglichst fehlerfrei erfolgt. Diese Verfahren kommen mit relativ kleinen Stichproben aus und haben weiter den Vorteil, daß bei neu hinzukommenden Stichprobenexemplaren die Anpassung des Klassifikators wiederholt verfeinert werden kann.

Der in Bild b) angegebene einstufige Klassifikatortyp kann auch in den Knoten eines → Entscheidungsbaumes eingesetzt werden, was einer schrittweisen Unterteilung von Unterräumen entspricht. Man spricht dann von hierarchischen oder Baumklassifikatoren. Sie sind besonders effektiv, wenn die Klassen durch achsenparallele Ebenen getrennt werden können. Anstelle der Unterscheidungsfunktionen sind dann nur noch Vergleiche der einzelnen Merkmalswerte mit → Schwellwerten notwendig (Bild c).

Für diesen Fall existieren auch leistungsfähige Algorithmen zur Konstruktion eines Entscheidungsbaumes aus einer Stichprobe. Dieses Prinzip ist auch für Vektoren, die nichtmetrische (ordinale oder nominale) Merkmale enthalten, geeignet.

Falls die Anzahl der Klassen gering ist und sich einfach Klassenrepräsentanten festlegen lassen, kann eine andere Vorgehensweise, das sogenante → Template Matching, die geeignetste Methode zur numerischen K. sein. Es ist sowohl auf Merkmalsvektoren als auch auf vorverarbeitete oder transformierte Muster anwendbar. Ein Vektor bzw. Muster wird nacheinander einzeln mit allen Klassenrepräsentanten (Templates) verglichen und der Klasse zugeordnet, zu dessen Repräsentanten bez. einer Abstandsfunktion die größte Ähnlichkeit besteht. Bei Template Matching in Mustern und speziell in Bildern müssen Probleme durch mögliche Verzerrungen und unbekannte Lage einzelner Bestandteile berücksichtigt werden. Bei K. nach der → Nächste-Nachbar-Regel, werden Merkmalsvektoren durch Vergleich mit einer gespeicherten und ausreichend repräsentativen Stichprobe klassifiziert.

Man spricht im Fall numerischer Klassifikatoren von überwachtem Lernen, wenn der Klassifikator zwischen Arbeits- und Lernphase wechseln und so durch neue Stichproben (auch als Trainingsmenge bezeichnet) schrittweise verbessert werden kann. Selbstlernende Klassifikatoren führen mittels Verfahren der → Clusteranalyse für eine nichtklassifizierte Menge von Merkmalsvektoren selbständig eine Klassenbildung durch bzw. bewerten und berücksichtigen die eigenen Klassifikationsergebnisse.

Die Verfahren der strukturellen oder syntaktischen K. identifizieren Muster anhand von symbolischen Beschreibungen in Form von Zeichenketten, Zeichenmatrizen oder bewerteten → Graphen (→ Bildbeschreibung). Die theoretischen und methodischen Grundlagen bieten in diesem Fall formale Grammatiken und abstrakte Automaten. Eine Kettengrammatik definiert mittels Produktionsregeln eine Menge von Zeichenketten (Sätze), die die von ihr erzeugte Sprache bilden. Zur strukturellen K. einer Zeichenkette muß entschieden werden, ob sie ein Satz aus der von einer Grammatik erzeugten Sprache ist oder nicht. Das ist besonders einfach im Fall regulärer und kontextfreier Sprachen bzw. Grammatiken möglich. Sätze aus regulären Sprachen können mit endlichen Automaten erkannt werden, solche aus kontextfreien Sprachen mit sog. Parser-Algorithmen. Es existieren Ansätze, die eine automatische Konstruktion einer Grammatik eines bestimmten Typs aus einer gegebenen Stichprobe erlauben.

In der Bildanalyse werden oft beide Ansätze der K. kombiniert eingesetzt: Die Bestandteile eines Bildes werden durch Verfahren der numerischen K., die zwischen ihnen bestehenden Beziehungen durch Verfahren der strukturellen K. erkannt.

Klassifikator

→ *Klassifikation.*

Klippen

Vom engl. → Clipping.

Knoten

Neben den → Kanten Elementarbestandteil von → Graphen.

Kodierung

Vorgang, bei dem der Wert einer Größe nach einer bekannten Vorschrift durch einen anderen Wert der gleichen oder einer anderen Größe ersetzt wird.

Für die Rechentechnik insgesamt ist die K. quantitativ beschreibbarer Größen in Form von → Dualzahlen von besonderer Bedeutung. In der → Computergrafik und der → digitalen Bildverarbeitung spielt die Farbkodierung (→ Falschfarbendarstellung) eine wichtige Rolle. Ein Beispiel für eine Farbkodierung ist das farbliche → Hervorheben von → Schnittflächen innerhalb einer Werkstück-Darstellung. Der Wert der Ausgangsgröße ist hierbei die Charakterisierung als Schnittfläche (logischer Wert). Ergebnis der K. ist die Zuordnung einer auffallenden Farbe zu allen Schnittflächen innerhalb der generierten Computergrafik.

Kollisionsanalyse

Untersuchung im Rahmen von Konstruktionsprozessen zur Vermeidung von Kollisionen bzw. Durchdringungen von → Modellen fester Körper, z. B. sich bewegender Teile von Fahrzeugen, Maschinen, Robotern u. a..

Im Rahmen der → rechnerunterstützten Konstruktion lassen sich derartige Untersuchungen besonders effektiv durchführen. Dabei werden starre und bewegliche Teile rechnerintern als Körper modelliert, die Bewegungen simuliert und „Schnappschüsse" der Bewegungsvorgänge mit Hilfe der → Computergrafik dargestellt. Hinreichend leistungsfähige Gerätetechnik vorausgesetzt, können die entstehenden Computergrafiken so anschaulich gestaltet werden, daß Kollisionen vom Konstrukteur unmittelbar und problemlos erkennbar sind. So lassen sich z. B. durch → Falschfarbendarstellung Kollisionen besonders augenfällig signalisieren. Während in der Realität der mengentheoretische → Durchschnitt zweier fester Körper immer gleich der Nullmenge ist, lassen sich rechnerintern Körper durchaus „ineinanderschieben". Man kann dann den Durchschnitt dieser Körper berechnen und diesem Durchschnitt eine auffällige Farbe zuordnen (→ Falschfarbendarstellung). Innerhalb der Computergrafik wird dann der „Kollisionsraum" farblich hervorgehoben.

Kolorimetrie

Meßverfahren zum Bestimmen der die Farbe von transparenten oder reflektierenden Objekten oder von Lichtquellen charakterisierenden Farbwerte und der daraus abzuleitenden Stoffeigenschaften.

Moderne Geräte der K. geben Farbvalenzen oder die Farbkoordinaten im CIE-Farbsystem (→ Farbmetrik) an. Sie werden vor allem in der Analysenmeßtechnik zur Bestimmung von Art und Menge gelöster Stoffe benutzt.

Unterschieden werden:

- Gleichheitsverfahren, bei dem eine zur auszumessenden Farbe äquivalente Farbe aus den drei Primärvalenzen additiv nachgemischt wird (→ Farbmischung),
- Spektralverfahren, bei dem die Strahlungsfunktion $S(\lambda)$ mittels Spektrometer und daraus die Farbwerte $\mathbf{X},\mathbf{Y},\mathbf{Z}$ bestimmt werden,
- Dreibereichsverfahren, bei dem für Lichtquellen mittels Filter die spektrale Empfindlichkeit gemäß den Normspektralwertkurven (→ Farbmetrik) bestimmt wird.

Komplementärfarben

Paar von Farben, die sich additiv zu Unbunt, d. h. Weiß und Grau, mischen (→ additive Farbmischung).

K. sind z. B. Rot und Blaugrün, Zitronengelb und Violett. Sie liegen in der → Normfarbwerttafel auf den entgegengesetzten Schnittpunkten einer Geraden durch den Unbuntpunkt mit dem Spektralfarbenzug.

Komponente

→ *Zusammenhang.*

Konfiguration

Spezifikation des Aufbaus eines → rechnerunterstützten Systems vorrangig aus kommerziell verfügbaren Funktionseinheiten.

Die Leistungsfähigkeit rechnerunterstützter Systeme ist i. allg. nicht nur durch einen zentralen → Computer (→ Hostrechner) oder mehrere gekoppelte Rechner bestimmt. Vielmehr gehören zur vollständigen Spezifikation eines solchen Systems u. a. Angaben zu diversen angeschlossenen peripheren Geräten (gegebenenfalls auch zu möglichen Ausbaustufen), zur Ausbaustufe der Prozessorkapazität der Rechner (falls durch die Typenbezeichnung nicht schon Eindeutigkeit gegeben ist), ggf. zu Ausbaustufen der Hauptspeicherkapazität und zur Vernetzung mit anderen rechnerunterstützten Systemen. In der → Computergrafik und der → digitalen Bildverarbeitung ist die Konfiguration insbesondere bez. der grafischen → Peripherie wichtig. Manche → grafischen Geräte sind selbst in verschiedenen K. erhältlich (z. B. verschiedene Ausbaustufen des → Bildwiederholspeichers von → Rasterdisplays und damit verbunden verschiedene Grade der Farbtüchtigkeit dieser Geräte, unterschiedlicher Ausbau lokaler Speicherkapazität in → grafischen Arbeitsstationen).

Wird der Begriff K. nur auf Rechner und die zu ihrer Nutzung unabdingbaren peripheren Geräte bezogen, spricht man eingrenzend auch von Rechnerkonfiguration, während in der allgemeineren

Bedeutung auch die Bezeichnung Systemkonfiguration üblich ist.

Konkave Fläche

Ebene Fläche, die nicht die Bedingung einer → konvexen Fläche erfüllt.

In einer k.F. gibt es mindestens zwei Punkte, deren Verbindungsstrecke nicht vollständig zur Fläche gehört. K.F. können auch Löcher und damit mehrere nicht zusammenhängende Ränder enthalten (Bild).

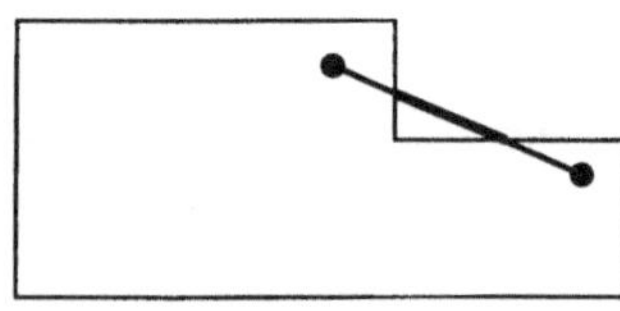

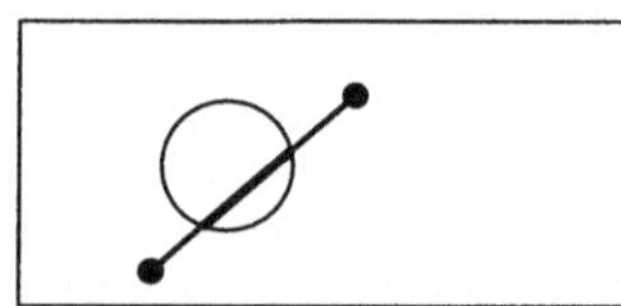

Konkaver Körper

Beschränkte zusammenhängende dreidimensionale Punktmenge des **Euklid***ischen Raumes einschließlich der sie begrenzenden Randflächen, die nicht die Bedingungen eines → konvexen Körpers erfüllt.*

K.K. können neben Einbuchtungen der Oberfläche auch Löcher und Hohlräume enthalten, wie z. B. eine Schüssel oder ein Krug. Es gibt mindestens zwei Punkte des Körpers, deren Verbindungsstrecke nicht vollständig zum Körper gehört.

Konkaves Polyeder

→ Konkaver Körper, der nur von ebenen Flächenstücken begrenzt wird.

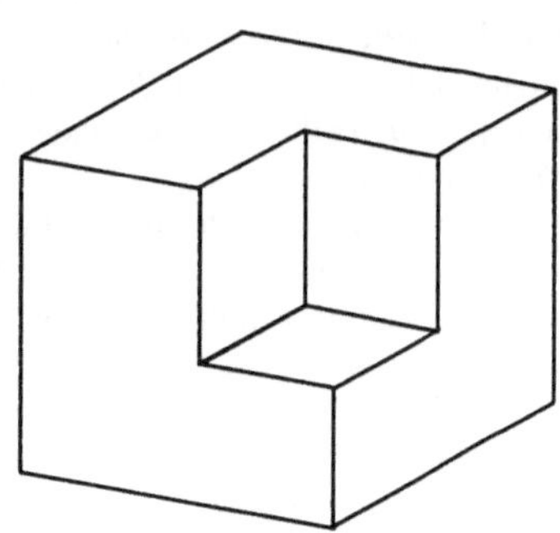

Die Oberfläche eines k.P. kann aus → konvexen und → konkaven Flächen bestehen (Bild).

Konstruktive Festkörpergeometrie

→ CSG-Modellierung.

Kontinuierliches Signal

→ Signal, bei dem sich der Informationsparameter an beliebigen Stellen des Definitionsbereiches ändern kann.

Kontrastanhebung

Engl. contrast enhancement. Zielgerichtete Zuordnung von → Grauwerten zu den Amplituden des → Bildsignals bei der → Visualisierung und Normalisierung von Bildern.

Grundsätzlich wird eine zumindestens stückweise lineare Abbildung des ursprünglichen Signals auf eine Grauwertskala angestrebt (Bild a). Damit werden Bilddetails, aber auch Artefakte in bestimmten Grauwertbereichen dem Betrachter deutlicher gemacht (s. Bildanhang). Auf Grund des beschränkten Signals wird die Kennlinie meist abgeschnitten (Sättigung) oder sägezahnförmig gestaltet (Bild b). Stückweise lineare Kennlinien sind Approximationen nichtlinearer Abbildungen, wie sie z. B. bei der → Histogrammodifikation und der Grauwertkorrektur (→ Gamma) erforderlich sind. Eine Stufenkennlinie liefert, eventuell in Verbindung mit einer → Pseudokolorierung, ein → Äquidensitenbild.

In einem → Display wird K. durch eine → Lookup-Tabelle realisiert.

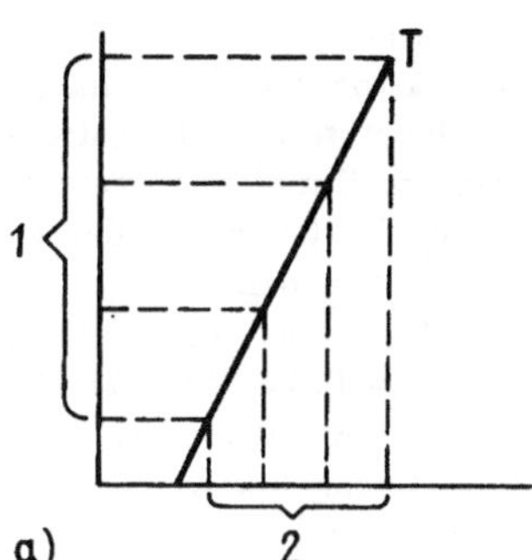

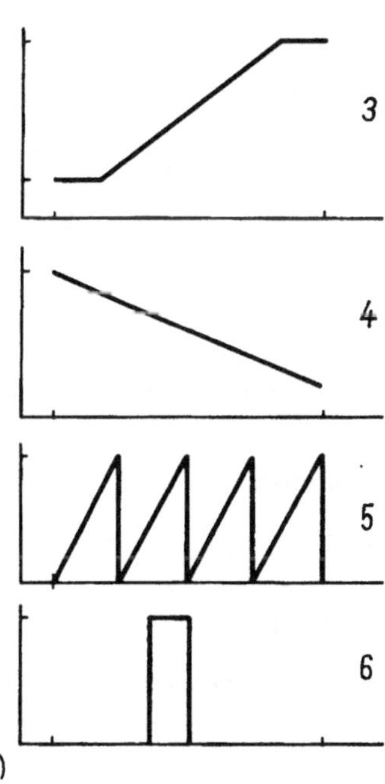

1. Grauwertbereich des Outputsignals
2. Amplitude des Inputsignals
3. Lineare Skalierung mit Sättigung (level clipping)
4. Umgekehrte Skalierung (inversion)
5. Sägezahnskalierung (sawtooth characteristic)
6. Grauwertschnitt (level slicing)

Kontrasteinstellung

Einstellung des Verhältnisses der kleinsten zur größten in einem Bild auftretenden Leuchtdichte.

In einem → Display wird ein elektrisches Signal in ein optisches Bild umgewandelt. Durch Veränderungen des Proportionalitätsfaktors zwischen elektrischem und optischem Signal bei dieser Umwandlung kann eine K. des Bildes erfolgen.

Kontrastübertragungsfunktion

→ *optische Übertragungsfunktion.*

Kontur

Kurve, die mindestens ein Flächenstück begrenzt.

Eine K. entsteht z. B. durch → Projektion eines → 3D-Modells (→ Sichtkontur) oder durch Identifizierung von Körper- und Bildsegmenten (→ Bildegmentierung).

Im diskreten → Rasterbild ist die K. als verbundene Menge von zu einer Region gehörenden → Bildelementen (Pixel) definiert, von denen jeder mindestens einen direkten Nachbarn (→ Nachbarschaft) hat, der nicht zur Region gehört. Wird K. durchlaufen, können Pixel, die in verschiedenen Richtungen durchlaufen werden, benachbart sein, oder mehrfach (multiple pixel) durchlaufen werden. Bei einem Durchlauf benachbarte K.-Pixel werden als c-Nachbarn bezeichnet.

Konturkodierung

Engl. contour coding. Methode der → Bilddatenkompression für → Binärbilder.

Bei der K. werden nur die Außen- und Innenkonturen aller zusammenhängenden Komponenten (→ Zusammenhang) im → Kettenkode gespeichert. Die K. erfordert die Ermittlung aller Segmente (→ Bildsegmentierung) des Bildes mit Verfahren der → Gebietsmarkierung und die → Konturverfolgung aller Außen- und Innenkonturen.

Konturverfolgung

Verfahren zum Erkennen und koordinatenmäßigen Erfassen der Umrisse von Bildsegmenten (→ Bildsegmentierung).

Die Erkennung und Kodierung von → Konturen liefert eine Beschreibung des Bildes in Listenform, die für eine → automatische Bildanalyse besonders geeignet ist. Unterstützt wird die Konturerkennung durch Verfahren der → Kantendetektion. Durch K. wird nicht nur die Liste der Konturpunkte oder Ecken (s. Bildanhang) ermittelt, sondern es werden auch die topologischen Eigenschaften der umrandeten Segmente der Auswertung zugänglich gemacht (→ Topologie).

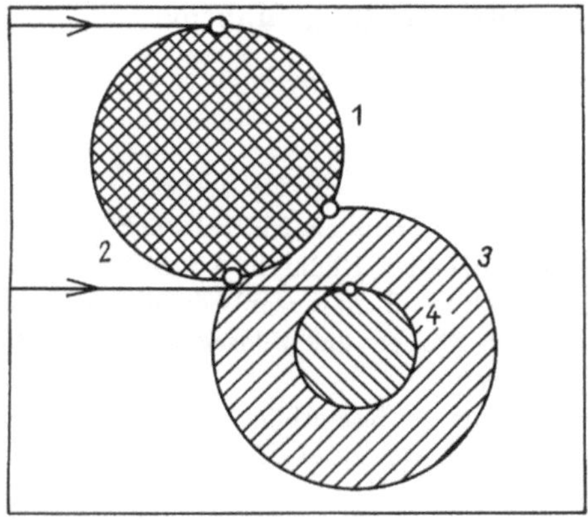

Im Bild ist der typische Verlauf einer K. dargestellt. Die Vorlage wird zeilenweise abgetastet, bis ein Konturpunkt gefunden wurde. Dann wird entlang der Kontur bis zum nächsten Verzweigungspunkt fortgeschritten (1). Die Verzweigung wird abgespeichert und auf dem rechten Konturzweig bis zum folgendenen Verzweigungspunkt gegangen. Dort wird verfahren wie bei der letzten Verzweigung und mit (2) zum Ausgangspunkt zurückgekehrt. Jetzt werden die Verzweigungen, die links liegengelassen wurden, nach dem gleichen Schema bearbeitet (3). Alle erfaßten Konturelemente werden als bereits durchlaufen markiert und bei allen folgenden Durchläufen nicht mehr ausgewertet. Dieser Prozeß endet, wenn die Liste der Verzweigungen erschöpft ist. Dann wird die zeilenweise Abtastung wieder aufgenommen, bis ein noch nicht markierter Konturpunkt gefunden wird, bei dem die K. wieder anfängt (4).

Konvergenz

In gewissen Grenzen beeinflußbares Qualitätsmerkmal von → Farbbildröhren.

Sowohl → Lochmasken-Farbbildröhren als auch → Inline-Farbbildröhren erzeugen einen gewünschten Farbeindruck durch → additive Farbmischung der drei → Primärfarben. Dafür ist es notwendig, daß die drei Elektronenstrahlen simultan die entsprechenden Farbpunkte bzw. Farbstreifen auf dem Bildschirm treffen. Um diese K. zu erreichen, müssen sich die drei Elektronenstrahlen stets in der Ebene der Maske schneiden.

Eine ungenaue Justierung der drei Strahlsysteme und unterschiedliche Ablenkfehler verhindern eine exakte K. der drei Einzelbilder. Die durch Fertigungstoleranzen entstehenden statischen Konvergenzfehler können mit am Bildröhrenhals angebrachten beweglichen Permanentmagneten ausgeglichen werden. Die aus den unterschiedlichen Entfernungen zwischen Elektroden und → Bildschirm resultierenden dynamischen Konvergenzfehler erfordern bei Lochmasken-Farbbildröhren mit Deltaanordnung der drei Strahlsysteme aufwendige Korrekturmaßnahmen. Diese Konvergenzsysteme bestehen aus Spulen, die durch zeitlich veränderliche Korrekturströme ein von dem aktuellen Ablenkzustand der Strahlen abhängiges Ablenkfeld erzeugen. Bei Präzisions-Inline-Bildröhren genügen zwei Permanentmagnetringe auf dem Bildschirmhals. Sie werden deshalb als selbstkonvergierende Systeme bezeichnet.

Konvergenzfehler

→ *Konvergenz.*

Konvexe Fläche

Ebene Fläche, bei der zu je zwei beliebigen Punkten der Fläche auch die Verbindungsstrecke zur Fläche gehört.

Im Unterschied zu → konkaven Flächen sind keine Löcher oder Randeinbuchtungen möglich. K. F. haben stets einen zusammenhängenden Rand.

Konvexe Hülle

Kleinste konvexe Figur der **Euklid***ischen Ebene, die eine beliebige Punktmenge M enthält.*

Eine Teilmenge der **Euklid**ischen Ebene wird hierbei genau dann als konvex bezeichnet, wenn mit zwei Punkten auch alle Punkte ihrer Verbindungsstrecke in der Teilmenge liegen (Bild).

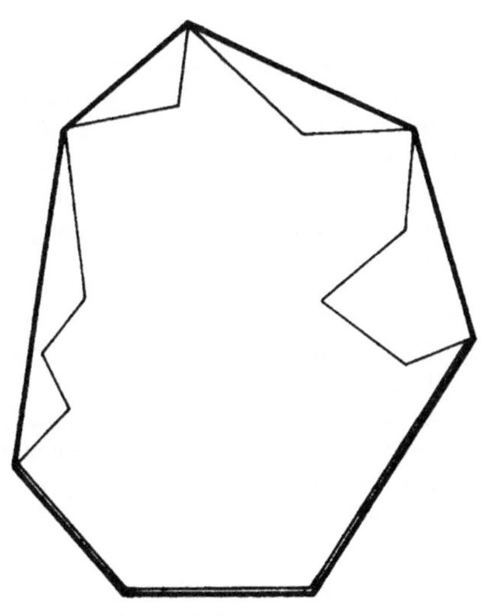

Dünne Kontur: Punktmenge M
Dicke Kontur: Konvexe Hülle

Der Begriff der k.H. ist auch bei höherdimensionalen Gebilden sinnvoll.

Konvexer Körper

Beschränkte dreidimensionale Punktmenge eines **Euklid***ischen Raumes einschließlich der sie begrenzenden endlich vielen ebenen oder gekrümmten Flächen, bei der zu je zwei Punkten des Körpers auch deren Verbindungsstrecke zum Körper gehört.*

Durch die Oberfläche des Körpers wird der Raum in das Innere des Körpers und die äußere Umgebung zerlegt. Beispiele für k.K. sind Quader, Kugel, Kegel und Pyramide. K.K. werden in der → Computergrafik oft durch → konvexe Polyeder angenähert, da deren weitere Behandlung z. B. bei der Bestimmung von → Durchschnitten und → Vereinigungen sowie bei der → Visualisierung leichter realisierbar sind. Nicht konvexe Körper heißen → konkave Körper.

Konvexes Polyeder

→ *Konvexer Körper, der nur von ebenen Flächenstücken begrenzt wird.*

Die Oberfläche eines k.P. besteht nur aus endlichen → konvexen Flächen. K.P. mit kongruenten, regelmäßigen n-Ecken als Seitenflächen werden als reguläre Polyeder oder auch **Platon**ische Körper bezeichnet, von denen es fünf gibt (Tafel).

Reg. Polyeder	n	V	K	F
Tetraeder	3	4	6	4
Oktaeder	3	6	12	8
Hexaeder (Würfel)	4	8	12	6
Ikosaeder	3	12	30	20
Pentagondodekaeder	5	20	30	12

V Anzahl der Ecken,

K Anzahl der Kanten,

F Anzahl der Flächen.

Koordinate

Komponente eines n-Tupels, auf das mittels eines → Koordinatensystems genau ein Punkt des n-dimensionalen Raumes eindeutig abgebildet wird.

Im eindimensionalen Raum, d. h. auf einer Geraden oder allgemeiner einer Kurve, wird durch eine Zahl (eine K.) ein Punkt eindeutig festgelegt. Umgekehrt kann einem Punkt eindeutig eine Zahl zugeordnet werden. Im zwei- bzw. dreidimensionalen Raum gilt Entsprechendes für ein Zahlenpaar bzw. Zahlentripel. Die Vermittlung zwischen n-Tupel und Punkt im n-dimensionalen Raum erfolgt über Koordinatensysteme. Deren verschiedene Arten geben den entsprechenden K. spezifische Namen: Die K. eines kartesischen Koordinatensystems bzw. eines → Polarkoordinatensystems werden kartesische bzw. → Polarkoordinaten genannt.

Im Rahmen der → Computergrafik spielen → Weltkoordinaten, → normierte Koordinaten, → Gerätekoordinaten sowie entsprechende → Koordinatentransformationen eine wichtige Rolle.

→ Homogene Koordinaten dienen u. a. der einheitlichen Darstellung dieser Transformationen als Matrizenmultiplikationen.

Koordinatensystem

Abstraktes System, mit dessen Hilfe jedem Punkt eines n-dimensionalen Raumes ein n-Tupel von Zahlen, den → Koordinaten, zugeordnet wird. Grundlage der analytischen Geometrie.

Für → Computergrafik und → digitale Bildverarbeitung sind zwei- und dreidimensionale K. am wichtigsten. Im Rahmen der → 2D-Computergrafik bzw. → 3D-Computergrafik werden zwei- bzw. dreidimensionale K. genutzt. Am gebräuchlichsten sind rechtwinklige Parallel-K. (nach **R. Descartes** auch kartesische K. genannt).

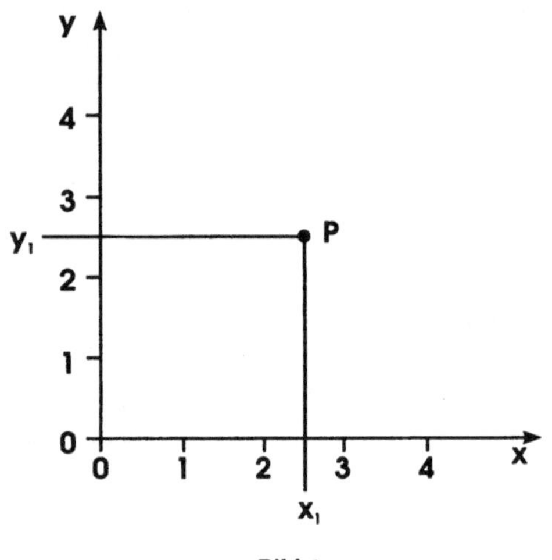

Bild 1

Bild 1 zeigt ein zweidimensionales kartesisches K.. Die beiden, jeweils mit einer Skaleneinteilung versehenen Koordinatenachsen (meist als x- oder Abszissenachse bzw. y- oder Ordinatenachse bezeichnet) stehen senkrecht aufeinander. Ihr Schnittpunkt heißt Koordinatenursprung. Jedem Punkt P der Ebene wird ein Paar von kartesischen Koordinaten zugeordnet (in Bild 1 mit x_1 und y_1 bezeichnet), indem von P aus die Lote auf die Achsen gefällt werden.

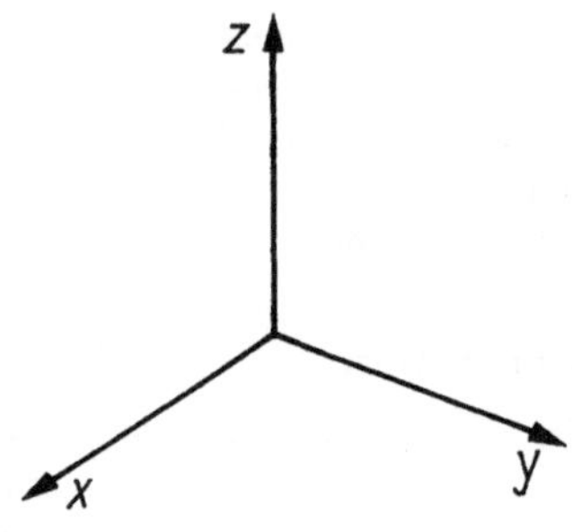

Bild 2

Bild 2 zeigt ein dreidimensionales kartesisches K. in der allgemein üblichen Form eines Rechtssystems. In der 3D-Computergrafik wird in Abweichung hiervon oft das in Bild 3 dargestellte K. (Linkssystem) genutzt. Dabei spannen die x- und y-Achse eine Darstellungsebene auf, in der die → Darstellungsfläche eines → grafischen Gerätes zur → Ausgabe von Computergrafiken liegt. Die z-Achse ist vom Betrachter weg in die Tiefe des Modellraumes gerichtet (vgl. auch → Tiefenpuffer-Algorithmus).

Eine andere Form der Beschreibung der Position von Punkten in n-dimensionalen Räumen erfolgt mit Hilfe von Polarkoordinatensystemen. Für $n = 2$ ist ein Polarkoordinatensystem durch einen festen Punkt O (Anfangspunkt oder Pol genannt) und eine von ihm ausgehende Achse gegeben, auf der mittels einer Skaleneinteilung positive Längen abgetragen und gemessen werden können (Bild 4). Ein beliebiger Punkt P der Ebene ist dann in seiner Position eindeutig beschrieben, wenn der Winkel φ, um den die vorgegebene Achse um O im mathematisch positiven Drehsinn gedreht werden muß, bis sie durch P verläuft, und der Abstand ρ zwischen P und O auf der gedrehten Achse angegeben werden. Den Winkel $\varphi\,(0° \leq \varphi < 360°)$ nennt man Abweichung, Phase, Amplitude oder Anomalie, $\rho \geq 0$ wird als Radius bezeichnet. ρ und φ sind die Polarkoordinaten des Punktes P.

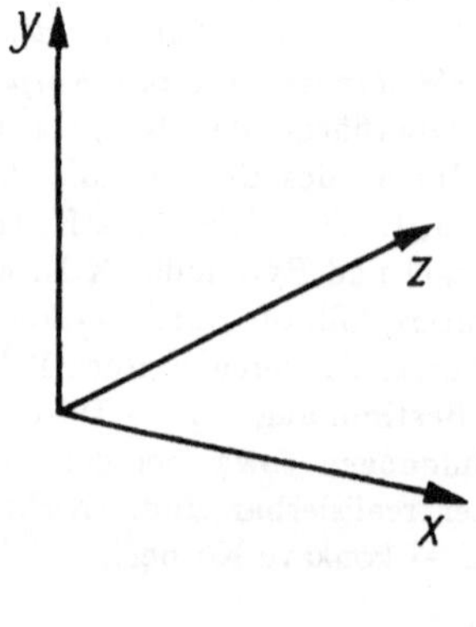

Bild 3

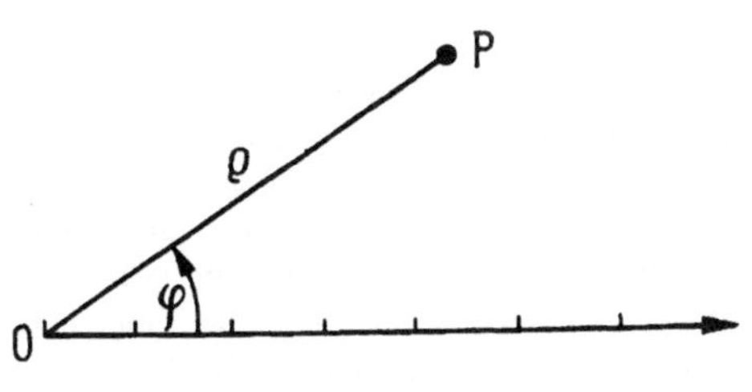

Bild 4

Bild 5 zeigt ein analog aufgebautes dreidimensionales Polarkoordinatensystem (auch als Kugelkoordinatensystem bezeichnet). Die Kugelkoordinaten des Punktes P sind durch

- den Abstand $r \geq 0$ zwischen P und O,
- den Winkel φ , den die gerichtete Strecke OP mit der $x-y$-Ebene einschließt ($-90° \leq \varphi \leq +90°$),
- den Winkel λ, den die Projektion der gerichteten Strecke OP auf die $x-y$-Ebene (die gerichtete Strecke OP') mit der positiven Richtung der x-Achse einschließt ($0° \leq \lambda < 360°$).

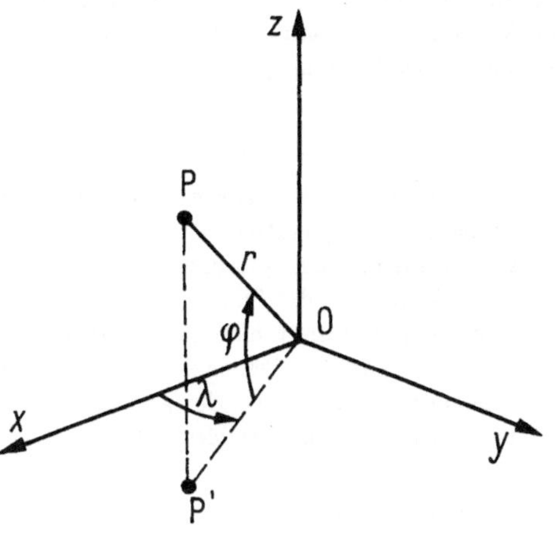

Bild 5

Polarkoordinatensysteme sind z. B. für die Behandlung von geometrischen Problemen auf der Kreisperipherie bzw. der Kugeloberfläche besser geeignet als kartesische K.. Der Übergang von einem K. in ein anderes erfolgt durch Umrechnung der Punktkoordinaten (→ Koordinatentransformation). Dies betrifft den Übergang sowohl zwischen K. verschiedener Art (z. B. von Polar- zu kartesischen Koordinaten) als auch zwischen gleichartigen K., die aber z. B. gegeneinander gedreht, skaliert und verschoben sind.

Weitere K. sind Systeme schiefwinkliger Parallelkoordinaten. Zur Darstellung von bestimmten Funktionen sind K. mit logarithmischen Skaleneinteilungen besonders geeignet.

Koordinatentransformation

Eineindeutige Abbildung der n-Tupel von → Koordinaten eines Punktes im n-dimensionalen Raum, die bez. eines → Koordinatensystems gegeben sind, auf die n-Tupel von Koordinaten des gleichen Punktes bez. eines anderen Koordinatensystems.

Für die Behandlung unterschiedlicher geometrischer Probleme sind oft verschiedene Koordinatensysteme besonders geeignet. So läßt sich die Gleichung einer Kurve oder Fläche in bestimmten Koordinatensystemen besonders einfach fassen. Der Übergang zwischen verschiedenen Koordinatensystemen erfolgt durch K..

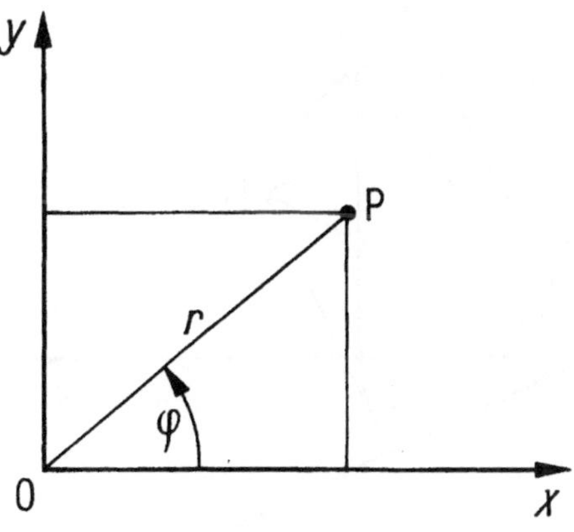

Bild 1

Sind z. B. in einer Ebene ein kartesisches → Koordinatensystem und ein → Polarkoordinatensystem mit zusammenfallender x- und Polarachse gegeben, dann werden jedem Punkt mit den → Polarkoordinaten (r, φ) mittels der Transformationsgleichungen

$$x = r\cos\varphi, \quad y = r\sin\varphi$$

die kartesischen → Koordinaten (x, y) zugeordnet (Bild 1). Im Rahmen der → Computergrafik und → digitalen Bildverarbeitung spielen diejenigen K. eine besondere Rolle, die den Übergang zwischen gegeneinander verschobenen, gedrehten bzw. mit unterschiedlichen Achsenskalen versehenen Koordinatensystemen gleichen Grundtypus vermitteln.

Ein typisches Beispiel ist das grafische Kernsystem (→ GKS), das drei Arten kartesischer Koordinatensysteme verwendet, und zwar nutzerspezifische → Weltkoordinatensysteme, das abstrakte System der → normierten Koordinaten und gerätespezifische → Gerätekoordinatensysteme (→ grafisches Gerät). Die Übergänge zwischen den verschiedenen Koordinatensystemen werden bei GKS mittels der → Normierungstransformation und → Gerätetransformation ausgeführt. Auch für die Erzeugung → rechnerinterner Modelle, insbesondere von → 3D-Modellen, bzw. von Computergrafiken in → interaktiver Arbeitsweise sind K. von großer Bedeutung, meist jedoch in einer etwas anderen als der bisher erläuterten Interpretation.

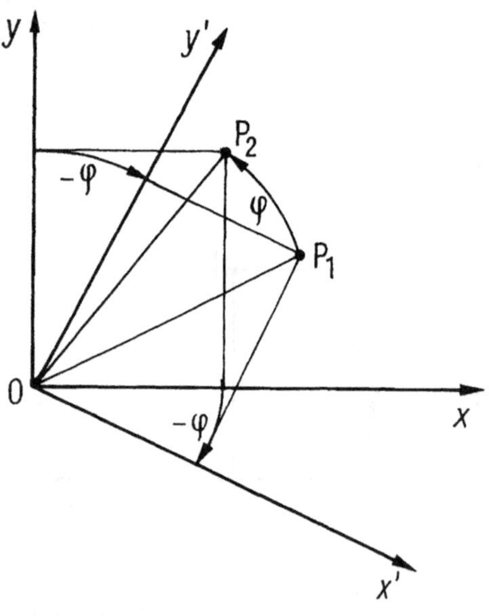

Bild 2

Der → Nutzer eines → Computergrafiksystems will z. B. Lage, Ausrichtung bzw. Größe eines geometrischen Objektes innerhalb seines anwendungsspezifischen Koordinatensystems ändern. Man spricht dann zur Unterscheidung vom Übergang zwischen verschiedenen Koordinatensystemen häufig auch von einer Punkttransformation. Inhaltlich besteht völlige Analogie. So entspricht z. B. die → Rotation eines Punktes innerhalb eines zweidimensionalen kartesischen Koordinatensystems um den Winkel φ um den Koordinatenursprung dem Übergang zu einem neuen, um $-\varphi$ gedrehten Koordinatensystem (Bild 2).

Neben der Rotation sind folgende Punkttransformationen für die interaktive Erzeugung von Grafiken und anderen → Modellen wichtig: → Verschiebung, → Skalierung, → Spiegelung und Kombinationen davon. Mit Hilfe der entsprechenden → Funktionen läßt sich der Aufwand für diese Erzeugung häufig wesentlich reduzieren. So lassen sich z. B. gleiche → Symbole bzw. → Sinnbilder leicht an verschiedenen Stellen sowie mit verschiedenen Ausrichtungen und Größen innerhalb einer Computergrafik generieren. Dies ist bei grafischen → Schemata mit ihrem hohen Grad an Wiederholung bestimmter Strukturen von besonderer Bedeutung (→ Computer-Aided Schematics).

Durch Verwendung → homogener Koordinaten lassen sich K., die erwähnten Punkttransformationen und darüber hinaus auch → Projektionen in einer einheitlichen Form beschreiben: Der → Vektor der homogenen Koordinaten des transformierten Punktes (bzw. der Projektion des Ausgangspunktes) ergibt sich durch Multiplikation einer Transformationsmatrix mit dem Vektor der homogenen Koordinaten des Ausgangspunktes.

Korn

Physikalisches oder mathematisches Zufallsmodell.

1. Typische multiplikative Störung der Bildaufzeichnung auf photographischen Schichten, die durch die Granularität des Silbers entsteht.

2. Einem einem Punkt eines → Punktprozesses zugeordnete zufällige Menge, z. B. zufällige Kreisfläche, deren Mittelpunkt der jeweils betrachtete Punkt ist (→ Boolesches Modell).

Kosinustransformation

Spezielle → Integraltransformation.

Die Kosinus- bzw. die mit ihr verwandte Sinustransformation sind durch

$$F_C(u) = \sqrt{\frac{2}{\pi}} \int_0^\infty f(t) \cos ut \, dt \quad ,$$

$$F_S(u) = \sqrt{\frac{2}{\pi}} \int_0^\infty f(t) \sin ut \, dt$$

definiert. Für gerade Funktionen, d. h. $f(t) = f(-t)$ stimmt die K. mit der → **Fourier**transformation überein.

$$\mathcal{F}[f(t)] = F_C(u)$$

Ungerade Funktionen mit $f(t) = -f(-t)$ ergeben

$$\mathcal{F}[f(t)] = \jmath \, F_S(u).$$

Die vorstehend definierte kontinuierliche Kosinustransformation (CCT) hat wie die **Fourier**transformation eine diskrete Entsprechung (DCT).

$$F_C(k)=\frac{1}{N}\left(f(0)+\sum_{n=1}^{N-1} f(n) 2\cos\frac{\pi(2n+1)k}{2N}\right)$$
$$=\frac{1}{N}\sum_{n=0}^{N-1} f(n)K(k,n) \quad (k=0,\ldots,N-1)$$

Auch eine Erweiterung auf höhere Dimension ist möglich, wie die Darstellung der 2D-DCT zeigt:

$$F_C(k,l) = \frac{1}{MN}\sum_{m=0}^{M-1}\sum_{n=0}^{N-1} f(m,n)\,K(k,m)K(l,n)$$

$$k = 0,\ldots,M-1; \quad l = 0,\ldots,N-1$$

Die K. ist linear und für höhere Dimensionen separabel, d. h. in eine Hintereinanderausführung niederdimensionaler Transformationen umsetzbar. Die praktische Berechnung kann mit Verfahren der → schnellen Transformation erfolgen. Die Rücktransformation ist bis auf einen konstanten Faktor selbst wieder eine K..

Die K. findet vor allem in der → Bilddatenkompression Verwendung, indem Koeffizienten $F_C(k)$ für höhere k auf Null gesetzt werden. Sie verwirklicht eine optimale → Dekorrelation bei der praktisch bedeutungsvollen exponentiellen Autokorrelationsfunktion (→ Bildkorrelation, → statistische Bildanalyse) des Signals.

Kreisdiagramm

Art von → Diagrammen, die zur Verdeutlichung prozentualer Anteile verwendet wird.

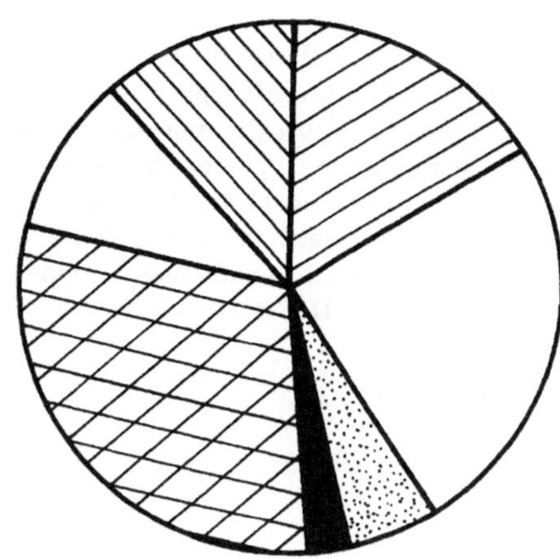

Der volle Kreis entspricht dabei 100 %, während die Größe einzelner Kreissektoren den prozentualen Anteil angibt (Bild). K. sind neben → Balkendiagrammen die wichtigsten Darstellungen der → Geschäftsgrafik. Analog zu Balkendiagrammen sind für eine schnelle Informationsaufnahme durch den Menschen farbliche Differenzierungen der einzelnen Kreisausschnitte besonders günstig.

Kreisgenerator

Funktionseinheit von → Ausgabegeräten zum Erzeugen von Kreisen.

Zum Beschleunigen der → Ausgabe von → Computergrafiken sowie zum Verringern der Datenrate zwischen → Hostrechner und grafischen Ausgabegeräten (wie → Display und → Plotter) haben letztere oft spezielle Funktionseinheiten zum Erzeugen häufig benötigter → grafischer Primitive wie Strecken (→ Vektoren, → Vektorgenerator), Zeichen (→ Zeichengenerator) und auch Kreisen bzw. Ellipsen. K. sowie Ellipsengeneratoren gehen meist von der folgenden Parameterdarstellung einer Ellipse mit den Halbachsen a, b um den Mittelpunkt x_0, y_0 aus. Der Kreis mit dem Radius r ergibt sich mit $a = b = r$.

$$x = x_0 + a\cos t$$
$$y = y_0 + b\sin t$$

Beim Bestimmen der x- und y-Koordinaten (→ Koordinaten) nach dieser Gleichung wird ausgenutzt, daß Sinus und Kosinus durch Integration einer einfachen Differentialgleichung berechnet werden können. Diese Integration läßt sich mit einem DDA (Digital Differential Analyser) oder einem BRM (Binary Rate Multiplier) realisieren. Andere K. benutzen Approximationsalgorithmen für die Winkelfunktionen, die bei vorgegebener Genauigkeit eine feste Anzahl von Iterationen sowie nur Addition, Subtraktion, Verschiebung von → Bits (Shift) und Vorzeichenabfragen als Operationen benötigen (CORDIC-Methode).

Kreuzkorrelation

→ *Bildkorrelation.*

Kubische Splines

Polynome dritten Grades zur → Interpolation von durch Stützpunkte vorgegebenen → Funktionen.

Es sei $a \leq x_0 < x_1 < \ldots < x_{n-1} \leq b$ ein System K von n Stützstellen oder Knoten. Eine durch die Knoten verlaufende Funktion $S_3(x)$ heißt kubische Splinefunktion zu K, wenn sie im offenen Intervall (a, b) mindestens zweimal stetig differenzierbar und in jedem abgeschlossenen Teilintervall $[x_{i-1}, x_i]$ ein Polynom von höchstens drittem Grade ist. Der Vorteil der Anwendung der k.S. in der → Computergrafik besteht darin, daß das entsprechende Interpolationsproblem stets eindeutig lösbar ist und Anzahl und Größe der Extrema einfach unter Kontrolle gehalten werden können. Die Koeffizienten der interpolierenden kubische Splinefunktion können aus einem einfach strukturierten linearen Gleichungssystem leicht explizit berechnet werden.

Künstliche Intelligenz

Abk. KI. Fähigkeit von Maschinen (→ Computern) zum Durchführen und Erlernen von Funktionen, die üblicherweise mit menschlicher Intelligenz verbunden sind.

Die Fähigkeit des Menschen, Entscheidungen zu fällen, insbesondere unter Zeitdruck und Unsicherheit, ist eine seiner bedeutendsten geistigen Leistungen. Der Begriff KI wird weniger als Argument in der alten Diskussion „Können Computer denken?“ als in der Auswertung und Verarbeitung von Wissensinhalten nach Grundsätzen der Logik und in Nachbildung einfacher Grundsätze des menschlichen Denkens durch eine Maschine angewendet.

Die KI hat sich in der jüngsten Zeit als wissenschaftliche Disziplin zur Begründung neuer Prinzipien und Systeme der Informationsverarbeitung etabliert. Ausgehend von dem Wunsch nach Automatisierung geistiger Prozesse, wie das Verstehen von Bildern und Sprache, das Spielen von Schach, das Übersetzen von einer Sprache in eine andere, das Beweisen mathematischer Sätze und die Herleitung von Entwurfs- und Steuerentscheidungen sowie aufbauend auf Erkenntnissen der kognitiven Psycholgie über die Informationsverarbeitung im menschlichen Hirn wurde eine Vielzahl von Methoden entwickelt. Andererseits haben auch Methoden der mathematischen Logik, der Automaten- und Algorithmentheorie Voraussetzungen der KI geschaffen.

Anwendungen der KI betreffen heute vor allem

- Interpretation von Bildern und Bildfolgen (→ wissensgestützte Bildverarbeitung),
- wissensbasierte → Expertensysteme in Medizin, Wirtschaft und Technik,
- intelligente Lern- und Lehrsysteme,
- Verstehen und Übersetzen natürlicher (vorwiegend geschriebener) Sprache,
- automatisches Programmieren und automatischer Nachweis der Korrektheit von Programmen,
- Verstehen und Erzeugen gesprochener Sprache.

Das Hauptziel der KI ist, eine Maschine oder ein Programm zu befähigen, auf Beschreibungen eines Problems mit einer Lösung zu antworten. Damit wird der in der üblichen Anwendung notwendige Schritt der Umsetzung des Problems in eine Problemlösungsprozedur umgangen. Aus diesem Grunde spielen Sprachen, die Daten und Probleme beschreiben, ohne ihre Verknüpfungen bzw. Wege zu ihrer Lösung vorzugeben, eine große Rolle (Prolog, LISP). Ein wichtiger neuer Datentyp der KI ist die Regel, bestehend aus Bedingungsteil und Aktionsteil.

Kurvenanpassung

Engl. curve fitting. Verfahren, bei dem eine → Funktion bestimmt wird, die eine Folge von N Meßwertpaaren x_i, y_i geeignet verbindet (→ Interpolation) oder annähert, wobei der Punkt x_{i+1}, y_{i+1} dem Punkte x_i, y_i auf der Kurve nachfolgt.

Verfahren zur K. nutzen → Approximationen mittels allgemeiner und spezieller Polynome (→ Spline, → **Bézier**-Kurven, Kegelschnitte, trigonometrische Polynome) und heißen deshalb Polynomanpassung. Als Fehlerkriterien dienen die Summe, das Maximum oder das Mittel der Absolutwerte der Abweichungen oder ihrer Quadrate (→ Methode der kleinsten Quadrate).

Praktisch bedeutungsvoll und einfach sind Verfahren der Polygonzugapproximation (→ Polygonzug, → Polygonalkode), bei denen eine stückweise lineare Funktion oder eine Folge → digitaler Strecken konstruiert wird.

Die K. glättet die Kurven und reduziert einerseits den Umfang der zu ihrer Beschreibung erforderlichen Daten und vereinfacht andererseits die Auswerteverfahren. Sie wird vor allem zum Beschreiben von Objektkonturen (→ Kontur) und Oberflächenprofilen oder das Aufbereiten von experimentell ermittelten Daten angewendet.

Label

Engl., Marke, Etikett.
1. Symbolische Marke in einem Programm, die das Ziel von Verzweigungen des Steuerablaufs adressiert.
2. Übliche Bezeichnung für eine Markierung, die im Laufe der Verarbeitung einzelnen → Bildelementen zugeordnet wird.

Ein L. kennzeichnet die Zugehörigkeit eines Bildelementes zu einer bestimmten Klasse, ohne daß sein numerischer Wert physikalische Bedeutung hat. Bildhafte Verarbeitungsergebnisse dieser Art werden auch als logische Bilder bezeichnet (→ Bildsegmentierung).

Labeling

Engl., → Gebietsmarkierung.

Lag

Engl., Zurückbleiben. Nachwirken der durch → Belichtung hervorgerufenen Ladung auf einem Bildsensor über mehrere Abtastzyklen oder → Frames.

L. äußert sich durch Nachziehen von Fahnen bei bewegten hellen Objekten.

Lambertsche Gesetze

Gesetze für Durchgang und Reflexion von vorwiegend optischer Strahlung.

1. **Bouguer-Lambert**sches Absorptionsgesetz: Es bestimmt die → Intensität I der Lichtstrahlung nach ihrem Durchgang durch ein Medium der Dicke L. Es gilt

$$I = I_0 \exp(-\rho L)\,,$$

wobei ρ der materialabhängige lineare Absorptionskoeffizient ist, der i. allg. von der Wellenlänge des Lichtes abhängt. I_0 kennzeichnet die Intensität des eintretenden ungeschwächten Strahles.

Manchmal wird die Strahlungsdämpfung durch den Extinktionskoeffizienten α' gekennzeichnet. Das logarithmische Dämpfungsmaß Extinktion E lautet dann

$$E = \lg \frac{I}{I_0} = -\alpha' L$$

Diese Formeln sind Grundlage der Verfahren der → Kolorimetrie.

2. **Lambert**sches Kosinusgesetz: Es besagt, daß für die inkrementelle Strahlstärke dI unter dem Ausstrahlungswinkel α gegen die Flächennormale eines völlig diffus strahlenden Flächenelementes dA mit der Strahldichte I gilt:

$$dI = I \cos\alpha \, dA$$

Strahlende und reflektierende Flächen mit dieser Eigenschaft heißen Lambertstrahler.

Landsat

Erstes System der → Fernerkundung, mit dem fast die gesamte Erdoberfläche routinemäßig erfaßt wurde.

Das L.-System besteht aus einem Satelliten mit Fernerkundungssensoren (→ RBV, → MSS, → TM) sowie Bodenempfangsstationen, welche neben dem Datenempfang auch die Vorverarbeitung der Bilder in eine Normalform durchführen. Die Bildaufnahme erfolgt immer um 9.30 Uhr Ortszeit. Bisher wurden 5 Satelliten von L. in Betrieb genommen.

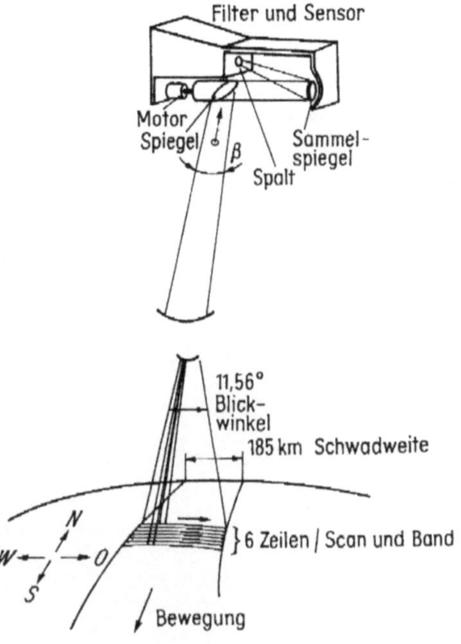

Der wichtigste Sensor MMS (Bild) hat eine lineare → Bodenauflösung von ca. 80 m (im thermischen Infrarot 239 m). Im Gegensatz zu den im Abstand von ca. 36000 km fliegenden geostationären Satelliten für die Meteorologie und Nachrichtenübertragung wird eine gute Bodenauflösung und gleichmäßige → Überdeckung der Erdoberfläche erreicht. Das L.-System ist gut an die Anforderungen der Analyse der Bodennutzung angepaßt und wird als Referenz für Neuentwicklungen betrachtet.

Parameter	Landsat 1,2	Landsat 4,5
Höhe	920 km	705 km
Umlaufzeit	103 min	98,9 min
Wiederholperiode	18 Tage	16 Tage
Instrumentierung	RBV MSS	MSS TM (40 m)
Schwadbreite	185 km	185 km

Laplace-Operator

Lineares → Hochpaßfilter zur → Dekorrelation.

Seine → Impulsantwort hat bei vorgegebenen Korrelationskoeffizienten ρ_s und ρ_z von in Spalten- bzw. Zeilenrichtung benachbarten Bildelementen folgende Form:

$$h(i,j) = \left\| \begin{matrix} \rho_s\rho_z & -\rho_s(1+\rho_z^2) & \rho_s\rho_z \\ -\rho_z(1+\rho_s^2) & (1+\rho_s^2)(1+\rho_z^2) & -\rho_z(1+\rho_s^2) \\ \rho_s\rho_z & -\rho_s(1+\rho_z^2) & \rho_s\rho_z \end{matrix} \right\|$$

Der L. ist separabel und läß sich als dyadisches Produkt aus 2 eindimensionalen L. schreiben.

$$h(i,j) = \left\| \begin{matrix} \rho_s \\ -(1+\rho_s^2) \\ \rho_s \end{matrix} \right\| \left\| \begin{matrix} \rho_z & -(1+\rho_z^2) & \rho_z \end{matrix} \right\|$$

Laserdrucker

Engl. laser printer. Auf der Basis der Lasertechnologie arbeitender → Matrixdrucker.

Im Unterschied z. B. zu → Nadeldruckern wird beim L. das gerasterte Druckbild nicht mechanisch, sondern mit Hilfe eines elektrostatischen Ladungsbildes auf einer Trommel erzeugt, das seinerseits von einem Laserstrahl generiert wird. Aus der geringen Anzahl bewegter mechanischer Teile resultiert die hohe Druckgeschwindigkeit des L. Aufgrund der heute erreichten hohen → Auflösung des Punktrasters von 300 bis 600 dpi in x- und y-Richtung eignet sich der L. hervorragend zur → Ausgabe von → Texten, Formeln und Grafiken in hoher Darstellungsqualität. Er spielt damit als → Ausgabegerät im Rahmen der → Computergrafik und des → Desktop-Publishing eine wichtige Rolle, insbesondere zur Erzeugung technischer Dokumentationen (→ rechnerunterstützte Dokumentation).

Der in den L. eintreffende Strom von Daten wird zwischengespeichert und meist spaltenweise in eine → Bit-Map umgewandelt, die dann den eigentlichen Druck steuert, der wie beim xerographischen Kopierverfahren funktioniert. Eine rotierende, mit einem Fotohalbleiter beschichtete Trommel wird bei jeder Umdrehung im Dunkeln elektrostatisch aufgeladen. Wo der Laserstrahl hintrifft, wird die Halbleiterschicht punktuell entladen. Mittels Tonerpulver wird das auf der Trommel vorhandene Ladungsbild als sichtbares Druckbild auf Papier oder Folie übertragen und thermisch fixiert.

Laserplotter

Nichtmechanischer → Plotter, bei dem im Unterschied zum → Laserdrucker eine Erzeugung von Grafiken mittels Laserstrahl nach dem → Vektorprinzip möglich ist, während die Funktionsweise ansonsten der des Laserdruckers entspricht.

Laserprinter

→ *Laserdrucker.*

Lauflängenkodierung

Engl. run length code. Methode der → Bilddatenkompression für → Binärbilder bzw. Bilder mit wenigen Grauwertstufen, bei der eine exakte Rekonstruktion möglich ist.

Dabei werden entsprechend einer bestimmten Durchlaufsequenz (z. B. zeilenweise von oben nach unten) Bildpunktfolgen mit gleichem → Grauwert erfaßt und das Ende einer solchen Folge relativ zum Ende der vorangegangenen (d. h. deren Länge) kodiert.

Layout-Entwurf

Prozeß der Erzeugung eines Layouts.

Ein Layout kann ausschließlich vom Menschen entworfen, in → interaktiver Arbeitsweise rechnerunterstützt erstellt oder vollautomatisch durch einen → Computer erzeugt werden. In der → Computergrafik betrifft der L. die Anordnung einzelner Bestandteile einer Grafik auf einer Fläche, z. B. das Layout der → Symbole eines grafischen → Schemas (→ Computer-Aided Schematics).

LCD

Engl. Abk. für Liquid Crystal Display, → Flüssigkristalldisplay.

Lee-Algorithmus

Nach **C.Y. Lee** *benannter → Algorithmus zur Bestimmung → optimaler Wege auf gerasterten Flächen, in denen bestimmte Bereiche für die Führung von Wegen gesperrt sind.*

Bei diesem Algorithmus wird die Fläche, auf der optimale Wege zu bestimmen sind, mit einem homogenen → Raster überzogen und damit das Routingproblem diskretisiert. Die einzelnen Zellen des Rasters können in unterschiedlicher Weise charakterisiert werden (z. B. als für Wege gesperrt bzw. mit bestimmten Kosten belegt, die anfallen, wenn durch die entsprechende Zelle ein Weg gelegt wird). Ausgehend von der Startzelle werden beim L. schrittweise jeweils benachbarte Zellen mit Kosten für ihr Erreichen über einen optimalen Weg von der Startzelle aus und mit Kennzeichnungen zum Verlauf eines optimalen Weges belegt, so daß sich die Front der in dieser Weise behandelten Zellen wie eine Welle oder ein Steppenfeuer ausbreitet. Ist die Zielzelle erreicht, läßt sich durch Rückverfolgung der Kennzeichnungen ein optimaler Weg von der Start- zur Zielzelle bestimmen. Der L. sowie seine Weiterentwicklungen bzw. Modifikationen wurden häufig zum → Routing auf Leiterkarten genutzt. Er ist aber auch eine Grundlage für das Routing von Verbindungslinien zwischen → Symbolen in netzartigen Schemata (→ Schema, → Computer-Aided Schematics). Das Bild zeigt ein einfaches Beispiel aus diesem Anwendungsbereich. Im oberen Teil des Bildes sind in den einzelnen Rasterzellen jeweils die Längen kürzester Wege zur Startzelle (ausgedrückt in der Anzahl von zu durchlaufenden Rasterzellen) sowie Richtungsverweise bez. des Verlauf dieser Wege eingetragen. Die Eintragung wurde bei Erreichen der Zielzelle abgebrochen. Im unteren Teil des Bildes ist eine Verbindungslinie entlang eines so gefundenen kürzesten Weges dargestellt.

5 ►	4 ▼				
4 ► ▼	3 ▼				
3 ►	2 ►	1 ►	Start	◄ 1	◄ 2
▲ 4 ►	▲ 3 ►	▲ 2 ►	▲ 1	▲ ◄ 2	▲ ◄ 3
▲ 5				▲ 3	▲ ◄ 4
▲ 6				▲ 4	▲ ◄ 5
▲ 7		Ziel 7 ►	6 ►	▲ 5	▲ ◄ 6

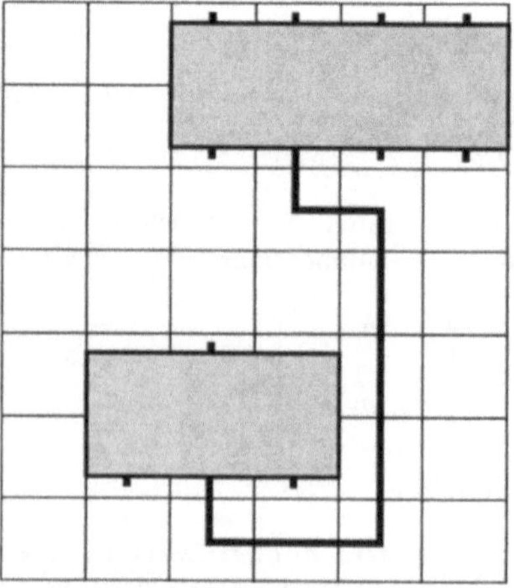

Leistungsdichtespektrum

Engl. power spectrum. Kennfunktion eines Signals

oder eines Ensembles von Signalen.

Das L. ist das Betragsquadrat der **Fourier**transformierten (→ **Fourier**transformation) eines Signals. Sie ist auch als **Fourier**transformierte der Autokorrelationsfunktion deutbar und wird aus diesem Grunde für die stochastische Charakterisierung von Bildern (→ Zufallsfeld) verwendet. Die Beziehung zwischen dem L. $F(u)$ am Eingang und am Ausgang $G(u)$ eines linearen Systems mit der → Übertragungsfunktion $H(u)$ wird durch

$$G(u) = H(u)^{*}H(u)F(u)$$

beschrieben.

Leuchtfleck

Momentanes Helligkeitsprofil eines Belichtungsstrahles, z. B. auf dem Bildschirm eines → Displays oder auf der Objekt- bzw. Registrierfläche eines → Flying Spot Scanners oder Recorders.

Der L. ist die Abbildung einer idealisierten Punktquelle bzw. das für die → Abtastung erforderliche räumliche Integrationsintervall. Er kann als → Impulsantwort eines der Abbildung bzw. der Abtastung vorgelagerten → Tiefpaßfilters betrachtet werden. Bei bewegtem L. sind die Wirkung von nachleuchtenden und floureszierenden Schirmen zu berücksichtigen.

Lichteinfluß

In der → Computergrafik Einfluß der (simulierten) → Beleuchtung eines → 3D-Modells auf dessen Erscheinungsbild.

Im Rahmen der → Computergrafik erfolgt die Berücksichtigung des L. bei der Erzeugung von Darstellungen mit schattierten Flächen durch → Beleuchtungssimulation. In Abhängigkeit vom Grad der geforderten Realitätsnähe kommen verschiedene Beleuchtungsmodelle zur Anwendung, die die relevanten physikalischen Gesetze mit unterschiedlicher Genauigkeit approximieren. Dementsprechend breit ist des Spektrum des Berechnungsaufwandes, der für die Berücksichtigung des L. nötig ist.

Lichtgriffel

→ Lichtstift.

Lichtstift

→ Eingabegerät in Form eines handlichen Stiftes zur Aufnahme von Lichtimpulsen, mit dessen Hilfe der → Nutzer eines → rechnerunterstützten Systems an einem → Bildschirm dargestellte Objekte direkt identifizieren bzw. Positionen eingeben kann.

Das Funktionsprinzip des L. geht aus dem Bild hervor.

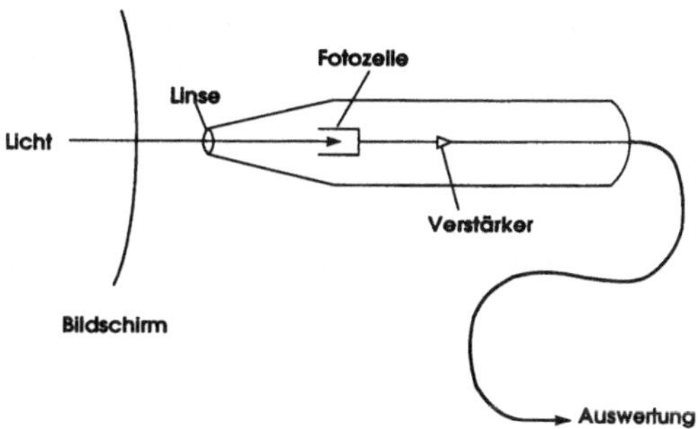

Indem der L. mit seiner Spitze vom Nutzer unmittelbar vor den Bildschirm gehalten wird, erfaßt er dort auftretende Lichtimpulse. Durch Auswertung der Zeitpunkte dieses Auftretens läßt sich feststellen, wo sich der L. gerade befindet und auf welches (sichtbare) Objekt er dementsprechend zeigt. Die Nutzung des L. ist folglich nur bei bildwiederholenden Systemen möglich (bei denen Bildschirminhalte ähnlich der Erzeugung von Fernsehbildern mindestens 25 mal in der Sekunde wiederholt werden). L. lassen sich also für → Vektordisplays und → Rasterdisplays, aber nicht bei → Speicherröhren verwenden. Um beliebige Positionen (d. h. auch solche, an denen kein helles Objekt vorhanden ist) mit Hilfe eines L. eingeben zu können, wird ein Punkt periodisch zeilenweise über den gesamten Bildschirm gesteuert und dessen Lichtimpuls erfaßt. Auf dieser Grunglage kann der L. sowohl als → Picker als auch als → Lokalisierer genutzt werden.

Lineare Transformation

Nichtrekursive globale und i. allg. ortsabhängige → Bildoperation, die durch einen Transformationskern mit 4 Veränderlichen definiert wird.

Die l.T. eines → Rasterbildes $f(k,l)$ $(k = 0,1,\ldots,M-1; l = 0,1,\ldots,N-1)$ wird durch die folgende Übertragungsgleichung beschrieben:

$$g(k,l)=\sum_{i=0}^{M-1}\sum_{j=0}^{N-1}a(k,l,i,j)\cdot f(i,j)$$

$a(k,l,i,j)$ ist der Transformationskerns. Im kontinuierlichen Fall ist er eine stetige Funktion und die Doppelsumme durch ein Doppelintegral zu ersetzen.

Man kann den Transformationskern in $M\cdot N$ sog. Basisbilder $a_{ij}(k,l)$ zerlegen und obige Gleichung dahingehend interpretieren, daß zur Berechnung eines Wertes $g(k,l)$ der Transformierten das Bild $f(i,j)$ punktweise mit dem Basisbild $a_{kl}(i,j)$ multipliziert und die Ergebnisse überlagert (addiert) werden.

Existiert zu einer l.T. eine lineare Rücktransformation, die die Transformierte g wieder in f überführt, d. h.

$$f(i,j)=\sum_{k=0}^{M-1}\sum_{l=0}^{N-1}b(i,j,k,l)\cdot g(k,l)\,,$$

so wird sie als reversibel bezeichnet. In Analogie zur ersten Interpretation kann man eine Rücktransformation anschaulich so interpretieren, daß sich das Bild $f(i,j)$ aus der Superposition aller mit $g(k,l)$ gewichteten Basisbilder $b_{kl}(i,j)$ ergibt. Durch eine reversible l.T. wird ein Bild also in eine Summe geeignet gewichteter vorgegebener Basisbilder zerlegt.

Eine spezielle Klasse der l.T. ist die → Faltung, die als homogene Bildoperationen durch ein einziges Basisbild (die anderen ergeben sich durch Verschiebung) definiert werden kann. Faltungen sind i. allg. nicht reversibel.

Gewisse l.T. zeichnen sich dadurch aus, daß der Transformationskern separabel ist, d. h.

$$a(k,l,i,j)=a_1(k,i)\cdot a_2(l,j)$$

und zusätzlich Spalten und Zeilen gleich behandelt werden (symmetrischer Transformationskern), d. h.

$$a(k,l,i,j)=\alpha(k,i)\cdot\alpha(l,j)\,.$$

Dadurch wird die zweidimensionale l.T auf nacheinander auszuführende identische eindimensionale l.T. von Zeilen und Spalten zurückgeführt:

$$\begin{aligned}g(k,l)&=\sum_{i=0}^{N-1}\alpha(k,i)\sum_{j=0}^{N-1}\alpha(l,j)f(i,j)\\&=\sum_{j=0}^{N-1}\alpha(l,j)\sum_{i=0}^{N-1}\alpha(k,i)f(i,j)\end{aligned}$$

Damit ergibt sich ein Basisbild $a_{k,l}(i,j)$ als das äußere oder dyadische Produkt des Vektors

$$\alpha_k=\begin{Vmatrix}\alpha(k,0)\\ \vdots\\ \alpha(k,N-1)\end{Vmatrix}$$

mit sich selbst. Die N Vektoren α_k werden entsprechend als Basisvektoren bezeichnet. Mit den Matrizen

$$F=\|f(i,j)\|\quad\text{und}\quad G=\|g(k,l)\|$$

sowie

$$A=\|\alpha_0\,\alpha_1\cdots\alpha_{N-1}\|$$

kann die vorhergehende Gleichung als Matrizenprodukt geschrieben werden:

$$G=A\,F\,A^{\top}$$

Hierbei ist $A^{\top}$ die Transponierte von A. Existiert zu A die inverse Matrix A^{-1}, dann ist die l.T. reversibel:

$$F=A^{-1}\,G\,(A^{-1})^{\top}$$

Sind die Basisvektoren zueinander orthogonal und normiert, d. h.

$$\begin{aligned}\alpha_i^{\top}\alpha_j&=1\quad\text{für}\quad i=j\\ \alpha_i^{\top}\alpha_j&=0\quad\text{für}\quad i\neq j\end{aligned}\;,$$

dann spricht man von (diskreten) Orthogonaltransformationen, genauer von unitären oder Orthonormaltransformationen. Es gilt für die Rücktransformationsmatrix besonders einfach $A^{-1}=(A^*)^{\top}$, wobei A^* die zu A konjugiert komplexe Matrix ist. Bei reeller Matrix bedeutet das $A^{-1}=A^{\top}$.

Die praktische Berechnung von Orthogonaltransformationen erfolgt jedoch aus Aufwandsgründen nicht nach den angegebenen Definitionsformeln. Dafür werden die Verfahren der → schnellen Transformation genutzt, die den Berechnungsaufwand wesentlich reduzieren.

Zwischen Faltungen und unitären Transformationen besteht folgender wichtiger Zusammenhang: Die Faltung eines Bildes mit einem Basisbild kann auf die Multiplikation der Transformierten beider Bilder zurückgeführt werden. Das ist die Grundlage für den Entwurf von Faltungsoperatoren im Transformationsbereich sowie für die in bestimmten Fällen schnellere Ausführung von Faltungen durch Multiplikation der Transformierten und Rücktransformation des Ergebnisses (→ nichtrekursives Filter, → **Fourier**filter, → analoge Bildverarbeitung, → Bildkorrelation).

Neben der → Bildfilterung wichtige Anwendungsbereiche von Orthogonaltransformationen sind die → Bilddatenkompression und die Gewinnung von → Merkmalen als wesentlicher Teilschritt der → Mustererkennung. Wichtige Orthogonaltransformationen sind → **Fourier**transformation, → Kosinustransformation, → **Walsh**transformation, → Slanttransformation sowie die Rechteckwellen als Basis benutzenden **Haar**- und **Hadamard**transformation.

Linearer Klassifikator

Trennflächenklassifikator mit linearen Unterscheidungsfunktionen (→ Klassifikation).

Ein l.K. teilt den Merkmalsraum (→ Merkmal) mittels Hyperebenen, im zweidimensionalen Fall also durch Geraden, in Unterräume ein (Bild).

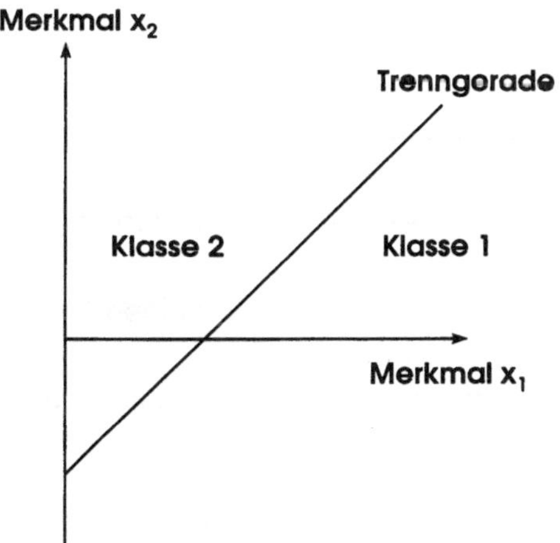

Linearer Schnitt

Schnittmethode für die Anwendung stereologischer Verfahren (→ Stereologie).

Werden auf zweidimensionale Bilder Schnittlinien gelegt (z. B. Geradenstücke, Kreise), ergeben sich dabei Schnittpunkte oder Schnittsehnen, die gezählt oder gemessen werden können. Diese relativ einfach und automatisiert durchführbaren eindimensionalen Beobachtungen liefern aber im Gegensatz zu den zweidimensionalen Beobachtungen durch ebene oder auch dünne Schnitte wesentlich ungenauere Aussagen bez. der dreidimensionalen Struktur.

Linienbild

Für technische Grafiken (techn. Zeichnungen, Landkarten) und andere Objekte (Blasenkammerspuren, Kapillar- und Fasergebilde) charakteristische Bildform.

L. zeigen nur Objekte geringer Breite (Linien) und enthalten nur wenige stark differenzierte Grauwerte oder Farben. Besondere Schwierigkeiten bereiten das automatische Verbinden oder das Interpretieren unterbrochener Linien sowie das Abtrennen von Schriftzeichen und Bezugsrastern.

Liniengeber

Engl. stroke device. Im Rahmen von → GKS definierte Klasse von → logischen Eingabegeräten (→ Eingabeklasse) bzw. einzelner Repräsentant dieser Klasse.

L. liefern eine Folge von Punkten in → Weltkoordinaten, durch die ein → Linienzug repräsentiert wird, sowie die Nummer der zugehörigen → Normierungstransformation.

Liniengrafik

Grafik, die nur aus Linien zusammengesetzt ist.

Typische L. sind Werkstattzeichnungen von Werkstücken und Baugruppen, ausschließlich aus Linien bestehende perspektivische Ansichten von dreidimensionalen Objekten, Schalt-, Stromlauf-, Logik-, Programmablaufpläne und andere schematische Grafiken.

Die einzelnen Linien sind darin Bestandteile von Buchstaben, Ziffern, grafischen → Symbolen, Verbindungen zwischen Symbolen, → Projektionen von Körperkanten, → Sichtkonturen, Innenkonturen und dienen schließlich als Symmetrielinien, Ausschnittsumrandungen, Bezugslinien u. a..

L. besitzen große Bedeutung vor allem für die Dokumentation von Entwürfen, Projektierungs- bzw. Konstruktionsergebnissen. In vielen volkswirtschaftlichen Bereichen müssen sie massenweise erstellt werden. Um diesen Prozeß zu rationalisieren, werden heute weltweit → Computergrafiksysteme für ihre Erzeugung eingesetzt. Dabei steht ein breites Spektrum von → Ausgabegeräten zur Verfügung (vor allem deshalb, weil es ausreicht, eine einzelne Linien jeweils farblich einheitlich darzustellen).

Der überwiegende Teil der in produktionsvorbereitenden Prozessen entstehenden L. wird heute noch in → interaktiver Arbeitsweise erstellt. Dabei ist charakteristisch, daß die Grafiken im wesentlichen in der Form eingegeben werden, in der sie für Dokumentations- bzw. Kommunikationszwecke zur Verfügung gehalten werden sollen. Im Falle grafischer → Schemata ist jedoch auch eine hochautomatisierte Erzeugung dieser Darstellungen unter Einbeziehung eines automatischen → Layout-Entwurfs möglich (→ Computer-Aided Schematics).

Im Unterschied dazu werden als L. ausgebildete perspektivische Darstellungen von Körpern i. allg. aus → rechnerinternen Modellen dieser Körper (aus → 3D-Modellen) automatisch erzeugt. Um durch L. eine Vorstellung von dreidimensionalen Objekten und ihrer Lage im Raum vermitteln zu können, muß die Darstellung der Teile von Körperkanten, die verdeckt und damit unsichtbar sind, unterdrückt werden (→ Verdeckungsproblem). Außerdem sind bei Körpern, deren Oberflächen nicht ausschließlich planare Bestandteile besitzten, Linien zu generieren, die → Sichtkonturen repräsentieren. Aber auch beim → Ausblenden verdeckter Kanten und der Generierung von Sichtkonturen bleibt die Anschaulichkeit von L. bezogen auf die Darstellung von Körpern begrenzt. L. können wesentliche Aspekte des visuellen Eindrucks von Körpern auf den menschlichen Betrachter prinzipiell nicht wiedergeben.

Deshalb kommen in solchen Bereichen, in denen ein naturgetreuer visueller Eindruck von dreidimensionalen Objekten eine entscheidende Rolle spielt, Computergrafiksysteme zum Einsatz, die neben L. auch Darstellungen mit farblich bzw. in der Lichtintensität abgestuften Flächenbereichen erzeugen können (→ Beleuchtungssimulation). Beispiele für solche Anwendungsbereiche sind Architektur und Baugewerbe, Entwurf von Gebrauchsgegenständen, Konstruktion komplexer Maschinenbauteile und die Filmindustrie (z. B. Herstellung von Trickepisoden in Spielfilmen).

Auch für die Repräsentation im wesentlichen zweidimensionaler Gebilde sind L. nicht immer ausreichend. Beispiele hierfür sind Textilien, Tapeten und Folien mit ihren spezifischen Mustern, für deren → rechnerunterstützten Entwurf i. allg. Computergrafiksysteme erforderlich sind, die die Fähigkeit zur Erzeugung und Manipulation farblich abgestufter Flächenbereiche besitzen.

Weitere Beispiele für wichtige Anwendungsbereiche der → Computergrafik, in denen L. i. allg. nicht ausreichen, sind die rechnerunterstützte Erzeugung von kartographischen Darstellungen aus entsprechenden rechnerinternen Beschreibungen sowie die Prozeßführung und Prozeßüberwachung mittels Computergrafik.

Linientyp

Engl. line type. Charakteristikum (→ Attribut) des Erscheinungsbildes einer Linie.

Das Erscheinungsbild einer Linie wird neben der Farbe und der Linienstärke auch durch den L. bestimmt. Das Bild zeigt vier Beispiele von L. Im Rahmen des grafischen Kernsystems (→ GKS) ist der L. eines der Attribute des → Darstellungselementes → Linienzug.

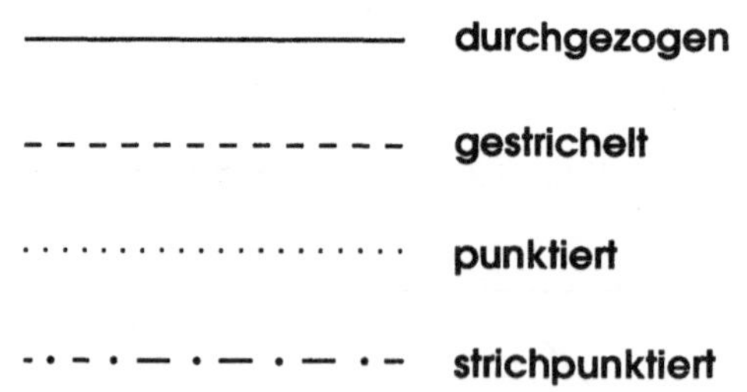

Linienzug

Engl. polyline. Eines der sechs → Darstellungselemente des grafischen Kernsystems (→ GKS), das einem Streckenzug durch vorgegebene Punkte entspricht.

GKS erzeugt bei → Ausgabe eines L. eine Folge zusammenhängender Strecken, die durch Punkte verlaufen, deren Zahl und → Koordinaten vom → Anwenderprogramm vorzugeben sind. Das Erscheinungsbild dieser Streckenzüge wird durch die → Attribute → Linientyp, Linienbreitefaktor und Linienzugfarbindex (→ Farbindex) gesteuert.

Mittels des Attributs Linienzugindex sowie mit Hilfe von → Bündeltabellen und → Aspektanzeigern können diese Attribute auch in gebündelter Form (also nicht individuell) vergeben werden (→ Bündelindex). Das Bild zeigt Beispiele von L.

Listenverarbeitung

Verarbeitungsstufe im Rahmen der → digitalen Bildverarbeitung, die sich meistens an eine Bildmatrix-Verarbeitung, auch als Bildvorverarbeitung bezeichnet, anschließt.

Die Bildvorverarbeitung nach der Bildabtastung dient dem Ziel, die Matrixdarstellung unter Informationsreduktion in eine Merkmalliste zu transformieren. Der Übergang von Matrizen auf Listen gestattet eine objektbezogene, für die → Szenenanalyse und → Szeneninterpretation geeignete Darstellung. Somit kann ein Zugriff zur Bildmatrix weitgehend entfallen, da die Bilddaten bereits als speichereffektiv kodierte Bildkonturen oder Erkennungsmerkmale vorliegen. Die zu verarbeitende Datenmenge ist verglichen mit der des ursprünglichen Bildes erheblich reduziert.

Als Liste wird in der Regel eine Folge von Listenelementen verstanden, wobei jedes Listenelement selbst wieder eine Liste sein kann. D. h. eine Liste hat i. allg. eine rekursive Struktur. Der wesentliche Unterschied zwischen Listen und Matrizen liegt darin, daß Listenelemente unterschiedliche Struktur besitzen dürfen, während Feldelemente gleich strukturiert sind. Obwohl die parallele Verarbeitung kompatibler Listenelemente möglich ist, dominiert gegenwärtig deren sequentielle Verarbeitung. Trotz vieler Vorteile einer L. sollte man vor Durchführung lokaler → Bildoperationen auch eine Rücktransformation von der Listen- zur Matrixform in Betracht ziehen. Dies gilt insbesondere dann, wenn das Einfügen und Eliminieren von → Bildelementen eine Umstrukturierung der Liste erfordert oder Nachbarschaftsbeziehungen nicht durch Adressenrechnung, sondern nur mittels Durchmustern einer großen Anzahl von Möglichkeiten erkannt werden können.

In der Liste können zwei Arten von Informationen unterschieden werden: Informationen bez. der Struktur und solche bez. der Werte oder Attribute der nicht weiter zerlegbaren Listenelemente. Die Liste ist somit eine geeignete Beschreibungsform der Bilder für eine globale Bearbeitungsphase. In ihr bezieht sich eine Verarbeitung nicht mehr auf einzelne Elemente in ihrem Nachbarschaftszusammenhang (→ Nachbarschaft), sondern auf deren i. allg. hierarchische Zusammenfassung zu Teilobjekten unter aus der Problemstellung herrührenden Gesichtspunkten. Ziel der globalen Bildverarbeitung ist, Eigenschaften und Beschreibungen ganzer Objekte oder größerer Bildbereiche zu ermitteln und ihre Beziehungen untereinander darzustellen. Voraussetzung ist, daß interessierende Objekte im Rahmen der Vorverarbeitung beispielsweise aus dem Bildhintergrund herausgelöst wurden und als zusammenhängende Objektkonturen oder Objektflächen vorliegen.

Beispielsweise sollen in einer Fernerkundungsaufnahme erkannte Wasserflächen zu einem Flußlauf verbunden werden, selbst wenn sie weit voneinander entfernt und durch Brücken voneinder getrennt erscheinen. Als Attribute könnten dann z. B. Temperatur und Sauerstoffgehalt verwendet werden, die auch aus anderen Quellen als dem Fernerkundungssensor stammen dürfen.

Locator-Funktion

→ Eingabe von Positionen in den → Computer mittels eines → Eingabegerätes.

Die L. ist eine grafische → Eingabefunktion, die eine Position (z. B. als $x-, y-$Koordinaten) von einem grafischen Eingabegerät, z. B. einem → Tablett, ermittelt und zur Auswertung weiter gibt. Sie ist ein wichtiges Hilfsmittel für die → interaktive Arbeitsweise. Sie kann u. a. zur Eingabe von technischen Zeichnungen vom Tablett und zur interaktiven → Plazierung von → Symbolen verwendet werden.

Im Rahmen von → GKS wird die L. auf den Eingabegeräten der → Eingabeklasse → Lokalisierer ausgeführt.

Lochmasken-Farbbildröhre

→ Farbbildröhre mit einer Lochmaske zur Erzeu-

gung von kreisförmigen Leuchtpunkten.

Im Gegensatz zur → Schlitzmaskenröhre sind die drei Elektronenstrahlsysteme der L. exzentrisch um 120° versetzt zueinander angeordnet. Deswegen wird sie auch Deltaröhre oder Trinitron genannt. Die drei kreisförmigen Leuchtpunkte (Rot, Grün und Blau) jedes → Bildpunktes erscheinen in ähnlicher Anordnung auf dem → Bildschirm. Um zu erreichen, daß die Farbpunkte nur von dem dazugehörigen Elektronenstrahl getroffen werden, befindet sich vor dem Bildschirm eine Lochmaske. Jedem Loch dieser Maske ist ein → Bildpunkt, bestehend aus den drei Farbpunkten, zugeordnet (Bild 2 bei → Farbbildröhre).

Die Gewährleistung wesentlicher Qualitätseigenschaften einer Farbbildröhre (→ Konvergenz und → Farbreinheit) erfordern bei L. einen hohen Schaltungs- und Einstellaufwand.

Logisches Bild

→ *Label.*

Logisches Eingabegerät

Abstraktion eines oder mehrerer physischer Geräte zur → Eingabe.

Beim grafischen Kernsystem (→ GKS) können l.E. → Auswähler, → Liniengeber, → Lokalisierer, → Picker, → Textgeber und → Wertgeber sein (→ Eingabeklasse).

Logo

Ansprechendes und einprägsames Zeichen, → Symbol bzw. → Sinnbild oder Bildfolge, die eine derartige Darstellung entstehen läßt.

L. dienen dazu, einem breiten Publikum Produktbezeichnungen, Firmennamen, Warenzeichen, Fernseh-Serien u. a. zwecks Werbung einzuprägen. Dazu werden die entsprechenden Begriffe nicht nur als nüchterne Zeichenketten, sondern stilisiert, Beziehungen verdeutlichend, künstlerisch umgesetzt bzw. sich dynamisch entwickelnd dargestellt. Die Erzeugung entsprechender Bilder oder ganzer Bildfolgen läßt sich rationell mit Hilfe spezieller → Computergrafiksysteme durchführen. Im Unterschied zu vielen anderen Anwendungen der → Computergrafik (z. B. im Rahmen von → CAD-Systemen) haben hier die entsprechenden Computergrafiken den Charakter eines Endproduktes.

Zur Erzeugung einer kontinuierlichen Bildveränderung werden im Falle nichtstatischer L. Techniken der → Computer Animation angewendet. Neben reinen Bewegungen von Zeichen, Symbolen und anderen grafischen Strukturen im dreidimensionalen Raum (→ 3D-Computergrafik) sind Metamorphosen beliebt, bei denen durch allmählichen Übergang von der Darstellung eines Objektes zu der eines anderen Beziehungen verdeutlicht werden können. Die Verbreitung nichtstatischer L. erfolgt vorwiegend mittels des Fernsehens.

Lokale Intelligenz

Mittel der digitalen → Informationsverarbeitung (→ Digitaltechnik), die nicht zu einem zentralen → Computer bzw. → Hostrechner gehören, sondern dezentral, z. B. unmittelbar am Arbeitsplatz, zur Verfügung stehen bzw. in periphere Geräte (→ Peripherie) integriert sind.

Im Rahmen der voranschreitenden → Rechnerunterstützung produktionsvorgelagerter, unmittelbar produktiver und anderer informationsverarbeitender Prozesse (→ rechnerunterstützter Entwurf, → rechnerunterstützte Projektierung, → rechnerunterstützte Konstruktion, → rechnerunterstützte Dokumentation, → rechnerunterstützte Zeichnungserstellung, → rechnerunterstützte Bildverarbeitung, → rechnerunterstützte Fertigung) ist die zunehmende räumliche Verteilung von Ressourcen der digitalen Informationsverarbeitung in Betrieben und Institutionen eine wesentliche Tendenz. Ihre Grundlage ist die stürmische Entwicklung der Mikroelektronik, insbesondere die Miniaturisierung entsprechender Baugruppen und Geräte sowie die Reduktion der Kosten für ihre Herstellung. Die wesentlichsten Effekte bestehen

- im effektiveren Zugriff zu diesen Ressourcen direkt vom Arbeitsplatz oder seiner Nähe aus und damit in erhöhter → Akzeptanz → rechnerunterstützter Systeme seitens deren → Nutzer,
- in einer wesentlichen Entlastung der Zentral- und Hostrechner von → Eingabe bzw. → Ausgabe,
- in verringerten Auswirkungen von Störungen,
- in erweiterten Möglichkeiten der Nutzung rechentechnischer Ressourcen (z. B. durch dezentrale intelligente Meß-, Anzeige-, Steuer-

und Regeleinrichtungen in unmittelbar produktiven Bereichen) und

- in der Verringerung des Datenverkehrs zwischen Computern und peripheren Geräten.

Bei der → Computergrafik und → digitalen Bildverarbeitung zeigt sich diese Tendenz in der zunehmenden Ausrüstung → grafischer Geräte mit eigener, d. h. l.I.. Ein herausragendes Beispiel dafür war die Entwicklung von→ 3D-Arbeitsstationen, die den ganzen Prozeß der → Visualisierung von → 3D-Modellen unabhängig von einem übergeordnten Rechner ausführen, mit dem sie gekoppelt sind. Sie erhalten von diesem lediglich 3D-Modelle (und nicht deren Abbilder), lösen u. a. das → Verdeckungsproblem und führen die → Schattierung von Körperoberflächen unter Berücksichtigung von → Lichteinflüssen (→ Beleuchtungssimulation) aus.

Lokaler Operator

→ Bildoperation.

Lokalisierer

Engl. locator device. → Grafisches Gerät zur → Eingabe, das im Rahmen von → GKS eine Position in → Weltkoordinaten und die Nummer der → Normierungstransformation liefert.

L. sind für die Erzeugung und Manipulation von → Computergrafiken in → interaktiver Arbeitsweise unentbehrlich. Sie werden in verschiedenen Arten technisch realisiert. Die wichtigsten (physischen) Lokalisiergeräte sind → Steuerknüppel, → Rollkugel, → Maus, → Lichtstift sowie → Tablett mit Digitalisierstift. Unmittelbar nach der Eingabe einer Position mittels dieser Geräte seitens des → Nutzers eines → Computergrafiksystems erfolgt vom System i. allg. eine grafische Anzeige dieser Position auf einem → Bildschirm. Dieses sog. grafische → Echo kann z. B. die Form einer kleinen Marke (→ Cursor) oder eines → Fadenkreuzes haben.

Lookup-Tabelle

Vom engl. lookup table. Baugruppe oder reservierter Hauptspeicherbereich zur Transformation von Daten durch Zuordnung von Werten ohne Rechenoperationen im engeren Sinne.

Dazu werden vorher oder außerhalb der Prozedur der Zuordnung Funktionswerte berechnet und in der L. in einer festgelegten Reihenfolge abgelegt. Die Lage des Eintrittspunktes in die Tabelle entspricht dem Funktionsargument. Der Wert des Arguments ist die Adresse der Speicherzelle im Tabellenspeicher, die als Inhalt den transformierten Wert als Resultat enthält. Statt der langsamen Berechnung wird nur ein schneller Speicherzugriff durchgeführt. Dieser Vorgang wird auch Table-Lookup genannt. L. werden. z. B. in der Bildverarbeitung und Computergrafik eingesetzt, um die dort bestehenden hohen Geschwindigkeitsforderungen erfüllen zu können. Ein typisches Beispiel ist die Auswertung der Nachbarschaft in Binärbildern. Hier können z. B. Entscheidungen zum Löschen oder Erhalten eines Pixels für alle möglichen 512 Strukturen in einem 3×3-Fenster in einer L. aus 512 Worten abgelegt sein (→ mathematische Morphologie). Eine andere exemplarische Anwendung ist die Zuordnung von Farben zu Computerworten in → Rasterdisplays (→ Pseudokolorierung, → Farbtabellen-Animation).

Luminanz

Leuchtdichtewert (→ photometrische Größen).

Die L. entspricht im → Farbsystem des Farbfernsehens einem aus den Primär-Farbsignalen (→ Primärfarbe) additiv zusammengesetzten skalaren Leuchtdichtesignal. Sie stellt das Bildinhaltsignal eines Schwarz-Weiß-Bildes dar.

LUT

Engl. Abk. für lookup table (→ Lookup-Tabelle).

MacAdam-Ellipse

Empirisch ermittelte Gebiete gleicher Farbempfindlichkeit in Farbart-Tafeln.

Man kann in Farbart-Tafeln (→ Farbmetrik, → Normfarbwerttafeln) um Farborte Gebiete abgrenzen, innerhalb derer die Farbarten vom durchschnittlichen Beobachter nicht unterscheidbar sind. Diese Gebiete sind näherungsweise durch Ellipsen begrenzt, die sich abhängig vom Farbort durch ihre Größen, Achslagen und Achsenverhältnisse deutlich unterscheiden. Im Bild sind die M.-E. in stark vergrößerter Form eingezeichnet.

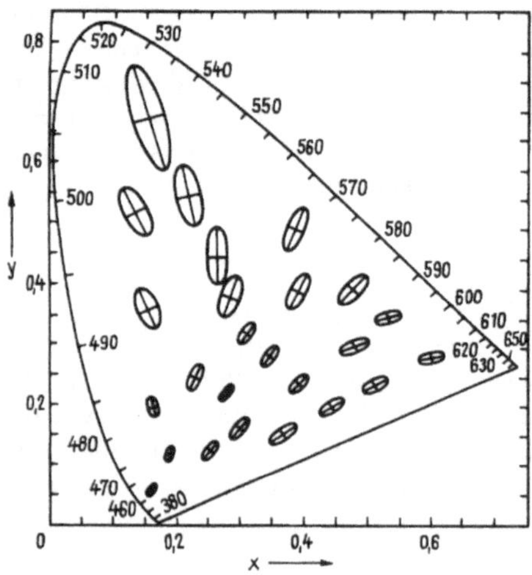

Sie wurden 1942 von **MacAdam** durch gemittelte genormte Beobachtungen bei konstanter Leuchtdichte bestimmt. Durch Interpolation wurden Nomogramme abgeleitet, die eine Bestimmung für jeden Farbort ermöglichen. Es wurden Farbart-Tafeln durch projektive Transformationen abgeleitet, in denen die Ellipsen in der Größe und im Achsenverhältnis (von max. 1:20 auf max. 1:2) angeglichen wurden. Die M.-E. dienen zur Bestimmung empfindungsgemäßer Farbabstände, insbesondere bei technischen Reproduktionen.

Mahalanobis-Abstand

Aus einer Stichprobe klassifizierter Daten abgeleitetes Abstandsmaß (→ Maximum-Likelihood-Klassifikator).

Maschinelles Sehen

Engl. computer vision, machine vision. Ersatz des menschlichen Sehens durch technische Mittel (→ digitale Bildverarbeitung, → Bewegungssehen, → Robotersehen).

Maske

1. Hilfsmittel zur Strukturierung der Oberfläche von Leiterplatten und integrierten Schaltkreisen, hier auch als Schablone bezeichnet.

M. enthalten undurchlässige Strukturen, die Teile der Bauelemente abdecken, um so dort Einwirkungen, die ihre Eigenschaften verändern (Belichtung, Abätzung), zu verhindern.

2. In der Phototechnik dem Verwendungszweck angepaßtes Hilfspositiv oder -negativ zur Tonwert- oder Farbwertkorrektur.

Meistens wird dadurch eine Hochpaßfilterung (→ Hochpaßfilter) beabsichtigt.

3. Die Matrix der Koeffizienten für die Nachbarschaftsoperationen in einem → Fenster eines Bildes.

Die Elemente der M. bestimmen, mit welchem Gewicht jedes Element des Fensters in die Operatorfunktion einzubeziehen ist.

MAT

Engl. Abk. für medial axis transformation, Mittelachsentransformation (→ Skelettierung, → Verdünnung).

Matching

Engl., Anpassung. Verfahren der → Klassifikation und → Bildkorrelation.

Mathematische Morphologie

Mengentheoretischer Ansatz zum Formalisieren von Methoden, die hauptsächlich auf ebene **Euklid***ische Punktmengen angewendet werden.*

Ziel der Anwendung solcher Mengenoperationen ist die Gewinnung quantitativer Aussagen über Mengen, deren geometrische Struktur, Form und Anordnung.

Die m.M. betrachtet ein → Binärbild als eine Teilmenge des **Euklid**ischen Raumes, insbesondere der Ebene (meist innerhalb eines abgeschlossenen rechteckigen Bereiches) und beschreibt so eine bestimmte geometrische Eigenschaft eines Objektes. Auf alle Bildelemente eines solchen Binärbildes werden nun mengentheoretische Operationen, auch als morphologische Transformationen mit „strukturierenden Elementen" bezeichnet, angewendet.

Die Hauptvorteile derartiger → Algorithmen sind die relativ einfache Parallelisierbarkeit, die Möglichkeit, bei der Implementierung intensiv → Lookup-Tabellen zu nutzen und die Zerlegung komplexerer lokaler Operationen in eine Sequenz von Grundoperationen (Operatorenhierarchie).

Ausgehend von der **Minkowski**-Addition

$$A \oplus B = \bigcup_{b \in B} A_b$$

und der **Minkowski**-Subtraktion

$$A \ominus B = \bigcap_{b \in D} A_b$$

als Vereinigung bzw. Durchschnitt aller um die Vektoren der Punkte b aus B verschobenen Punktmengen A_b werden im Zusammenhang mit Bildtransformationen insbesondere die folgenden Grundoperationen verwendet:

- Dilatation $A \oplus \tilde{B}$
- Erosion $A \ominus \tilde{B}$

mit $\tilde{B} = \bigcup_{b \in B}\{-b\}$. $\tilde{B}$ bezeichnet die zum strukturierenden Elemente b transponierte Menge. A ist die Menge der Objektpunkte, beispielsweise in einem → Binärbild.

Sollen beispielsweise in einem Binärbild alle Flächen mit dem binären → Label 1 an den Rändern um einen Bildpunkt ausgedehnt werden, so kann dies durch die Boolesche Oder-Verknüpfung eines jeden Bildpunktes mit seiner 8-Nachbarschaft erreicht werden (Dilatation). Trägt ein Bildpunkt bereits das Label 1, so behält er dieses Label auch im transformierten Bild, trägt er aber das Label 0, so erhält er im transformierten Bild das Label 1, wenn in seiner 8-Nachbarschaft wenigstens eine 1 auftritt. Dies entspricht einer Dilatation mit einem B in Form eines zentrierten 3×3-Fensters.

Sollen jedoch in einem Binärbild alle Flächen mit dem Binärlabel 1 um einen Rand der Breite eines Bildpunktes verkleinert werden, so kann dies durch die Boolesche Und-Verknüpfung erreicht werden (Erosion). Ein Bildpunkt mit dem Label 0 behält sein Label 0, während ein Bildpunkt mit dem Label 1 im transformierten Bild nur dann das Label 1 behält, wenn alle 8 Nachbarn auch das Label 1 besitzen. Dies entspricht einer Erosion mit einem B in Form eines zentrierten 3×3-Fensters. Die Erosion des Labels 1 ist offensichtlich gleichbedeutend mit einer Dilatation des Labels 0.

Bezeichnet A^C die zu A komplementäre Menge, dann gilt allgemein:

$$A^C \oplus B = (A \ominus B)^C$$

Grundsätzlich ist zu beachten, daß durch eine inverse Operation das Original nicht mehr reproduziert werden kann, so wird beispielsweise ein isolierter Bildpunkt mit dem Label 0 bei einer Dilatation eliminiert und kann bei einer anschließenden Erosion nicht mehr auftauchen. Auch ist Vorsicht dahingehend geboten, daß durch eine Transformation feine Strukturen unterbrochen werden könnten.

Aus den beiden Grundoperationen werden

- Öffnung $A_B = (A \ominus \tilde{B}) \oplus B$
- Abschließung $A^B = (A \oplus \tilde{B}) \ominus B$

abgeleitet.

Auch hier gelten entsprechende Dualitätsbeziehungen

$$(A^C)_B = (A^B)^C \quad \text{und} \quad (A^C)^B = (A_B)^C \quad .$$

Durch die Dilatation wird die Menge A „vergrößert", insbesondere ist es möglich, Teilchengruppen zu einem einzigen Teilchen zu vereinigen, Löcher zu füllen oder Risse zu schließen.

Durch die Erosion wird die Menge A „verkleinert", insbesondere verschwinden kleinere Teilchen ganz und nur lose zusammenhängende Teilchen werden getrennt (wichtig speziell bei der Partikelzählung).

Die Öffnung bewirkt, daß die Menge A_B eine ähnliche Gestalt wie die Menge A hat, jedoch ursprünglich nur lose zusammenhängende Teilchen deutlich getrennt („geöffnet") sind, und sehr kleine Teilchen (etwaige Bildfehler) verschwinden.

Die Abschließung bewirkt, daß die Menge A^B annähernd dieselbe Gestalt wie die Menge A hat und ebenso wie A_B (Öffnung) oft „glatter" und „gereinigt" im Vergleich zur Menge A ist. Speziell werden im Bild durch kleine Lücken getrennte Teilchen vereinigt („abgeschlossen").

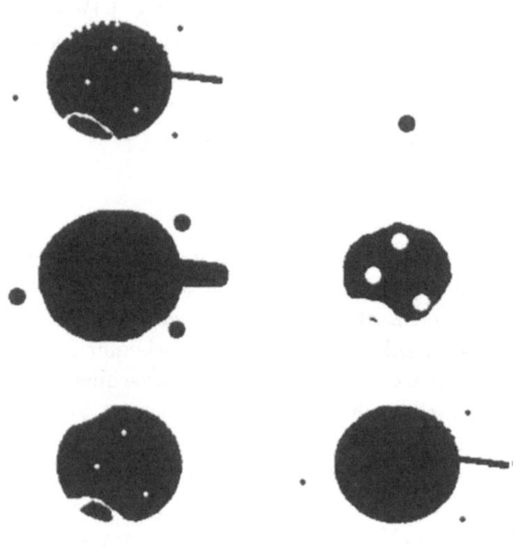

Im Bild ist links oben ein Binärobjekt dargestellt; eine kleine Kreisscheibe bildet das strukturierende Element (rechts oben). Der mittlere Teil illustriert links eine Dilatation und rechts eine Erosion mit dem strukturierenden Element. Darunter sind entsprechend die Resultate von Öffnung und Abschließung dargestellt.

Die Verallgemeinerung des ursprünglich nur auf Binärbilder angewandten Konzepts morphologischer Transformationen auch auf Grauwertbilder eröffnet interessante Möglichkeiten für die → Bildrestauration und die → Kantendetektion. So sind die für Binärbilder erklärten morphologischen Transformationen Erosion und Dilatation äquivalent einer Minimum- bzw. Maximumfilterung, d. h. einer Filterung, die aus einer lokalen Nachbarschaft (gemäß dem strukturierendem Element B) den dunkelsten- bzw. hellsten Bildpunkt auswählt und dem Zentralpunkt zuordnet (→ Rangordnungsfilter).

Matrixdrucker

→ Drucker, der gerasterte, d. h. aus einzelnen Punkten matrixförmig zusammengesetzte Zeichen bzw. Grafiken erzeugt.

Mechanische M. besitzen nicht für jedes Zeichen einzelne Typen, sondern haben einen Druckkopf mit einzelnen Nadeln. Diese Nadeln erzeugen auf dem Papier einzelne Punkte, aus denen Zeichen und Grafiken zusammengesetzt werden. Mehrfarbige Grafiken können mit Mehrfachfarbbändern hergestellt werden Derartige Drucker sind nur für die → Ausgabe von Texten und einfachen → Computergrafiken bei eingeschränkter Darstellungsqualität geeignet. Nichtmechanische M. sind → Laserdrucker, mit deren Hilfe qualitativ hochwertige technische Grafiken und Texte erzeugt werden können. Nur wenig bewegliche Teile enthalten → Tintenstrahldrucker, die ebenfalls in mehrfarbigen Ausführungen produziert werden und die Qualität von Laserdruckern erreichen.

Maus

Engl. mouse. Kleines → grafisches Gerät zur inkrementalen → Eingabe von Positionen.

Die M. kann auf einer ebenen Unterlage freizügig in alle Richtungen verschoben werden, wobei eine Kugel (Bild) oder ein Paar von Rädern bewegt wird, die sich um zwei senkrecht zueinander stehende horizontale Achsen drehen. Bei einer optischen M. tastet ein optischer Sensor ein auf der Unterlage befindliches Gitter ab. Zusätzliche Tasten (meist 3) erlauben das Antasten von Positionen, das Ziehen von Objekten sowie die Anwahl von → Menüs.

Die M. ist ein → Eingabegerät zur Erstellung von → Computergrafiken in → interaktiver Arbeitsweise. Sie erfüllt die gleichen → Funktionen wie der → Steuerknüppel und die → Rollkugel. Mit ihrer Hilfe lassen sich Positionen eingeben, die für die Erzeugung von Grafiken, für die Auswahl grafischer Objekte oder auf dem → Bildschirm innerhalb eines → Menüs angebotener Funktionen eines rechnerunterstützten Arbeitsplatzes notwendig sind. Die M. dient damit der Ausführung der → Locator-Funktion bzw. der → Pick-Funktion (→ Picker).

Über die mechanischen und optischen Sensoren der M. werden nur Änderungen von Positionen an den → Computer übertragen. Daher ist der

→ Nutzer stets auf ein → Echo auf dem Bildschirm angewiesen, das ihm die aktuelle (absolute) Position anzeigt. Dieses Echo kann z. B. ein → Cursor oder ein → Fadenkreuz sein.

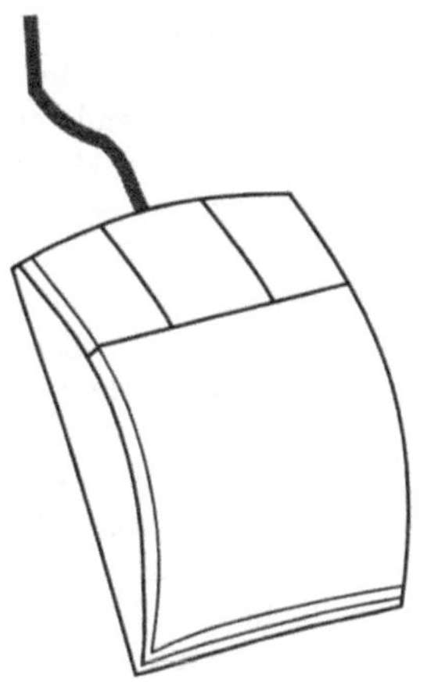

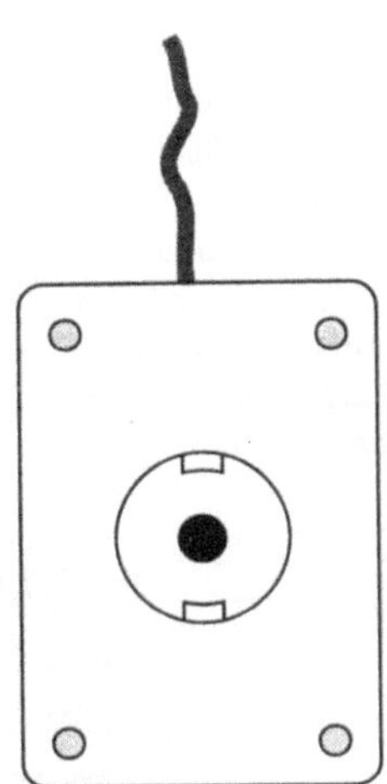

Maximum-Likelihood-Klassifikator

Spezieller **Bayes**-*optimaler-Klassifikator (→ Klassifikation), der davon ausgeht, daß die theoretischen Verteilungen der Merkmalsvektoren jeder Klasse im Merkmalsraum (→ Merkmal) bekannt sind und die Kosten für alle Fehlklassifikationen gleich sind.*

Der M. leitet sich aus dem Maximum-Likelihood-Quotienten

$$l_{ij}(\mathbf{x}) = \frac{p(\mathbf{x}|i)}{p(\mathbf{x}|j)}$$

her, mit der eine im **Bayes**-Sinne optimale Entscheidung zwischen 2 Klassen i, j wie folgt zu treffen ist:

$$\mathbf{x} \in \begin{cases} i & \text{für} \quad l_{ij}(\mathbf{x}) > \frac{p_j}{p_i} \\ j & \text{für} \quad l_{ij}(\mathbf{x}) < \frac{p_j}{p_i} \end{cases}$$

Die verwendeten Bezeichnungen und ihre Bedeutung sind unter → Klassifikation erklärt.

Nach Logarithmierung erhält man die Entscheidungsregel in folgender Form:

$$\mathbf{x} \in \begin{cases} i \text{ für } \ln(p(\mathbf{x}|i)) + \ln(p_i) > \ln(p(\mathbf{x}|\mathbf{j})) + \ln(p_j) \\ j \text{ für } \ln(p(\mathbf{x}|i)) + \ln(p_i) < \ln(p(\mathbf{x}|\mathbf{j})) + \ln(p_j) \end{cases}$$

Die Klassenentscheidung fällt also durch Vergleich von Unterscheidungsfunktionen. Unter der Voraussetzung, daß $p(\mathbf{x}|k)$ normalverteilt ist mit den Parametern Erwartungswertvektor $\mathbf{z}_k$ und der Kovarianzmatrix C_k, erhält man als Unterscheidungsfunktion für die Klassen $k = 1, \ldots, n$:

$$d_k(\mathbf{x}) = \ln(p_k) - \frac{1}{2}\ln(\det(C_k)) - \frac{1}{2}M_k(\mathbf{x})$$

mit dem sog. **Mahalanobis**-Abstand des Merkmalsvektors $\mathbf{x}$ von dem Mittelwertvektor $\mathbf{z}_k$ der Klasse k:

$$M_k(\mathbf{x}) = (\mathbf{x} - \mathbf{z}_k)^\top C_k^{-1} (\mathbf{x} - \mathbf{z}_k)$$

Der geometrische Ort aller Punkte, die konstanten **Mahalanobis**-Abstand von einem Punkt im n-dimensionalen Merkmalsraum haben, ist ein n-dimensionales Ellipsoid, im zweidimensionalen Fall also eine Ellipse. Durch Festlegung von Schwellen für den maximalen **Mahalanobis**-Abstand in den einzelnen Klassen können die Klassengebiete enger eingegrenzt und außerhalb liegende Merkmalsvektoren zurückgewiesen werden.

Maximumfilter

→ *Rangordnungsfilter.*

MByte

(mega) $2^{20} = 1\ 048\ 576 \approx 10^6$ → *Byte.*

Median

1/2-Quantil einer → Zufallsgröße oder Stichprobe.

Der M. ist die Zahl, für die die Verteilungsfunktion der Zufallsgröße den Wert 0,5 annimmt, bzw. der Wert, der in der aufsteigenden Sortierfolge der Stichprobe den Rang $\lceil n/2 \rceil$ hat. Für ungerade n entspricht der M. dem Zentralwert der Stichprobe. Der M. unterscheidet sich i. allg. vom → Erwartungswert oder Mittelwert.

Medianfilter

→ Rangordnungsfilter.

Mengentheoretische Operation

In der → Computergrafik und der → digitalen Bildverarbeitung Operation über Punktmengen.

Zu den m.O. gehören die → Vereinigung, der → Durchschnitt und die Differenz eines oder mehrerer Objekte. Mit Hilfe solcher Operationen können bei geeigneter Positionierung zueinander aus einfachen Flächen und Körpern komplexere Objekte erzeugt (→ CSG-Modellierung) und modifiziert (→ mathematische Morphologie) werden.

Mensch-Maschine-Kommunikation

→ Mensch-Rechner-Kommunikation.

Mensch-Maschine-Schnittstelle

→ Mensch-Rechner-Schnittstelle.

Mensch-Rechner-Kommunikation

Austausch von → Informationen zwischen Mensch (→ Nutzer) und → Computer bzw. → rechnerunterstütztem System.

Die Übermittlung von Informationen vom Menschen zum rechnerunterstützten System bzw. umgekehrt nennt man → Eingabe bzw. → Ausgabe. Eine besonders wichtige Form der M. ist die → interaktive Arbeitsweise (→ Interaktion). Erst mit deren Herausbildung haben z. B. → CAD-Systeme und → CAD/CAM-Systeme Breitenwirksamkeit erreicht. Auch im Rahmen der → Computergrafik und der → digitalen Bildverarbeitung ist die interaktive Arbeitsweise in vielen Anwendungen die geeignete Form der M. (→ interaktive Bildverarbeitung, → interaktive Grafik).

Mensch-Rechner-Schnittstelle

→ Schnittstelle zwischen Mensch (→ Nutzer) und → Computer bzw. → rechnerunterstütztem System, die von der für die → Mensch-Rechner-Kommunikation genutzten Gerätetechnik und → Software geprägt wird.

Die M. wird durch die im Rahmen eines rechnerunterstützten Systems verwendeten → Eingabegeräte wie → Tastatur, → Maus, → Steuerknüppel, → Lichtstift sowie → Ausgabegeräte wie → Drucker, → Plotter, → Displays wesentlich gekennzeichnet. → Programme, die den direkten Kontakt zum Menschen unterstützen, sind z. B. solche zur Generierung, Verwaltung und Nutzung von → Menüs, → Ikonen und → Fenstern.

Die M. vieler rechnerunterstützter Systeme (wie → CAD-Systeme bzw. → CAD/CAM-Systeme) gestattet eine → interaktive Arbeitsweise, die auch aus ergonomischer Sicht (→ Ergonomie) effektiv ist und bei der die Nutzung von Hilfsmitteln der → Computergrafik eine herausragende Rolle spielt (→ Nutzer-Interface).

Menü

Aktuell gültiges Angebot von → Funktionen eines → rechnerunterstützten Systems zur Auswahl seitens des → Nutzers.

M. bestehen aus mehreren aktivierbaren (meist rechteckigen) Feldern, deren Inneres jeweils eine Kennzeichnung der entsprechenden Funktion in Form einfacher alphanumerischer und/oder grafischer Darstellungen enthält (Bild 1).

Bild 1

M. können sowohl auf einem → Bildschirm des rechnerunterstützten Systems erscheinen (häufig am Rand) als auch auf einem → Tablett (Menütablett) mittels Menüaufleger angeordnet sein. Es ist möglich, daß Menüs ständig sichtbar sind (statische Menüs) oder in Abhängigkeit von Handlungen des Nutzers dynamisch erscheinen bzw. verschwinden. Zu letzteren gehören die Pull-down-, Pull-out- und Pop-up-Menüs. Bei Pull-down- und Pull-out-Menüs befinden sich Menübalken am Bildschirmrand. Wird am oberen Rand ein Menüfeld angesprochen, blendet das System automatisch ein zugehöriges Untermenü unterhalb dieses Feldes ein (pull down). Bei einem am vertikalen Bildschirmrand angeordneten M. erfolgt dies analog seitwärts (pull out). Bild 2 zeigt je ein Beispiel für ein Pull-down- und ein Pull-out-Menü.

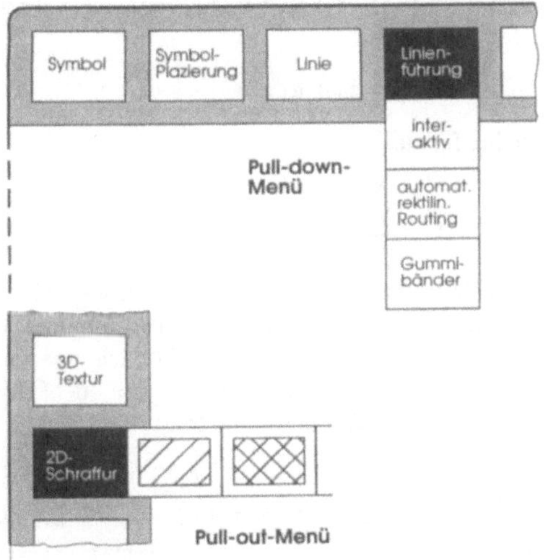

Bild 2

Pop-up-Menüs erscheinen auf dem Bildschirm immer dann, wenn seitens des Nutzers eine Auswahl vorzunehmen ist, und zwar meist um die aktuelle Position des → Cursors herum. Die Wahl dieser Anordnung des M. basiert auf der Annahme, daß die aktuelle Aufmerksamkeit des Systemnutzers in der Umgebung der Cursorposition liegt.

Mit Hilfe der → Menütechnik läßt sich insbesondere die → Eingabe von Grafiken und anderer → Modelle aufwandsarm gestalten, indem die Erzeugung häufig verwendbarer Bestandteile (wie etwa → Symbole oder Modelle von Elementarkörpern) jeweils einem Menüfeld zugeordnet wird. Bild 3 zeigt als Beispiel die Auswahl eines Formelementes beim interaktiven Entwurf eines Blechteiles mittels eines (durchsichtig dargestellten) elektronischen Stiftes.

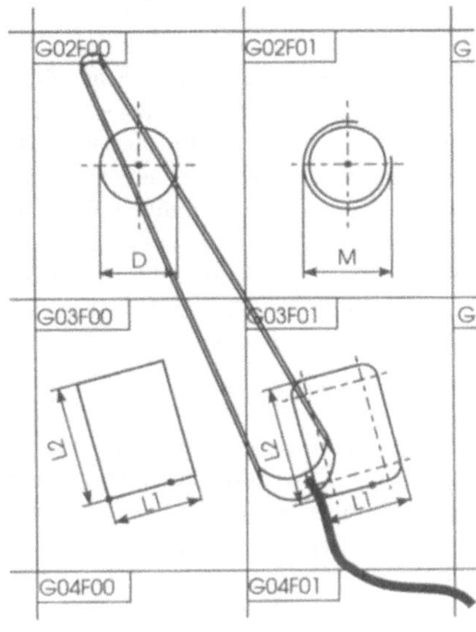

Bild 3

Die Verwendung von M. im Rahmen der → interaktiven Arbeitsweise hat für den Nutzer den großen Vorteil, daß er sich Funktionsbezeichnungen nicht exakt zu merken braucht, sondern diese (oder grafische Funktionsdarstellungen z. B. in Form von → Ikonen) lediglich wiedererkennen muß.

Menütableau

→ *Tablett.*

Menütablett

→ *Tablett.*

Menütechnik

Im Rahmen der → interaktiven Arbeitsweise verbreitete Technik der → Mensch-Rechner-Kommunikation, bei der dem → Nutzer seitens des → Computers Angebote in Form von → Menüs zur Auswahl unterbreitet werden.

Merkmal

Engl. feature, property. In der → Mustererkennung und insbesondere der → digitalen Bildverarbeitung eine Kenngröße zur quantitativen oder qualitativen Charakterisierung eines Objektes bzw. einer Bildregion.

Die unmittelbare → Klassifikation eines Objektes bzw. einer Bildregion ist wegen der i. allg. sehr großen Zahl der zu berücksichtigenden Abtastwerte meist unmöglich oder unzweckmäßig. Es werden deshalb M. definiert und deren Werte für die zu klassifizierenden Objekte berechnet, die nur noch die zur Unterscheidung notwendigen Informationen enthalten. In den meisten Fällen ist damit eine erhebliche Datenreduktion verbunden, so daß Entwurf und Ausführung der Klassifikation wesentlich erleichtert werden.

Die geordnete Anordnung der Werte von n quantitativen M. x_i, die zur Charakterisierung eines Objektes verwendet werden, wird als Merkmalsvektor $\mathbf{x} = (x_1, \ldots, x_n)$ bezeichnet. Dabei ist jedes M. einer Achse eines n-dimensionalen metrischen Raumes (→ Metrik), dem sog. Merkmalsraum, zugeordnet.

Der Aufwand zur Berechnung der Merkmalswerte und zur Ausführung der Klassifikation steigt mit der Anzahl der verwendeten Merkmale. Deshalb versucht man mit den Methoden der Merkmalsreduktion durch Auswertung von Stichproben (Mengen von Merkmalsvektoren mit bekannter Klassenzugehörigkeit) festzustellen, wie die einzelnen M. zur Klassentrennung beitragen, um so überflüssige M. streichen oder den Merkmalsraum in einen anderen Raum mit geringerer Dimension transformieren zu können, ohne daß sich die Ergebnisse unvertretbar verschlechtern.

Ein häufig auftauchendes Problem ist die Abbildung von ursprünglich nicht quantitativ gegebenen M. auf eine Skala, meist die der natürlichen Zahlen. Es kann zufriedenstellend nur im Zusammenhang mit der konkreten Klassifikationsaufgabe gelöst werden.

Merkmalsraum

→ *Merkmal.*

Merkmalsreduktion

→ *Merkmal.*

Metafile

→ *GKS-Bilddatei.*

Methode der kleinsten Quadrate

Von **K.F. Gauß** *aufgestelltes Ausgleichsprinzip mit dem Ziel, aus fehlerbehafteten Meßwerten Schätzwerte herzuleiten.*

Der M. liegt das **Gauß**sche Fehlerverteilungsgesetz, d. h. die Annahme, daß der zufällige Fehler einer Messung normalverteilt ist und den → Erwartungswert Null hat, zugrunde.

Ein sehr verbreiteter Anwendungsfall für die M. liegt vor, wenn eine gegebene Funktion $f(x)$, die von $n+1$ Parametern abhängt , so zu bestimmen ist, daß ihr N gegebene Meßwertpaare (x_i, y_i) mit $i = 1, 2, \ldots, N$ $(n < N)$ möglichst gut angepaßt sind. Im einfachsten Fall der Polynomausgleichung ist das Polynom

$$f(x) = a_0 + a_1\, x + \cdots + a_n\, x^n$$

gesucht, für das

$$Q = \sum_{i=1}^{N} (f(x_i) - y_i)^2 \longrightarrow \min_{a_i} .$$

Die Koeffizienten $a_0, \ldots, a_n$ lassen sich hierbei aus einem linearen Gleichungssystem bestimmen. Dieses Normalgleichungssystem ergibt sich aus den notwendigen Bedingungen $\partial Q / \partial a_j = 0$ $(j = 0, \ldots, n)$ für ein Minimum wie folgt.

$$\begin{array}{l} a_0 N + a_1 \sum x_i + \cdots + a_n \sum x_i^n = \sum y_i \\ a_0 \sum x_i + a_1 \sum x_i^2 + \cdots + a_n \sum x_i^{n+1} = \sum x_i y_i \\ \cdots\cdots\cdots\cdots\cdots\cdots\cdots\cdots\cdots\cdots \\ a_0 \sum x_i^n + a_1 \sum x_i^{n+1} + \cdots + a_n \sum x_i^{2n} = \sum x_i^n y_i \end{array}$$

Ein mehrdimensionaler Anwendungsfall liegt vor, wenn für eine gegebene Punktzuordnung zweier Bilder

$$(u_i, v_i) \Longleftrightarrow (x_i, y_i) \quad (i = 1, 2, \ldots, N)$$

eine optimale Koordinatentransformation im Sinne der mittleren quadratischen Abweichung zu bestimmen ist.

Beispielsweise wären die 6 Parameter für den affinen Fall aus folgenden Gleichungen zu bestimmen:

$$\sum_{i=1}^{N} (u_i - (a_0 + a_1 x_i + a_2 y_i))^2 \longrightarrow \min_{a_i}$$
$$\sum_{i=1}^{N} (v_i - (b_0 + b_1 x_i + b_2 y_i))^2 \longrightarrow \min_{b_i}$$

Eine andere Aufgabe besteht darin, durch eine gegebene „Punktwolke“ (x_i, y_i) eine Gerade

(→ Geradengleichung) derart zu legen, daß die Summe der Quadrate der lotrechten Abstände der Punkte von der zu bestimmenden Geraden ein Minimum wird. Hierfür müßte als Kriterium

$$\sum_{i=1}^{N}(x_i \cos\varphi + y_i \sin\varphi - R)^2 \longrightarrow \min_{R,\varphi}$$

angesetzt werden (Beschreibung der Geraden in **Hesse**scher Normalform).

Vom Ausgleich „bedingter Beobachtungen“ wird gesprochen, wenn zwischen den wahren Werten der zu messenden Größen zusätzliche Bedingungsgleichungen bestehen, z. B. daß die Winkelsumme in einem Dreieck 180° beträgt. In solchen Fällen ist die M. mit der Methode der **Lagrange**schen Multiplikatoren zu kombinieren.

Metrik

Engl. metric. Reellwertige oder ganzzahlige Funktion, die zwei Elementen aus einer gegebenen Menge eindeutig einen Abstand zuordnet und diese damit als metrischen Raum organisiert.

Für diese Funktion müssen die folgenden Bedingungen gelten:

1. $d(a,a) = 0$ für alle $a \in M$
2. $d(a,b) > 0$ für alle Paare $(a,b) \in M \times M$ und $a \neq b$
3. $d(a,b) + d(b,c) \geq d(a,c)$ für alle Tripel $(a,b,c) \in M \times M \times M$

Die Menge M wird dadurch zu einem metrischen Raum. Häufig ist M eine Menge von n-dimensionalen Vektoren, d. h. $\mathbf{a} = (a_1, a_2, \ldots, a_n)$ und $\mathbf{b} = (b_1, b_2, \ldots, b_n)$. Dann ist die **Euklid**ische Metrik definiert durch

$$d(\mathbf{a}, \mathbf{b}) = \sqrt{\sum_{i=1}^{n}(a_i - b_i)^2}$$

In der → digitalen Bildverarbeitung und der → Digitalgeometrie werden u. a. die sehr einfachen Häuserblock-M. (auch engl. Manhattan- oder City-Block-M.)

$$d_H(a,b) = \sum_{i=1}^{n}|a_i - b_i|$$

und die Schachbrett-M. (Engl. Chessboard-M.)

$$d_S(a,b) = \max_{i=1}^{n}|a_i - b_i|$$

verwendet.

Mikroskopbildanalyse

Anwendungsfall für Methoden der → digitalen Bildverarbeitung in der Medizin und Biologie, in den Werkstoffwissenschaften und der Mikrosystemtechnik zwecks automatischer Auswertung von Mikroskopbildern.

Die automatische Auswertung von Mikroskopbildern ist i. allg. dadurch charakterisiert, daß sich die Eingangsinformationen auf das auszuwertende Bild beschränken, d h. wenig Hilfsinformation verfügbar ist. Außerdem läßt sich das Bildauswerteproblem durch geschickte Präparation der Proben, z. B. durch Färben, Ätzen, Schneiden, Schleifen und durch geeignetes Be- und Durchleuchten beträchtlich vereinfachen. Die Entwicklung auf diesem Gebiet, die bereits zu mehreren kommerziell verfügbaren Geräten geführt hat, ist durch eine starke Wechselwirkung zwischen Bildauswertung und Techniken der Probenpräparation gekennzeichnet.

Im Rahmen der automatischen Blutzellenanalyse gilt es z. B., in einer Probe gewonnenen Blutes weiße Blutkörper zu erkennen, in 5 – 7 Gruppen zu klassifizieren und den relativen Anteil der einzelnen Gruppen zu bestimmen. Gelegentlich ist auch der abnormale Zustand von Zellen zu erkennen und auszuweisen, wozu die bekannten Methoden der → Mustererkennung eingesetzt werden. Die Berücksichtigung der statistischen und geometrischen Verteilung von zytologischen Parametern sowie von → Texturen führt zur M. in der Histologie.

Im Rahmen der automatischen Chromosomenanalyse werden Mikroskopbilder weißer Blutkörperchen in der „Metaphase“ (Zeitpunkt während eines Teilungsprozesses, in dem die Chromosomen einzeln sichtbar sind) verwendet. Es sollen einzelne Chromosomen unter Bezugnahme auf einen Satz von Standardchromosomen klassifiziert und in ein Schema (Karyotyp) eingeordnet werden. Als Merkmale zur Klassifizierung dienen geometrische Größen, wie Länge der Chromosomen relativ zueinander, das Verhältnis der Länge der kurzen Arme zur Gesamtlänge. Abnormitäten zeigen sich in Abweichungen vom Schema durch Defekte oder unterschiedliche Anzahlen bestimmter Chromosomentypen.

Die in Chemie, Physik und Technik anfallenden Aufgaben der M. sind sehr unterschiedlich und können in Aufgaben der Gestalt- und Defektkontrolle, der Ausmessung von Einzelobjekten oder Objektensembles sowie der Absolut- und Relativpositionierung eingeteilt werden.

MIMD

Allgemeines Funktionsprinzip von Prozessorstrukturen der Parallelverarbeitung.

MIMD ist die Abkürzung der engl. Bezeichnung **M**ultiple-**I**nstruction stream, **M**ultiple-**D**ata stream und wurde von **M.J. Flynn** 1966 eingeführt. Die deutsche Übersetzung lautet etwa Mehrfachbefehlsstrom-Mehrfachdatenstrom. Das MIMD-Prinzip kennzeichnet die Arbeitsweise von Prozessorstrukturen, bei denen nach der Aufteilung der zu verarbeitenden Daten auf die einzelnen Prozessoren bzw. deren Speicher unterschiedliche Befehlsfolgen angewendet werden. Im Gegensatz dazu steht das SIMD-Verarbeitungsprinzip (→ SIMD).

Eine MIMD-Architektur besteht aus mehreren identischen oder ähnlichen Prozessorelementen. Ein Prozessor-Element umfaßt dabei einen Prozessor und einen ihm zugeordneten Speicher bzw. einen Kanal zum Zugriff auf einen globalen Speicher. Man unterscheidet schwach und stark gekoppelte MIMD-Maschinen, wobei bei schwach gekoppelten die Grenze zu LAN (Engl. local area networks für lokale Rechnernetze) fließend ist. MIMD-Maschinen mit starker Kopplung können durch folgende Merkmale charakterisiert werden:

- gemeinsamer Speicher, auf den alle Prozessorelemente zugreifen können;
- alle Prozessorelemente können an allen Systemressourcen teilhaben, wobei eine bevorzugte Zuordnung für spezielle Prozessorelemente festgelegt werden kann;
- jedes Prozessorelement hat eine autonome Steuerung;
- für die Zusammenarbeit der Prozessorelemente sind explizite Synchronisationsmechanismen erforderlich;
- jedes Prozessorelement kann zumindest mittelbar mit jedem anderen Prozessorelement über ein Kommunikationsnetzwerk verbunden sein.

Die Beschränkungen bei MIMD-Rechnern ergeben sich aus Konfliktsituationen beim Zugriff zu gemeinsamen Ressourcen, insbesondere zum gemeinsamen Speicher, und beim Datenaustausch über das Kommunikationsnetzwerk.

Bei MIMD-Rechnern haben die (lokalen) Prozessorelemente i. allg. eine höhere Leistungsfähigkeit und Funktionalität als bei SIMD-Rechnern. Im Unterschied zu SIMD-Rechnern, bei denen die Parallelisierung auf Befehlsniveau erfolgt, geschieht diese bei MIMD auf Prozeßebene. Da ein MIMD-Rechner zumindestens den SIMD-Modus simulieren kann, sind hybride Arbeitsweisen zwischen SIMD und MIMD realisierbar.

Minimumfilter

→ *Rangordnungsfilter.*

Minkowski-Addition

→ *mathematische Morphologie.*

Minkowski-Subtraktion

→ *mathematische Morphologie.*

Modell

Abbild der Wirklichkeit, das sich notwendigerweise auf bestimmte Aspekte beschränkt.

M. spielen u. a. in Entwurfs-, Konstruktions- und Projektierungsprozessen eine wichtige Rolle. Mit dem Einzug der Computertechnik in diese Prozesse gelingt es mehr und mehr, die früher ausschließlich üblichen aufwendigen physischen → Modellierungen (wie etwa die maßstabsgerechte Modellierung der Gestalt einer Flugzeugtragfläche aus Holz oder die Simulation des Verhaltens mechanischer Baugruppen mittels elektrischer Ersatzmodelle) zu verdrängen oder zu ergänzen. Mit einem einzigen Arsenal technischer Hilfsmittel, nämlich mit → Computern und entsprechenden peripheren Geräten (→ Peripherie) lassen sich sehr verschiedene Objekte, Prozesse und Phänomene sowie ihre verschiedenartigen Aspekte effizient modellieren. Die Rechentechnik ermöglicht einerseits den automatischen Übergang zwischen verschiedenen Modellformen, insbesondere die Ableitung von Teilmodellen aus Gesamtmodellen, sowie andererseits die Integration von einzelnen Teilmodellen.

Ein wichtiges Beispiel ist die automatische Generierung zweidimensionaler Ansichten eines Objektes aus einem → rechnerinteren Modell, das die dreidimensionale Geometrie des darzustellenden Objektes eindeutig und widerspruchslos beschreibt (→ Visualisierung von → 3D-Modellen).

Grafische Darstellungen sind natürlich häufig auch M. realer Objekte. Insofern ist schon die → 2D-Computergrafik (→ Computergrafik), in deren Rahmen nur mit bildhaften M. gearbeitet wird, ein bedeutendes Anwendungsgebiet rechnerunterstützter M.. Einen wesentlichen Fortschritt stellt jedoch der Übergang zur → 3D-Modellierung und → 3D-Computergrafik dar. In der Kombination von 3D-Modellierung (→ Festkörpermodellierung, → Volumenmodellierung, → CSG-Modellierung, → Analytic Solid Modeling) und 3D-Grafik sind gestalthafte und bildhafte M. miteinander verbunden. Für viele praktische Anwendungen ist auch dies noch nicht ausreichend. So spielen in Entwurfs- und Konstruktionsprozessen neben der vollständigen dreidimensionalen Geometrie u. a. funktionale und technologische Aspekte der zu entwerfenden Objekte eine große Rolle. Dementsprechend geht heute in → CAD, → CAD/CAM bzw. → CIM die Tendenz in Richtung Entwicklung und Nutzung von → Produktmodellen.

Modellierung

Prozeß der Erzeugung eines → Modells zum Zwecke der Analyse.

Die M. gehört zu den wichtigsten Prozessen innerhalb der → Computergrafik und der → digitalen Bildverarbeitung. Da Grafiken meist selbst Modelle realer Objekte bzw. Vorgänge sind (im wissenschaftlich-technischen Bereich trifft das stets zu), kann die Erzeugung von Computergrafiken meist als M. im allgemeinen Sinn verstanden werden (grafische M.). Ähnliches gilt für die Bildverarbeitung, bei der aus dem Abbild eines realen Objekts oder einer realen → Szene durch → Digitalisierung, → Mustererkennung und andere Prozesse ein → rechnerinternes Modell abgeleitet wird. Ein typisches Beispiel dafür ist die Kartographie mit Hilfe von Satellitenaufnahmen und anschließender → digitaler Bildverarbeitung.

Im Rahmen der Computergrafik wird der Begriff M. jedoch meist in eingeschränktem Sinn verwendet. Für die Erzeugung von → 2D-Computergrafiken mit Hilfe von → 2D-Systemen ist er gar nicht üblich. Auch im Rahmen der → 3D-Computergrafik wird nicht der Prozeß der Generierung einer Grafik aus einem → 3D-Modell mit diesem Begriff belegt (→ Visualisierung, → rechnerunterstützte Zeichnungserstellung), sondern vielmehr die Erzeugung des rechnerinternen 3D-Modells (vollständige geometrische M.). Diese wird in vielen Anwendungen der 3D-Computergrafik durch den Menschen in → interaktiver Arbeitsweise vorgenommen. Ein typisches Beispiel ist die → rechnerunterstützte Konstruktion mit Hilfe eines 3D-fähigen → CAD-Systems. Die entsprechenden Bilder im Bildanhang illustrieren die interaktive Erzeugung eines 3D-Modells (in diesem Fall eines → CSG-Modells). Das rechnerinterne Modell kann aber auch das Ergebnis eines automatischen Bildverarbeitungsprozesses sein.

Modellwandlung

Umrechnung → rechnerinterner Modelle von einer Repräsentationsform in eine ebenbürtige andere.

In der → Computergeometrie finden verschiedene Formen rechnerinterner Beschreibungen dreidimensionaler Objekte Anwendung (→ Constructive Solid Geometry (CSG), → Begrenzungsflächen-Repräsentation, Octree- und Voxel-Darstellungen (→ Octree, → Voxel)). Für unterschiedliche Verwendungszwecke können verschiedene Formen von → Modellen günstig sein, so daß eine Umrechnung von einer Form in eine andere nötig wird.

Modulararithmetik

Rechnen in endlichen Zahlensystemen.

Die M. ist für → Digitaltechnik besonders gut geeignet, weil sie durch → arithmetisch-logische Einheiten, Zähler und Register ideal realisiert wird. Sie gestattet in vielen Fällen ein Rechnen ohne Rundungsfehler. Typisch für die M. ist die zyklische Darstellung der Zahlen, wie sie beispielsweise bei einem Zähler mit endlicher Stellenzahl beobachtet werden kann. Besonders günstige Anwendung findet sie im Restklassensystem (→ Zahlendarstellung).

Molekülgrafik

Teilgebiet der → Computergrafik, bei dem es um

die anschauliche grafische Darstellung von Molekülmodellen geht.

Bei der Entwicklung von Systemen für den → rechnerunterstützten Entwurf molekularer Strukturen wurde auf das bereits fortgeschrittene Gebiet der Computergrafik zurückgegriffen und eine Reihe von Ergebnissen dieses Gebietes einbezogen. Dies betraf vor allem die Befriedigung des Bedürfnisses nach → Visualisierung rechnerinterner Molekülmodelle. Typische Veranschaulichungen solcher Modelle sind u. a.:

- einfache, abstrakte Darstellungen, die lediglich aus hervorgehobenen Punkten (Atome) und Linien (chemische Bindungen) bestehen und die → Projektion eines entsprechenden Molekülmodells auf die → Displayfläche sind,
- Computergrafiken, die durch Visualisierung aus solchen → rechnerinternen Modellen abgeleitet werden, bei denen die Atome durch Kugeln und die Bindungen durch Zylinder repräsentiert sind
- grafische Darstellungen von rechnerinternen → 3D-Modellen mit komplizierten Oberflächen.

Im 2. und 3. Fall (s. Bildanhang) wird i. allg. von einer rechnerinternen → Festkörpermodellierung sowie von Undurchsichtigkeit der Modellkomponenten ausgegangen, so daß bei der Visualisierung das → Verdeckungsproblem zu lösen ist. Um eine gute Unterscheidbarkeit der verschiedenen Modellbestandteile zu gewährleisten, lassen sich diesen unterschiedliche Farben zuordnen (→ Falschfarbendarstellung). Zur Erleichterung der Gewinnung einer räumlichen Vorstellung wird i. allg. eine → Schattierung der Oberflächen auf der Basis einer → Beleuchtungssimulation vorgenommen, wobei Anzahl, Farbe und Position der Lichtquellen bei komfortablen Molekülgrafik-Systemen vom → Nutzer eingestellt werden können. Weiterhin werden spezielle → grafische Arbeitsstationen benutzt, die Stereodarstellungen erzeugen.

Moment

1. Maßzahl zum Charakterisieren bestimmter Eigenschaften von Zufallsgrößen.

M. beschreiben verallgemeinerte oder höherdimensionale Mittelwerte bzw. Erwartungswerte von Zufallsgrößen (→ Erwartungswert, → Varianz).

2. → Gestaltmerkmal.

Monitor

1. Peripheres Bildschirmgerät eines → Computers zur Darstellung von alphanumerischen, grafischen oder bildhaften Informationen.

Entsprechend ihrem Verwendungszweck zur Darstellung von Informationen werden M. auch als → Displays bezeichnet, wobei der letztgenannte Begriff umfassender ist und z. B. Flüssigkeitskristallanzeigen mit einbezieht. Die → Auflösung und die Steuerung des M. sind von der angewendeten Technologie und vom Verwendungszweck abhängig. Übliche → Bildformate liegen bei ca. 500 × 600 Bildpunkten. So dominiert bei Personalcomputern das Format 640 × 480. Für Rechnerarbeitsplätze, die auf grafische Anwendungen spezialisiert sind, werden M. mit Auflösungen um 1000 × 1000 Bildpunkte und darüber hinaus eingesetzt, wobei M. mit einer Auflösung von 1024 × 1280 Bildpunkten weit verbreitet sind (→ hochauflösendes Display). Moderne Multinorm-M. passen sich automatisch den unterschiedlichen Darbietungen der Bild- und Synchronisationssignale an.

2. Steuerprogramm, welches eine maschinennahe Darstellung des Zustandes des Computers, eine interaktive Testung von Programmen und Hardware mit vergleichsweise geringem Komfort, aber mit hohen Zugriffsrechten, erlaubt.

Morphometrie

Sammelbegriff für Verfahren zur Ableitung morphometrischer Merkmale (→ Gestaltmerkmale).

Ziel der Ableitung morphometrischer Merkmale im Verlaufe des Bildanalyseprozesses ist eine → Bilddatenkompression ohne wesentlichen Verlust an signifikanter Information. Morphometrische Merkmale dienen dem Übergang von einer bildhaften, d. h. an Bildelementen orientierten, zu einer objektbezogenen Beschreibungsform. Sie beziehen sich in der Regel auf eine Bildregion und dienen deren numerischer oder struktureller Charakterisierung.

Mouse

Engl., → Maus.

MSS

Abk. für Multispektralscanner, speziell als Instrumentierung von → Landsat, aber auch in anderen Fernerkundungssystemen.

Der MSS tastet die Erdoberfläche senkrecht zur Bewegungsrichtung des Satelliten oder Flugzeuges ab. Normalerweise geschieht dies mittels eines rotierenden oder schwingenden Spiegels. Der reflektierte Strahl wird auf eine Anordnung von Detektoren geworfen, die für relativ enge Bereiche des → Spektrums des sichtbaren und infraroten Lichtes empfindlich sind. Dies wird durch Filter und Spektrometer erreicht. Diese Detektoren sind meist mehrfach vorhanden (bei Landsat z. B. 6-fach), um die erforderliche Integrationszeit zu sichern, so daß bei einem Spiegelumlauf mehrere Zeilen abgetastet werden.

Nach jeder Umdrehung des Spiegels können die Meßkanäle durch Bezugnahme auf eine Bezugslichtquelle nachgeeicht werden. Nach weiteren Kennlinienkorrekturen und Signalglättungen wird der Meßwert quantisiert (6 – 10 → Bit) und zwecks Übertragung zur Bodenstation kodiert. Durch die Geometrie des Scanners tritt eine Scannerfehler genannte Schrumpfung des Bildes am Rande auf. Durch Ungleichmäßigkeiten der Bewegungen des Satelliten oder Flugzeuges und durch die Erddrehung werden weitere Verzerrungen eingeführt.

Auf Grund der höheren zulässigen Masse haben Flugzeugscanner eine größere Anzahl von Kanälen (8 - 12) und wegen der geringen Flugöhen kleine Schwadbreiten und hohe → Bodenauflösung.

Multi-Windowing

Engl., Verwendung mehrere → Fenster. Nutzung eines → Bildschirmes zur → Eingabe und → Ausgabe von → Informationen bez. mehrerer rechnerintern ablaufender Prozesse über mehrere voneinander unabhängige Fenster.

Das M. ist ein wichtiges Hilfsmittel zur Verbesserung des Informationsangebotes an einen → Nutzer. Durch die gleichzeitige Anzeige verschiedener → Texte, Werte oder → Computergrafiken aus verschiedenen Prozessen werden Fehlerquellen vermindert und der Nutzerkomfort spürbar erhöht.

Typische Anwendungsfälle sind:

- Texteditoren (→ Editor) mit gleichzeitiger Anzeige verschiedener Testhilfsprogramme mit ständig aktualisierter Ausgabe der Testergebnisse, des Programmquelltextes und der Testanweisungen,
- Grafikprogramme mit getrennter Ausgabe von Texten,
- → CAD-Systeme mit gleichzeitiger Ausgabe verschiedener Ansichten bzw. Darstellungsformen eines Körpers auf dem Bildschirm.

Leistungsfähige M.-Systeme erlauben dem Anwender eine unabhängige Handhabung der einzelnen Fenster einschließlich der individuellen Auswahl des Fensterinhaltes und der Anordnung auf dem Bildschirm, wobei auch eine zeitweilige Überlagerung von Fenstern sinnvoll ist.

Multimedia-System

Auf Computertechnik basierendes System zur integrierten Verarbeitung und Darstellung von Informationen in mehreren Medien (Text, Grafik, Standbild, → Computer Animation, Video, Audio), wobei diese nicht starr miteinander gekoppelt sind.

Die Entwicklung der Rechentechnik (→ Computer, → rechnerunterstütztes System) war u. a. dadurch gekennzeichnet, daß die → Mensch-Rechner-Schnittstelle immer besser den Fähigkeiten und Bedürfnissen des Menschen angepaßt wurde (→ Ergonomie). Dies betraf auch das Ansprechen der menschlichen Sinne seitens des Systems. Während in den Anfängen der Rechentechnik die → Mensch-Rechner-Kommunikation über starre Bedienung und Anzeigeinstrumente sowie durch Ausgabe von Zeichenketten mittels einfacher Drucker erfolgte, wurdenn insbesondere durch die stürmische Entwicklung der Computergrafik Formen der Mensch-Rechner-Kommunikation erreicht, die sich vorrangig am Menschen (→ Nutzer) orientieren. M. zeichnen sich gegenüber Textverarbeitungs- und → Computergrafiksystemen dadurch aus, daß in den Prozeß der Mensch-System-Kommunikation über geschriebenen Text und Computergrafiken hinaus auch statische Abbilder realer Objekte (Standbild, engl. still), Videosequenzen, Computeranimation und akustische Ausgabe (Sprache, Musik) integriert sind, ohne wie z. B. im Fall des Tonfilms starr miteinander gekoppelt zu sein. Man spricht auch dann von M., wenn nicht alle der o. g. über Text und Computergrafik hinausgehenden Medien vorhanden sind.

Die Hardware-Komponenten von M. sind Computer, → Displays (vorrangig → hochauflösende Displays), Spezial-Hardware (häufig in Form spezieller Zusatzleiterkarten z. B. für die Digitalisierung und Kompressionen von Bildern bzw. Bildfolgen. (→ Bilddatenkompression, → Genlock), externe Speicher, Lautsprecher, Eingabegeräte, insbesondere für die → Eingabe von Informationen auf verschiedenen Trägern (Videorecorder, CD-ROM-Laufwerke, VDI, Mikrophone).

Typische Einsatzbereiche für M. sind

- Lehre, Ausbildung, Training,
- Präsentation von Produkten, Dienstleistungen, Firmen, Institutionen,
- Präsentation und Erläuterung von Objekten, Prozessen (s. Bildanhang), Sachverhalten auf Messen, Ausstellungen und in Museen.

Multiple Workstation Concept

Engl., Konzept mehrerer Arbeitsstationen. Eines der wichtigsten Konzepte des grafischen Kernsystems (→ GKS), das dem Anwender die gleichzeitige Nutzung mehrerer → grafischer Arbeitsplätze ermöglicht.

Das M. steht bei GKS ab der Ausgabeleistungsstufe 1 (→ GKS-Leistungsstufe) zur Verfügung. Gemäß diesem Konzept ist es dem Anwender von GKS gestattet, gleichzeitig mehrere grafische Arbeitsplätze eröffnet bzw. aktiviert zu haben und auf ihnen parallel → Eingabe bzw. → Ausgabe durchzuführen. So kann z. B. eine → Computergrafik, die auf einem grafischen Arbeitsplatz im Sinne von GKS (etwa auf eine → GKS-Bilddatei) ausgegeben werden soll, gleichzeitig an einem anderen grafischen Arbeitsplatz, z. B. einem → Rasterdisplay, zur Kontrolle dargestellt werden. Das grafische Kernsystem erlaubt, einerseits die spezifischen Fähigkeiten solcher unterschiedlicher → grafischer Geräte auszunutzen und andererseits dafür zu sorgen, daß bestimmte Aspekte des Erscheinungsbildes von Grafiken auf allen Geräten möglichst gleich sind. Dies gelingt durch entsprechende Steuerung der → Attribute der in GKS festgelegten → Darstellungselemente. Durch individuelle Festlegung eines Attributes wie etwa des → Linientyps eines → Linienzuges wird z. B. erreicht, daß dieser Linienzug auf allen grafischen Arbeitsplätzen den gleichen Typ besitzt (etwa überall gestrichelt). Dagegen können z. B. Farbe und Stärke des Linienzuges über arbeitsplatzspezifische → Bündeltabellen gebündelt festgelegt werden, so daß sich die geräteabhängigen Möglichkeiten des → Hervorhebens von Linienzügen gut ausnutzen lassen (→ Aspektanzeiger).

Multiresolution

Engl., Mehrfachauflösung. Verfahrensklasse sowohl für eine Beschreibung von Bildern in unterschiedlichen Auflösungen (→ Resolution) bzw. Feinheitsgraden als auch für das Gewinnen gestufter Bildrepräsentationen.

Die M. erfolgt meist in Zweierpotenzstufungen z. B. Auflösung in Ebene 0: 512 × 512, in Ebene 1: 256 × 256, in Ebene 2: 128 × 128, in Ebene 3: 64 × 64. Eine geeignete Mittelung von je 2 × 2 Bildpunkten ergibt hierbei einen Bildpunkt in der darüberliegenden Ebene (s. Bildanhang).

Der Datenfluß von vielen Grundaufgaben der Bildverarbeitung läßt sich effektiv durch Pyramidenstrukturen durchführen. Pyramiden-Algorithmen gestatten die Ableitung und Auswertung einer Folge von durch Tiefpässe (→ Tiefpaßfilter) und → Bandpässe gefilterten Bildern. Da Pyramidenstrukturen hierarchisch organisiert und lokal verbunden sind, unterstützen sie hocheffektive und parallele Verarbeitungsprinzipien und einfache Kommunikationsprinzipien. Durch die von Ebene zu Ebene geführten Verbindungen bilden sie eine Brücke zwischen der Verarbeitung auf Bildelement-Niveau und auf globalem Objekt-Niveau. Die Pyramide kann zudem als Modell für bestimmte Typen früher Verarbeitungsschritte des organismischen Sehens angesehen werden .

Multispektralkamera

Photographisches System der → Fernerkundung, welches für die → Multispektraltechnik ausgelegt ist.

Im Gegensatz zu Kameras der Photogrammetrie und der Luftaufklärung wird eine M. auf die Erkennung der spektralen Merkmale der Bodenbedeckung ausgelegt. Sie benutzen jedoch Grundkonzepte der Optik und Steuerung von Luftbildkameras. Meist sind es mehrere identische Kamerasysteme mit unterschiedlichen Filtern (Bild) und Filmen, die so kombiniert sind, daß eine gute Trennbarkeit von verschiedenen Terraintypen bei gleichzeitiger Berücksichtigung der unterschiedlichen Durchlässigkeit der Atmosphäre (→ Fenster) erreicht wird.

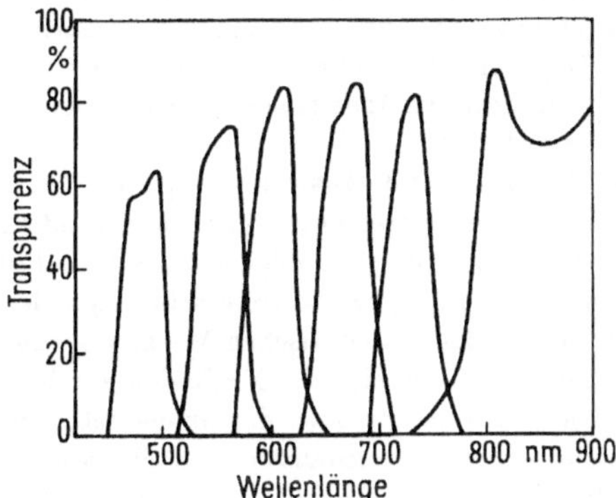

M. haben höhere Auflösung und metrische Genauigkeit als Multispektralscanner (→ MSS). Von großer Bedeutung sind Filme hoher und konstanter Qualität. Die bekannte MKF-6M (Carl Zeiss Jena) hat 6 Aufnahmesysteme, die mit einer Filmkassette ungefähr 1000 Bilder vom Format 55 mm × 80 mm erzeugen. Aus einer Flughöhe von 260 km konnte auf einem Bild ein Flächenstück von 110 km × 165 km erfaßt werden, wobei eine → Bodenauflösung von ca. 10 m × 10 m erreicht wird.

Multispektralscanner

→ *MSS.*

Multispektraltechnik

Bildanalyseverfahren, das die spektralen Eigenschaften der Objekte ausnutzt und vorwiegend in der → Fernerkundung angewendet wird

Objekte der Erdoberfläche sind durch spektrale Signaturen gekennzeichnet (Bild), die mittels → Multispektralkamera oder Multispektralscanner (→ MSS) für jeden Spektralbereich (Band) und jedes Auflösungselement (Pixel) als Signalabtastwert bereitgestellt werden. Jedes spektrale Band liefert eine Vektorkomponente. Voraussetzung ist die Herstellung der → Bildkoinzidenz der Bänder, die normalerweise mit einer → geometrischen Korrektur erreicht wird. Die den Pixeln zugeordneten Vektoren sind Verfahren der → Mustererkennung zugänglich, indem sie als Merkmalsvektoren verwendet werden.

Daten zur Belehrung und Kontrolle werden durch Gebiete bekannter Beschaffenheit (Trainingsgebiete) bzw. künstlich präparierte Objekte bereitgestellt. Diese Fakten werden unter dem verbreiteten engl. Begriff ground truth data zusammengefaßt. Mit Verfahren der → Clusteranalyse klassifiziert man Bodenbedeckungen ohne Kenntnis von Trainingsgebieten oder bestimmt Bereiche, aus denen diese ausgewählt werden.

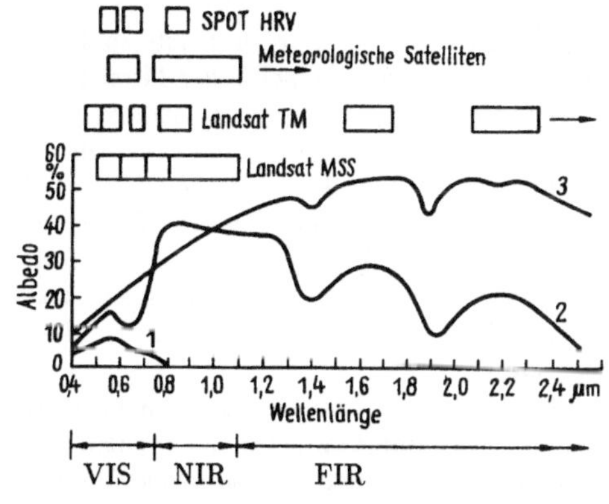

1 Binnensee (Süßwasser)

2 Pflanzenbedeckung (Chlorophyll)

3 Unbedeckter Boden (Sand)

VIS Sichtbares Licht

NIR Nahes Infrarot

FIR Fernes Infrarot

Auf Grund der Kenntnis physikalischer Beziehungen kann man Typen von Bodenbedeckungen durch direkte Verrechnung der spektralen Merkmale ableiten (z. B. Vegetationsindex, Feuchtigkeitsindex). Viele Eigenschaften lassen sich als → Ratiobilder berechnen.

Die Vernachlässigung von Nachbarschaftsbeziehungen in der üblichen M. wird durch Ergänzung zusätzlicher Merkmale (→ Texturen, Bildpunktkoordinaten) oder Nachverarbeitung des Klassifikationsergebnisses ausgeglichen.

Zur M. sind außer den technischen Mitteln zur Bildgewinnung und digitalen Auswerteverfahren auch Mittel und Methoden der visuellen Interpretation zu rechnen, die meist durch → analoge Bildverarbeitung (→ Farbmischung, → Farbsynthese) gestützt werden.

Mustererkennung

Engl. pattern recognition. Oberbegriff für alle Prozesse der automatischen Analyse, Beschreibung und → Klassifikation von Mustern.

Das Aufnehmen, Verarbeiten und Interpretieren von Informationen aus der Umwelt mittels der Sinnesorgane und des Nervensystem durch Lebewesen und insbesondere durch den Menschen umfaßt äußerst komplizierte Informationsverarbeitungsprozesse, über die noch relativ wenig bekannt ist. Zur M. i.w.S. gehören alle mathematischen und technischen Aspekte der Modellierung und Simulation von perzeptiven Leistungen durch Maschinen (→ Künstliche Intelligenz). Die Verarbeitung optischer und akustischer Informationen spielt dabei eine herausragende Rolle. Allgemein kann man jedoch jede zusammengehörige Menge von zeit- und/oder ortsabhängigen Funktionen physikalisch meßbarer Größen als Muster betrachten.

Ziel der M. ist entweder, ein gegebenes Muster einer bestimmten Musterklasse zuzuordnen (→ Klassifikation), oder eine sinnvolle Beschreibung des Musterinhaltes zu liefern (→ Bildbeschreibung). Die unmittelbare Klassifikation eines Musters anhand der Werte des Signalparameters (→ Signal) ist nur in sehr einfachen Fällen möglich. Im allgemeinen setzt die Klassifikation die schrittweise Ableitung einer wesentlich verdichteten Beschreibung des Musters voraus.

In den meisten Fällen lassen sich Prozesse der M. in folgende Teilprozesse untergliedern:

1. Musterbereitstellung (→ Sensor, → Abtastung, → Quantisierung).
2. Vorverarbeitung, d. h. Überführen des Musters in eine für die weitere Verarbeitung günstigere Form, ohne bereits einen direkten Beitrag zur Erkennung zu liefern.
3. Zerlegung des Musters in einfachere Bestandteile.
4. Bestimmung der Werte metrischer und nichtmetrischer → Merkmale der einzelnen Bestandteile und/oder strukturelle Beschreibung ihrer gegenseitigen Beziehungen.
5. Klassifikation der einzelnen Teile bzw. des gesamten Musters.

Diese Teilprozesse sind im konkreten Fall nicht immer genau voneinander abgrenzbar und können weiter strukturiert und ineinander verschachtelt sein. Gegebenenfalls sind auch interaktive Eingriffe (→ interaktive Arbeitsweise) durch einen Bediener erforderlich.

Die Definition und Auswahl geeigneter Merkmale durch den Systementwickler als Grundlage für die Klassifikation ist problemspezifisch und oft sehr schwierig. Eine gewisse Unterstützung liefern die Methoden der automatischen Merkmalsreduktion. Dagegen lassen sich die Methoden zur Klassifikation von Mustern bzw. der abgeleiteten Bestandteile oft stark formalisieren, weil diese auf die Klassifikation von Vektoren in einem Merkmalsraum, von Zeichenketten, von Zeichenmatrizen oder von → Graphen zurückgeführt werden kann. Diese Methoden werden deshalb oft zu dem relativ eigenständigen Gebiet der Klassifikation von Mustern zusammengefaßt. Mitunter wird der Begriff M. auch in diesem eingeengten Sinn verwendet.

Praktische Anwendungsgebiete der M. sind zum Beispiel:

- Medizin (→ Mikroskopbildanalyse, EKG-Auswertung, Auswertung von Röntgenbildern aus Reihenuntersuchungen, allgemeine Diagnostik),
- Industrie (visuelle Inspektion, → Robotersehen, Diagnose anhand von Geräuschen),
- → Fernerkundung der Planeten, besonders der Erde,
- Spracherkennung,
- Schriftzeichenerkennung (→ OCR, → Zeichenleser).

Effektive und erfolgreiche Anwendungen beziehen sich immer auf konkrete und eingeschränkte Klassen von Mustern. Auch handelt es sich dabei stets um eine Simulation perzeptiver Leistungen und nicht um Nachbildung der in Lebewesen tatsächlich ablaufenden Prozesse. Die Entwicklung praktischer Mustererkennungssysteme ist

i. allg. immer noch mit einem erheblichen Aufwand verbunden. Zeitkritische Anwendungen erfordern oft eine enorme Rechenleistung und stellen eine Herausforderung an die moderne Rechentechnik dar. Im Zuge der weiteren Entwicklung der Mikroelektronik und insbesondere der Möglichkeiten zur → Parallelverarbeitung, ist mit einem starken Anwachsen der Bedeutung und der Anwendung der M. zu rechnen.

Nachbarschaft

Engl. adjacency. Hier Begriff der diskreten → Bildtopologie.

Die N. charakterisiert die grundlegende Beziehung zwischen zwei Punkten oder zwei zusammenhängenden Punktmengen eines → Rasters bzw. → Rasterbildes.

In einem quadratischen Raster sind zwei verschiedene Punkte bzw. Rasterelemente (x_1, y_1) und (x_2, y_2)

1. d-benachbart oder 4-benachbart, falls gilt:

$$|x_1 - x_2| + |y_1 - y_2| = 1$$

2. diagonal benachbart, falls gilt:

$$|x_1 - x_2| = 1 \quad \text{und} \quad |y_1 - y_2| = 1$$

3. i-benachbart oder 8-benachbart, falls gilt:

$$|x_1 - x_2| \leq 1 \quad \text{und} \quad |y_1 - y_2| \leq 1$$

Demnach hat jeder Punkt eines quadratischen Rasters vier 4-Nachbarn (direkte Nachbarn), vier diagonale Nachbarn und zusammengefaßt acht 8-Nachbarn (indirekte Nachbarn), die die 4-, die diagonale und die 8-N. des Punktes bilden (Bild a).

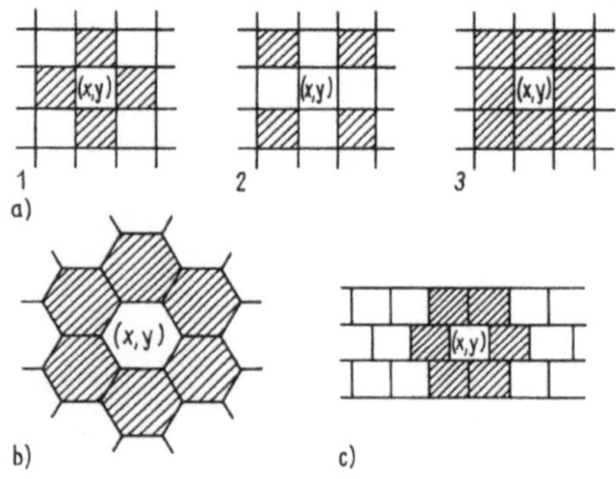

Im Fall von Hexagonalrastern (→ Abtastung) hat jeder Punkt sechs (gleichberechtigte) Nachbarn (Bild b). Da diese hexagonale oder 6-N. bestimmte Vorteile bei der Definition widerspruchsfreier diskreter Räume bietet, wird sie gelegentlich auch auf quadratische Raster übertragen. Die 6-N. eines Punktes (x, y) besteht dann aus der 4-N. sowie den Punkten $(x-1, y-1), (x-1, y+1)$, falls y ungeradzahlig ist bzw. $(x+1, y-1), (x+1, y+1)$, falls y geradzahlig ist.

Das kann man auch so interpretieren, daß jede geradzahlige Zeile des quadratischen Rasters um eine halbe Einheit verschoben wird (Bild c).

Die Definition einer Nachbarschaftsbeziehung ist die Grundlage für den → Zusammenhang von Rasterpunktmengen. Zwei elementefremde zusammenhängende Rasterpunktmengen (Gebiete) S und T heißen benachbart, falls es in S einen Punkt (x, y) und in T einen Punkt (u, v) gibt, die zueinander benachbart sind. Für jede Zerlegung einer Rasterpunktmenge in elementefremde zusammenhängende Gebiete ist dadurch ein → Gebietsnachbarschaftsgraph definiert.

Nächste-Nachbar-Regel

Engl. nearest neighbor rule. Allgemeines Entscheidungsverfahren mit einfacher geometrischer Deutung.

Die N. wird meist als Methode der numerischen → Klassifikation eingesetzt. Dabei wird ein Merkmalsvektor (→ Merkmal) auf Basis einer im Merkmalsraum definierten → Metrik mit einer gespeicherten Stichprobe (Merkmalsvektoren mit bekannter Klassenzugehörigkeit) verglichen und der Klasse zugeordnet, zu der der nächste Nachbar im Merkmalsraum bzw. die Mehrzahl der nächsten Nachbarn gehört.

Gegenüber Trennflächenklassifikatoren ergeben sich durch die N. i. allg. kompliziertere nichtlineare Zerlegungen des Merkmalsraumes. Bild a) zeigt ein Beispiel der Anwendung der N. unter Annahme der **Euklid**ischen Metrik. Die dargestellten Merkmalsvektoren repräsentieren die Stichproben der beiden Klassen. Bild b) verdeutlicht, daß die N. von der Skalierung der Merkmale abhängig ist. Der mit 1 bezeichnete Merkmalsvektor wird in Abhängigkeit von der Skalierung der ersten oder der zweiten Klasse zugewiesen. Streng genommen dürfen nur vergleichbare Merkmale mit gleicher Dimension in die Abstandsberechnung einbezogen werden. Man versucht aber oft auch in anderen Fällen zu brauchbaren Lösungen zu gelangen.

Um den mit der Klassifikation nach der N. verbundenen Aufwand (Vergleich mit der gesamten Stichprobe) zu verringern, wurden verschiedene

Verfahren zur Verdichtung der Stichprobe entwickelt. Durch sie werden Vektoren, die nicht zur Trennung der Klassen erforderlich sind, eliminiert. Da durch die Stichprobe unmittelbar die Zerlegung des Merkmalsraumes festgelegt wird, kommt der sorgfältigen Bestimmung der Stichprobe besonders große Bedeutung zu. Häufig werden zusätzlich automatische oder interaktive Verfahren eingesetzt, die durch Beseitigung kritischer Fälle dafür sorgen, daß klar abgegrenzte Gebiete entstehen.

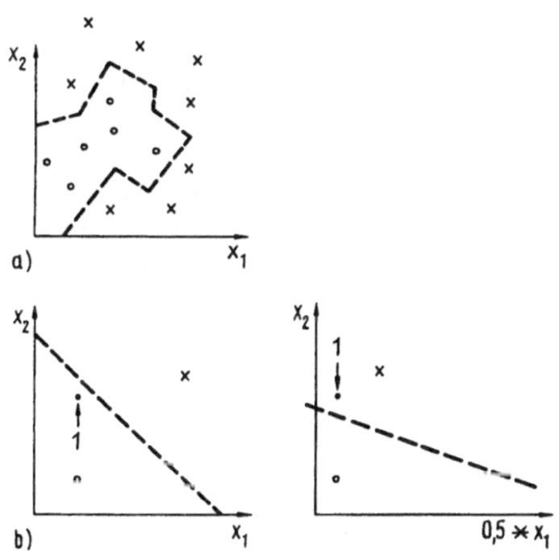

Die N. wird außer zur Klassifikation oft auch zu Voruntersuchungen über die prinzipielle Trennbarkeit von Klassen und zur Abschätzung von Fehlerraten sowie die → Interpolation eingesetzt.

Nadeldrucker

→ Drucker, bei dem die Ausgabe auf Papier durch den Anschlag matrizenartig angeordneter Nadeln auf ein Farbbband oder direkt auf Spezialpapier erfolgt (→ Matrixdrucker).

Mit dem N. können → Texte und einfache → Computergrafiken (z. B. → Schemata) ausgegeben werden.

NC-Programmierung

Programmierung von → NC-Steuerungen. NC ist die engl. Abk. für numeric control.

Eine wichtige Aufgabe der N. ist die Bestimmung der Werkzeugwege bei der Bearbeitung eines Werkstückes. Moderne Programmiersysteme ermöglichen dem Technologen, ausgehend von der im CAD-Prozeß (→ CAD) festgelegten Werkstückgeometrie, eine → interaktive Arbeitsweise unter Verwendung von Hilfsmitteln der → Computergrafik. Dies betrifft z. B. die Abbildung von Werkstückansichten und Werkzeugen auf dem → Bildschirm, das Anpicken (→ Picker) der zu bearbeitenden → Kontur mittels → Tablett oder → Maus, die Verwendung unterschiedlicher Farben zur Kennzeichnung von Bearbeitungszuständen und die simulierte Abarbeitung der entstandenen NC-Programme als grafische Kontrollmöglichkeit.

NC-Steuerung

NC engl. Abk. für numeric control. Steuerung von Maschinen durch numerische Daten, die entweder auf einem Datenträger vorliegen oder direkt von einem → Computer zur Maschine übertragen werden.

Sowohl bei der → NC-Programmierung als auch bei der Erprobung und Abarbeitung von NC-Programmen unmittelbar an Maschinen werden in zunehmendem Maße Hilfsmittel der → Computergrafik eingesetzt. So kann z. B. die → Kontur eines Werkstückes vor, während und nach der Bearbeitung abgebildet werden. Zusätzlich ist eine Überprüfung der Wege der Werkzeuge bei einer simulierten Bearbeitung am → Bildschirm möglich. Dies hat große Bedeutung für zeit- und kostenintensive Bearbeitungsverfahren, bei der Fehlersuche in NC-Programmen und bei der Vermeidung von Kollisionen (→ Kollisionsanalyse) zwischen Bearbeitungswerkzeugen und Werkstückteilen.

NC-Werkzeugweg-Generierung

Interaktive oder automatische Erzeugung von Werkzeugwegen für eine NC-Maschine mit Hilfe eines NC-Programmiersystems auf einem → Computer (→ NC-Programmierung)

Neuronales Netz

Engl. neural network. Parallele Verarbeitungseinrichtung oder Programmiermodell mit großer Anpassungsfähigkeit, Fehlertoleranz und Lernfähigkeit.

N.N. sollten präziser künstliche neuronale (oder neurale) Netze (ANN – artificial neural network) genannt werden. Sie sind aus dem Studium der

→ Informationsverarbeitung in Lebewesen hergeleitete Verarbeitungsstrukturen, wobei man hofft, komplexe Probleme der → Mustererkennung in befriedigender Weise zu lösen.

I. allg. bilden n.N. Mermalsvektoren auf Ausgangsvektoren ab. Damit umfassen sie auch klassische Aufgaben der Mustererkennung, z B. die → automatische Bildanalyse und die Spracherkennung.

Die Elemente eines Netzes („Neuronen“) sind intensiv nach verschiedenen Nachbarschaftsbeziehungen (→ Nachbarschaft) miteinander verbunden. Die Abbildung wird über Gewichtsfaktoren, die diesen Verbindungen zugeordnet sind, sowie entsprechende Verarbeitungsvorschriften in den Neuronen vermittelt. Ein n.N. lernt, indem die Abweichungen zwischen tatsächlichem und gewünschtem Muster an seinen Eingang gelegt wird und mittels spezieller Lernregeln die Gewichtsfaktoren verändert werden. Das Lernen in kompliziert aufgebauten n.N. wird durch den sehr allgemeinen und aufwendigen Backpropagation-Algorithmus verwirklicht.

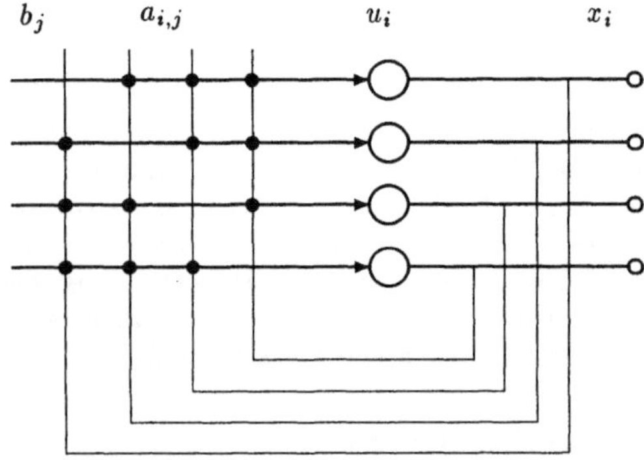

Im Gegensatz zu den lange bekannten Schemata des Perzeptrons und der Lernmatrix, bei denen nur eine Schicht von Neuronen ohne Rückkopplung verwendet wurde, werden heute mehrschichtige n.N. mit Rückkopplung betrachtet. Folgende Modelle von n.N. sind verbreitet und gut untersucht:

- **Hopfield**-Netz: 1 Schicht mit Rückkopplung,
- Mehrschichtperzeptron: Mehrere Schichten vorwärtsgekoppelt,
- **Carpenter-Grossberg**-Klassifikator: Mehrere Schichten mit unterschiedlicher Struktur, besonders geeignet für das Selbstlernen.

Im Bild ist das besonders einfache **Hopfield**-Netz schematisch dargestellt. Die zu erkennenden Muster werden durch die Komponenten b_j beschrieben. Diese Wirkung wird durch Rückkopplung benachbarter Ausgänge x_i über eine entsprechend den vorgesehenen Nachbarschaftsbeziehungen nur teilweise mit $a_{ij} \neq 0$ besetzte Gewichtsmatrix $\|a_{ij}\|$ beeinflußt. Der Zustand der i-ten neuronalen Zelle wird durch das Potential u_i charakterisiert. Im kontinuierlichen Falle ist

$$\frac{d}{dt}u_i = -(\sum_j a_{ij}x_j + b_i) - \frac{u_i}{\tau} \quad .$$

Hierbei ist τ eine passend gewählte Zeitkonstante. Die Ausgänge des Netzes x_i ergeben sich durch eine für n.N typische nichtlineare Kennlinie $f(\cdot)$ aus den Potentialen

$$x_i = f(\frac{u_i}{a_0}) \quad .$$

Beispielweise verwendet man die Sigmoidfunktion

$$f(u) = \frac{1}{1 + \exp(-2u)} \quad ,$$

welche asymtotisch gegen 0 bzw. 1 geht. Wenn a_0 groß ist, dann bewegen sich die Werte von x_i um 0,5; bei abnehmendem a_0 nähert sich die resultierende Kennlinie immer mehr einer Sprungkennlinie an, so daß die Ausgänge mit Werten dicht an 0 oder 1 belegt werden.

Obwohl n.N. im Kern parallel sind, werden sie häufig auf konventionellen Rechnern oder Multiprozessoren simuliert. Aber auch spezielle Schaltkreise werden entwickelt und erfolgreich eingesetzt. Man darf erwarten, daß sich auf Grund der geringen Ausbreitungsbeeinflußung und der zulässigen Fehlertoleranz optisch analoge Verarbeitungseinheiten durchsetzen.

Die Anwendung von n.N. betrifft die wichtigsten Aufgabenstellungen der → Künstlichen Intelligenz. Sie können als spezieller Fall von → Assoziativspeichern betrachtet werden.

Nichtrekursives Filter

Filter mit direkter Nachbildung der → Faltung.

Bei einem n.F. berechnet der Filteralgorithmus die Faltungsformel (Bild).

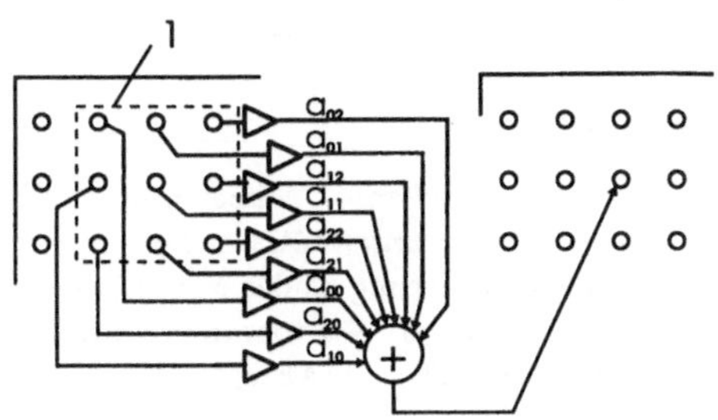

Die Daten des durch das → Fenster 1 definierten Unterstützungsbereichs (area of support) der Eingabe werden mit den Werten der → Impulsantwort a_{ij} gewichtet und addiert; dieser Wert wird dem aktuellen Bildelement zugewiesen. Dies bedeutet, daß $(MN) \cdot (mn)$ saldierende Multiplikationen durchzuführen sind, wenn $M \times N$ das → Bildformat und $m \times n$ die Abmessungen der Impulsantwort darstellen. Ihre → $\mathcal{Z}$-Transformation ergibt ein Polynom in z_1^{-1}, z_2^{-1}. Neben dem Nachteil des hohen Rechenaufwandes haben n.F. die Vorteile der Stabilität und Unempfindlichkeit gegen Rundungsfehler. In vielen Fällen kann der Berechnungsaufwand reduziert werden, wenn passend gewählte Reihen- und Parallelschaltungen von n.F. verwendet werden.

NNR

→ *Nächste-Nachbar-Regel.*

Normale

Strahl, der im Berührungspunkt mit einer Kurve oder einer Fläche senkrecht zur Tangente oder Tangentialebene steht.

Die N. auf einer Fläche in einem vorgegebenen Punkt zeigt bei Festkörpermodellen (→ Festkörpermodellierung) vereinbarungsgemäß stets aus dem Körpervolumen heraus. Sie ist Bestandteil der → Ebenengleichung der Tangentialebene in diesem Punkt und wird vor allem zur realistischen Wiedergabe von → schattierten Oberflächen in Abhängigkeit vom → Lichteinfluß und dem Betrachterstandpunkt verwendet. Die N. kann aus drei Punkten einer ebenen Fläche berechnet werden und bestimmt gleichzeitig die Orientierung einer gegebenenfalls vorhandenen Flächenbegrenzung. In verschiedenen Verfahren der → Computergeometrie werden zum Vermeiden von Rundungsverfälschungen und wegen möglicher Werteteloranzen oft mehrere Punkte einer ebenen Fläche zur Berechnung ihrer N. verwendet.

Normfarbwerttafel

Grafische Darstellung der Farbarten in einem rechtwinkligen → Koordinatensystem mit den Normfarbwertanteilen als Koordinaten (→ Farbmetrik).

Die N. enthält keine Aussage über die → Helligkeiten. Es gibt je nach Definition der Normfarbwerte verschiedene Arten von N., deren wichtigste die CIE-Farbtafel oder genauer die CIE-Farbart-Tafel (→ CIE-Farbsystem) ist.

Normierte Koordinaten

Engl. normalized device coordinates, Abk. NDC. → Koordinaten in einem sowohl anwendungs- als auch geräteunabhängigen, in → GKS vereinbarten → Koordinatensystem.

Bei der Nutzung des grafischen Kernsystems (GKS) ist es dem Anwender möglich, seine → Computergrafiken in anwendungsspezifischen → Weltkoordinatensystemen zu spezifizieren. Die zur → Ausgabe bzw. Darstellung der Grafiken erforderlichen → grafischen Geräte verfügen andererseits über ihre eigenen gerätespezifischen Koordinatensysteme (→ Gerätekoordinatensystem). Im Rahmen von GKS ist als dritter Typ von Koordinatensystemen eine abstrakte, dimensionslose Zeichenfläche, ein Quadrat mit der Seitenlänge 1, das System der n.K. definiert. Bei allen erwähnten Koordinatensystemen handelt es sich um kartesische Koordinatensysteme. Der Übergang vom Weltkoordinatensystem zum System der n.K. erfolgt mit Hilfe der → Normierungstransformation. Dagegen wird die → Koordinatentransformation, die zwischen dem System der n.K. und dem Gerätekoordinatensystem vermittelt, als → Gerätetransformation bezeichnet.

Normierungstransformation

Engl. normalization transformation. Im Rahmen von → GKS festgelegte → Koordinatentransformation, die Rand und Inneres eines → Fensters im → Weltkoordinatensystem auf Rand und Inneres eines → Darstellungsfeldes im System der

→ *normierten Koordinaten abbildet, bzw. ähnliche Transformation unabhängig von GKS.*

Eine N. wird in GKS durch Festlegen der beiden Bereiche Fenster und Darstellungsfeld spezifiziert. Die Ränder dieser Rechtecke liegen parallel zu den Achsen der jeweiligen Koordinatensysteme. Bei der N. wird also eine Abbildung durchgeführt, die eine → Verschiebung und eine → Skalierung mit i. allg. verschiedenen positiven Faktoren für beide Achsen beinhaltet. Mit Hilfe des grafischen Kernsystems (GKS) kann der → Nutzer seine Grafik aus einzelnen Teilen zusammensetzen, wobei jedes Teil konzeptionell in seinem eigenen anwendungsspezifischen Weltkoordinatensystem definiert sein kann. Die relative Lage der einzelnen Teile im System der normierten Koordinaten wird durch die entsprechenden N. bestimmt. Das System der normierten Koordinaten ist als eine geräteunabhängige abstrakte Sichtfläche zu betrachten. Die → Gerätetransformation führt die Abbildung aus dieser Sichtfläche in das → Koordinatensystem des jeweiligen realen Gerätes durch (→ Gerätekoordinatensystem, → grafisches Gerät).

Normung

→ *Standardisierung.*

NTT

Engl. Abk. für number theoretic transform (→ zahlentheoretische Transformation).

Nutzer

Anwender von → Computern, → rechnerunterstützten Systemen bzw. → Programmen, der damit Aufgaben seines Fachgebietes möglichst effektiv, zuverlässig und vollständig lösen will.

Entsprechend ihrer Qualifikation, ihren Nutzungsrechten und Anforderungen werden mehrere Nutzergruppen unterschieden: Systemspezialisten, Softwareentwickler, projektspezifische Anwender, Fachleute ohne spezielle Rechnerkenntnisse. Allgemeines Ziel ist es, für jede Nutzergruppe eine optimale Arbeitsweise über ein passendes → Nutzer-Interface zu ermöglichen. Wichtige Hilfsmittel dazu sind geeignete Nutzerinformationen über die vorhandenen Möglichkeiten, passende → Software entsprechend dem Aufgabenprofil und eine durch den N. in ihrem Umfang beeinflußbare Unterstützung durch das → Betriebssystem und die → Anwenderprogramme (→ Mensch-Rechner-Kommunikation, → Ergonomie).

Nutzer-Interface

→ *Schnittstelle zwischen → Nutzer und → Computer bzw. → rechnerunterstütztem System.*

Als Mindestanforderung an das N. wird die sinnvolle Bedienbarkeit der → Programme durch den Nutzer gefordert. Die → Akzeptanz komplexer → Anwendersoftware, wie z. B. von → CAD-Systemen, wird wesentlich vom N. bestimmt. Letzteres sollte leicht verständlich, ausdrucksstark und anpaßbar gestaltet sein, um auf konkrete Nutzerwünsche optimal eingehen zu können. Dazu gehören u. a. eine leistungsfähige Kommandosprache, die Verwendung der → Menütechnik, Möglichkeiten zur Einarbeitung nutzerspezifischer Makros und Programme sowie die Einbeziehung entsprechender Hilfsmittel der → Computergrafik. Das N. ist entscheidend für die Effektivität der → Mensch-Rechner-Kommunikation.

Objekterkennung

Anwendung von Methoden der → Mustererkennung auf bildlich dargestellte Objekte.

Grundlage der O. sind Beschreibungen von Objektabbildern, die durch geeignete Verfahren der → Bildsegmentierung vom Untergrund und voneinander getrennt wurden, mittels topologischer oder metrischer Merkmale, aber auch anhand von Grauwertverteilungen auf den Objekten. Beispiele für derartige Merkmale sind → **Euler**zahl E, Fläche A, Umfang P, Formfaktor $P/4\sqrt{A}$, Momente und daraus abgeleitete Größen wie Schwerpunkt, Hauptträgheitsmomente (→ Gestaltmerkmale). → **Fourier**-Merkmale geben zusätzliche Möglichkeiten zur lageinvarianten O..

Objektisolierung

Spezialfall der Bildsegmentierung, bei dem davon ausgegangen wird, daß einzelne Bildsegmente (Objekte) in einem einheitlichen Untergrund (Hauptsegment) eingebettet sind.

Es gilt diese Objekte aus dem Untergrund zu isolieren und ihre Merkmale zu bestimmen. Derartige Probleme sind insbesondere Gegenstand der → Mikroskopbildanalyse.

Objektraum-Algorithmus

→ Algorithmus zur Lösung des → Verdeckungsproblems, der unabhängig vom → Ausgabegerät mit der Verarbeitungsgenauigkeit des → Computers arbeitet.

O. sind im Rahmen der → Visualisierung von → 3D-Modellen universell einsetzbar, vergeuden aber Rechenzeit, wenn das Ausgabegerät auf Grund seiner begrenzten → Auflösung gar nicht in der Lage ist, die Lösung des Verdeckungsproblems mit der rechnerintern erreichten Genauigkeit darzustellen. In solchen Fällen eignen sich → Bildraum-Algorithmen besser. Beispiele für O. sind → Prioritätslistenverfahren mit genauem Klippen (→ Clipping) der Berandung einer teilweise verdeckten Fläche gegen die Berandung der verdeckenden Fläche. O. kommen u. a. bei der Ableitung hochgenauer Werkstattzeichnungen aus 3D-Modellen zum Einsatz (→ rechnerunterstützte Zeichnungserstellung).

OCR

Engl. Abk. für optical character recognition. Einrichtungen und Methoden der → automatischen Schriftzeichenerkennung.

OCR-Einrichtungen oder → Zeichenleser dienen der schnellen Erkennung von Schrift und Symbolen, z. B. bei der Erfassung von Bankbelegen und Artikelnummern. Zur Erhöhung der Erkennungssicherheit werden spezielle Schrifttypen angewendet, die auch vom Menschen gut gelesen werden können. Als Mindestanforderung an OCR-Belegleser wird ein Durchsatz von 10000 Belegen/h angesehen. Manchmal werden auch Einrichtungen zum Lesen und Entschlüsseln von Balkenkode (Engl. bar code) zu OCR gerechnet.

Octree

Engl. Achterbaum. Dreidimensionale Verallgemeinerung des → Quadtree durch rekursive Zerlegung eines Würfels in acht verschiedene gleichgroße Würfel (Bild).

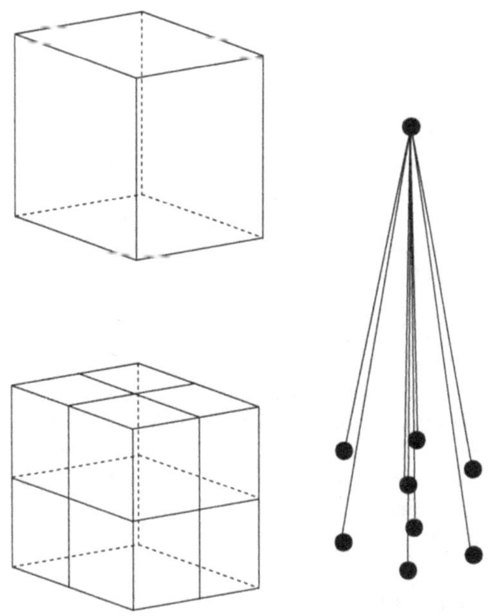

Offenes System

→ Rechnerunterstütztes System, das auf Grund

zumindest der Existenz und Offenlegung von → Schnittstellen für die Kopplung mit anderen Systemen bzw. → Programmen auch außerhalb des entsprechenden Entwicklungsteams erweitert bzw. in vorhandene rechnerunterstützte Lösungen integriert werden kann.

Im Interesse der Erhöhung der → Durchgängigkeit der → Rechnerunterstützung betrieblicher oder anderer Prozesse sind viele Systeme (z. B. zur → rechnerunterstützten Konstruktion oder → rechnerunterstützten Fertigung) häufig zu erweitern oder zu modifizieren. O.S. bieten gute Voraussetzungen dafür, insbesondere dann, wenn nicht nur die Schnittstellen, sondern auch ihr ganzer innerer Aufbau so offengelegt ist, daß Änderungen bzw. Erweiterungen leicht möglich sind. Im Unterschied dazu sollen → schlüsselfertige Systeme schnell für einen konkreten Zweck einsetzbar sein, so daß bei ihnen einfache Modifizierbarkeit, Integrierbarkeit bzw. Erweiterbarkeit häufig nicht im Vordergrund steht.

Öffnung

→ mathematische Morphologie.

Optimaler Weg

Weg zwischen zwei festen Punkten eines kontinuierlichen Raumes oder zwischen zwei → Knoten eines → Graphen, der nach vorgegebenen Kriterien am besten verläuft bzw. zur Menge der besten Wege gehört.

Im Rahmen der → Computergrafik spielt die Bestimmung o.W. bei der → Trassierung von Verbindungsnetzen in Schemata eine Rolle (→ Computer-Aided Schematics). Kriterien und Restriktionen sind dabei z. B. die Minimierung der Länge von Verbindungslinien, die Vermeidung von Kreuzungen dieser Linien und von verbotenen Zonen, in denen z. B. bereits → Symbole plaziert wurden.

Optimalfilter

Filter zur Restauration von Bildsignalen aus gestörten Signalen (→ Bildrestauration).

Dabei soll das restaurierte Signal dem ursprünglichen ungestörten Signal hinsichtlich eines vorgegebenen Kriteriums (z. B. minimaler mittlerer quadratischer Fehler) optimal angenähert werden. O. setzen dabei die a priori-Kenntnis oder Annahme von verschiedenen Eigenschaften des ursprünglichen und/oder des Störsignales voraus. Die sind z. B. Nutzsignal- oder Störleistungsdichte (→ Leistungsdichtespektrum). Die Art der Kenntnisse über das Nutz- und das Störsignal entscheiden über Entwurf und Wirkung des Filters (→ **Wiener**filter, → inverses Filter).

Optische Dichte

Maß D für die Lichtundurchlässigkeit (Opazität O) bzw. für die Durchlässigkeit (Transmission T) belichteter und entwickelter photographischer Emulsionen.

Die o.D.

$$D = \lg(O) = \lg(\frac{1}{T}) = \lg(\frac{I_0}{I_1})$$

ist der dekadische Logarithmus des Verhältnisses der → Intensität I_0 des einfallenden Lichtes zu der Intensität I_1 des durchgelassenen Lichtes (→ Lambertsche Gesetze). Werden 100 % der einfallenden Strahlung durchgelassen, dann ist die Transparenz 1 und die Dichte 0. Die Dichte wird photometrisch mit einem Densitometer bestimmt.

Die Dichte als Funktion der → Belichtung $B = I \cdot t$ charakterisiert die Eigenschaften des Photomaterials, sie wird dann auch als Schwärzungsfunktion $S(B)$ bezeichnet (Bild). $S(B)$ erweitert die Schwärzungsdefinition auf photographische Papiere, indem die durchgelassene durch die remittierte Intensität ersetzt wird.

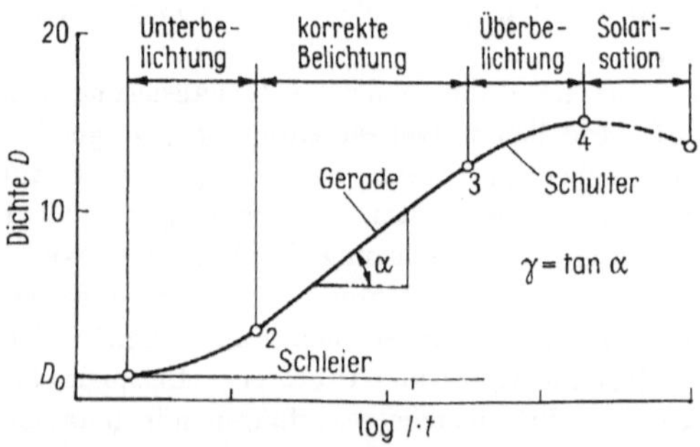

Die Schwärzungskurve weist 4 Bereiche auf. Bei allen Materialien ist auch ohne Belichtung eine geringe Anfangsichte D_0 (Schleier) vorhanden. Der 1. Bereich entspricht einer Unterbelichtung, der 3.

und 4. Bereich einer Überbelichtung, wobei im 4. Bereich (Solarisation) die Schwärzung mit zunehmender Belichtung wieder abnimmt. Die Funktion verläuft im 2. Bereich annähernd linear mit $\log(B)$. Die Steigung der Geraden wird als Kontrastfaktor, → Gamma (γ) oder Gradation bezeichnet. Für eine proportionale Abbildung wird $\gamma = 1$ gewünscht. Bei technischen Filmen, z. B. für → Masken, wird geringer Schleier, steile Gradation und $D_{max} > 3$ angestrebt.

Optische Übertragungsfunktion

Engl. optical transfer function (OTF). Kennfunktion optischer Systeme.

Die o.Ü. bewertet die Abbildungseigenschaften inkohärenter optischer Systeme, insbesondere von Instrumenten wie Kameras, Mikroskope, Teleskope, aber auch von Medien wie Atmosphäre oder Photomaterialien. Sie beschreibt den Zusammenhang zwischen der Abbildung eines Objektes am Eingang eines optischen Systems und dem an dessen Ausgang erzeugten Abbild in Begriffen der linearen Systemtheorie und im Raumfrequenzbereich u, v. Ihre Kenntnis ist für die → Bildrestauration wesentlich. Allgemein gilt für die o.Ü. $D(u,v)$:

$$D(u,v) = T(u,v)\exp(\jmath\Phi(u,v))$$

Darin bedeuten:

- $T(u,v)$ – Kontrastübertragungsfunktion, auch als Modulationsübertragungsfunktion (MTF) bezeichnet. Sie gibt das Verhältnis der Amplituden wieder, wobei gilt

  $$T(u,v) = \frac{C_B(u,v)}{C_O(u,v)} \quad .$$

  C_O und C_B sind die Kontraste des Objektbildes am Eingang bzw. am Ausgang des optischen Systems in Abhängigkeit von der Raumfrequenz (→ Spektrum).

- $\Phi(u,v)$ – Phasenübertragungsfunktion, die die räumliche Verschiebung eines periodischen Bildsignals beschreibt.

I. allg. wird die o.Ü. auf $D(0,0) = 1$ normiert. Photographische Systemem sind üblicherweise isotrop, d. h. ihre o.Ü. ist nicht von der Richtung abhängig. Die Raumfrequenz wird dort in Linienpaaren/mm angegeben (→ Auflösung). Der Abfall des Kontrastes mit zunehmender Ortsfrequenz ist vor allem durch die endliche Blendenweite und Defokussierung bedingt. Die o.Ü. von Systemen kann durch Multiplikation bekannter o.Ü. der Systemkomponenten (z. B. Bewegungsunschärfe, Atmosphärentrübung, Optik, Film) berechnet werden. Die Bildsignalübertragung kann auch durch → Faltung der Objektintensität $g(x,y)$ mit der → Impulsantwort $h(x,y)$ beschrieben werden; die nichtnormierte o.Ü. ist damit die → **Fourier**transformation der Impulsantwort. Da die Impulsantwort eines Systems mit inkohärentem Licht das Quadrat der Impulsantwort des entsprechenden kohärent beleuchteten Systems ist, ist seine o.Ü. immer ein → Tiefpaßfilter (→ analoge Bildverarbeitung).

Orientierungsdetektion

→ *Richtungsdetektion.*

Orthogonaltransformation

→ *lineare Transformation.*

Output

Engl., → *Ausgabe.*

Output Primitive

Engl., Ausgabeelement, → *Darstellungselement.*

Overprint

Engl., mehrfaches Überdrucken zur Herstellung einer → *Hardcopy mit Grautönen.*

Oversampling

Engl. für Überabtastung.

Hierbei wird das Signal mit einer Frequenz abgetastet, die über der durch das → Abtasttheorem definierten Grenzfrequenz liegt. Damit enthält die Signalfolge Redundanz, die in vielen Fällen zur Rauschunterdrückung und für eine vereinfachte Signalinterpolation genutzt werden kann. Bei der Auslegung von Digitalfiltern für durch O. gewonnene Signale muß beachtet werden, daß die → Impulsantwort eine gegenüber den idealen Verhältnissen erhöhte Anzahl von Stützstellen haben muß.

Paarhäufigkeitsmatrix

→ *Histogramm.*

Paarverteilungsfunktion

→ *Histogramm.*

Pan

Engl., Schwenken. Seitliches Verschieben (Translation) eines Bildausschnittes, der auf einem → Bildschirm dargestellt wird, über das gesamte rechnerintern vorliegende Bild.

Die Pan-Funktion (→ Funktion) läßt sich mit solchen → Rasterdisplays besonders gut realisieren, bei denen die Anzahl der Speicherelemente für → Bildpunkte im → Bildwiederholspeicher größer ist als die Anzahl der Bildpunkte auf dem Bildschirm. Kann das Verschieben nur in senkrechter Richtung erfolgen, spricht man von der Funktion des → Bildrollens, die für die Textverarbeitung wichtig ist (→ Scrolling).

Panning

→ *Pan.*

Parallaxe

Winkel zwischen den Sehstrahlen, die von zwei verschiedenen Standorten aus nach dem gleichen Objektpunkt zielen (→ Tiefenerkennung).

Parallelepipedklassifikator

Einfacher und häufig angewendeter Klassifikator (→ Klassifikation).

Beim P. werden die Klassengebiete durch n-dimensionale Parallelepipede (Rechtecke, Parallelogramme, Quader usw.) im Merkmalsraum (→ Merkmal) gebildet. Die Klassifikation erfolgt nach einer geeigneten linearen Koordinatentransformation mittels Größenvergleichen und einfacher Logik. Der P. wird dann auch als geometrischer oder Hyperquaderklassifikator bezeichnet.

Zur Definition eines P. sind für jedes Merkmal i und für jede Klasse k eine untere Grenze a_{ki} und eine obere Grenze b_{ki} festzulegen, die z. B. für normalverteilte Merkmale aus dem Mittelwert z_{ki} und der Standardabweichung s_{ki} abgeleitet werden können:

$$a_{ki} = z_{ki} - \alpha s_{ki}, \quad b_{ki} = z_{ki} + \alpha s_{ki}$$

Dabei ist α ein Maß für die zu erwartende Treffsicherheit. Für Klasse k wird entschieden, wenn für alle Merkmalswerte $x_1, \ldots, x_n$ gilt $a_{ki} < x_i < b_{ki}$, d. h. der Merkmalsvektor in dem entsprechenden Hyperquader liegt, ansonsten erfolgt eine Rückweisung (Bild).

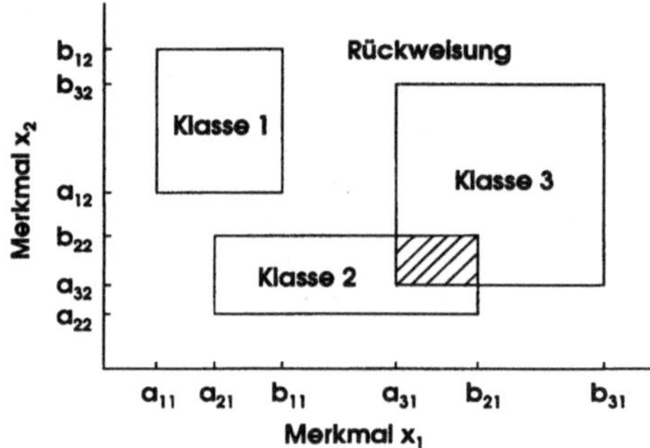

Für den Fall, daß sich Klassengebiete überlappen und die oben genannte Bedingung für mehr als ein k erfüllt sein kann (vgl. Klassen 2 und 3 im Bild), müssen gesonderte Festlegungen getroffen werden. Am einfachsten ist die Festlegung von Merkmalsprioritäten, da dann bei der ersten gefundenen Klasse abgebrochen werden kann. Es kann aber auch notwendig sein, in solchen Fällen andere aufwendigere Klassifikatoren einzusetzen.

Parallelprojektion

Spezielle Form der → Projektion, bei der die Projektionsstrahlen aus einem im Unendlichen liegenden → Projektionszentrum kommen und deshalb parallel verlaufen.

Bei der P. liefern parallele Strecken im Original auch parallele Strecken im Bild. Dies entspricht nicht immer dem natürlichen Sehen, hat aber für technische Anwendungen in Form der Ein-, Zwei-, Drei- oder Mehrtafelprojektion deutliche Vorteile. Die verschiedenen Ansichten eines Objektes wie Grundriß, Aufriß, Kreuzriß oder Schrägriß werden zur exakten Darstellung des

Körpers in technischen Zeichnungen und für konkrete Bearbeitungsvorschriften verwendet. Durch entsprechende Wahl des Betrachterstandpunktes ergeben sich spezielle Darstellungen wie die → Isometrie oder Dimetrie.

Parallelverarbeitung

Engl. parallel processing. Leistungssteigernde Funktionsprinzipien von → Computern mit nichtkonventioneller Architektur bzw. von Spezialprozessoren, die eine gleichzeitige Bearbeitung von Operationen oder Prozessen einer zusammengehörigen Aufgabe ermöglichen, die in herkömmlichen Computern nacheinander (sequentiell) ausgeführt werden müssen.

Voraussetzung für die Anwendung der P. ist die Möglichkeit, einen → Algorithmus in wesentlichen Teilen in unabhängig voneinander ausführbare Operationen bzw. Prozesse zu zerlegen, die dann auf geeigneten Prozessorstrukturen gleichzeitig (simultan) bearbeitet werden können. Als zwei grundlegende Prinzipien der Arbeitsweise derartiger Prozessorstrukturen werden → SIMD und → MIMD unterschieden. Häufig sind die einzelnen Prozessoren einer solchen Struktur in einem regelmäßigen und statischen Verbindungsschema gekoppelt (→ Prozessorarray).

Aufgrund des extrem hohen Datenvolumens von → Rasterbildern und der Komplexität vieler Aufgaben des → maschinellen Sehens besitzt die P. gerade in der → digitalen Bildverarbeitung und der → Computergrafik eine große Bedeutung und ist bei Echtzeitanwendungen unverzichtbar. Die Parallelisierbarkeit der Algorithmen ist insbesondere bei lokalen → Bildoperationen in einfacher Weise gegeben und wird in vielen → Bildverarbeitungssystemen zielgerichtet ausgenutzt.

Mit den wachsenden Möglichkeiten zur effektiven Entwicklung von Prozessoren und Kundenschaltkreisen in VLSI-Technologie (→ VLSI) wird die praktische Bedeutung der P. weiter zunehmen.

Parametrisches Modell

→ Rechnerinternes Modell, dessen wesentlichste Charakteristika durch Parameter spezifiziert sind, die ihrerseits vom → Nutzer des entsprechenden → rechnerunterstützten Systems aufwandsarm festgelegt und geändert werden können.

P.M. eignen sich besonders gut für die → rechnerunterstützte Konstruktion verschiedener Varianten von Bauteilen oder Baugruppen (Variantenkonstruktion) sowie für die → Detaillierung von Entwürfen (Bilder 1 und 2).

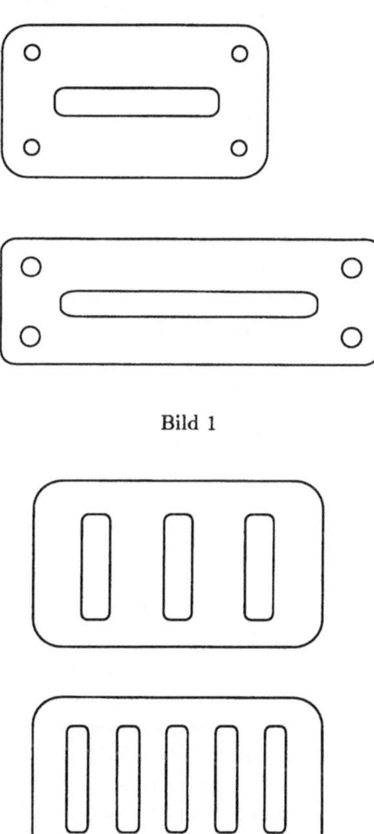

Bild 1

Bild 2

Dabei braucht nicht jedes Modell bzw. jede Modellvariante vollständig neu in relativ aufwendiger → interaktiver Arbeitsweise erstellt zu werden. Vielmehr sind lediglich die bestimmenden Parameter des p.M. vorzugeben. Dies kann u. U. sogar vollautomatisch mit Hilfe spezieller → Anwenderprogramme erfolgen. Weitere, interaktive Techniken der Parameterspezifikation bestehen z. B. darin, daß der Systemnutzer Einträge in übersichtlich und klar verständlich gestalteten Tabellen vornimmt, oder daß er vom System sequentiell nach allen Parametern abgefragt wird.

Bei dem einfachen Beispiel in Bild 1 wurden sämtliche geometrischen Parameter verändert, die das Objekt beschreiben, um eine zweite Variante zu erzeugen, wobei aber die topologische Struktur des Objektes gleich geblieben ist. Bei dem Beispiel in Bild 2 betrifft ein Parameter die Anzahl der Langlöcher. Durch Veränderung dieses Parameters wurde eine zweite Variante generiert, die sich in diesem Fall von der ersten auch in ihrer topologischen Struktur unterscheidet.

Parkettierung

Engl. tesselation. Vollständiges Überdecken der Ebene mit nichtüberlappenden Figuren, den sog. Parkettsteinen (→ Gebietszerlegung).

1. Deterministische P.: Die Parkettsteine sind i. allg. einfache geometrische Figuren, wie z. B. Dreiecke, Rechtecke und aus diesen zusammengesetzte Figuren. Es treten meist nur wenige unterschiedliche Typen von Parkettsteinen auf. Die P. zeigt eine große Regelmäßigkeit. Zu unterscheiden sind die P. der unendlich ausgedehnten Ebene und endlicher Ausschnitte davon. Beispiele für P. sind Schachbrettmuster, Ornamente, gemusterte Stoffe oder Tapeten. Deterministische P. approximieren → Texturen in Bildern und Segmenten. In der Informatik dienen Überlegungen zur P. u. a. zur Erarbeitung von Methoden für eine optimale Ausnutzung von Speicherraum. Den Parkettierungsproblemen verwandt sind Packungsprobleme, die bei vielen Entwurfsaufgaben auftreten.

2. Stochastische P.: Sie wird durch einen → zufälligen Prozeß erzeugt, wobei meist konvexe Parkettsteine entstehen. Das → **Voronoi**-Diagramm eines → zufälligen Punktfeldes in der Ebene ist dafür ein gutes Beispiel. Stochastische P. sind gut geeignet für die Modellierung von Bruchmustern, kristallinen Strukturen, geologischen Lineaturen und biologischen Präparaten (→ zufälliges Mosaik).

Paßpunkt

→ Referenzpunkte.

Patch

Engl. für Fleck, Flicken, Stück. Einfaches Flächenstück als Element einer → Freiformfläche.

In vielen Anwendungen der → Computergrafik, → Computergeometrie bzw. von → CAD (insbesondere im Automobil-, Flugzeug- und Schiffbau) können die Oberflächen der zu modellierenden Objekte nicht durch analytisch beschriebene Flächen beschrieben werden. Vielmehr sind solche frei geformten Flächen aus kleinen, einfachen, durch den → Computer leicht manipulierbaren Teilen, den P., zusammenzusetzten. Ein besonderes Problem besteht dabei in der Einhaltung von Stetigkeits- und Differenzierbarkeitsbedingungen an den Übergängen zwischen verschiedenen P.

Wenn P. nicht als → Funktion zweier Variabler analytisch gegeben sind, müssen sie aus einfacheren Objekten (Punkten, Tangentenvektoren, Kurven als Funktionen einer Variablen) aufgebaut werden. Dazu bestehen folgende Möglichkeiten:

1. Definition des P. durch kartesisches oder Tensorprodukt,
2. Definition durch eine Kurvenfamilie,
3. Definition durch zwei Kurvenfamilien.

Ein wichtiger Spezialfall der dritten Möglichkeit sind **Coons**' Patches.

Pattern Recognition

Engl., → Mustererkennung.

PCM

Engl. Abk. für pulse code modulation (Pulsekodemodulation). Methode zur Speicherung und Übertragung kontinuierlich-analoger → Signale, wobei diese Signale durch → Abtastung und → Quantisierung in eine Folge binärer Kodeworte überführt werden, ohne dabei datenkomprimierende Verfahren (→ Bilddatenkompression) einzusetzen.

Zur PCM von → Bildsignalen erfolgt eine → Abtastung entsprechend eines bestimmten → Rasters. Die zur Vermeidung von Informationsverlusten und → Aliasing notwendige örtliche Auflösung bzw. Abtastfrequenz ist durch das → Abtasttheorem vorgegeben. Die abgetasteten Signalwerte werden in einem Analog-Digital-Umsetzer (→ ADU) durch Vergleich mit $2^b - 1$ Entscheidungswerten einem von 2^b Bereichen zugeordnet und entsprechend mit b Bit kodiert (→ Quantisierung). Bei Grauwertbildern sind $b = 8$, gelegentlich auch $b = 6$ oder $b = 7$, üblich.

Die Dekodierung erfolgt mittels Digital-Analog-Umsetzer, wobei ein Kodewort in den Rekonstruktionswert des entsprechenden Bereiches umgesetzt wird. Im Vergleich zum ursprünglichen analogen Signal ergeben sich Quantisierungsfehler. Diese werden um so größer, je weniger Quantisierungsstufen verwendet wurden.

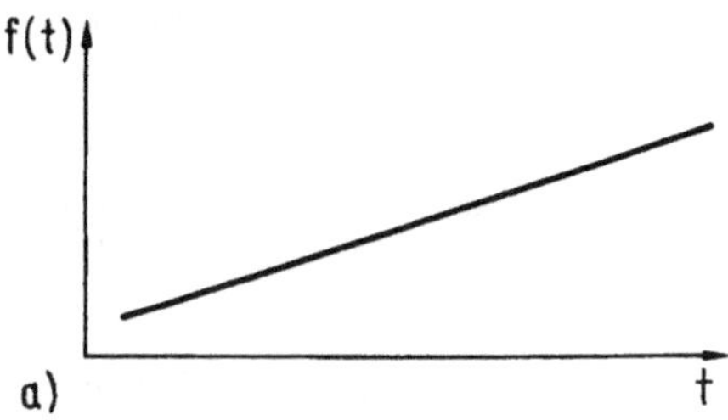

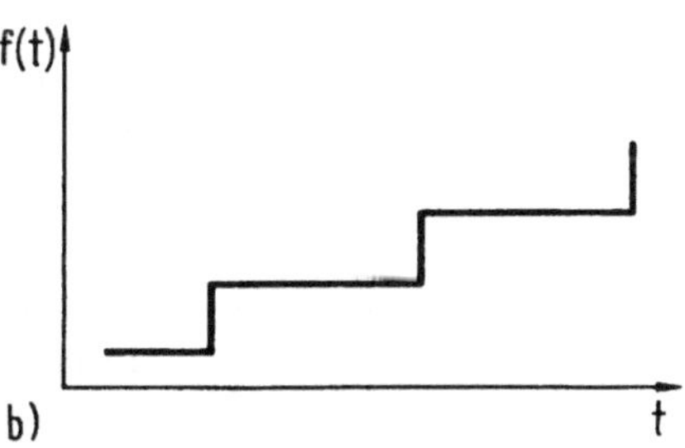

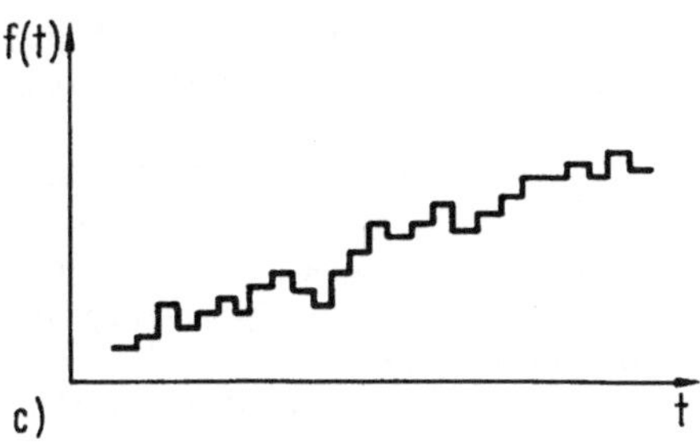

a) Unquantisiertes Signal

b) Quantisiertes Signal

c) Signal nach Roberts-Modulation

Durch eine dem Bild bzw. dem menschlichen Sehvermögen angepaßte ungleichförmige Verteilung der Entscheidungs- und Rekonstruktionswerte kann der Fehler verringert bzw. die subjektive Wahrnehmung verbessert werden. Das kann auch durch eine nichtlineare Transformation des Signals vor einer linearen Quantisierung und Anwendung der inversen Transformation bei der Digital-Analog-Umsetzung erreicht werden (companding quantization).

Die bei wenigen Grau- bzw. Quantisierungsstufen auftretenden störenden Kontureffekte können verringert werden, wenn dem Signal vor der Quantisierung ein schwaches Rauschen überlagert und nach der Quantisierung und Übertragung wieder abgezogen wird (**Roberts**-Modulation, pseudonoise quantization). Trotz der Vergrößerung des objektiven Quantisierungsfehlers ergibt sich ein besserer subjektiver Eindruck, wie das Bild veranschaulicht.

Peripherie

Gesamtheit der einem bestimmten → Computer zugeordneten Geräte, die mit diesem gekoppelt sind und von ihm oder über ihn angesprochen werden.

Die P. eines Rechners dient

- der → Eingabe und → Ausgabe bei seiner unmittelbaren Nutzung und Bedienung durch den Menschen, insbesondere in → interaktiver Arbeitsweise (→ Mensch-Rechner-Schnittstelle)
- der Ankopplung externer Prozesse (z. B. im Rahmen der → rechnerunterstützten Fertigung) sowie
- der externen Speicherung.

Die P. eines Rechners entscheidet damit wesentlich mit über dessen Einsatzmöglichkeiten. → Computergrafik und → digitale Bildverarbeitung erfordern eine besonders leistungsfähige P., nämlich den Anschluß → grafischer Geräte.

Perspektive

Technik zur Vermittlung eines räumlichen Eindrucks durch ein Bild auf einer Fläche, in dem dreidimensionale Objekte und Szenen so dargestellt werden, wie sie bei einem natürlichen Sehvorgang wahrgenommen würden (→ Zentralprojektion).

Die Einbeziehung von P. in Bilder dreidimensionaler Szenen gehört zu den wichtigsten Möglichkeiten zur Vermittlung eines räumlichen Eindrucks. Sie zeichnet sich vor anderen Hilfsmitteln, z. B. der

Darstellung mehrerer, mittels → Parallelprojektion gewonnener Ansichten und → Schnitte eines Objektes in einer maßstabsgerechten technischen Zeichnung (→ rechnerunterstützte Zeichnungserstellung) durch Anschaulichkeit, Unmittelbarkeit und Realitätsnähe aus.

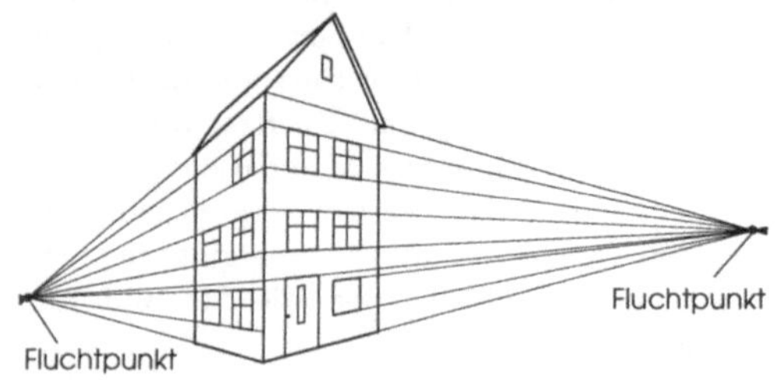

Die am häufigsten genutzten Elemente der P. sind das Festlegen von Fluchtpunkten, in denen sich in der zweidimensionalen Darstellung solche Geraden schneiden, die in der dreidimensionalen Szene parallel verlaufen (Bild). Damit verbunden ist, daß Objekte mit wachsender Entfernung von der angenommenen Betrachterposition in der Darstellung immer kleiner werden. Als weiteres Element der P. kann die sog. Luft-P. zur Anwendung kommen. Sie berücksichtigt die Veränderung von Farben bzw. Helligkeitswerten bei wachsender Entfernung.

Im Rahmen der → 3D-Computergrafik können perspektivische Darstellungen von → 3D-Modellen automatisch abgeleitet werden, wobei eine Zentralprojektion stattfindet (→ Visualisierung von 3D-Modellen). Auch die Veränderung der Farben und Helligkeitswerte von Objekten mit deren Entfernung vom Betrachter läßt sich mit Hilfe von Techniken der → Computergrafik simulieren. Dafür hat sich auch im deutschen Sprachraum der Begriff depth cueing eingebürgert.

PHIGS

Engl. Abk. für Programmer's Hierarchical Interactive Graphics System, hierarchisches interaktives Grafiksystem des Programmierers. Standard auf dem Gebiet der → Computergrafik, der eine → Schnittstelle zwischen → Anwenderprogramm und grafischem System zur Erzeugung von → 2D- und → 3D-Computergrafiken unabhängig von einer bestimmten Anwendung definiert (→ Standardisierung).

PHIGS wurde 1989 von der ISO als Standard (ISO/IEC 9592) herausgegeben und 1991 von DIN (DIN EN 29592) übernommen. PHIGS

- spezifiziert grundlegende → Funktionen zur Erzeugung und → Ausgabe grafischer 2D- und 3D-Darstellungen auf → Vektor- oder → Rasterdisplays,
- unterstützt die → interaktive Arbeitsweise durch Funktionen für die grafische → Eingabe,
- ermöglicht eine hierarchische Bilddefinition, wobei beliebig viele Hierarchieebenen zulässig sind, und
- berücksichtigt die Speicherung und dynamische Modifikation von Bildern.

Für die grafische Ausgabe können unterschiedliche → Darstellungselemente (output primitives) wie z. B. POLYLINE, POLYMARKER, FILL AREA und TEXT genutzt werden, denen Attribute wie z. B. COLOUR, POLYLINE TYPE, CHARACTER HEIGHT zugeordnet sind. Es existieren Funktionen sowohl für die 2D- als auch für die 3D-Transformation und für die → Visualisierung von → 3D-Modellen.

Die Bindung von Eigenschaften (Attribute, Transformationen) an die Darstellungselemente erfolgt zur Abarbeitungszeit. Dadurch „erbt" jede Struktur die Umgebung, die bei ihrer Abarbeitung gilt.

Weitere grundlegende Konzepte in PHIGS sind das der Workstation (→ grafischer Arbeitsplatz) und des zentralen Strukturspeichers (Centralized Structure Store – CSS), der die Speicherung und Manipulation grafischer Daten in einer hierarchischen Datenstruktur unterstützt. PHIGS enthält auch Funktionen zum Speichern und Lesen von grafischen Daten auf bzw. von einer externen → Datei (Metafile).

PHIGS wurde im Gegensatz zu → GKS von vornherein für 3D-Computergrafik konzipiert. Es unterscheidet sich weiterhin von GKS durch die konsequente Trennung der Objektbeschreibung von der eigentlichen grafischen Darstellung und durch die hierarchische Bilddefinition.

PHIGS selbst ist ein programmiersprachenunabhängiges System. Die Einbettung in eine konkrete Programmiersprache ist durch Zusatznormen

(ISO/IEC 9593) - sog. Sprachschalen (language bindings) - geregelt.

Die PHIGS-Erweiterung PHIGS PLUS (Plus Lumiere Und Shading, ISO/IEC 9592-4) enthält Mechanismen für die → Beleuchtungssimulation, insbesondere für die → Schattierung, die → Reflexion und den → Schattenwurf sowie verbesserte Darstellungselemente für Kurven und Flächen.

Phong-Shading

Nach **Biu Toung Phong** *benanntes Verfahren zur → Schattierung von Flächen (insbesondere Körperoberflächen), bei dem eine → Interpolation der Flächennormalen vorgenommen wird.*

Im Unterschied zum → **Gouraud**-Shading werden beim P. nicht Farbwerte, sondern die → Normalen von Flächen interpoliert (Bild). Wie beim **Gouraud**-Shading besteht das Ziel darin, auch im Falle einer durch ebene Facetten approximierten Fläche (→ Facettenmodell) den Eindruck einer gekrümmten Fläche zu vermitteln. Für jede „Normale" (die interpolierten Vektoren sind i. allg. natürlich keine echten Normalen mehr) wird die Lichtintensität (→ Intensität, → Helligkeit) aus einem Beleuchtungsmodell (→ Beleuchtungssimulation) berechnet.

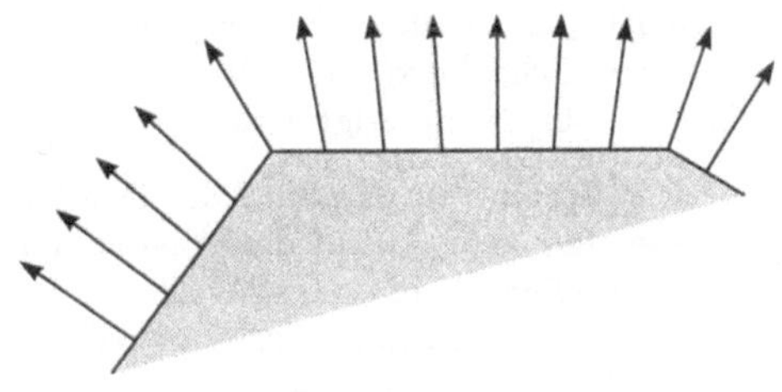

Das Beleuchtungsmodell von **Phong** hat einen Anteil I_R, der einer perfekten → Reflexion, und einen Anteil I_S, der der diffusen Reflexion nach dem → Lambertschen Gesetz entspricht. Diese Anteile errechnen sich aus der Winkellage von Lichtquelle und Beobachterstandpunkt zur Normalen im betrachteten Flächenelement. Die resultierende Intensität

$$I = mI_S + (1-m)I_R^k \quad (0 \leq m \leq 1)$$

wird durch die Parameter m und k an die Realität oder die gewünschte Darstellung angepaßt. Ein großes m ergibt einen matten, ein kleines m einen spiegelnden Oberflächeneindruck. Der Exponent k liegt zwischen 5 und 60.

Der gegenüber dem **Gouraud**-Shading wesentlich größere Aufwand kann bei der Verwendung von Grafiksteuerungen mit → Farbtabelle auf das Eintragen des Normalenvektors als Pixelwert in den → Bildwiederholspeicher reduziert werden. Dann erfolgt die Berechnung der Lichtintensität nur für die Farbtabelle mit z. B. 3 mal 256 Werten (→ Lookup-Tabelle) und es besteht kein wesentlicher Aufwandsunterschied zum **Gouraud**-Shading. Die Bildqualität beim P. ist jedoch erheblich besser, insbesondere ist die spiegelnde → Reflexion sehr gut nachzubilden.

Photogrammetrie

Verfahren zur halbautomatischen und rechnerunterstützten Weiterverarbeitung von Stereobildern der Erdoberfläche (Aerophotogrammetrie) oder industrieller Objekte, wie z. B. Schiffe, Rohrleitungen, Bauwerke (Industriephotogrammetrie).

Durch manuelle oder automatische Bestimmung der → Parallaxe werden Informationen über das Bodenrelief bzw. die Entfernung der Objekte erhalten, so daß eine berührungslose Vermessung ermöglicht wird. Dabei werden meistens optische und mechanische Spezialgeräte verwendet, die zunehmend durch Mittel der → digitalen Bildverarbeitung verdrängt werden.

Bei der Industriephotogrammetrie können z. B. 10 Kamerastandpunkte verwendet werden. Bei der direkten Auswertung der Signale → elektronischer Kameras spricht man von Echtzeitphotogrammetrie, obwohl keine photographischen Techniken verwendet werden.

Photometrische Größen

Lichttechnische Definition von Strahlungsgrößen, die auf die spektrale Empfindlichkeit des menschlichen Auges bezogen und dementsprechend auf den sichtbaren Spektralbereich eingegrenzt sind.

Grundgröße ist die Lichtstärke I, gemessen in der SI-Basiseinheit Candela; abgeleitetete p.G. sind Lichtmenge, Lichtstrom, Leuchtdichte und Beleuchtungsstärke. Sie können in → radiometrische Größen umgerechnet werden.

Photometrische Größe	Einheit	Radiometrische Größe	Einheit
Lichtstrom	Lumen (lm)	Strahlungsfluß	Watt (W)
Lichtstärke	Candela (cd)	Strahlstärke	W/sr
Beleuchtungsstärke	Lux (lx)	Bestrahlungsstärke	W/m^2
Leuchtdichte	cd/m^2	Strahldichte	W/m^2sr

In der obigen Tafel bedeutet sr die Einheit des Raumwinkels (sterradiant), d. h. den Sehwinkel, unter dem eine Kurve auf der Einheitskugel gesehen wird, die eine Fläche vom Inhalt 1 umschließt. Ein Kreiskegel mit dem Öffnungswinkel α umschließt einen Raumwinkel von

$$\omega = \pi(4\sin^2\frac{\alpha}{4} + \sin\frac{\alpha}{2}) \quad .$$

Photorealismus

Im Rahmen der → Computergrafik gebräuchlicher Begriff, der die rechnerunterstützte Synthese von Darstellungen betrifft, die (fast) so realitätsnah wie Photos wirken.

Pick-Funktion

Engl. Auswahl, auswählen. → Funktion zur Auswahl eines Objektes am → Bildschirm.

Die → interaktive Arbeitsweise basiert wesentlich auf der Möglichkeit der direkten Auswahl von auf dem Bildschirm sichtbaren Objekten. Dabei kann es sich z. B. um einzelne Punkte, Linien, → Symbole oder auch um Bestandteile eines → 3D-Modells handeln, die gelöscht oder manipuliert werden sollen. Ohne Bezeichnungen (Namen) für diese Objekte kennen zu müssen, wählt der → Nutzer eines interaktiven → Computergrafiksystems aus, indem er den → Cursor oder das → Fadenkreuz z. B. mit Hilfe einer → Maus auf das gewünschte Objekt fährt und die Auswahl bestätigt. Zur Erleichterung dieses Vorgangs wird mit einem einstellbaren Fangbereich gearbeitet, so daß man den Cursor z. B. nicht genau auf eine Linie oder einen Punkt, sondern nur in eine hinreichende Nähe zu führen braucht.

Im Rahmen einer → GKS-Implementation (→ GKS) wird durch die P. die mit dem ausgewählten → Darstellungselement verknüpfte Pickerkennzeichnung → Attribut) und der zugehörige Segmentname (→ Segment) geliefert.

Picker

Engl. pick device. Im Rahmen von → GKS definierte Klasse von → logischen Eingabegeräten (→ Eingabeklasse) bzw. einzelner Repräsentant dieser Klasse.

P. liefern die mit dem ausgewählten → Darstellungselement verknüpfte Pickerkennzeichnung und den zugehörigen Segmentnamen (→ Segment), sofern die Auswahl gelungen ist. Die Pickerkennzeichnung ist ein → Attribut, das jedem Darstellungselement zugeordnet wird, um einzelne Darstellungselemente oder Gruppen von Darstellungselementen kennzeichnen zu können.

Typische (und gut geeignete) Kombinationen von physischen Geräten zur Ausführung der → Pick-Funktion durch den → Nutzer von → Computergrafiksystemen bzw. → Bildverarbeitungssystemen sind folgende:

- → Rollkugel oder → Steuerknüppel oder → Maus zur → Eingabe einer bestimmten Position (→ Lokalisierer),
- → Bildschirm, auf dem die eingegebene Position als → Echo durch ein → Fadenkreuz oder einen → Cursor angezeigt wird,
- spezielle Tasten zum Abschluß der Positionseingabe und zum Aufruf der Auswahlfunktion, woraufhin das in einer einstellbaren Umgebung der festgelegten Position nächstliegende Objekt ausgewählt wird.

Als Echo einer erfolgreichen Auswahl kann ein → Hervorheben des Objektes stattfinden.

Pixel

Engl., abgeleitet von picture element, → Bildelement, → Bildpunkt.

Pixel Array

Engl., Pixelfeld. Feld von Speicherzellen, das einem Feld von Punkten eines Rasters zur Darstellung von → Rasterbildern zugordnet ist.

Der Begriff des P.A. wird in Zusammenhang mit speziellen Schaltkreisen (z. B. → Grafikprozessoren, → Spezial-Hardware) verwendet, welche den Datentyp „Pixel“ (→ Bildpunkt) unterstützen.

Neuere Grafikprozessoren besitzen spezielle Maschinenbefehle, die Operationen mit P.A., so z. B. das Kopieren oder Verknüpfen von P.A., mit Hilfe logischer Funktionen ermöglichen. Die Besonderheit besteht dabei darin, daß die sog. → Bittiefe nicht in den Maschinenbefehl eingeht, sondern separat in einem speziellen Register des Grafikprozessors angegeben wird. Ein Beispiel für ein P.A. ist die → Bit-map eines → Rasterdislays.

PLA

Engl. Abk. für programmable logical array. Bauelement zur effektiven Realisierung kombinatorischer Schaltungen (Zuordner).

PLAs sind wesentliche Baublöcke elektronischer Schaltungen und integrierter Schaltkreise als Befehlsdekodierer, Steuerwerke und Fehlerkorrekturglieder. Die einfachste Form einer PLA ist eine NOR Matrix, d. h. eine zweidimensional angeordnete Sruktur. Die NOR-Verknüpfung der Leitungen, die den Reihen der PLA zugeordnet sind, ergibt sich entsprechend den Signalen, die in den Spalten anliegen. Eine vollständige PLA erhält man, indem einer NOR-Matrix eine weitere Matrix nachgeschaltet wird, wobei die direkten und negierten Ausgänge der ersten Matrix die Eingänge der zweiten bilden. Mit einer derartigen PLA können bei geeigneter Programmierug beliebige logische Verknüpfungen der Eingänge erzeugt werden. Die Programmierung der PLA erfolgt in der Regel durch Verdrahtung in einer Leiterebene. Daraus ergibt sich ein im Vergleich zu einer freien Logik größerer Platzbedarf. Die PLA und die → Lookup-Tabelle sind die Schlüsselbaugruppen schneller Prozessoren für → Computergrafik und → digitale Bildverarbeitung.

Plasmadisplay

Engl. gas display, plasma display. Auf Gasentladungseffekten beruhender → Bildschirm.

Auf einem P. werden die → Bildelemente durch elektronisch angesteuerte kleine Glimmzellen gebildet. Sie sind rötlich gefärbt und gut lesbar. Vorteilhaft ist der flache Aufbau von P., nachteilig der vergleichsweise hohe Stromverbrauch. Wenn die Glimmladung ultraviolettes Licht aussendet, kann man verschiedenfarbige Bildpunkte zum Leuchten anregen und damit einen farbigen Bildschrirm herstellen. Das dargestellte Bild bleibt lange ohne äußere Regenerierung (→ Bildwiederholspeicher) erhalten und ist flimmerfrei (→ Flimmern). P. sind teurer als → Katodenstrahlröhren. Es gibt P. mit bis zu 1,5 m Bilddiagonale.

Plazierung

Vorgang der Anordnung von Objekten im dreidimensionalen Raum bzw. insbesondere auf einer Ebene.

Im Rahmen der → Computergrafik wird der Begriff P. für den Vorgang der Festlegung von Positionen für → Symbole bzw. → Sinnbilder oder andere Teile von Grafiken innerhalb der gesamten zur Verfügung stehenden → Darstellungsfläche verwendet.

Von besonderer Bedeutung ist die P. bei der Erzeugung von Schemata (→ Schema), die zum größten Teil aus Symbolen bzw. Sinnbildern bestehen. Auf der Basis von → Computergrafiksystemen kann die P. sowohl interaktiv (→ interaktive Arbeitsweise) als auch automatisch durchgeführt werden. Beide Plazierungsmöglichkeiten spielen in Lösungen zu → Computer-Aided Schematics eine wichtige Rolle. Der Informationsgehalt der meisten Schemata wird nicht nur durch die Symbole, sondern auch durch Verbindungslinien zwischen Symbolen ausgedrückt. Der Vorgang der Festlegung der Gesamtheit dieser Verbindungen wird → Trassierung oder → Routing genannt. Die P. und Trassierung können i. allg. nicht völlig unabhängig voneinander vorgenommen werden.

Auch bei der rechnerunterstützten Erstellung von maßstabsgerechten technischen Zeichnungen (→ rechnerunterstützte Zeichnungserstellung) treten Probleme der P. auf. Dabei geht es einerseits wieder um Symbole bzw. Sinnbilder, andererseits aber auch um die P. maßstabsgerechter Teilgrafiken wie z. B. der verschiedenen Ansichten eines Körpers oder von Detaildarstellungen.

Plotter

→ Grafisches Gerät zur nichtflüchtigen → Ausgabe von → Computergrafiken.

Die klassische Form des Plotters ist der → Zeichenstiftplotter, der als → Flachbettplotter oder → Trommelplotter ausgeführt sein kann. Auf der Grundlage anderer technischer Prinzipien wurden u. a. Tintenstrahlplotter (→ Tintenstrahldrucker) realisiert.

Poisson-Prozeß

Nach dem französischen Mathematiker **S.D. Poisson** *(1781-1840) benannter einfacher → zufälliger Prozeß, der eine regellose Anordnung von Punkten erzeugt.*

Der P.-P. ist ein grundlegendes und oft benutztes Modell für regellose Punktmuster. Dabei sind zum einen die Anzahl der Punkte $N(B_i)$ in paarweise disjunkten Mengen $B_1, \ldots, B_n$ voneinander unabhängig und zum anderen die Anzahl der Punkte $N(B)$ in einer beliebigen beschränkten Menge B mit dem Flächen- oder Rauminhalt $V(B)$ mit dem Parameter $\lambda V(B)$ verteilt. Für die Wahrscheinlichkeit, daß in der betrachteten Menge B genau n Punkte liegen, gilt die **Poisson**-Verteilung:

$$\mathbf{P}\Big(N(B) = n\Big) = \frac{\Big(\lambda V(B)\Big)^n}{n!} \exp\Big(- \lambda V(B)\Big)$$

für $n = 0, 1, 2, \ldots$. Der Parameter $\lambda > 0$ ist die Intensität des Punktprozesses.

Das Bild zeigt einen Ausschnitt aus der Realisierung eines P.-P..

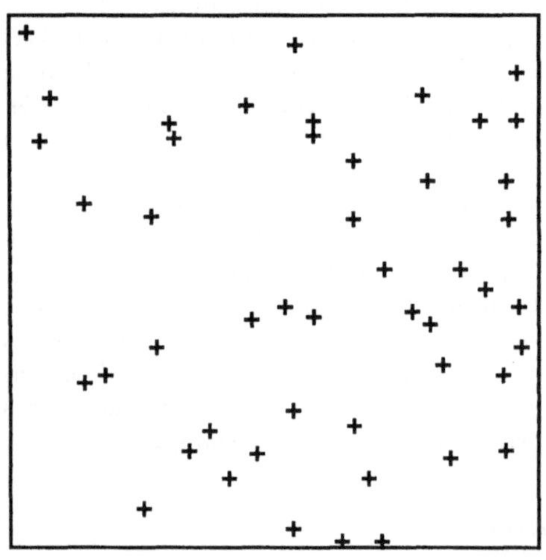

Polarkoordinaten

→ *Koordinaten in einem Polarkoordinatensystem (→ Koordinatensystem).*

Polarkoordinatensytem

→ *Koordinatensystem.*

Polyeder

Ebenflächiger Körper, Vielflächner.

Ein P. ist eine abgeschlossene dreidimensionale Punktmenge des dreidimensionalen Raumes, die allseitig durch endlich viele ebene Flächenstücke begrenzt wird. Die Vereinigung ausschließlich der Punkte aller begrenzenden Flächenstücke heißt Oberfläche. Ein → konvexes P. liegt vor, wenn mit je zwei Punkten des P. auch deren Verbindungsstrecke im Inneren des P. liegt.

Polyedermodell

→ *Facettenmodell.*

Polygon

Geschlossene ebene Figur mit geradlinigen Begrenzungsstrecken als Seiten, Vieleck.

Wenn jede Verbindungsstrecke zweier beliebiger Punkte eines P. ganz in seinem Inneren verläuft, heißt das P. konvex, anderenfalls wird es konkav genannt. Besitzt ein P. sich schneidende Seiten, spricht man von einem überschlagenen P. (Bild auf der folgenden Seite).

P. spielen in der → Computergrafik eine große Rolle. So sind z. B. die Oberflächen vieler → 3D-Modelle P. oder werden approximativ aus P. zusammengesetzt (→ Facettenmodell). Das Problem des → Clipping von P. gegeneinander tritt u. a. bei der → Visualisierung solcher → Modelle auf.

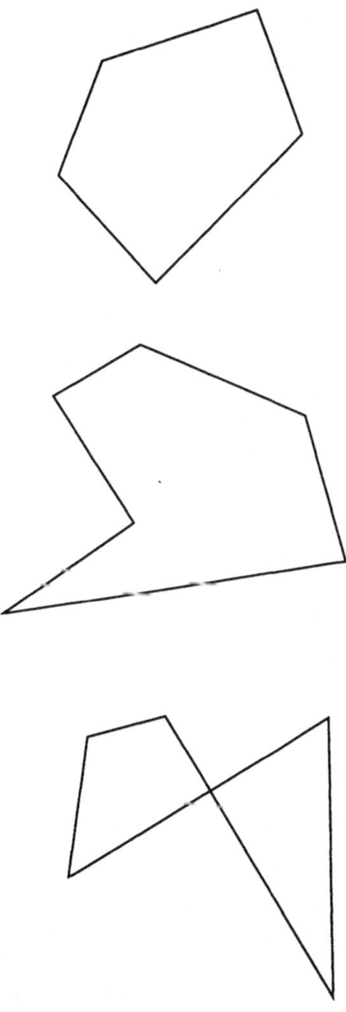

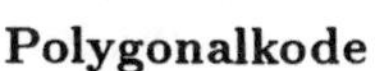

Polygonalkode

Liste der Eckpunkte eines approximierenden → Polygonzuges.

Der P. ist eine Beschreibungsmöglichkeit für die Approximation einer ebenen Kurve durch Polygonzüge mit vorgegebener Genauigkeit bei möglichst geringer Anzahl von Stützpunkten (Zwischenpunkte, Eckpunkte).

Ist eine ebene Kurve z. B. in Parameterdarstellung $x = \varphi(t), y = \psi(t)$ mit $\alpha \leq t \leq \beta$ gegeben, so erhält man eine Zerlegung des Intervalls $[\alpha, \beta]$ durch Einfügen von Stützpunkten t_i mit

$$\alpha = t_0 < t_1 < \cdots < t_{n-1} < t_n = \beta \quad .$$

Ein zur Zerlegung gehörender Polygonzug entsteht nun dadurch, daß die zu den Teilpunkten t_i gehörenden Kurvenpunkte $P_i = \big(\varphi(t_i), \psi(t_i)\big)$ geradlinig verbunden werden. Im Bildanhang ist ein Beispiel für den P. dargestellt.

Polygonzug

Offene oder geschlossene Folge von Strecken.

Als Hauptbestandteil von → Liniengrafiken spielen P. in der → Computergrafik eine wichtige Rolle. Im Rahmen von → GKS wird das entsprechende → Darstellungselement, mit dessen Hilfe sich P. erzeugen lassen, → Linienzug genannt. Gekrümmte Linien wie z. B. Kreisbögen werden in vielen → Computergrafiksystemen bei der → Ausgabe durch P. approximiert. In der → digitalen Bildverarbeitung steht häufig das Problem, unscharfe und unterbrochene → Konturen durch P. zu repräsentieren. Diese Aufgabe tritt insbesondere bei der → Eingabe grafischer Darstellungen durch handgezeichnete Skizzen auf (→ Skizzeneingabe).

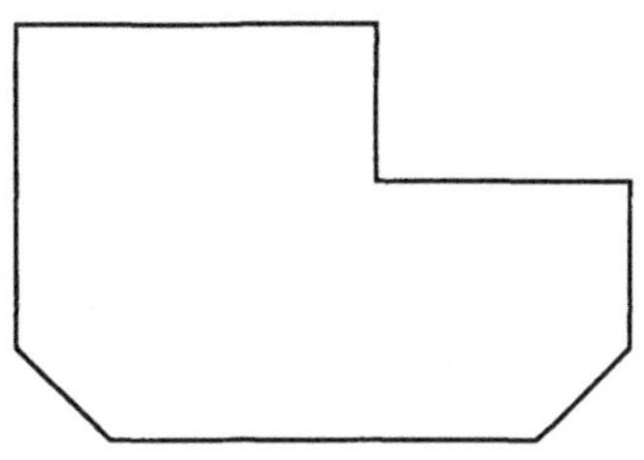

Ein geschlossener P. bildet die Begrenzung eines → Polygons. Das Bild auf der vorhergehenden Seite zeigt je ein Beispiel eines offenen und eines geschlossenen P..

Ein P. im engeren Sinne wird nicht durch die Folge der Streckenendpunkte, sondern die Längen der Einzelstrecken und die Richtungsänderungen beim Übergang von einer Strecke zur nächsten beschrieben.

Polyline

Engl., → Linienzug.

Polymarke

Eines der sechs → Darstellungselemente des grafischen Kernsystems (→ GKS), das einer Menge bestimmter Marken auf vorgegebenen Positionen entspricht.

GKS erzeugt bei der → Ausgabe einer P. spezielle Markierungssymbole (wie Kreuze und Sterne), die auf Positionen zentriert sind, welche vom → Anwenderprogramm vorgegeben werden. Das Bild zeigt einige Beispiele. Das Erscheinungsbild dieser Marken wird durch die → Attribute Markentyp, Markenvergrößerungsfaktor, Polymarkenfarbindex (→ Farbindex) gesteuert. Mit Hilfe des Attributs Polymarkenindex und → Aspektanzeigern können diese Attribute auch in gebündelter Form (also nicht individuell) vergeben werden (→ Bündelindex, → Bündeltabelle).

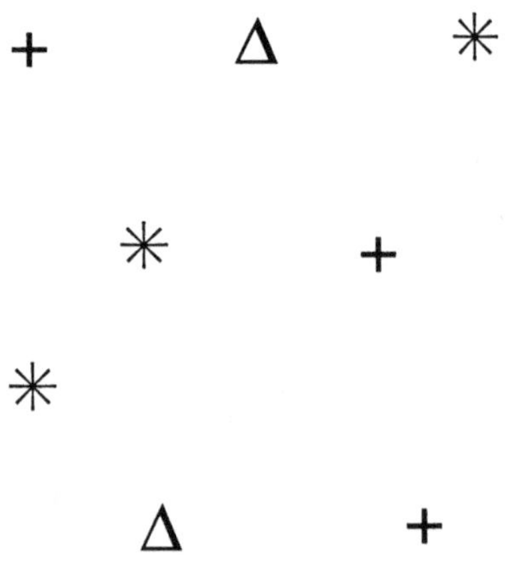

Pop-up-Menü

Aus dem Engl., → Menü.

PostScript

Verbreitete Seitenbeschreibungssprache (Engl. page description language).

Eine Seitenbeschreibungssprache spiegelt Inhalt und Form eines Dokumentes in weitgehend geräteunabhängiger Form wider, wobei die wesentliche Einheit die Druckseite ist. Derartige Beschreibungen werden vor allem beim → Desktop-Publishing erzeugt. Sie werden durch spezielle → Treiberprogramme oder vorwiegend durch direkte Verarbeitung in hochwertigen → Laserdruckern oder Laserbelichtern in lesbare Dokumente bzw. Druckvorlagen umgesetzt. Auch als 2D-Darstellungsmodell für → Bildschirme werden P.-Beschreibungen zunehmend verwendet. Typische Eigenschaften von P. sind

- fast beliebige Grau- und Farbtöne,
- große Auswahl an Füllmustern,
- viele eingebaute Schriftarten,
- freizügige → Rotation und → Skalierung von Text und Graphik,
- Illustrationen im Raster- und Vektorformat,
- Kurvendarstellung durch → Splines.

Abgeschlossene druckfertige, d. h. mit Vor- und Nachspann versehene P.-Dateien, nennt man Encapsulated PostScript (EPS). Zu einer EPS-Datei gehört manchmal auch eine geräteabhängige → Bit-map zur schnellen → Visualisierung auf einem Bildschirm. P.-Dateien sind in lesbaren Zeichen kodiert; sie sind eigentlich Programme für ein Stapel- oder 0-Adreß-Maschinen-Modell. Drucker erkennen P.-Daten an der einleitenden Zeichensequenz `%!`. Die Basismaßeinheit ist 1/72 Zoll. P. ist nicht die einzige, aber die derzeit dominierende Seitenbeschreibungssprache. POSTSCRIPT ist ein eingetragenes Warenzeichen von Adobe Systems Incorporated.

Power Spectrum

Engl., → Leistungsdichtespektrum.

Prädiktionskodierung

Engl. predictive coding. Gruppe von Verfahren zur Signalkodierung (→ Signal, → Kodierung) und speziell der → Bildkodierung während der → Abtastung, in denen nicht der Abtastwert, sondern die Differenz zwischen diesem und einer auf Basis bereits verarbeiteter Werte berechneten Vorhersage quantisiert (→ Quantisierung) und kodiert wird.

Die Grundlage aller Verfahren der P. besteht darin, daß benachbarte Abtastwerte in Signalen und insbesondere in Bildern normalerweise stark korreliert sind und große Differenzen wesentlich seltener sind als kleine. Durch die Verwendung von Kodes mit ungleichen Wortlängen läßt sich i. allg. gegenüber der → PCM eine Reduzierung der Datenrate (→ Bilddatenkompression) erreichen.

Die einfachste Form der P. von Bildern ist die Differenzkodierung. Nachdem der erste Abtastwert einer Zeile kodiert ist, werden nur noch die Differenzen zwischen aufeinanderfolgenden Werten kodiert, wobei kleinen Differenzen kürzere Kodeworte zugeordnet werden als großen. DPCM-Verfahren (Differential Pulse Code Modulation) verwenden Schätzfunktionen und kodieren die Differenz zwischen dem abgetasteten und einem geschätzten Wert, der von einem oder mehreren vorangegangenen, im Prädiktor gespeicherten Werten und Differenzen abhängt (Bild a).

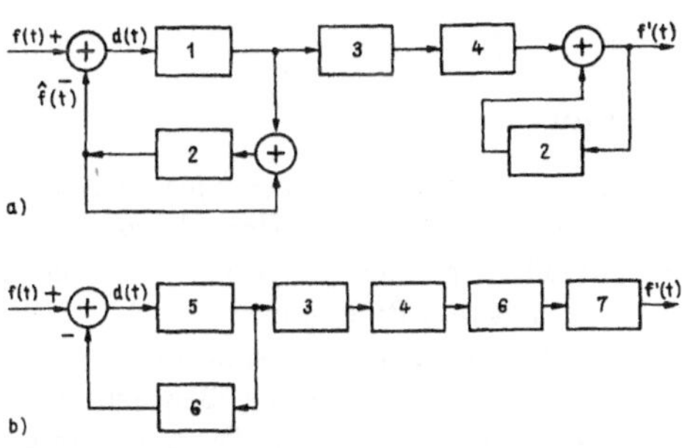

1. Quantisierer
2. Prädiktor
3. Kodierer
4. Dekodierer
5. Binarisierer
6. Integrator
7. Tiefpaß

Zweidimensionale DPCM-Verfahren für Bilder verbessern den Kompressionsfaktor durch Bezugnahme auf Werte aus der vorangegangenen Zeile bei entsprechender Erhöhung des Aufwandes. Oft werden die Differenzen im Kodierer mit ungleichförmig verteilten Entscheidungsgrenzen quantisiert. Adaptive DPCM-Verfahren steigern die Kompression durch Anpassung von Schätzfunktion, Quantisierung oder Kodierung an die Statistik eines Bildes oder einer Bildklasse.

Bei Kodierung einzelner Grauwertbilder können durch adaptive zweidimensionale DPCM ohne wesentlichen Qualitätsverlust Kompressionsraten von etwa 4:1 erreicht werden. Das Prinzip dieser Verfahren läßt sich auch auf bereits digitalisierte Bilder sowie auf Bildfolgen anwenden. Die Prädiktion bezieht sich dann auf → Bildelemente mit gleichen Koordinaten innerhalb einer Bildfolge.

Eine einfache auf die Abtastung und Rekonstruktion eines Videosignals zugeschnittene Variante der P. ist die Deltamodulation (Bild b). Bei im Vergleich zur DPCM-Kodierung höheren Abtastraten werden die Differenzen in nur einem Bit kodiert. Ist die Differenz zwischen Abtast- und vorhergesagtem Wert positiv, wird von einem Pulsgenerator ein positiver Impuls mit einer konstanten oder von den vorangegangenen Impulsen abhängigen Höhe generiert, anderenfalls ein negativer. Der Kodierer liefert entsprechend 0 oder 1. Die Prädiktion erfolgt durch Integration der Impulse. Entsprechend erfolgt die Dekodierung, wobei ein nachfolgendes → Tiefpaßfilter die unvermeidlichen hochfrequenten Fehlerkomponenten des rekonstruierten Signals unterdrücken soll.

Predictive Coding

Engl., → Prädiktionskodierung.

Primärfarben

Gruppe von drei Farben (i. allg. Rot, Grün und Blau), die zur → additiven Farbmischung verwendet werden.

P. sind Farb-Dreiergruppen, bei denen jede der drei Farben nicht aus den beiden anderen durch additive Mischung erzeugt werden kann (→ Farbmetrik). In Abhängigkeit vom Mischungsverhältnis lassen sich durch additive Farbmischung aus den P. fast alle Farbeindrücke hervorrufen. Die beim Farbfernsehen gewonnenen Signale für die Primärfarben heißen entsprechend Primär-Farbsignale.

Printer-Plotter

→ Ausgabegerät (→ Drucker, → Plotter), das sowohl für alphanumerische als auch für grafische → Ausgabe geeignet ist.

P. sind z. B. → Laserdrucker, → grafische Geräte, die auf der Grundlage elektrostatischer Verfahren ausgeben, und → Tintenstrahlplotter.

Prioritätslistenverfahren

Verfahren der → Computergrafik zur → Visualisierung von → 3D-Modellen.

Das P. realisiert die Visualisierung von Körpermodellen in → Begrenzungsflächen-Repräsentation. Falls es sich dabei um ein → Facettenmodell handelt, werden die Facetten nach ihrer Distanz zum angenommenen Betrachterstandpunkt sortiert. U. U. müssen bestimmte Facetten zerlegt werden (→ zyklische Überlappung). Anschließend erfolgt ein Füllen der auf die Bildschirmebene projizierten Facetten in der Art, daß die vom Betrachter am weitesten entfernten zuerst gefüllt und durch näher am Betrachter liegende im Falle einer Überdeckung ganz oder teilweise überschrieben werden. Die Farbe bzw. → Helligkeit der einzelnen → Bildpunkte wird dabei mit Schattierungsverfahren (→ Shading) berechnet.

Analog dazu werden auch Flächen, die keine Körperbegrenzungen darstellen, im dreidimensionalen Raum visualisiert.

Problem des optimalen Weges

Mathematisches Problem, das die Bestimmung mindestens eines → optimalen Weges zwischen zwei Punkten in einem kontinuierlichen Raum oder zwischen zwei → Knoten in einem → Graphen beinhaltet.

Produktmodell

Rechnerinternes → Modell eines Erzeugnisses (Produktes), das dieses nicht nur geometrisch vollständig (→ 3D-Modell), sondern darüber hinaus u. a. bez. seiner Funktion, seiner Herstellung, seiner Qualität und seines Vertriebs beschreibt und für die Verarbeitung im Rahmen → rechnerunterstützter Systeme bestimmt ist.

Obwohl auch eine Werkstattzeichnung eine vollständige Beschreibung z. B. eines Einzelteiles sein kann, spricht man bez. ihrer rechnerinternen Repräsentation nicht von P., weil die Zeichnung nicht primär für die Auswertung durch rechnerunterstützte Systeme, sondern für die Interpretation durch den Fachexperten erstellt wird. Durch die Verlagerung des Schwergewichtes in der Entwicklung der → rechnerunterstützten Konstruktion bzw. des → rechnerunterstützten Entwurfs (→ CAD) von der reinen → rechnerunterstützten Zeichnungserstellung zu umfassenderen Prozessen, insbesondere zur Vorbereitung der → rechnerunterstützten Fertigung (→ CAD/CAM), entstand das Bedürfnis nach einer solchen vollständigen Beschreibung von Produkten, die einerseits effektiv gespeichert (z. B. in Produktdatenbanken) und andererseits im Rahmen vielfältiger Prozesse rechentechnisch gut ausgewertet bzw. weiterverarbeitet werden können. Eine solche Beschreibung ist i. allg. nur auf der Grundlage der → 3D-Modellierung möglich. P. gehen aber über die rein geometrische Modellierung noch hinaus bzw. erfordern eine funktional-technologisch orientierte Darstellung geometrischer Aspekte auf der Basis technischer Elemente (wie Fase, Nut, Lochkreis usw.). Beispiele für → Informationen, die in P. zu integrieren sind, aber keinen rein geometrischen Charakter haben, sind Angaben zum Werkstoff, zur Oberflächengüte und allgemein zur Fertigungstechnologie.

Programm

Folge von Befehlen, Instruktionen oder Anweisungen zur Realisierung eines → Algorithmus.

Die Formulierung eines P. erfolgt vorwiegend in einer → höheren Programmiersprache. Das P. durchläuft vor seiner Ausführung auf einem → Computer verschiedene Bearbeitungsetappen. Nach der Eingabe des Quellprogramms mit Hilfe eines → Editors erfolgt die Übersetzung durch einen → Compiler in ein Objektprogramm (auch Objektmodul). Es schließt sich die Verbindung und Aufbereitung mehrerer Objektprogramme durch den Programmverbinder (Linker) zu einem abarbeitungsfähigen P. (Lademodul, Task) an. Dabei werden noch nicht aufgelöste Referenzen und Adressen aktualisiert und die Ladeadresse des P. bzw. seine Verschiebbarkeit festgelegt. Die verschiedenen Bearbeitungsstufen können in Programmbibliotheken zwischengespeichert werden. Bei der Benutzung von → Interpretern erfolgt die unmittelbare Abarbeitung des P. anhand des aufbereiteten Quelltextes ohne die Erzeugung ladefähiger P.. Auf Anforderung von → Nutzern entwickelte P. werden → Anwenderprogramme genannt.

Programmierbares logisches Feld

→ *PLA.*

Programmspeicher

Bezüglich eines → Computers internes oder externes Speichermedium zur Abspeicherung von → Programmen .

Innerhalb eines Rechners werden abzuarbeitende Programme im Hauptspeicher (im RAM oder bei speziellen Anwendungen im ROM bzw. EPROM) gespeichert. Dies garantiert einen ausreichend schnellen Zugriff zu allen Teilen des Programms. Programme werden außerdem auf externen Speichermedien wie Disketten, Magnetplatten bzw. Magnetbändern abgelegt und bei Verbindung des Datenträgers mit dem Rechner entsprechend den Zugriffsverfahren erreichbar. Eine Zwischenform stellen → virtuelle Speicher dar, bei denen ein realer Hauptspeicher und ein leistungsfähiger externer Speicher durch eine spezielle Adreßverwaltung und durch vor dem → Nutzer verdeckte Umspeicherungsmechanismen einen scheinbar sehr großen homogenen Hauptspeicher nachbilden.

Projektion

Engl. projection. Abbildung eines geometrischen Objektes auf ein Gebilde niedrigerer Dimension, meist eines dreidimensionalen Körpers auf eine Ebene.

Zur P. eines räumlichen Gebildes verbindet man gedanklich seine Punkte mit einem festen Punkt Z, der Projektionszentrum genannt wird. Diese Projektionsstrahlen treffen eine als fest angenommene Projektionsebene T (Bildebene oder Bildtafel). Der Durchstoßpunkt des Strahles vom Körperpunkt p mit T ist sein Bild p' (Bild).

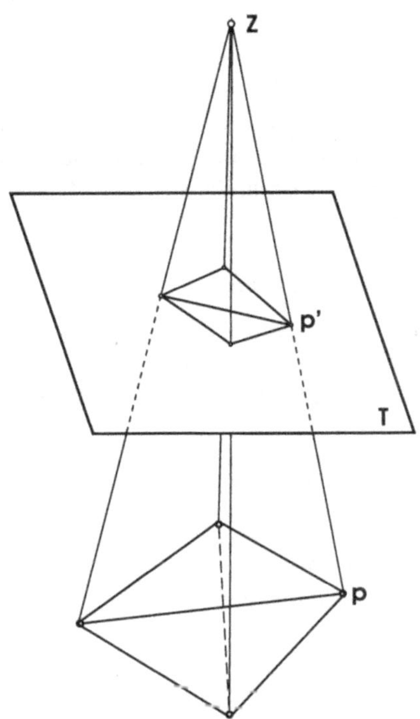

Wenn das Projektionszentrum im Endlichen liegt, dann spricht man von → Zentralprojektion (→ Perspektive). Bei parallelen Projektionsstrahlen liegt je nach deren Lage zur Bildebene eine senkrechte (Orthogonalprojektion) oder schiefe → Parallelprojektion vor.

Durch einen geeignet gewählten Neigungswinkel der Bildebene zu den Projektionsstrahlen bei der Parallelprojektion kann eine solche Darstellung des Körpers erreicht werden, daß man die wahren Abmessungen einfach aus dem projizierten Bild entnehmen kann (z. B. bei der → Kavalierperspektive oder der → Isometrie). Orthogonale P. sind die Grundlagen der Erstellung technischer Zeichnungen (→ rechnerunterstützte Zeichnungserstellung).

In der → digitalen Bildverarbeitung versteht man unter P. auch die Abbildung von Querschnitten unterschiedlicher Dichte auf einen Kurvenzug, der die die Schwächung oder Intensität einer Durchstrahlung darstellt, z. B. bei der → Tomographie.

Typisch für die → 3D-Rekonstruktion von Körpern bzw. → Bildrekonstruktion aus P. ist die

Notwendigkeit, mehrere verschiedene P. auszuwerten.

Projektionsebene

Ebene Fläche, auf der bei einer → Projektion die vom → Projektionszentrum ausgehenden Projektionsstrahlen in ihren Durchstoßpunkten ein Bild hervorrufen.

Projektionszentrum

Ausgangspunkt der Projektionsstrahlen bei einer → Projektion.

Das P. entspricht dem Betrachterstandpunkt und bestimmt seine relative Lage zum projizierten Objekt und zur → Projektionsebene, die Darstellungsart und den Verzerrungsgrad des Bildes (→ Perspektive). Bei der → Zentralprojektion liegt das P. in einem endlichen Punkt des Raumes, oft auch in der Nähe des Objektes, während es bei der → Parallelprojektion im Unendlichen liegt.

Prompt

Engl., → Aufforderung.

Prozessorarray

Engl., Prozessorfeld.

Ein P. ist eine parallele Verarbeitungsstruktur, die aus vielen (meist mehr al 10)) identischen Einzelprozessoren besteht, die untereinander in einem regelmäßigen und statischen Verbindungsschema gekoppelt sind. Abweichungen vom regelmäßigen Verbindungsschema sind zulässig und entstehen durch Abwandlungen des Grundtyps, z. B. für Prozessoren am Rand der Struktur oder/und zur Datenein- bzw. -ausgabe. Durch die Regelmäßigkeit des Verbindungsschemas sind P. als Wiederholstrukturen darstellbar, was Vorteile bei Entwurf, Fertigung und Programmierung ergibt. Die Herstellung von dreidimensionalen geometrischen Strukturen ist angekündigt. Am weitesten verbreitet sind ein- und zweidimensionale P. in kettenförmiger (line) bzw. gitterförmiger Anordnung (grid, mesh). Weitere beliebte Verschaltungen sind Ring- und Toroidstrukturen, Baum- und Pyramidenstrukturen und n-dimensionale Würfel (hypercube). P. werden meist im SIMD-Modus (→ SIMD) für Aufgaben der Bildverarbeitung, der theoretischen Physik und der Optimierung betrieben.

Pseudo-3D-Darstellung

Methode der → Visualisierung eines Grauwertbildes derart, daß ein dreidimensionaler Eindruck entsteht, indem die → Grauwerte als Höhen interpretiert werden.

Die als Höhen angenommenen Signalwerte werden unter einem festen Betrachtungswinkel zur Bildebene, manchmal auch unter Annahme einer zusätzlichen Beleuchtung in die Bildebene des → Displays projiziert. Dabei wird das Bild natürlich verzerrt und ein Teil der Bildelemente verdeckt (s. Bildanhang). Die P. ist deshalb so beliebt, weil der menschliche Betrachter Längen besser als Helligkeiten unterscheiden kann. Für die P. können auch → Vektordisplays verwendet werden.

Pseudo-Grauton-Kodierung

Verfahren, die ein Grauwertbild (→ Grauwert) unter Verlust von örtlicher Auflösung aber unter Beibehaltung des wesentlichen visuellen Eindrucks in ein → Binärbild überführen und dadurch die Ausgabe auf ein binäres Medium ermöglichen.

Das Prinzip der P. besteht darin, unter Ausnutzung der Eigenschaften des menschlichen Sehvermögens Grautöne durch binäre → Texturen und ausgeprägte Kanten (→ Kantendetektion) im Bild durch Schwarz/Weiß-Konturen darzustellen. Auf diese Art können auch Grauwertbilder als → Faksimile übertragen werden (→ Dithering).

Pseudoinverse

Mathematische Grundlage von Verfahren der Restauration diskreter Signale, insbesondere der → Bildrestauration.

Alle linearen, diskreten und endlichen Übertragungssysteme lassen sich durch einen verallgemeinerten linearen Operator T (generalized linear operator oder GLO) wie folgt beschreiben:

$$\mathbf{y} = T\mathbf{x}.$$

Hierbei ist $\mathbf{y}$ der am Systemausgang beobachtete Datenvektor der Länge N und $\mathbf{x}$ der am Systemeingang angelegte Datenvektor der Länge M. Bei mehrdimensionalen Signalfolgen kann man die Vektoranordnung durch passende Stapelung (stacking) von Teilsignalfolgen niedriger Dimension erreichen. Der Operator wird durch eine Matrix mit N Zeilen und M Spalten dargestellt. Eine Bildrestauration bedeutet die Schätzung $\hat{\mathbf{x}}$ von $\mathbf{x}$ aus dem Beobachtungsvektor $\mathbf{y}$. Eine im Sinne des quadratischen Fehlers optimale Schätzung (→ Methode der kleinsten Quadrate) wird durch die Pseudoinverse T^+ von T wie folgt vermittelt.

$$\begin{aligned} \hat{\mathbf{x}} &= T^+\mathbf{y} \\ T^+ &= \lim_{\delta\to 0}(T^\top T + \delta^2 I)^{-1}T^\top \end{aligned}$$

Hierbei ist I die Einheitsmatrix vom Format $M \times M$.

Es gilt speziell:

$$\begin{aligned} T^+ &= T^{-1} && \text{für } M = N \text{ und } \mathrm{rang}(T) = M \\ T^+ &= (T^\top T)^{-1}T^\top && \text{für } M < N \text{ und } \mathrm{rang}(T) = M \\ T^+ &= T^\top(T T^\top)^{-1} && \text{für } M > N \text{ und } \mathrm{rang}(T) = N \end{aligned}$$

Pseudokolorierung

Zuordnung von verschiedenen Farben zu unterschiedlichen Grauwerten (Signalparameter) eines Bildes bei der → Visualisierung.

Ausgehend von der Tatsache, daß das menschliche Auge kaum mehr als 40 Graustufen differenzieren kann, aber mehrere tausend Farbtöne unterscheidet, wird bei der P. durch den Grauwert eine Farbe aus einer geeignet festgelegten Skala ausgewählt (s. Bildanhang). In einem Farbdisplay wird diese Operation durch eine → Lookup-Tabelle realisiert. Bei der Festlegung der Farbskala ist ein Kompromiß zwischen der Stetigkeit der Farben und guter Unterscheidbarkeit zu finden. Die folgenden beiden Skalen haben sich gut bewährt:

- Von Blau über Grün zu Rot mit konstanter Leuchtdichte,
- von Unbunt (Grau) über Blau, Grün und Orange zu Rot, wobei jede Farbe mit ansteigender Leuchtdichte vertreten ist.

Pseudonoise Quantization

Engl. für Quantisierung mit Überlagerung künstlichen Rauschens, → PCM.

Pull-down-Menü

Aus dem Engl., → Menü.

Pull-out-Menü

Aus dem Engl., → Menü.

Punkt-Flächen-Test

Test, ob ein Punkt innerhalb einer Fläche liegt.

Eine übliche Methode besteht darin, die Anzahl der Schnittpunkte eines vom Punkt ausgehenden Strahles mit der Berandung der Fläche zu bestimmen. Eine ungerade (bzw. gerade) Anzahl bedeutet, daß der Punkt im Inneren (bzw. außerhalb) der Fläche liegt (Bild).

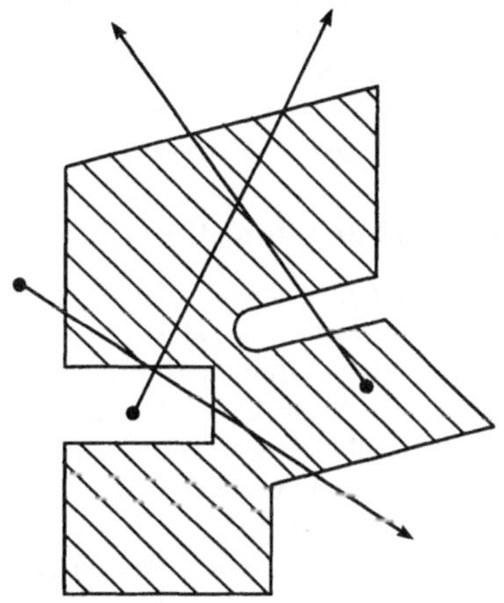

Punkt-Zähl-Methode

Methode zur Abschätzung des Volumenanteils einer dreidimensionalen stationären zufälligen abgeschlossenen Menge (→ ZAM).

Besteht z. B. eine hinreichend „zufällige“ und homogene Probe (etwa einer metallischen Legierung) aus den beiden Komponenten K_1 und K_2, so kann der Volumenanteil der Komponente K_1 am Gesamtvolumen dadurch geschätzt werden, daß durch die Probe ein → ebener Schnitt gelegt wird. Anschließend wird über das so erhaltene Bild ein regelmäßiges und ausreichend feines → Raster gelegt. Man zählt dann die Rasterpunkte, die innerhalb der Schnittfläche der Komponente K_1 liegen. Deren relative Anzahl gibt eine Schätzung für den relativen Volumenanteil von K_1.

Höhere Genauigkeit bzw. schnellere Schätzungen ergeben sich bei der Ausmessung des Flächenanteils oder der Bestimmung der Gesamtlänge von hinreichend vielen parallelen Strecken vorgegebener Länge, die innerhalb der Schnittfläche liegen.

Punktprozeß

Mathematisches Modell für diskrete Mengen zufällig im Raum verteilter Punkte (→ zufälliger Prozeß).

Ein Punktprozeß ist eine Zufallsgröße, deren Realisierungen diskrete Punktmengen sind. Ein Punktprozeß stellt damit ein zufälliges Punktmuster dar. Das sog. Intensitätsmaß und höhere Momentenmaße für Punktprozesse spielen eine ähnliche Rolle, wie der → Erwartungswert und → Momente höherer Ordnung für reelle → Zufallsgrößen. Beispiele für P. sind → Clusterprozeß, → Hard-Core-Punktprozeß und → **Poisson**-Prozeß.

Punktverwaschungsfunktion

Engl. point spread function (PSF). Charakteristik eines optischen Abbbildungssystem.

Die P., auch als → Impulsantwort $h(x,y)$ des Abbildungssystems bezeichnet, charakterisiert die deterministische Bildverschlechterung $g(x,y)$, die bei der Erfassung und Aufzeichnung von Bildern $f(x,y)$ entsteht. Der Name leitet sich daraus her, daß $h(x,y)$ die Abbildung eines idealen Impulses, d. h. eines hellen Punktes auf dunklem Grund, darstellt.

Im Falle linearer verschiebungsinvarianter Abbildungssysteme (→ Verschiebungsinvarianz) läßt sich die Bildverschlechterung durch die → Faltung ausdrücken. Wird zusätzlich noch die stochastische Bildverschlechterung durch Rauschen $r(x,y)$ berücksichtigt, gilt:

$$g(x,y) = \int_{-\infty}^{+\infty} \int_{-\infty}^{+\infty} f(\xi,\eta)h(x-\xi,y-\eta)\,d\xi d\eta + r(x,y)$$

Punktweise Bildoperation

→ *Bildoperation.*

Quadriken

Flächen zweiten Grades im Raum.

Flächen im dreidimensionalen Raum, die durch die allgemeine Gleichung zweiten Grades

$$ax^2+by^2+cz^2+dxy+exz+fyz+gx+hy+iz+j=0$$

beschrieben werden, heißen Q. Zu ihnen zählen u. a. Ellipsoid, Hyperboloid und Paraboloid.

Für → CAD-Systeme, → 3D-Modellierung und → 3D-Computergrafik spielen Körper, die durch Q. begrenzt werden, eine bedeutende Rolle.

Quadtree

Vom engl. quartic tree (Viererbaum) abgeleitet. Weitverbreitete Datenstruktur zur Bildkodierung im Interesse von → Bilddatenkompression und → Visualisierung.

Ein Q. ist besonders einfach aus einer Bildmatrix des Formats $2^n \times 2^n$ herzuleiten. Sie wird dazu in 4 Untermatrizen des Formates $2^{n-1} \times 2^{n-1}$ aufgeteilt. Diese Aufteilung wird solange fortgesetzt, bis die Ebene der → Bildelemente erreicht wird. Wenn man jede Matrix durch einen Knoten darstellt, von dem die Kanten 0,1,2,3 auf die den Untermatrizen entsprechenden Knoten zeigen, dann spricht man von einem Q..

Bild b) zeigt einen Ausschnitt, der dem Beispiel nach Bild a) entspricht, wobei folgende Zuordnung angenommen wurde: 0 – links unten, 1 – rechts unten, 2 – links oben, 3 – rechts oben.

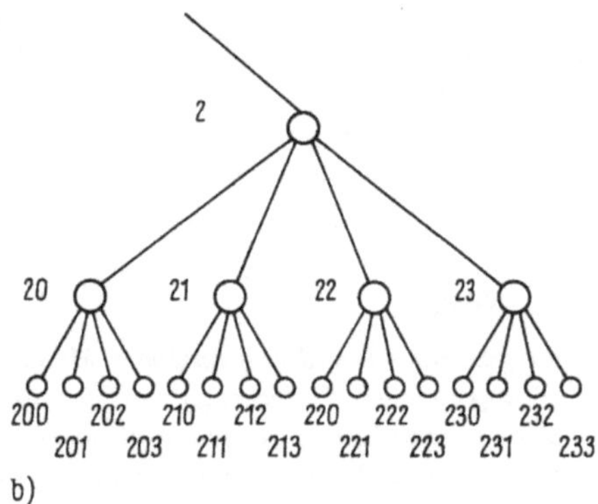

b)

Die Endknoten des Q. entsprechen den Bildelementen. Zusätzlich kann man auch allen Zwischenknoten ein Attribut zuweisen, z. B. das arithmetische Mittel des Bildsignals über die Matrix, wie im Beispiel Bild a) und b):

$$<2>=90$$

$$<20>=75;\ <21>=200;\ <22>=10;\ <23>=75$$

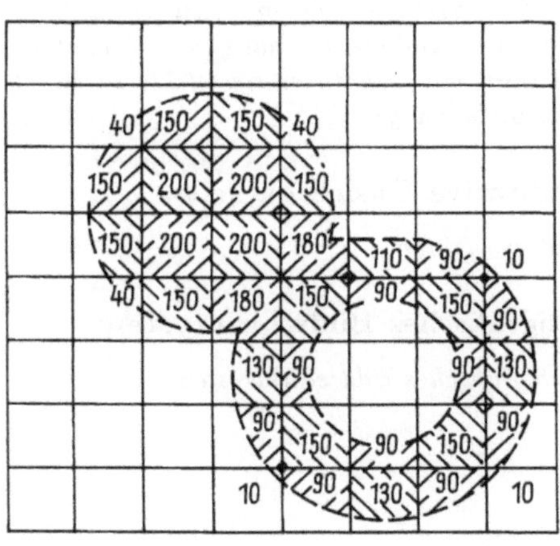

a)

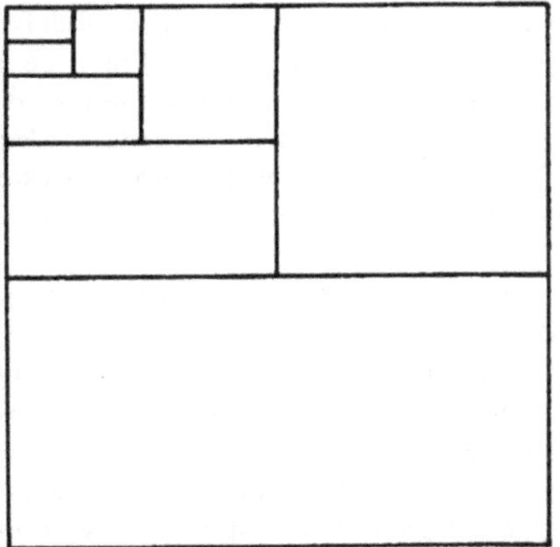

c)

Im Falle der Datenkompression wird die Zerlegung von der unteren Ebene her verkürzt, bis wesentliche Unterschiede in den Attributen der Untermatrizen entstehen. Im Falle der schnellen Visualisierung wird von der Wurzel des Q. beginnend nur soweit aufgelöst, wie für Bewertung und Entscheidung notwendig ist.

Eine auf einen binären Baum führende Variante des Verfahrens ist in vielen Fällen dem Q. vorzuziehen (Bild c).

Quantisierung

Engl. quantization. Wandlung analoger Meßwerte (z. B. Helligkeit oder Farbwerte), die sich durch → Abtastung eines kontinuierlich-analogen → Signals ergeben, in diskrete Werte und deren Darstellung durch binäre Kodeworte als Voraussetzung für die digitale Speicherung und Verarbeitung.

Grundlage der Q. ist die Unterteilung des analogen Wertebereiches mittels $2^b - 1$ Entscheidungswerten in 2^b Teilbereiche, die jeweils mit b Bit kodiert werden. Die Q. erfolgt durch Vergleich des analogen Meßwertes mit den Entscheidungswerten. Das Ergebnis ist das binäre Kodewort des Teilbereiches, in den der Meßwert fällt. Bei linearer Q. sind alle Teilbereiche gleich groß. In der → digitalen Bildverarbeitung werden aber auch nichtlineare Einteilungen verwendet (→ PCM). Technisch wird die Q. von Analog-Digital-Umsetzern (→ ADU) ausgeführt.

Während bei der Abtastung eines Signals unter Einhaltung des → Abtasttheorems theoretisch kein Informationsverlust auftritt, d. h. das ursprüngliche Signal exakt rekonstruiert werden kann, ist das nach der Q. nur noch angenähert möglich. Legt man für jeden Teilbereich einen analogen Rekonstruktionswert (z. B. die Mitte des Teilbereiches) fest, so wird die Differenz zwischen ursprünglichem und rekonstruiertem Wert als Quantisierungsfehler bezeichnet (Bild).

Diese Fehler werden umso größer, je gröber die Einteilung des Wertebereiches gewählt wird, d. h. je weniger Bit zur Kodierung eingesetzt werden. Ist die Verteilungsdichte der Meßwerte für bestimmte Signal- bzw. Bildklassen sehr ungleichförmig, kann die Summe der Quantisierungsfehler durch eine angepaßte Anordnung der Entscheidungs- und Rekonstruktionswerte verringert werden.

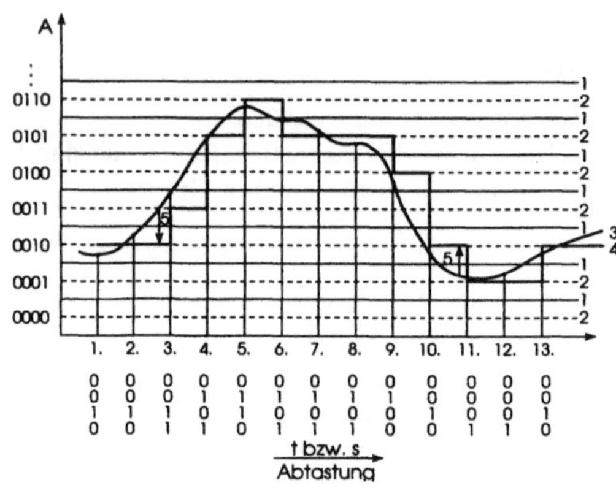

1. Entscheidungswerte
2. Rekonstruktionswerte
3. Eingangssignal
4. Ausgangssignal
5. Quantisierungsfehler

Quantisierungsfehler

→ *Quantisierung.*

Quantisierungsrauschen

Angenommenes Signal, das dem Quantisierungsfehler (→ ADU, → Quantisierung) statistisch äquivalent ist und einem analogen → Signal überlagert wird, um Quantisierungseffekte zu simulieren (s. Bildanhang).

Quantitative Unsichtbarkeit

→ *Indexverfahren.*

Quasigrafisches Bildschirmsystem

→ *semigrafisches Bildschirmsystem.*

Radiometrische Größen

Strahlungsphysikalisch definierte Größen, die elektromagnetische Strahlung (u. a. Licht) unabhängig von ihrer Wirkung auf den Betrachter beschreiben.

R.G. sind Strahlungsfluß, Strahlstärke, Strahldichte, Bestrahlungsstärke. Sie können in entsprechende → photometrische Größen umgerechnet werden.

Radiometrische Korrektur

1. Bildelementeweise Berichtigung von systematischen Bildsignalfehlern, die vom → Sensor, dem Verstärker und der → Beleuchtung hervorgerufen werden.

Zur r.K. gehören auch Verfahren zum Ausgleich der Ungleichförmigkeit von mehreren Detektoren (→ Destriping) und unterschiedlich empfindlicher Elemente von Sensorzeilen. Voraussetzung für eine digitale r.K. ist eine ausreichende Wortlänge des → ADU.

2. Ausgleich der Unterschiede in der Grauwertcharakteristik zweier Bilder (Referenzbild, Missionsbild), auch als radiometrische Bildanpassung bezeichnet.

Die r.K. setzt eine vorangegangene geometrische Anpassung voraus (→ Bildrektifikation). Bei einem relativ einfachen Verfahren wird für jeden Bildpunkt der Logarithmus des → Grauwertes im geometrisch korrigierten Missionsbild über dem des Referenzbildes aufgetragen. Als Maß für die Unterschiede in der Intensitätswiedergabe und im Kontrast der zu vergleichenden Bilder gilt die Abweichung der so ermittelten Punkteverteilung von der Geraden mit dem Anstieg 1. Über eine Berechnung des mittleren Abstandsquadrates (→ Methode der kleinsten Quadrate) bei einer Anpassung dieser Punkteverteilung an die Diagonale lassen sich die Korrekturwerte für die Grauwerte des Missionsbildes ermitteln. Grundvoraussetzung für dieses Korrekturverfahren ist, daß sich die Grauwertabweichungen von Referenz- und Missionsbild relativ gleichmäßig über den gesamten Bildbereich verteilen. Bei stark vom Bildort abhängigen Unterschieden in der Intensitätswiedergabe oder im Kontrast ist das Ausgleichsverfahren nur für einzelne kleinere Bildbereiche anwendbar.

Radiosity-Methode

Methode zur → Visualisierung von → 3D-Modellen bei Einbeziehung einer → Beleuchtungssimulation, die insbesondere die diffuse Reflexion berücksichtigt.

Während beim → **Gouraud**-Shading und beim → **Phong**-Shading nur eine lokale Nachahmung von Beleuchtungsverhältnissen vorgenommen wird, also z. B. → Schattenwurf keine Berücksichtigung findet, werden mit Hilfe von → Strahlverfolgungsalgorithmen (auch Ray Tracing oder Ray Casting genannt) Beleuchtungsverhältnisse global, also bez. ganzer 3D-Szenen, einbezogen. Obwohl mittels Ray Tracing bestimmte Formen der Wechselwirkung zwischen Licht und Körpern im dreidimensionalen Raum sehr realitätsnah durch → Computergrafiken wiedergegeben werden können, bleibt auch das Ray Tracing in seinem Grundansatz für viele Zwecke, in denen komplexe Entwürfe über eine rechentechnische → 3D-Modellierung und anschließende Visualisierung auch aus ästhetischer Sicht bewertet werden sollen, weitgehend unbrauchbar.

Beim klassischen Ray Tracing werden die Lichtquellen als punktförmig angenommen, die Schatten haben scharfe Grenzen, und die Reflexion zwischen den einzelnen Objekten einer 3D-Szene werden nur in Richtung des spiegelnden Anteils berücksichtigt. Wenn auch im Rahmen der Grundidee des Ray Tracing Ansätze zur Abschwächung dieser Probleme verfolgt wurden, blieb der Durchbruch in Richtung eines höheren Grades der Realitätsnähe der R. vorbehalten. Das vorrangige Ziel bestand darin, auch 3D-Szenen mit flächenhaften Lichtquellen und diffuser Reflexion zwischen den Oberflächen der einzelnen Objekte möglichst realitätsnah wiedergeben zu können. Dabei entstand mit der R. erstmalig ein Verfahren, das im Unterschied beispielsweise zum Ray Tracing zum größten Teil Berechnungen durchführt, die unabhängig von Betrachtungsrichtung und → Betrachtungsabstand sind. Dieser enorme Vorteil gegenüber den anderen Verfahren wird in Bild 1 deutlich. Die Berechnung der globalen Illumination der Szene erfolgt unabhängig vom Betrachter und braucht deshalb bei einer Änderung der Parameter der Betrachtung nicht wiederholt zu werden.

Von Szenen-Betrachtungen
unabhängige Berechnungen
Beschreibung der 3D-Szene
• Szenengeometrie
• Lichtemission (für jedes Flächenelement i und jedes relevante Wellenlängenintervall Emissionsrate E_i)
• Reflexions- bzw. Transmissionsvermögen (für jedes Flächenelement i und jedes relevante Wellenlängenintervall Reflexions- bzw. Transmissionsvermögen φ_i)
Geometrie
Bestimmung der Formfaktoren F_{ij}
Formfaktoren
Bestimmung der Lichtverhältnisse in der 3D-Szene unter der Annahme eines Strahlungsgleichgewichts, d.h. Ermittlung der Radiosity B_i (Summe aus Emissionsrate und der Rate reflektierten bzw. transmittierten Lichts) für jedes Flächenelement i
Szenen-
modellierung
Betrachtungsstandort
und -richtung
Visualisierung der 3D-Szene bei vorgegebener Betrachtungsposition und -richtung
(Lösung des Verdeckungsproblems, Schattierung)
Display
System-
nutzer
realitätsnahe
Darstellung der 3D-Szene
Betrachtungs-*abhängiger* Teil

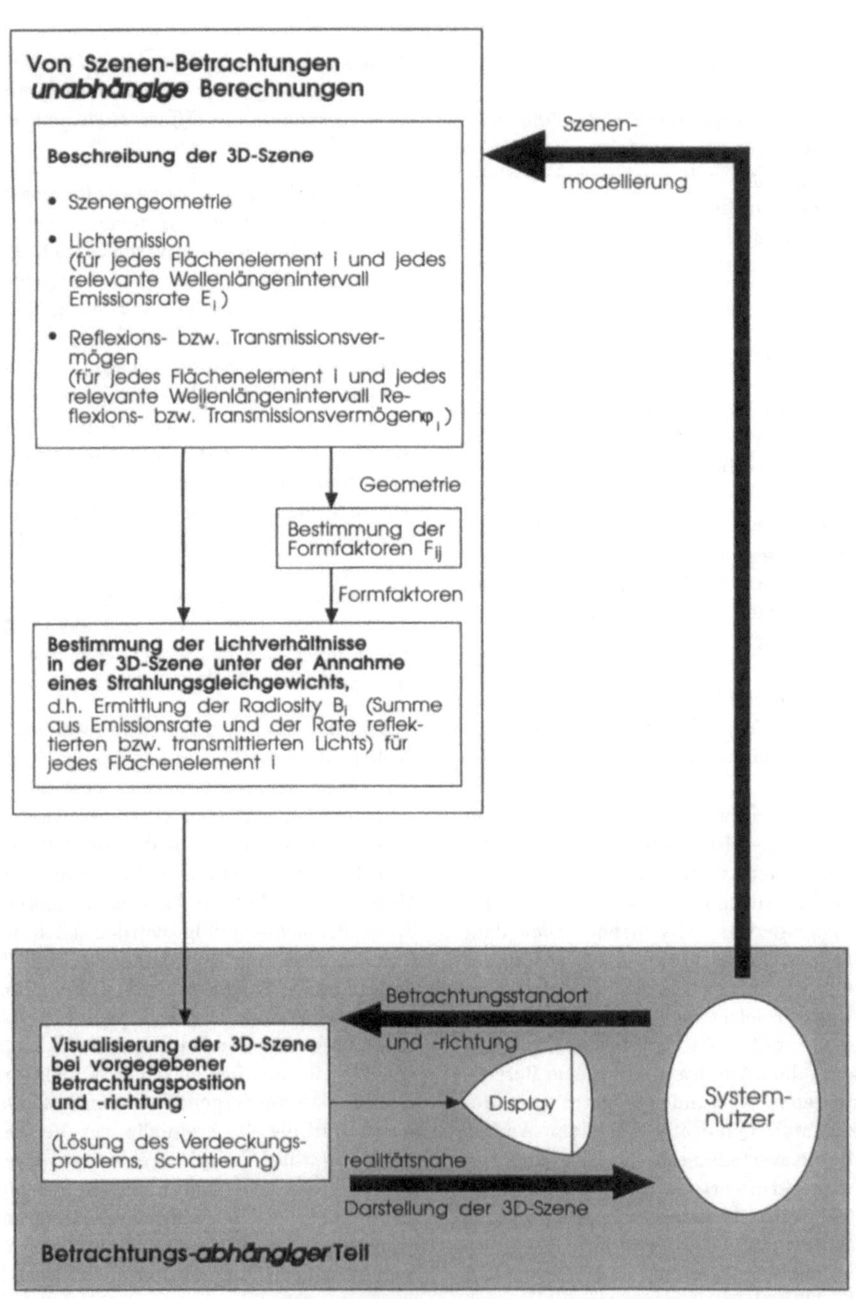

Bild 1

Im Grundansatz der R. wird davon ausgegangen, daß sämtliche Lichtemissionen und -reflexionen ideal diffus sind. Es erfolgt die Berechnung eines Gleichgewichtszustandes nach

$$B_i = E_i + \varphi_i \sum_{j=1}^{N} B_j F_{ij} \quad \text{für} \quad i = 1, 2, \ldots, N,$$

wobei angenommen wird, daß innerhalb jedes der N diskreten Oberflächenelemente der Szene die Radiosity B_i konstant ist.

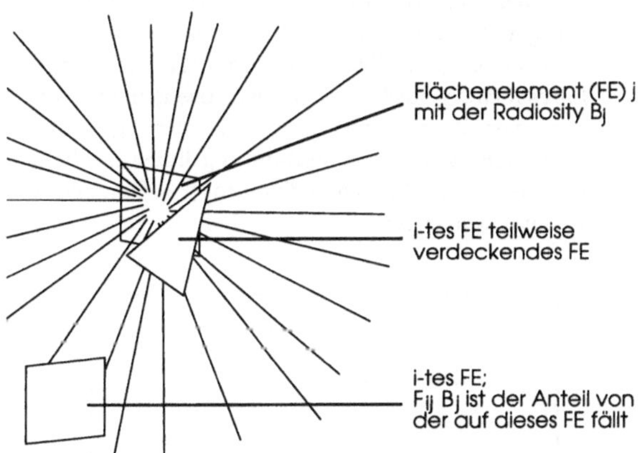

Bild 2

Die Bedeutung der in diesem Gleichungssystem vorkommenden Größen geht aus Bild 2 hervor. Zur Erzeugung eines realitätsnahen Farbeindrucks sind derartige Gleichungssyteme für schmale Bänder um interessierende Wellenlängen aufzustellen und zu lösen. Zur Berechnung der Formfaktoren, die lediglich von der Szenengeometrie und nicht von der Farbe des Lichtes abhängen, kommen sog. Hemi-Cube-Algorithmen zur Anwendung.

Ein inzwischen recht bekannt gewordenes Experiment zur Demonstration der Leistungsfähigkeit der R. bestand in folgendem: Zu der Skulptur von **John Ferren** mit dem Titel „Construction in Wood, A Daylight Experiment“, die im Hirshhorn-Museum in Washington D. C. steht, wurde ein entsprechendes 3D-Modell erzeugt (durch → Sweeping leicht durchführbar). Die Geometrie dieses Modells zeigt Bild 3, während Bild 4 die Beleuchtungsverhältnisse und die Betrachtungsrichtung von realer Skulptur und 3D-Modell in der Draufsicht darstellt.

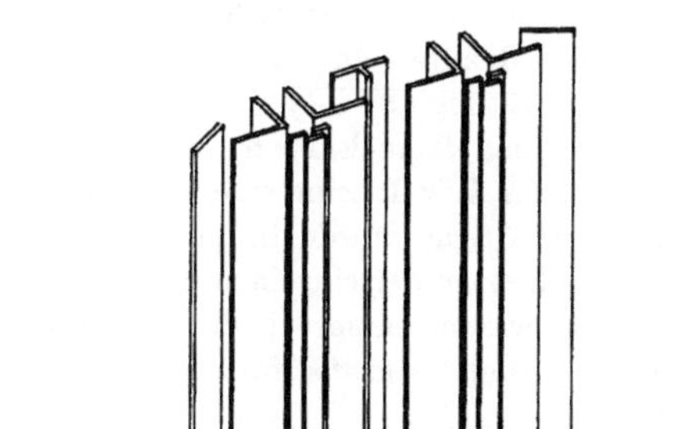

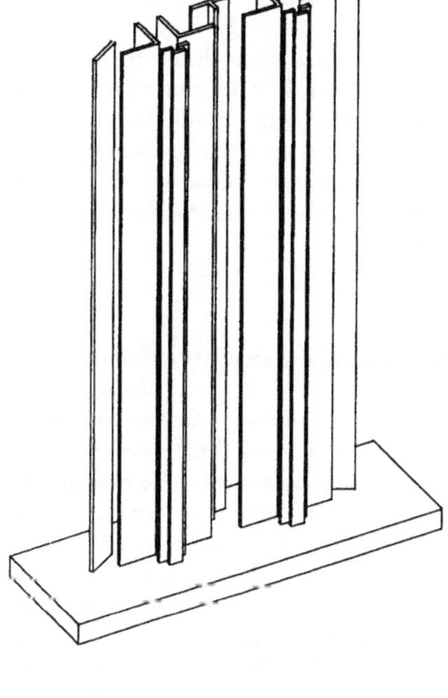

Bild 3

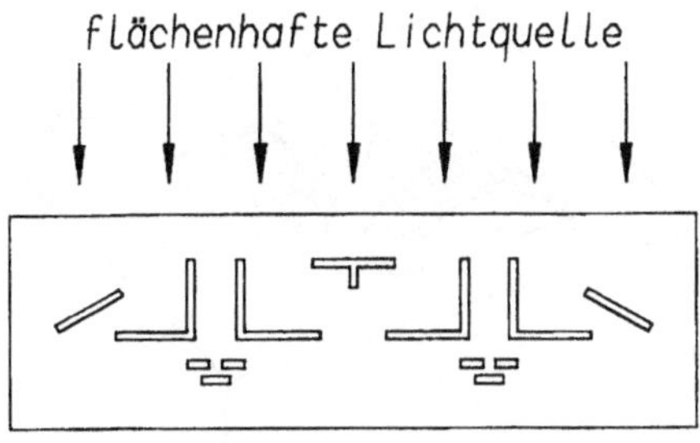

Bild 4

Alle für den Betrachter sichtbaren Flächen der Skulptur wurden weiß gestrichen, die übrigen in verschiedenen Farben. Eine entsprechende Farbzuordnung wurde auch im Modell vorgenommen. An einem → hochauflösenden Display erfolgte dann die Visualisierung des 3D-Modells unter Berücksichtigung der Beleuchtung mit einer flächenhaften Lichtquelle (in der Realität ein Fenster) entgegen der Betrachtungsrichtung (Bild 4). Dabei kam sowohl das Ray Tracing als auch die R. zur Anwendung. Während beim Ray Tracing eine unstrukturierte weiße Fläche erzeugt wurde, in der natürlich nicht einmal die Grenzen der einzelnen Profile der Skulptur sichtbar waren, entsprach die mit Hilfe der R. erzeugte Computergrafik fast vollständig der Realität.

Rändelrad

Kleines Einstellrad, das zu einem Teil aus der Verkleidung z. B. einer → Tastatur herausragt und durch den → Nutzer eines grafischen Systems manuell um eine feste Achse gedreht werden kann, um dadurch die Festlegung einer → Koordinate in einem → Koordinatensystem oder eine andere Einstellung eines Wertes vornehmen zu können.

Zwei R. erlauben die Festlegung einer beliebigen Position in einem zweidimensionalen Koordinatensystem. Sie stellen damit einen → Lokalisierer dar. Meist sind zwei R. so angeordnet, daß ihre Drehachsen senkrecht aufeinander stehen (Bild 1). Damit ist die Positionierung in einem kartesischen Koordinatensystem aus ergonomischer Sicht besonders günstig (→ Ergonomie).

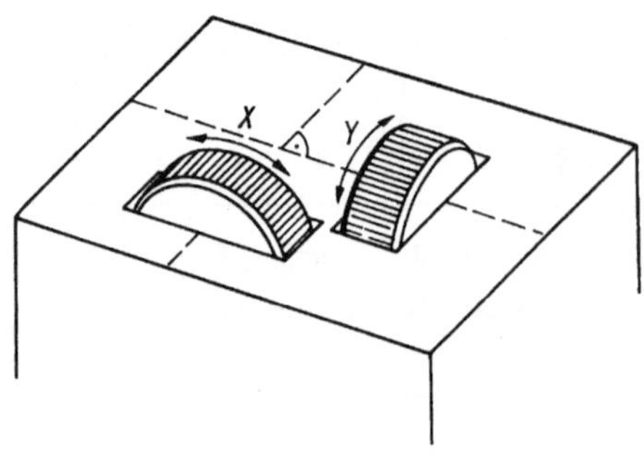

Bild 1

Da die Koordinaten nicht direkt als numerische Werte, sondern durch freizügige Drehung der R. eingegeben werden, ist es wichtig, daß der Nutzer eines entsprechenden → Computergrafik- oder → Bildverarbeitungssystems über die aktuell von ihm eingestellte Position schnell und in leicht faßbarer Weise unterrichtet wird. Dies geschieht mit Hilfe eines sog. → Echos. Die häufigsten Formen des Echos sind das → Fadenkreuz und der → Cursor, die die aktuelle Position auf dem → Bildschirm von → Grafikdisplays (→ Display) angeben. Bild 2 zeigt zwei R. und ein Fadenkreuz, das entsprechend den Drehungen der R. parallel zu den Berandungen der → Darstellungsfläche bewegt werden kann.

Andere Lokalisierer sind die → Maus, der → Steuerknüppel und die → Rollkugel, bei denen eine Verschiebung der aktuellen Position in eine beliebige Richtung leichter ist als bei gleichzeitiger Betätigung zweier R. Wenn eine Positionsverschiebung parallel zu den Rändern der Darstellungsfläche gefordert wird, ist dagegen die Nutzung von R. günstiger. Diese Forderung besteht z. B. beim Ziehen von Verbindungslinien (→ Trassierung) in grafischen Schemata (→ Schema) in → interaktiver Arbeitsweise.

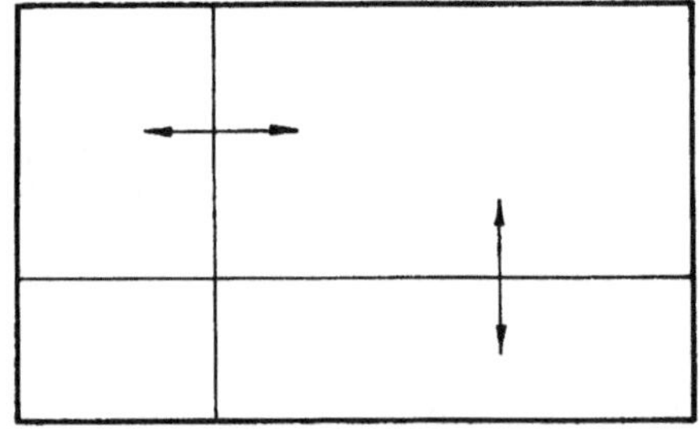

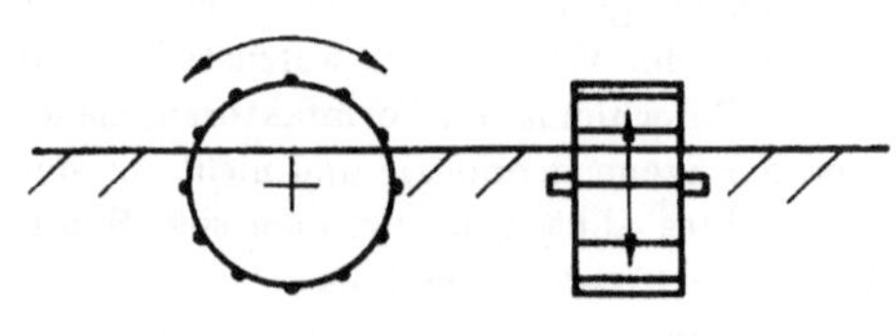

Bild 2

Range Sensing

Engl., leistungsfähiges aktives Verfahren, um Tiefeninformationen über eine Szene zu erhalten.

Hierfür wurden Sensoren (laser range finder) entwickelt, die die Distanzen zu allen sichtbaren Szenenpunkten im betreffenden Gesichtsfeld direkt messen. Der Output eines solchen Sensors sind also nicht Intensitätswerte, sondern Distanzwerte. Ein Szenenpunkt wird zu diesem Zweck mit einem kohärenten Lichtstrahl beleuchtet und die Phasenverschiebung des reflektierten Lichtes gemessen. Aus dieser Verschiebung kann auf die Distanz zum beleuchteten Szenenpunkt geschlossen werden.

Range Filter

Engl., spezielles → Rangordnungsfilter.

Rangordnungsfilter

Engl. rank filter. Klasse von nichtlinearen lokalen Operatoren (→ Bildoperation), bei denen aus den im → Fenster befindlichen n Signalwerten der der Größe nach r-te Wert ($1 \leq r \leq n$) *in aufsteigender Reihenfolge ausgewählt wird.*

Von besonderer Bedeutung ist der als Medianfilter bezeichnete Fall von $r = \lceil n/2 \rceil$ (→ Median). Er wird sehr oft zur Unterdrückung impulsförmiger Störungen eingesetzt, wobei sein Vorteil darin besteht, daß scharfe Grauwertübergänge an Objektkanten nicht geglättet werden, wie das bei linearen Tiefpaßfiltern der Fall ist. Bild b) zeigt das Ergebnis $g_{3,5}(x)$ eines fünf Elemente umfassenden Medianfilters ($n = 5$, $r = 3$) für den in Bild a) dargestellten eindimensionalen Input $f(x)$. Es verdeutlicht, daß Störungen, die weniger als $n/2$ Pixel in einem sonst gleichförmigen Verlauf erfassen, vollständig beseitigt werden, während Übergänge zwischen gleichförmigen Gebieten als auch ausgedehntere Abweichungen unverändert bleiben.

R. mit $r = 1$ oder $r = n$ werden als Minimum- bzw. Maximumfilter bezeichnet. Bei Anwendung auf $g_{3,5}(x)$ von Bild b) ergibt sich in diesem Fall für $n = 5$ das Ergebnis $g_{1,5}(x)$ bzw. $g_{5,5}(x)$ (Bild c). Diese beiden Filter können zur Erosion und Dilatation (→ mathematische Morphologie) von → Binärbildern und Grauwertbildern (→ Grauwert) benutzt werden. Die Differenz zwischen dem Ergebnis eines Maximum- und eines Minimumfilters kann, wie die Funktion $j(x) = g_{5,5}(x) - g_{1,5}$ in Bild d) verdeutlicht, zur → Kantendetektion genutzt werden. Ein Filter, das sich aus der Differenz zweier R. ergibt, wird als range filter bezeichnet.

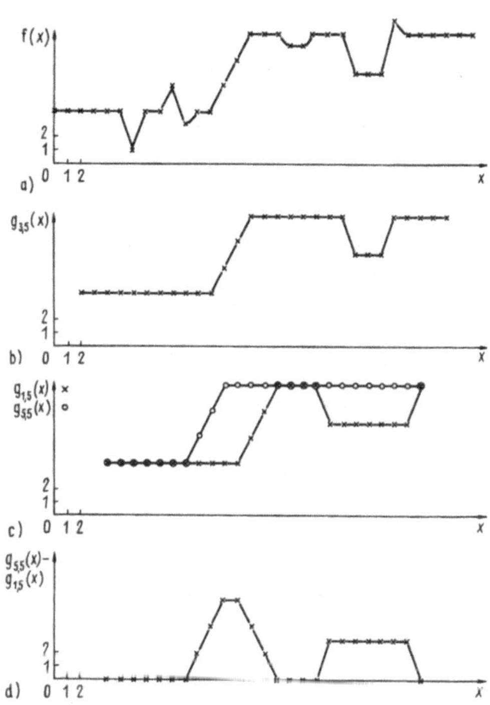

Aus der Kombination und iterativen Anwendung von R. ergeben sich weitere Anwendungsmöglichkeiten. Dazu gehören Rauschunterdrückung, → Tiefpaßfilter, → Hochpaßfilter, → Skelettierung und → Bildverstärkung. Es existieren verschiedene Algorithmen zur Beschleunigung der Ausführung von R. auf sequentiellen Universalrechnern, die auf eine Sortierung der Signalwerte verzichten. In einigen → Bildverarbeitungssystemen werden Spezialschaltkreise zur schnellen Realisierung von R. eingesetzt.

Raster

Schema der regelmäßigen zeilenweisen → Abtastung und → Visualisierung von Videosignalen.

Das R. wird durch Zeilenabstand und Abstand der → Bildelemente in der Zeile gekennzeichnet. Die Vorsilbe R. kennzeichnet Geräte, die nach diesem Prinzip arbeiten, z. B. Rasterelektronenmikroskop, → Rasterdisplay.

Rasterbild

Matrix von → Bildpunkten (→ Rastergrafik).

Das R. wird aus → Bildelementen in einem rechteckigen Raster zusammengesetzt und unterscheidet sich damit wesentlich von einer durch die Eckpunktskoordinaten bestimmten Vektorrepräsentation eines Bildes. Das mathematische Modell des R. ist eine Matrix von Zahlen, den Signalamplituden, welche Grauwerte oder Farben kodieren. In der → Digitalgeometrie wird das Rasterbild als ein regulärer → Graph mit den Knotengraden 4 oder 8 angesehen.

Rasterdisplay

→ Display, das nach dem → Rasterprinzip arbeitet.

Rastergrafik

1. Grafik, die aus einzelnen kleinen Flächenelementen (→ Bildelementen) zusammengesetzt ist, die ihrerseits unterschiedlich gefärbt bzw. mit verschiedenen → Grauwerten belegt sein können und ein Raster bilden.
2. Teil des Fachgebietes → Computergrafik bzw. der Computergrafik-Technik, der die Erzeugung, Speicherung und Verarbeitung von R. betrifft.

R. spielen in der Computergrafik und der → digitalen Bildverarbeitung eine herausragende Rolle. Der erste Schritt der rechnerunterstützten Verarbeitung von Bildern (→ digitale Bildverarbeitung) realer Objekte oder Szenen besteht in der → Digitalisierung dieser Bilder. Als Ergebnis liegt ein zweidimensionales Feld von Digitalwerten (Farbintensitäten, Grauwerte) vor, das die R. rechnerintern repräsentiert und auch als → Rasterbild bezeichnet wird.

Zur → Ausgabe von Grafiken mit Hilfe von → Computergrafiksystemen kommen seit einigen Jahren in zunehmendem Maße Geräte zum Einsatz, die ausschließlich R. erzeugen können. Der wichtigste Vertreter dieser Geräteklasse ist das grafische → Rasterdisplay, das sich gegenüber dem → Vektordisplay in den meisten Anwendungen der Computergrafik als Mittel zur schnellen und flüchtigen Präsentation von Bildern bei der → interaktiven Arbeitsweise durchgesetzt hat. Aber auch zur Ausgabe von Computergrafiken in nichtflüchtiger Form (meist auf Papier) kommen zunehmend R. erzeugende Geräte zum Einsatz (→ Nadeldrucker, → Tintenstrahlplotter, → Laserdrucker). Für die rechnerunterstützte Erstellung von technischen Zeichnungen, die ausschließlich aus Linien bestehen (→ Liniengrafik, → rechnerunterstützte Zeichnungserstellung) werden nach wie vor vorrangig → Zeichenstiftplotter verwendet.

Der entscheidende Vorteil von Geräten zur Erzeugung von R. (man spricht auch von Rastertechnologie) besteht darin, daß problemlos flächenhafte Darstellungen erzeugt werden können. Dies ist für die → Visualisierung von → 3D-Modellen besonders wichtig. Eine hohe Anschaulichkeit entsprechender Körper- bzw. Szenendarstellungen kann nämlich i. allg. nicht durch Liniengrafiken, sondern nur durch → Schattierung von Körperoberflächen erreicht werden. Bilder im Bildanhang vermitteln davon einen Eindruck.

Ein Nachteil der Rastertechnologie liegt darin, daß Linien nicht durchgezogen dargestellt werden können, sondern aus einzelnen kleinen Punkten zusammenzusetzen sind (Bild). Dieser Nachteil kann durch die Verwendung hochauflösender Geräte (→ Auflösung), insbesondere → hochauflösender Displays und durch die Nutzung von Methoden des → Antialiasing abgeschwächt bzw. praktisch beseitigt werden.

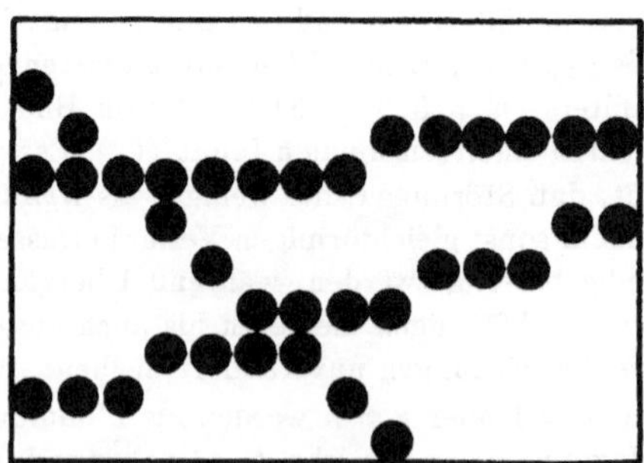

Rasterprinzip

Prinzip der Erzeugung von → Texten, → Computergrafiken und anderer Darstellungen mittels eines → Ausgabegerätes, das diese aus vielen, relativ kleinen, Flächenelementen (→ Bildpunkten) zusammensetzt.

Bei allen Geräte, die nach dem R. arbeiten, kann jedes Element eines → Rasters von Bildpunkten vom → Computer ohne Berücksichtigung der Belegung anderer Rasterelemente angesprochen werden. Aus diesem Grunde läßt sich im Gegensatz zu Geräten nach dem → Vektorprinzip eine Darstellung leicht invertieren.

Anders als → grafische Geräte, die nach dem Vektorprinzip arbeiten, sind auf dem R. basierende Ausgabegeräte gut zur Erzeugung farbiger und flächenfüllender Darstellungen geeignet. Ohne sie wäre demzufolge eine realitätsnahe → Visualisierung von → 3D-Modellen (unter Einbeziehung einer → Schattierung von Flächen) im Rahmen der → 3D-Computergrafik nicht möglich. Ein Nachteil des R. gegenüber dem Vektorprinzip besteht darin, daß Linien nicht direkt gezeichnet werden können. Bei der Zusammensetzung von (kontinuierlichen) Linien aus einzelnen Punkten können z. B. störende Treppenstufen entstehen, die sich jedoch in ihrer Wirkung auf den Betrachter durch Maßnahmen des → Antialiasing mindern lassen. Deshalb und auf Grund der Erhöhung der → Auflösung von Rastergeräten im Zuge der technischen Entwicklung ist dieser Nachteil immer unwichtiger geworden. Mit wachsender Bedeutung einer farbigen, flächenfüllenden → Ausgabe z. B. im Rahmen der 3D-Computergrafik (→ 3D-Modellierung) haben deshalb auf dem R. basierende Ausgabegeräte solche, die nach dem Vektorprinzip arbeiten, mehr und mehr verdrängt.

Beispiele für nach dem R. arbeitende Ausgabegeräte sind → Rasterdisplays und → Matrixdrucker. Alle farbigen Computergrafiken des Bildanhangs sind vor ihrer nichtflüchtigen Ausgabe zunächst auf → Farbdisplays erzeugt worden, die auf dem R. beruhen.

Ratiobild

Ein R. ergibt sich durch Quotientenbildung aus zwei Bildsignalen.

Für eine Helligkeitskorrektur von Bildszenen mit lokal uneinheitlicher Beleuchtung eignet sich eine Quotientenbildung zwischen Eingangsbild und dem Ergebnis einer Tiefpaßfilterung. Die durch die Tiefpaßfilterung erfaßten örtlichen Beleuchtungsschwankungen werden hierbei durch die Quotientenbildung eliminiert. Dem Vorgehen liegt die Annahme zugrunde, daß die Intensität eines Bildes aus zwei multiplikativ verknüpften Signalkomponenten besteht, dem Reflexionsvermögen der Objekte und der Lichtstärke der Beleuchtung.

Auch bei der Verarbeitung von Bildern mittels → Multispektraltechnik bei der → Fernerkundung wird häufig das Verhältnis (Ratio) zweier Multispektralbänder verwendet. Es ist invariant gegen die Multiplikation der beiden Bildsignale mit einem konstanten Faktor. Wurde das von der Kamera aufgenommene Objekt proportional zur Leuchtdichte quantisiert, dann ist das R. unabhängig von der Beleuchtung des Objektes. Ein R. kann auch charakteristische Merkmale der Bodenbedeckung wie Feuchtigkeit oder Vegetationsdichte anzeigen.

Ray Casting

Engl., → *Strahlverfolgungsalgorithmus.*

Ray Tracing

Engl., → *Strahlverfolgungsalgorithmus.*

RBV

Engl. Abk. von return beam vidicon. Hochgenaue → *elektronische Kamera für Erdsatelliten und Weltraumexpeditionen.*

Die Bilder werden blendengesteuert auf einer photoempfindlichen Fläche in eine Ladungsverteilung umgewandelt, welche langsam abgetastet wird (typisch innerhalb von 3 s). Die Belichtungszeit liegt bei einigen ms. Das RBV hat höhere geometrische Genauigkeit als ein → MSS, wird aber zunehmend von Festkörperkameras (→ CCD) verdrängt.

Rechner

→ *Computer.*

Rechnerinterne Darstellung

→ *Rechnerinternes Modell. Abk. RID.*

Rechnerinternes Modell

Im → *Computer gespeichertes* → *Modell eines Objektes, Projektes oder Prozesses, das von ihm ausgewertet und weiterverarbeitet werden kann.*

Im Zuge der Entwicklung der Rechentechnik sind mit r.M. immer mehr Aspekte der Realität erfaßt worden. Waren bei einfachen → 2D-Systemen r.M. nicht viel mehr als rechnerinterne Repräsentationen grafischer Darstellungen (→ Computergrafik), so wurden r.M. z. B. mit dem Übergang zu → 3D-Systemen etwas grundsätzlich anderes als die Beschreibung von Objekt-Abbildern: Sie sind als sog. → 3D-Modelle vollständige und widerspruchsfreie Darstellungen von Objekten (z. B. Körpern) im dreidimensionalen Raum (→ 3D-Modellierung, → Festkörpermodellierung). Da im Rahmen von → CAD, → CAE, → CAD/CAM und → CIM meist Objekt-Charakteristika eine wichtige Rolle spielen, die über geometrische Aspekte hinausgehen, sind in r.M. zunehmend auch nichtgeometrische Eigenschaften einbezogen worden. Dies betrifft z. B. Materialeigenschaften, funktionale und technologische Aspekte von Bauteilen. Man spricht deshalb auch von funktionaltechnologischen, feature-orientierten oder ganz allgemein → Produktmodellen.

Wichtige rechentechnische Charakteristika r.M. sind die Datenstrukturen der Modelle, die Daten selbst sowie die Mechanismen der Zuweisung, Veränderung und Auswertung der Daten (→ parametrisches Modell).

Rechnerkonfiguration

→ *Konfiguration.*

Rechnerunterstützte Bildverarbeitung

→ *digitale Bildverarbeitung.*

Rechnerunterstützte Dokumentation

Herstellung von Dokumentationen mit Hilfe von → Computern sowie entsprechenden → Eingabegeräten und → Ausgabegeräten.

Da die meisten Produkt- bzw. Projektdokumentationen grafische Darstellungen als wesentlichen Bestandteil enthalten, ist eine → Rechnerunterstützung der Herstellung von Dokumentationen i. allg. nicht ohne die Nutzung von → Computergrafiksystemen möglich. Der größte Teil der grafischen Darstellungen innerhalb von Dokumentationen umfaßt nüchterne konventionelle technische Zeichnungen, die im Rahmen der → rechnerunterstützten Zeichnungserstellung vor allem mit den Ausgabegeräten → Plotter oder → Grafikdrucker erzeugt werden. Zuweilen spielen ästhetische Aspekte eine so große Rolle, daß möglichst naturgetreue grafische Darstellungen gefordert sind. Dies ist z. B. in der Architektur, in der Stadtbzw. Landschaftsgestaltung, aber auch beim Entwurf von Konsumgütern der Fall. Für die Erzeugung entsprechender Grafiken sind Systeme zur → 3D-Modellierung und zur → Visualisierung rechnerinterner → 3D-Modelle (→ rechnerinternes Modell) in anschaulicher Form entscheidende Rationalisierungsmittel. Zur → Ausgabe der erzeugten Bilder kommen grafikfähige hochauflösende → Farbdisplays (→ hochauflösendes Display), → Hardcopy-Geräte auf photographischer Grundlage und → Tintenstrahlplotter zur Anwendung. In diesem Zusammenhang ist zu bemerken, daß die klassische Vorstellung, Dokumentationen seien an Papier gebunden, angesichts der stürmischen Entwicklung der Informationsverarbeitungstechnologie (→ Informationsverarbeitung) überholt ist. Dokumentationen können auch ausschließlich auf maschinenlesbaren Datenträgern bzw. in Arbeitsspeichern von Rechnern (→ CPU) vorliegen und nur zeitweilig zur Betrachtung durch den Menschen mit Hilfe bestimmter → Displays visualisiert werden. Ein typisches Beispiel ist die temporäre Anzeige von in Computern gespeicherten → technologischen Schemata auf Farbdisplays in Warten von Automatisierungsanlagen (s. Bildanhang).

Rechnerunterstützte Fertigung

Fertigung bzw. unmittelbare Fertigungsvorbereitung, bei der wesentliche Prozesse mit Unterstützung durch digitale → Informationsverarbeitung ablaufen, häufig auch als → CAM bezeichnet.

Wie bei anderen rechnerunterstützten Prozessen (→ Rechnerunterstützung, → rechnerunterstützter Entwurf, → rechnerunterstützte Konstruktion, → rechnerunterstützte Projektierung, → rechnerunterstützte Dokumentation) spielt die → Computergrafik an der → Schnittstelle zwischen Mensch und technischem System eine herausragende Rolle (→ Mensch-Maschine-Kommunikation). Im Fall der r.F. erfordern u. a. folgende Prozesse eine ausgeprägte Kommunikation zwischen Mensch und System (→ interaktive Arbeitsweise):

- Die Erzeugung und Überprüfung von NC-Programmen (→ NC-Programmierung), die die rechnerunterstützte Steuerung einzelner Arbeitsgänge wie Drehen, Bohren, Fräsen beschreiben.

Spezielle → Computergrafiksysteme ermöglichen die anschauliche grafische Darstellung der Bearbeitungsprozesse oder zumindest ihrer Ergebnisse wie sie aus gegebenen NC-Programmen resultieren würden. Damit ist eine einfache visuelle Kontrolle von NC-Programmen vor Beginn der eigentlichen Fertigung möglich. Besonders leistungsfähige Systeme gestatten die → 3D-Modellierung von Roh- und Fertigteilen sowie der Bearbeitungsstände und die anschauliche Darstellung der entsprechenden → 3D-Modelle als farbige → 3D-Computergrafiken, wobei auch eine grafisch orientierte Analyse von eventuellen Kollisionen z. B. zwischen Werkzeug und Werkstück erfolgt (→ Kollisionsanalyse).

- Das kurz- bis mittelfristige Scheduling (Engl. für Vergabeplanung), d. h. die Aufteilung von Arbeitsgängen auf Maschinen und Zeitintervalle.

  Aktuelle oder vorausberechnete Maschinenbelegungen (Schedules) können übersichtlich als farbige → **Gantt**-Diagramme dargestellt werden. Demzufolge verfügen manche flexible Fertigungssysteme über Steuerungs- und Überwachungs- bzw. Dispositionsarbeitsplätze mit entsprechenden Computergrafik-Hilfsmitteln. Im Bildanhang befinden sich **Gantt**-Diagramme mit verschiedenen Maschinenbelegungen.

- Längerfristige rechnerunterstützte Produktionsplanung.

  Computergrafiken, vorwiegend in Form von → Diagrammen, dienen der Darstellung von Optimierungs-, Analyse- und Simulationsergebnissen.

- Allgemeine Prozeßsteuerung und -überwachung auf der Basis von Übersichtsdarstellungen zum System- bzw. Prozeßzustand.

  Der Bildanhang enthält ein → technologisches Schema eines flexiblen Fertigungssystems. Durch Farbkodierung werden verschiedene Zustände der Maschinen (mit Auftrag belegt, unbelegt, ausgefallen, in Wartung u. a.) repräsentiert. Maschinenbelastungen über bestimmte Zeiten sind als Digitalwerte eingeblendet.

Wie in der rechnerunterstützten kontinuierlichen Produktion werden in der r.F. als → grafische Geräte vorrangig vollgrafische farbtüchtige → Rasterdisplays (→ Farbdisplay), z.T. auch → semigrafische Bildschirmsysteme sowie → Grafikdrucker zur nichtflüchtigen → Ausgabe von Diagrammen eingesetzt.

Rechnerunterstützte Konstruktion

Konstruktionsprozeß, der durch → Computer und → grafische Geräte unterstützt oder sogar weitgehend automatisch durchgeführt wird.

Typische Prozesse der r.K. (häufig auch → CAD genannt) sind u. a.:

- die interaktive Erzeugung → rechnerinterner Modelle von Einzelteilen, Baugruppen bzw. ganzen Erzeugnissen,
- die Speicherung und Verwaltung solcher Modelle,
- die Durchführung von Berechnungen (wie z. B. die Bestimmung von Volumina, Massen und Trägheitsmomenten),
- die → rechnerunterstützte Zeichnungserstellung.

Die → Computergrafik spielt sowohl bei der interaktiven Erzeugung bzw. Variation von Modellen (→ interaktive Arbeitsweise) als auch bei der Zeichnungserstellung eine entscheidende Rolle. Insbesondere zwecks Integration möglichst vieler betrieblicher Prozesse in rechnerunterstützte Lösungen kommen bei der r.K. zunehmend → 3D-Modellierung sowie → 3D-Computergrafik zum Einsatz (→ rechnerunterstützte Projektierung, → rechnerunterstützter Entwurf).

Rechnerunterstützte Projektierung

Projektierung, bei der wesentliche Prozesse unter Nutzung von → Computern und peripheren Geräten (→ Peripherie) durchgeführt werden.

Typische Prozesse der r.P. sind u. a.

- die Erzeugung → rechnerinterner Modelle,
- die Durchführung von Berechnungen, insbesondere Kostenkalkulationen, sowie Optimierungen,

- die Erarbeitung von Angeboten,
- die Erarbeitung, Speicherung und Pflege katalogisierter Systemlösungen,
- die Koordinierung von kooperierenden Projektierungsleistungen und
- die → rechnerunterstützte Dokumentation.

Wie in anderen der Produktion vorgelagerten Bereichen (→ rechnerunterstützte Konstruktion, → rechnerunterstützter Entwurf) kann die → Rechnerunterstützung auch in der Projektierung zu einer erheblichen Steigerung der Arbeitsproduktivität sowie zu einer Erhöhung der Qualität der Ergebnisse führen. Besonders wichtig ist die Verringerung der Zeiten für die Erarbeitung von Angeboten sowie insgesamt das Erreichen verkürzter Projektierungszeiten. Der Umfang der erzielbaren Rationalisierungseffekte hängt wesentlich vom Grad der → Durchgängigkeit der Rechnerstützung in der Projektierung ab.

Die → Computergrafik spielt innerhalb der r.P. sowohl bei der interaktiven, grafisch orientierten → Eingabe bzw. Manipulation von → Modellen als auch bei der Erzeugung grafischer Dokumentationen eine hervorragende Rolle. Besonders leistungsfähige → rechnerunterstützte Systeme für die Projektierung verfügen über Möglichkeiten der → Modellierung dreidimensionaler Objekte, etwa von Fabrikanlagen, sowie der automatischen → Visualisierung entsprechender → 3D-Modelle (→ 3D-Modellierung, → 3D-Computergrafik).

Für die Erzeugung grafischer → Schemata wie Blockdiagramme, Logikpläne, Stromlaufpläne im Rahmen von Projektdokumentationen sollten spezielle Systeme des → Computer-Aided Schematics zum Einsatz kommen.

Rechnerunterstützte Tomographie

→ *Tomographie.*

Rechnerunterstützte Zeichnungserstellung

Herstellung von technischen Zeichnungen mit Hilfe von → Computern und entsprechender peripherer Geräte (→ Peripherie, → grafisches Gerät) zur → Eingabe und grafischen → Ausgabe.

Die r.Z. gehört zu den ersten Anwendungen der → Computergrafik. Bei der → rechnerunterstützten Konstruktion bzw. beim → rechnerunterstützten Entwurf (→ CAD) war sie ebenfalls frühzeitig Schwerpunkt der Entwicklung. Die Gründe für die im Vergleich zu anderen Prozessen der Produktionsvorbereitung frühen Erfolge der r.Z. liegen in der hohen volkswirtschaftlichen Bedeutung der Zeichnungserstellung, im relativ geringen Aufwand für deren → Rechnerunterstützung und in den sich daraus ergebenden beträchtlichen Möglichkeiten der Rationalisierung. Der im Vergleich zu anderen CAD-Prozessen (z. B. → 3D-Modellierung incl. → Visualisierung von → 3D-Modellen, → FEM-Analyse) geringe Aufwand ergibt sich aus folgendem:

- In den Anfängen ihrer Entwicklung war die r.Z. weitgehend losgelöst von anderen betrieblichen Datenverarbeitungsaufgaben; technische Zeichnungen als grafische Dokumentationen z. B. von Werkstücken, Baugruppen oder Bauwerken wurden direkt, d. h. nicht über ein entsprechendes 3D-Modell erzeugt, → Computergrafiksysteme für die r.Z. waren damit reine → 2D-Systeme.
- Konventionelle technische Zeichnungen sind reine → Liniengrafiken.
- Sie sind außerdem nur einfarbig.

Die natürlichste Art der Ausgabe solcher technischer Zeichnungen beruht dementsprechend auf einer linienförmigen Steuerung eines Zeichenmediums auf der → Darstellungsfläche. Für die flüchtige grafische Ausgabe wurden bereits in den 60er Jahren nach diesem Prinzip des kontinuierlichen Linienzeichnens arbeitende → Vektordisplays eingesetzt. Sie spielten viele Jahre für die flüchtige grafische Ausgabe im Rahmen der r.Z. die dominierende Rolle, wurden dann aber in den 80er Jahren auch in diesem Bereich durch hochauflösende → Rasterdisplays (→ hochauflösendes Display) zunehmend verdrängt. Die nicht flüchtige Ausgabe auf Papier (→ Hardcopy) erfolgte ebenfalls bereits zu Beginn der Entwicklung der r.Z. durch kontinuierliches Linienzeichnen, nämlich mit Hilfe von → Zeichenstiftplottern, die bis heute ihre dominierende Stellung im Rahmen der r.Z. nicht verloren haben. Daneben werden aber auch zunehmend nach dem Rasterprinzip arbeitende → Ausgabegeräte wie → Grafikdrucker (z. B. → Tintenstrahldrucker) eingesetzt.

Obwohl im Prinzip innerhalb der grafischen Peripherie von Systemen zur r.Z. ein einziges → grafisches Gerät ausreichend ist, konnte eine hohe → Akzeptanz solcher Systeme erst dadurch erzielt werden, daß auch die → Eingabe zur Erzeugung von Grafiken angemessen gestaltet wurde und dementsprechend auch grafische → Eingabegeräte zum Einsatz kamen. Typisch für moderne Systeme zur r.Z. ist die im Bild 1 dargestellte → Konfiguration.

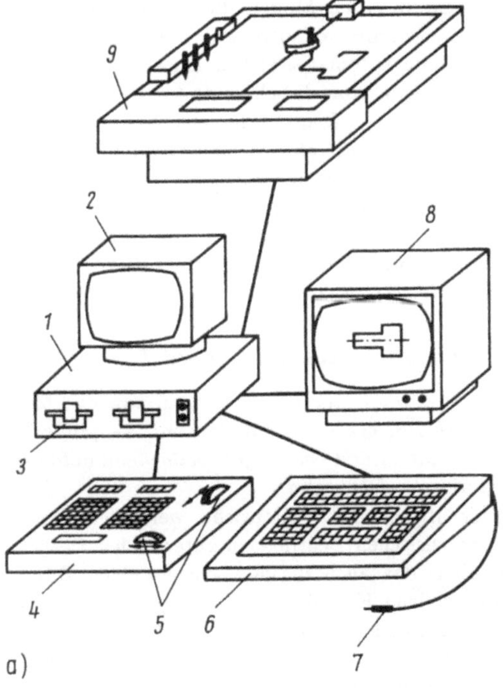

Bild 1

Die Peripherie des Rechners (1) und seiner Bildschirmeinheit (2) umfaßt hier folgende Komponenten:

- Eine → Tastatur (4) für die alphanumerische Eingabe und für den Aufruf bestimter (relativ weniger) → Funktionen des Systems (Funktionstastatur),
- ein Gerät zur Eingabe und kontinuierlichen bzw. schrittweisen Verschiebung einer Position auf der Darstellungsfläche. Im Bild 1 sind als Beispiel in die Tastatur integrierte → Rändelräder (5) gezeigt, es kann aber u. a. auch eine → Rollkugel, ein → Steuerknüppel oder eine → Maus zur Realisierung der → Locator-Funktion zur Anwendung kommen,
- ein → Tablett (6), das sowohl dem Aufruf einer Vielzahl von Systemfunktionen und von → Symbolen bzw. → Sinnbildern mit Hilfe der → Menütechnik als auch der unmittelbaren Eingabe von Linien durch Zeichnen mit dem elektronischen Stift (7) auf der Tablettfläche dient,
- ein grafisches → Display (8) zur flüchtigen Ausgabe, das einerseits der visuellen Kontrolle der rechnerunterstützt erzeugten technischen Zeichnung vor ihrer nichtflüchtigen Ausgabe (z. B. auf Papier) dient, andererseits den → Nutzer des Systems ständig direkt über die Wirkung seiner Bedienhandlungen in anschaulicher Weise unterrichtet (→ Echo) und damit eine entscheidende Grundlage für die → interaktive Arbeitsweise bei der r.Z. ist,
- ein Zeichenstiftplotter - in Bild 1 ein → Flachbettplotter (9) - zur nichtflüchtigen Ausgabe der technischen Zeichnungen und
- ein Gerät zur externen Massenspeicherung (3).

Häufig wird außerdem ein → Digitalisierer zur Vereinfachung der Eingabe bereits auf Papier vorhandener, manuell erstellter, Zeichnungen z. B. zwecks rationeller rechnerunterstützter Ausführung von Änderungen eingesetzt.

Mit Hilfe einer solchen Gerätekonfiguration ist die Erstellung von technischen Zeichnungen in einer Weise möglich, die auf die Fähigkeiten des Menschen zugeschnitten ist (→ Ergonomie, → Mensch-Rechner-Schnittstelle) und sich teilweise an der konventionellen manuellen Zeichnungserstellung orientiert. Trotz des relativ hohen Eingabeaufwandes, der bei der r.Z. mit Hilfe reiner 2D-Systeme erforderlich ist, sind beträchtliche Rationalisierungseffekte durch r.Z. u. a. aus folgenden Gründen möglich:

- auftretende Fehler können wesentlich leichter korrigiert werden als beim manuellen Zeichnen,

- einmal rechnerintern vorhandene Beschreibungen technischer Zeichnungen lassen sich leicht ändern (z. B. durch numerische Festlegung neuer Dimensionen, durch Streichen bzw. Hinzufügen von Teilen der Zeichnung, durch Kombination mehrerer Zeichnungen,
- nicht jedes Detail braucht spezifiziert zu werden (z. B. Aufruf und → Plazierung von Symbolen und Sinnbildern jeweils als Ganzes).

Mit der zunehmenden Verfügbarkeit farbtüchtiger Geräte für die nichtflüchtige Ausgabe werden immer mehr technische Zeichnungen farbig gestaltet, z. B. durch die Erzeugung verschiedenfarbiger Linien mit Hilfe von Mehrfarben-Plottern bzw. farbiger flächenhafter Darstellungen mittels Tintenstrahlplottern (s. Bildanhang). Eine noch wichtigere Entwicklung besteht aber darin, die r.Z. nicht autonom zu betreiben, sondern mit dem Ziel der Erhöhung der → Durchgängigkeit der Rechnerunterstützung in umfassendere CAD-Prozesse zu integrieren. Wichtigster Ausdruck dieser bereits in den 70-er Jahren bedeutenden Entwicklung ist die Einbeziehung der r.Z. in → 3D-Systeme.

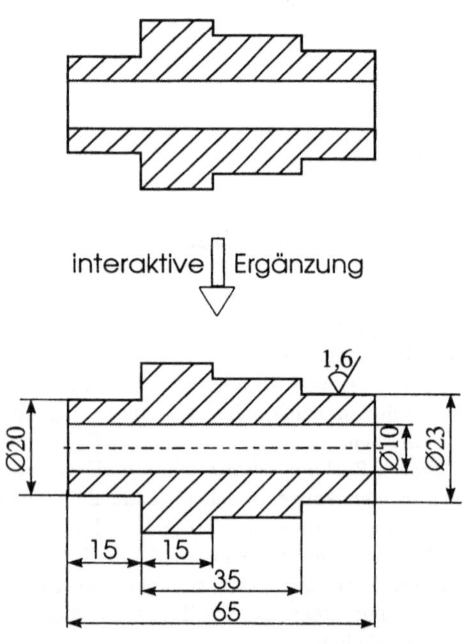

Bild 2

Bei der Nutzung solcher Systeme sind 3D-Modelle realer Objekte das Primäre, die technische Zeichnung das abgeleitete. Dementsprechend ist die r.Z. weitgehend automatisiert. Unterschiedliche Ansichten bzw. Darstellungen von → Schnitten können automatisch generiert werden. Meist ist deren Auswahl und damit die Spezifikation von → Projektionen und → Schnittebenen sowie die Ergänzung der automatisch abgeleiteten grafischen Strukturen zur vollständigen norm- bzw. standardgerechten technischen Zeichnung in interaktiver Arbeitsweise durchzuführen (Bild 2).

Für bestimmte Klassen von Werkstücken (z. B. Wellen) ist auch eine → automatische Zeichnungserstellung realisiert worden, bei der aus dem → rechnerinternen Modell die vollständige technische Zeichnung vollautomatisch abgeleitet wird. Weitgehend automatisiert (bis hin zu vollautomatisch) lassen sich auch Schemata (→ Schema) und insbesondere → Diagramme aus nichtgrafischen (z. B. funktionalen) Modellen von Produkten, Projekten bzw. Prozessen erzeugen (→ Computer-Aided Schematics).

Für die technische Zeichnung gibt es eine Reihe nationaler und internationaler Standards (DIN, ANSI, JIS, ISO u. a.).

Rechnerunterstützter Entwurf

Entwurfsprozeß, der durch rechentechnische Mittel, insbesondere → Computer und → grafische Geräte unterstützt oder sogar weitgehend automatisch durchgeführt wird.

Der Begriff r.E. entspricht weitgehend dem angelsächsischen Begriff Computer-Aided Design, von dem das auch im deutschsprachigen Raum gebräuchliche Kürzel → CAD abgeleitet ist. Er wird einerseits als Oberbegriff auf alle rechnerunterstützten Prozesse angewendet, die zum Entwurf eines neuen Objektes oder Projektes führen, und steht andererseits in eingeschränkterem Sinn nur für diejenigen Entwurfsprozesse, die nicht mit den Begriffen → rechnerunterstützte Konstruktion oder → rechnerunterstützte Projektierung belegt sind. Man spricht z. B. von rechnerunterstütztem Leiterplatten- und Schaltkreisentwurf.

Durch die → Rechnerunterstützung von Entwurfsprozessen kann eine erhebliche Steigerung der Arbeitsproduktivität und Verbesserung der Qualität der Entwürfe erreicht werden. Dabei ist der r.E. nicht unabhängig von anderen betrieblichen Prozessen zu sehen. Mit wachsenden rechentechnischen Möglichkeiten entwickelte sich der r.E. weit über die → rechnerunterstützte Zeichnungserstellung hinaus, die in einer früheren Phase Schwerpunkt der Anwendung von CAD war (teilweise wurde CAD sogar synonym zu Computer-Aided Drafting verwendet). Sobald das Endergebnis des r.E. nicht mehr nur Dokumentation auf Papier (etwa in Form von Werkstattzeichnungen oder grafischer → Schemata), sondern umfassendere → rechnerinterne Modelle von Entwürfen sind, können andere rechnerunterstützte betriebliche Prozesse in hohem Maß vom r.E. profitieren. Dies betrifft z. B. die → rechnerunterstützte Fertigung rechnerunterstützt entworfener Formen für die Produktion von Automobilkarosserieteilen, die rechnerunterstützte Herstellung und Bestückung von Leiterkarten, die Durchführung komplexer Berechnungen, z. B. die → FEM-Analyse sowie die rechnerunterstützte Qualitätssicherung (CAQ) durch Ableitung von Informationen (aus dem jeweiligen rechnerinternen Modell) zur Steuerung von NC-Meßmaschinen (→ CAD/CAM, → CIM).

Der r.E. wird u. a. auf Grund der für ihn erforderlichen Kreativität heute meist in → interaktiver Arbeitsweise durchgeführt. Dabei ist die → Mensch-Rechner-Kommunikation von großer Bedeutung. Sie ist heute weitgehend durch die Nutzung von → Computergrafik und entsprechender grafischer Geräte geprägt, die auch aus ergonomischer Sicht (→ Ergonomie) effektiv sind. Wichtigste Bestandteile von Systemen für den r.E. sind neben Rechnern selbst Geräte für die externe Speicherung, alphanumerische → Displays, → Grafikdisplays, → Eingabegeräte wie → Tastaturen und → Tabletts mit elektronischem Stift sowie → Ausgabegeräte wie → Drucker, → Plotter und in besonderen Fällen photographische Kamerasysteme (→ Peripherie).

Rechnerunterstütztes System

System, bei dem wesentliche → Funktionen mit Hilfe von → Computern ausgeführt werden.

R.S. kommen in volkswirtschaftlich bedeutsamem Maßstab in der produktiven Sphäre hochindustrialisierter Länder zum Einsatz. In der Produktionsvorbereitung betrifft dies u. a. die → rechnerunterstützte Konstruktion, den → rechnerunterstützten Entwurf (→ CAD), die → rechnerunterstützte Projektierung und die → rechnerunterstützte Dokumentation mit der → rechnerunterstützten Zeichnungserstellung. Für den unmittelbar produktiven Betrieb entwickelten sich die rechnerunterstützte Produktionssteuerung, insbesondere die → rechnerunterstützte Fertigung (→ CAM), die Abwicklung von Transport-, Umschlag- und Lagerhaltungsprozessen sowie die rechnerunterstützte Qualitätssicherung, für die u. a. die → digitale Bildverarbeitung von großer Bedeutung ist. Eine der wichtigsten Entwicklungen in Richtung einer Erhöhung des Grades der → Durchgängigkeit der → Rechnerunterstützung in der produktiven Sphäre war und ist die Integration rechnerunterstützter Lösungen für den produktionsvorbereitenden und den unmittelbar produktiven Bereich, d. h. die Verflechtung von CAD und CAM zu → CAD/CAM (→ CAD-System, → CAD/CAM-System).

Über die produktive Sphäre hinaus ziehen r.S. auch in andere Arbeits- und Lebensbereiche ein. Beispiele sind das Transportwesen, das Post- und Fernmeldewesen, die Medizin (→ Tomographie) und die Forschung (u. a. die → Fernerkundung der Erde mit Hilfe der → digitalen Bildverarbeitung).

Die → Computergrafik leistet einen entscheidenden Beitrag zur Beherrschung solcher immer komplexer werdender r.S. durch den Menschen, indem sie eine → Mensch-Rechner-Kommunikation gewährleistet, die sich an den Fähigkeiten und Bedürfnissen des Menschen orientiert (→ Ergonomie).

Rechnerunterstützung

Einsatz rechentechnischer Hilfsmittel zur Ermöglichung bzw. Rationalisierung von Prozessen mit einem wesentlichen Anteil an Informationsverarbeitung bzw. -speicherung (→ rechnerunterstütztes System).

Bedingt durch die Entwicklung der Mikroelektronik und der dabei erreichten Miniaturisierung und Zuverlässigkeitserhöhung von Baugruppen und Geräten sowie der Verringerung der Kosten für deren Herstellung hat die R., beginnend mit den 70er Jahren unseres Jahrhunderts, weite Bereiche des gesellschaftlichen Lebens erfaßt. Ausdruck dafür sind u. a. die Herausbildung von Fachdisziplinen zu solchen Prozessen wie → rechnerunterstützter Entwurf, → rechnerunterstützte Projektierung, → rechnerunterstützte Konstruktion, → rechnerunterstützte Dokumentation, → rechnerunterstützte Zeichnungserstellung, → rechnerunterstützte Fertigung sowie → Computergrafik und → digitalen Bildverarbeitung selbst.

Da viele rechnerunterstützte Prozesse eine umfangreiche und effektive Kommunikation zwischen Mensch und technischem System (→ Mensch-Rechner-Kommunikation, → interaktive Arbeitsweise) erfordern, kommt der Gestaltung der → Schnittstelle zwischen System und → Nutzer eine hohe Bedeutung zu. Techniken der Computergrafik sind grundlegende und für viele Prozesse unabdingbare Hilfsmittel zur Gewährleistung einer Mensch-Maschine-Kommunikation, die sich an den Bedürfnissen und Fähigkeiten des Menschen orientiert, ihm also möglichst wenig unnatürliche Randbedingungen aufzwingt (→ Ergonomie).

Rechteckfenster

Spezielles → Fenster in der Signalverarbeitung.

In der 1D-Form wird es wie folgt definiert.

$$w(i) = \begin{cases} 1 & \text{für} \quad |i| \leq N \\ 0 & \text{sonst} \end{cases}$$

Man beachte, daß das R. nichts mit einem rechteckigen Bildsignalausschnitt zu tun hat.

Redundanzarme Speicherung

Speicherung von Bildern und anderen komplexen, informationstragenden Strukturen auf der Basis einer solchen Beschreibung des Informationsgehaltes, die Redundanz, also leicht rekonstruierbare Bestandteile, weitgehend eliminiert.

Die r.S. dient in erster Linie der Einsparung von Speicherplatz. Da Bilder fast immer einen hohen Grad an Redundanz besitzen, spielt die r.S. in der → Computergrafik und der → digitalen Bildverarbeitung vor allem zur massenweisen Langzeitspeicherung von Bildinhalten eine große Rolle. Typische Formen der Redundanz in Bildern sind u. a.:

- gleichmäßig gefüllte Flächenbereiche (z. B. mit einem periodischen Muster oder mit einer Farbe),
- mehrfach im Bild vorkommende grafische Strukturen (z. B. an verschiedenen Stellen in einem → Schema auftretende gleiche → Sinnbilder).

Bei der → generativen Computergrafik wird häufig schon im Prozeß der Erzeugung von Grafiken eine redundanzarme Beschreibung gewährleistet, die natürlich auch der r.S. dienen kann. So braucht man z. B. ein Sinnbild, das mehrfach in einem Schema vorkommt, nur einmal vollständig zu beschreiben und in der Datenstruktur des gesamten Schemas lediglich anzugeben, an welchen Positionen das Sinnbild erscheinen soll. Anders ist die Situation in der Bildverarbeitung. Hier sind (redundanzhaltige) Bilder vorgegeben, zur r.S. muß die Redundanz weitgehend eliminiert werden. Dazu dienen die Methoden der → Bilddatenkompression. Eine Grundidee besteht darin, nicht digitalisierte Bilder selbst (→ Digitalisierung), sondern nur lokale Änderungen der Bildinformation abzuspeichern. Auf dieser Idee basiert die → Lauflängenkodierung. Eine andere Möglichkeit ist die Erkennung bestimmter Muster im Bild (→ Mustererkennung) und die Speicherung des Bildinhaltes u. a. durch Beschreibung dieser Muster und Angabe ihrer Positionen und Ausrichtungen im Gesamtbild. Diese strukturorientierte Beschreibung hat den Vorteil, daß sie unmittelbar für die weitere Verarbeitung von Bildern genutzt werden kann. Ein Beispiel ist die Bildverarbeitung von Handskizzen (→ Skizzeneingabe), die ein technisches Schema (Stromlaufplan, Logikplan u. a.) repräsentieren.

Um redundanzarm gespeicherte Bilder unmittelbar betrachtbar zu machen, ist die eliminierte Redundanz wieder einzufügen (Dekompression). Eine allzu starke Verminderung der Redundanz kann zu erhöhter Störanfalligkeit bei Speicherung und Übertragung von Bildern führen.

Referenzpunkte

Punkte, deren Lage sowohl im photographischen bzw. digitalisierten Bild als auch am Aufnahmeobjekt eindeutig bekannt ist.

Vorrangig dienen R. der räumlichen Orientierung der durch die Bilder definierten Strahlenbündel in bezug auf ein vorgegebenes Koordinatensystem für das Aufnahmeobjekte.

Die Ermittlung der im allg. räumlichen Koordinaten von im Bild und am Aufnahmeobjekt eindeutig definierten Punkten in einem dem Aufnahmeobjekt zugeordneten Koordinatensystem, wird auch als Paßpunktbestimmung bezeichnet.

Die Paßpunkte dienen

- der mittelbaren Bestimmung der Daten der äußeren Orientierung (Raumlage des Aufnahmestrahlenbündels in bezug auf das Aufnahmeobjekt),

- der Korrektur systematischer Restfehler,
- der Kontrolle der photogrammetrischen Auswertung (Genauigkeitsanalyse).

Reflexion

Zurückwerfen von Wellen an einer Grenzfläche zwischen zwei unterschiedlich dichten Medien oder einem undurchlässigen Hindernis.

Bei der R. von elektromagnetischen Wellen, insbesondere Lichtwellen, liegen einfallender Strahl, → Normale auf der Grenzfläche und zurückgeworfener (reflektierter) Strahl in einer Ebene. Der Einfallswinkel zwischen Normale und einfallendem Strahl ist gleich dem Ausfallswinkel zwischen ausfallendem Strahl und Normale und heißt auch Reflexionswinkel. Bei rauhen Oberflächen wird das reflektierte Licht gestreut. Man spricht dann von diffuser R. (→ Lambertsche Gesetze).

Das Verhältnis der reflektierten Lichtintensität I zur einfallenden I_0 ist das Reflexionsvermögen oder der Reflexionsgrad ρ (→ Albedo).

$$\rho = \frac{I}{I_0}$$

Geht ein Lichtstrahl von einem optisch dünneren in ein optisch dichteres Medium über (→ Brechung), dann wird bei allen Einfallswinkeln, die größer als ein bestimmter Grenzwinkel sind, alles einfallende Licht zurückgeworfen (Totalreflexion). Bei der R. wird das zurückgeworfene Licht polarisiert, d. h. die Schwingungsebene im Raum ausgerichtet.

Region

Teilbereich der Bildfläche, innerhalb dessen gewisse Merkmale (→ Grauwerte, Farben, Grauwertschwankungen, → Textur u. a.) sich wenig ändern (→ Bildsegmentierung).

Ein einfaches Uniformitätskriterium ist z. B., daß die Intensitätsdifferenz zweier beliebiger Bildpunkte innerhalb eines lokalen Bereiches eine vorgegebene Schwelle betragsmäßig nicht überschreitet.

Die Wahl eines relevanten, unter Umständen auch komplexen, Uniformitätskriteriums hängt entscheidend von der Natur der zu segmentierenden Bilder ab.

Region of Interest

Engl., interessierender Bildausschnitt, Abk. ROI oder AOI (area of interest).

Mit R. wird ein vom Benutzer gewählter Bildausschnitt, auf den die Verarbeitung und Interpretation eingeschränkt werden soll, bezeichnet. Diese Einschränkung wird häufig bei bildanalytischen Diagnose- und Prüfprozessen angewendet, um Rechenzeit zu sparen und Datenverfälschung außerhalb der R. zu verhindern.

Regionenwachstum

Engl. region growing. Methode zur Objektextraktion mit dem Ziel der Erfassung von Objekten bzw. Teilobjekten bis zu deren Objektgrenzen.

Das R. beruht auf der Erfassung typischer Flächenmerkmale (einheitliche Textur, homogener Farbton u. a.) in einem kleinen Bildbereich (Keimzelle) und der sukzessiven Anlagerung benachbarter Gebiete (Nachbarzellen), für den Fall, daß die Merkmale der Keimzelle und die der Nachbarzellen „ähnlich" sind.

Letztlich besteht das Problem darin, zu entscheiden, ob zwei Gruppen von Bildpunkten zur selben Region gehören oder nicht. Zu entscheiden ist also über die Hypothese, ob die beiden miteinander zu vergleichenden Punktmengen tatsächlich echte Teilmengen einer „wahren" → Region sind.

In Frage kommende Tests für die Ähnlichkeitsprüfung zwischen Keimzelle und Nachbarzelle sind entsprechend der Merkmalsart und Merkmalsverteilung innerhalb der Keimzelle auszuwählen. Der Anlagerungsprozeß endet, wenn keine Nachbarzellen mehr dem zugrunde gelegten Anlagerungskriterium genügen. Grundvoraussetzung ist, daß aus einer Keimzelle typische charakterisierende Merkmale entnommen werden können. Zweckmäßigerwise ist deshalb die Verteilung der Keimzellen im Bild durch Kontextinformationen zu steuern. Die Anlagerung geeigneter Nachbarzellen in einem Wachstumsprozeß ist eine grundlegende Problemstellung der zuordnenden Statistik. In der Regel werden als Ähnlichkeitsmaß entweder statistische Parameter wie Mittelwert oder Streuung für den Vergleich zweier Datenpopulationen verwendet, wobei der χ^2-Test oder der t-Test benutzt werden. Allgemeiner werden Unterschiede in der Form der Verteilungsfunktionen von Keim- und Nachbarzellen untersucht. Als Ähnlichkeitskriterium dient dabei die maximale Ordinatendifferenz der relativen Summenhäufigkeiten (Kolmogorow-Smirnow-Test) oder aber die Differenzfläche zwischen den beiden Summenhäufigkeiten.

Rekursion

Definition einer Funktion oder eines → Algorithmus zu ihrer Berechnung, gekennzeichnet durch mittel- oder unmittelbare Bezugnahme auf sich selbst.

1. Rekursive Definition einer Funktion. Ein sehr allgemeines Schema wird durch folgende Funktionalgleichung für die in y diskrete Funktion $f(x_1, \ldots, x_n, y)$ von $n+1$ Variablen gegeben, wobei $g(\cdot)$ als Funktion von n Variablen und $h(\cdot)$ als Funktion von $n+2$ Variablen gegeben ist.

$$f(x_1, \ldots, x_n, 0) = g(x_1, \ldots, x_n);$$
$$f(x_1, \ldots, x_n, y+1)$$
$$= h(x_1, \ldots, x_n, y, f(x_1, \ldots, x_n, y))$$

Für die Fakultät oder Gamma-Funktion $n!$ lautet eine rekursive Definition z. B. $0! = 1$; $n! = n \cdot (n-1)!$.

2. Rekursiver Prozeß. Verfahren zur Berechnung der Werte einer Funktion unter Ausnutzung einer rekursiven Definition. In der Datenverarbeitung wird ein rekursiver Prozeß durch rekursive Routinen, d. h. durch solche, die sich selbst aufrufen, realisiert. Typisch für einen rekursiven Prozeß ist die Datenstruktur des Stapels (Engl. stack), auf dem alle angearbeiteten Daten abgelegt werden, bis eine terminale Definition (z. B. 0!=1) gefunden wird. Alle unerledigten Bezugnahmen auf dem Stapel werden dann in der Stapelfolge aufgelöst, bis das Ergebnis vorliegt. Viele gute Algorithmen lassen sich elegant in rekursiver Form darstellen und als korrekt beweisen. Für die praktische Durchführung ist aber meist eine Variante mit → Iteration vorzuziehen.

Rekursive Bildoperation

→ Bildoperation.

Rekursives Filter

Filter mit Nachbildung einer Differenzengleichung.

Bei einem r.F. wird anstelle der beim → nichtrekursiven Filter verwendeten Modellierung der → Faltung eine Differenzengleichung gelöst. Typisch für r.F. ist die sukzessive Benutzung vorher ermittelter Outputs, wie im Bild dargestellt.

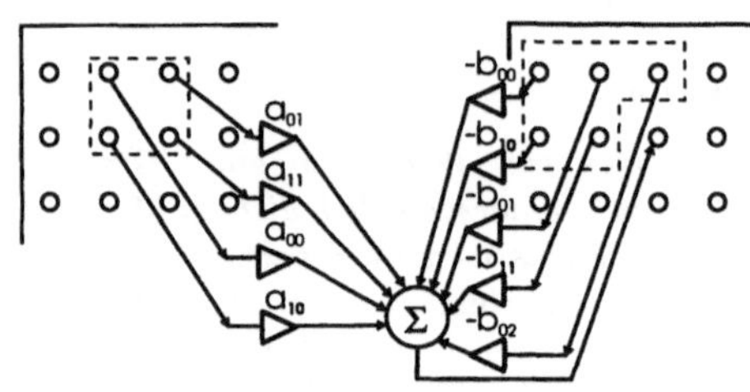

Die Lösung der linearen Differenzengleichung für einen Einheitsimpuls ist die → Impulsantwort des Filters. Da eine allgemeine Differenzengleichung selbst bei wenig Gliedern eine ausgedehnte, i. allg. infinite Impulsantwort (Faltungskern) hat, kann man mit r.F. sehr effektiv arbeiten. Nachteilig ist jedoch der hohe Aufwand für den Filterentwurf, die Bewertung der Fehlerfortpflanzung und der Stabilitätsnachweis, die besonders kritisch bei endlicher Wortlänge (→ Zahlendarstellung) von Signalen und Filterkoeffizienten a_{ij} und $b_{i,j}$ sind. R.F. haben eine rational gebrochene $\mathcal{Z}$-Übertragungsfunktion (→ $\mathcal{Z}$-Transformation).

Relaxationsverfahren

Iteratives Lösungsverfahren, bei dem Schätzungen von Fehlern zur Korrektur einer iterierten Lösung verwendet werden (→ Iteration).

In der → digitalen Bildverarbeitung bilden R. die vorherrschende iterative Strategie zur Wahrscheinlichkeitszuordnung, wobei die Klassenwahrscheinlichkeiten (→ Klassifikation) auf einer Iterationsstufe von den Zuordnungen der vorherigen Iteration abhängen.

Bei Iterationsbeginn wird jedem Objekt P (z. B. einem → Bildpunkt) eine Wahrscheinlichkeit für die Zugehörigkeit zu jeder der in Frage kommenden Klasse zugeordnet. In jedem Iterationsschritt werden die Wahrscheinlichkeiten der Nachbarobjekte (→ Nachbarschaft) des betrachteten Objektes P daraufhin überprüft, ob ihre Klassifizierung mit der von P kompatibel ist oder nicht. Entspricht die Klassifizierung von P dem Kontext seiner Nachbarn, d. h. die Nachbarn haben eine kompatible Klassifizierung bez. P, so wird die Wahrscheinlichkeit der aktuellen Klassenzuweisung von P erhöht. Entspricht die Klassifizierung jedoch nicht dem Kontext seiner Nachbarn, d. h. sie ist inkompatibel, so wird sie verringert. Bei Erfüllung eines bestimmten Kriteriums wird die Iteration abgebrochen.

Gegeben sei ein Satz von n Objekten $A_1, \ldots, A_n$ (z. B. eine Menge von Bildpunkten) und gesucht ist eine Zuordnung dieser Objekte zu m Klassen $C_1, \ldots, C_m$, welche Haupteigenschaften bezeichnen, die die Objekte der Menge besitzen können. Dabei werden nur die Abhängigkeiten zwischen zwei benachbarten Objekten betrachtet, d. h. für jedes Paar von Klassenzuordnungen $A_i \in C_j$ und $A_h \in C_k$ existiert ein quantitatives Kompatibilitätsmaß $c(i,j,h,k)$, welches meist im Intervall $[-1,+1]$ liegend angenommen wird. Ein positiver Wert drückt die Kompatibilität von $A_i \in C_j$ mit $A_h \in C_k$ aus, ein negativer Wert entsprechend Inkompatibilität.

$0 \leq p_{i,j}^{(0)} \leq 1$ bezeichne eine Anfangsschätzung für die Wahrscheinlichkeit, daß $A_i \in C_j$, d. h. dafür, daß A_i tatsächlich die Eigenschaft j habe. Dabei ist folgende Nebenbedingung zu erfüllen:

$$\sum_{j=1}^{m} p_{i,j}^{(0)} = 1 \quad \text{für alle } i$$

$p_{i,j}^{(r)}$ bezeichne die Schätzung für den r-ten Iterationsschritt ($r = 1, 2, \ldots$).

Die Relaxation geschieht unter Beachtung folgender Regeln für die Schätzungen der Klassenwahrscheinlichkeiten:

- Ist p_{hk} groß und $c(i,j,h,k) > 0$, dann sollte p_{ij} vergrößert werden, da $A_i \in C_j$ mit hoher Wahrscheinlichkeit kompatibel zur Annahme $A_h \in C_k$ ist.
- Ist p_{hk} groß und $c(i,j,h,k) < 0$, dann sollte p_{ij} vermindert werden, da es $A_i \in C_j$ mit hoher Wahrscheinlichkeit inkompatibel zur Annahme $A_h \in C_k$ ist.
- Ist p_{hk} klein oder $c(i,j,h,k) \approx 0$, dann soll p_{ij} nur geringfügig geändert werden, da entweder $A_h \in C_k$ allein oder $A_h \in C_k$ und gleichzeitig $A_i \in C_j$ wenig wahrscheinlich sind.

Eine einfache Möglichkeit für die Berechnung der Modifikationen oder Korrekturwerte in jedem Iterationsschritt wird durch

$$q_{ij}^{(r)} = \frac{1}{n-1} \sum_{h=1;h\neq i}^{n} \sum_{k=1}^{m} c(i,j,h,k) p_{hk}^{(r)}$$

gegeben, wobei die q_{ij} im Intervall $[-1,+1]$ liegen. Die erste Summe erstreckt sich über alle Objekte h, die das Objekt i beeinflussen können, und die zweite Summe über alle für die einzelenen Objekte h zulässigen Klassen.

Die Iteration der p_{ij} erfolgt dann beispielsweise nach folgender Vorschrift:

$$p_{ij}^{(r+1)} = \frac{p_{ij}^{(r)}(1 + q_{ij}^{(r)})}{\sum_{k=1}^{m} p_{ik}^{(r)}(1 + q_{ik}^{(r)})}$$

Manchmal wird auch vereinbart, daß die Kompatibilitätsmaße $c(i,j,h,k)$ zwischen 0 (inkompatibel) und 1 (hoch kompatibel) liegen, ohne daß sich wesentliche Modifikationen des R. ergeben.

Die für ein gegebenes Problem charakteristischen Größen $c(i,j,h,k)$ werden aus Modellbetrachtungen oder anhand von statistischen Bewertungen hergeleitet. Beispielsweise können sie wie folgt aus den a priori- und bedingten Wahrscheinlichkeiten bestimmt werden:

$$\begin{aligned} c(i,j,h,k) &= 2\frac{p(A_i \in C_j | A_h \in C_k)}{p(A_i \in C_j)} - 1 \\ &= 2\frac{p(A_i \in C_j, A_h \in C_k)}{p(A_i \in C_j) \cdot p(A_h \in C_k)} - 1 \end{aligned}$$

Die verwendeten Wahrscheinlichkeiten können durch Auszählen der individuellen und gemeinsamen Häufigkeiten der Ereignisse $A_i \in C_j$ (und $A_h \in C_k$) aus einer ausreichend repräsentativen Stichprobe geschätzt werden.

Erfolgreiche Anwendungen des R. im Rahmen der Bildanalyse liegen bei der Klassifikation von → Bildelementen als zu Objekt oder Hintergrund gehörend (→ Binarisierung) und bei der Detektion stetiger Kanten (→ Kantendetektion) und Linien (→ Linienbild). Weitere Anwendungen aus der → Szenenanalyse betreffen die kontextabhängige Objekterkennung.

Remote Sensing

Engl., → *Fernerkundung.*

Rendering

Engl., (künstlerische) Wiedergabe. Im Rahmen der → Computergrafik Prozeß der Erzeugung von Bildern aus → Modellen, insbesondere der → Visualisierung von → 3D-Modellen.

Resampling

Engl., Neuabtastung. Berechnung einer neuen Folge von Abtastwerten aus einer vorhandenen.

Beim R. wird angenommen, daß die ursprüngliche Signalfolge durch → Abtastung eines stetigen Signals erhalten wurde. Dieses Signal wird geeignet interpoliert (→ Interpolation) und mit dem neu anzuwendenden Raster abgetastet. Bei der → digitalen Bildverarbeitung und in der → Computergrafik ist das R. wichtiger Bestandteil geometrischer Operationen, insbesondere der → Rotation und → Skalierung. Die Qualität des R. ist von der verwendeten Interpolationsmethode abhängig. Der ideale Resampler verwendet die Rekonstruktionsvorschrift des → Abtasttheorems. Gut bewährt hat sich die Interpolation mit kubischen → Splines und Bilinearformen. Die einfachste R.-Methode besteht in der Wahl des zum neuen Abtastpunkt nächstgelegenen alten Abtastwertes (→ Nächste-Nachbar-Regel).

Reseau

Franz., regelmäßiges Netz von → Justiermarken.

Resolution

In englischer oder deutscher Aussprache für → Auflösung, z. B. high resolution display für → hochauflösendes Display.

Restklassenarithmetik

→ Modulararithmetik, → Zahlendarstellung.

RGB-Signal

Auf den Grundfarben des Farbfernsehens beruhendes → Bildsignal.

Die Komponenten des R. sind die Primärfarbsignale für die unmittelbare Ansteuerung der Farbpunkte für Rot, Grün und Blau einer → Farbbildröhre. Das R. wird vorwiegend für → Farbdisplays verwendet, während beim Farbfernsehen die → Chrominanz (Farbart F) und → Luminanz (Bildinhalt B) verwendet werden. Außer dem RGB- bzw. FB-Signal werden Signale zum Dunkeltasten (Austastsignal A) und zur Synchronisation (S) benötigt.

Richtungsdetektion

Engl. direction detection, orientation detection. In der → digitalen Bildverarbeitung Verfahren zur Erkennung der Richtung (auch als Orientierung bezeichnet) von Grauwertkanten (→ Kantendetektion), Linien, → Texturen, Segmenten → digitaler Kurven und anderer anisotroper Objekte im Bild.

Zur R. in einem Grauwertbild (→ Grauwert) werden oft verschieden ausgerichtete → Azimutalfilter eingesetzt, deren Ergebnisse miteinander verknüpft werden (s. Bildanhang). Im Fall unterbrochener oder teilweise verdeckter Kanten und Linien hat die → **Hough**-Transformation eine besondere Bedeutung. Richtungsinformationen können auch aus dem Ergebnis einer → **Fourier**transformation abgeleitet werden, was insbesondere für Texturen ausgenutzt wird.

In → Binärbildern kann die R. über eine → Konturverfolgung besonders einfach erfolgen. Die Ausrichtung von Objekten wird i. allg. anhand geeignet definierter → Merkmale, z. B. Hauptachsen, Vektoren zwischen Flächenschwerpunkt und markanten Konturpunkten (→ Gestaltmerkmale), ermittelt.

Die R. wird innerhalb der → Bildverstärkung, zur Bildung von → Merkmalen für die → Bildsegmentierung und und im Rahmen von Verfahren zur hochgradigen → Bilddatenkompression eingesetzt.

RID

Abk. für → rechnerinterne Darstellung.

Rieselkatode

Bauteil der → Speicherröhre zur diffusen Berieselung des → Speichergitters mit Elektronen.

RLC

Engl. Abkürzung für run length code (→ Lauflängenkodierung).

Roberts' Modulation

→ *PCM.*

Robot Vision

Engl. Begriff für das → Robotersehen.

Robotersehen

Spezielles Gebiet der → digitalen Bildverarbeitung, bei der die für die Robotersteuerung erforderliche Information mit visuellen Sensoren gewonnen wird.

Dabei werden die Lage der zu handhabenden Objekte und des Roboters selbst sowie eventuelle Hindernisse für die Bewegung des Roboters aufbereitet und an seine Steuerung übermittelt. Das visuelle System dient insbesondere der Objekterkennung und der Bewegungsführung mit hohen Geschwindigkeitsforderungen (20...500 ms je Erkennungsleistung), so daß hohe Anforderungen zur Transformation von Bilddaten und Roboterkoordinaten bestehen. In vielen Fällen wird der Sensor gemeinsam mit dem Greifer bewegt, so daß eine geringere Auflösung, als sie sonst in der Bildverarbeitung üblich ist, ausreicht (z. B. Schweißroboter). Im allgemeinen wird die Bedienung des visuellen Systems in einer Roboterkommandosprache unterstützt. Eine der schwierigsten Aufgaben ist die autonome Steuerung von Fahrzeugen (z. B. für die Weltraumforschung und im Straßenverkehr). Um eine große Autonomie, insbesondere bei mobilen Robotern, zu erreichen, werden zunehmend Elemente der → Künstlichen Intelligenz verwendet.

Rollen

→ *Bildrollen.*

Rollkugel

Frei drehbar gelagerte Kugel zur inkrementalen → Eingabe von Positionen.

Die R. erfüllt die gleichen → Funktionen wie der → Steuerknüppel und die → Maus. Sie kann als eine auf dem Rücken liegende mechanische Maus betrachtet werden (Bild).

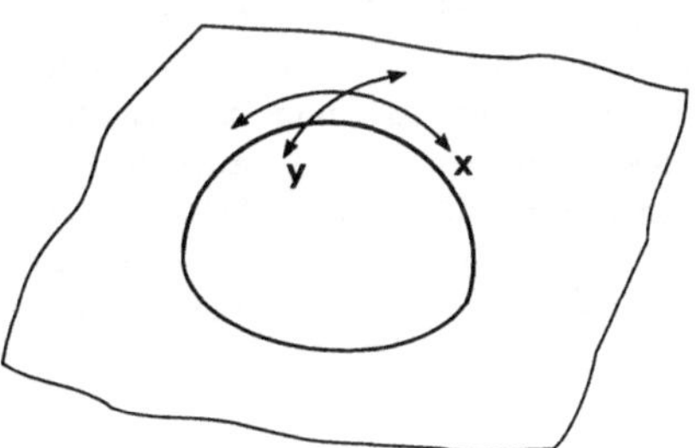

Rotation

→ *Koordinatentransformation eines geometrischen Objektes, bei der alle Punkte dieses Objektes um ein und denselben Winkel um eine festgelegte Rotationsachse gedreht werden.*

Die R. spielt bei der Erzeugung und Manipulation von → Computergrafiken in → interaktiver Arbeitsweise sowie bei deren → Ausgabe gemeinsam mit den anderen elementaren Transformationen → Verschiebung, → Skalierung und der → Spiegelung eine wichtige Rolle. Dementsprechend verfügen praktisch alle → Computergrafiksysteme über diese → Funktion. Die R. dient u. a. der Einbeziehung bereits vorhandener Grafiken (z. B. von → Symbolen bzw. → Sinnbildern) in umfassendere Darstellungen. Durch Ausführung einer R. läßt sich die Ausrichtung dieser Grafiken der jeweiligen Situation anpassen. Außerdem wird die R. bei diversen Ausgabeprozessen benötigt. Ein typisches Beispiel ist die mehrmalige → Visualisierung eines → 3D-Modells jeweils nach Ausführung einer R. dieses → Modells (s. Bildanhang). Die R. ist eine spezielle → affine Abbildung.

Die R. von (x_1, y_1) um einen beliebigen Fixpunkt (x_F, y_F) kann durchgeführt werden, indem zunächst (x_F, y_F) und (x_1, y_1) einer eindeutig bestimmten und umkehrbaren Translation unterzogen werden, die den Fixpunkt der R. in den Koordinatenursprung überführt. Dann erfolgt die gerade erläuterte R. um diesen Ursprung. Schließlich wird die vorher vorgenommene Translation rückgängig gemacht, so daß der Fixpunkt wieder seine ursprüngliche Lage einnimmt. Während die R. um den Ursprung auf eine Multiplikation eines

Vektors mit einer Matrix hinausläuft, ist die Translation in den natürlichen Koordinaten x und y eine Vektoraddition. Man kann aber zu einem speziell konstruierten System sog. → homogener Koordinaten übergehen, in denen sich die R. um den beliebige Fixpunkte (x_F, y_F) ausschließlich durch Matrizenmultiplikationen ausdrücken läßt.

Die Formeln für die R. sind in der Tafel zum Stichwort → homogene Koordinaten angegeben.

Routing

Engl., auch im deutschen Sprachgebrauch üblicher Begriff für → Trassierung.

Run Length Code

Engl., → Lauflängenkodierung.

Sample and Hold

Engl., Halteglied 0. Ordnung. → *Abtastung,* → *Abtasttheorem.*

Sampling

Engl., → *Abtastung.*

SAR

Engl. Synthetic Aperture Radar, Radar mit synthetischer Apertur.

Hochauflösender aktiver Mikrowellensensor der → Fernerkundung. Beim S. strahlt die an einem Flugzeug oder Satellit befestigte Antenne quer zur Flugrichtung. Das phasenempfindlich demodulierte Signal wird auf einem gleichförmig in Längsrichtung bewegten Film registriert. Der obere Bildteil stellt beispielhaft eine Aufzeichnung des demodulierten Signals bei einem einzigen punktförmigen Objekt dar.

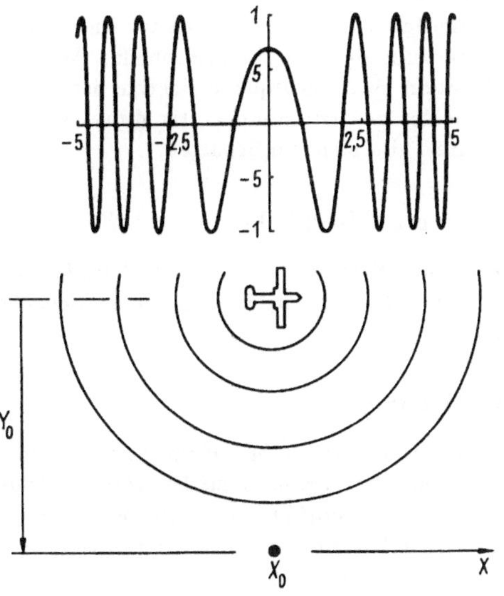

Die eine Koordinate stellt wie beim gewöhnlichen Radar die Echolaufzeit und damit den Objektabstand y, die andere Koordinate die Zeit t dar. Damit wird ein punktförmiges Objekt als eine mit der Dopplerfrequenz modulierte Helligkeitsspur abgebildet. Dieses Signal hat bei gegebenem Abstand y_0 folgenden Verlauf.

$$h(t) = \alpha \cos\left(\Phi - \frac{4\pi y_0}{\lambda} - \frac{2\pi v^2}{y_0\lambda}(t-t_0)^2\right)$$

mit

- α Radarquerschnitt des Objektes,
- Φ Phasensprung bei → Reflexion,
- v Fluggeschwindigkeit,
- λ Radarwellenlänge.

Diese Funktion kann als → Impulsantwort des S. interpretiert werden. Die Bildrekonstruktion erfolgt dann durch Anwendung des → inversen Filtes auf das registrierte Bild mittels optisch-holographischer Methoden (→ Holographie). Die Detailauflösung r des S. hängt von der Dauer T der Beobachtbarkeit des Dopplereffektes, die wiederum von Pulslänge und Bandbreite des Systems bestimmt wird, ab:

$$r = \frac{y_0\lambda}{Tv}$$

Je höher die Fluggeschwindigkeit ist, umso mehr Details können erkannt werden, was andererseits der Vergrößerung der Antennenabmessung äquivalent ist.

Säulendiagramm

→ *Balkendiagramm.*

Scanline-Algorithmus

Verfahren zur → *Visualisierung von* → *3D-Modellen, das ein* → *Rasterbild zeilenweise erzeugt und das* → *Verdeckungsproblem löst.*

Diese Art von Verfahren bildet ein 3D-Modell unmittelbar auf ein → Raster ab. Der S. gehört damit zur Klasse der → Bildraum-Algorithmen. Das 3D-Modell wird mit der durch eine Bildschirmzeile und den Betrachterstandpunkt aufgespannten Ebene geschnitten und das Resultat der Lösung des Verdeckungsproblems auf dieser Ebene auf die Bildschirmzeile projiziert (Bild). Dies geschieht Zeile für Zeile. Das Verfahren erlaubt eine einfache → Schattierung (z. B. das → **Gouraud**-Shading) und ist sowohl auf 3D-Modelle in → Begrenzungsflächen-Repräsentation als auch auf → CSG-Modelle anwendbar.

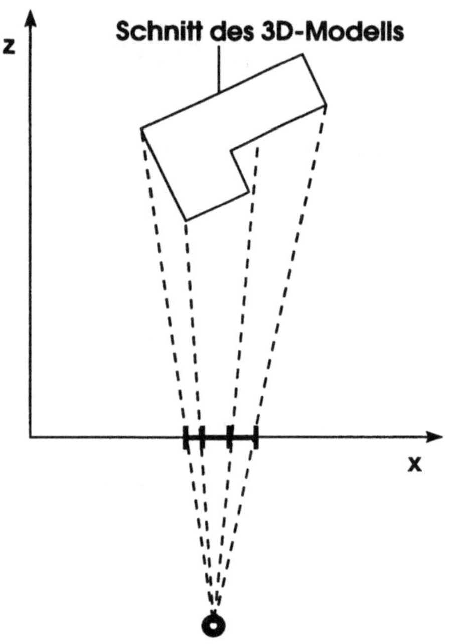

Scanner

Engl., Gerät zur → Bildabtastung.

Im Gegensatz zu → elektronischen Kameras, bei denen in der Bildebene abgetastet wird, erfolgt beim S. die direkte → Abtastung des Objektes anhand seiner Eigenstrahlung (passiv) oder anhand der von einem → Leuchtfleck von dem bzw. durch das Objekt reflektierten oder durchgelassenen Strahlung (aktiv – flying spot scanner). Der Leuchtfleck wird mit nichtkohärenten Quellen, Lasern oder Elektronenstrahlröhren erzeugt (→ Flying Spot). Durch Modulation der Leuchtfleckintensität kann man nach demselben Prinzip auch Bilder auf photographische Schichten aufzeichnen (flying spot recorder).

Der (passive) multispektrale S. (→ MSS) wird vor allem in der → Fernerkundung angewendet. Aktive S. werden vorwiegend zur Umsetzung und Übertragung von Bildern und Filmen in der Polygraphie und in den Massenmedien angewendet. Einfache S. mit kleineren Formaten (A4, A3) und → Auflösungen von 300 dpi bis 600 dpi in Flachbettausführung werden für die → Eingabe von Text und Grafik im Büro genutzt.

Schattenwurf

In → 3D-Computergrafiken integrierter Beleuchtungseffekt, der durch rechnerinterne → Beleuchtungssimulation erzeugt wird und der Erhöhung der Anschaulichkeit bzw. Naturtreue dieser grafischen Darstellungen dient.

Während der S. im Rahmen wissenschaftlich-technischer Anwendungen von → Computergrafiksystemen eine untergeordnete Rolle spielt, ist er für die Erzeugung realistisch aussehender → Computergrafiken dreidimensionaler → Szenen (Landschaften, Gebäudekomplexe u. a.) von großer Bedeutung. Häufig werden solche Bilder mit Hilfe von → Strahlverfolgungsalgorithmen aus den entsprechenden → 3D-Modellen abgeleitet. Bei diesen → Algorithmen sind der S. und andere Beleuchtungseffekte integrale Bestandteile der → Visualisierung von 3D-Modellen.

Die Berücksichtigung des S. besitzt eine gewisse Analogie zum → Verdeckungsproblem: Was aus der Position einer Lichtquelle sichtbar ist, ist im Rahmen der geometrischen Optik direkt von ihr beleuchtet, also nicht im Schatten.

Schattierte Oberfläche

Ergebnis der Berechnung eines realitätsnahen Abbildes einer Körperoberfläche durch → Schattierung.

Schattierung

Ausfüllen von Flächen mit Farb- bzw. → Grauwerten zur Erzeugung realitätsnaher Abbilder (→ 3D-Computergrafik) von → 3D-Modellen unter Berücksichtigung von → Lichteinflüssen.

Zur Ermittlung der Farb- bzw. Grauwerte der → Bildpunkte wird eine → Beleuchtungssimulation angewendet. Relativ einfache Schattierungsverfahren sind das → **Gouraud**-Shading und das → **Phong**-Shading. In die Schattierung eines Oberflächenelementes gehen bei diesen Verfahren nur Informationen zum Oberflächenelement selbst, zu den Lichtquellen und zum Betrachter ein. Transparenz (→ optische Dichte), → Schattenwurf und → Reflexion anderer Objekte einer → Szene können nicht behandelt werden. Diese Verfahren haben lokalen Charakter.

Dagegen berücksichtigen das Ray Tracing (→ Strahlverfolgungsalgorithmus) und die → Radiosity-Methode die globalen Beleuchtungsverhältnisse in der gesamten 3D-Szene.

Schauerprozeß

→ *Clusterprozeß.*

Schema

Vereinfachte, auf das Wesentliche beschränkte grafische Veranschaulichung von meist komplexen Objekten, Projekten oder Prozessen.

Für die Beherrschung bzw. Nutzung komplexer Systeme bzw. Prozesse durch den Menschen ist meist u. a. eine solche grafische Beschreibung dieser Objekte erforderlich, die dem Betrachter der Grafik das für ihn Wesentliche leicht zugänglich macht. Ein entsprechend hoher Grad der Anschaulichkeit und Übersichtlichkeit kann nur durch die mehr oder weniger weitgehende Nutzung des a priori-Wissens des Betrachters bei der Gestaltung der grafischen Darstellung erreicht werden. Dies gelingt vorrangig durch die Verwendung von grafischen → Symbolen bzw. → Sinnbildern.

Eine große Klasse von S. besteht sogar ausschließlich aus diskreten, sich nicht überlappenden Symbolen (einschließlich alphanumerischer und Sonderzeichen) und Verbindungslinien zwischen diesen Symbolen. Beispiele dafür sind Funktions-, Logik-, Programmablauf-, Stromlaufpläne, Petri-Netz-Darstellungen, allgemeine Blockdiagramme und viele → technologische Schemata. S. dieser Klasse (auch netzartige S. genannt) werden in hochindustrialisierten Volkswirtschaften massenweise für die Dokumentation von Systemen bzw. von Ergebnissen verschiedener Entwurfsstufen produziert. Zur Rationalisierung ihrer Erzeugung sowie zu ihrer durchgängigen Verwendung im Rahmen von Prozessen des → rechnerunterstützten Entwurfs können → Computergrafiksysteme erfolgreich eingesetzt werden, wobei → 2D-Systeme ausreichend sind. Der Informationsgehalt dieser S. besteht in der Auswahl von Symbolen aus einem mehr oder weniger umfangreichen und anwendungsspezifischen Symbolvorrat und in der Darstellung von Relationen zwischen diesen Symbolen, vorrangig durch deren Anordnung zueinander und durch Verbindungslinien. Im Unterschied zu maßstabsgerechten grafischen Darstellungen spielen jedoch Details in der Symbolanordnung und Linienführung keinerlei Rolle. Da die Nutzung allgemeiner grafischer → Editoren für den Entwurf solcher S. ständig die → Eingabe von → Informationen zu solchen Details und damit eine unrationelle Arbeitsweise bedingt, erfordert die massenweise Produktion von S. die Entwicklung und Verwendung speziell zugeschnittener Computergrafiksysteme. Als Reaktion darauf ist im Rahmen von → CAD die Spezialrichtung → Computer-Aided Schematics (CAS) entstanden. Typische Funktionen von CAS-Systemen betreffen u. a. die Nutzung von Bibliotheken häufig vorkommender, standardgerechter grafischer Symbole, die → Rechnerunterstützung der → Plazierung von Symbolen sowie der Erzeugung von Verbindungslinien (→ Trassierung, → Routing), die vollautomatische Generierung von S. aus nicht grafisch orientierten Informationsquellen und den Anschluß an CAD-Prozesse, die über die → Computergrafik hinausgehen. Der Prozeß der Erzeugung von S. wird bei der Nutzung solcher Systeme in einem viel höheren Grad automatisiert als dies im Rahmen der → interaktiven Arbeitsweise möglich ist.

Neben der bisher betrachteten Klasse von S. gibt es eine Vielfalt von S. mit geringerem Abstraktionsgrad der Darstellung. Dabei handelt es sich um Grafiken, bei denen maßstabsgerechte Bestandteile mit symbolischen kombiniert sind, bzw. in denen stilisierte Darstellungen vorkommen. Beispiele dafür sind thematische Landkarten, Streckenkarten in Kursbüchern, Bedienungs- und Reparaturanleitungen. Man spricht bei solchen Grafiken häufig auch von schematisierten Darstellungen. Zu deren rationeller Erzeugung ist die Nutzung von CAS-Systemen meist nur in Kombination mit umfassenderen Computergrafik-Funktionen sinnvoll. Zum Beispiel im Fall der Generierung von Bedienungs- und Reparaturanleitungen können sogar → Funktionen von → 3D-Systemen erforderlich sein.

Manchmal werden auch → Diagramme mit zu Schemata gerechnet.

Schematisierte Darstellung

→ *Schema.*

Schlitzmaskenröhre

→ *Inline-Farbbildröhre.*

Schlüsselfertiges System

Engl. turnkey system. → Rechnerunterstütztes System, das ohne Änderungen und Erweiterungen für einen klar umrissenen Anwendungsbereich schnell zum Einsatz gebracht werden kann.

Der Begriff s.S. ist vor allem bei Anbietern rechnerunterstützter Systeme beliebt. Er wird häufig auch auf Systeme mit einem Einsatzbereich bezogen, in dem die Einführung der → Rechnerunterstützung durchaus mit Problemen verbunden ist (z. B. bei vielen Anwendungslinien des → rechnerunterstützten Entwurfs bzw. der → rechnerunterstützten Konstruktion). Er soll das Ausbleiben dieser Probleme und damit die Möglichkeit der schnellen Systemeinführung auf Grund eines hohen Grades der → Akzeptanz seitens der → Nutzer suggerieren. Häufig werden die (zuweilen auch unberechtigten) Erwartungen in solche Systeme nicht erfüllt. Bei komplexen → CAD-Systemen z. B. erfordert allein die Nutzerschulung beträchtlichen Aufwand. Anpassungen und Erweiterungen der Systeme zu deren vollständiger Integration in die betriebliche Praxis sind insbesondere bei dem Ziel durchgängiger Rechnerunterstützung (→ Durchgängigkeit) meist unvermeidbar. Selbst wenn ein s.S. für begrenzte Aufgabenstellungen relativ schnell einsetzbar ist, muß aus diesem Grund eine Entwicklungsfähigkeit des Systems über längere Zeitphasen und damit seine Offenheit für Modifikationen und Ergänzungen gewährleistet sein (→ offenes System).

Schnelle Fouriertransformation

Engl. fast **Fourier** *transform. Effektiver Algorithmus zur Berechnung der diskreten →* **Fourier***transformation (DFT).*

Die direkte Berechnung der DFT mit N komplexen Werten aus einer Signalfolge mit N Werten erfordert N^2 komplexe Multiplikationen und Additionen sowie die vorherige Berechnung von N Einheitswurzeln, welche aber immer wieder verwendet werden können. Entsprechend dem Grundprinzip aller → schnellen Transformationen kann man effektive Verfahren angeben, mit denen sich die **Fourier**transformierte einer Folge aus mehreren **Fourier**transformierten von i. allg. permutierten Folgen zusammensetzen läßt. Besonders einfach ist dies für die Länge $N = 2^n$, bei denen man die sehr regelmäßigen RADIX-2-FFT-Algorithmen anwendet.

Es folgt die nach ihren Erfindern **J.W. Cooley** und **J.W. Tukey** (1965) benannte typische Zerlegung. Ausgehend von $N = 2M$ erhält man:

$$F(k) = \mathcal{F}_D[f(n)] = \frac{1}{2M} \sum_{\nu=0}^{2M-1} f(\nu) W_N^{\nu k}$$

$$= \frac{1}{2}\Big(\frac{1}{M} \sum_{\nu=1}^{M-1} f(2\nu) W_M^{\nu k} + W_N^k \frac{1}{M} \sum_{\nu=1}^{M-1} f(2\nu+1) W_M^{\nu k}$$

mit $W_K = \exp(-\jmath \frac{2\pi}{K})$.

Die beiden Summanden sind ersichtlich selbst wieder **Fourier**transformierte, wobei die zweite mit einem Vorfaktor zu versehen ist. Die Zerlegung kann fortgesetzt werden, bis $N = 2$ erreicht wird. Man braucht nun nur noch $N \log_2 N$ Multiplikationen und Additionen. Der Geschwindigkeitsgewinn für verschiedene N ist in folgender Tafel dargestellt.

N	$N/\log_2 N$
16	4
256	32
4096	341,33

Für spezielle Aufgaben, z. B. wenn bei Berechnungsbeginn nur Teile der Folge bekannt sind oder bei Parallelrechnersystemen, können andere Algorithmen der DFT der s.F. überlegen sein.

Schnelle Transformation

Hocheffektiver Algorithmus für eine diskrete Signaltransformationen.

Mit s.T. werden ein- oder höherdimensionale endliche Folgen (Signale) transformiert. Dabei werden Algorithmen angewendet, die durch passende Zerlegung stufenweise auf solche für kürzere Folgen reduziert werden, wobei der Rechenaufwand bei N Signalwerten von N auf $N \log N$ zurückgeht. Das bekannteste Beispiel ist die → schnelle **Fourier**transformation (FFT) zur Durchführung der diskreten **Fourier**transformation (DFT). Eine weitere Beschleunigung und Unempfindlichkeit gegen Rundungen ist durch den Ersatz der üblichen zeitaufwendigen Multiplikation durch → Modulararithmetik erreichbar (→ zahlentheoretische Transformationen oder NTT). Durch s.T. können → Faltung und Korrelation (→ Bildkorrelation, → statistische Bildanalyse) umfangreicher Signalfolgen effektiv erledigt werden. Schnelle Transformationen sind außerdem bei der synthetischen → Holographie, der Analyse von → Texturen und der → Bilddatenkompression erforderlich.

Schnitt

1. Menge von Punkten, die gleichzeitig zu mehreren geometrischen Objekten gehören: im dreidimensionalen Raum kann diese Menge aus einzelnen Schnittpunkten bestehen, eine → Schnittlinie, eine → Schnittfläche oder ein ganzes Schnittvolumen sein.

S. spielen bei der Berechnung integraler Eigenschaften geometrischer Objekte wie Linienlängen, Flächeninhalte, Volumina und bei Berücksichtigung von Dichte, Masse, Schwerpunkt, Trägheitsmomenten und Hauptträgheitsachsen eine wichtige Rolle (→ Computergeometrie).

2. Darstellung eines geometrischen Objektes, das mit einem anderen vorgegebenen geometrischen Objekt (z. B. mit einer → Schnittebene) gemeinsame Punkte besitzt, wobei die Bereiche, in denen diese Punkte liegen, meist besonders hervorgehoben sind (Schnittdarstellung).

3. Durchführung der entsprechenden Operationen zur Erzeugung von Schnittdarstellungen.

S. dienen z. B. der grafischen Darstellung solcher dreidimensionaler Objekte, die durch Ansichten allein nicht vollständig repräsentiert werden können. S. sind deshalb häufig Bestandteile von Werkstattzeichnungen (Bild 1). Unter Nutzung von → 2D-Systemen können Schnittdarstellungen in → interaktiver Arbeitsweise direkt erstellt werden. Auf der Basis von → 3D-Systemen lassen sich S. dagegen weitgehend automatisiert aus rechnerinternen → 3D-Modellen ableiten.

Bild 2 zeigt einen S., der aus dem Ausgangsmodell durch eine **Boole**sche Verknüpfung (modifizierte mengentheoretische Differenz) gewonnen wurde. Schnittflächen werden meist durch → Schraffuren besonders hervorgehoben (Bilder).

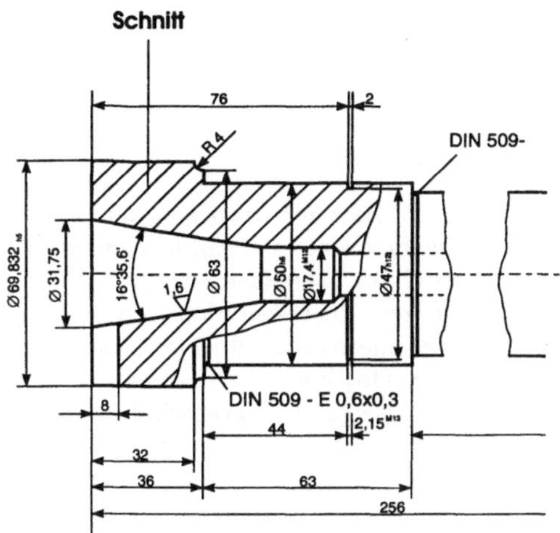

Bild 1

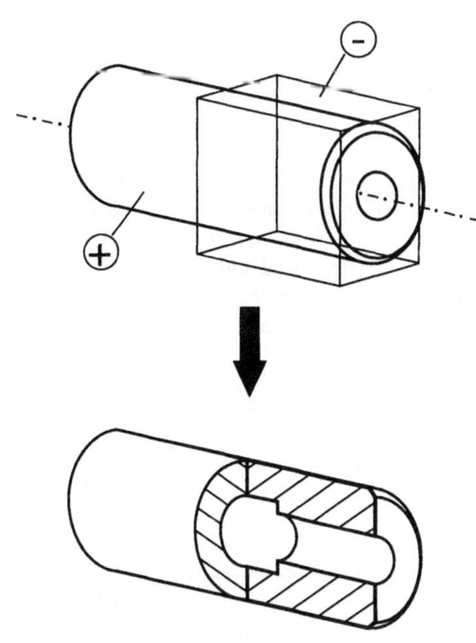

Bild 2

Auch bei der → Visualisierung von 3D-Modellen ist die Bestimmung von S. wichtig. Beim → Strahlverfolgungsalgorithmus z. B. sind die S. von Strahlen mit den Oberflächen von 3D-Modellen zu bestimmen.

4. Grundlegender Untersuchungsgegenstand der → Stereologie.

Schnittebene

Ebene, die zum Zweck der Erzeugung und gegebenenfalls Darstellung eines → Schnittes ein anderes geometrisches Objekt schneidet.

Zur eindeutigen Repräsentation von Körpern (und anderen geometrischen Objekten) sind häufig Schnitte dieser Objekte mit bestimmten Ebenen, den S. zu erzeugen und grafisch darzustellen (→ rechnerunterstützte Dokumentation, → rechnerunterstützte Zeichnungserstellung). Ein typisches Beispiel ist das „Aufschneiden" rotationssymmetrischer Objekte mit Innenkontur mittels einer Ebene durch deren Symmetrieachse. Beim Schnitt mit der S. entstehen → Schnittlinien und → Schnittflächen.

Schnittfläche

Fläche, die einen → Schnitt (z. B. zwischen einem Körper und einer → Schnittebene) darstellt.

Bei der → Visualisierung von → 3D-Modellen mit Hilfe von → Computergrafiksystemen, insbesondere für die Erzeugung technischer Dokumentationen (→ rechnerunterstützte Dokumentation, → rechnerunterstützte Zeichnungserstellung), sind zwecks eindeutiger und anschaulicher Darstellung dieser → Modelle häufig → Schnitte zu erzeugen. Dabei entstehen → Schnittlinien und S.

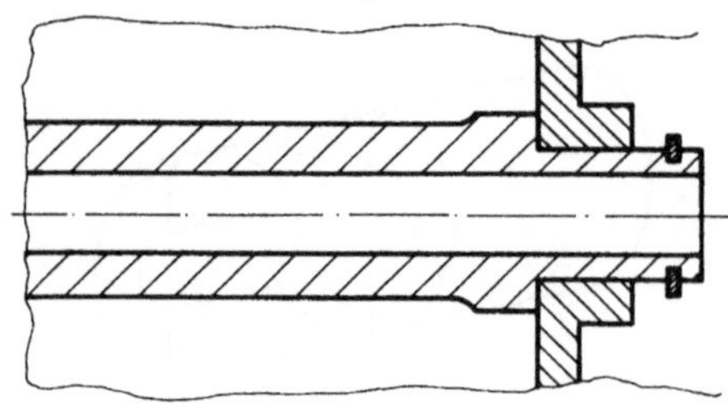

In technischen Dokumentationen werden S. durch → Schraffuren ausgefüllt. Die Art der Schraffur erlaubt eine Grobklassifikation bez. des Werkstoffes des geschnittenen Einzelteiles (Bild).

Schnittlinie

Linie, in der sich zwei Flächen schneiden.

Im Rahmen der → Computergrafik bzw. → Computergeometrie spielt die Berechnung und Darstellung von S. eine große Rolle. Dies gilt z. B. für die → Visualisierung von → 3D-Modellen, insbesondere für die Erzeugung technischer Dokumentationen (→ rechnerunterstützte Dokumentation, → rechnerunterstützte Zeichnungserstellung). Zur eindeutigen und anschaulichen grafischen Beschreibung von 3D-Objekten müssen meist Darstellungen von → Schnitten dieser Objekte generiert werden. Dazu sind S. und → Schnittflächen zu bestimmen und entsprechend zu repräsentieren.

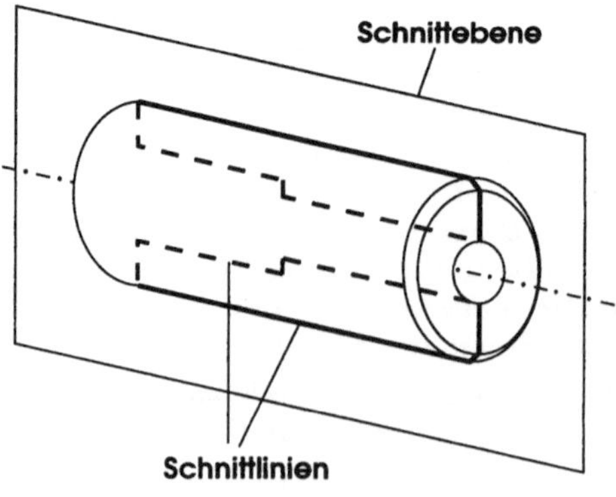

Bild 1

Bild 1 zeigt ein rotationssymmetrisches Teil mit Innenkontur, eine → Schnittebene und hervorgehoben sämtliche S., an denen diese Körperoberflächen schneidet. Die S. stellen in diesem Fall einen geschlossenen → Polygonzug dar, dessen Inneres eine Schnittfläche ist.

Bild 2 zeigt einen zusammengesetzten Körper mit der markierten Schnittlinie zweier Zylinder-Mantelflächen.

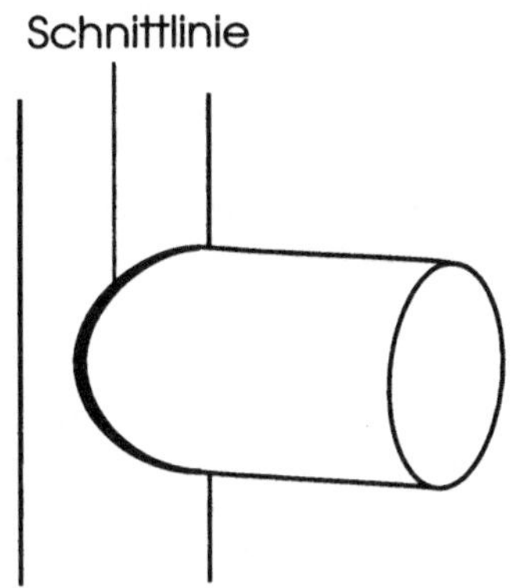

Bild 2

Schnittstelle

Engl. → interface. Verbindungsstelle, über die die einzelnen Komponenten eines → rechnerunterstützten Systems zusammenwirken.

S. lassen sich in Hardware- und Software-S. unterteilen. Die Spezifikation von S. beinhaltet u. a. Festlegungen zu Funktionalität, Datenflüssen, Zustandsbeschreibungen incl. Fehlermeldungen und physischer Realisierung. Vorteile des Aufbaus eines Gesamtsystems aus Komponenten, die über genau definierte S. miteinander kooperieren, liegen in der Vereinfachung bzw. Beschleunigung der Entwicklung, Inbetriebnahme, Wartung, Modifikation und Erweiterung solcher Systeme. Insbesondere wird die Portierbarkeit von Programmsystemen auf unterschiedliche Gerätetechnik (→ Computer und → Peripherie) wesentlich erleichtert.

Zu S. wurden und werden → Standardisierungen vorgenommen. Wichtige Bespiele, die die → Computergrafik betreffen, sind die S. zwischen → Anwenderprogrammen und → GKS-Implementationen (→ GKS) und das Computer Graphics Interface (→ CGI) zwischen grafischen Basissytemen und → grafischen Geräten.

Für die → Akzeptanz rechnerunterstützter Systeme ist die geeignete Gestaltung der S. zwischen Mensch und System von entscheidender Bedeutung (→ Mensch-Rechner-Schnittstelle, → Mensch-Rechner-Kommunikation).

Schnittverteilung

→ Granulometrieverteilung.

Schraffur

Engl. hatch. Ausfüllung einer Fläche mit einer Menge paralleler Linien, insbesondere zur Kennzeichnung von → Schnittflächen in technischen Zeichnungen.

Durch unterschiedliche Schraffurarten kann in technischen Zeichnungen eine Grobklassifikation des Werkstoffes von geschnitten dargestellten Einzelteilen vorgenommen werden (→ Schnitt). Dabei kommen allerdings auch Kennzeichnungen zur Anwendung, die im strengen Sinn des Begriffes keine S. sind (Bild).

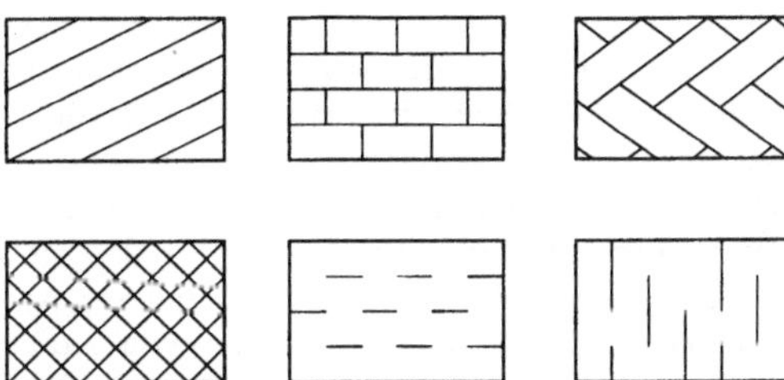

Im Rahmen von → GKS ist die S. eine der Möglichkeiten zur Spezifikation des Erscheinungsbildes von → Füllgebieten. Eines der → Attribute dieses → Darstellungselementes ist die Füllgebietsausfüllung (interior style). Dieses Attribut kann auf eine von vier Möglichkeiten festgelegt werden, unter denen die S. ist. Der Füllgebietsausfüllungsindex (style index) und der Füllgebietsfarbindex (fill area colour index) geben an, wie ausgefüllt werden soll, d. h. im Falle der S., welche Art der S. innerhalb des Füllgebiets erzeugt und in welcher Farbe sie dargestellt werden soll.

Schwarz-Weiß-Bildröhre

→ Katodenstrahlröhre zur Erzeugung monochromatischer Darstellungen.

Im Gegensatz zu → Farbbildröhren verfügen S. i. allg. über lediglich ein Strahlerzeugungssystem und ein Strahlablenkungssystem. Auch werden weder Schlitz- noch Lochmasken benötigt. Der Elektronenstrahl trifft auf eine Leuchtstoffschicht, die sich auf der Innenseite des → Bildschirmes befindet und von ihm in einem → Leuchtfleck zum Leuchten angeregt wird. Die Helligkeit steigt mit der Intensität des Elektronenstrahls. Der Begriff S. rührt daher, daß auf diese Weise meist Schwarz-Weiß-Darstellungen erzeugt werden. Es sind aber auch Bildschirmfarben im gelblichen und grünen Bereich üblich.

Schwarz-Weiß-Displays auf der Grundlage von → Speicherröhren enthalten mehrere Katoden, nämlich eine Schreibkatode und eine → Rieselkatode.

Eine Besonderheit stellen inzwischen veraltetete → Vektordisplays dar, die farbige Darstellungen erzeugen können, obwohl sie nur eine Katode besitzen. Bei ihnen wurden mehrere Schichten verschiedener Leuchtstoffe auf der Innenseite des Bildschirms aufgetragen. In Abhängigkeit von der Energie des Elektonenstrahls wurden diese Schichten unterschiedlich stark angeregt und dadurch verschiedene Farbeindrücke auf dem Bildschirm erzeugt.

Da die Erzeugung farbiger Darstellungen im Rahmen der→ Computergrafik, der → digitalen Bildverarbeitung, des → CAD und anderer Anwendungen von → Computern häufig von großer Bedeutung ist, wurden S. in diesen Bereichen zunehmend von → Farbdisplays verdrängt. S. haben aber auch einige Vorteile, z. B. hinsichtlich → Auflösung, Gewicht und Leistungsaufnahme.

Schwärzungsfunktion

→ *optische Dichte.*

Schwellwert

Engl. threshold. Einfachster Entscheidungsparameter bei einem quantitativ gegebenen monotonen Kriterium.

Ein S. dient vorrangig einer i. allg. adaptiven → Binarisierung eines Bildes. Besonders bei der → Kantendetektion spielen S. eine große Rolle, legen sie doch die Signifikanz der abgeleiteten Kante fest.

Aber auch eine einfache schwellwertorientierte Glättung kann bei großen lokalen Schwankungen des Rauschens (Schnee, Pfeffer und Salz) vorteilhaft angewendet werden. Die Vorgabe einer Schwelle T ermöglicht die Anwendung des folgenden nichtlinearen S.-Filters zur Berechnung des Outputs $g(x,y)$ aus dem Input $f(x,y)$.

$$g(i,j) = \begin{cases} \overline{f(i,j)} & \text{für} \quad |f(i,j) - \overline{f(i,j)}| > T \\ f(i,j) & \text{sonst} \end{cases}$$

$\overline{f(i,j)}$ ist hierbei das in einem vorgegebenen → Fenster arithmetisch gemittelte oder anderweitig geglättete Signal um den Zentralpunkt (i,j) mit dem Grauwert $f(i,j)$.

Scrolling

Engl., vertikales oder horizontales Verschieben eines → Fensters über ein rechnerintern vorliegendes Bild, wobei innerhalb des Fensters der entsprechende Bildausschnitt sichtbar wird (→ Panning und → Bildrollen).

Das S. dient der Betrachtung von Ausschnitten großer rechnerinterner Bilder auf → Bildschirmen, deren → Displayfläche für die Darstellung des gesamten Bildes i. allg. zu klein ist. Die Möglichkeit der kontinuierlichen Verschiebung des Fensters in zwei senkrecht aufeinander stehenden Richtungen der Bildebene sowie eine schnelle Generierung des entsprechenden Bildausschnittes auf dem Display tragen zu einer nutzerfreundlichen → interaktiven Arbeitsweise bei. Das sog. → Blättern erlaubt zwar ebenfalls ein Betrachten aller Bildteile, es kann aber nicht jeder beliebige Ausschnitt gewählt werden. Das S. wird durch meist am rechten (für vertikales S.) und am unteren Rande (für horizontales S.) des Fensters befindliche Rollbalken (scroll bar) interaktiv gesteuert und angezeigt.

Segment

1. Im Rahmen von → GKS durch den → Nutzer festgelegte Gruppe von → Darstellungselementen, die von ihm als Einheit angesehen und zur späteren Weiterverwendung mit einem Namen versehen wird.

Ein einzelnes Darstellungselement wie z. B. ein → Linienzug oder ein → Füllgebiet ist i. allg. noch kein grafischer Komplex, der für sich genommen eine eigenständige, anwendungsbezogene Bedeutung hat. GKS gestattet deshalb, Darstellungselemente zu einem Informationskomplex zusammenzufassen, der aus Anwendersicht eine solche Eigenständigkeit besitzt und S. genannt wird. S. können als Ganzes mittels bestimmter Segmentattribute (→ Attribut) manipuliert werden. S. werden in → Segmentspeichern abgelegt.

Segmentattribute sind:

- → Segmenttransformation,
- Sichtbarkeit (visibility),
- → Hervorheben,
- → Segmentpriorität,
- Ansprechbarkeit.

Mit Hilfe der Segmenttransformation kann man festlegen bzw. nachträglich ändern, wo und mit welcher Orientierung sowie in welchem Maßstab ein S., das z. B. ein grafisches → Symbol repräsentiert, auf der → Darstellungsfläche erscheint. Dies geschieht durch Zuordnung einer Transformationsmatrix (→ Koordinatentransformation) zu jedem S.. Über das Attribut Sichtbarkeit läßt sich steuern, welche S. sichtbar sein sollen und welche nicht. Darüber kann man also z. B. das Einblenden einer Teilgrafik in eine Gesamtdarstellung bei Eintreten bestimmter Bedingungen realisieren. Das Attribut Hervorheben ist ebenfalls an- und abschaltbar und äußert sich z. B. im Blinken der im S. zusammengefaßten Gruppe von Darstellungselementen auf einem → Bildschirm, wodurch ein Nutzer eines → Computergrafiksystems zu einer Handlung aufgefordert werden kann. Mit Hilfe der Segmentpriorität läßt sich festlegen (und nachträglich ändern), welche S. welche anderen S. bei Überlappung (teilweise) überschreiben. S. mit höherer Priorität werden sowohl bei der Darstellung als auch beim Picken (→ Picker) bevorzugt. Über das Attribut Ansprechbarkeit wird gesteuert, ob ein S. durch Picken ausgewählt werden kann oder nicht.
2. Durch ein Uniformitätskriterium charakterisiertes Gebiet, das als Resultat einer → Bildsegmentierung entsteht.

Segmentpriorität

Im Rahmen von → GKS definiertes → Attribut von → Segmenten.

Wenn sich jeweils in Segmenten zusammengefaßte → Darstellungselemente auf der → Darstellungsfläche überlappen, werden Segmente mit höherer S. sowohl bez. der Darstellung als auch bez. der → Pick-Funktion bevorzugt. Ein Segment mit höherer S. überschreibt also dann ganz oder teilweise ein Segment niedrigerer S., so daß letzteres ganz oder teilweise unsichtbar wird. Das Bild zeigt ein Beispiel dafür, bei dem die beiden Segmente jeweils aus drei → Füllgebieten zusammengesetzt sind. Im Ergebnis entsteht die Überlagerung zweier → Balkendiagramme.

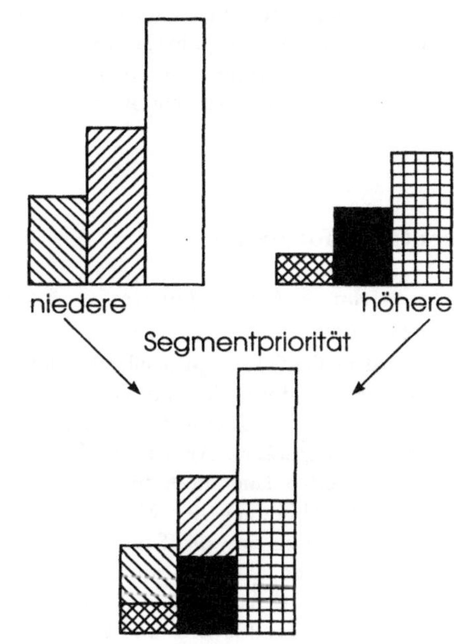

Segmentspeicher

Im Rahmen von → GKS definierter Speicher (AASS und AUSS) zum Aufbewahren von → Segmenten.

Arbeitsplatzabhängige S. (AASS) sind Speicher, die unmittelbar → grafischen Arbeitsplätzen zugeordnet sind. In GKS wird jedes Segment in den S. aller grafischen Arbeitsplätze gespeichert, die zum Zeitpunkt seiner Erzeugung aktiv waren. Durch gewisse → Funktionen kann ein Segment an allen grafischen Arbeitsplätzen oder an einem bestimmten Arbeitsplatz gelöscht werden. Außerdem lassen sich sämtliche an einem grafischen Arbeitsplatz gespeicherten Segmente löschen. Das arbeitsplatzbezogene Aufbewahren von Segmenten erfolgt in den S. der grafischen Arbeitsplätze mit den Kategorien AUSGABE bzw. AUSEIN (reine → Ausgabe bzw. Ausgabe und → Eingabe). AASS erlauben z. B. die Ausnutzung → lokaler Intelligenz

→ grafischer Geräte zur Manipulation von solchen Teilen einer → Computergrafik, die als Segmente vereinbart wurden.

Arbeitsplatzunabhängige S. (AUSS) bilden eine spezielle Kategorie von (abstrakten) grafischen Arbeitsplätzen. Segmente können nicht von AASS, aber vom AUSS an andere grafische Arbeitsplätze übertragen werden. Innerhalb einer → GKS-Implementation ist höchstens ein AUSS zugelassen.

Segmenttransformation

Im Rahmen von → GKS definiertes → Attribut von → Segmenten.

Die S. wird in GKS konzeptionell zwischen der → Normierungstransformation und der → Gerätetransformation, also im Raum der → normierten Koordinaten durchgeführt. Als einzige der Transformationen in GKS kann man für sie jede beliebige → affine Abbildung der Ebene einsetzen. Mit Hilfe der S. lassen sich also Segmente drehen, scheren, spiegeln und natürlich auch verschieben und skalieren. Die S. ist als 2×3-Matrix definiert, die aus einer 2×2-Matrix und einem 2×1-Translationsvektor (→ Translation) besteht. Zur Bildung der 2×3-Matrix bietet GKS dem → Nutzer spezielle Hilfsfunktionen. Die S. wird nach der Normierungstransformation, aber vor dem → Clipping durchgeführt. Sie kommt u. a. zur Anwendung, wenn Segmente aus dem arbeitsplatzunabhängigen → Segmentspeicher in die → Ausgabe einer gesamten → Computergrafik einbezogen werden sollen.

Semigrafisches Bildschirmsystem

Spezielle Form des → Rasterdisplays, bei dem die → Darstellungsfläche, d. h. der größte Teil des → Bildschirms, rasterförmig in Bildpunkt-Matrizen zerlegt ist und jeweils nur eine Matrix als Ganzes und nicht jeder einzelne → Bildpunkt vom → Computer her ansprechbar ist.

S.B. besitzen einen Vorrat von Zeichen (Buchstaben, Zahlen, Grafikzeichen u. a.), aus denen eine → Computergrafik mosaikförmig zusammengesetzt werden kann (Bild).

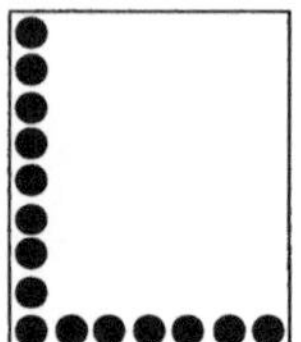
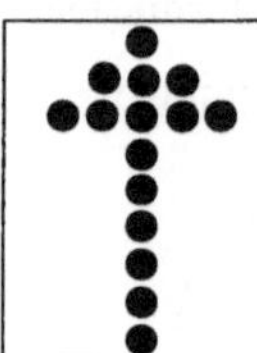
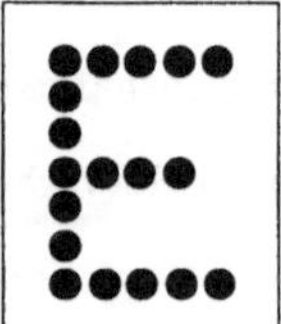

Der Vorteil von s.B. besteht in ihrem einfachen und kostengünstigen Aufbau und in der dabei hohen Geschwindigkeit der Bilderzeugung. Nachteilig sind die gravierenden Einschränkungen der Darstellungsmöglichkeiten gegenüber (vollgrafischen) Rasterdisplays, bei denen jeder Bildpunkt gesondert vom Rechner gesteuert werden kann. Dieser Nachteil läßt sich dadurch mildern, daß ein Teil des Zeichenvorrates nicht fest ist, sondern automatisch an aktuelle Darstellungserfordernisse angepaßt wird. S.B. werden zur Erzeugung einfacher → Diagramme oder → Schemata eingesetzt. Sie finden z. B. in rechnerunterstützten Warten von Automatisierungsanlagen Anwendung.

Sensor

Bauelement oder Gerät, das physikalische Größen (Temperatur, Druck, Helligkeit usw.) in ein i. allg. elektrisches Ausgangssignal umsetzt.

S. werden auch als Meßfühler oder auch nur als Fühler bezeichnet. In der → analogen und → digitalen Bildverarbeitung werden S. im allgemeinen zur Wandlung elektromagnetischer Wellen (sichtbares Licht, UV- oder Infrarotstrahlung, Röntgenstrahlung, Radar) in elektrische Signale verwendet (→ elektronische Kamera, → MSS). Ein optischer Sensor wird vor allem durch seine spektrale Empfindlichkeit $s(\lambda)$ charakterisiert (Bild).

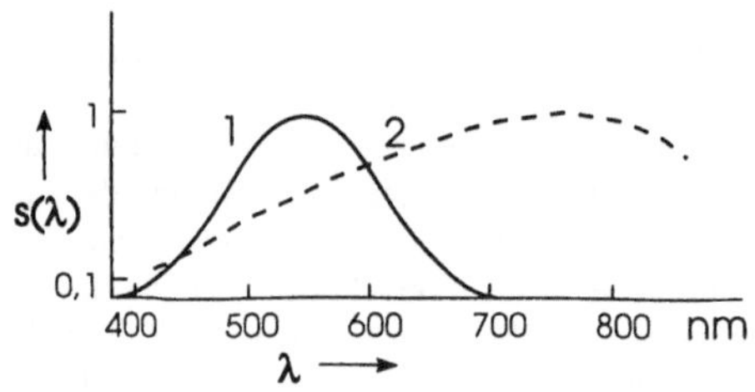

Neuerdings wird unter S. auch ein Gerät verstanden, das außerdem die Signale digitalisiert, Störungen reduziert, sich automatisch an Umgebungsbedingungen anpaßt, Bilddaten korrigiert, komprimiert und kodiert. Eine derartige Einrichtung wird als intelligenter S. bezeichnet.

Shade Print

→ *Hardcopy.*

Shading

Aus dem Engl. stammender Begriff für Schattierung, Abschattung, Schattierungsverzerrung, Vignettierung.

1. S. in der → analogen und → digitalen Bildverarbeitung:

Das S. wird durch das optische Abbildungssystem, die Beleuchtung, vor allem aber durch die Ungleichförmigkeit von Dunkelsignal und Empfindlichkeit der Kamera hervorgerufen. Es wirkt sich als niederfrequente räumliche Modulation des Bildsignals aus, die einfache Bildverarbeitungstechniken (z. B. → Binarisierung) behindert. Zur → Shadingkorrektur werden Verfahren verwendet, die auf direkter Abspeicherung von Hell- und Dunkelbild oder parameterabhängigen Modellen nebst entsprechenden Schätzverfahren beruhen. Eine Shadingkorrektur wird sowohl direkt in → elektronischen Kameras als auch als Bestandteil einer Bildvorverarbeitung realisiert.

2. S. in der → Computergrafik:
→ Schattierung.

Shadingkorrektur

Gerät oder Verfahren zum Ausgleich der Einflüsse des → Shading.

Die S. ist ein spezielles Verfahren der → Bildrestauration. Das korrigierte → Bildsignal f ergibt sich durch eine bildelementweise umkehrbare Operation $\oplus$ (z. B. Multiplikation oder Addition) in Abhängigkeit vom Modell der → Beleuchtung und Bildgewinnung zwischen beobachtetem Bildsignal b und Shading s.

$$f(x,y) = b(x,y) \oplus s(x,y)$$

Auf Grund einer Schätzung $\hat{s}$ von s kann man eine Rekonstruktion $\hat{b}$ des Bildsignals b wie folgt erreichen.

$$\hat{b}(x,y) = f(x,y) \ominus \hat{s}(x,y)$$

Hierbei ist $\ominus$ die Umkehroperation von $\oplus$ (z. B. Division bzw. Subtraktion).

Man unterscheidet folgende grundsätzliche Verfahren der S. :

- Vorgelagerte Schätzung von s aus dem Bild ohne Objekt.
- Schätzung der niederfrequenten Signalanteile durch → Tiefpaßfilterung oder Auswertung lokaler → Histogramme.

Bei Vernachlässigung des Beleuchtungseinflusses kann eine S. in einen intelligenten → Sensor eingebaut werden.

Sichtkontur

Bei einer bestimmten Blickrichtung auftretende → Kontur eines Körpers, die nicht mit einer Körperkante zusammenfallen muß.

Bei der → Visualisierung von → 3D-Modellen in Form von → Liniengrafiken kann nur unter folgenden Bedingungen ein anschaulicher Eindruck entstehen:

- Das → Verdeckte-Kanten-Problem muß gelöst sein, d. h. nicht sichtbare Teile von Körperkanten dürfen nicht dargestellt werden.
- Zusätzlich zu sichtbaren Körperkanten müssen Linien zur Darstellung von S. erzeugt werden.

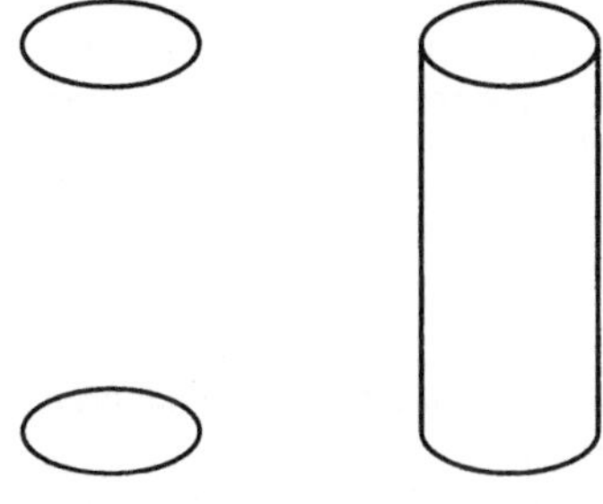

Das Bild zeigt zwei Darstellungen eines Zylinders jeweils als Liniengrafik einmal ohne und einmal mit S..

Bei Körpern, deren Oberfläche ausschließlich durch ebene Flächen gebildet wird, fallen S. stets mit Körperkanten zusammen.

Signal

Engl. signal. Zeit- oder ortsabhängige physikalische Größe, die in einem System als Träger von Informationen benutzt wird und somit informationelle Kopplungen realisiert.

Mathematisch kann ein allgemeines S. als funktionale Abhängigkeit des Signalparameters s von einer Zeitkoordinate t und drei Ortskoordinaten x, y, z dargestellt werden: $s = f(t, x, y, z)$. Meist ist der Wert von s nicht von allen vier unabhängigen Variablen des Definitionsbereiches abhängig. Der Spannungsverlauf in einem elektronischen Bauelement ist z. B. nur eine Funktion der Zeit t, d. h. ein zeitabhängiges oder dynamisches S.. Eine Schwarzweißfotografie oder ein Schriftstück dagegen können als ortsabhängige oder statische S. (ein von zwei Ortskoordinaten abhängiger → Grauwert) betrachtet werden.

Können die unabhängigen Variablen x, y, z bzw. t innerhalb bestimmter Grenzen beliebige und damit unendlich viele Werte annehmen, spricht man von kontinuierlichen oder stetigen S.. Ein S. ist diskontinuierlich oder unstetig, wenn diese Variablen nur bestimmte und damit endlich viele Werte annehmen können. Hinsichtlich des Wertebereiches des Signalparameters s werden entsprechend analoge und diskrete S. unterschieden. Diskontinuierliche diskrete S. bezeichnet man kurz als digitale S. Diskrete S. mit nur zwei möglichen Werten des Signalparameters heißen binär.

Bilden n Signalparameter mit identischem Definitionsbereich eine zusammengefaßte Information, so kann man von einem n-kanaligen S. oder Vektorsignal sprechen. Ein typisches Beispiel sind Farbbildsignale.

SIMD

Funktionsprinzip von Prozessorstrukturen der Parallelverarbeitung.

SIMD ist die Abkürzung der engl. Bezeichnung des Funktionsprinzips **S**ingle-**I**nstruction stream, **M**ultiple-**D**ata stream und wurde von **M.J. Flynn** 1966 vorgeschlagen. Die deutsche Übersetzung lautet etwa Einfachbefehlsstrom-Mehrfachdatenstrom. Das SIMD-Prinzip kennzeichnet eine Arbeitsweise, bei der i. allg. unterschiedliche Daten in den einzelnen Prozessoren der Struktur im gleichen Takt dem gleichen Verarbeitungsschritt unterworfen werden (step lock). Das unterscheidet das SIMD-Prinzip vom MIMD-Prinzip (→ MIMD), bei dem diese Gleichförmigkeit der Verarbeitung nicht vorliegt. Das Zusammenwirken der Prozessoren zur Realisierung des SIMD-Modus wird durch eine einzige Steuereinheit bewirkt. Eine SIMD-Architektur kann daher wie folgt charakterisiert werden:

- Sie besteht aus den Prozessorelementen und einer zentralen Steuerung;
- Der zentrale Steuereinheit steuert die Arbeit der einzelnen Prozessorelemente, ihre Kommunikation und die Datenein- und ausgabe. Die einzelnen Prozessorelemente können jedoch Daten direkt austauschen;
- Die Prozessorelemente sind i. allg. gleichartig und einfach gebaut;
- Die Prozessoren arbeiten synchron.

SIMD-Maschinen werden häufig für spezielle Einsatzgebiete wie z. B. Bildverarbeitung auf hohe Leistungsfähigkeit ausgelegt und sind dann MIMD-Maschinen überlegen. Insbesondere werden Konfliktsituationen z. B. beim Datenaustausch oder durch ungleichmäßigen zeitlichen oder örtlichen Datenanfall von vornherein vermieden. Eng verknüpft mit der SIMD-Architektur sind systolische Algorithmen, bei denen Daten nur zwischen benachbarten Prozessoren transportiert werden müssen und die Lastverteilung über die Prozessoren im Berechnungsverlauf konstant ist, selbst wenn unterschiedliche Instruktionen bearbeitet werden. Man kann dann sogar von einer zentralen Steuerung absehen.

Sinnbild

Einfach aufgebaute Grafik, die einen realen Gegenstand, einen Prozeß, einen Sachverhalt, eine Idee, eine Gemeinschaft u. a. in stark abstrahierter Form repräsentiert und auf der Basis von Konventionen, Stilisierungen bzw. Veranschaulichungen und mnemotechnischen Mitteln beim Betrachter bestimmte Assoziationen auslöst.

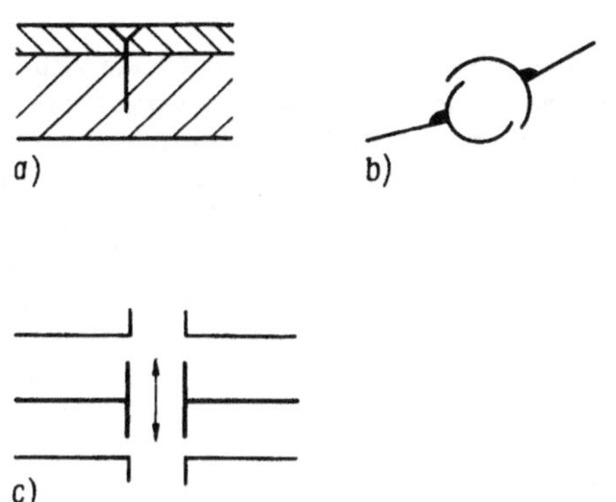

Viele technische Dokumentationen enthalten eine Fülle verschiedener S.. → Computergrafiksysteme zur → rechnerunterstützten Dokumentation, insbesondere zur → rechnerunterstützten Zeichnungserstellung, müssen dem Rechnung tragen, indem sie die Erzeugung und Verwaltung von S. sowie deren Integration in Gesamtgrafiken ermöglichen (→ interaktive Arbeitsweise). Eine besondere Bedeutung besitzen S. in Schemata (→ Schema). Sie sind einer ihrer Hauptbestandteile. Computergrafiksysteme zur Erzeugung und Verarbeitung von Schemata (→ Computer-Aided Schematics) sollten daher komfortable Hilfsmittel zur → Plazierung von S. (z. B. eine weitgehende Automatisierung dieses Prozesses) bieten.

Anstelle von S. wird oft auch der Begriff → Symbol verwendet. Um Eindeutigkeit und leichte Verständlichkeit technischer Dokumentationen zu gewährleisten, ist eine Fülle von S. genormt worden. Das Bild zeigt drei Beispiele.

Sinustransformation

→ *Kosinustransformation.*

Skalierung

→ *Koordinatentransformation eines geometrischen Objektes, bei der die Koordinaten seiner Punkte mit → Skalierungsfaktoren multipliziert werden.*

Die Darstellung realer Objekte auf → grafischen Arbeitsstationen erfordert in den meisten Fällen eine → Vergrößerung oder → Verkleinerung, um z. B. die vorhandene Bildschirmfläche optimal auszunutzen. In Analogie zur technischen Zeichnung bzw. zur Kartographie wird durch entsprechende S. der Bezug zu den realen Werten bei der weiteren Bearbeitung (Berechnungen, Verbindung mit anderen Teilen, → NC-Programmierung) hergestellt.

Die S. läßt sich in Form der → Koordinatentransformation

$$\begin{vmatrix} x_2 \\ y_2 \\ z_2 \end{vmatrix} = \begin{Vmatrix} S_x & 0 & 0 \\ 0 & S_y & 0 \\ 0 & 0 & S_z \end{Vmatrix} \cdot \begin{vmatrix} x_1 \\ y_1 \\ z_1 \end{vmatrix}$$

beschreiben, bei der in der Transformationsmatrix für die einzelnen Koordinatenachsen unterschiedliche Skalierungsfaktoren S_x, S_y, S_z möglich sind. Die → Koordinaten x_1, y_1, z_1 bzw. x_2, y_2, z_2 in obiger Transformationsgleichung sind die Ausgangskoordinaten bzw. transformierten oder skalierten Koordinaten. S_x, S_y, S_z müssen als positive reelle Zahlen angegeben werden.

Skalierungsfaktor

Konkreter numerischer Wert für eine → Skalierung.

Die Angabe des S. erfolgt entweder als Verhältniszahl (z. B. 1:10 oder 2:1) oder als reelle Zahl (z. B. 0,1; 5 oder 1000). Letzteres ist bei Skalierung als → Koordinatentransformation notwendig, die S. gehen dann in die Transformationsmatrix ein. Bei der → rechnerunterstützten Zeichnungserstellung verwendet man genormte Zeichnungsmaßstäbe als S.. Es ist auch möglich, für die Koordinatenachsen unterschiedliche S. anzugeben und damit eine Verzerrung zu erreichen.

Skelettierung

Verfahren zum Finden der Mittelachse oder des Skeletts einer Figur (→ Verdünnung).

Das direkte Verfahren des Findens der Mittelachse über die Mittelachsentransformation erfordert, daß für jeden Punkt der Figur zu jedem Punkt der → Kontur die Distanz berechnet werden muß. Um diesen aufwendigen Prozeß zu vereinfachen, werden Verfahren zur S. angewendet, die in mehreren → Iterationen Konturpunkte der Figur entfernen, ohne Endpunkte und Verbindungen aufzulösen, wie das bei der Erosion (→ mathematische Morphologie) der Fall wäre. Hierfür sind Beispiele im Bildanhang aufgeführt.

Skizzeneingabe

→ Eingabe von manuell (z. B. auf Papier) gezeichneten Skizzen in einen → Computer oder bei → interaktiver Arbeitsweise direktes Skizzieren mit Hilfe eines dafür geeigneten → Eingabegerätes.

Die S. ist ein komfortables Hilfsmittel zur aufwandsarmen, auf die Fähigkeiten des Menschen zugeschnittenen Eingabe von grafischen → Informationen in → rechnerunterstützte Systeme zur Erzeugung → rechnerinterner Modelle sowie zu deren Weiterverarbeitung. Sie entbindet den → Nutzer solcher Systeme von der Beachtung einer Fülle rechnerspezifischer Eingabevorschriften, die ohne dieses Hilfsmittel zu berücksichtigen wären, und erlaubt gleichzeitig die Beschränkung auf grundsätzliche Charakteristika des zu erzeugenden Modells. Besonders ausgeprägt ist letzteres im Falle von Schemata (→ Schema), deren wichtigste Komponenten, grafische → Symbole bzw. → Sinnbilder und deren Verknüpfungen untereinander durch Verbindungslinien, effektiv durch Skizzieren eingegeben werden können. Bei der Erzeugung maßstabsgerechter Modelle mit Hilfe von Skizzen ergeben sich größere Probleme, weil entweder in die Skizze eindeutig interpretierbare Maßangaben integriert und bei der S. vom System verarbeitet werden müssen oder auf die Eingabe von Skizzen ohne Maßangaben eine zweite Eingabephase, nämlich die Maßeingabe vorrangig mittels → Tastatur, zu folgen hat. Diese Teilung des Eingabeprozesses in die Eingabe von Skizzen ohne alphanumerische Bestandteile und die anschließende Ergänzung um alphanumerische Angaben ist bei solchen Entwurfsprozessen besonders günstig, bei denen auf einen Grobentwurf die → Detaillierung für mehrere verschiedene Entwurfsvarianten folgt. Sie kommt auch bei der Eingabe von Schemata zur Anwendung, wenn in die rein grafischen Bestandteile der Darstellung numerische Angaben, Bezeichnungen, → Texte u. a. zu integrieren sind.

Die Eingabe von auf Papier oder ähnlichen Materialien manuell gezeichneten Skizzen erfolgt mit Hilfe spezieller peripherer Gerätetechnik (→ Peripherie) zur automatischen → Digitalisierung der Vorlage, z. B. mit Hilfe von → Scannern. Zwar ist auch eine Eingabe mittels nicht vollautomatisch arbeitender Digitalisiergeräte (→ Digitalisierer) möglich, doch erfordert dies i. allg. einen Aufwand, der so hoch ist, daß die Vorteile der S. nicht wirksam werden.

Die digitalisierte Skizze muß mit Hilfe vielfältiger Methoden der → digitalen Bildverarbeitung in ein rechnerinternes Modell transformiert werden, das den jeweiligen, anwendungsspezifischen Forderungen an Möglichkeiten der Weiterverarbeitung gerecht wird. Dies betrifft z. B. die Erkennung von → Linientypen, die Identifikation von Symbolen innerhalb von Schemata (→ Mustererkennung) und die Erfassung in der gesamten Skizze dargestellter komplexer Zusammenhänge, wie etwa die automatische Erzeugung eines dreidimensionalen Werkstück-Modells (→ 3D-Modell) aus dessen skizzierten Ansichten (→ 3D-Modellierung).

Die S. kann auch durch Skizzieren auf einer sensitiven, mit dem Rechner gekoppelten Fläche erfolgen (z. B. mit Hilfe eines → Lichtstiftes auf dem → Bildschirm eines → Grafikdisplays, mittels einer → Maus oder mittels eines elektronischen Stiftes auf einem → Tablett), wobei das System auf einem Bildschirm mit einem → Echo in grafischer Form reagiert.

Slanttransformation

Engl. slant transform (slant – Neigung, Anstieg). Spezielle diskrete Orthogonaltransformation (→ lineare Transformation) mit rampenförmigen Basisfunktionen.

Der Transformationskern der S. ist symmetrisch und bei mehr als einer Dimension separabel. Die S. und ihre Rücktransformation lassen sich mit dem Datenvektor F und der $N \times N$-Transformationsmatrix S_N demnach in Matrizendarstellung angeben: $G = S_N \cdot F$ Für die Rücktransformation gilt $F = S_N^{\mathrm{T}} \cdot G$.

Die reelle und unsymmetrische Transformationsmatrix S_N wird rekursiv ausgehend von

$$S_1 = \frac{1}{\sqrt{2}} \left\| \begin{matrix} 1 & 1 \\ 1 & -1 \end{matrix} \right\|$$

so konstruiert, daß jeweils zwei benachbarte Elemente einer Zeile der Transformationsmatrix sich um den gleichen Betrag unterscheiden. Die praktische Berechnung der S. erfolgt mit Verfahren der → schnellen Transformation. Die S. hat sich als besonders geeignet für die → Bilddatenkompression erwiesen.

SLR

Engl. Abk. für Side Looking Radar, Seitensichtradar. Aktiver Mikrowellensensor mit quer zur Fahrzeugbewegung strahlender Antenne.

Der bedeutendste Vertreter von SLR ist das → SAR.

Software

Oberbegriff für → Programme, Datenbestände und Dokumentationen.

Wichtige Klassifizierungsmerkmale für S. sind die → Computer und → Betriebssysteme, auf denen diese S. angewendet werden kann. Außerdem unterscheidet man maschinenorientierte Systemsoftware für das effektive Ausnutzen aller Hardwarekomponenten und Systemressourcen (z. B. Betriebssysteme, → Gerätetreiber) sowie problemorientierte → Anwendersoftware für spezielle Einsatzgebiete (z. B. → CAD-Systeme, Datenbankanwendungen, statistische Programmpakete). Eine gewisse Zwischenstellung nehmen verschiedene Dienstprogramme, → Editoren, → Compiler und Testhilfen ein, die in der Regel als erweiterte Komponenten des Betriebssystems mitgeliefert und vom → Nutzer für die Entwicklung und Erprobung seiner eigenen Programme angewendet werden. Ein hoher ökonomischer Nutzen kann mit den vorhandenen Rechnern erst durch ein vielfältiges und ausreichendes Angebot an leistungsfähiger S. erreicht werden. Von besonderem Wert ist solche S., die multivalent nutzbar ist bzw. mit geringem Aufwand an neue Einsatzbedingungen angepaßt werden kann (→ offenes System). Neben den Programmen sind auch die Qualität der Dokumentation und ausführliche Nutzerhilfen entscheidend für einen optimalen Einsatz.

Solid Modeling

Engl., → Festkörpermodellierung

Spatialfilter

→ Filter für zwei- oder höherdimensionale → Signale über den Raumkoordinaten.

S. stehen damit im Gegensatz zu üblichen Filtern, bei denen die Signale von der Zeit abhängen. Typisch für S. ist, daß sie zwei- oder dreidimensionale Signale verarbeiten und nichtkausal sind (d. h. ihre → Impulsantwort existiert in jedem Quadranten bzw. Oktanten).

Speicherbildschirm

→ Bildschirm einer → Speicherröhre.

Speichergitter

Bauteil der → Speicherröhre, auf dem mit Hilfe eines Elektronenstrahlsystems, insbesondere eines sog. Schreibstrahls, ein Ladungsbild erzeugt wird.

Das Ladungsbild auf dem S. entspricht der darzustellenden Grafik und wird mit Hilfe von Katodenstrahlen niedriger Energie aus der → Rieselkatode auf dem → Bildschirm in statischer Form visualisiert (→ Katodenstrahlröhre) .

Speicherröhre

→ Bildröhre, die ein → Speichergitter enthält, auf dem das darzustellende Bild mittels elektrischer Ladungen gespeichert ist.

Zusätzlich zu den Bauteilen einer gewöhnlichen Bildröhre besitzt die S. noch eine weitere Katode (Rieselkatode) für eine diffuse Berieselung der Phosphorschicht mit Elektronen und ein nichtleitendes Gitter (Speichergitter), das in geringem Abstand vor der Phosphorschicht angebracht ist. Dieses Speichergitter erhält durch Elektronen mittlerer Energie, die von der Rieselkatode abgegeben werden, eine negative Vorladung. Ein vom Elektronenstrahlsystem erzeugter und gesteuerter Strahl schneller (hochenergetischer) Elektronen kann das negativ vorgeladene Speichergitter durchdringen und baut die Vorladung an den passierten Stellen ab. Durch die Steuerung dieses sog. Schreibstrahls läßt sich somit auf dem Speichergitter ein Ladungsbild erzeugen, das der darzustellenden Grafik entspricht. Von der Rieselkatode abgegebene Elektronen niedriger Energie können nun auf Grund der negativen Vorladung das Speichergitter nur dort durchdringen, wo vom Schreibstrahl diese Vorladung abgebaut wurde, nur an den entsprechenden Stellen treffen sie auf die Phosphorschicht und machen damit das Ladungsbild sichtbar. Die Vorteile der S. gegenüber bildwiederholenden Systemen (→ Rasterdisplays, → Vektordisplays) sind folgende: Da das Darstellen eines Bildes (oder eines Teiles davon) auf dem Speichergitter ein einmaliger Vorgang ist, können bei der Nutzung der S. für Belange der → Computergrafik einerseits die Umsetzung der digital gespeicherten Grafik in die Bewegung des Elektronenstrahls und diese Bewegung selbst relativ langsam erfolgen, andererseits braucht das gesamte Bild gar nicht permanent gespeichert zu werden, d. h. es ist kein → Bildwiederholspeicher erforderlich. Dies führt dazu, daß Speicherbildschirm-Systeme relativ aufwandsarm sind. Außerdem sind die mit S. erzeugten Bilder von Natur aus flimmerfrei (→ Flimmern), während bei bildwiederholenden Systemen flimmerfreie Bilder nur durch hohe Bildwiederhol-Raten (d. h. im Fall der Vektordisplays durch eine entsprechende Beschränkung der Anzahl und Länge der darzustellenden → Vektoren) erreicht werden können.

Der grundsätzliche Nachteil von S. besteht in den geringen Möglichkeiten der Veränderung von Bildern, wodurch sie für die → interaktive Arbeitsweise schlecht geeignet sind. S. erlauben nämlich nur das Hinzufügen neuer grafischer Elemente oder das vollständige Löschen des → Bildschirms. Im ersten Fall werden mit dem Katodenstrahl weitere negative Vorladungen von den angesteuerten Positionen des Speichergitters entfernt, im zweiten Fall wird dieses Gitter mit Hilfe mittelschneller Elektronen (abgegeben von der Rieselkatode) vollständig neu vorgeladen. Auch die Entwicklung von speziellen S., bei denen einer von zwei Teilen des Bildschirms selektiv gelöscht werden kann, hat den grundsätzlichen Mangel an Interaktionsmöglichkeiten nicht beseitigt. Ein weiterer Nachteil von S. besteht in der Beschränkung auf monochromatische Darstellungen. S. sind deshalb heute aus solchen wichtigen Anwendungsbereichen der Computergrafik und → digitalen Bildverarbeitung wie → rechnerunterstützter Entwurf bzw. → rechnerunterstützte Konstruktion (→ CAD) und → rechnerunterstützte Fertigung (→ CAM) fast völlig verdrängt, obwohl sie in früheren Entwicklungsphasen des CAD als relativ billiges grafisches → Ausgabegerät eine wichtige Rolle spielten.

Spektralbereich

Zusammenhängendes Gebiet des → Spektrums der elektromagnetischen Strahlung, das durch bestimmte Eigenschaften gekennzeichnet ist.

Wichtige Spektralbereiche sind z. B.

- Bereich des sichtbaren Lichtes von 360 bis 780 nm Wellenlänge,
- Wärmestrahlung (Infrarotbereich), unterteilt in
  - nahes Infrarot (NIR – near infrared) unter 50 μm,
  - fernes Infrarot (FIR – far infrared) bis 1 mm Wellenlänge,
- Ultraviolettstrahlung von 200 bis 360 nm Wellenlänge,
- Mikrowellen mit Wellenlängen im cm-Bereich.

Die unterschiedliche Emissions- oder Remissionseigenschaften der Strahlungen dieser Bereiche und Empfindlichkeiten der → Sensoren wird vor allem in der → Multispektraltechnik genutzt.

Spektralfarbe

Farbe, die dem Farbreiz entspricht, der von monochromatischem Licht einer bestimmten Wellenlänge ausgelöst wird.

S. bilden einen kontinuierlichen Farbtonbereich im → Spektrum des sichtbaren Lichtes, der von Violett (360 nm) bis Rot (780 nm) reicht. Die Empfindlichkeit des Auges für energiegleiches Licht ist unterschiedlich und erreicht bei Grün (555 nm) das Maximum. Die Verbindungslinie aller Farborte der S. (Spektralfarbenzug), deren Enden durch die Purpurgerade miteinander verbunden sind, begrenzt die Ebene der reellen Farben (→ Farbmetrik). S. sind gesättigte Farben. Sie können durch Zerlegung des sichtbaren Lichtes im Prisma erzeugt werden. Durch → Farbmischung verschiedener S. ergeben sich Mischfarben und unbunte Töne.

Spektrum

1. Anordnung der → Intensitäten oder Amplituden einer elektromagnetischen oder mechanischen Schwingung über der Frequenz.

Von besonderer Bedeutung für das menschliche Sehen ist der Bereich des sichtbaren Lichtes (Wellenlänge 360...780 nm). Für die Erkennung in Dunkelheit, bei Nebel und Bewölkung sind das infrarote Spektrum (nahes Infrarot < 50 μm, fernes Infrarot > 50 μm) bzw. das Mikrowellenspektrum im cm-Bereich besonders geeignet.

2. Signalbeschreibung die sich aus der → **Fourier***transformation des Signals herleitet.*

Grundlage des S. ist die Interpretation der **Fourier**transformation als harmonische Zerlegung mit der Frequenz als unabhängiger Variabler. Üblicherweise wird als S. eines Signales nur der Betrag seiner **Fourier**transformation bezeichnet. Die Phase wird nicht verwendet oder gesondert als Phasenspektrum dargestellt.

Spezial-Hardware

Spezielle Schaltungen (→ Hardware), die ausschließlich für eng begrenzte → Funktionen, meist mit dem Ziel der Beschleunigung programmtechnischer Lösungen, eingesetzt werden.

S. wird aus Standard-Schaltkreisen oder mit Hilfe von Gate-Arrays oder Standardzellensystemen aufgebaut. Da die technischen Mittel zum → rechnerunterstützten Entwurf von S. erheblich verbessert werden konnten, sind Kundenwunschschaltkreise (ASIC – anwendungsspezifische integrierte Schaltkreise) verstärkt zur Anwendung gekommen. Angestrebtes Ziel der Entwicklung von S. ist die Verkürzung der Rechenzeit bzw. die Erhöhung der Durchsatzleistung sowie die Reduzierung von benötigtem Platz und erforderlicher elektrischer Leistung.

Die Entwicklung von S. ist insbesondere dann sinnvoll, wenn die zu erwartende Durchsatzleistung um ein Vielfaches höher ist als die auf Universalprozessoren mit Hilfe von programmtechnischen Lösungen erreichte.

Haupteinsatzgebiete von S. sind z. B. industrielle Steuerungen, → digitale Bildverarbeitung und → Computergrafik (→ VLSI).

Spiegelung

1. Erscheinen eines Spiegelbildes eines Objektes oder einer ganzen → Szene auf einer spiegelnden Fläche (→ Reflexion).

Im Rahmen der → 3D-Computergrafik wird die S. häufig dann einbezogen, wenn besonders realitätsnahe Darstellungen (sog. photorealistische → Computergrafiken) generiert werden sollen (s. Bildanhang). Dies erfolgt meist auf der Basis eines → Strahlverfolgungsalgorithmus.

2. Erzeugung eines geometrischen Objektes, das bez. eines Punktes, einer Linie oder einer Ebene symmetrisch zu einem Ausgangsobjekt ist (Bild 1).

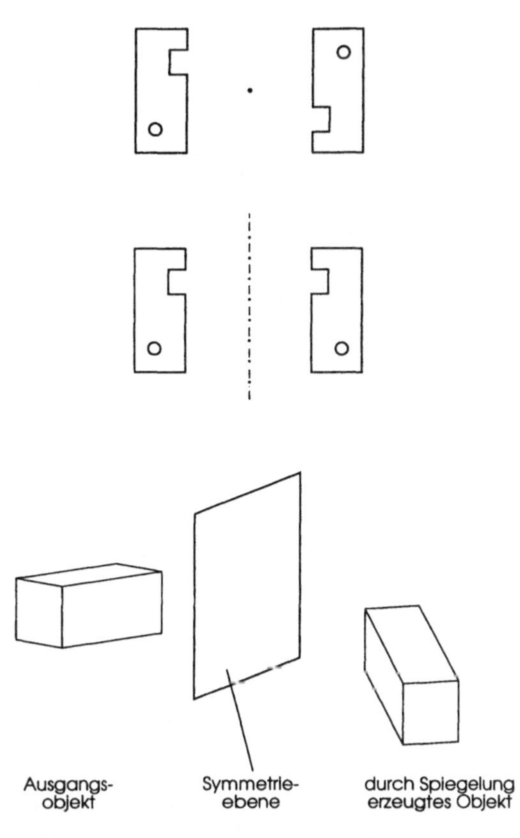

Bild 1

Die S. ist eine wichtige → Funktion für die interaktive Erzeugung von → 2D-Computergrafiken und → 3D-Modellen (→ interaktive Arbeitsweise). Sie befreit den → Nutzer von → Computergrafiksystemen und → CAD-Systemen dann von aufwendiger Routinearbeit, wenn solche Objekte entworfen bzw. gezeichnet werden sollen, die wesentlich durch bestimmte Symmetriebeziehungen charakterisiert sind. Dies ist z. B. bei rotationssymmetrischen Teilen der Fall. Bei der rechnerunterstützten Erzeugung der Darstellung des → Schnittes eines solchen Teiles (→ rechnerunterstützte Zeichnungserstellung) braucht man dann zunächst nur die Hälfte der Konturen zu erzeugen. Durch S. erhält man die andere Hälfte. Bild 2 zeigt dafür ein Beispiel.

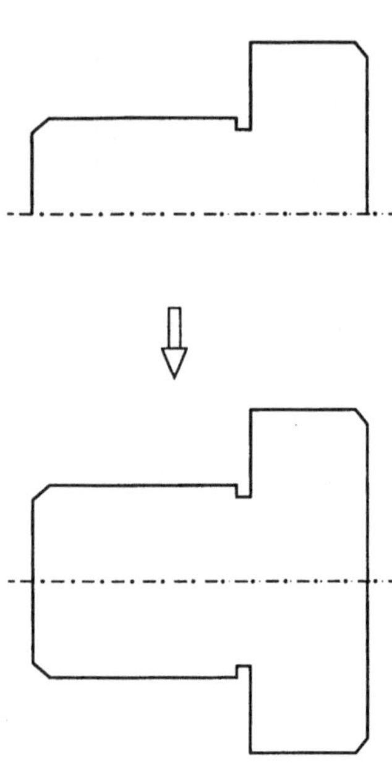

Bild 2

Spline

Engl., Interpolationskurve, deren Abschnitte Polynome n-ten Grades sind, wobei an den Trennpunkten der Abschnitte die Stetigkeit aller Ableitungen bis zur $(n-1)$-ten Ordung gesichert ist (→ Interpolation).

Eine Splinefunktion $p(x)$ läßt sich entsprechend der gegebenen Definition wie folgt ausdrücken.

$$p(x) = p_i(x) \quad x_i \le x \le x_{i+1} \quad (i = 0, 1, \ldots, k-1)$$

$$p_i^{(j)}(x_i) = p_{i+1}^{(j)}(x_i) \quad (j = 0, 1, \ldots, n)$$

$p_i(x)$ sind Polynome n-ten Grades, die x_i teilen das Intervall $[x_0, x_k]$ in k Abschnitte (Subintervalle). Mit $p^{(j)}$ wird die j-te Ableitung bezeichnet. Die Kurvenpunkte über x_i heißen Stützpunkte oder Knoten. Die wegen ihrer hohen praktischen Bedeutung bevorzugten kubischen S. haben $n = 3$; entsprechend gibt es lineare $(n = 1)$, quadratische $(n = 2)$ S. und S. höheren Grades. Ein kubisches S. bildet das Verbinden der Knoten mittels einer elastisch gebogenen Straklatte nach.

Für die mathematische Repräsentation eines S. gibt es verschiedene Möglichkeiten. Weit verbreitet sind B-Splines, die außer in $n+1$ zusammenhängenden Subintervallen identisch verschwinden und nur von der Intervallteilung abhängen. Die komplette Splinefunktion ergibt sich dann durch gewichtete Superposition der B-Splines für die verschiedenen Subintervalle.

Wenn wir mit $N_{i,n}(x)$ das B-Spline n-ten Grades für das Intervall $[x_i, x_{i+n+1}]$ bezeichnen, gilt

$$p(x) = \sum_{i=-n}^{k-1} a_i N_{i,n}(x)$$

In jedem Subintervall tragen nur $n+1$ Summanden zur Funktion bei, so daß die Koeffizienten a_i einfach ermittelt werden können. Andererseits beeinflußt die Änderung eines Koeffizienten die Kurvenform nur in $n+1$ Subintervallen. Deshalb kann man die Koeffizienten a_i über den Subintervallgrenzen als Steuerpunkte analog zum → **Bézier**-Verfahren verwenden.

Das praktisch wichtigste Problem der Anwendung von S. ist die richtige Auswahl der Zahl und Anordnung der Knoten. Ein S. n-ten Grades durch vorgegebene Knoten hat $n-1$ Freiheitsgrade, die für eine eindeutige Interpolation zusätzliche Einschränkunkungen erfordern. Meist sind dies Festlegungen zu den Ableitungen der Splinefunktion an den Endpunkten. Z. B. könnte man bei einem kubischen S. fordern, daß die Anstiege der Kurve bei x_0 und x_k den Sehnenanstiegen

$$\frac{p(x_1) - p(x_0)}{x_1 - x_0} \quad \text{bzw.} \quad \frac{p(x_k) - p(x_{k-1})}{x_k - x_{k-1}}$$

entsprechen.

S. werden vorwiegend zur Approximation von → Konturen, → Freiformflächen und skalierbaren Schriftumrissen verwendet.

Split-and-Merge

→ *Gebietszerlegung.*

Stand-alone-System

Engl., autonomes System. → Rechnerunterstütztes System, das keine Kommunikationsschnittstellen (→ Schnittstellen) zu anderen Systemen besitzt und dennoch entsprechend seiner Bestimmung arbeitsfähig ist.

Projektbezeichnung	ISO-Dokument	Gültig seit	DIN- bzw. EN-Dokument	Gültig seit
GKS - Functional description	ISO 7942	1985	DIN 66252	4/1986
GKS-3D - Functional description	ISO 8805	1988	EN 28805	4/1992
GKS Language Bindings				
FORTRAN	ISO 8651-1	1988	DIN EN 28651, Teil 1	1/1993
Pascal	ISO 8651-2	1988	DIN EN 28651, Teil 2	1/1993
ADA	ISO 8651-3	1988	DIN EN 28651, Teil 3	1/1993
C	ISO/IEC 8651-4	1991		
GKS-3D Language Bindings				
FORTRAN	ISO/IEC 8806-4	1991	prEN 28806, Teil 4	1/1993
PHIGS				
Functional description	ISO/IEC 9592-1	1989	DIN EN 29592, Teil 1	11/1991
Format für Archivdatei	ISO/IEC 9592-2	1989	DIN EN 29592, Teil 2	11/1991
Kodierung für Archivdatei	ISO/IEC 9592-3	1989	DIN EN 29592, Teil 3	11/1991
PHIGS PLUS	ISO/IEC 9592-4			
PHIGS Language Bindings				
FORTRAN	ISO/IEC 9593-1	1992		
Pascal	keine verabschiedete Norm			
ADA	ISO/IEC 9593-3	1990		
C	ISO/IEC 9593-4	1991		
CGM	ISO 8632			
CGI	ISO 9636			

EN Europa-Norm
prEN Europa-Norm-Entwurf

Als S. wird ein System verstanden, das seinen Aufgaben gerecht wird, ohne auf Ressourcen (Speicher, → Peripherie) anderer → Computer zugreifen zu müssen. S. werden vor allem dort verwendet, wo diese Eigenschaft auf Grund des Einsatzfalles notwendig ist (z. B. in nicht fest installierten Geräten und Fahrzeugen). In den Bereichen → CAD/CAM und → CIM sind S. vor allem wegen großer Datenmengen bzw. wegen geforderter hoher Flexibilität und Zuverlässigkeit selten vorzufinden. In derartigen Systemen werden verschiedene Formen der Vernetzung angewendet.

Standardisierung

Im Rahmen der → Computergrafik Prozeß zur Vereinheitlichung grafischer Schnittstellen, um → Anwenderprogramme von → Eingabegeräten und → Ausgabegeräten und grafischer Grundsoftware unabhängig sowie zu anderen Anwenderprogrammen kompatibel zu gestalten; im deutschen Sprachraum ist auch der Begriff Normung üblich.

Die Vielzahl der auf dem Markt angebotenen grafischen Ein- und Ausgabegeräte sowie der von verschiedenen Herstellern und Anwendern entwickelten grafischen Softwarepakete machte Festlegungen zur Datenübergabe bzw. zum Datenaustausch notwendig, wobei die Art und Weise der Erzeugung dieser Daten bzw. deren weitere Verwendung nach dem Austausch davon unberührt bleiben. Die Bestrebungen zur Vereinheitlichung werden von unterschiedlichen Standardisierungsorganisationen, Interessengruppen und Fachgremien

(ISO, DIN, Hersteller, Anwender u. a.) getragen und umfassen verschiedene Ebenen/Bereiche von grafischen Systemen. Dies betrifft (s. auch Tafel):

- die Schnittstelle zwischen grafischen Systemen und → grafischen Geräten bzw. → grafischen Arbeitsplätzen (Geräteschnittstelle). Standards sind
  - VDI (Virtual Device Interface) als US-Standard und Grundlage für → CGI,
  - CGI (Computer Graphics Interface).
- die Schnittstelle zwischen Anwenderprogrammen und grafischen Systemen (funktionale Schnittstelle). Sie dient der Bereitstellung anwendungsunabhängiger Basisfunktionen zur Definition, Manipulation und Darstellung geometrischer Grundelemente sowie zur Bildstrukturierung. Die Geräteunabhängigkeit wird durch die Nutzung der Geräteschnittstelle erreicht. Standards sind
  - → GKS (Graphical Kernel System),
  - → GKS-3D (Graphical Kernel System for Three Dimensions),
  - PHIGS (Programmer's Hierarchical Interactive Graphics System).

  Diese Systeme stellen jeweils einen sprachunabhängigen Kern dar, dessen Einbindung in eine Programmiersprache über standardisierte Sprachschalen (language bindings) erfolgt.
- die Schnittstelle zwischen grafischen Systemen und Bilddateien (Metafiles). Sie dient der Langzeitspeicherung und der Übertragung von Bildern zwischen verschiedenen Systemen.

  Anhang zu GKS bzw. weitere Standards sind:
  - GKSM (→ GKS-Bilddatei),
  - → CGM (Computer Graphics Metafile),

  die beide zu GKS kompatibel sind.

Die Tafel enthält eine Zusammenstellung von Computergrafik-Standards (Stand Mai 1993).

Für verschiedene Anwendungsgebiete der Computergrafik gibt es Standards bzw. Standardisierungsprozesse, die über die Computergrafik weit hinausgehen. Dies betrifft z. B. den Austausch → rechnerinterner Modelle im Bereich des → CAD und des → CIM, die nicht nur grafische, sondern auch (dreidimensionale) geometrische (→ 3D-Modellierung) und z. T. auch technologische sowie funktionale Aspekte einschließen.

Statistische Bildanalyse

Verfahren zur statistischen Beschreibung von Bildern und Bildfolgen.

In der s.B. werden Bilder oder Bildsegmente als Realisierungen von → Zufallsfeldern betrachtet. Dabei werden Verteilungen oder Parameter von angenommenen theoretischen Verteilungen geschätzt. Üblicherweise werden diskrete Bilder vom Format $J \times K$ durch n-dimensionale → Histogramme $S(p_1, \ldots, p_n)$ beschrieben.

$$S(p_1, \ldots, p_n)$$

$$= \frac{1}{JK} \sum_{j=1}^{J} \sum_{k=1}^{K} \delta(f^1(i,j) - p_1) \cdots \delta(f^n(i,j) - p_n)$$

mit

$$\delta(p) = \begin{cases} 1 & \text{für} \quad p = 0 \\ 0 & \text{sonst} \end{cases}$$

und $f^i(j,k)$ als Bildsignal im Punkt j,k der i-ten Bildrealisierung, z. B. des um den Vektor Δ_i gegen den Ursprung verschobenen Bildes. Natürlich können die Bildrealisierungen miteinander identisch sein.

Besonders aussagekräftig ist die Schätzung der zweidimensionalen Wahrscheinlichkeitsdichte durch das folgende Histogramm.

$$\hat{p}(p_1, p_2, \Delta j, \Delta k) =$$

$$= \frac{1}{JK} \sum_{j=1}^{J} \sum_{k=1}^{K} \delta(f(j,k) - p_1) \delta(f(j+\Delta j, k+\Delta k) - p_2)$$

$$= \frac{1}{JK} S_{2,\Delta}(p_1, p_2)$$

$S_{2,\Delta}(p_1, p_2)$ wird auch Paarhäufigkeits- oder Cooccurencematrix genannt.

Ein- und zweidimensionale Histogramme werden gut durch folgende Kennwerte charakterisiert, wobei sich die Summation über alle Argumente erstreckt, für die $S(\cdot)$ erklärt ist.

- Entropie

$$H = \sum_p S(p) \ln S(p)$$

bzw.

$$H = \sum_{p_1} \sum_{p_2} S(p_1, p_2) \ln S(p_1, p_2)$$

- Energie

$$E = \sum_p (S(p))^2 \quad \text{bzw.} \quad \sum_{p_1} \sum_{p_2} (S(p_1, p_2))^2$$

- Moment 1. Ordnung (→ Erwartungswert)

$$\mu = \sum_p pS(p)$$

bzw.

$$\mu_1 = \sum_{p_1} p_1 \sum_{p_2} S(p_1, p_2)$$

$$\mu_2 = \sum_{p_2} p_2 \sum_{p_1} S(p_1, p_2)$$

- Zentriertes Moment 2. Ordnung

$$\sigma = \sum_p (p - \mu)^2 S(p)$$

bzw.

$$\sigma_1 = \sum_{p_1} (p_1 - \mu_1)^2 \sum_{p_2} S(p_1, p_2)$$

$$\sigma_2 = \sum_{p_2} (p_2 - \mu_2)^2 \sum_{p_1} S(p_1, p_2)$$

- Korrelation

$$C = \frac{\sum_p (p - \mu) S(p)}{\sigma}$$

bzw.

$$C = \frac{\sum_{p_1} \sum_{p_2} (p_1 - \mu_1)(p_2 - \mu_2) S(p_1, p_2)}{\sigma_1 \sigma_2}$$

- Modul

$$M = \sum_p \frac{|S(p) - N/r|}{S(p)(1 - S(p)/N) + (1 - 1/r)N/r}$$

mit $N = JK$ und r als Zahl der Ausprägungen (z. B. der Grauwertstufen).

- Homogenität

$$L = \sum_{p_1} \sum_{p_2} \frac{S(p_1, p_2)}{1 - (p_1 - p_2)^2}$$

Homogene Zufallsfelder werden außer durch den Erwartungswert durch die Autokorrelationsfunktion (→ Bildkorrelation) ausreichend genau beschrieben:

$$R_f(m, n) = \frac{1}{JK} \sum_{j=1}^{J} \sum_{k=1}^{K} f(j, k) f(j + m, k + n)$$

Dabei ist $f(j,k)$ $(j = 1, \ldots, J; k = 1, \ldots, K)$ ein ausreichend großer Bereich des betrachteten Rasterbildes, welches im homogenen Fall ein ganzes Ensemble von Bildern repäsentiert.

Zur s.B. zählen auch Verfahren der Auswertung von → Merkmalen hinreichend vieler Objekte (→ Objekterkennung) sowie zur Ableitung von Erwartungswertaussagen anhand integralgeometrischer Betrachtungen (z. B. → Stereologie).

Steiner-Baum

Nach dem schweiz. Mathematiker **J. Steiner** *(1796-1863) benannter → Baum, der mehrere fest vorgegebene Punkte eines kontinuierlichen Raumes bzw. → Knoten eines → Graphen miteinander verbindet und dessen Verzweigungen in allen Punkten des Raumes, durch die Verbindungen gelegt werden dürfen, bzw. in allen Knoten des Graphen zulässig sind.*

Im Rahmen der → Computergrafik spielen S. bei der rechnerunterstützten Erzeugung, Manipulation, Verwaltung und Interpretation von Schemata eine wichtige Rolle (→ Schema, → Computer-Aided Schematics). Die mit Abstand meisten zusammenhängenden → Linienzüge, die innerhalb von Schemata vorgegebene Punkte (Anschlußstellen von → Symbolen bzw. → Sinnbildern) miteinander verbinden (auch kurz Netze genannt), sind S..

Im Bild 1 auf der folgenden Seite, das einen Ausschnitt aus einem Logikplan darstellt, sind alle Netze S.; einige davon verbinden allerdings nur zwei Punkte. Bei diesem Spezialfall spricht man auch von Punkt-zu-Punkt-Verbindungen, für deren automatische Generierung das → Problem des optimalen Weges relevant ist.

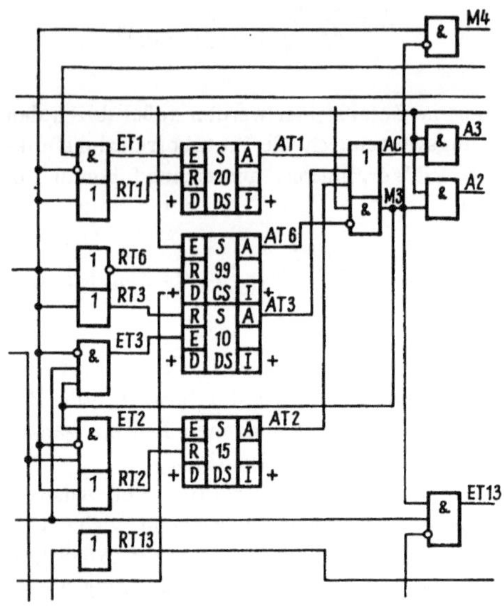

Bild 1

Für die automatische Erzeugung von echten S., d. h. von Netzen, die mehr als zwei Punkte verbinden, ist die Behandlung des → **Steiner**-Baum-Problems von Bedeutung. Der Vorgang der Generierung aller erforderlichen Linienverbindungen zwischen Symbolen eines Schemas wird unabhängig von der Struktur dieser Verbindungen in Anlehnung an die Ausdrucksweise beim Leiterplattenentwurf → Routing bzw. → Trassierung genannt. Die Trassierung ist ein Teil des → Layout-Entwurfs. Beim → rechnerunterstützten Entwurf von Schemata erfolgt das Routing auf einer begrenzten Fläche, in der bestimmte Bereiche (z. B. durch Symbole belegte) für die Führung von Verbindungslinien gesperrt sind. Möglichkeiten des Routing innerhalb von Schemata, für die die → Plazierung der Symbole bereits erfolgt ist, können auch durch Graphen repräsentiert werden. Im Falle der Generierung von Netzen mit → Baumstruktur geht es dann um die Bestimmung von S. in Graphen.

Bild 2 zeigt einen Graphen, der in eine mit Symbolen belegte Fläche eingebettet wurde. Ein die gekennzeichneten Knoten verbindender S. ist hervorgehoben.

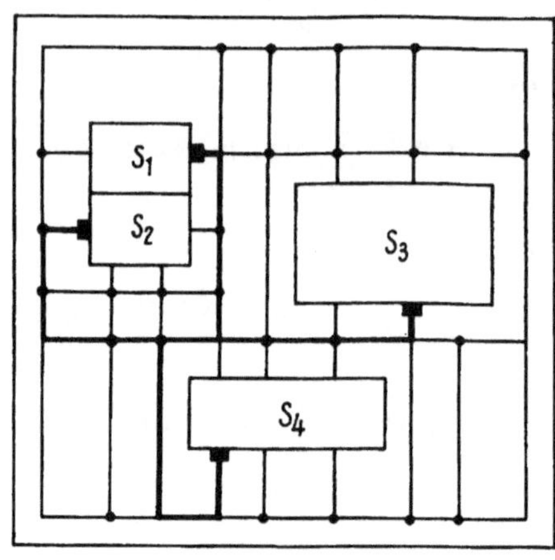

Bild 2

Steiner-Baum-Problem

Problem der Bestimmung eines optimalen → **Steiner**-*Baumes.*

Beim S. in metrischen Räumen geht es darum, in einem Raum mit gegebener Metrik (Abstandsmaß) vorgegebene Punkte so miteinander zu verbinden, daß die Gesamtlänge der Verbindungen minimal wird. Das S. hat für die automatische → Trassierung von Verbindungslinien innerhalb von → Schemata (→ Computer-Aided Schematics) Bedeutung. In diesem Fall ist der Raum, in dem optimiert wird, die planare Fläche, auf der die Grafik erscheinen soll. Da Linien in Schemata meist parallel zu den Rändern des rechteckigen Zeichnungsformates verlaufen sollen, wird als Maß für den Abstand zwischen zwei Punkten (x_1, y_1) und (x_2, y_2) häufig die Summe $|x_2 - x_1| + |y_2 - y_1|$ verwendet, wobei die x- und die y-Achse parallel zu den Rändern verlaufend angenommen wird (→ Metrik). Man spricht von rektilinearer oder manchmal auch Manhattan-Metrik. Zusätzlich zur Metrik sind beim → Layout-Entwurf von Schemata durch → Symbole bzw. → Sinnbilder belegte Flächenbereiche als für die Trassierung verbotene Zonen zu berücksichtigen.

Neben dem S. in metrischen Räumen gibt es eine ähnliche Problemstellung in → Graphen, bei denen die Metrik durch Bewertungen der Kanten des Graphen ersetzt wird.

Stereobild

→ *Tiefenerkennung.*

Stereologie

Mathematische und experimentelle Methode zur Gewinnung von Informationen über normalerweise dreidimensionale Strukturen aus Beobachtungen und Messungen an zweidimensionalen Schnittbildern.

Sind beispielsweise für eine Vielzahl von ähnlich gearteten Objekten (z. B. Proben von Legierungen oder Kunststoffschäumen) nur einige Parameter zu bestimmen (z. B. Volumenanteile, Oberflächen, die Größenverteilung von Einschlüssen) so reicht es aus, einige Schnittbilder je Objekt zu betrachten und diese mit Methoden der mathematischen Statistik auszuwerten. Dieser Ansatz beruht auf Modellen und Methoden der sog. stochastischen Geometrie. Diese beschäftigt sich ihrerseits i. allg. mit der Modellierung und Untersuchung zufälliger geometrischer Strukturen und benutzt den mathematischen Apparat der Integralgeometrie. Die Integralgeometrie untersucht im wesentlichen konvexe Figuren oder Körper (speziell auch Punkte und Geraden), auf die Verschiebungen und Drehungen (Bewegungen) wirken, und bestimmt Maßzahlen mit Invarianzeigenschaften, die aus Schnitten von Geraden und konvexen Figuren oder von zwei konvexen Figuren abgeleitet werden können.

Die Theorie der zufälligen abgeschlossenen Mengen (→ ZAM) und die Theorie der → Punktprozesse dienen hierbei als Basis für die Modellierung und Beschreibung komplexer geometrischer Strukturen.

Neben konvexen Figuren als Grundbausteine für Strukturen wird meist die Stationarität (Invarianz des Verteilungsgesetzes gegenüber Verschiebungen) und oft zusätzlich die Isotropie (Invarianz des Verteilungsgesetzes gegenüber Drehungen) vorausgesetzt.

Die Invarianz des Verteilungsgesetzes gegenüber Verschiebungen und Verdrehungen des **Euklid**ischen Raumes bedeutet, daß keine bestimmte Lage oder Richtung bevorzugt wird. Diese Invarianzforderung kann als Formalisierung des intuitiven Begriffs der gleichmäßigen Verteilung geometrischer Objekte aufgefaßt werden.

Unter diesen Voraussetzungen kann man zeigen, daß der Raumanteil einer Komponente gleich ihrem Flächenanteil in einem ebenen Schnitt und gleich ihrem Streckenanteil in einem Geradenschnitt sind:

$$V_V = A_A = L_L$$

Der auf eine Raumeinheit bezogene mittlere Oberflächeninhalt S_V einer Komponente (spezifische Oberfläche) kann aus dem auf die Fläche der Probe bezogenen Umfang der Kurven in einem ebenen Schnitt L_A oder aus der auf die Länge der Schnittstrecke bezogene Anzahl von Schnittpunkten P_L wie folgt ermittelt werden.

$$S_V = \frac{4}{\pi} L_A = 2P_L$$

Für aus Kugeln zusammengesetzte zufällige Mengen sind besonders viele aussagekräftige Formeln entdeckt worden.

Steuerknüppel

Engl. joystick. Allseitig beweglicher Hebel zur inkrementalen → Eingabe von Positionen (Bild).

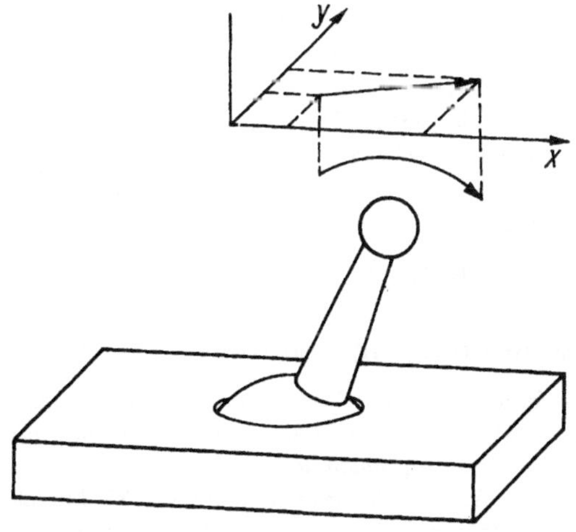

Der S. ist ein → Eingabegerät, das im Rahmen der → interaktiven Arbeitsweise Verwendung findet. Mit seiner Hilfe lassen sich Positionen eingeben, die z. B. bei der Erzeugung von → Computergrafiken gebraucht werden. Über die Eingabe von Positionen läßt sich aber auch eine Auswahl grafischer Objekte oder auf dem Bildschirm innerhalb eines → Menüs angebotener → Funktionen des Arbeitsplatzes realisieren.

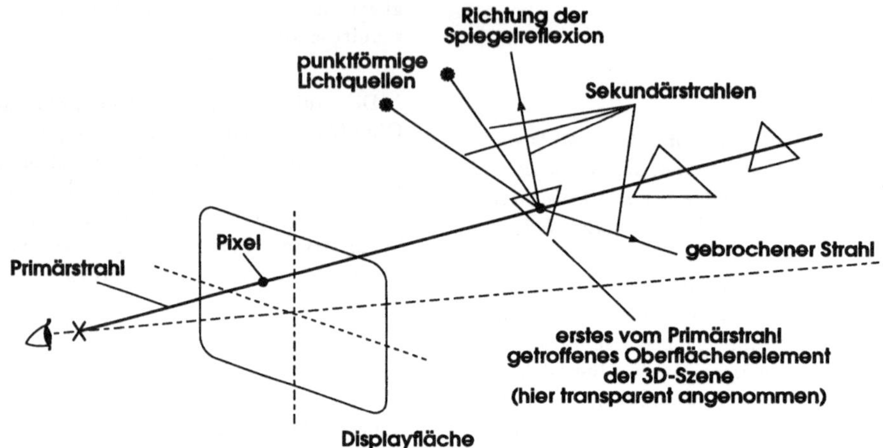

Der S. dient damit wie der → Lichtstift, die → Maus und die → Rollkugel der Ausführung der → Locator-Funktion bzw. der → Pick-Funktion. Der S. ist ein inkrementaler Positionsgeber, so daß der Nutzer stets auf ein → Echo (z. B. in Form eines → Cursors) auf dem Bildschirm angewiesen ist. Nach Loslassen des S. springt dieser in seine Ausgangslage zurück.

Stichprobe

→ *Klassifikation.*

Strahlverfolgungsalgorithmus

Verfahren zur → Visualisierung von → 3D-Modellen, das ein → Rasterbild erzeugt und das → Verdeckungsproblem löst.

Diese Art von Verfahren bildet ein 3D-Modell unmittelbar auf ein → Raster ab. Der S. gehört damit zur Klasse der → Bildraum-Algorithmen. Beim S. wird ausgehend vom Auge des fiktiven Betrachters durch jeden → Bildpunkt der gerasterten → Displayfläche ein Strahl (Primärstrahl) gelegt und derjenige Schnittpunkt mit dem zu visualisierenden 3D-Modell bestimmt, der dem Betrachter am nächsten liegt. Der Farbwert in der unmittelbaren Umgebung dieses Schnittpunktes, der u. a. durch das Verfolgen weiterer Strahlen zu ermitteln ist (Bild oben), wird in das Element des → Bildwiederholspeichers eingetragen, das dem gerade behandelten Bildpunkt entspricht.

Das Verfahren ermöglicht verschiedene, sehr anspruchsvolle Arten der → Schattierung. Durch Verfolgung von Strahlen, die durch → Brechung oder → Reflexion an einer Körperoberfläche entstehen, können realitätsnahe → Computergrafiken erzeugt werden (s¿ Bildanhang). Das Verfahren ist sowohl auf 3D-Modelle in → Begrenzungsflächen-Repräsentation als auch auf → CSG-Modelle anwendbar.

Strichgrafik

→ *Liniengrafik.*

Strukturelle Bildbeschreibung

Beschreibungsform, die dem Aufbau von Bildern hinsichtlich ihrer Komponenten, ihrer Struktur (Syntax) und ihrer Bedeutung (Semantik) Rechnung trägt.

Eine s.B. ist im wesentlichen eine hierarchische Datenstruktur, deren Verarbeitung mittels einer geeigneten Grammatik, d. h. syntaxgesteuert, erfolgt. Die Grammatik enthält ein Vokabular, bestehend aus einer Menge von Metasymbolen (Substrukturen, die selbst wieder aus Metasymbolen und nicht weiter zerlegbaren terminalen Symbolen aufgebaut sind), und macht durch eine Menge von Regeln Aussagen, in welcher Weise aus Anordnungen von Metasymbolen andere Metasymbole und schließlich das Satzsymbol abgeleitet werden. Diese Regeln beinhalten Erwartungen bzw. Fakten, die die Beziehungen zwischen Substrukturen beschreiben. Die Erkennung des Satzsymboles bedeutet Akzeptanz der s.B. als syntaxgemäß. Im Rahmen der → automatischen Bildanalyse erweist es sich als notwendig, auch den semantischen Teil in die s.B. aufzunehmen. Dies geschieht, indem jeweils einer geeigneten Syntaxregel genau eine Interpretationsregel zugeordnet wird und außerhalb der Syntax liegende Kompatibilitätsbedingungen beachtet werden. Es kommt hinzu, daß sich die Bildverarbeitung i. allg. mit mehrdimensionalen Objekten befaßt. Deshalb ist es notwendig, diese Eigenschaft auch dem Beschreibungsschema zuzuordnen. Anstelle von Symbolketten werden Symbolnetze verwendet, deren Knoten (die terminalen und Metasymbole) mehrfach miteinander verbunden sind.

Generell geht die s.B. davon aus, daß das Erkennungsproblem für die Primitiv-Komponenten als terminale Symbole oder lexikalische Elemente bereits gelöst wurde.

Strukturfenster

Fenstertechnik, bei der der Inhalt eines → Fensters zur weiteren → Detaillierung einer → Computergrafik strukturell verändert wird.

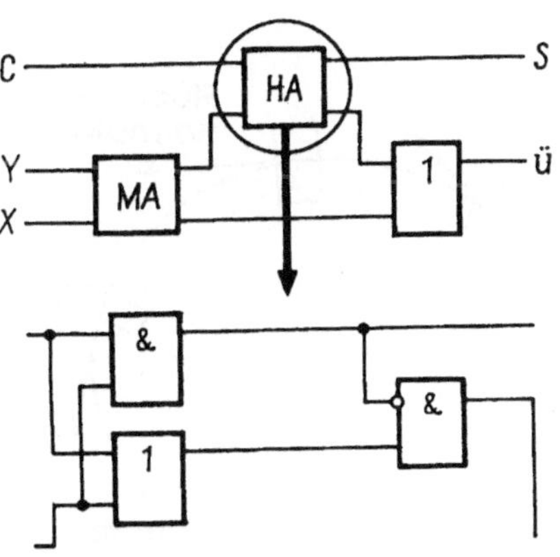

Viele Übersichtsdarstellungen von komplexen Erzeugnissen oder Projekten sind grafische Schemata (→ Schema) mit relativ geringem Detaillierungsgrad. Um in eine größere Detailtiefe vordringen zu können, läßt sich mit Hilfsmitteln der Computergrafik der Inhalt eines Teils der gesamten Darstellung, d. h. der Inhalt des Fensters, durch eine detailliertere, also strukturell veränderte und nicht nur vergrößerte Grafik ersetzen. Lage und Größe des S. werden vom → Nutzer des entsprechenden → Computergrafiksystems festgelegt.

Das Bild zeigt als Beispiel oben das Schema eines Volladdierers, das u. a. zwei als Blöcke repräsentierte Halbaddierer einschließt. Der eine Halbaddierer wird im unteren Teil des Bildes detaillierter dargestellt, d. h. in elementare logische Bausteine aufgelöst.

Strukturiertes Licht

→ *Tiefenerkennung.*

Subpixel

Feinstruktur eines → Bildelementes, wobei vom Rastermaß verschiedene → Koordinaten geschätzt und verwendet werden.

Ein S. kann als unterteiltes Bildelement betrachtet werden. Seine Unterteilung erfordert ein Modell von Objekt oder Bild (z. B. Binärbild mit rektilinearen Objektkanten) und eine ausreichende radiometrische Reproduzierbarkeit. S. -verfahren werden z. B. bei der Prüfung von → Masken für integrierte Schaltkreise verwendet, um die Grenzen der optischen → Auflösung zu überwinden und die Abtastrate zu vermindern.

Subtraktive Farbmischung

Mischung durch Absorption von Farbanteilen des Lichtes auf der Körperoberfläche.

Im Gegensatz zur → additiven Farbmischung entsteht der Farbeindruck der s.F. bei undurchsichtigen Körpern durch die ungleichmäßige → Reflexion und Absorption der Farbanteile des Lichtes in Abhängigkeit von der Wellenlänge.

Die s.F. kann entstehen durch:

- Mischung von durchsichtigen Anstrich- bzw. Malfarben (Lasurfarben), die einer Anordnung von hintereinanderliegenden Farbfiltern im Lichtstrahl entspricht,
- Mischung von beliebigen und auch deckenden Anstrich- und Malfarben, die einer Absorption der Farbanteile des Lichtes entspricht.

Von großer Bedeutung ist die s.F. für die Polygraphie (Farbdruck).

Superresolution

Methode der → Bildrestauration, die auf der analytischen Fortsetzung einer komplexen Funktion beruht.

Das → Spektrum eines → Signals ist durch Werte in einem beschränkten Kontinuum vollständig definiert. Durch geeignete Extrapolationsverfahren, meist mittels spezieller Reihenentwicklungen mit sphäroidalen Wellenfunktionen, wird das Spektrum über die Grenzfrequenz der Beobachtung hinaus berechnet und damit die Bildauflösung verbessert. Verfahren der S. sind nur bei weitgehend rauschfreien Bildern mit glatten Spektren und periodischen Anteilen sinnvoll (z. B. in der Astronomie).

Sweep-Operation

Engl. sweeping für Überstreichen. Methode zur Erzeugung von → 3D-Modellen, bei der eine ebene Fläche bestimmten → Koordinatentransformationen, insbesondere → Rotationen bzw. → Translationen im dreidimensionalen Raum, unterzogen wird und alle von ihr dabei mindestens einmal erreichten Raumpunkte zum Körper-Modell gehören.

Die S. ist eine besonders einfache Möglichkeit der Beschreibung von 3D-Modellen. Sie erschöpft sich aber in einer eng begrenzten Klasse von dreidimensionalen Objekten. Zur Erzeugung rotationssymmetrischer Modelle wird in einer Ebene eine Fläche und eine Rotationsachse definiert. Das Körpermodell entsteht durch Rotation der Fläche um diese Achse (Bild 1).

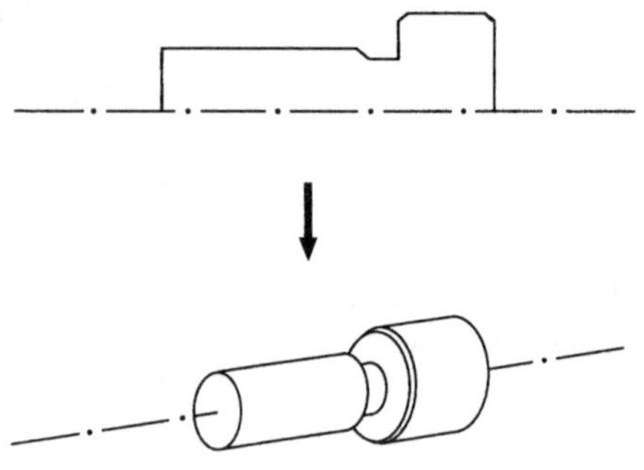

Bild 1

Begrenzt man den Winkel, um den sich die Fläche maximal drehen soll, auf einen Wert kleiner als 360°, lassen sich auf diese Weise auch bestimmte, nicht rotationssymmetrische Modelle erzeugen (Bild 2).

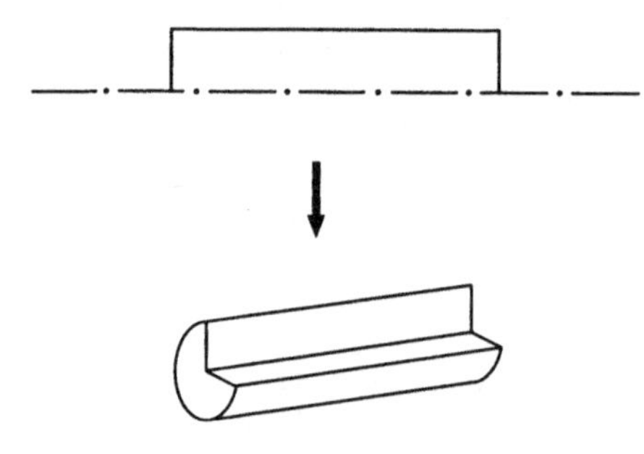

Bild 2

Eine andere Form der S. besteht darin, eine ebene Fläche entlang einer Raumkurve (Trajektorie) so zu bewegen, daß die Flächennormale (→ Normale) und die Tangente an die Raumkurve stets einen vorgegebenen Winkel (z. B. 0°) bilden (Bild 3).

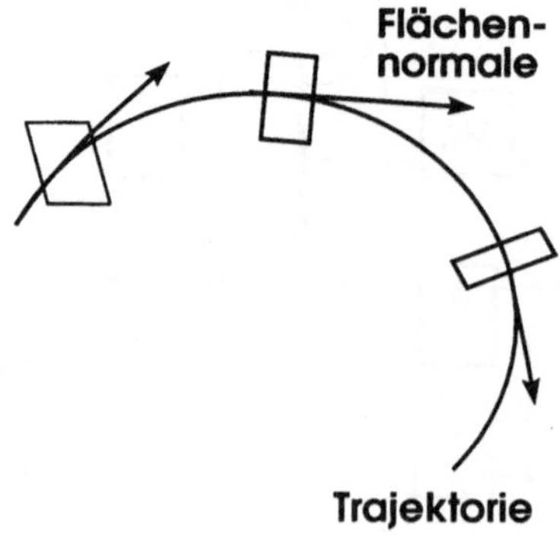

Bild 3

Der einfachste Spezialfall ist die Verschiebung längs einer Geraden. Auf diese Weise lassen sich leicht 3D-Modelle z. B. von Profilkörpern erzeugen (Bild 4 auf der folgenden Seite).

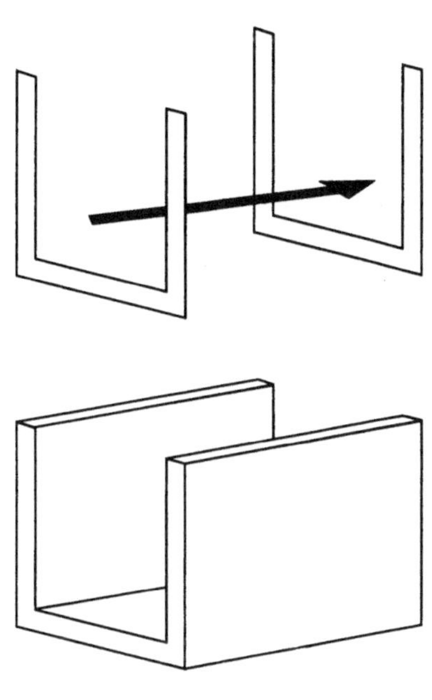

Bild 1

Eine Verallgemeinerung besteht darin, daß man die Fläche bei ihrer Bewegung auf der Trajektorie nach bestimmten Gesetzmäßigkeiten verändert, z. B. gleichmäßig verjüngt. Die Fläche, die sich bei der S. durch den Raum bewegt, wird häufig auch Erzeugende genannt. Systeme, die zur 3D-Modellierung ausschließlich die klassische S. (nämlich Rotation zur Erzeugung rotationssymmetrischer Modelle und Bewegung entlang einer Geraden) ermöglichen, werden häufig als → $2^1/_2$D-Systeme bezeichnet.

Sweeping

→ *Sweep-Operation.*

Symbol

Einprägsames Bild bzw. Zeichen, das relativ einfach aufgebaut ist und u. a. für → Funktionen, Objekte bzw. Prozesse steht.

Im Rahmen der → Computergrafik und der → digitalen Bildverarbeitung haben grafische S. (häufig synonym zu → Sinnbild gebraucht) zweierlei Bedeutung. Erstens sind sie ein wichtiger Bestandteil von Grafiken und gehören folglich zu den Objekten, mit denen → Computergrafik- und → Bildverarbeitungssysteme operieren. Besonders ausgeprägt ist dies bei grafischen Schemata (→ Schema), in denen S. die entscheidende Rolle spielen (→ Computer-Aided Schematics). Zweitens dienen S. der Gestaltung effektiver → Mensch-Rechner-Schnittstellen (→ Ergonomie). Durch S. wird z. B. die Auswahl von → Funktionen entsprechender Systeme im Rahmen der → interaktiven Arbeitsweise unterstützt. Typisch ist die Repräsentation eines Angebots, eines → Menüs von Funktionen, durch eine Anordnung von S. auf einem Blatt, das seinerseits auf → Menütableaus gelegt werden kann (Menüaufleger). Bild 2 zum Stichwort → CAD-CAM-System zeigt einen Ausschnitt aus einem solchen Aufleger.

Mit der gleichen Technik kann man auch die Auswahl von Grafiken und anderen Modellen durch den Systemnutzer erleichtern. S., die in dieser Weise der Gestaltung einer effektiven → Mensch-Rechner-Kommunikation dienen, werden häufig auch → Ikonen genannt. Für grafische S. bzw. Sinnbilder, die in Dokumentationen (→ rechnerunterstützte Dokumentation, → rechnerunterstützte Zeichnungserstellung) verwandt werden, gilt eine Reihe von Normen.

Szene

Gesamtheit von Objekten und ihrer Bewegungsparameter, des Hintergrundes und der Beleuchtungseinflüsse.

Eine S. ist die Quelle visueller Signale, die für die menschliche und maschinelle Bildverarbeitung und Bildauswertung genutzt werden (→ digitale Bildverarbeitung). Die Szene wird durch eine Vielzahl wechselwirkender Prozesse (Emission, → Reflexion und → Brechung, Verdeckung, Bewegung) bestimmt und durch ein Abbildungssystem in ein zweidimensionales Bild oder eine Sequenz von diesen umgesetzt. Die Position des → Sensors und seine Bewegungsparameter sind nicht Bestandteil der Szene.

Im Rahmen der → 3D-Computergrafik wird ein komplexes → 3D-Modell ebenfalls als S. bezeichnet.

Szenenanalyse

Analyse von Bildern und Modellen mit dem Ziel der formalen Beschreibung der in ih-

nen enthaltenen Objekte und ihrer gegenseitigen Beziehungen(→ Szene).

Ausgehend von gewissen a priori-Kenntnissen wird diese Analyse durch Abhängigkeiten zwischen den Teilen des Bildes (Kohärenz) gestützt. Diese ergeben sich z. B. aus der Annahme starrer 3D-Objekte und geringer Veränderungen zwischen zeitlich aufeinanderfolgenden Zuständen.

Szeneninterpretation

Schrittweiser Vergleich einer meist in Listenform organisierten detaillierten Beschreibung einer unbekannten Szene mit der Beschreibung eines bekannten Objektmodells.

Ausgangspunkt ist eine geeignete → Bildbeschreibung, meist eine → strukturelle Bildbeschreibung, welche die in der Szene vorhandenen Objekte bzw. einzelne Objektteile sowie deren topologische und metrische Eigenschaften und Beziehungen zueinander in einer syntaktisch korrekten Form ausdrückt. Typische Fragestellungen der Szeneninterpretation sind:

- Ist ein gesuchtes Objekt vorhanden oder nicht?
- In welcher räumlichen Beziehung stehen zwei Objekte zueinander?
- Ist eine unerwünschte oder gefährliche Situation erkennbar?

Tabellenspeicher

→ *Lookup-Tabelle.*

Tablett

Engl. tablet. Gerät zur grafischen → Eingabe in → interaktiver Arbeitsweise und zur Menüsteuerung (→ Menütechnik).

Das T. ist eine ebene Unterlage, auf welcher der → Nutzer mit einem Stift (Engl. stylus) zeichnet oder einzelne von ihm ausgewählte Punkte antastet. Tafel und Stift senden nutzergesteuert Koordinatenpaare an den → Computer. T. entsprechen im Wirkprinzip → Digitalisierern, sie haben jedoch kleinere Abmessungen und geringere → Auflösung als diese. T. beruhen vorwiegend auf der Phasenmessung von elektrischen oder Ultraschall-Wellen.

Tastatur

Universelles Hilfsmittel zur Kommunikation des Menschen mit → rechnerunterstützten Systemen.

Die T. besteht aus mehreren Tasten, die unter ergonomischen Gesichtspunkten (→ Ergonomie) gruppiert sind. Sie besteht aus der alphanumerischen und der Funktionstastatur und enthält außerdem spezielle Einzeltasten bzw. Schalter. Sie dient der → Eingabe von → Informationen in das System und prägt gemeinsam mit anderen peripheren Geräten (→ Peripherie) die → Mensch-Maschine-Schnittstelle.

Technologisches Schema

Schematisierte grafische Darstellung technologischer Anlagen, die der Veranschaulichung von Produktionsprozessen dient und sowohl für die Gestaltung von Prozeßwarten als auch in der Anlagen-Projektierung von Bedeutung ist.

Während t.S. in konventionellen Prozeßwarten auf großflächigen Tafeln unter Einbeziehung von Bedien- und Anzeige-Elementen starr gestaltet wurden, hat die Einführung mikrorechnerunterstützter Automatisierungsanlagen zunehmend zur Nutzung von → Computergrafiken auf der Basis von → Bildschirmgeräten geführt. Mit Hilfe dieser Technik kann sich der Anlagenfahrer die für ihn aktuell interessanten → Informationen selektiv an seinen Arbeitsplatz holen und außerdem zwischen verschiedenen Arten der Präsentation dieser Informationen wählen. T.S. erlauben auf Grund ihrer Anschaulichkeit einen schnellen Überblick über den Aufbau einer Anlage bzw. über einen Prozeßablauf und stellen gleichzeitig präzise quantitative und qualitative Informationen so dar, daß deren Bezug zueinander, zur Anlage bzw. zum Prozeß schnell augenfällig wird. Dazu werden in den statischen Teil technologischer Schemata, der u. a. aus unveränderlichen → Symbolen bzw. → Sinnbildern und Verbindungslinien besteht, dynamische Informationen in unterschiedlichen Formen eingeblendet. Dies kann z. B. die Änderung von Symbolen (etwa den Austausch der Symbole für offenes und geschlossenes Ventil), Alarmierungen durch farbliches → Hervorheben, die Einblendung von Digitalwerten an den Stellen der Computergrafik, an denen sie unmittelbar mit den entsprechenden Prozeßgrößen in Verbindung gebracht werden, und die Anzeige von → Diagrammen in dafür vorgesehenen Bildschirmbereichen betreffen. Zur Präsentation t.S. und anderer Darstellungen kommen im Wartenbereich vorrangig farbtüchtige → Rasterdisplays zum Einsatz.

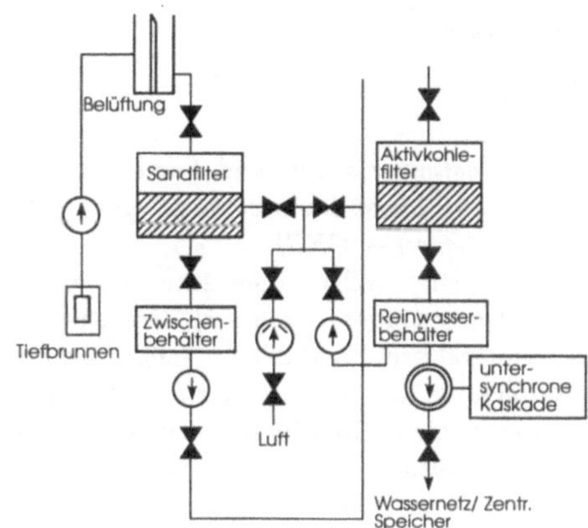

Der Einsatz von Computergrafik in Prozeßwarten bringt gegenüber konventionellen Warten eine wesentliche Erhöhung der Aussagekraft und der Flexibilität der Informationspräsentation mit sich und stellt damit eine neue Qualität der → Mensch-Rechner-Kommunikation dar. Auch die erstmalige Projektierung bzw. die Umgestaltung der

→ Mensch-Rechner-Schnittstelle kann auf der Basis rechnerunterstützter, bildschirmorientierter Wartensysteme mit viel weniger Aufwand durchgeführt werden als im Falle konventioneller Warten mit ihren starren Bedien- und Anzeigetafeln. Die rechnerunterstützte Erzeugung bzw. Veränderung t.S. erfolgt auf der Basis von → 2D-Systemen, wobei i. allg. eine grafisch orientierte → interaktive Arbeitsweise zur Anwendung kommt. T.S. werden auf diese Weise nicht nur für Prozeßwarten, sondern auch als Dokumentationen im Rahmen von Projektierungsprozessen erzeugt. Das Bild zeigt ein vereinfachtes Beispiel.

Im Bildanhang befinden sich Beispiele für t.S., wie sie in Warten von Automatisierungsanlagen Verwendung finden. Sie wurden mittels eines → semigrafischen Bildschirmsystems erzeugt.

Telespiel

→ *Videospiel.*

Template Matching

→ *Klassifikation.*

Tesselation

Engl. für → Parkettierung.

Text

Folge von alphanumerischen und Sonderzeichen, insbesondere → Darstellungselement des grafischen Kernsystems (→ GKS).

T. sind für eine vollständige Interpretierbarkeit vieler (insbesondere technisch orientierter) → Computergrafiken unerläßlich. Die Ausgabe von T. erfolgt im Rahmen von GKS u. a. durch Spezifikation der → Koordinaten eines Bezugspunktes (Textposition) in einem → Weltkoordinatensystem und durch Angabe des T. als Zeichenkette. Das Erscheinungsbild eines T. wird wie bei den anderen Darstellungselementen durch → Attribute bestimmt. Unter allen Darstellungselementen besitzt T. die meisten Attribute. Die geometrischen Attribute sind:

- Zeichenhöhe (character height),
- Zeichenaufwärtsvektor (character up vector),
- Schreibrichtung (text path),
- Textausrichtung (text alignment).

Darüber hinaus hat T. zwei implizit (über Zeichenhöhe bzw. Zeichenaufwärtsvektor) spezifizierte geometrische Attribute:

- Zeichenbreite (charakter width),
- Zeichenbasisvektor (character base width).

Die Bedeutung der geometrischen Attribute geht aus Bild 1 hervor.

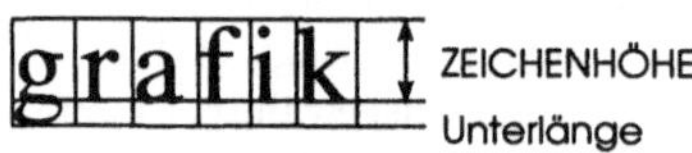

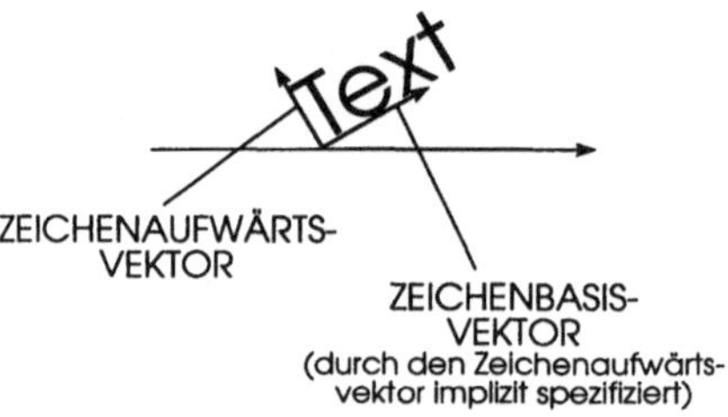

Die SCHREIBRICHTUNG kann einen der folgenden Werte haben:

- RECHTS: TEXT
- LINKS: TXET
- OBEN: T X E T (vertikal)
- UNTEN: T E X T (vertikal)

TEXTAUSRICHTUNG; z. B.: (RECHTS, MITTE)

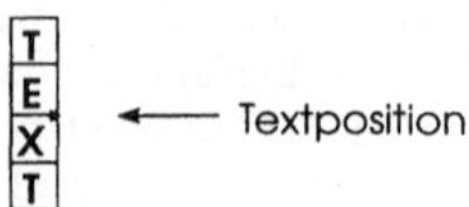

Bild 1

Nichtgeometrische Attribute sind:

- Schriftart und -qualität (text font/text precision),
- Zeichenbreitefaktor (character expansion factor),
- Zeichenabstand (character spacing),
- Textfarbindex (text colour index).

Die Schriftart wird durch eine Nummer festgelegt. Jeder → grafische Arbeitsplatz im Sinne von GKS muß mindestens eine Schriftart unterstützen, die imstande ist, bestimmte genormte Zeichen zu erzeugen. Die Schriftqualität ist (als Teil des entsprechenden Textattributes) eine Größe, die einen von drei Werten annehmen kann. Über diese Werte läßt sich u. a. steuern, wie genau ein grafischer Arbeitsplatz die geräteunabhängigen Textattribute berücksichtigen soll. Der Zeichenbreitefaktor steuert das Seitenverhältnis der Zeichenkörper (Zeichenboxen). Mit Hilfe des Attributes Zeichenabstand wird festgelegt, wieviel zusätzlicher Abstand zwischen zwei benachbarten Zeichenkörpern einzufügen ist. Ein negativer Wert für den Zeichenabstand ist zulässig, bedeutet aber Überlappung der Zeichenkörper (Bild 2).

Bild 2

Durch den Textfarbindex wird analog zu anderen Darstellungselementen die Farbe eines T. gesteuert (→ Farbindex).

Textgeber

Engl. string device. Im Rahmen von → GKS definierte Klasse von → logischen Eingabegeräten (→ Eingabeklasse) bzw. einzelner Repräsentant dieser Klasse.

T. liefern eine Zeichenkette (Folge von alphanumerischen Zeichen). Ein typisches physisches Gerät, das sich zur Ausführung dieser Funktion bestens eignet, ist die alphanumerische → Tastatur.

Textur

Erscheinungsbild einer Körperoberfläche, die eine mehr oder weniger regelmäßige Anordnung von miteinander vernetzten Elementen (z. B. Fasern, Schuppen) darstellt.

Die Wiedergabe von T. ist entscheidend für die realistische → Visualisierung von natürlichen Gebilden in der → Computergrafik (s. Bildanhang). In der → digitalen Bildverarbeitung ist ihre Erkennung Voraussetzung für eine erfolgreiche → Bildsegmentierung. T. werden anhand strukturell-syntaktischer Beschreibungen, statistischer Modelle (→ statistische Bildanalyse) und durch → Bildfilterung mit speziellen Operatoren charakterisiert und erkannt.

Thermodrucker

→ Matrixdrucker, bei dem die Zeichen durch punktweise Erwärmung eines Spezialpapiers sichtbar gemacht werden.

Beim T. wird entweder eine dünne Wachsschicht von einer gefärbten Unterlage abgeschmolzen oder die wärmeempfindliche Oberfläche des Spezialpapiers unter Wärmeeinwirkung verfärbt. Beim Thermotransferverfahren wird eine farbige Wachsschicht von einem Trägerband abgelöst und auf normales Papier übertragen. T. erreichen typischerweise eine Druckgeschwindigkeit von 120 Zeichen/s.

Threshold

Engl., → Schwellwert.

Tiefenerkennung

Oberbegriff für Verfahren zur Gewinnung von Tiefeninformationen aus zweidimensionalen Abbildern einer dreidimensionalen Szene.

Sogenannte $2^1/_2$D-Informationen (Tiefeninformationen) umfassen nicht die eigentlichen 3D-Informationen, da Objekte einander partiell verdecken können oder nur eine Ansicht eines Objektes verfügbar ist. Idealerweise sollten $2^1/_2$D-Informationen direkt gemessen werden. Hierfür wurden → Sensoren entwickelt, die die Distanz zu allen sichtbaren Punkten der Szene in ihrem Gesichtsfeld direkt messen können. Der Output eines solchen Sensors ist ein sog. range image, d. h. ein Feld von Werten, das Distanzen anstelle von Lichtintensitätswerten enthält (→ range sensing).

Zwei Haupttypen solcher Sensoren lassen sich wie folgt charakterisieren:

- Ein Szenenpunkt wird zu einem bestimmten Zeitpunkt mit einem kohärenten Lichtstrahl beleuchtet und die Phasenverschiebung des reflektierten Lichtes gemessen. Aus dieser Verschiebung kann die Distanz zum beleuchteten Punkt berechnet werden.
- Ein Lichtmuster (strukturiertes Licht), z. B. ein Gitter, wird auf die Szene projiziert und die Verzerrung des meist regelmäßigen Musters durch die Oberfläche der Szene erfaßt. Aus den Verzerrungen kann die Gestalt der Oberfläche hergeleitet werden.

Ein anderer Weg der Gewinnung von $2^1/_2$D-Informationen ist die Verwendung zweier Bilder, die von unterschiedlichen Standpunkten aufgenommen wurden (Biokularstereo). Die Hauptschwierigkeit dieses auch Stereomapping genannten Zuganges liegt darin, daß es nicht immer leicht ist, → homologe Punkte, d. h. einander entsprechende Szenenpunkte oder Bildelemente, die dasselbe Stück Realität abbilden, zu finden. Auf einer glatten merkmallosen Oberfläche erscheinen alle Punkte ähnlich und so sollte versucht werden, markante Punkte, z. B. Eckpunkte, einander zuzuordnen.

Es kann vorkommen, daß ein Punkt nur in einem der Bilder des Stereopaares sichtbar ist, da er vom anderen Standpunkt aus betrachtet verdeckt wird. Dann ist es unmöglich, eine korrekte Korrespondenz zu finden.

Zwei Regeln unterstützen die Erkennung und Auswertung korrespondierender Punkte beim Stereomapping:

- Jedem Punkt eines Bildes kann nur ein Tiefenwert zugewiesen werden,
- Tiefenwerte benachbarter Punkte sollen nahe beieinander liegen.

Falls korrespondierende Szenenpunkte in den beiden Bildern als homolog identifiziert wurden, kann die Distanz h zum Punkt P durch Triangulation berechnet werden (Bild):

$$h = d\frac{f}{x_2 - x_1}$$

Ausgangspunkt ist die unterschiedliche Lage (Disparität) der Bildpunkte von P in beiden Bildebenen (x_1 bzw. x_2). Dabei stellen C_1 und C_2 die Objektive der Aufnahmesysteme und f den Abstand der Bildebene vom Objektiv dar. f ist bei ausreichend weitem Abstand gleich der Brennweite.

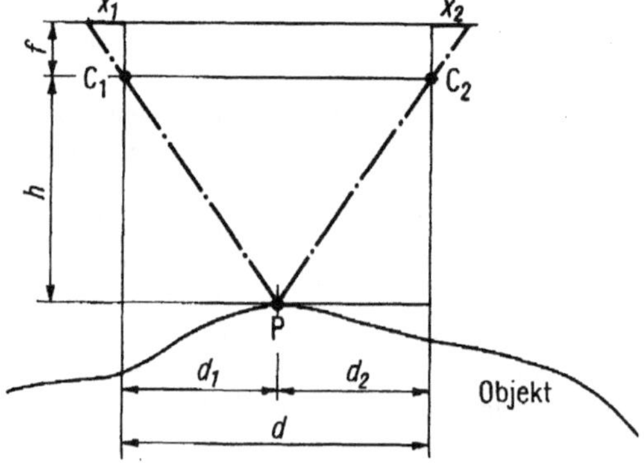

Auch das sog. Bewegungsstereo ist für die T. geeignet. Hierbei werden aus aufeinanderfolgenden Zeitreihenbildern (→ Bildfolgenanalyse) räumliche Informationen berechnet, die allerdings bei beweglichen Objekten mit Vorsicht zu betrachten sind.

Eine weitere Möglichkeit, $2^1/_2$D-Informationen zu gewinnen, bietet die Gestaltschätzung aus der → Schattierung (shape from shading). Für Oberflächen, die das Licht nach bekannten Gesetzen (→ **Lambert**sche Gesetze) reflektieren, stehen Veränderungen der Lichtintensität um einen gegebenen Bildpunkt in direkter Beziehung zur Tangentialebene im korrespondierenden Szenenpunkt. Diese Idee wird beim sog. photometrischen Stereo (photometric stereo) in erweiterter Form genutzt. Zwei oder mehrere Bilder der Szene werden hierbei von der gleichen Position gewonnen, aber für jedes Bild wird die Richtung der Beleuchtung verändert. Die Helligkeits-Variationen in jedem Bild ergeben Bedingungen für die Orientierungen der Oberflächen in der Szene, mit deren Hilfe diese eindeutig bestimmt werden können.

Weitere erprobte Möglichkeiten zum Ableiten von $2^1/_2D$-Informationen sind Gestaltschätzungen aus → Texturen (shape from texture) oder aus Körpermarkierungen (shape from shape). Hat beispielsweise ein Körper eine bekannte reguläre Oberflächen-Markierung, so kann die Tiefeninformation daraus abgeleitet werden, in welcher Weise jene Muster durch die Perspektive verzerrt werden.

Tiefenpuffer

Bezeichnung für den Speicher, der bei der → Visualisierung eines → 3D-Modells mittels → Tiefenpuffer-Algorithmus die Entfernungen der Flächenelemente des Modells vom → Projektionszentrum oder von der → Projektionsebene enthält.

Das → Bildformat des T. stimmt mit dem des → Bildwiederholspeichers überein. Das Beschreiben des Bildwiederholspeichers geschieht simultan zum Beschreiben des T., und zwar in Abhängigkeit von der Größe des gepufferten Wertes im Vergleich mit dem einzutragenden. Eine Hardwarerealisierung schließt die spezielle Einschreiblogik ein.

Da der Tiefenwert im allgemeinen der z-Koordinate (→ Koordinaten) des betreffenden Punktes im kartesischen → Koordinatensystem entspricht, wird der T. auch als z-Puffer bezeichnet.

Tiefenpuffer-Algorithmus

→ Algorithmus zur → Visualisierung von → 3D-Modellen, das ein → Rasterbild erzeugt und dabei das → Verdeckungsproblem löst.

Diese Art von Verfahren bildet 3D-Modelle unmittelbar auf ein → Raster ab. Der T. gehört damit zur Klasse der → Bildraum-Algorithmen. Er benutzt einen → Tiefenpuffer, in dem für jeden → Bildpunkt der gerasterten → Displayfläche eine das 3D-Modell betreffende z-Koordinate eingetragen werden kann (Bild).

Der T. arbeitet folgendermaßen: Jedes Element der Oberfläche des 3D-Modells wird auf die Displayfläche projiziert. Für jeden Bildpunkt und jeden korrespondierenden Objektpunkt auf einem Oberflächenelement wird die Tiefe z des Oberflächenelementes bestimmt (Bild). Diese Tiefe und der Farbwert auf der entsprechenden Stelle des Oberflächenelements werden in den Tiefenpuffer bzw. → Bildspeicher eingetragen, wenn dort nicht schon eine geringere Tiefe abgespeichert war. Ansonsten wird der im Bildwiederholspeicher eingetragene Farbwert nicht überschrieben. Der T. wird initialisiert, indem für jeden Bildpunkt im Tiefenpuffer die Hintergrundfarbe und der maximal mögliche Tiefenwert eingetragen werden.

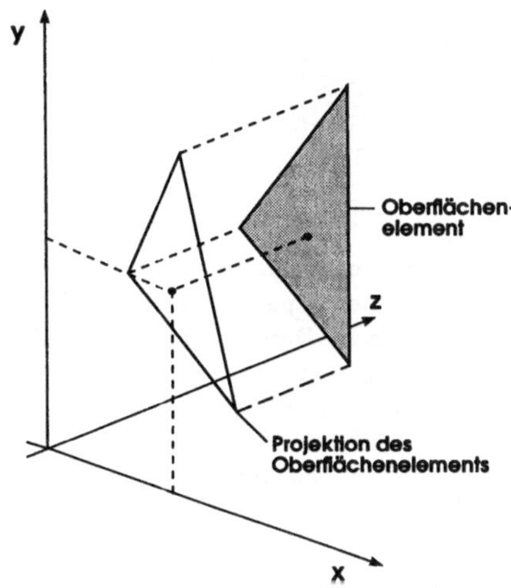

Das Verfahren erlaubt eine einfache → Schattierung und ist auf 3D-Modelle in → Begrenzungsflächen-Repräsentation anwendbar. Eine Ausdehnung auf → CSG-Modelle erfordert zusätzliche Modifikationen und die Vergrößerung des Tiefenpuffers.

Bedingt durch die weitgehende Entkopplung der Behandlung der verschiedenen Oberflächenelemente von 3D-Modellen eignet sich der T. gut zur zeitlichen Parallelisierung einzelner Schritte der Visualisierung. Der T. kommt daher unter Nutzung von → Spezial-Hardware in → 3D-Arbeitsstationen zur Anwendung.

Tiefpaßfilter

In der Bildverarbeitung ein Gerät oder ein Programm, welches Komponenten niedriger Raumfrequenz (→ Spektrum), i. allg. das eigentliche Nutzsignal, möglichst unverfälscht überträgt und Komponenten hoher Raumfrequenz, i. allg. Rauschen, Korn oder Impulsstörungen, unterdrückt .

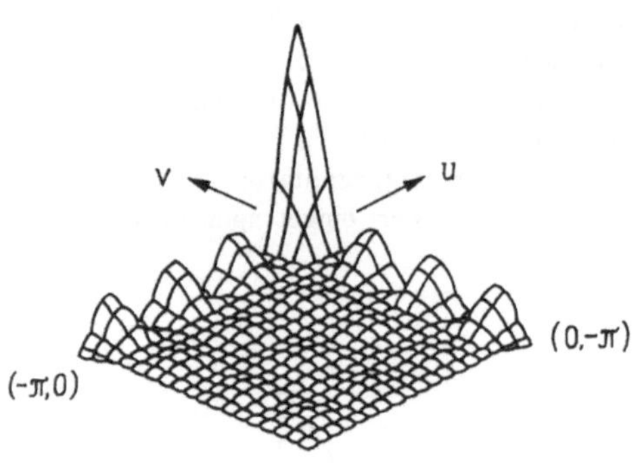

Die → Übertragungsfunktion eines 2D-T. hat den im Bild gezeigten typischen Verlauf über den Raumkreisfrequenzen. Dargestellt ist ein → FIR-Filter (→ FIR) konstanter Welligkeit mit 15 × 15 Koeffizienten. Auch nichtlineare → Filter (z. B. → Rangordnungsfilter) wirken als T.. Im Bildanhang sind Beispiele für die Wirkung von T. enthalten.

Tintenstrahldrucker

Engl. ink jet printer. → Matrixdrucker, bei dem Schrift und Grafik durch aufgespritzte Tinte erzeugt werden.

Im Unterschied zum → Nadeldrucker wird beim T. das gerasterte Druckbild durch Tintenstrahlen aus elektronisch angesteuerten Düsen erzeugt. Mehrere Düsen können simultan betrieben werden, womit dann auch Farbdrucke möglich sind. Der Zeichenaufbau erfolgt wie beim Nadeldrucker.

Man unterscheidet drei unterschiedliche Wirkprinzipien:

- Kontinuierlicher Strahl (continuous jet). Hierbei wird ein gleichförmiger Tintenstrahl in der Richtung abgelenkt, d. h. auf das Papier oder in eine Auffangeinrichtung geleitet.
- Pulsierender Strahl (drop-on-demand jet). Hierbei werden durch einen Druckgeber Einzeltropfen auf die gewünschte Position geschleudert.
- Dampfblasenstrahl (bubble jet). Hierbei werden Tropfen durch schlagartige elektrische Erhitzung und folgende Dampfblasenbildung ausgestoßen.

Vorteilhaft sind die im Vergleich zum → Laserdrucker geringen Kosten und Massen des T. bei guter → Auflösung bis typischerweise 300 dpi. Die Auflösung wird begrenzt durch die Aufweitung des Tintenstrahls und das Verlaufen der Tinte auf dem Papier. T. erreichen eine Druckgeschwindigkeit um 300 Zeichen/s.

Tintenstrahlplotter

Engl. ink jet plotter. → Tintenstrahldrucker für vorwiegend grafische → Ausgabe.

TM

Engl. Abk. von thematic mapper. Leistungsfähiger Sensor der → Fernerkundung auf dem Landsat-D-Satelliten (→ Landsat).

Der TM ist ein Multispektralscanner (→ MSS). Er tastet die Erdoberfläche mit einer Bodenauflösung von 30 m × 30 m in 7 spektralen Bändern im sichtbaren Licht sowie dem nahen und thermischen Infarot (0,45μm ...12,5 μm) ab. Er zeichnet sich durch viele Maßnahmen zur Abtastlinearisierung und geometrischen Reproduzierbarkeit (typisch 6 m) sowie durch hohe radiometrische Genauigkeit (besser als 10 %) aus. Die Spektralbänder sind für die Bewertung von Wasseroberflächen (Band 1), der Vegetation (Bänder 2 – 4) und ihres Zustandes (Bänder 5 – 6) ausgelegt. Band 7 betrifft vor allem geologische Gesichtspunkte.

Tomographie

Rekonstruktion eines Querschnitts eines Körpers aus einer Anzahl von Messungen der Abschwächung von Röntgenstrahlen durch diesen Querschnitt mit vorwiegender Anwendung in der Medizin.

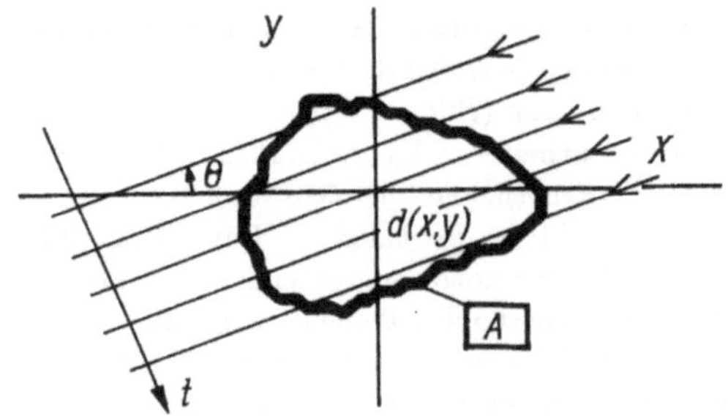

Verfahren der rechnerunterstützten T. sind auch außerhalb der Medizin (z. B. in der Astronomie, der Werkstoffprüfung, der Umweltüberwachung) anwendbar und mit anderen Strahlungsarten und Meßeffekten (z. B. Infrarotlicht, Ultraschall, Kernspinresonanz) durchführbar. Man unterscheidet grundsätzlich Durchstrahlungsverfahren (TCT – transmission computerized tomography) und Emissionsverfahren, bei denen die Strahlungsverteilung im untersuchten Querschnitt bestimmt wird (ECT – emission computerized tomography).

Die T. ist ein → bildgebendes Verfahren mittels → Bildrekonstruktion aus Projektionen. Bei der TCT (Bild) wird ein unter dem Winkel Θ einfallendes paralleles gleichförmiges Strahlenbündel auf eine zu ihm senkrechte Sensorzeile wie folgt abgebildet:

$$p(\Theta,t) = \int_A \int d(x,y)\delta(x\sin\Theta - y\cos\Theta - t)\,dx dy$$

Hierbei sind $d(x,y)$ die normierte Dichte im Punkte x, y und $\delta(\cdot)$ der **Dirac**impuls (Deltafunktion). Diese Projektionen werden für hinreichend viele Werte von Θ gewonnen.

Aus der Kenntnis von $p(\Theta,t)$ soll auf $d(x,y)$ geschlossen werden. Die Grundlage der theoretischen Untersuchungen und vieler praktischer Realisierungen bildet die Formel von **J. Radon**:

$$d(x,y) = \int_0^\pi d\Theta \int_{-\infty}^{\infty} P(\Theta,u)\exp\big(\jmath(x\sin\Theta - y\cos\Theta)\big)|u|\,du$$

Hierbei stellt $P(\Theta,u)$ die eindimensionale kontinuierliche → **Fourier**transformation von $p(\Theta,t)$ bez. t dar. Die Ungleichförmigkeit des Strahlenbündels und die diskrete Abtastung in Θ sowie der hohe Berechnungsaufwand stellen die Hauptprobleme einer praktischen Implementation dar.

Topologie

Teilgebiet der Geometrie, in dem solche Eigenschaften von zwei-, drei- bzw. n-dimensionalen geometrischen Figuren untersucht werden, die bei Verzerrungen, welche die Figur an keiner Stelle zerreißen und keine vorhandenen Löcher schließen, erhalten bleiben.

Wesentliche topologische Merkmale einer dreidimensionalen geometrischen Figur sind z. B. die Anzahl der zusammenhängenden Teile, die Anzahl der eingeschlossenen Löcher und die Anzahl der Durchgänge (→ **Euler**zahl, → **Euler**-Gleichung). Topologische Relationen in einer Menge von zusammenhängenden Figuren sind z. B. die Berührungs- und die Umgibtrelation (→ Gebietsnachbarschaftsgraph).

Topologische Betrachtungen sind in der → digitalen Bildverarbeitung insbesondere bei der → Bildsegmentierung und der → automatischen Bildanalyse erforderlich. Dafür hat sich eine relativ einfache, pragmatisch orientierte → Bildtopologie herausgebildet, die bestimmte Begriffe der T. auf zweidimensionale diskrete Räume bzw. → Raster überträgt.

Trainingsmenge

Klassifizierte Stichprobe für die → Klassifikation.

Transformationskodierung

→ *Bilddatenkompression.*

Translation

Engl. translation, shift. → Verschiebung.

Trassierung

Prozeß der Festlegung des Verlaufs räumlicher Verbindungsnetze zwischen plazierten (→ Plazierung) Systemkomponenten oder entsprechenden grafischen → Symbolen bzw. → Sinnbildern.

Im Rahmen der → Computergrafik spielt die T. bei der Erzeugung netzartiger → Schemata eine große Rolle. Solche Grafiken bestehen aus diskreten, sich nicht überlappenden Symbolen und Liniennetzen, die diese untereinander verbinden. Der einfachste Typ eines solchen Netzes ist die Verbindung zwischen genau zwei (vorgegebenen) Anschlußpunkten. Häufig sind jedoch mehr als zwei Punkte zu verbinden. Beim entsprechenden Verbindungsnetz handelt es sich dann meist um einen → **Steiner**-Baum. Das Generieren der Verbindungslinien eines Schemas in → interaktiver Arbeitsweise kann sehr aufwendig und fehleranfällig sein. Man ist deshalb an einer hoch automatisierten T. interessiert. Dabei spielen u. a. die Bestimmung → optimaler Wege zwischen zwei vorgegebenen Punkten und die Optimierung von **Steiner**-Bäumen eine Rolle (→ **Steiner**-Baum-Problem).

Die kompliziertesten Probleme entstehen dadurch, daß es i. allg. nicht um die Optimierung einer einzelnen solchen Struktur, sondern um die möglichst übersichtliche Anordnung vieler Verbindungsnetze geht (→ Layout-Entwurf).

Das Bild bei → Computer-Aided Schematics zeigt einen Ausschnitt aus einem Logikplan, bei dem die T. vollautomatisch erfolgte.

Treiberprogramm

Engl. device driver oder kurz driver. → Programm zur Ansteuerung von peripheren Geräten (→ Peripherie); im Rahmen von → GKS geräteabhängiger Teil einer → GKS-Implementation zur Ansteuerung → grafischer Geräte.

Ein T. dient dem geräteabhängigen Transfer von Daten an → Ausgabegeräte und/oder der Übernahme von Daten von → Eingabegeräten. Dabei müssen die spezifischen Bedingungen der peripheren Geräte berücksichtigt werden. Dies sind z. B. Zeitbedingungen, Pufferung, Formatierung und Adressierung. T. sind Bestandteile des → Interfaces zwischen → Computer und dessen Peripherie.

Im Rahmen allgemeiner Schutzmechanismen bieten T. die einzige Möglichkeit des Zugriffes auf periphere Geräte durch einen nicht privilegierten → Nutzer. T. werden geteilt (shared) verwendet und stellen deshalb hohe Anforderungen an ihre Entwicklung.

Trennflächenklassifikator

→ *Klassifikation.*

Triangulation

→ *Tiefenerkennung.*

Trommelplotter

→ *Plotter, bei dem das Papier mittels einer drehbaren Trommel bewegt wird.*

Beim T. befindet sich über der Trommel eine Brücke, auf der sich der Zeichenstift oder der Zeichenkopf hin und her bewegen kann. Durch die Kombination dieser Bewegung mit der Bewegung des Papiers, die durch das Drehen der Trommel in beide Drehrichtungen hervorgerufen wird, läßt sich prinzipiell jeder beliebige Weg des Zeichenstiftes (oder -kopfes) auf dem Papier erzeugen (Bild).

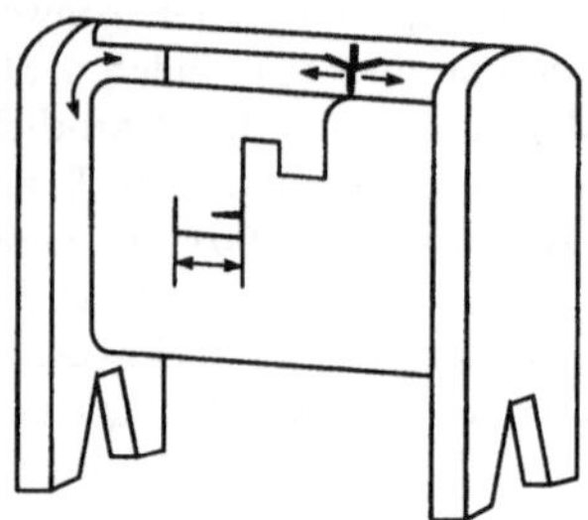

Weil das Papier nicht wie beim → Flachbettplotter flach ausgelegt ist, können T. im Vergleich zum Flachbettplotter wesentlich kleiner ausgeführt werden. Dies macht sich besonders bei größeren Papierformaten günstig bemerkbar.

Tschebyscheff-Fenster

Spezielles → Fenster in der Signalverarbeitung.

Die Fensterfunktion wird so ausgelegt, daß ihre → **Fourier**transformation eine ausgeprägte Spitze hat und die Nebenextrema gleiche Beträge haben (Bild).

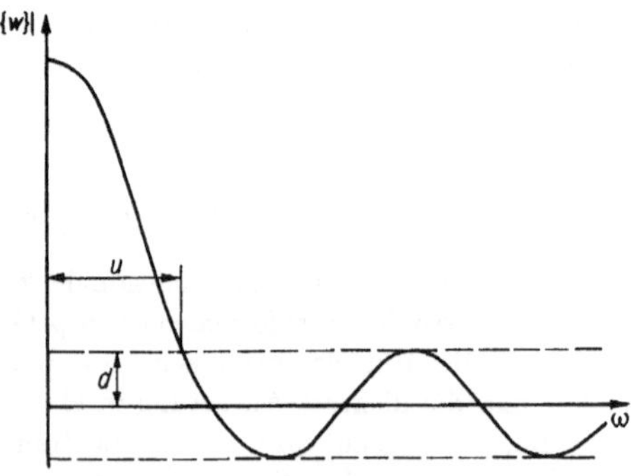

Das T. hat einen Entwurfsparameter q, der bei gegebener Fensterabmessung $-N, \ldots, 0, \ldots N$ einen Kompromiß zwischen kleiner Impulsbreite u und geringer Welligkeit d einzustellen gestattet. Zur Dimensionierung kann die folgende Formel verwendet werden.

$$u \approx q - \frac{1}{q}; \quad q = \left(\frac{d}{2}\right)^{-\frac{1}{2N}}$$

Überdeckung

Lineares Maß der Überlappung von Einzelbildern.

Für eine genaue Auswertung von Bildreihen der → Photogrammetrie und der → Fernerkundung ist ein ausreichend große Überlappung der Einzelbilder erforderlich. Beispielsweise erfordert eine Aerotriangulation (→ Tiefenerkennung) eine Bildfluganordnung mit 60 % Längsüberdeckung, 20 % Querüberdeckung bei 5 % Überdeckungstoleranz. Die erforderliche Mindestüberdeckung erzwingt eine Mindestaufnahmefrequenz in Abhängigkeit von der Fluggeschwindigkeit des Flugzeuges oder Satelliten.

Die mehrfach reproduzierten Ränder der Einzelkarten von Kartenwerken und Atlanten werden ebenfalls als Ü. bezeichnet.

Übertragungsfunktion

Engl. transfer function. Das Übertragungsverhalten eines Systems kennzeichnende Systemfunktion im Frequenzbereich (→ optische Ü.).

Die Ü. ergibt sich aus der → **Fourier**transformation der → Impulsantwort eines linearen Systems mit → Verschiebungsinvarianz. Sie wird auch komplexer Übertragungsfaktor, komplexer Frequenzgang oder Übertragungscharakteristik genannt. Sie ist physikalisch als Verstärkung (Betrag) und Phasenverschiebung (Phase) beim Durchgang eines sinusförmig modulierten → Signals durch das System deutbar. Bei diskreten Signalen wird entsprechend von einer $\mathcal{Z}$-Übertragungsfunktion als → $\mathcal{Z}$-Transformation der diskreten → Impulsantwort gesprochen.

Umgibtgraph

→ *Gebietsnachbarschaftsgraph.*

Undersampling

Engl., Unterabtastung.

Hierbei wird das Signal mit einer Frequenz abgetastet, die unterhalb der durch das → Abtasttheorem definierten Grenzfrequenz liegt. Damit kann das Ursprungssignal aus der abgetasteteten Signalfolge nicht fehlerfrei rekonstruiert werden. Der Versuch einer idealen Interpolation führt zum → Aliasing. Durch Interpolationsverfahren, die sich auf andere von vornherein bekannte Signaleigenschaften stützen, können manchmal befriedigende Näherungen erhalten werden.

Unsichtbarkeit

Eigenschaft von Objekten oder Objektteilen im dreidimensionalen Raum, die sich daraus ergibt, daß sie bei gegebener Betrachtung durch andere undurchsichtige Objekte verdeckt werden.

Die Entscheidung, was unsichtbar ist, wird im Rahmen von → 3D-Systemen (→ Computergrafiksystem, → Computergrafik, → 3D-Computergrafik) durch eine automatische Lösung des → Verdeckungsproblems gefällt. Diese ist wiederum Hauptbestandteil der → Visualisierung von → 3D-Modellen. Manche → Algorithmen zur Lösung des Verdeckungsproblems nutzen ein Maß, das angibt, durch wieviel undurchsichtige Flächen ein Abschnitt einer Körperkante (→ Kante) oder einer → Sichtkontur verdeckt wird (→ quantitative Unsichtbarkeit).

Unterscheidungsfunktion

→ *Klassifikation.*

Varianz

Wichtiger Parameter zur Charakterisierung der Verteilung einer Zufallsgröße um den → Erwartungswert.

Eine anschauliche Deutung interpretiert die V. als Trägheitsmoment einer der Wahrscheinlichkeitsverteilung entsprechenden Massenbelegung bez. ihres Schwerpunktes. Die V. wird auch als zentrales Moment zweiter Ordnung der Verteilung bezeichnet (→ statistische Bildanalyse).

Vector Quantization

Engl., Vektorquantisierung. Kodierung von Wortfolgen anstelle von einzelnen Wörtern.

V. wird als Alternative zur üblichen skalaren → Quantisierung angewendet. So wird für die → Bilddatenkompression ein Bild in kleine Blöcke (z. B. 2×4, 4×4) zerlegt, werden die darin enthaltenen Werte zu einem Vektor zusammengefaßt, dieser durch Ähnlichkeitsvergleich mit einer vorher bestimmten Menge von typischen Vektoren klassifiziert oder die Zugehörigkeit zu einem bestimmten Bereich (Zelle) ermittelt (→ Klassifikation). Damit braucht der Empfänger nur die Liste der Klassen- oder Zellenrepräsentanten zu kennen, um aus den empfangenen, meist mit weniger als acht → Bit kodierten, Klassennummern das dekodierte Bild zusammenzusetzen.

Der Vorteil dieser Verfahren besteht in der außerordentlich einfachen Dekodierung. Dazu wird die Klassennummer mittels → Lookup-Tabelle in den die Klasse oder Zelle repräsentierenden Vektor umgesetzt. Das ist vor allem für Informationsverteilungssysteme mit einem Kodierer und vielen Dekodierern von großer Bedeutung. In diesem Anwendungsbereich ist der relativ aufwendige Kodierungsschritt meist akzeptabel.

Vektor

Mehrdimensionales geometrisches Element. In → Computergrafik und → digitalen Bildverarbeitung häufig Bezeichnung für eine Strecke.

In der Computergrafik wird der Begriff V. u. a. im Zusammenhang mit dem → Vektordisplay benutzt, bei dem die Abbildung des geometrischen Objekts auf dem → Bildschirm einer → Katodenstrahlröhre häufig als Folge von V., d. h. von linearen Bewegungen des Elektronenstrahls erfolgt. In ähnlicher Weise wird der Begriff des V. auch bei → Zeichenstiftplottern verwendet.

Vektordisplay

→ Display, das nach dem Vektorprinzip arbeitet.

Vektorgenerator

Funktionseinheit zur Erzeugung von Strecken (häufig auch → Vektoren genannt) mittels → grafischer Geräte.

Der V. ist meist als → Spezial-Hardware realisiert und in peripheren grafischen Geräten (→ Peripherie) verfügbar (→ lokale Intelligenz). Bei Geräten, die nach dem Vektorprinzip arbeiten, übernimmt der V. die kontinuierliche Steuerung des Schreibmittels (z. B. des Elektronenstrahls im Fall des → Vektordisplays) von einem vorgegebenen Anfangspunkt geradlinig zu einem vorgegebenen Endpunkt. Bei Rastertechnik (z. B. beim → Rasterdisplay) muß vom V. eine Folge von Rasterpunkten bestimmt werden, die der gewünschten Strecke möglichst gut entspricht.

Vektorprinzip

Prinzip der direkten Erzeugung von Linien (Vektoren) mittels eines → Ausgabegerätes.

Bei Ausgabegeräten, die nach dem V. arbeiten, wird die Bewegung eines Zeichenmittels so gesteuert, daß sich unmittelbar eine Linie ergibt. Beispiele für derartige Ausgabegeräte sind → Zeichenstiftplotter und → Vektordisplays. Im Fall des Zeichenstiftplotters in Flachbettausführung (→ Flachbettplotter) wird ein Stift automatisch über das flach ausgelegte Papier geführt, so daß beliebige Linien direkt auf dem Papier gezeichnet werden (nichtflüchtige → Ausgabe). Beim Vektordisplay übernimmt der Elektronenstrahl die Rolle des Zeichenmittels, wobei er kontinuierlich über den → Bildschirm geführt wird und bei ständiger schneller Wiederholung dieses Vorgangs ebenfalls Linien "zeichnet" (flüchtige Ausgabe).

Eine Ausgabe nach dem V. hat gegenüber einer Nutzung des → Rasterprinzips den Vorteil einer exakten Linienführung. Dagegen bereiten die Darstellung von Farbnuancen sowie die Erzeugung flächenhafter Bilder beim V. grundsätzliche

Schwierigkeiten. Deshalb werden nach dem V. arbeitende Geräte zunehmend durch Geräte abgelöst, die auf dem Rasterprinzip beruhen. Dies gilt ganz besonders für die Displaytechnik (→ Display, → Rasterdisplay).

Verallgemeinertes Darstellungselement

Abk. VDEL, Engl. Generalized Drawing Primitive (GDP). Im Rahmen von → GKS definiertes → Darstellungselement, das die Repräsentation und Erzeugung grafischer Objekte (wie Kreise) betrifft, die aus den anderen GKS-Darstellungselementen nicht oder nur sehr umständlich aufgebaut werden können.

V.D. wurden in GKS vor allem dazu eingeführt, besondere Fähigkeiten → grafischer Arbeitsstationen wie z. B. → Kreisgeneratoren direkt ansprechen und damit ausnutzen zu können (→ lokale Intelligenz). Damit ist es unvermeidlich, daß beim v.D. Aspekte → grafischer Geräte ins Spiel kommen. Das Konzept des v.D. in GKS bietet sozusagen einen genormten Rahmen für den Umgang mit nicht genormten Gerätefunktionen. Im Falle des v.D. werden die jeweiligen geometrischen Objekte wie Kreise, Kreisbögen, Splinekurven (→ Spline), Ellipsen durch

- eine Kennzeichnung
- eine Anzahl von Punkten und
- zusätzliche Daten (die z. B. → Interpolationen betreffen können)

festgelegt. Die Punkte können z. B. der Mittelpunkt eines Kreises und irgendein Punkt auf seiner Peripherie oder die zwei Brennpunkte einer Ellipse und ein Randpunkt sein. Im Rahmen von GKS stattfindende → Koordinatentransformationen werden nur auf die im v.D. vorgegebenen Punkte angewendet, die Interpretation der Punkte wird dem jeweiligen grafischen Arbeitsplatz überlassen.

Wie bei allen Darstellungselementen von GKS wird auch das Erscheinungsbild v.D. wesentlich durch → Attribute bestimmt. Das v.D. darf Attribute der anderen Darstellungselemente mitnutzen. In der Arbeitsplatz-Beschreibungstabelle ist für jedes v.D. festgelegt, welche dies aktuell sind.

Verdeckte Fläche

Fläche, die ganz oder teilweise von Objekten einer dreidimensionalen → Szene verdeckt wird und deshalb von einem → Computergrafiksystem (→ 3D-System) entsprechend ausgeblendet oder besonders gekennzeichnet werden sollte (→ Verdeckungsproblem).

Verdeckte Kante

Kante eines Körpers, die ganz oder teilweise durch den Körper selbst oder andere Objekte einer dreidimensionalen → Szene verdeckt wird und deshalb von einem → Computergrafiksystem (→ 3D-System) entsprechend ausgeblendet oder besonders gekennzeichnet (z. B. gestrichelt) werden sollte (→ Verdeckungsproblem).

Verdeckte-Flächen-Problem

Problem der Bestimmung verdeckter Flächen (→ Verdeckungsproblem).

Verdeckte-Kanten-Problem

Problem der Bestimmung verdeckter Kanten eines Körpers (→ Verdeckungsproblem).

Verdeckungsproblem

Problem der Bestimmung derjenigen Teile von → Kanten bzw. Oberflächen eines → 3D-Modells, die bei gegebener Betrachtungsform durch Teile des gleichen Körpers oder anderer Körper verdeckt sind.

Bei der → Visualisierung → rechnerinterner Modelle dreidimensionaler Objekte entsteht das Problem, die Darstellung derjenigen Teile dieser Objekte in einer → Computergrafik zu unterdrücken, die bei gegebenem Betrachterstandort und gewünschter Art der → Perspektive, also der auszuführenden → Projektion, verdeckt, d. h. unsichtbar sind.

Im allgemeinen Fall geht es um die Bestimmung der Teile von Körperoberflächen, die verdeckt sind, also um die Lösung des Verdeckte-Flächen-Problems. Bei eingeschränkter Qualität der Visualisierung, nämlich bei der Generierung von → Liniengrafiken, genügt die Lösung des Verdeckte-Kanten-Problems.

Insgesamt gibt es eine Fülle von → Algorithmen zur Lösung des V., für die der Lösungsaufwand (Anzahl der Operationen) nur polynomial mit der Anzahl der zu behandelnden Objekte anwächst.

Verdünnung

1. Reduktion eines Bildsegmentes auf seine Mittelachse oder Skelett.

Das Skelett ist die Menge aller Punkte S, für die gilt: S hat mehr als einen nächsten Nachbarn auf der Kontur des Gebietes (oberes Bild). Falls zu jedem S der Abstand zur Kontur bekannt ist, dann läßt sich das verdünnte Gebiet rekonstruieren. Das Skelett und seine Konstruktion werden von der benutzten Abstandsdefinition bestimmt, was sich besonders im diskreten → Raster auswirkt (→ Digitalgeometrie, → Skelettierung).

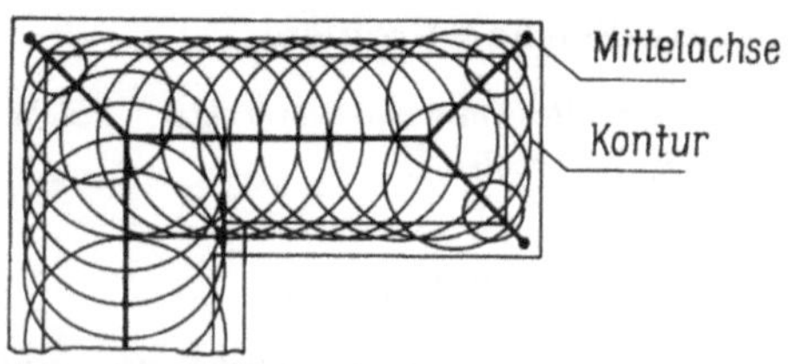

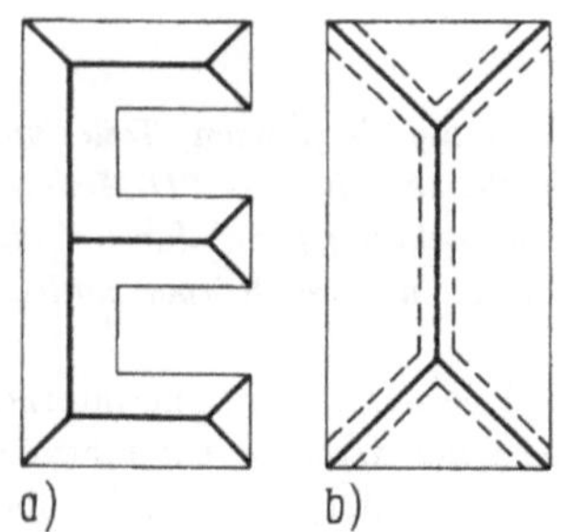

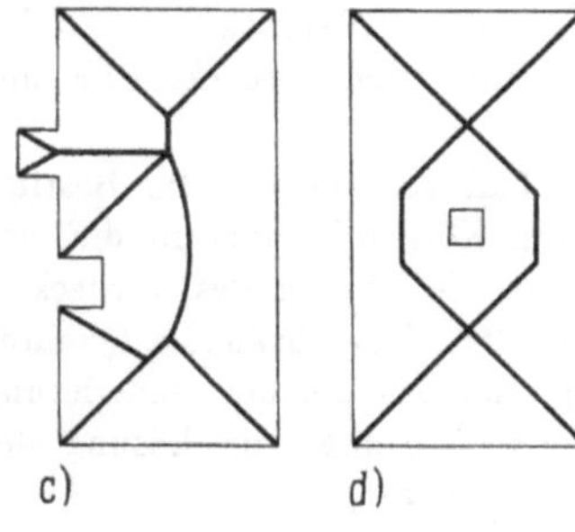

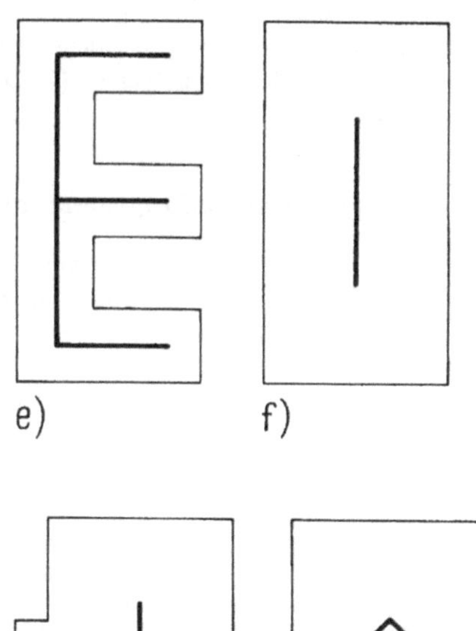

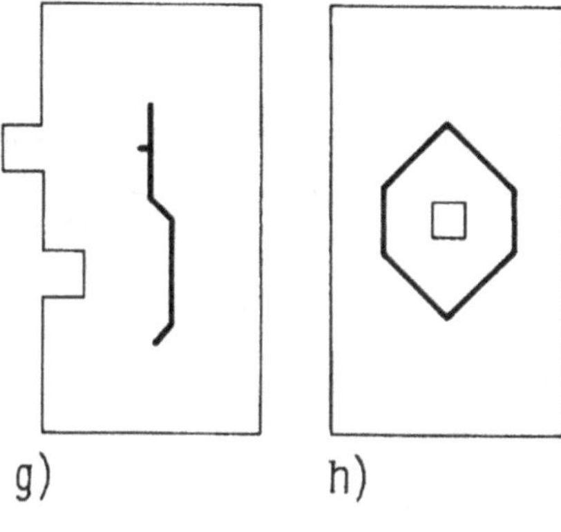

Die Bilder a) und b) zeigen die Verzweigungen an Enden länglicher Objekte bzw. einen durch V. entstehendenden Zwischenzustand (gestrichelt). Die Bilder c) und d) zeigen die starken Auswirkungen von kleinen Löchern und Konkavitäten. In den Skizzen e) bis h) wird ein für Erkennungsaufgaben günstigeres Ergebnis dadurch erzielt, daß das Gebiet einer → Erosion unterzogen wird, wobei allerdings die Gefahr besteht, daß wichtige Teile der Mittelachse verkürzt oder sogar beseitigt werden.

2. Verteilungserhaltendes Streichen von Objekten bei → zufälligen Prozessen.

Bei der V. werden Objekte (z. B. Punkte) zufällig so entfernt, daß auch bei verminderter Objektanzahl das ursprüngliche Verteilungsgesetz erhalten bleibt. Da oft ein Mindestabstand von Punkten nicht unterschritten werden soll, empfiehlt sich die Modellierung der V. durch einen → Hard-Core-Punktprozeß. Die V. ist bei Maßstabsverkleinerung von Grafiken, z. B. von Landkarten, erforderlich.

Vereinigung

→ Mengentheoretische Operation, deren Ergebnis die Menge aller Objekte ist, die in den Ausgangsmengen enthalten sind.

Die Elemente des gemeinsamen → Durchschnitts sind in der Vereinigungsmenge nur einmal enthalten. Falls die Menge B vollständig in der Menge A enthalten ist, stimmt die V. von A und B mit der Menge A überein (Bild).

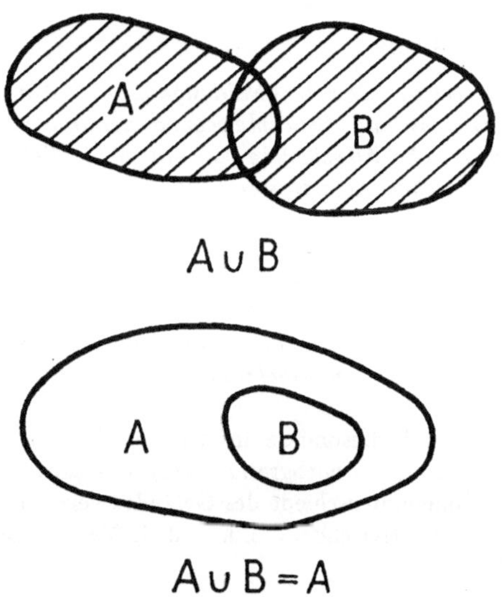

In der → Computergrafik werden Vereinigungen von 2D- und → 3D-Modellen für die Verknüpfung zu neuen Objekten, z. B. im Sinne der → CSG-Modellierung verwendet.

Vergrößerung

1. Veränderung des auf einem → Display ausgegebenen Bildes so, daß Details besser erkennbar werden.

Eine V. erfolgt in der Regel durch Spezifizierung eines → Fensters, dessen Inhalt vergrößert werden soll. Die V. ergibt sich durch explizite Angabe eines Zoomfaktors > 1 (→ Zoom) oder das Öffnen eines neuen größeren Fensters. Die V. ermöglicht das Erkennen von Einzelheiten eines Bildes, wie z. B. die Berührung zweier Strecken oder die Lage von → Texten bez. besonderer Punkte oder Linien, die im Gesamtbild vorher nicht genau zu erkennen waren.

2. Operation zur Modifikation der Ortskoordinaten der Bildmatrix und Interpolation der Signalwerte.

Die V. ist ein praktisch wichtiger Sonderfall der geometrischen Transformation (→ Bildrektifikation, → Skalierung).

Hierbei haben die Abbildungsfunktionen der Ursprungskoordinaten x_1, y_1 in die Zielkoordinaten x_2, y_2 die einfache Form:

$$x_2(x_1, y_1) = a \cdot x_1 + c; \quad y_2(x_1, y_1) = a \cdot y_1 + d$$

Es gilt also gleiche Skalierung für Bildzeilen und Bildspalten. Man spricht bei $a > 1$ von einer Vergrößerung, bei $0 < a < 1$ von einer Verkleinerung. Die Konstanten c, d charakterisieren die Translation. Von V. oder Verkleinerung spricht man auch, wenn vor oder nach der Skalierung eine → Rotation (→ affine Abbildung) angewendet wird.

Eine V. erfordert die → Interpolation oder das → Resampling der Signalwerte, die man sich mit einem verfeinerten Rasterabstand $1/a$ abgetastet denken muß.

Verkleinerung

1. Veränderung des auf einem → Display ausgegebenen Bildes so, daß weniger Platz benötigt wird und weitere Bilder zugänglich werden.

Eine V. erfolgt in der Regel durch Verringerung der aktuellen Abmessungen des → Fensters, dessen Inhalt verkleinert werden soll, mittels impliziter oder expliziter Spezifizierung eines Zoomfaktors < 1 (→ Zoom). Die Erkennbarkeit von Zusammenhängen und globalen Bildaussagen wird dadurch erleichtert, daß Details zurücktreten.

2. Spezielle geometrische Operation in Umkehrung der → Vergrößerung.

Verschiebung

Engl. shift, translation. Häufig auch Translation genannte Operation, bei der ein grafisches bzw. geometrisches Objekt lediglich seine Position, nicht aber seine Ausrichtung und Größe ändert.

Ein Punkt mit den → Koordinaten x_1, y_1, z_1 in einem dreidimensionalen kartesischen → Koordinatensystem wird bei einer V. um den Vektor $(\Delta x, \Delta y, \Delta z)$ in den Punkt (x_2, y_2, z_2) überführt. Die V. läßt sich also in einem kartesischen Koordinatensystem durch folgende Vektoraddition darstellen:

$$\begin{vmatrix} x_2 \\ y_2 \\ z_2 \end{vmatrix} = \begin{vmatrix} x_1 \\ y_1 \\ z_1 \end{vmatrix} + \begin{vmatrix} \Delta x \\ \Delta y \\ \Delta z \end{vmatrix}$$

Bei der Verwendung → homogener Koordinaten kann die V. wie → Rotation und → Skalierung durch eine Matrizenmultiplikation ausgedrückt werden:

$$\begin{vmatrix} X_2 \\ Y_2 \\ Z_2 \\ 1 \end{vmatrix} = \begin{Vmatrix} 1 & 0 & 0 & \Delta X \\ 0 & 1 & 0 & \Delta Y \\ 0 & 0 & 1 & \Delta Z \\ 0 & 0 & 0 & 1 \end{Vmatrix} \cdot \begin{vmatrix} X_1 \\ Y_1 \\ Z_1 \\ 1 \end{vmatrix}$$

Bei der V. komplexer Objekte werden alle zu ihnen gehörigen Punkte der gleichen V. unterzogen. Das Bild zeigt die V. eines → Sinnbildes innerhalb eines → Schemas.

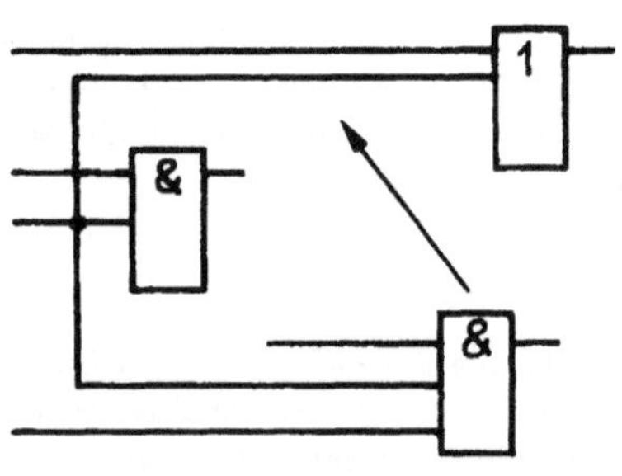

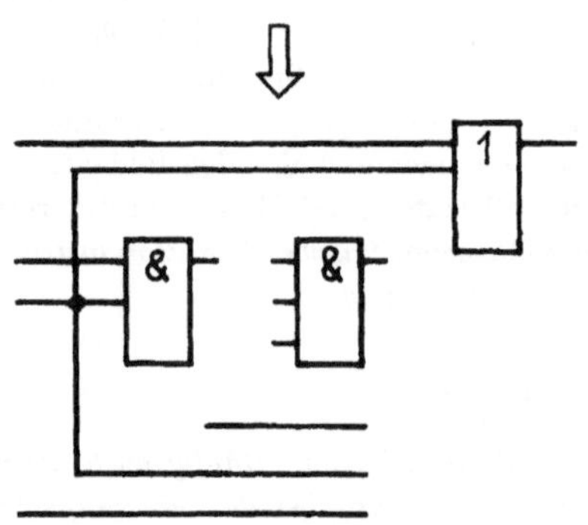

Verschiebungsinvarianz

Engl. shift invariance. Ortsunabhängigkeit der Übertragungscharakteristik.

Systeme mit V. zeichnen sich dadurch aus, daß ihr Übertragungsverhalten nicht vom Aufpunkt des Signales abhängig ist. Die V. ist in den meisten Fällen eine erstrebenswerte, aber nur angenähert zu erreichende Eigenschaft. So wird erwartet, daß sich ein Fixstern in der Nähe der optischen Achse eines Fernrohres genauso abbbildet, wie in größerer Entfernung von ihr. Lineare Systeme mit V. werden durch die → Faltung von Signal und → Impulsantwort beschrieben. Sie können im **Fourier**bereich untersucht werden (→ Übertragungsfunktion).

Verwerfung

Engl. warp. Durch Abbildungssystem, Aufnahmematerial und Relativbewegung hervorgerufene geometrische Abweichung von einem idealisierten quadratischen Abtastraster.

Verzerrung

Engl. distortion. Geometrische Abweichungen eines Meßbildes von einer Orthogonalprojektion auf Grund der Tiefenausdehnung und Schieflage des Objekts.

V. sind insbesondere in der Auswertung von Luftbildern (→ Photogrammetrie) zu berücksichtigen. Höhenunterschiede des Geländes verursachen sog. perspektivische V., d. h. radiale Versetzungen (Bild).

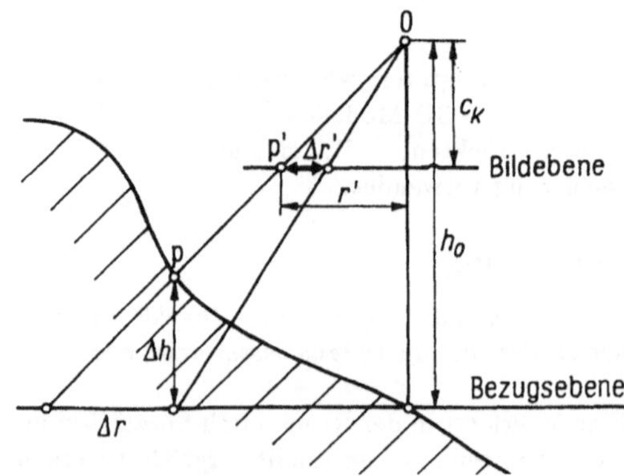

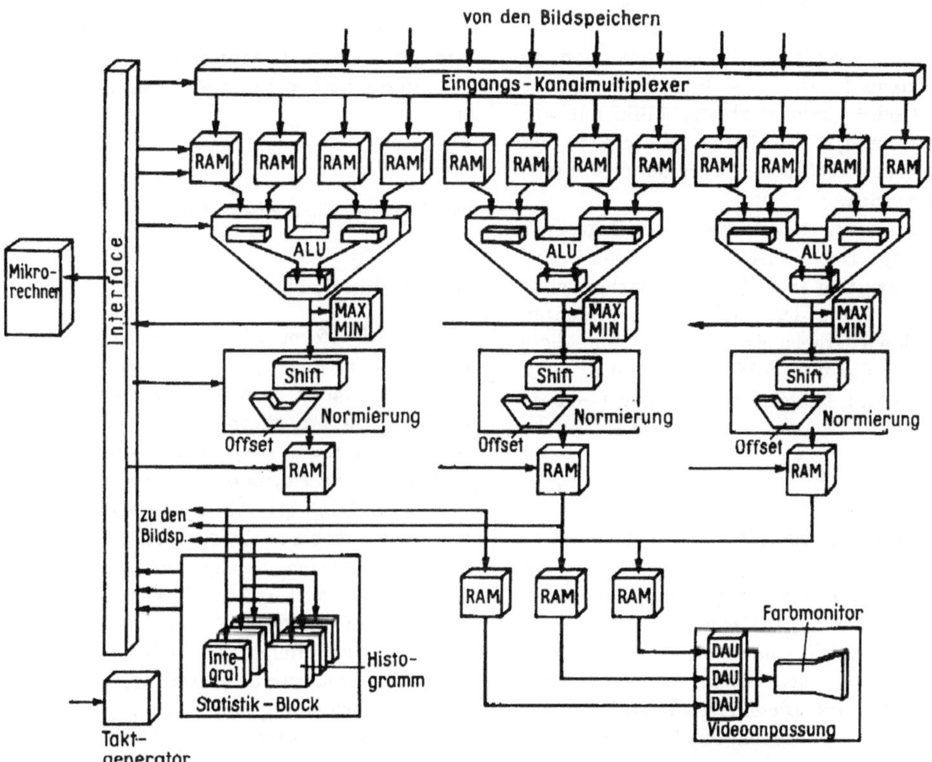

Die perspektivische V. errechnet sich folgendermaßen:

$$\Delta r' = \frac{c_k}{h_0}\Delta r = \frac{r'}{h_0}\Delta h$$

Durch den Einfluß der Bildneigung entstehen sog. projektive V..

Videoendstufe

Verstärkerschaltung zur Ansteuerung der Strahlerzeugungssyteme von → Bildröhren.

Die Intensitätssteuerung der Elektronenstrahlen von Bildröhren erfordert Steuerspannungen in der Größenordnung von 100 V. Das von einem → Displayprozessor oder der Videostufe eines Fernsehempfängers gelieferte Videosignal von etwa 2 V wird in der V. auf die erforderliche Spannung verstärkt. → Farbbildröhren benötigen getrennte Videosignale für die drei Strahlsysteme und damit auch drei V. Die erforderliche Bandbreite dieser Verstärkerschaltungen hängt von der → Auflösung der Bildröhre ab. Sie beträgt bei Farbfernsehgeräten ungefähr 5 MHz und kann bei hochauflösenden → Displays für Anwendungen der → Computergrafik und → digitalen Bildverarbeitung Werte über 100 MHz erreichen.

Videoprozessor

Spezielle Bildverarbeitungs- oder Grafikprozessoren, deren Verarbeitungsgeschwindigkeit durch den Videotakt bestimmt wird.

In der → digitalen Bildverarbeitung werden V. meist als ketten- oder baumförmige Datenfließbänder (data pipeline) von Verarbeitungseinheiten aufgebaut. Dabei werden den ersten Stufen bereits neue Operanden zugeführt, während ältere Operanden noch in den letzten Stufen behandelt werden. Die erforderliche schnelle Datenein- und -ausgabe ist bei dieser Struktur wegen der seriellen Natur des Videosignals aus Kamera oder → Bildwiederholspeicher relativ einfach zu realisieren. Die wichtigsten Bestandteile von V. sind → Lookup-Tabellen, → PLA und schnelle → arithmetisch-logische Einheiten (Bild auf vorhergehender Seite). V. können hinsichtlich der Programmierung als SIMD-Maschinen (→ SIMD) betrachtet werden.

Auch in der Computergrafik wird der Begriff des V. verwendet. Der V. ist hier der Schaltungsteil im Grafiksystem eines Bildschirmarbeitsplatzes (→ Display), der das Auslesen der Bilddaten aus dem Bildwiederholspeicher steuert und diese vor der Ausgabe an den → Monitor umformt, z. B. zur Farbwahl und Ausschnittsfestlegung (→ Pan, → Zoom).

Videospiel

Rechnerunterstütztes Spiel für eine einzelne Person oder eine Personengruppe, bei dem die (meist grafische) Darstellung der verschiedenen Spielsituationen auf einem → Bildschirm erfolgt.

Für derartige Spiele kommen spezielle → Computergrafiksysteme (incl. entsprechender Gerätetechnik) zum Einsatz. Diese Systeme brauchen nur einen bestimmten, jeweils sehr eng begrenzten Umfang vorgegebener → Funktionen abzudecken, sollen preisgünstig sein und die entsprechenden Grafiken sehr schnell erzeugen können. Die beiden letzten Forderungen führen dazu, daß die generierten → Computergrafiken i. allg. am unteren Ende der Qualitätsskala liegen. Typische Beispiele sind Grafiken, die aus elementaren → Symbolen gleicher Größe mosaikartig zusammengesetzt sind (→ semigrafisches Bildschirmsystem), einfache → Liniengrafiken auf monochromatischen → Rasterdisplays geringer → Auflösung sowie farbige Darstellungen auf Rasterdisplays, die nur eine geringe Anzahl von Farben bzw. → Intensitäten anzuzeigen gestatten (→ Bittiefe) und überdies ebenfalls eine geringe Auflösung haben. Als → Displays wurden deshalb oft Fernsehgeräte genutzt, während heute in Kompaktgeräten zunehmend → Flüssigkristalldisplays eingesetzt werden. Im Falle der Darstellung dreidimensionaler → Szenen (z. B. bei Autorennen) wird das → Verdeckungsproblem in der Spielphase nicht in seiner vollen Allgemeinheit gelöst. Man arbeitet vielmehr mit vorgefertigten Bildsequenzen, mit besonders anspruchslosen Szenen, mit Einschränkungen bei der Festlegung von Betrachtungsstandorten und Blickrichtungen, für die ein Abbild der Szene erzeugt werden soll, sowie mit weiteren Kompromissen bei der Vermittlung des optischen Eindrucks von diesen Szenen.

Viewport

Engl. für → Darstellungsfeld.

Virtueller Speicher

Organisationsform einer Speicherhierarche, bei dem der Prozessor (→ Computer) auf Adressen aus einem meist großen homogenen Bereich zugreifen kann und erforderliche Umlagerungsaktionen für Daten und Programme vor dem Prozessor, d. h. auch dem Pogrammierer, verborgen werden.

Insbesondere bei Multiprogrammbetrieb mit vielen → Nutzern reicht die vorhandene Kapazität des Hauptspeichers i. allg. nicht aus. Als Alternative bieten sich externe Speicher an, die große Kapazität bei geringem Preis mit langsamerem Zugriff verbinden. Bei der virtuellen Speicherung erfolgt eine automatische Verwaltung des Hauptspeichers in Verbindung mit Plattenspeichern durch das → Betriebssystem mit Unterstützung von Hardwarekomponenten zur Adreßumsetzung und zum Zugriffsschutz. Dabei wird der Adreßraum in Seiten (→ Blöcken von 1/2 bis 4 → KByte) eingeteilt. Dise Seiten werden bei Bedarf automatisch in den Hauptspeicher geladen und damit dem Prozessor verfügbar gemacht. Im Hauptspeicher verbleiben nur solche Seiten, die relativ häufig in der jüngsten Zeit benutzt wurden. Seiten werden nur dann auf den externen Speicher zurückgeschrieben, wenn sich ihr Inhalt verändert hat. Mittels verschiedener Verwaltungsstrategien kann die Anzahl der notwendigen Seitentransporte speziell bei Multiprogrammierung mit unterschiedlichem Aufgabenspektrum minimiert werden. Der Programmierer kann bei Computern mit v.S. auf Arbeitsdateien und Überlagerungsstrukturen in seinen Programmen verzichten. Die Abarbeitungszeit der Programme verlängert sich aber durch die zusätzlichen Seitentransporte und kann bei überlasteten Systemen zu einem Überwiegen des Aufwandes für den Seitenaustausch über die Nutzleistung führen (trashing).

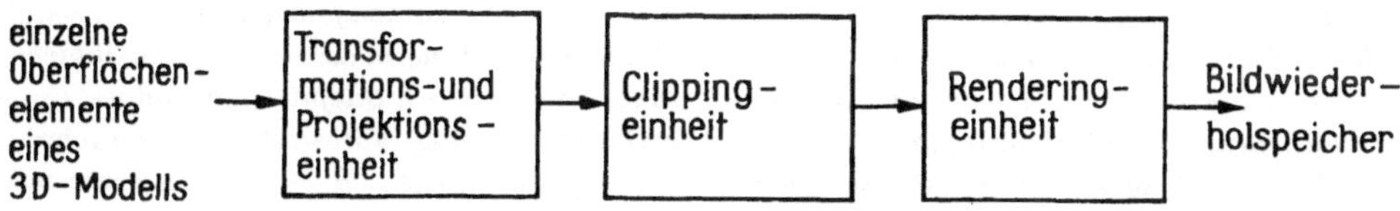

Visibilitätstest

Test auf Sichtbarkeit eines Teiles eines → 3D-Modells (z. B. einer → Kante oder einer Fläche) von einem bestimmten Betrachtungspunkt aus.

Der V. ist ein wichtiger Prozeß im Rahmen der → Visualisierung von 3D-Modellen. Er dient der Lösung des → Verdeckungsproblems (→ Verdeckte-Kanten-Problem, → Verdeckte-Flächen-Problem).

Visibilitätsverfahren

Verfahren zur Ermittlung und Darstellung derjenigen Teile eines → 3D-Modells, die bei einer bestimmten Betrachtungsweise (z. B. bei der Betrachtung aus einer vorgegebenen Richtung) sichtbar sind.

Zu V. gehören alle → Algorithmen zur Lösung des → Verdeckungsproblems (→ Verdeckte-Kanten-Problem, → Verdeckte-Flächen-Problem). V. sind eine wesentliche Grundlage für die Erzeugung anschaulicher bzw. realitätsnaher → 3D-Computergrafiken.

Visualisierung

Prozeß der Ableitung einer solchen → Computergrafik aus einem → rechnerinternen Modell, die wesentliche Aspekte des Modells in adäquater Form wiedergibt.

Das rechnerinterne Modell wird bei der V. interpretiert und in eine Folge grafischer → Ausgabefunktionen gewandelt. Das können → grafische Primitive, Befehle für → Grafikprozessoren oder gerätespezifische Steuerbefehle sein. Besonders aufwendig ist der Prozeß der V. von → 3D-Modellen in anschaulicher Form, da er außer der → Projektion auf die Darstellungsebene die Lösung des → Verdeckungsproblems sowie die → Schattierung von Flächen, z. B. Körperoberflächen, auf der Basis einer → Beleuchtungssimulation beinhaltet.

Visualisierungspipeline

→ Hardware zur → Visualisierung → rechnerinterner Modelle mit einer Pipeline-Architektur.

Der Prozeß der Visualisierung rechnerinterner Modelle kann in einzelne hintereinanderliegende Funktionsblöcke aufgeteilt werden. Wird jedem dieser Funktionsblöcke eine bestimmte Hardwarekomponente zugeordnet und werden diese Komponenten hintereinander zu einem Fließband (Pipeline) geschaltet, so können verschiedene geometrische bzw. grafische Objekte gleichzeitig bearbeitet werden (Bild oben). Der Durchsatz hängt dabei nicht mehr von der Gesamtlänge der Pipeline, sondern nur von der Bearbeitungszeit in demjenigen Funktionsblock ab, in dem diese am längsten ist. Das Bild zeigt als Beispiel eine V. für die Erzeugung anschaulicher Darstellungen von → 3D-Modellen (→ Projektion, → Clipping, → Rendering).

VLSI

Engl. Abk. für very large scale integration. Auf einem Chip integrierte elektronische Systeme mit mehr als 100 000 Bauelementen.

Volumenmodell

→ 3D-Modell, das volumenbehaftete Objekte stets eindeutig repräsentiert (→ Festkörpermodellierung).

Volumenmodellierung

→ Festkörpermodellierung

Voronoi-Diagramm

Nach dem russischen Mathematiker **G.F. Voronoi** *(1868-1908) benannte Gesamtheit der Grenzen einer Zellenzerlegung nach dem Prinzip des nächsten Nachbarn (→ Gebietszerlegung).*

Ist eine Menge M diskreter Punkte in einer Ebene gegeben, so gehören zu einer **Voronoi**zelle oder einem → **Dirichlet**bereich eines Punktes P aus M alle Punkte der Ebene, deren Abstand zu P geringer ist als zu allen übrigen Punkten aus M. Die **Voronoi**zellen entstehen durch gleichzeitiges Wachstum aller Punkte aus M in alle Richtungen, wobei die Wachstumsfront genau dort stoppt, wo mindestens 2 dieser Fronten aufeinandertreffen. Die Grenzen der **Voronoi**zellen sind immer konvex. Die Gesamtheit der **Voronoi**zellen werden als V., **Dirichlet**parkettierung oder **Thiessen**-Diagramm bezeichnet. Eine zum V. duale Struktur ist der **Delaunay**-Graph, der jeweils diejenigen Punkte aus M miteinander verbindet, die **Voronoi**-Nachbarn sind, d. h. die eine gemeinsame Grenze haben (Bild).

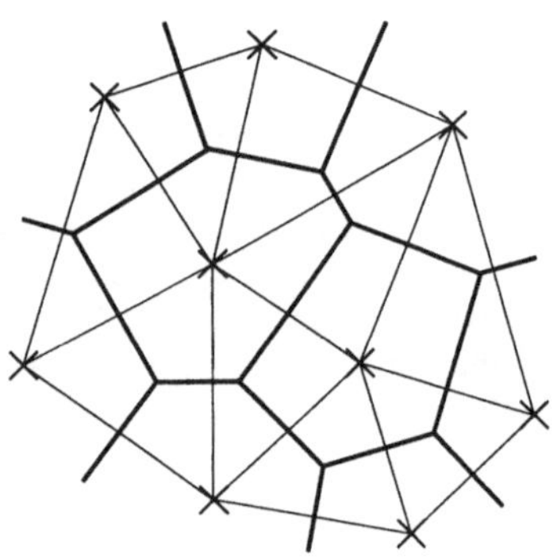

× Punkt aus M

— Linien des **Voronoi**-Diagramms

— Kanten des **Delauny**-Graphen

V. werden zur Charakterisierung von Punkt- und Zellenmustern, besonders in der → Mikroskopbildanalyse (z. B. Struktur von Gewebeschnitten und Mineralschliffen) sowie zur → Clusteranalyse angewendet. V. gibt es auch in höheren Dimensionen und für andere → Metriken als die **Euklid**ische.

Vorverarbeitung

Methoden und Vorgänge der primären Signal- und Datenverarbeitung in der → digitalen Bildverarbeitung, wie z. B. → Bildfilterung und → Binärverarbeitung, zwecks Vorbereitung anspruchsvollerer Auswertungen, wie z. B. → Listenverarbeitung und → Mustererkennung.

Voxel

Engl., abgeleitet von volume element, Volumenelement. Zur → 3D-Modellierung verwendetes unteilbares Volumenelement.

Beim V. handelt es sich um das Pendant zum → Pixel im dreidimensionalen Raum. Bei der 3D-Modellierung mit Hilfe von V. wird ein entsprechender Teil dieses Raumes vollständig in gleichartige quaderförmige Zellen, nämlich die V., zerlegt. Feste Körper lassen sich dann approximativ dadurch beschreiben, daß für jedes V. angegeben wird, ob es zum Körper gehört (also mit dem Material des Körpers belegt ist) oder ob es leer ist (Bild).

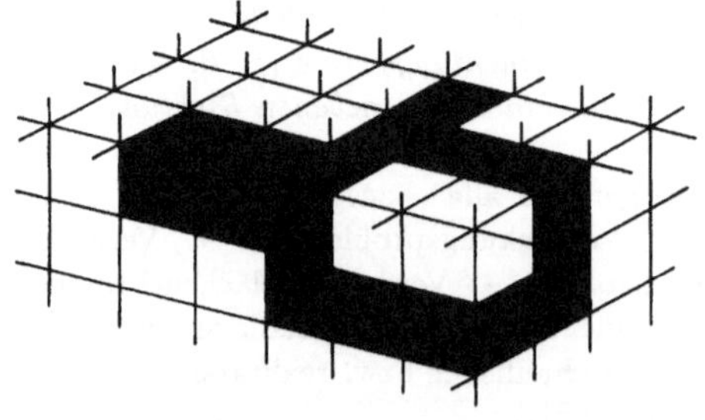

Die 3D-Modellierung mittels V. ist zwar von der Grundidee her sehr einfach, hat aber den Nachteil eines hohen Speicherplatzbedarfs, wenn die Zerlegung des Raumes in V. zur Erreichung einer guten → Approximation der 3D-Objekte entsprechend fein vorgenommen wird. Sie hat sich u. a. deshalb bisher nicht in breitem Maßstab durchgesetzt. Ihr Anwendungsbereich liegt heute bei der → Modellierung sehr unregelmäßig geformter Objekte (z. B. bei der Modellierung von Prothesen). Andere Formen der Modellierung bzw. Repräsentation dreidimensionaler Objekte sind die → CSG-Modellierung, das → Sweeping, die → Freiformflächen-Modellierung bzw. die → Begrenzungsflächen-Repräsentation.

Walshtransformation

Engl. Walsh transform. Spezielle diskrete Orthogonaltransformation (→ lineare Transformation), deren Basisvektorkomponenten nur die Werte $-1, 1$ *annehmen.*

Der Transformationskern der W. ist symmetrisch und bei mehr als einer Dimension separabel. Die W. und ihre Rücktransformation lassen sich mit dem Datenvektor F und der $N \times N$-Transformationsmatrix W_N demnach in der Matrizendarstellung $G = W_N \cdot F$ angeben.

Für die Rücktransformation gilt $F = W_N^\top \cdot G$.

Die Elemente der Transformationsmatrix $W_N = \|w_N(i,j)\|$ mit $i, j = 0, \ldots, N-1$ lauten

$$w_N(i,j) = \frac{1}{\sqrt{N}} \prod_{\nu=0}^{\log_2 N - 1} (-1)^{b_\nu(j) + b_{i-\nu-1}(i)} ,$$

wobei $b_k(z)$ für das k-te Bit der → Dualzahl z steht. Für $N = 8$ ergibt sich z. B. :

$$W_8 = \frac{1}{\sqrt{8}} \left\| \begin{array}{cccccccc} +1 & +1 & +1 & +1 & +1 & +1 & +1 & +1 \\ +1 & +1 & +1 & +1 & -1 & -1 & -1 & -1 \\ +1 & +1 & -1 & -1 & +1 & +1 & -1 & -1 \\ +1 & +1 & -1 & -1 & -1 & -1 & +1 & +1 \\ +1 & -1 & +1 & -1 & +1 & -1 & +1 & -1 \\ +1 & -1 & +1 & -1 & -1 & +1 & -1 & +1 \\ +1 & -1 & -1 & +1 & +1 & -1 & -1 & +1 \\ +1 & -1 & -1 & +1 & -1 & +1 & +1 & -1 \end{array} \right\|$$

Gegenüber der → **Fourier**transformation ist die W. wesentlich schneller zu berechnen. Alle Multiplikationen entarten ungünstigstenfalls zu Vorzeichenwechseln , so daß bis auf die Normierung nur Additionen ausgeführt werden müssen. Auch für die W. besteht die Möglichkeit, Verfahren der → schnellen Transformationen anzuwenden. Eine enge Beziehung besteht zur **Hadamard**transformation, deren Transformationsmatrix sich durch Vertauschung der Zeilen aus der Matrix der W. ergibt. Oft werden beide und weitere Orthogonaltransformationen (z. B. → Slanttransformation) zur Klasse der **Walsh-Hadamard**transformationen zusammengefaßt, da ihnen ein gemeinsames Konstruktionsprinzip zugrunde liegt. Hauptanwendungsgebiet der W. ist die → Bilddatenkompression.

Weber-Fechnersches Gesetz

Nach den deutschen Physiologen **E.H. Weber** *und* **G.T. Fechner** *benannte allgemeingültige Gesetzmäßigkeit des physiologischen Helligkeits-, Schall- und Druckempfindens beim Menschen.*

Das W. besagt in seiner Originalformulierung, daß die absolute Änderung der Empfindung proportional der relativen Änderung des Reizes ist.

Sei ein Beobachtungsfeld in zwei Teile geteilt und sollen die beiden Teile unterschieden werden können, wobei der eine Teil den Helligkeitswert Y hat, so muß der andere Teil einen mindestens um die Unterscheidungsschwelle (just-noticeable difference) ΔY erhöhten Helligkeitswert aufweisen. Bezeichnet ΔE den gerade noch wahrnehmbaren Unterschied der Helligkeitsempfindung), so heißt dies:

$$\Delta E = c \frac{\Delta Y}{Y}$$

mit dem Proportionalitätsfaktor c.

Daraus läßt sich ausgehend von einem Bezugspaar E_0, Y_0 eine logarithmische Kennlinie für die Empfindung E der Intensität Y herleiten:

$$E = c \ln \frac{Y}{Y_0} + E_0$$

Sollen für den Wertebereich des Helligkeitssignals Y möglichst wenige Stufen verwendet werden, ohne daß das menschliche Auge dies als störend empfindet, so ist eine nichtäquidistante → Quantisierung erforderlich.

Wellenfront-Algorithmus

→ *Lee-Algorithmus.*

Weltkoordinaten

Engl. world coordinates, Abk. WC. → Koordinaten in einem → Weltkoordinatensystem.

Weltkoordinatensystem

→ Koordinatensystem, das der → Nutzer von Systemen der → Computergrafik und → digitalen Bildverarbeitung seinen eigenen Bedürfnissen entsprechend frei wählen kann.

Für die grafische → Ausgabe mittels eines → Ausgabegerätes ist die → Koordinatentransformation der → Weltkoordinaten in die → Gerätekoordinaten des Ausgabegerätes nötig. Bei der grafischen → Eingabe hat die entsprechende Transformation von Gerätekoordinaten in Weltkoordinaten zu erfolgen.

Im Rahmen von → GKS verlaufen diese Transformationen jeweils in zwei Stufen (→ Normierungstransformation, → Gerätetransformation), nämlich über das System der → normierten Koordinaten.

Wertgeber

Engl. valuator device. Im Rahmen von → GKS definierte Klasse von → logischen Eingabegeräten (→ Eingabeklasse) bzw. einzelner Repräsentant dieser Klasse.

W. liefern reelle Zahlen. Sie basieren meist auf → Tastaturen. Manche → rechnerunterstützten Systeme bieten darüber hinaus Möglichkeiten einer kontinuierlichen Einstellung von Werten z. B. mit Hilfe von Drehknöpfen.

Widget

Engl., Einzelkomponente des → Nutzer-Interfaces im → X-Window-System.

Wienerfilter

→ Optimalfilter zur Restauration von gestörten Signalen (→ Bildrestauration).

Das W. setzt die Kenntnis oder die geeignete Schätzung der Autokorrelationsfunktion (→ Zufallsfeld) bzw. des → Leistungsdichtespektrums des Nutz- und des Störsignales voraus, mittels derer die quadratische Abweichung zwischen originalem und restauriertem Bildsignal im statistischen Mittel minimiert wird. Die W. ist signaladaptiv. Jedoch werden Bildgebiete mit unterschiedlichen Signalcharakteristika gleich behandelt.

Window

Engl., → Fenster.

Wire-Frame-Modell

Engl., auch im deutschen Sprachgebrauch übliche Bezeichnung für → Drahtmodell.

Wissensbasierte Bildanalyse

→ Wissensgestützte Bildverarbeitung

Wissensgestützte Bildverarbeitung

Automatische Erzeugung einer symbolischen Beschreibung eines Bildes oder einer Bildfolge unter Verwendung explizit repräsentierten problemspezifischen Wissens.

Der Inhalt der symbolischen Beschreibung richtet sich nach der Aufgabenstellung. Wissen wird in diesem Zusammenhang als explizit repräsentierte → Information über Objekte, Ereignisse, Gruppierungen von Objekten und Ereignissen, ihre visuell erfaßbaren Eigenschaften und mögliche zeitliche Veränderungen als auch über ihre Interpretation bez. eines bestimmten Problemkreises verstanden. Neben der angemessenen Repräsentation und der effizienten Nutzung von Wissen im Bildanalyse-System spielt der Erwerb des Wissens eine entscheidende Rolle. So steht dem seit langem angestrebten Erwerb von Wissen in Form des automatischen Lernens durch das Bildanalyse-System immer noch die überwiegend praktizierte Form der manuellen Sammlung und Aufbereitung durch den Systementwickler gegenüber.

Automatischer Wissenserwerb oder Lernen ist in bisher realisierten Systemen bei der Repräsentation von Objekten und deren Relationen durch Zeigen und Benennen typischer Objekte möglich. Hierbei muß dem System eine Heuristik mitgeteilt werden, die es erlaubt, von gezeigten Objekten ausgehend zu generalisieren. Schwierigkeiten ergeben sich beim Erwerb von Wissen zur aufgabenspezifischen Interpretation der Objekte.

Workstation Transformation

Engl., → Gerätetransformation.

Wort

Rechnerinterne Grundeinheit zum skalierten Darstellen von → Informationen (Daten).

Die rechnerinterne Darstellung von Zeichen erfolgt in der Regel in einzelnen → Bytes. Für alle anderen Informationen werden mehrere Bytes verwendet, wobei die jeweils notwendige Länge rechnerabhängig ist. Befehlsworte haben häufig Längen von 2 bis 8 Bytes in Abhängigkeit vom konkreten Befehlsformat. Die Speicherung von Festkomma- und Gleitkommazahlen erfolgt in Halbworten, Worten oder Doppelworten (2, 4 bzw. 8 Bytes Länge). Viele → Computer verlangen, daß

W. größerer Länge auf Adressen gespeichert werden, die durch die Wortlänge teilbar sind.

Auch die Abspeicherung von Grundelementen der Computergrafik wie → Koordinaten, Längen, Grau- und Farbwerte erfolgt auf der Basis der vorhandenen Wortarten eines Rechners. Komplexere Strukturen wie Tabellen oder Listen entstehen auf der Basis dieser einfachen Worte. In einigen Fällen, z. B. bei → Texten oder für rundungsfehlerfreie rationale Zahlen, werden W. variabler Länge verwendet, die entweder am Anfang des W. eine Längenangabe enthalten oder durch ein spezielles Endekennzeichen begrenzt werden.

Bei sog. etikettierten Rechnerarchitekturen enthält das W. ein spezielles Feld (Etikett oder engl. tag), in dem der Typ des Datums kodiert wird und damit die Interpretation des W. gesteuert wird.

X-Window-System

Hersteller- und geräteunabhängiger Standard für die Verwaltung und Übermittlung von Grafikdaten in Netzwerken.

Das X. stellt die Grundlagen für den Aufbau fast beliebiger → Nutzer-Interfaces im Grafikbereich bereit. Im Gegensatz zu älteren Systemen, z. B. → GKS, beruht es nicht auf Unterprogrammaufrufen, sondern auf einem asynchronen Netzwerkprotokoll. Dadurch wird das Rechnernetz für den Programmierer und Nutzer in dem Sinne transparent, daß die aktuellen → Fenster auf beliebigen → Bildschirmen des Netzes erscheinen und in diesem verteilte Berechnungsressourcen (Prozessoren und Speicher) genutzt werden können. X. ist gekennzeichnet durch die Wechselwirkung von zwei Programmkomponenten:

- Der Server bedient einen Bildschirm mit → Tastatur und → Maus.
- Der Client stellt dem Server Daten, die auf einem Bildschirm dargestellt werden sollen, bereit und verarbeitet vom Server aufbereitete Daten.

Server und Client könen auf verschiedenen Rechnerknoten in Netzen laufen. Mehrere Clients können mit einem Server zusammenarbeiten. Die → Schnittstelle zwischen beiden wird durch das X-Netzwerk-Protokoll definiert. Die grafische Benutzerschnittstelle wird durch sog. Widgets für interaktive Elemente (z. B. Schalter oder Rollbalken) realisiert. Sie sind Objekte im Sinne der objektorientierten Programmierung. Ihr grafisches Erscheinungsbild ist in X. nicht vorgeschreiben. Es existieren deshalb verschiedene akzeptierte Darstellungsformen. Zur Nutzung des X. gibt es umfangreiche Bibliotheken in C und LISP, welche sinnvollerweise auch als Bestandteil des X. gelten sollten.

Das X. wurde beginnend um 1980 am Massachusetts Institut of Technology (MIT) mit dem Ziel der einheitlichen Nutzung von → Arbeitsstationen verschiedener Hersteller entwickelt. Der X-Standard wurde offengelegt und schnell angenommen. Seine Grundideen wurden auch in Fenstersysteme von anderen Herstellern oder Konsortien übernommen.

z-Puffer

→ *Tiefenpuffer.*

z-Transformation

Transformation einer n-dimensionalen Folge in eine Funktion von n unabhängigen Veriablen.

Die $\mathcal{Z}$-T. ist wie folgt definiert:

1D-Fall:

$$F(z) = \mathcal{Z}[f(i)] = \sum_{i=-\infty}^{\infty} f(i)\, z^{-i}$$

2D-Fall:

$$F(z_1, z_2) = \mathcal{Z}[f(i,j)] = \sum_{i=-\infty}^{\infty} \sum_{j=-\infty}^{\infty} f(i,j)\, z_1^{-i} z_2^{-j}$$

Bei Folgen endlicher Länge ist die $\mathcal{Z}$-T. ein Polynom in $1/z$; die $\mathcal{Z}$-T. der Lösungen von linearen Differenzengleichungen sind gebrochen rationale Funktionen in z. Die $\mathcal{Z}$-T. ist linear, d. h.

$$\mathcal{Z}[a \cdot f(\cdot) + b \cdot g(\cdot)] = a \cdot \mathcal{Z}[f(\cdot)] + b \cdot \mathcal{Z}[g(\cdot)].$$

Die → Faltung zweier Folgen entspricht der Multiplikation der beiden $\mathcal{Z}$-T.:

$$\mathcal{Z}[f(\cdot) * g(\cdot)] = \mathcal{Z}[f(\cdot)] \cdot \mathcal{Z}[g(\cdot)]$$

Wenn man die Folge f als äquidistante Signalfolge f^* mit dem Abtastintervall Δt interpretiert, dann lautet die → **Fourier**transformation des entsprechenden Signals folgendermaßen.

1D-Fall:

$$F^*(u) = \mathcal{F}[f^*] = F(z) \quad \text{mit} \quad z = \exp(\jmath \Delta t u)$$

2D-Fall:

$$F^*(u,v) = \mathcal{F}[f^*] = F(z_1, z_2)$$

mit $z_1 = \exp(\jmath \Delta x u)$ und $z = \exp(\jmath \Delta y v)$.

Zahlendarstellung

Rechnerinterne Kodierung von Zahlen in einem oder mehreren → Worten.

Ausgangspunkt aller Z. für → Computer ist das binäre oder duale Positionssystem, in dem eine nichtnegative ganze Zahl durch eine Folge von b_i, welche nur die Werte 0 oder 1 annehmen, kodiert wird. Die r-stellige Dualzahl $a \quad (0 \leq a \leq 2^r - 1)$ hat damit den Wert

$$a = \sum_{i=0}^{r-1} b_i\, 2^i \quad .$$

Falls man auch negative ganze Zahlen braucht, werden folgende Kodierungen verwendet.

- Echte 2er-Komplementdarstellung für den Zahlenbereich $-2^{r-1} \leq a \leq 2^{r-1} - 1$.

$$a = b_{r-1}(-2^{r-1}) + \sum_{i=0}^{r-2} b_i\, 2^i$$

- 1er-Komplementdarstellung für den Zahlenbereich $-2^{r-1} + 1 \leq a \leq 2^{r-1} - 1$.

$$a = b_{r-1}(-2^{r-1}) + b_0 - s + \sum_{i=0}^{r-2} b_i\, 2^i$$

mit

$$s = \begin{cases} 0 & \text{für} \quad a > 0 \\ 1 & \text{für} \quad a < 0 \\ 0 \text{ o. } 1 & \text{für} \quad a = 0 \end{cases}$$

Es gibt hierbei also zwei Kodierungen für die Null.

Gelegentlich werden die einzelnen Dezimalstellen gesondert binär kodiert. Dies ist ein Sonderfall der gemischt-polyadischen Z..

Man erhält eine gebrochene Zahl c, wenn man sich hinter der k-ten Binärstelle der Z. von a ein Komma vorstellt:

$$c = a\, 2^{-k}$$

Beim Festkommawort wird k im gesamten Berechnungsablauf festgehalten und somit letztlich eine Berechnung mit ganzen Zahlen durchgeführt. Bei Gleitkommazahlen enthält das Rechnerwort einen Bereich für den Exponenten k, der natürlich auch negative Werte annehmen darf. Der verbleibende Anteil des Rechnerwortes wird durch a ausgefüllt und meist Mantisse genannt. Die Mantisse wird im Rechenwerk üblicherweise so normiert, daß vor dem Komma genau eine 1 steht. Deshalb darf oft auf die Kodierung der führenden Binärstelle verzichtet werden, die ja immer 1 ist („versteckte 1"). Ein Kompromiß zwischen

Fest- und Gleitkomma-Z. ist das Blockgleitkommaformat, bei dem der Exponent für eine Folge von Operationen ausgewählt und fixiert und nur bei der Interpretation des Resultates berücksichtigt und verändert wird.

Beim Restklassensystem (RNS – residue number system) wird die Zahl durch die Folge der Reste c_i bestimmt, welche bei Division mit paarweise teilerfremden Konstanten p_i $(i = 1, \ldots, r)$ entsteht.

$$c_i = a \bmod p_i \quad ,$$

d. h. $a = q_i\, p_i + c_i$ mit $c_i < p_i$.

Aus dieser Kodierung läßt sich a in einem beliebigen Bereich aus $p_1 \cdot p_2 \cdots p_r$ zusamenhängenden Zahlen eindeutig rekonstruieren. Der besondere Vorteil der RNS-Z. ist, daß sich bei Addition, Subtraktion und Multiplikation die einzelnen Glieder der Z. unabhängig voneinander (d. h. ohne Überträge) berechnen lassen.

Zahlentheoretische Transformation

Transformation von → Signalen, dessen Abtastwerte als Elemente eines endlichen Rings betrachtet werden.

Ganzzahlige Signalamplituden können als Elemente von endlichen Ringen im Sinne der Algebra angesehen werden. Solange das Signal Werte annimmt, die den Ringelementen entsprechen, ist die übliche Addition und Multiplikation der im Ring definierten → Modulararithmetik äquivalent.

Bei diskreten Transformationen mit der Faltungseigenschaft (d. h. der → Faltung der Folge entspricht die Multiplikation der Transformierten) werden die Elemente der Transformationsmatrix aus den primitiven Einheitswurzeln von $W^N = 1$ hergestellt. Dabei ist die Potenzierung als mehrfache Multiplikation im Ring zu betrachten. Durch passende Wahl des Zahlenbereiches (Modul) und der Länge N des Datenvektors können diese Einheitswurzeln besonders gut an die binäre Zahlendarstellung angepaßt werden (z. B. Potenzen von 2), so daß eine stark vereinfachte Multiplikation möglich ist und Rundungsfehler entfallen. Die wichtigsten z.T. sind die **Fermat**- und die **Mersenne**transformation. Für die Erkennung und Verhinderung von Überlauf sind geeignete apparative Maßnahmen und Dimensionierungen vorzusehen.

ZAM

Abk. für zufällige abgeschlossene Menge. Grundlegendes Modell der stochastischen Geometrie (→ Stereologie).

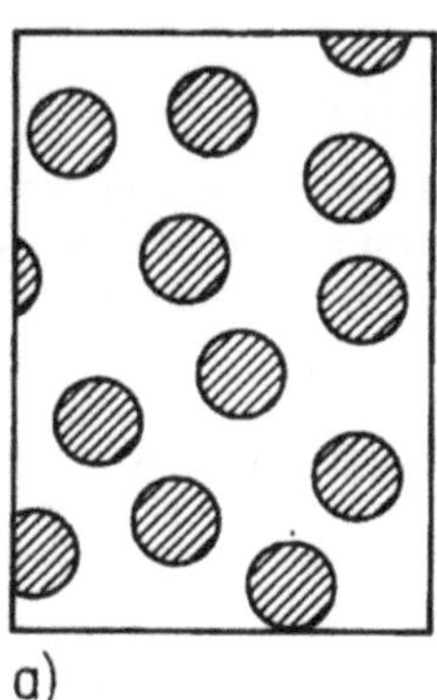

a)

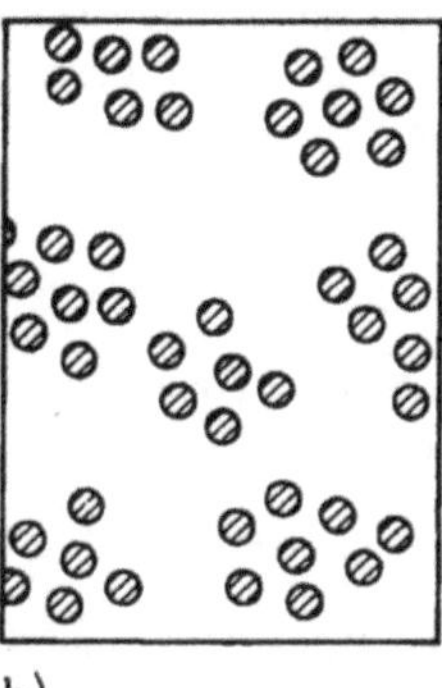

b)

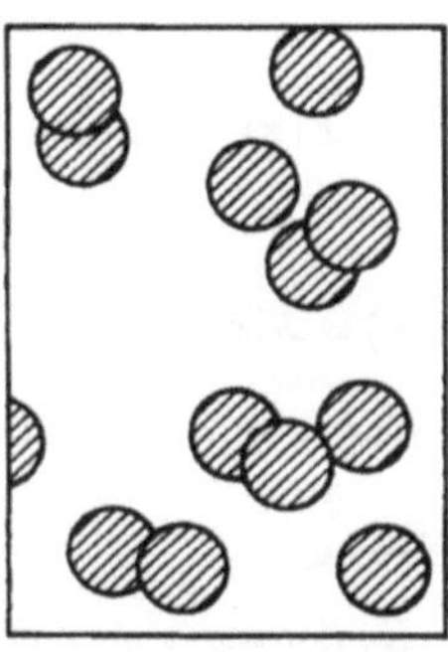

c)

Eine ZAM ist eine → Zufallsgröße, deren Realisierungen in der Menge aller abgeschlossenen Teilmengen des zwei- oder dreidimensionalen Raumes liegen. Abgeschlossen ist eine Menge dann, wenn ihr Rand mit zur Menge gerechnet wird. Beispiele von ZAM sind zufällige Punktmuster, konvexe Körper (Kugeln, Würfel) mit zufälligen Positionen und Abmessungen (Radius bzw. Kantenlänge).

Das Bild auf der vorhergehenden Seite stellt verschiedene Formen von ZAM bei gleichem Flächenanteil zweier Komponenten dar. Bild a) zeigt eine gleichmäßige Verteilung von Partikeln fast konstanten Durchmessers ohne Überschneidung, Bild b) eine clusterförmige Verteilung von Partikeln und Bild c) eine durch Überlagerung entstandene Vereinigung zufälliger Partikel.

Durch mengentheoretische Operationen wie → Durchschnitt, → Vereinigung und weitere Operationen der → mathematischen Morphologie können komplexe ZAM aus einfacheren erzeugt werden.

Zeichengenerator

Funktionseinheit, die die kodierte Repräsentation eines Zeichens in ein grafisches Muster zwecks bildlicher Darstellung umwandelt.

Zeichen (Buchstaben, Ziffern, Sonderzeichen) gehören zu den → grafischen Primitiven, die am häufigsten, insbesondere als → Texte und in technisch orientierten Grafiken vorkommen. Sie werden rechnerintern i. allg. in kodierter Form (z. B. im ASCII-Kode) repräsentiert (→ Kodierung). Der Z. erzeugt ausgehend von einem solchen Kode das entsprechende Muster des Zeichens. Die wichtigsten Verfahren zur Zeichengenerierung sind das Vektorverfahren und das Punktmatrixverfahren.

Zur Einsparung von Generierzeiten und Speicherplatzbedarf werden beim Vektorverfahren die (kurzen) → Vektoren der Zeichen als Strecken zwischen Punkten eines vorgegebenen Rasters definiert. Ein Zeichen ist dann als Folge von Rasterpunktnummern spezifiziert, wobei zusätzlich angegeben wird, ob eine Strecke zwischen jeweils zwei Rasterpunkten sichtbar sein soll oder lediglich ein unsichtbar zu bleibender Verfahrweg des Schreibmittels, z. B. des Elektronenstrahls eines → Vektordisplays, ist.

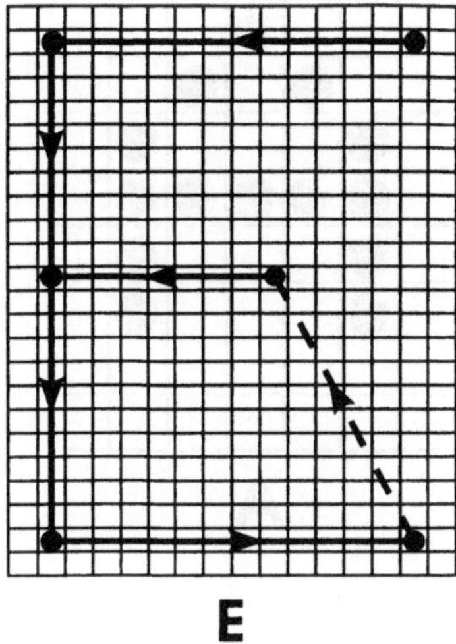

Bild 1

Bild 1 zeigt ein Beispiel für diese Form der Abspeicherung des grafischen Musters eines Zeichens sowie dessen Generierung mit Hilfe des Vektorverfahrens. Ein Vorteil dieses Verfahrens besteht darin, daß die → Koordinaten der Rasterpunkte, die dem → Vektorgenerator übergeben werden, zunächst noch transformiert werden können (z. B. zur → Vergrößerung oder → Verkleinerung des Zeichens), ohne daß dabei die Zeichenqualität beeinflußt wird. Nach dem Vektorverfahren (→ Vektorprinzip) arbeitende Z. sind damit gut zur Erzeugung von Texten in hoher Qualität geeignet.

Beim Punktmatrixverfahren (→ Rasterprinzip) werden die Zeichen als Bitmuster in einer Punktmatrix (z. B. der Formate 5 × 7, 7 × 9 oder 16 × 32) abgespeichert. Bei der → Ausgabe von Zeichen wird diese Matrix zeilen- oder spaltenweise durchlaufen und das in ihr enthaltene Bitmuster zur Hell/Dunkelsteuerung z. B. des Elektronenstrahls eines → Rasterdisplays verwendet (Bild 2). Im Vergleich zum Vektorverfahren ist die Umformung (→ Koordinatentransformation) von Zeichen vor ihrer Darstellung wesentlich aufwendiger und i. allg. nicht praktikabel. Eine Ausnahme ist die reine → Verschiebung.

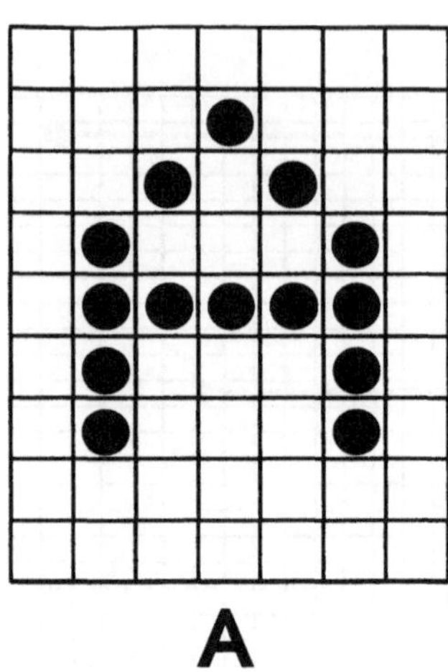

Bild 2

Z. werden insbesondere beim → Desktop-Publishing und im Zusammengang mit Seitenbeschreibungssprachen (→ PostScipt) rein programmtechnisch im → Computer oder → Drucker realisiert.

Zeichengerät

Im Rahmen des → rechnerunterstützten Entwurfs (→ CAD) und der → Computergrafik übliche Bezeichnung für ein peripheres Gerät (→ grafisches Gerät, → Peripherie), mit dessen Hilfe automatisch gezeichnet werden kann und das meist → Plotter genannt wird.

Zeichenleser

Informationswandler für in analoger Form vorliegende Schrift und Symbole zwecks automatischer Informationseingabe in ein datenverarbeitendes System ohne Aufbereitung durch den Menschen (→ automatische Schriftzeichenerkennung).

Zeichenstiftplotter

→ Plotter, bei dem die Erzeugung einer grafischen Darstellung mit Hilfe von Zeichenstiften vorgenommen wird.

Die wichtigsten Ausführungsformen von Z. sind → Flachbettplotter und → Trommelplotter. Zur Herstellung mehrfarbiger Zeichnungen werden Z. verwendet, bei denen in einem Magazin einige Zeichenstifte verschiedener Farbe zum automatischen Austausch bereitgehalten werden. Z. sind ausschließlich zur Erzeugung von → Liniengrafiken geeignet. Zur Beschleunigung der → Ausgabe einer Zeichnung werden häufig Programme genutzt, die die auszugebenden → Linienzüge so ordnen, daß sich möglichst kurze Wege des Fahrens mit angehobenem Zeichenstift an eine neue Position ergeben.

Zeichenvorrat

Menge von Zeichen, die durch ein → Ausgabegerät eigenständig erzeugt werden können, so daß zur → Ausgabe eines solchen Zeichens lediglich dessen Kode an das Gerät zu übergeben ist.

Neben alphanumerischen Zeichen können zum Z. eines Ausgabegerätes auch häufig benötigte grafische → Symbole oder andere Bestandteile von Grafiken gehören. Bei → semigrafischen Bildschirmsystemen werden die Grafiken als Ganzes mosaikartig aus → Bildelementen gleicher Größe zusammengesetzt, die sämtlich zum Z. des Systems gehören. Art und Umfang des Z. beeinflussen damit die Darstellungsmöglichkeiten semigrafischer Systeme entscheidend.

Die Erzeugung der Zeichen des Z. eines Ausgabegerätes erfolgt mit Hilfe des → Zeichengenerators. Neben dem Z., der von einem das Ausgabegerät ansteuernden Programm nicht verändert werden kann (etwa weil die Zeichen auf EPROMs abgespeichert sind), gibt es häufig einen Speicherbereich des Zeichengenerators, auf den der → Nutzer selbst generierte Zeichen bringen kann. Auch eine automatisch von einem Programm durchgeführte Erzeugung von solchen Zeichen, die aktuell für eine Ausgabe benötigt werden, ist damit möglich. Auf diese Weise kann man z. B. aktuelle Kurvenverläufe auch auf semigrafischen Bildschirmsystemen anzeigen.

Zeilenkoinzidenzverfahren

Sequentielles Verfahren zur Ausführung der → Gebietsmarkierung.

Das Z. geht von einem → Binärbild aus. Ziel ist es, die zusammenhängenden Komponenten (→ Zusammenhang) der mit 1 bzw. mit 0 markierten → Bildelemente zu ermitteln. Als Ergebnis erhält man ein Bild, dessen Werte Markierungen (→ Label) darstellen, wobei die Elemente einer Komponente gleiche und Elemente aus unterschiedlichen Komponenten unterschiedliche Markierungen tragen. Gleichzeitig können Flächeninhalt und umschreibendes Rechteck jeder Komponente ermittelt werden.

Beim Z. wird zeilenweise jedes Bildelement auf seine Nachbarschaftsbeziehung in einem → Fenster vom Format 2 × 2 untersucht und entsprechend markiert. Wird dabei festgestellt, daß das aktuelle Bildelement zwei bisher getrennt markierte Komponenten vereinigt, muß eine der beiden Komponenten neu markiert werden, was ein Durchmustern des umschreibenden Rechtecks dieser Komponente erfordert. Bei nichttrivialen Bildern können sich so unangenehm hohe Rechenzeiten ergeben. Das Z. wird auch auf lauflängenkodierte Bilder (→ Lauflängenkodierung) übertragen, wobei sich die Rechenzeit reduziert.

Zeilenrücklauf

Rückführung der Elektronenstrahlen von → Katodenstrahlröhren vom Ende einer Zeile an den Anfang der folgenden Zeile.

Der zeilenweise Aufbau der Bilder in Elektronenstrahlröhren nach dem → Rasterprinzip erfordert es, den Strahl nach Erzeugung einer Zeile an den Anfang der nächsten Zeile zu führen. Während dieses Z. müssen die Elektronenstrahlen dunkelgetastet werden.

Zeilensprungverfahren

Engl. interlace. Aus der Fernsehtechnik stammende Abtast- und Darstellungsform eines Vollbildes (→ Frame) durch zeilenweise verschränkte Teilbilder (Felder).

Das Bild stellt schematisch die Verhältnisse beim üblichen 2-zu-1-Z. dar. Darin repräsentieren die ausgezogenen Linien den eigentlichen Abtastbzw. Schreibvorgang, während → Zeilenrücklauf und Bildrücklauf durch gestrichelte Linien angedeutet werden. Zuerst werden die ungeradzahligen Zeilen 1, 3, 5, 7 abgetastet, danach die geradzahligen 0, 2, 4, 6. Das Z. wird deswegen auch Zwischenzeilenverfahren genannt. Man beachte, daß die Zeilenzahl ungerade ist (z. B. 625 oder 525) und jedes der Halbbilder eine Halbzeile enthält. Die Neigung der Zeilen ist in Wirklichkeit wenig auffällig.

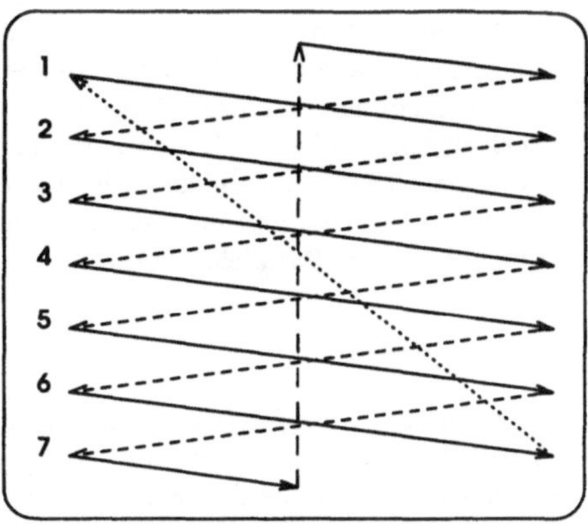

Das Z. reduziert das → Flimmern, weil das menschliche Auge das Bild bei ausreichendem Abstand in doppelter Bildwechselfrequenz, nämlich der Teilbildwechselfrequenz (50 Hz oder 60 Hz, bei → hochauflösenden Displays bis 90 Hz) wahrnimmt. Nachteilig ist das zunehmende Flimmern bei kleiner werdendem Betrachtungsabstand und das Ausfransen der Konturen bewegter Objekte. Deshalb werden zunehmend Vollbildverfahren ohne Verschränkung angewendet, wobei dann aber mindestens eine Bildwechselfrequenz von 50 bis 70 Hz benötigt wird.

Bei den meisten → elektronischen Kameras wird das Z. dahingehend vereinfacht, daß zwei aufeinanderfolgende ungerade und gerade Zeilen mit einer einzigen Abtastung und identischem → Bildsignal erfaßt werden; das Vollbild wird also in der Teilbildfrequenz mit halbierter vertikaler → Auflösung abgetastet.

Zellmatrix

Engl. cell array. Im Rahmen von → GKS definiertes → Darstellungselement zur → Ausgabe von → Rasterbildern.

Die Z. dient der Ausgabe bereits gerastert vorliegender Bilder. Sie ist ein zweidimensionales Feld von → Farbindizes, das in geeigneter Weise auf das Raster der → Bildpunkte der → Darstellungsfläche (z. B. eines → Rasterdisplays) abgebildet wird. Ein Element der Z. entspricht nicht unbedingt einem Bildpunkt.

Zur Ausgabe einer Z. sind die → Weltkoordinaten zweier Punkte festzulegen, die die Diagonale eines achsenparallelen Rechtecks definieren. In dieses Rechteck wird die Z. bildfüllend eingepaßt. Bei der Ausgabe wird das gesamte Rechteck der → Normierungstransformation, der → Segmenttransformation und der → Gerätetransformation unterzogen. Die resultierende Z. ist ein entsprechend diesen → Koordinatentransformationen in der Ebene liegendes Parallelogramm.

Zentralprojektion

Spezielle Form der → Projektion, bei der die Projektionsstrahlen von einem endlichen → Projektionszentrum in Form eines Geradenbüschels ausgehen und ein Bild auf der → Projektionsebene an den jeweiligen Durchstoßpunkten erzeugen.

Die Z. wird oft als Zentralperspektive oder einfach nur → Perspektive bezeichnet und gibt bei geeigneter Wahl der Abstände des Projektionszentrums zum Gegenstand und der Bildebene dreidimensionale Objekte in geometrischer Hinsicht realitätsnah wieder. Bei ungünstig gewählten Abständen treten starke → Verzerrungen bzw. Entstellungen auf (z. B. Projektionszentrum dicht am oder im Gegenstand). Die Z. paralleler Geraden schneiden sich in gemeinsamen Fluchtpunkten.

Zero Crossing

Stellen, an denen die gefilterte Bildfunktion (Resultat einer → Faltung, → Bildfilterung, → Kantendetektion) einen Nulldurchgang hat und somit das Vorzeichen wechselt.

Als → Impulsantworten werden meist isotrope → Bandpässe, z. B. Differenzen von **Gauß**schen Funktionen oder Mittelwertfiltern unterschiedlicher Bandbreite (→ Canny-Operator), oder → Hochpaßfilter wie der → **Laplace**-Operator verwendet. Die Beispiele im Bildanhang zeigen, daß Z. in verschiedenen Auflösungen (→ Multiresolution) den Bildinhalt gut wiedergeben.

Zoom

Möglichkeit zur → Vergrößerung oder → Verkleinerung eines → Fensters auf einem → Bildschirm, einem → Scanner oder einer → elektronischen Kamera.

Objekte mit sehr vielen Detailinformationen gestatten auch bei hoher → Auflösung nicht gleichzeitig den Gesamtüberblick und die Erkennung von Einzelheiten. Durch passende Wahl des Zoomfaktors bzw. des Fensters kann man die Darstellung an veränderliche Anforderungen anpassen. Moderne → grafische Arbeitsstationen verfügen über Hardwarekomponenten zur Realisierung des Z.. Es ist auch möglich, Zoomfunktionen mit Hilfe spezieller Softwarekomponenten zu realisieren. Dabei erfolgt eine Umrechnung der sichtbaren Bildkomponenten entsprechend dem angegebenen Zoomfaktor (>1 Vergrößerung, <1 Verkleinerung) einschließlich → Clipping.

Zufälliger Prozeß

Mathematisches Modell von zufällig schwankenden Größen, die von einem oder mehreren Parametern abhängig sind.

Ein z.P. ist eine Familie von zufälligen Variablen über dem oder den Parametern. Bei einem Parameter wird dieser häufig als Zeit t interpretiert. Eine Funktion $X_\omega(t)$ aus der genannten Familie wird eine Realisierung des z.P. genannt.

Ein z.P. wird vollständig durch seine endlichdimensionalen Wahrscheinlichkeitsverteilungen beschrieben. Für beliebige $t_1, t_2, \ldots, t_n$ und beliebige natürliche Zahlen n sind dies die Funktionen

$$F_{t_1,t_2,\ldots,t_n}(x_1, x_2, \ldots, x_n)$$

$$= \mathbf{P}\Big(X(t_1) \le x_1, X(t_2) \le x_2, \ldots, X(t_n) \le x_n\Big)$$

Wichtige Klassen z.P. sind die **Markov**schen und die stationären Prozesse.

Bei einem **Markov**schen Prozeß hängt die Wahrscheinlichkeit dafür, daß $X(t_n) \le x_n$ ist, unter den Bedingungen $X(t_i) = x_i, (i = 1, \ldots, n-1)$, nur von Bedingung $X(t_{n-1}) = x_{n-1}$ ab. Für einen Übergang zu einem neuen Zustand spielt also nur die unmittelbare Vorgeschichte des z.P. eine Rolle:

$$\mathbf{P}(X(t_n) \le x_n | X(t_1) = x_1, \ldots, X(t_{n-1}) = x_{n-1})$$

$$= \mathbf{P}\Big(X(t_n) \le x_n | X(t_{n-1}) = x_{n-1}\Big)$$

Ein z.P. heißt stationär, wenn die n-dimensionalen Verteilungen von der Verschiebung des Parameters unabhängig sind, d. h. wenn für beliebiges τ gilt:

$$F_{t_1+\tau,t_2+\tau,\ldots,t_n+\tau}(x_1, x_2, \ldots, x_n)$$

$= F_{t_1,t_2,\ldots,t_n}(x_1, x_2, \ldots, x_n)$

Wenn die Zahl der Parameter 1 überschreitet, nennt man z.P. auch → Zufallsfelder.

Zufälliges Mosaik

Zufällige Zerlegung der Ebene oder des Raumes in beschränkte Mengen (Zellen), wobei jedes beschränkte Gebiet mit nur endlich vielen Zellen einen nichtleeren Durchschnitt besitzt.

Z.M. erhält man, wenn man aus zufällig in der Ebene verteilten Linienelementen (z. B. isolierten Punkten) Strecken oder Kurven herauswachsen läßt, deren Wachstum endet, wenn sie mit anderen solchen Strecken zusammenstoßen (→ **Voronoi-Diagramm**). Sie sind also spezielle zufällige abgeschlossene Mengen (→ ZAM), die aus Strecken oder allgemeinen Kurvenstücken (Segmenten) zusammengesetzt sind. Mosaike, deren Zellen konvex sind, sind als Modelle physikalischer Prozesse (z. B. Materialbruch, Mineralwachstum) von praktischer Bedeutung und der theoretischen Behandlung gut zugänglich.

Das Bild zeigt einen Ausschnitt aus einem ebenen z.M..

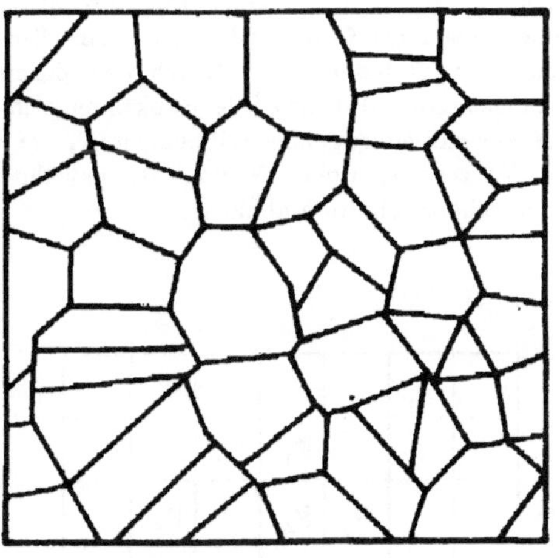

Zufälliges Punktfeld

→ *Punktprozeß.*

Zufallsfeld

→ *Zufälliger Prozeß mit Parametern aus zwei- oder mehrdimensionalen Räumen.*

Z. sind mathematische Modelle z. B. von Bildern. In diesem Falle sind die Parameter des zufälligen Prozesses die Ortskoordinaten x, y. Z. werden durch ihre n-dimensionalen Wahrscheinlichkeitsverteilungen vollständig beschrieben:

$$F_n(x_1, y_1, z_1, \ldots, x_n, y_n, z_n)$$

$$= \mathbf{P}\Big(z(x_1, y_1) \le z_1, \ldots, z(x_n, y_n) \le z_n\Big)$$

Wichtige Kenngrößen von Z. sind der → Erwartungswert $\mu(x, y)$ und die Autokorrelationsfunktion $R(x, y, u, v)$.

$$\mu(x, y) = E[z(x, y)] = \int_{-\infty}^{+\infty} z \frac{\partial F_1(x, y, z)}{\partial z}\, dz$$

mit der eindimensionalen Wahrscheinlichkeitsdichte $\frac{\partial F_1(x,y,z)}{\partial z}$.

$$R(x, y, u, v)$$

$$= E\Big[\Big(z(x, y) - \mu(x, y)\Big)\Big(z(u, v) - \mu(u, v)\Big)\Big] =$$

$$\int_{-\infty}^{+\infty}\int_{-\infty}^{+\infty} (z_1 - \mu(x, y))(z_2 - \mu(u, v)) \frac{\partial^2 F_2}{\partial z_1 \partial z_2}\, dz_1 dz_2$$

Hierbei stellt $E[\cdot]$ den Erwartungswertoperator dar, welcher experimentell durch den arithmetischen Mittelwert über eine ausreichend große Schar von Bildern angenähert werden kann.

Z. werden stationär oder homogen genannt, wenn gilt

$$\mu(x, y) = \text{const. und} \quad R(x, y, u, v) = R(x-u, y-v).$$

Homogenität eines Z. läßt sich oft durch eine geeignete Signaltransformation erreichen, beispielsweise durch Subtraktion des als bekannt vorausgesetzten Erwartungswertes $\mu(x, y)$. Bei homogenen Z. kann man unter sehr allgemeinen Bedingungen die zur Abschätzung von $\mu(x, y)$ und $R(x, y)$ erforderlichen Bildsignale aus einem einzigen Bild entnehmen.

Normale oder **Gauß**sche Z. werden vollständig durch $\mu(x, y)$ und $R(x, y, u, v)$ beschrieben. Die n-dimensionale Wahrscheinlichkeitsdichte lautet nämlich wie folgt.

$$\rho(z_1, \ldots, z_n) = \frac{\partial^n F_n}{\partial z_1 \cdots \partial z_n}$$

$$= \frac{1}{2\pi^{n/2}\sqrt{\det R}} \exp\left(-\frac{(\mathbf{z}-\mathbf{m})^{\mathsf{T}} R^{-1}(\mathbf{z}-\mathbf{m})}{2}\right)$$

Dabei sind

$$\mathbf{z} = \begin{vmatrix} z_1 \\ z_2 \\ \vdots \\ z_n \end{vmatrix} \quad \text{und} \quad \mathbf{m} = \begin{vmatrix} \mu(x_1, y_1) \\ \mu(x_2, y_2) \\ \vdots \\ \mu(x_n, y_n) \end{vmatrix}$$

Die aus der Aotokorrelationsfunktion erzeugte Matrix

$$R = \|R(x_i, y_i, x_j, y_j\|$$

wird Kovarianzmatrix genannt.

Markovsche Z. (→ zufälliger Prozeß) sind dadurch ausgezeichnet, daß die Wahrscheinlichkeitsverteilung für das Signal an einem Ort bei einer bestimmten Belegung aller übrigen Bildpunkte tatsächlich nur von der Belegung einer begrenzten → Nachbarschaft des Ortes abhängt. Eng verwandt mit ihnen sind **Gibbs**sche Z., welche eine Analogie zwischen Bildverarbeitung und statistischer Mechanik begründen. Falls n die Anzahl der → Bildelemente bedeutet, dann hat ein **Gibbs**sches Z. die Wahrscheinlichkeitsdichte

$$\rho(z_1, \ldots, z_n) = Q \exp\left(\frac{-W(z_1, \ldots, z_n)}{T}\right)$$

mit Q als einem Normierungsfaktor, T als dem sog. Verteilungsmodul und der sog. Energie

$$W(z_1, \ldots, z_n) = \sum_{i=1}^{n} V_i \quad .$$

Die sog. Potentiale V_i hängen nur von den z im Punkt x_i, y_i und in einer begrenzten Nachbarschaft dieses Punktes ab.

Zufallsgröße

Zahlenmäßig erfaßbares Merkmal einer zufälligen Erscheinung, welches durch die Wahrscheinlichkeit zufälliger Ereignisse, die dieses Merkmal hervorbringen, charakterisiert wird.

Ein Ereignis wird zufälliges Ereignis genannt, falls unter bestimmten Bedingungen die Möglichkeit seines Auftretens oder seines Nichtauftretens besteht.

Kann die Z. abzählbar (insbesondere endlich) viele Werte annehmen, spricht man von einer diskreten Z., kann sie beliebig viele Werte annehmen, spricht man von einer kontinuierlichen oder stetigen Z.. Die Wahrscheinlichkeit für das Auftreten irgendeines einzelnen Wertes einer stetigen Z. ist deshalb Null.

Zusammenhang

Engl. connectedness. Begriff der diskreten → Bildtopologie, der auf Grundlage der Definition einer → Nachbarschaft Relationen zwischen Punkten eines → Rasters beschreibt.

Zwei Punkte p_1 und p_n aus der betrachteten Teilmenge P von Punkten eines Rasters oder → Rasterbildes heißen bez. einer bestimmten Nachbarschaftsdefinition zusammenhängend, falls es eine Folge $p_1, p_2, \ldots, p_n$ mit $p_i \in P$ gibt, so daß für alle $i = 1, 2, \ldots, n-1$ p_i zu p_{i+1} benachbart ist.

Zu jedem Punkt p aus P gibt es damit eine Menge von Punkten $K(p) \subseteq P$, die mit p zusammenhängen. Eine solche Menge, in der alle Punkte miteinander zusammenhängend sind, wird als zusammenhängendes Gebiet oder als lokale Komponente von P bezeichnet. Durch den Zusammenhangsbegriff wird also jede Punktmenge in 1 bis N zusammenhängende Teilmengen K_i $(i = 1, \ldots, N)$ zerlegt, wobei N von der gewählten Nachbarschaftsdefinition abhängt.

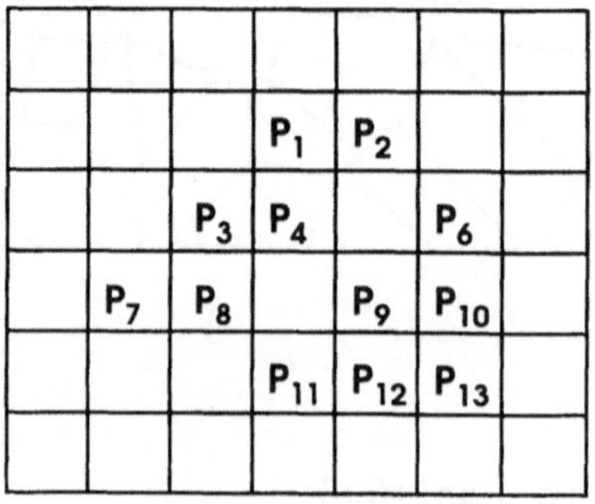

			P1	P2		
		P3	P4		P6	
	P7	P8		P9	P10	
			P11	P12	P13	

a)

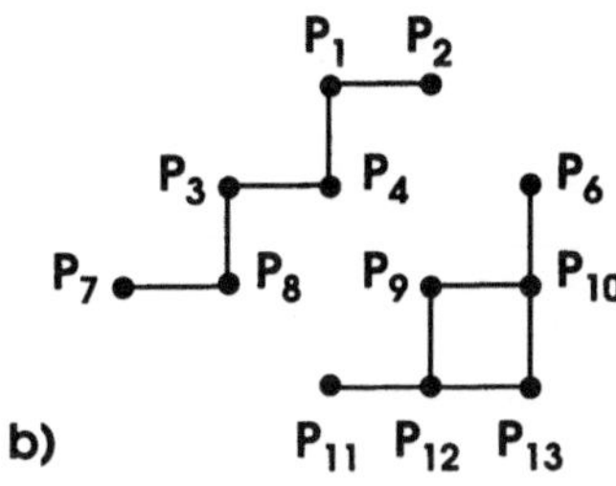

b)

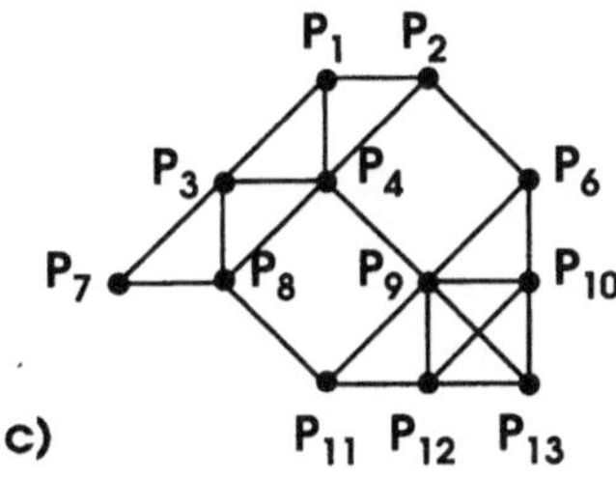

c)

In Bild a) ist eine Punktmenge gegeben, die nach Bild b) bei → d-Nachbarschaft in 2 Komponenten zerfällt und nach Bild c) bei → i-Nachbarschaft als (3-fach) zusammenhängend erkannt wird.

Im Grenzfall kann N der Anzahl der Punkte in P entsprechen, d. h. P enthält nur einzelne, nicht zusammenhängende (isolierte) Punkte. Die Bestimmung der Komponenten einer als → Binärbild definierten Punktmenge erfolgt durch die Verfahren der → Gebietsmarkierung.

Ebenso zerfällt die Komplementärmenge P' der nicht zu P gehörenden Punkte eines Rasters in M zusammenhängende Teilmengen K_j' $(j = 1, \ldots, M)$, die Komplementärkomponenten genannt werden. Gehören die Randpunkte eines endlichen Rasters alle zu P', dann kann man die Komplementärkomponente, die den Rand enthält, als Hintergrund und die anderen Komplementärkomponeneten als die Löcher von P bezeichnen. P ist dann M-fach zusammenhängend.

Für das behandelte Beispiel liefert die d-Nachbarschaft nach Bild d) drei Komplementärkomponenten, nämlich zwei Löcher und eine Hintergrundkomponente. Dagegen ist nach Bild e) bei i-Nachbarschaft nur eine Komplementärkomponente vorhanden.

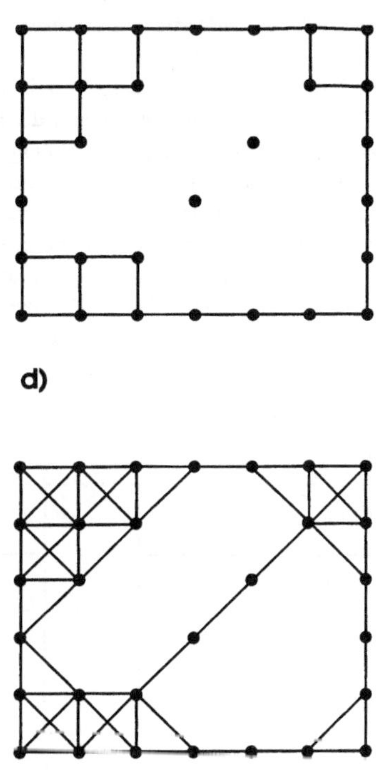

d)

e)

Im Fall quadratischer Raster und der Verwendung der d- oder i-Nachbarschaft müssen zur Vermeidung topologischer Widersprüche in P und P' jeweils unterschiedliche Zusammenhangs- bzw. Nachbarschaftsdefinitionen verwendet werden. Das heißt, daß dann Widerspruchsfreiheit nur für eine Zerlegung des gesamten Rasters in genau zwei Punktmengen (P und P') erreicht werden kann. Dieses Problem tritt bei Hexagonalrastern (→ Abtastung) nicht auf und kann bei quadratischen Rastern durch Verwendung einer allerdings willkürlich zu definierenden 6-Nachbarschaft umgangen werden.

Zwischenzeilenverfahren

→ *Zeilensprungverfahren.*

Zyklische Überlappung

Anordnung von Flächen im dreidimensionalen Raum, für die es Betrachtungsrichtungen gibt, bei *denen ein Teil einer Fläche F_1 eine andere Fläche F_2 teilweise verdeckt, während ein anderer Teil von F_1 durch F_2 verdeckt wird.*

Die z.Ü. bereitet Schwierigkeiten bei der Behandlung des → Verdeckungsproblems, da die Verdeckungsverhältnisse zwischen zwei Flächen nicht für diese Flächen als Ganzes bestehen. Dadurch sind → Prioritätslistenverfahren nicht in der Lage, eine jeweils auf die gesamte Fläche bezogene Sichtbarkeits-Rangfolge, d. h. die Prioritätsliste abzuleiten. Man entgeht diesem Problem durch Zerlegung von Flächen in mehrere Teile.

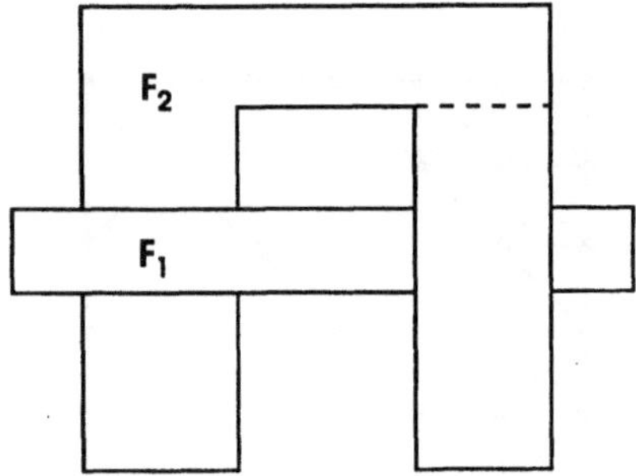

Das Bild illustriert die z.Ü., die hier dadurch beseitigt werden kann, daß z. B. die Fläche F_2 entlang der gestrichelten Linie in zwei Flächen zerlegt wird.

Bildanhang

Mit Hilfe eines → 3D-Systems erzeugte → 3D-Computergrafik. Das entsprechende → 3D-Modell entstand im Rahmen der rechnerunterstützten Rekonstruktion eines Säulenkapitells auf der Grundlage eines Kapitell-Bruchstückes. Mit freundlicher Genehmigung IIEF Institut für Informatik in Entwurf und Fertigung zu Berlin GmbH

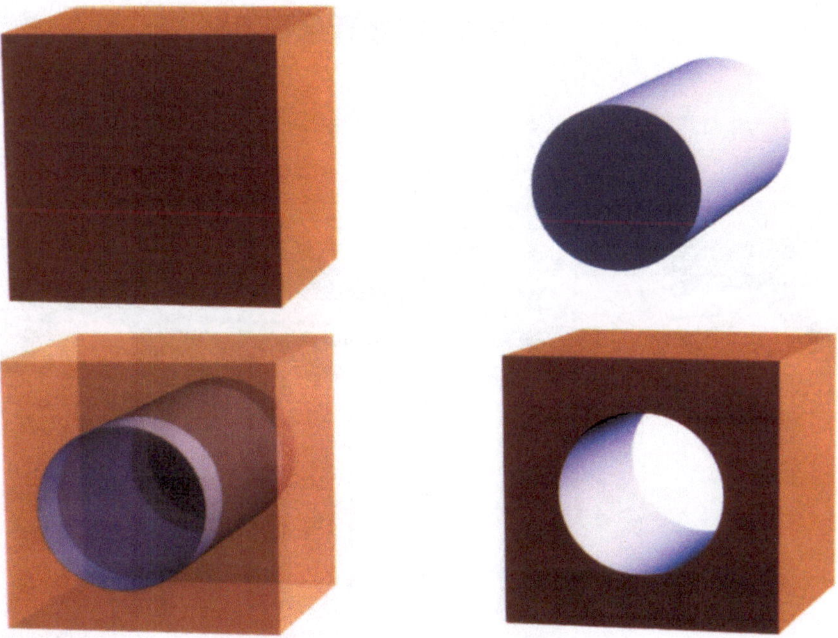

Schritte einer interaktiven → Modellierung eines fiktiven Körpers (→ CSG-Modellierung, → Festkörpermodellierung). Oben sind die Modelle zweier Elementarkörper (Würfel und Zylinder) visualisiert. Links unten ist der Zylinder innerhalb des Würfels positioniert worden. Zwecks besserer Übersicht sind die Körper dort semitransparent dargestellt. Nach der Positionierung wurde die mengentheoretische Differenz gebildet, d. h. der Zylinder vom Quader "abgezogen". Der Ergebnis-Körper ist rechts unten zu sehen.

→ Visualisierung des → 3D-Modells eines Säulenkapitells. Die Oberfläche des Modells ist durch Facetten approximiert (→ Facettenmodelle). Während man dies im unteren Bildteil deutlich sieht, ist die geometrische → Approximation im oberen Teil durch eine → Schattierung der Körperoberflächen wesentlich unauffälliger. Mit freundlicher Genehmigung IIEF Institut für Informatik in Entwurf und Fertigung zu Berlin GmbH.

Photorealistische → 3D-Computergrafik. Der plastische Eindruck von der Oberfläche der Zitrone wurde durch → Bump Mapping erzeugt. In der → Computergrafik sind weithin mehrere → Spiegelungen dargestellt. Mit freundlicher Genehmigung SOFTIMAGE Inc., Montreal, und VGA GmbH, Bruckmühl.

Mittels eines → 3D-Systems erzeugte → 3D-Computergrafik. Das entsprechende → 3D-Modell enthält als Hintergrundkulisse eine Ebene, auf die ein digitalisiertes Photo abgebildet wurde. Mit freundlicher Genehmigung IIEF Institut für Informatik in Entwurf und Fertigung zu Berlin GmbH.

Darstellung des Entwurfs eines Eigenheims aus zwei verschiedenen Blickrichtungen (a und b). Die beiden → 3D-Computergrafiken wurden automatisch aus ein und demselben → 3D-Modell mit Hilfe eines → 3D-Systems generiert, wobei zwischen den beiden → Visualisierungen eine → Rotation des Modells stattfand. Mit freundlicher Genehmigung IIEF Institut für Informatik in Entwurf und Fertigung zu Berlin GmbH.

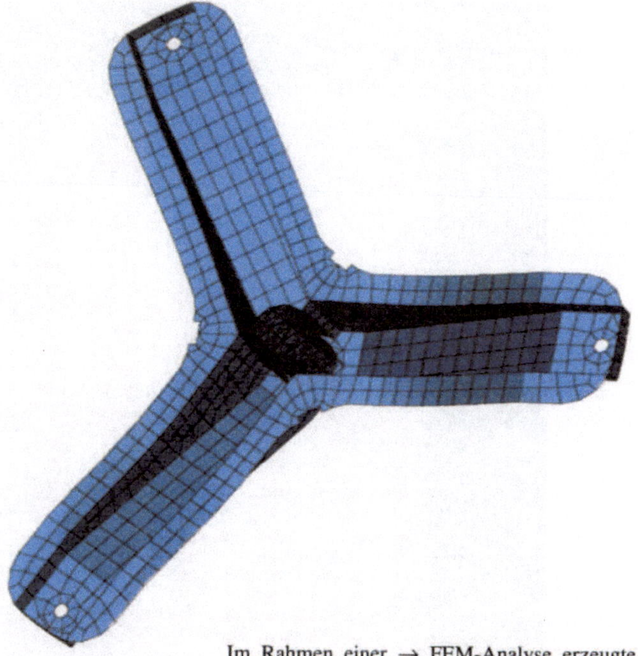

Im Rahmen einer → FEM-Analyse erzeugte → 3D-Computergrafiken.
a) In ein → 3D-Modell eingebettetes → FEM-Netz (→ FEM-Netz-Generierung).

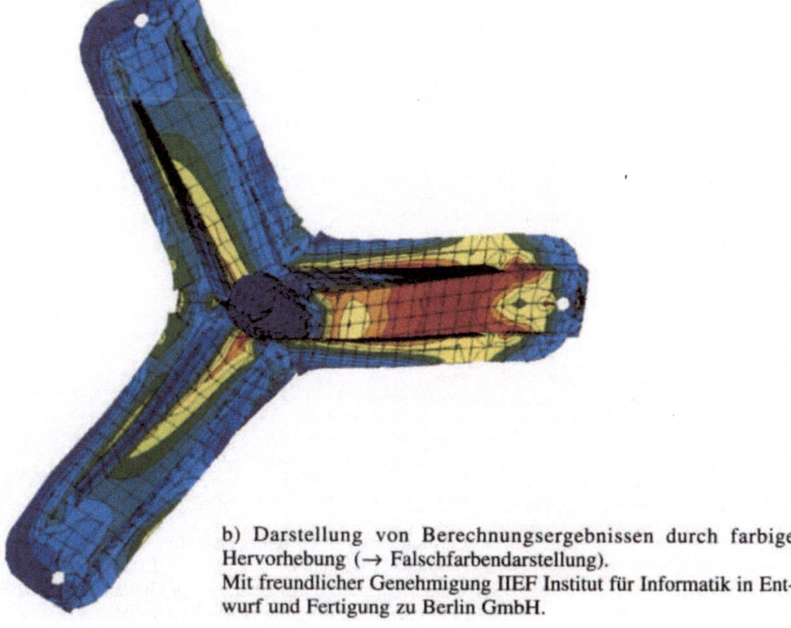

b) Darstellung von Berechnungsergebnissen durch farbige Hervorhebung (→ Falschfarbendarstellung).
Mit freundlicher Genehmigung IIEF Institut für Informatik in Entwurf und Fertigung zu Berlin GmbH.

Direkt aus dem → CSG-Modell berechnete → Computergrafik (→ CSG-Modellierung, → Festkörpermodellierung).

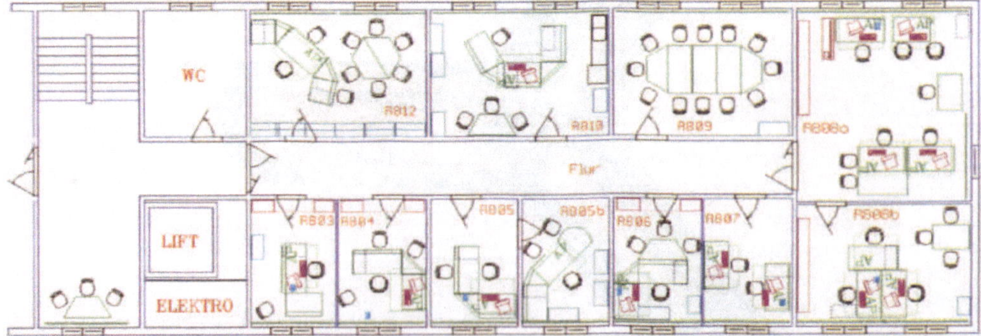

Im Rahmen der → rechnergestützten Dokumentation des Layouts eines Bürobereichs entstandene farbige → Liniengrafik (→ rechnerunterstützte Zeichnungserstellung). Mit freundlicher Genehmigung IIEF Institut für Informatik in Entwurf und Fertigung zu Berlin GmbH.

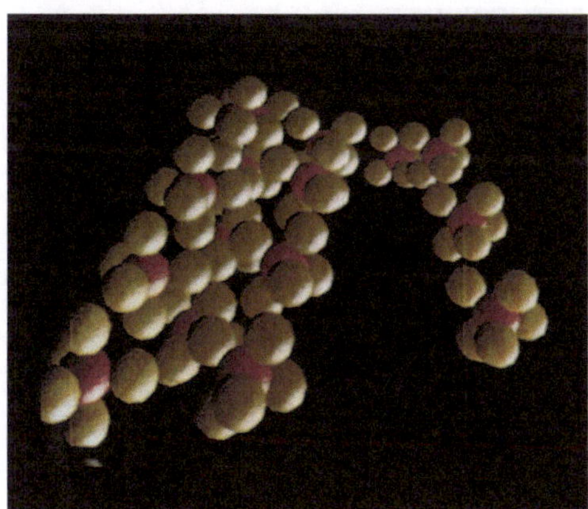

→ Visualisierung eines fiktiven Molekülmodells (→ Molekülgrafik, → 3D-Modell, → Festkörpermodellierung). Die in a und b unterschiedlichen Beleuchtungsverhältnisse (→ Beleuchtungssimulation) wurden mittels → Farbtabellenanimation erzeugt (→ Farbindex).

Photorealistische → Computergrafik, die automatisch aus dem → 3D-Modell eines Gebäudes generiert wurde (→ 3D-Computergrafik, 3D-System). Mit freundlicher Genehmigung SOFTIMAGE Inc., Montreal, und VGA GmbH, Bruckmühl.

Singender und tanzender Kaktus - eine → 3D-Computergrafik, die neben einfachen auch kompliziert geformte Körperoberflächen (→ Freiformflächen-Modellierung mit → Texturen) wiedergibt (Computer Animation). Mit freundlicher Genehmigung SOFTIMAGE Inc., Montreal, und VGA GmbH, Bruckmühl.

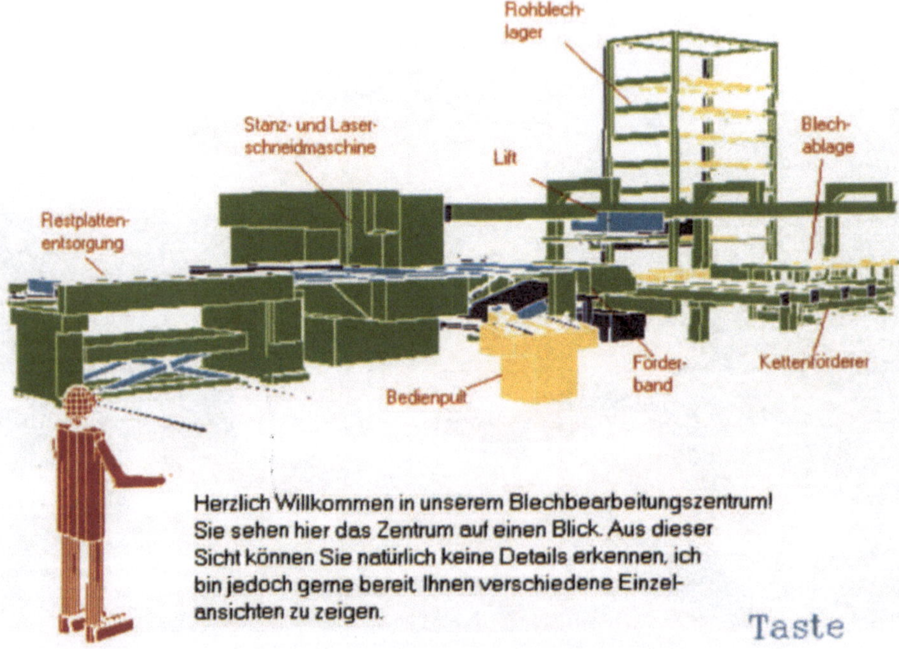

→ 3D-Computergrafik, die im Rahmen eines Lehrsystems der Erläuterung eines Blechbearbeitungszentrums dient. Eine ganze Serie von → Computergrafiken, zu der das Bild gehört, wurde im Rahmen des Wettbewerbs COMPUTERGRAFIKEN IN DER PRAXIS des Arbeitskreises 5 der Fachgruppe 4.2.1 der Gesellschaft für Informatik e.V. 1992 mit dem 1. Preis ausgezeichnet. Mit freundlicher Genehmigung Th. Reiche.

→ Visualisierung des Entwurfs eines Blechbiegeteils, der mit Hilfe eines → 3D-Systems vorgenommen wurde (→ CAD, → rechnerunterstützte Konstruktion).

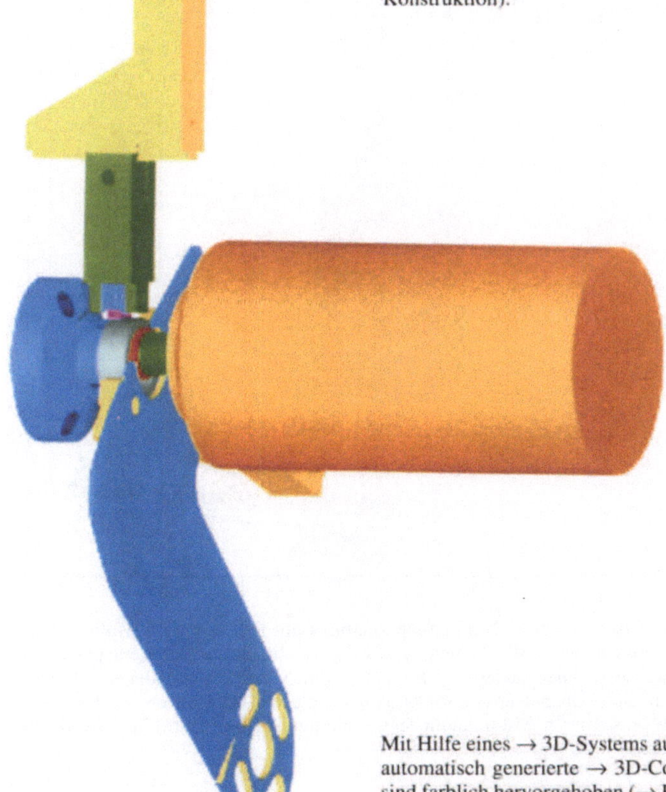

Mit Hilfe eines → 3D-Systems aus dem → 3D-Modell einer Baugruppe automatisch generierte → 3D-Computergrafik. Die einzelnen Bauteile sind farblich hervorgehoben (→ Falschfarbendarstellung). Mit freundlicher Genehmigung IIEF Institut für Informatik in Entwurf und Fertigung zu Berlin GmbH.

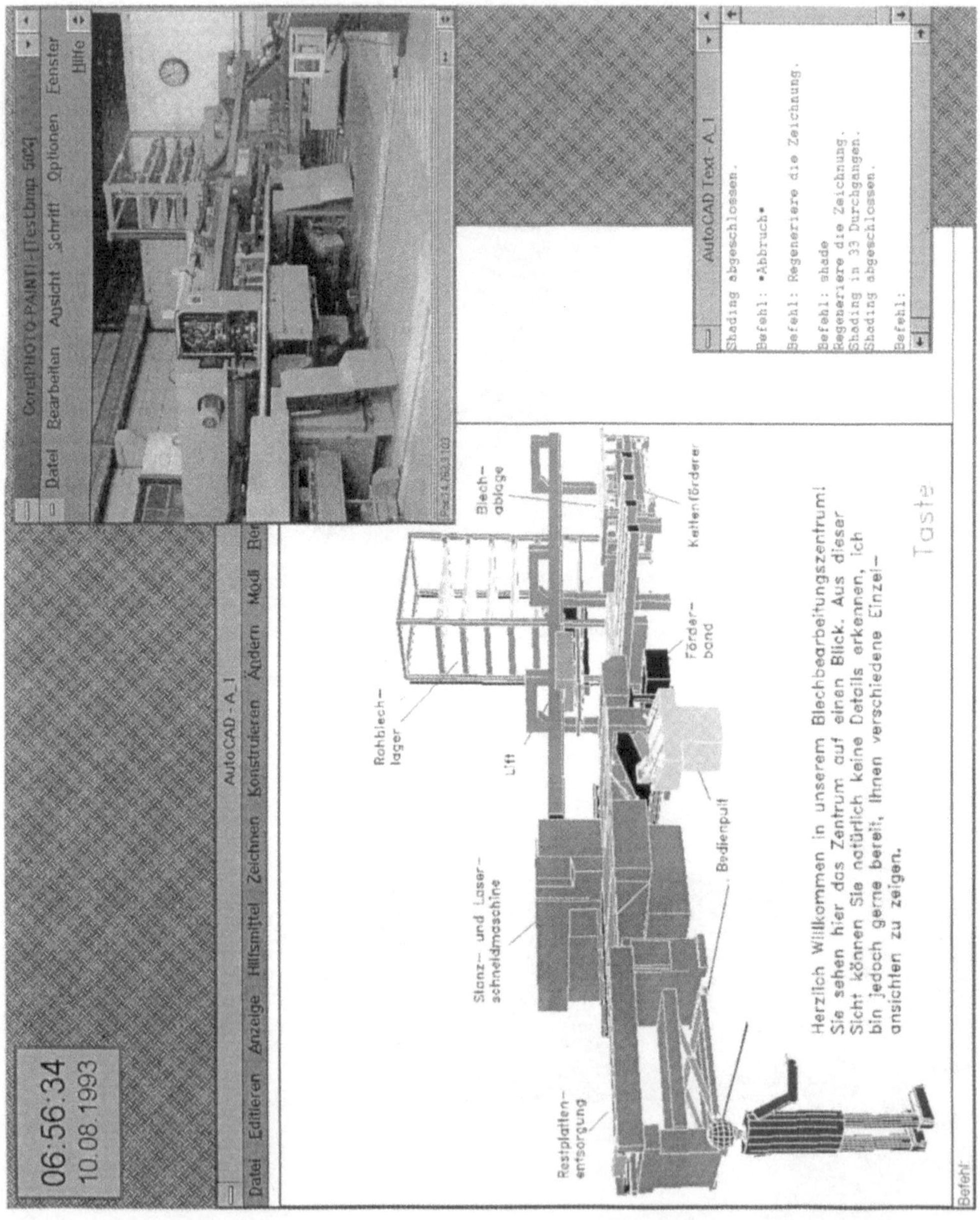

Erläuterung von Aufbau und Funktionsweise eines Blechbearbeitungszentrums mit Hilfe eines → Multimedia-Systems. Auf einem Teil des → Bildschirms ist eine → 3D-Computergrafik dargestellt, die aus einem entsprechenden 3D-Modell automatisch generiert wurde. In einem anderen → Fenster ist gleichzeitig ein digitalisiertes Photo des realen Objektes in einer Werkhalle zu sehen. Über einen Audio-Ausgang könnte man mittels eines Multimedia-Systems außerdem Maschinengeräusche präsentieren. Mit freundlicher Genehmigung IIEF Institut für Informatik in Entwurf und Fertigung zu Berlin GmbH.

→ Texturen auf Körperoberflächen. Im oberen Teil des Bildes wurden 2D-Texturen auf die Körperoberflächen abgebildet (analog dem Aufkleben von bedruckten Folien auf einphysisches Modell). Im unteren Teil wurde dem gesamten Körper (also auch seinem Inneren) eine 3D-Textur zugeordnet. Bei beliebigen → Schnitten erscheint dann automatisch eine Textur auf der Oberfläche (analog z.B. der Maserung von Holz).

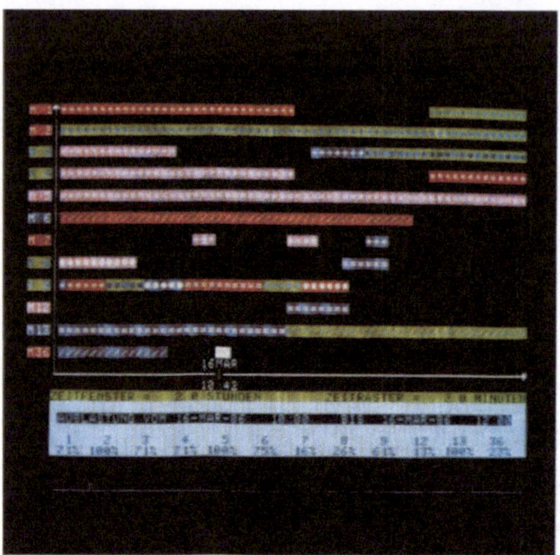

Mit Hilfe eines → semigrafischen Bildschirmsystems erzeugt → Gantt-Diagramm.

GSI -Leitstand-LEGENDE

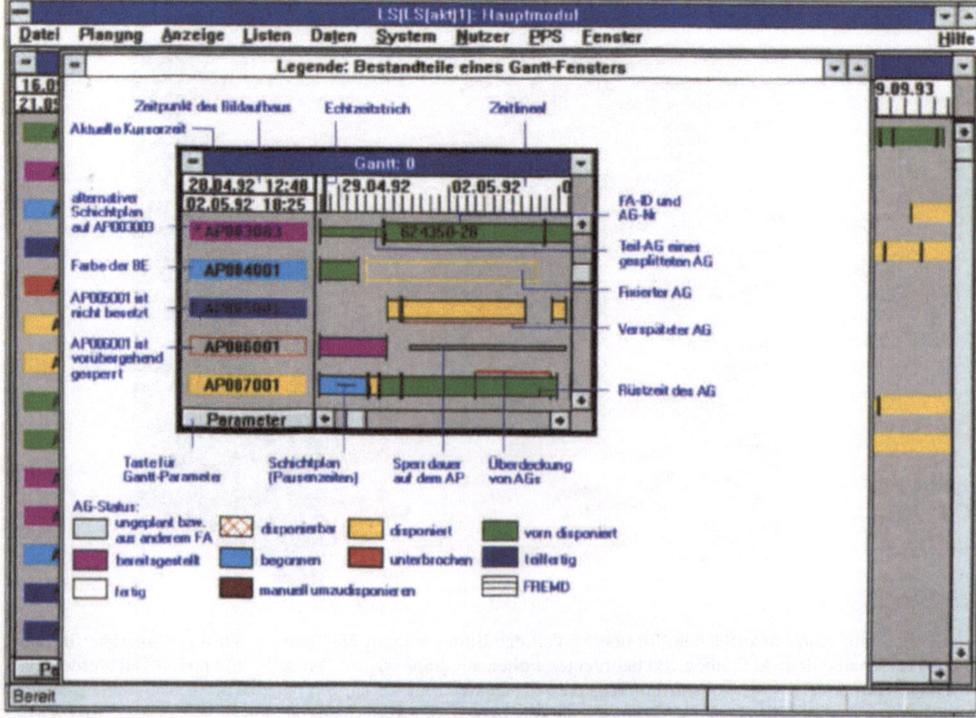

→ Gantt-Diagramm mit Erläuterungen und Beziehungen zu seinen Bestandteilen. Mit freundlicher Genehmigung Gesellschaft für Steuerungs- und Informationssysteme mbH (GSI); © GSI 1993.

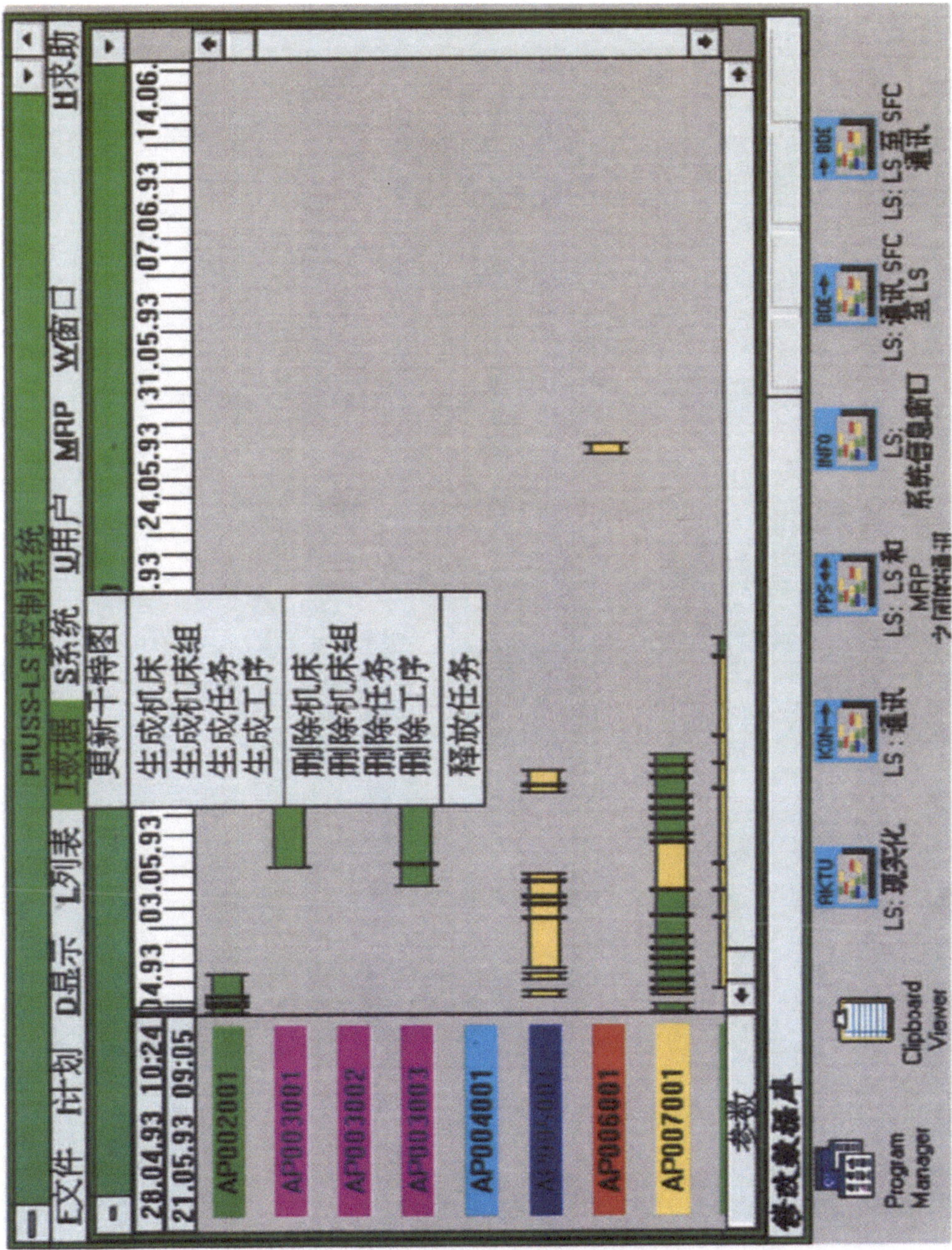

→ Gantt-Diagramm auf dem PIUSS-Leitstand in chinesischer Version für die Maschinenfabrik No.2 in Peking. Mit freundlicher Genehmigung Gesellschaft für Steuerungs- und Informationssysteme mbH (GSI); © GSI 1993.

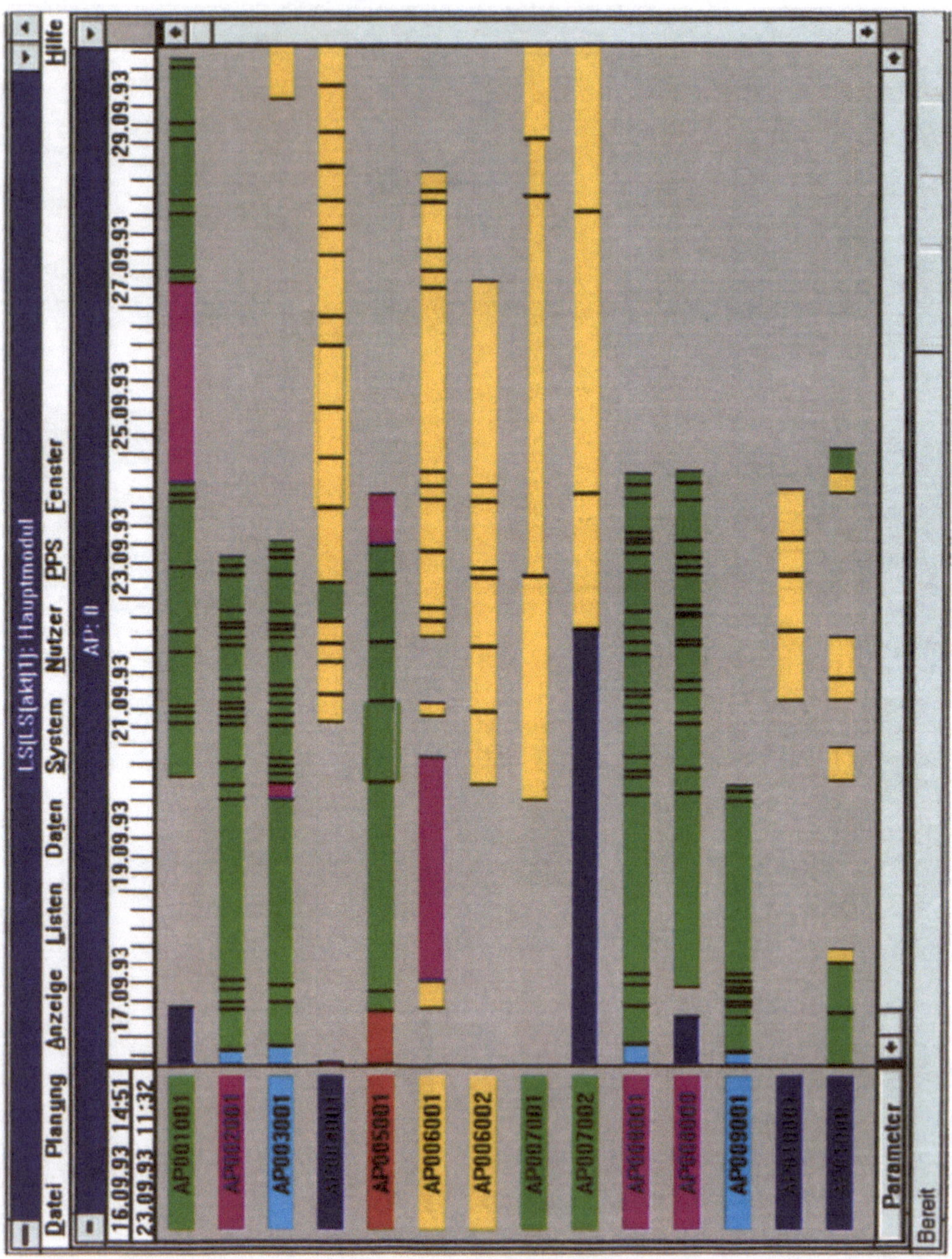

→ Gantt-Diagramm mit Statusinformationen. Mit freundlicher Genehmigung Gesellschaft für Steuerungs- und Informationssysteme mbH (GSI); © GSI 1993.

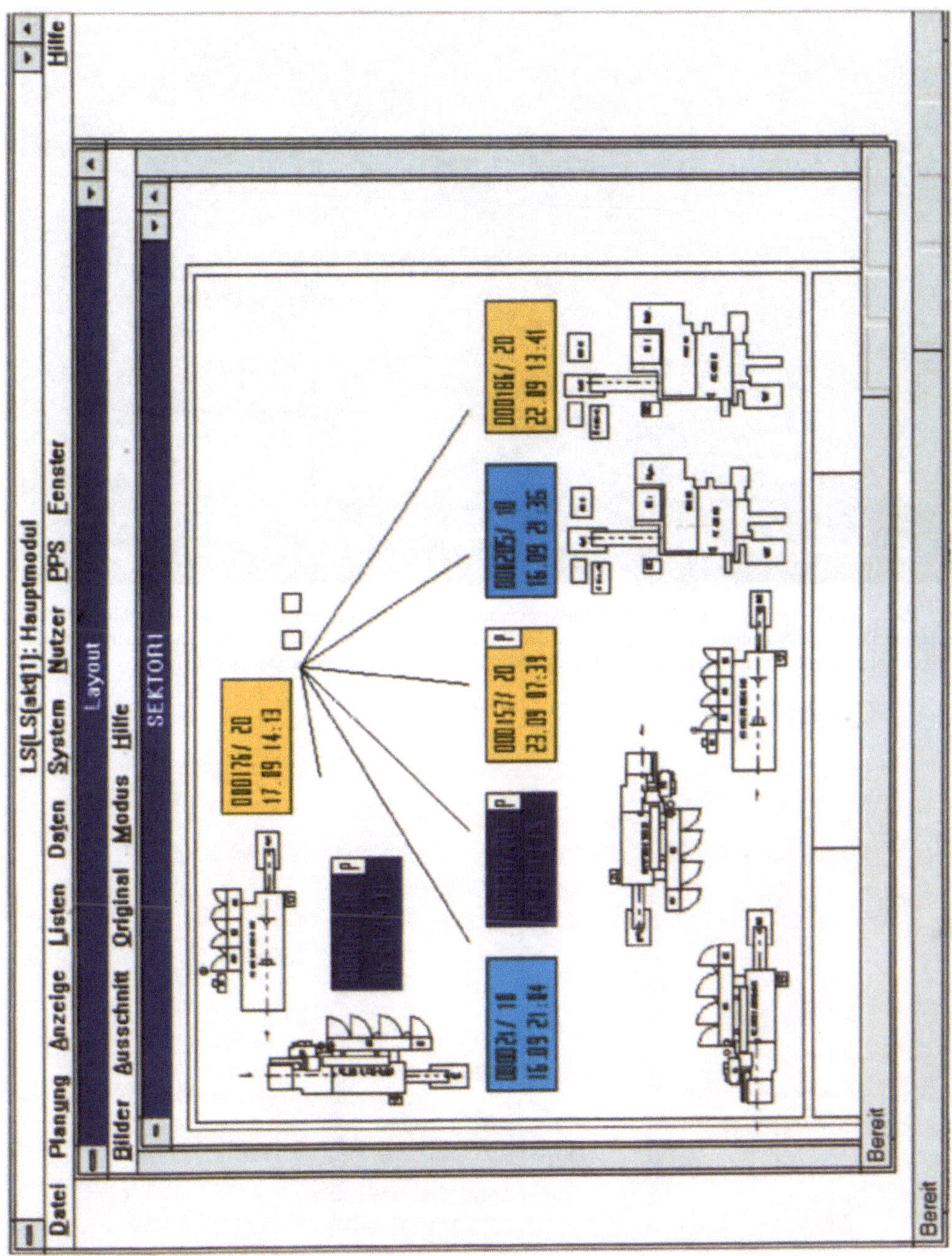

Schematisierte Darstellung eines Maschinensystems in einer Werkhalle für die Steuerung und Überwachung von Prozessen der → rechnerunterstützten Fertigung. Mit freundlicher Genehmigung Gesellschaft für Steuerungs- und Informationssysteme mbH (GSI); © GSI 1993.

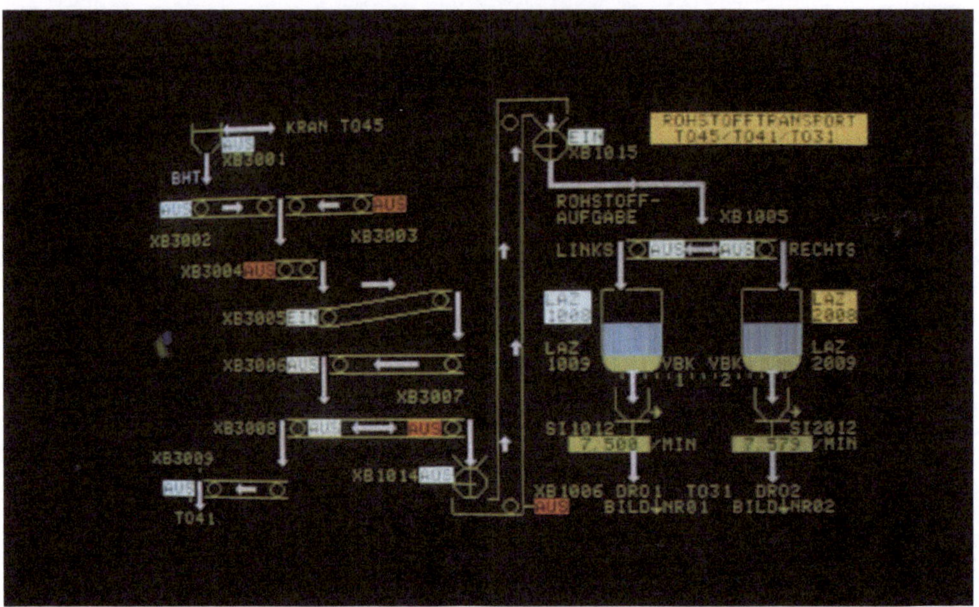

Mit Hilfe eines → semigrafischen Bildschirmsystems in einer Anlagenwarte visualisiertes → technologisches Schema. Derartige Schemata dienen einerseits der Prozeßsteuerung und -überwachung und andererseits der Dokumentation von Anlagenstrukturen und -funktionen (→ rechnerunterstützte Dokumentation).

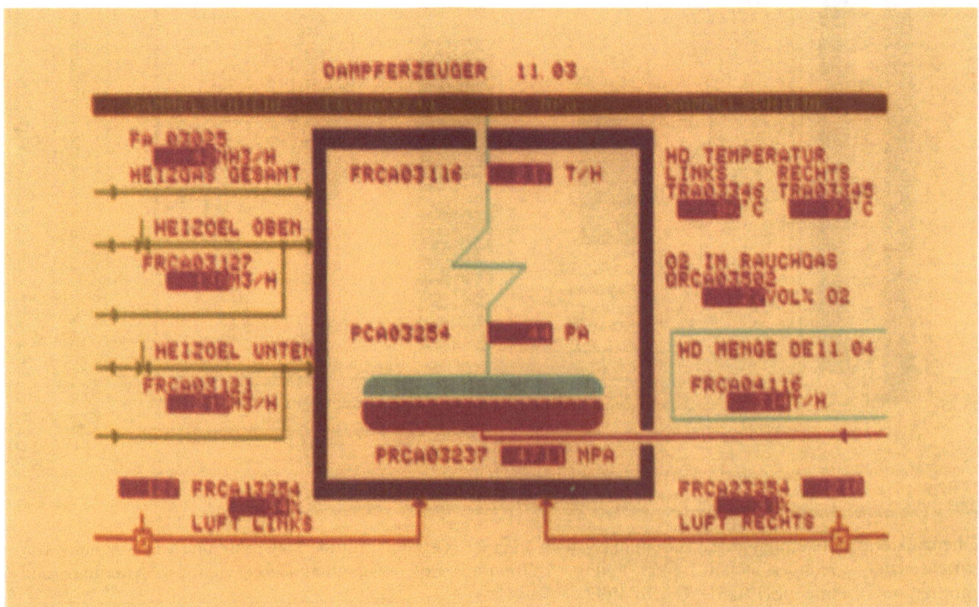

Weiteres Beispiel für ein → technologisches Schema (siehe auch Bild oben).

1 Farbsynthesebild einer Fernerkundungsszene

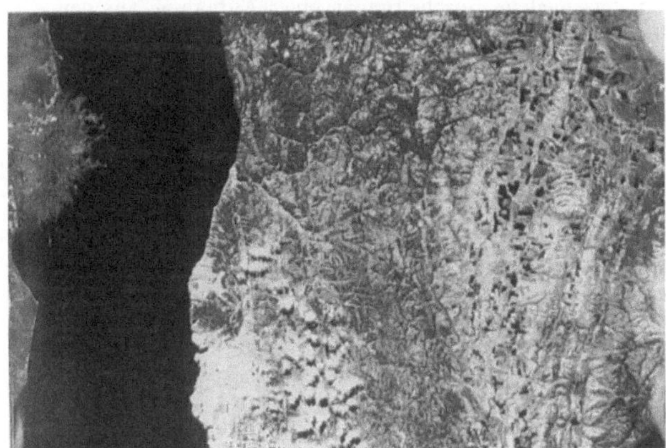

Bild B 1 ist eine → Falschfarbendarstellung einer Aufnahme der Erde aus dem Weltraum in ca. 250 km Höhe, die mit einer → Multispektralkamera hergestellt wurde. Dargestellt ist ein sibirischer See mit seiner weiteren Umgebung, wobei neben der geologischen Struktur noch ein Flußdelta und Bebauung durch den Menschen zu erkennen sind. In diesem Beispiel für eine → analoge Bildverarbeitung wurden 4 Spektralauszüge (→ Multispektraltechnik) in einem Multispektralprojektor additiv gemischt (→ additive Farbmischung, → Farbsynthese) und photographisch aufgezeichnet.

2 Bearbeitung eines Fernerkundungsbildes

Die Bildserie B 2 zeigt verschiedene Bearbeitungen einer Aufnahme aus dem Gebiet der → Fernerkundung der Erde, die der → Bildverstärkung zuzurechnen sind.

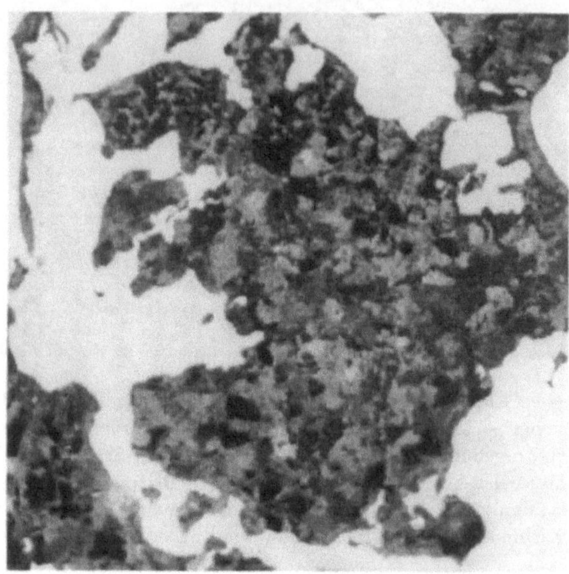

Bild B 2.1 ist die photographische Kopie einer im Bodenverarbeitungszentrum geometrisch und radiometrisch korrigierten Registration (→ Bildrektifikation) des Fernerkundungssystems → Landsat. Dargestellt ist eine Negativaufnahme der Inseln Rügen und Hiddensee (links oben) im 4. Spektralband (0,8 μm...1,1 μm). Das kühle und deshalb wenig Infrarotstrahlung emittierende Wasser ist hell dargestellt.

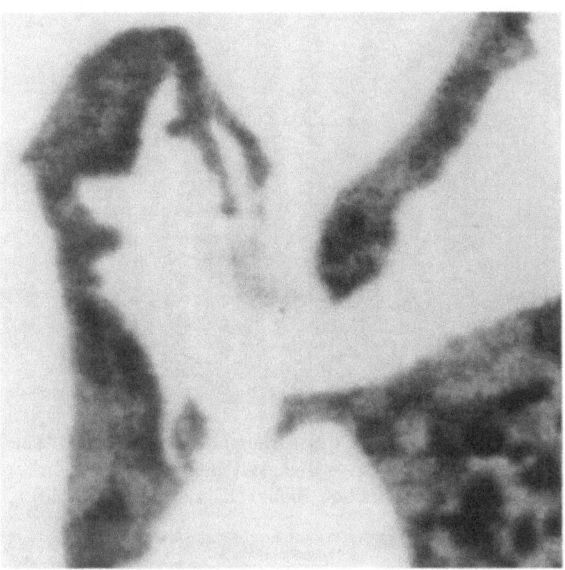

Bild B 2.2 zeigt ein monochromes → Fenster vom Format 256 × 256 in der Darstellung auf einem → Bildschirm.

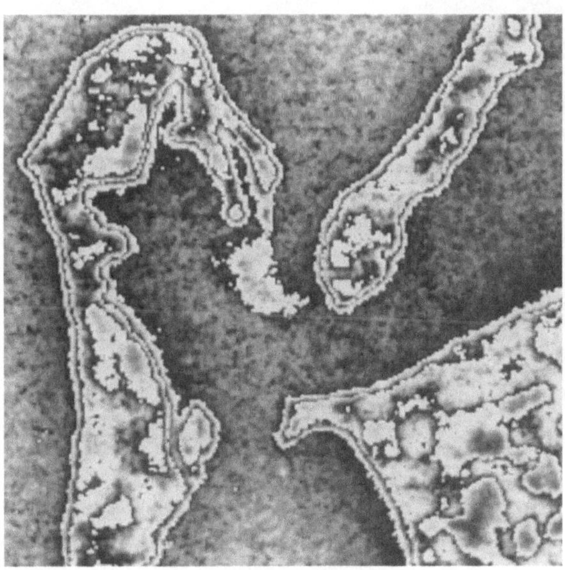

In Bild B 2.3 ist dann das Resultat der → Kontrastanhebung mit einer Sägezahnkennlinie zu sehen. Neben der deutlichen Hervorhebung vorher schlecht erkennbarer Gebiete (z. B. der Untiefe im Mittelteil des Bildes) werden auch störendes Rauschen verstärkt und zu Fehldeutungen führende Pseudokonturen erzeugt.

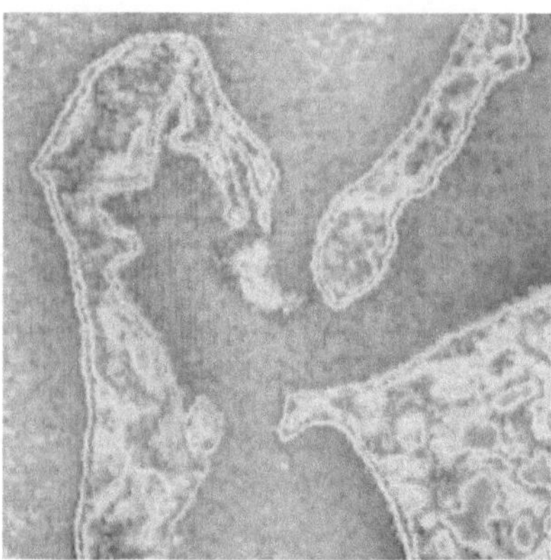

Bild B 2.4 ist eine → Pseudokolorierung des vorhergehenden Bildes B 2.3. Als Nebenbedingung wurde eine in allen Bildpunkten konstante → Helligkeit angesetzt. Die Farbskala beginnt mit Blau (für Schwarz) und geht über Grün (für mittlere Helligkeit) zu Rot (für Weiß)

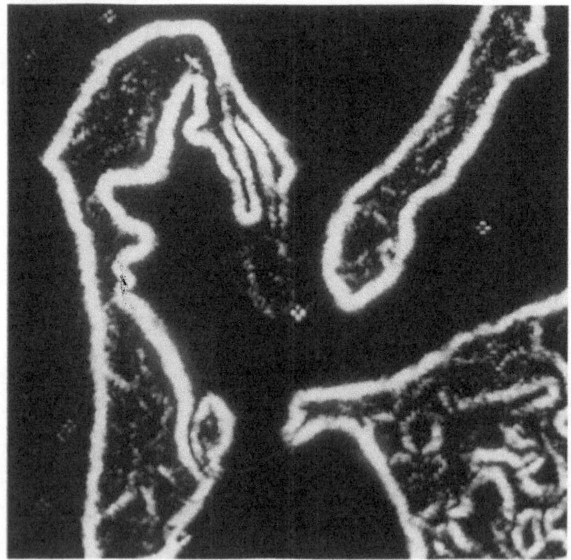

Bild B 2.5 illustriert die visuelle Wirkung eines Verfahrens der → Kantendetektion, nämlich des **Kirsch**-Operators. Die hellen Stellen markieren hohe Kantenintensitäten des usprünglichen Grauwertbildes B 2.2. Dunkle Bildbereiche weisen auf das Fehlen ausreichend starker Grauwertschwankungen hin.

3 Bildrestauration mittels Inversfilterung

Die Bildserie B 3 zeigt ein einfaches Beispiel zur → Bildrestauration. Die folgenden Bilder sind von einem → Monitor mit einer Auflösung von 512 × 512 abphotographiert worden. Die gezeigten Ausschnitte sind mittels → Zoom (Zoomfaktor 3) und nicht durch photographische Vergrößerung hergestellt worden.

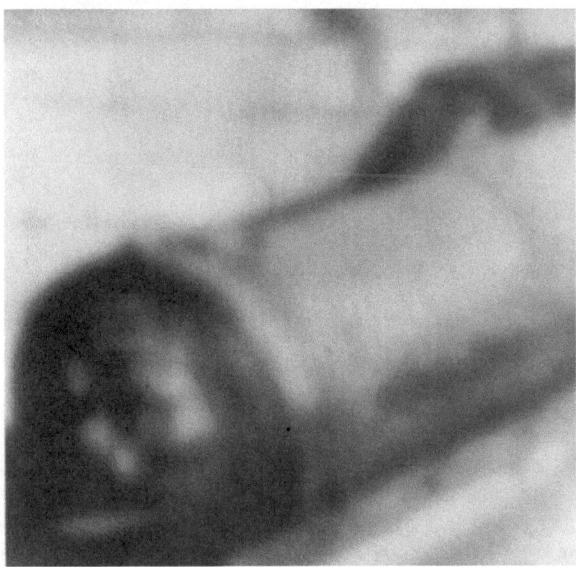

Die Bilder B 3.1 a und B 3.1 b stellen ein durch Anwendung eines → Tiefpaßfilter künstlich unscharf gemachtes Bild in der Totalen bzw. einen Ausschnitt davon dar. Das Original ist nicht dargestellt.

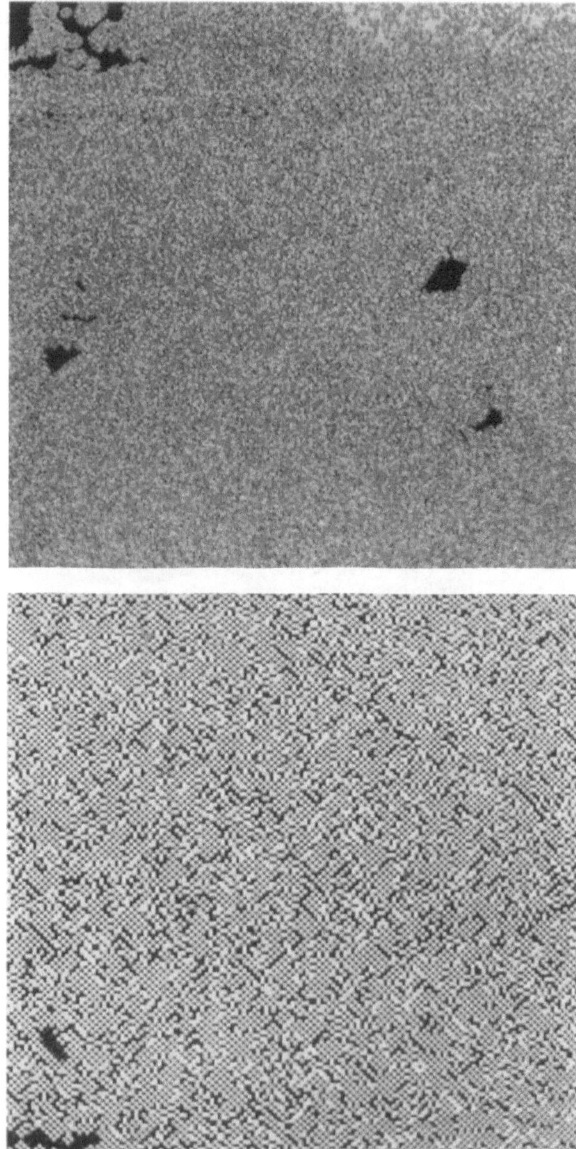

Es wurde ein ideales → inverses Filter zu diesem Tiefpaß entworfen und auf das in einer → Zahlendarstellung mit 8 → Bit (256 Graustufen) vorliegende Bild angewendet. Dabei ergaben sich die Filterresultate von B 3.2 a und B 3.2 b, die praktisch nicht nutzbar sind. Der Grund dafür liegt in der Hochpaßwirkung des inversen Filters (→ Hochpaßfilter). Neben den Bildsignalanteilen hoher Raumfrequenz wird v. a. das → Quantisierungsrauschen verstärkt. Eine Repräsentation mit geringem

Rauschen (z. B. als Gleitkommazahlen) zeigt eine hier nicht dargestellte vollauf befriedigende Restauration. Zur Minderung des durch die Zahlendarstellung in einem → Byte bewirkten Störsignals wurde ein geeignet entworfenes Tiefpaßfilter mit dem idealen Inversfilter kombiniert.

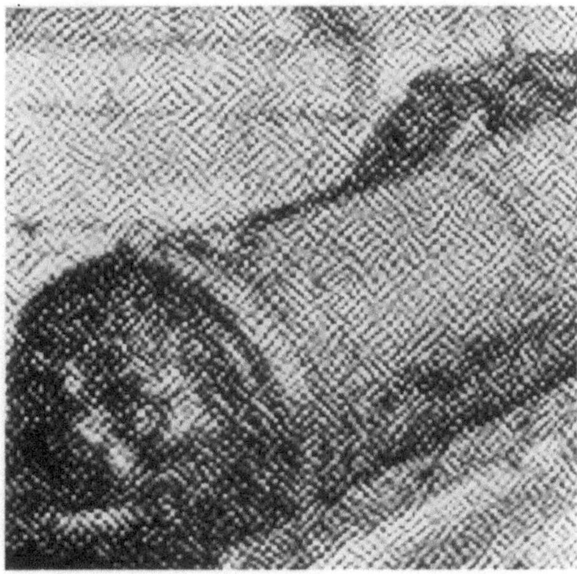

Die Anwendung dieser Kombination zur → Bildglättung ergibt die Bilder B 3.3 a und B 3.3 b, die zwar noch Überreste des Rauschens aufweisen, aber bereits Details erkennen lassen, die den Vorlagen B 3.1 a und B 3.1 b nicht zu entnehmen sind.

4 Multispektralklassifikation

Die Bildserie B 4 demonstriert die → Multispektraltechnik für die → Bildsegmentierung. Sie geht von der → Abtastung einer offiziell vertriebenen, unkorrigierten photographischen Registration des Systems → Landsat in 4 spektralen Kanälen aus. Die 4 getrennt vorliegenden Filme wurden mit einem → Scanner mit 25 μm linearer → Auflösung abgetastet. Dargestellt ist ein Gebiet nordwestlich der Stadt Greifswald.

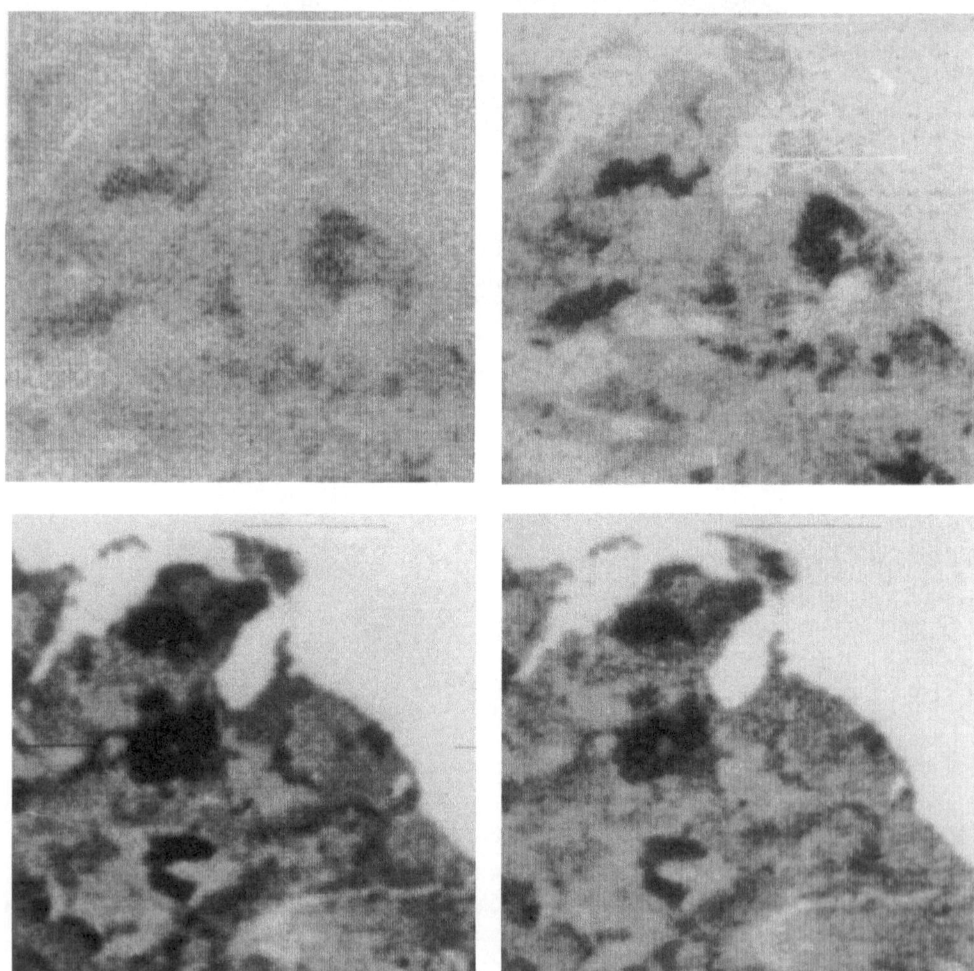

Die vier Bilder B 4.1 a (links oben) bis B 4.1 d (rechts unten) entsprechen den multispektralen Kanälen 1 (0,5...0,6 μm), 2 (0,6...0,7 μm), 3 (0,7...0,8 μm) bzw. 4 (0,8...1.1 μm). Zur Herstellung der → Bildkoinzidenz wurden die Bilder einer → geometrischen Korrektur unterzogen. Aus dieser ergibt sich die deutlich erkennbare → Verzerrung des Bildrandes in den beiden oberen → Missionsbildern B 4.1 a und B 4.1 b für Band 1 bzw. 2. Das kontrastreiche Bild B 4.1 d diente als Referenzbild. Außerdem sind in allen Bildern offensichtliche Zeilenfehler der Abtastung durch den → MSS zu erkennen.

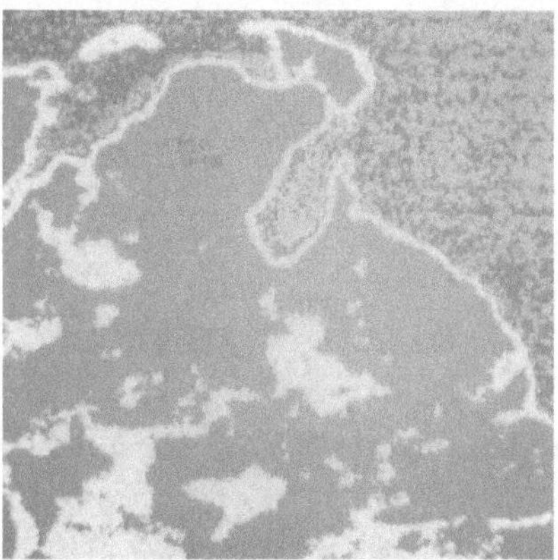

Bild B 4.2 stellt eine Bildsegmentierung als Resultat einer selbstlernenden → Klassifikation oder → Clusteranalyse des Multispektralbildes dar. Dabei werden die → Bildelemente durch 4-dimensionale Vektoren repräsentiert, die sich um fünf Klassenzentren zusammenballen. Die Zugehörigkeit der Bildelemente zu diesen natürlichen Klassen wird durch verschiedenen Farben angezeigt. Insbesondere im oberen rechten Bildteil fällt die durch Reflektion des Sonnenlichtes hervorgerufene nichteindeutige Klassenzuweisung der Wasseroberfläche auf. Dort ist auch eine ausgeprägte Bänderbildung durch Zuordung verschiedener Sensoren zu benachbarten Zeilen zu erkennen, weil das Bild keiner Vorverarbeitung durch → Destriping unterzogen wurde.

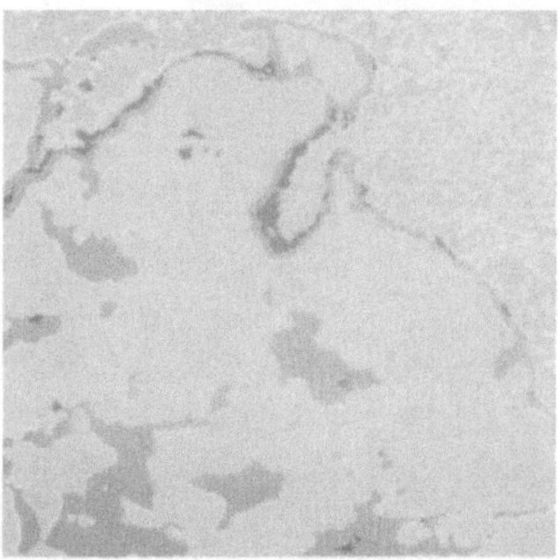

Zur Reduktion dieser Störungen wurde auf das Klassifikationsresultat nach Bild B 4.2 zweimal hintereinander ein Medianfilter (→ Rangordnungsfilter) mit einem → Fenster der Abmessungen 3×3 angewendet. Man sieht, daß „Pfeffer und Salz“-Störungen und Zeilenfehler gelöscht werden sowie die → Gebietszerlegung erheblich vereinfacht wird.

5 Farbbildsegmentierung mittels Farbklassifikation

Die Bildserie B 5 illustriert, wie Farbinformation zur → Bildsegmentierung und → Objekterkennung genutzt werden kann. Als → Merkmale werden hier der → Farbton und die → Farbsättigung (→ Farbmetrik) sowie ein Verfahren der → Klassifikation mit Belehrung verwendet.

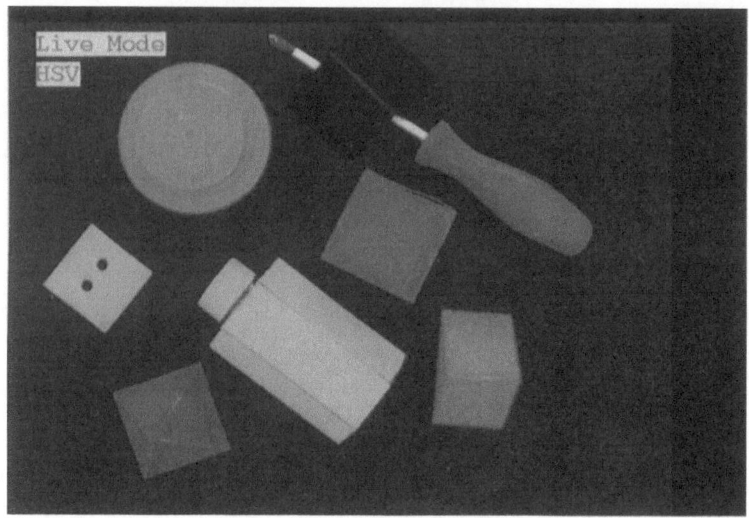

Bild B 5.1 ist das Originalfarbbild einer Szene mit sich teilweise verdeckenden Objekten.

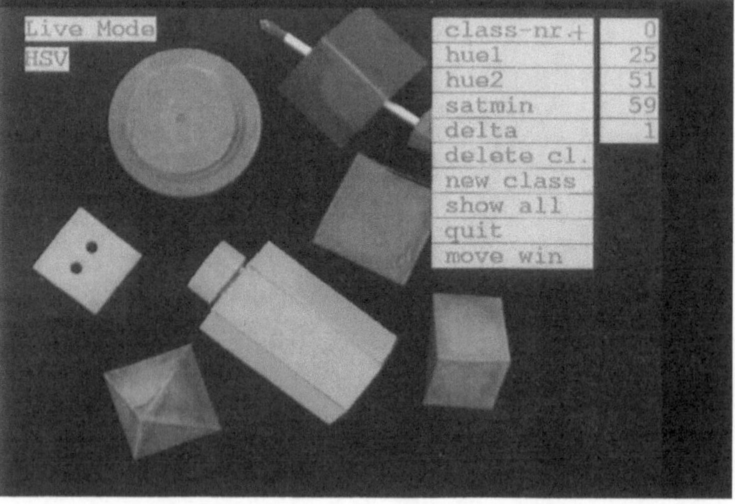

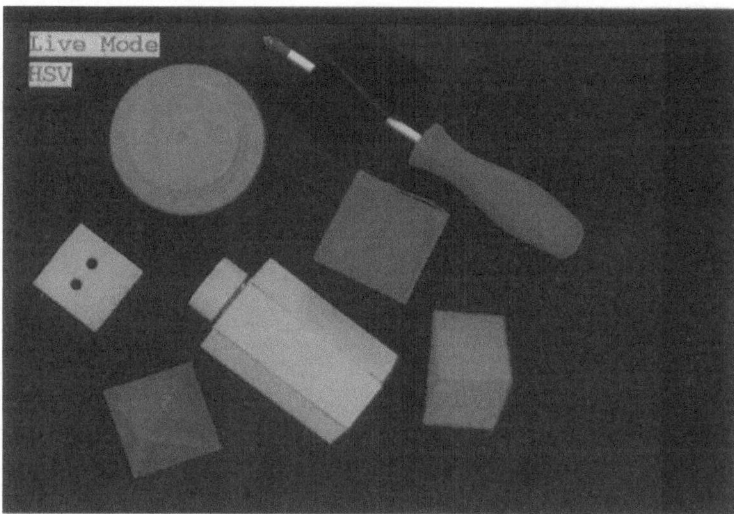

Bild B 5.2 enthält das Ergebnis einer Farbklassifikation mit einer einzigen angelernten Farbklasse, während Bild B 5.3 Ergebnis der Farbklassifikation mit sieben angelernten Farbklassen ist. Die Objekterkennung wird durch Überlagerung der als Klassenrepräsentant anzusehenden gesättigten Farbe signalisiert.

6 Bandpaßfilterung eines Röntgenbildes

Die Bilder der Serie B 6 zeigen die Behandlung eines photographischen Bildes, welches mit einer → elektronischen Kamera (Vidikon) und einem → ADU mit 6 → Bit Auflösung abgetastet wurde.

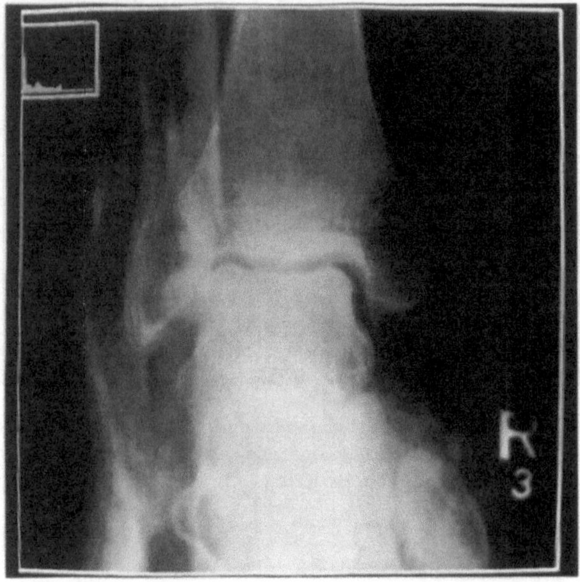

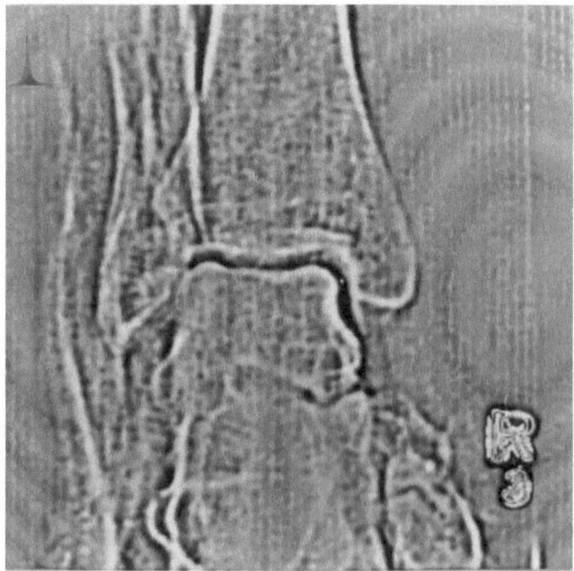

Das Ursprungsbild B 6.1 wird mit einem rotationssymmetrischen (isotropen) Bandpaßfilter (→ Hochpaßfilter) behandelt, wobei der Signalpegel 0 auf den mittleren Grauwert abgebildet wird. Das Resultat der → Bildfilterung ist in B 6.2 dargestellt. In der linken oberen Ecke beider Bilder ist jeweils ein Fenster mit dem aktuellen → Histogramm dargestellt.

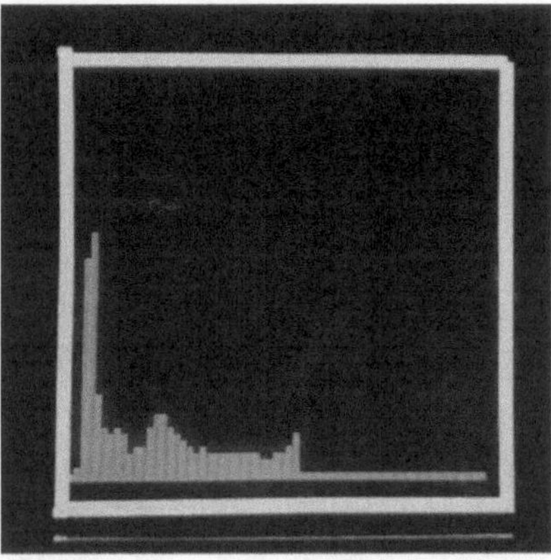

Die beiden durch → Zoom vergrößerten Histogramme B 6.3 und B 6.4 sind für die beiden Bilder B 6.1 bzw. B 6.2 farbig dargestellt. Das Histogramm B 6.4 nähert sich erwartungsgemäß einer Normalverteilung an.

7 Multiresolutionsverfahren der Bildanalyse

Die folgenden aus vier Komponenten zusammengesetzten Bilder der Bildserie B 7 bilden ein Beispiel für Verfahren mit → Multiresolution.

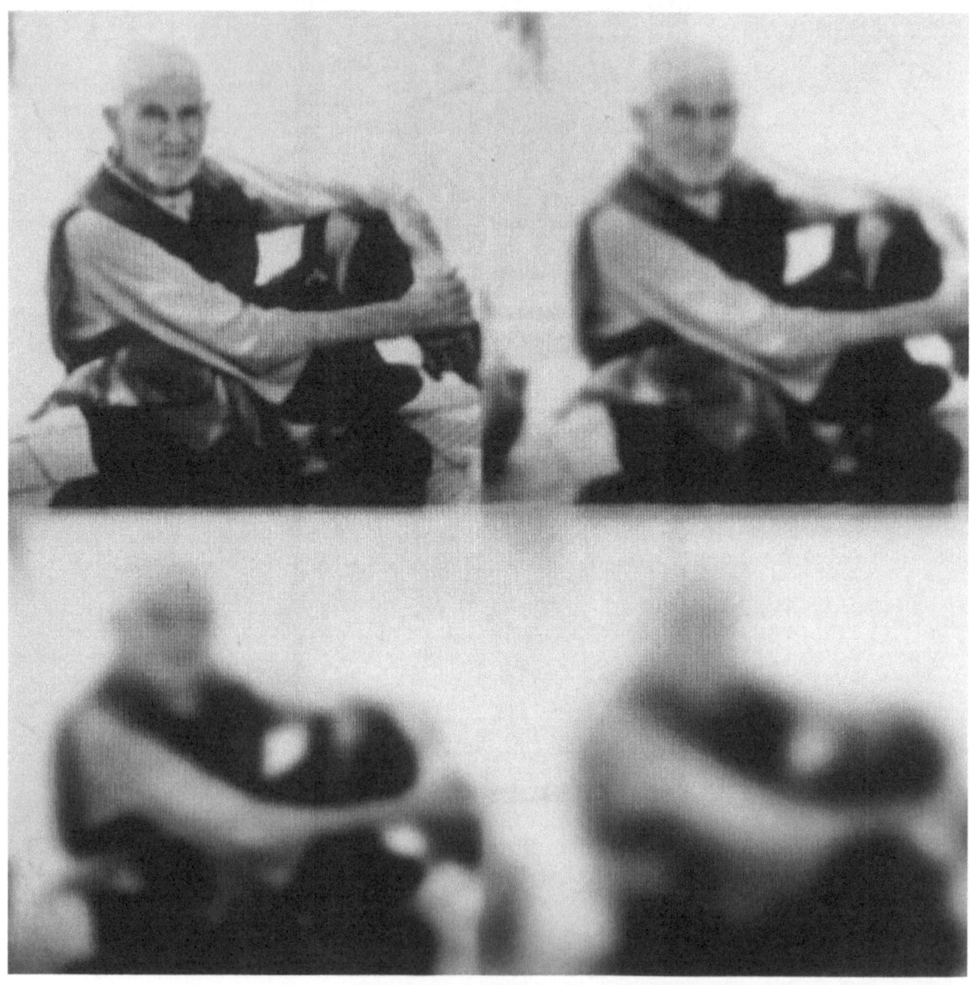

Bild B 7.1 stellt die ersten vier Stufen einer durch kaskadierte Behandlung mit einem → Tiefpaßfilter gewonnenen **Gauß**-Pyramide mit den → Auflösungen 512 × 512, 256 × 256, 128 × 128 und 64 × 64 dar (von links oben nach recht unten).

Bild B 7.2 stellt die ersten vier Stufen einer durch Bandpaßfilterung gewonnenen **Laplace**-Pyramide mit den Auflösungen 512 × 512, 256 × 256, 128 × 128 und 64 × 64 dar (von links oben nach recht unten). Die Bandpaßfilterung wurde mittels der Differenz zweier aufeinander folgender **Gauß**scher Tiefpaßfilter nach Bild B 7.1 berechnet.

Bild B 7.3 stellt die Bereiche, bei denen die Bandpaßpyramide nach Bild B 7.2 einen Nulldurchgang (→ Zero Crossing) liefert, hell auf dunklem Grunde dar. Die entstandenen → Linienbilder können als komprimierte Darstellungen des Bildinhaltes in verschiedenen Abstraktionsstufen verwendet werden.

8 Pseudo-3D-Darstellung eines Interferenzmusters

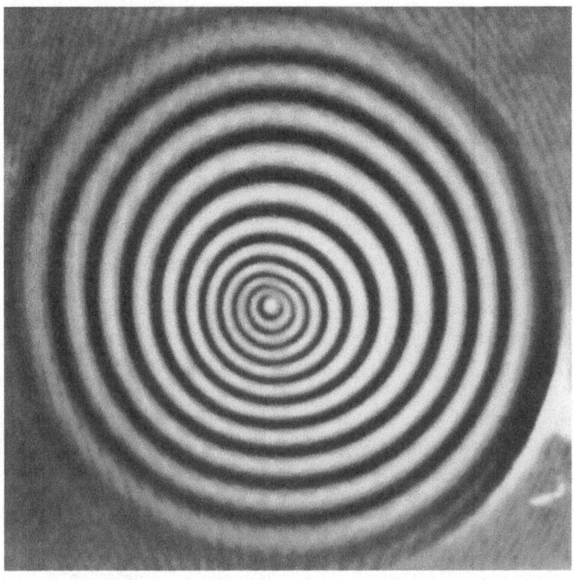

Das Interferenzmuster in Bild B 8.1 entstand bei der Auswertung eines Doppelbelichtungshologramms (→ Holographie), welches die beiden Lichtwellenfelder speichert, die sich bei kohärenter Beleuchtung einer Metallmembran im unbelasteten bzw. im unter Einwirkung einer Kraft verformten Zustand ergeben. Aus derartigen Linienbildern können Verformungen in der Größenordnung der Lichtwellenlängen ermittelt werden. Weitere Bearbeitungschritte zu diesem Beispiel sind in der Bildserie B 9 zu finden.

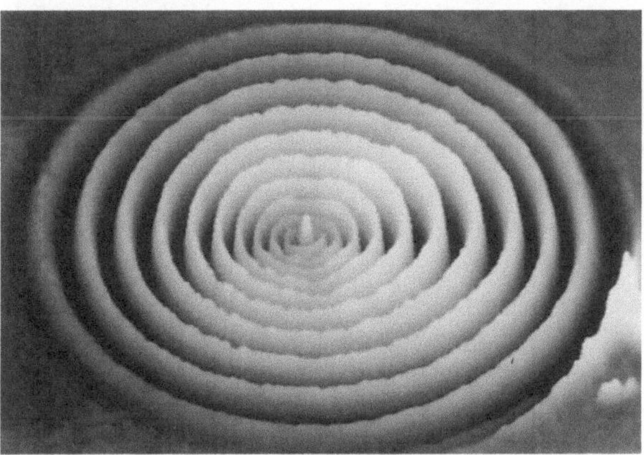

Zur → Bildverstärkung wird eine → Pseudo-3D-Darstellung nach Bild B 8.2 verwendet, bei der die → Helligkeit als z-Koordinate über der x-, y-Bildfläche dargestellt wird.

9 Adaptive Liniendetektion und anisotrope Filterung eines Interferenzmusters

Das Interferenzmuster Bild B 8.1 soll mit dem Ziele bearbeitet werden, die Intensitätsmaxima möglichst genau zu lokalisieren und die entsprechenden Linien kontinuierlich zu verbinden. Das Verfahren muß unempfindlich gegen → Shading und Rauschen sein.

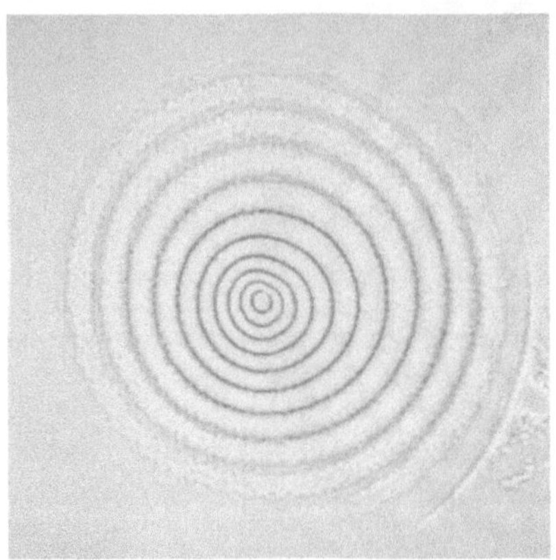

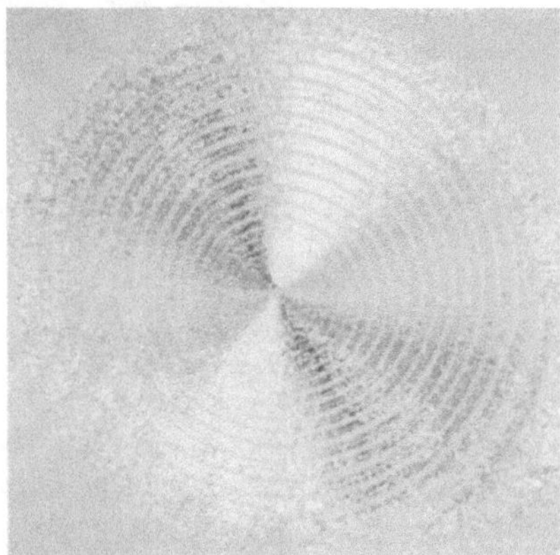

Bild B 9.1 zeigt das Ergebnis einer nichtlinearen isotropen Liniendetektion, wobei die Intensität der Linie auf die Helligkeit abgebildet wird. Die erkannten Linienelemente ausreichender Intensität wurden außerdem hinsichtlich ihrer Richtungen bewertet.

Das Ergebnis dieser → Richtungsdetektion ist in Bild B 9.2 dargestellt. Dabei sind die acht verwendeten Richtungen in verschiedenen Farben, die zahlreichen Bildelemente mit undefinierter Richtung jedoch grau dargestellt.

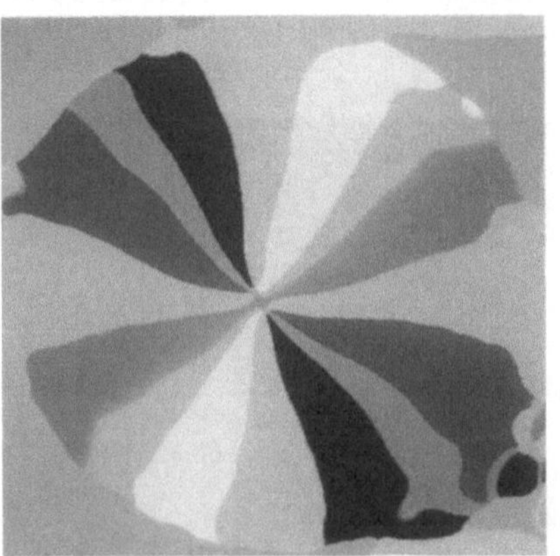

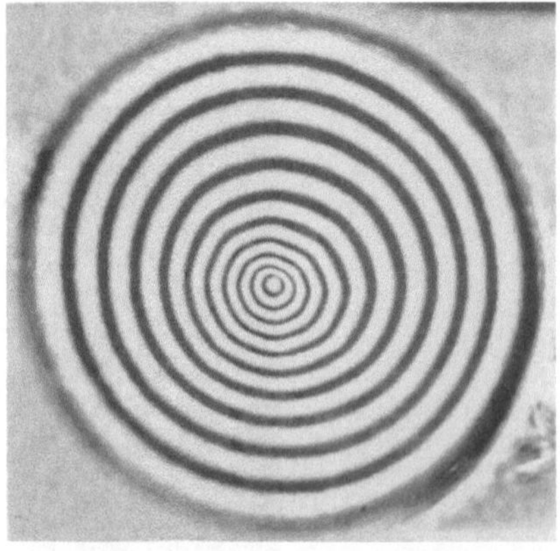

Im Richtungsbild Bild B 9.2 wurden mit der Hauptrichtung des betrachteten Gebietes unverträgliche oder undefinierte Bildelemente durch ein Verfahren der → Bildglättung eliminiert. Das Ergebnis dieser Richtungsglättung ist in Bild B 9.3 dargestellt. Erwartungsgemäß liefert das Kreisringmuster eine sektorförmige Anordnung der Richtungsfelder.

Das geglättete Richtungsbild steuert nun einen ortsabhängigen (adaptiven) → Azimutalfilter derart, daß in Richtung der Linien geglättet wird, während senkrecht dazu ein Hochpaß wirkt. Das Resultatbild Bild B 9.4 zeigt die erfolgreiche Kompensation der im Ursprungsbild vorhandenen Störungen.

10 Kantendetektion als Teilschritt einer Luftbildauswertung

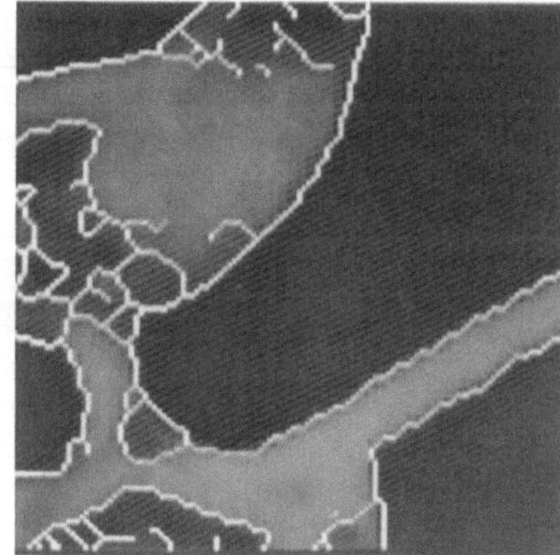

Bild B 10.1 stellt den Ausschnitt eines Luftbildes mit überlagerter Kanteninformation dar. Diese wurde durch einen automatischen Algorithmus zur → Kantendetektion hergeleitet. Zunächst wurden vier → angepaßte Filter für jeweils eine Kantenrichtung ($0°, 45°, 90°, 135°$) angewendet. Die Vereinigungsmenge (→ Vereinigung) aller mit diesen vier Verfahren gewonnenen Kandidaten für Kantenelemente wurde duch bildelementweises logisches ODER hergestellt und dann einer → Verdünnung unterzogen.

Bild B 10.2 zeigt eine Detailvergrößerung aus Bild B 10.1, aus der deutlich wird, daß geschlossene Konturen hinreichend homogene Gebiete abgrenzen (→ Bildsegmentierung).

11 Konturverfolgung und polygonale Approximation

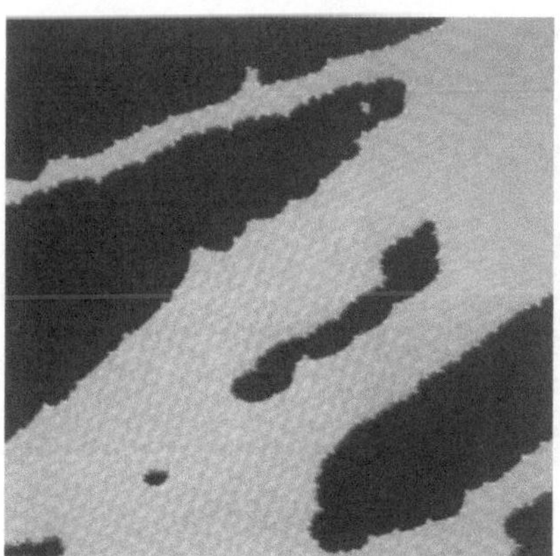

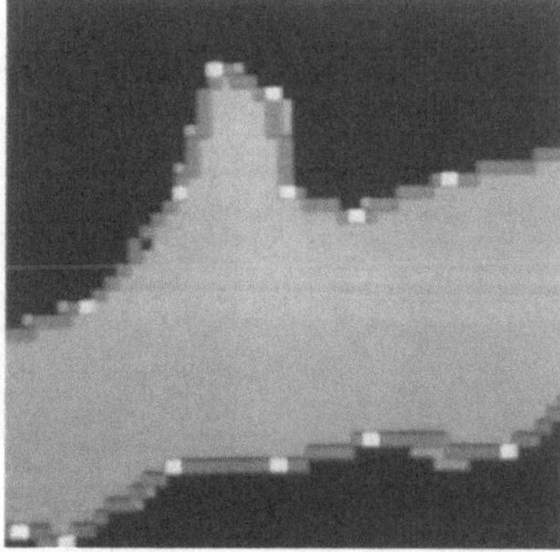

Bild B 11.1 zeigt das Ergebnis einer → Konturverfolgung mit simultaner polygonaler → Approximation (rote Linie). Zur Beschreibung des approximierten Kantenverlaufes sind nur die → Koordinaten der gelb dargestellten Stützpunkte (→ Polygonalkode) erforderlich. Bild B 11.2 ist eine Detailvergrößerung aus B 11.1, aus der auch der Grad der erreichbaren Bilddatenkompression deutlich wird.

12 Skelettierung eines Binärbildes

Die Bildserie B 12 zeigt verschiedene Phasen der Bearbeitung eines → Binärbildes im Rahmen der → automatischen Schriftzeichenerkennung. Ziel der Verarbeitung ist die → Verdünnung des Objektes bei Erhalt der → Bildtopologie mit einem SIMD-Rechensystem (→ SIMD). Dazu wird die äußere Kontur des Objektes iterativ (→ Iteration) schichtweise abgetragen.

Bild B 12.1 zeigt das ursprüngliche Objekt mit Markierung der ersten abzutragenden Schicht. Dabei können von unten und rechts erkannte Konturpunkte (violett) und von oben und links erkannte Konturpunkte (orange) jeweils in einem Schritt entfernt werden, ohne daß die → Skelettierung fehlerhaft wird. Deshalb ist dieses Verfahren besonders für → Parallelverarbeitung geeignet.

Bild B 12.2 stellt ein Zwischenergebnis mit teilweise schon erreichtem Skelett (gelb) nach mehreren Abtragungsschritten dar, während Bild B 12.3 das Endergebnis der Skelettierung wiedergibt.

13 Fouriertransformation

Die Bildserie B 13 illustriert anhand von 2 Bildern die Wirkung der → **Fourier**transformation.

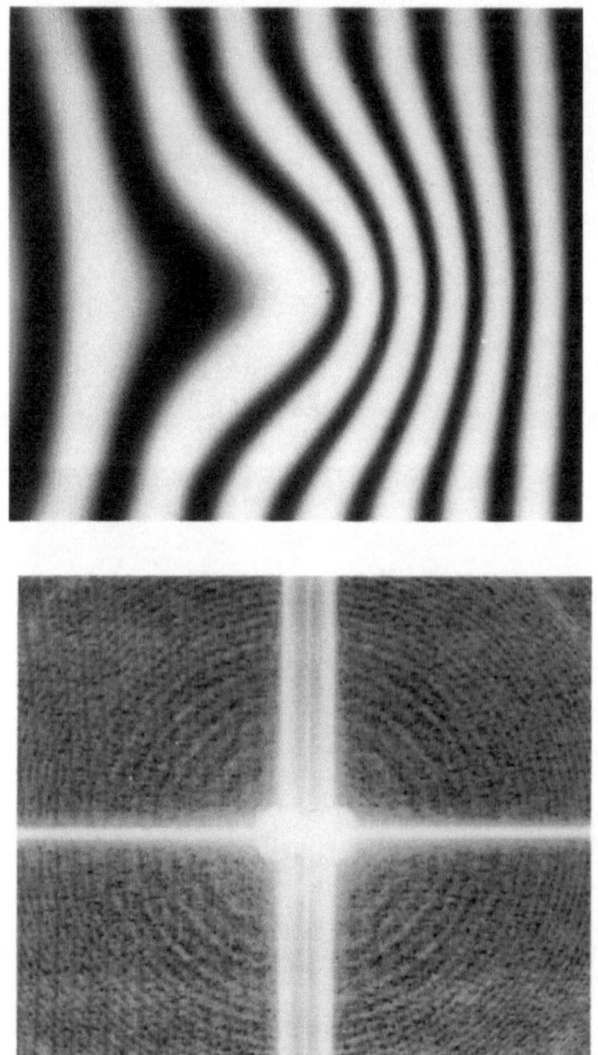

Bild B 13.1 a ist ein Originalgrauwertbild. Bild B 13.1 b stellt den Betrag seiner **Fourier**transformierten dar. Die Phase wird nicht dargestellt. Die Stellen hoher Intensität (Peak) auf der waagerechten Achse entsprechen der Grundfrequenz des Streifenmusters des Originalbildes. Das leicht modulierte Ringmuster wird hervorgerufen durch die Störung des regulären Streifenmusters im Originalbild.

Bild B 13.2 a ist ein weiters Originalgrauwertbild. Der in Bild B 13.2 b dargestellte Betrag der **Fourier**transformierten von Bild B 13.2 a zeigt ausgeprägte Peaks, die den harmonischen Bestandteilen des Originalbildes entsprechen. Weitere Nebenmaxima bedeuten Komponenten, die im Originalbild unmittelbar nicht erkennbar sind.

14 Objekterkennung mittels Hough-Transformation

Bild B 14.1 ist die Draufsicht auf einen Transportbehälter in einer Werkhalle. Bild B 14.2 zeigt das Ergebnis eines automatischen Verfahrens zur Erkennung rechteckiger Objekte (→ Objekterkennung) auf Basis der → **Hough**-Transformation. Das erkannte Objekt wird durch einen gelben Rahmen approximiert, dessen Ecken sich aus den Schnittpunkten der erkannten Geraden ergeben.

Objektorientierte und wissensbasierte Bildverarbeitung

von Dietrich W. R. Paulus

Mit einem Geleitwort von Heinrich Niemann.

1992. XII, 223 Seiten. (Künstliche Intelligenz; herausgegeben von Wolfgang Bibel und Walther von Hahn) Kartoniert.
ISBN 3-528-05270-8

Aus dem Inhalt: Grundlagen – Objekte für die ikonische Bildverarbeitung – Wissensbasierte Bildanalyse – Realisierung.

Bildanalyseverfahren transformieren Sensordaten in eine symbolische Beschreibung, zu deren Ermittlung eine Folge von Verarbeitungsschritten auf zunehmend höherem Abstraktionsniveau durchlaufen wird. Ein großer Teil der wesentlichen Beschreibungselemente sind in allen Anwendungen gleich und können durch objektorientierte und wissensbasierte Ansätze übersichtlich konzipiert werden. Das Buch zeigt, wie ausgehend von den Grundlagen der Bildverarbeitung objektorientierte und wissensbasierte Verfahren für die Praxis nutzbar gemacht werden können. Eine prototypische Implementierung in C++ belegt die Vorzüge der gewählten Verfahren gegenüber der konventionellen Programmierung. Das Buch ist zur Unterstützung von Lehrveranstaltungen in Ingenieurwissenschaften und Informatik geeignet.

Über den Autor: Dr. Ing. Dietrich W. R. Paulus arbeitet und lehrt an der Technischen Fakultät der Universität Erlangen-Nürnberg (Lehrstuhl Prof. Niemann) in einer Arbeitsgruppe, die im Bereich Bildverarbeitung mit führend ist.

Verlag Vieweg · Postfach 58 29 · 65048 Wiesbaden